Les coquillages marins en Gaule romaine

Approche socio-économique et socio-culturelle

Anne Bardot-Cambot

BAR International Series 2481
2013

Published in 2016 by
BAR Publishing, Oxford

BAR International Series 2481

Les coquillages marins en Gaule romaine

ISBN 978 1 4073 1093 0

BAR Publishing is the trading name of British Archaeological Reports (Oxford) Ltd. British Archaeological Reports was first incorporated in 1974 to publish the BAR Series, International and British. In 1992 Hadrian Books Ltd became part of the BAR group. This volume was originally published by Archaeopress in conjunction with British Archaeological Reports (Oxford) Ltd / Hadrian Books Ltd, the Series principal publisher, in 2013. This present volume is published by BAR Publishing, 2016.

Printed in England

BAR
PUBLISHING

BAR titles are available from:

BAR Publishing
122 Banbury Rd, Oxford, OX2 7BP, UK
EMAIL info@barpublishing.com
PHONE +44 (0)1865 310431
FAX +44 (0)1865 316916
www.barpublishing.com

à J.-P., N., M., Ch. et S.

TABLE DES MATIERES

AVANT-PROPOS 3

INTRODUCTION 4

1. L'ARCHÉOCONCHYLIOLOGIE OU L'ÉTUDE DES CONCHYLIORESTES ARCHÉOLOGIQUES 6

1.1. Petite histoire d'un intérêt recent 6
1.2. Définition 8
1.3. Les mollusques 9
Classification 9
Les gastéropodes et les bivalves : exemples de distribution, biologie et déplacement 10
1.4. La coquille 11
Une enveloppe dure autour de la masse viscérale 11
L'objet d'une association naturelle entre le coquillage et un autre être vivant 13
Une protection contre les attaques extérieures 14
1.5. Le conchylioreste archéologique 15
Définition du protocole d'étude 15
Sur le terrain ... 16
En laboratoire ... 17

2. LES DÉCOUVERTES DE COQUILLAGES MARINS : RÉSULTATS 25

2.1. Cadre chronologique et géographique 25
2.2. Nature des informations recueillies 25
Entre Méditerranée et Rhin 25
Sur la façade occidentale française 27
2.3. Distribution géographique et chronologique des découvertes 27
2.4. Les conchyliorestes 30
Les restes de bivalves 30
Les restes de gastéropodes 115

3. L'EXPLOITATION DES COQUILLAGES MARINS EN GAULE ROMAINE : INTERPRÉTATIONS 135

3.1. La taphonomie post-dépositionnelle 135
La matière-coquille 135
La coquille et les valves chez les bivalves 136
3.2. La nature des conchyliorestes archéologiques 137
Les coquillages "fruits de mer" 137
Les coquilles épaves 139
Les porcelaines 144
L'astrée, *Bolma rugosa* 145
Les tritons 146
Les autres coquillages 146
3.3. La consommation des coquillages 146
Au menu en Gaule romaine 147
Les plateaux de coquillages 150
Des coquillages sur la table 151
3.4. Les manières romaines d'apprêter la chair 158
Récupérer et accommoder la chair crue 158
Cuire la chair en coquille fermée 171
3.5. La gestion du "déchet-coquille" 174
3.6. La collecte 180
Les coquilles épaves 180
Les animaux vivants 181
Géographie des lieux de collecte 190
3.7. Peut-on parler de conchyliculture à l'époque romaine ? 195
De l'ostréiculture 195
De la mytiliculture 204
L'élevage des coquillages à l'époque romaine : une nécessité ? 205
3.8. Le commerce 206
Les coquilles "sans chair" 206
Les coquillages "fruits de mer" 208

CONCLUSION 231

ANNEXE 1 : POSITIONNEMENT DES BRANCHES DU PIED À COULISSE AUTOUR DES VALVES DE BIVALVES ET DES COQUILLES DE GASTÉROPODES 234

ANNEXE 2 : INVENTAIRE DES SITES DE DECOUVERTE DE CONCHYLIORESTES MARINS 235

ANNEXE 3 : LA CONCHYLIOPALYNOLOGIE : COQUILLES D'HUITRES ET POLLEN. LE CAS DES HUITRES GALLO-ROMAINES DE CYBELE (LYON, RHONE)
par Jacqueline Argant 257

BIBLIOGRAPHIE 259

AVANT-PROPOS

Cet ouvrage a pour objectif de diffuser les résultats de l'enquête archéoconchyliologique que nous avons menée à l'occasion de notre doctorat présenté en décembre 2010 à l'Université de Bordeaux 3, Institut Ausonius, sous la direction de Francis Tassaux et de Vianney Forest. Il n'est pas la complète reproduction du manuscrit qui a été proposé en soutenance. Nous avons souhaité mettre l'accent sur la documentation archéologique qui a servi à construire notre réflexion sur l'exploitation des coquillages marins en Gaule romaine[1]. Les données de "l'observation directe", qui nous ont souvent manqué dans les signalements que nous avons rencontrés, constituent en effet la matière brute à laquelle tout lecteur doit pouvoir se référer :

"*Les considérations rationnelles n'arrivent pas à un degré de certitude équivalent à celui qui provient de l'observation directe … Il faut se fier aux observations plus qu'au raisonnement, et aux raisonnements dans la mesure où leurs conclusions s'accordent avec les faits observés*". Aristote, *Génération des animaux*, 3. 760b.30-33

À l'origine de cette recherche sur les coquillages … une rencontre, des rencontres. Ainsi, en 2000, alors que je donne mes premiers coups de truelle sur le site archéologique du Fâ à Barzan (Charente-Maritime), Vianney Forest, archéozoologue, est sollicité par Alain Bouet, responsable du chantier, pour étudier les coquilles issues de la fouille des thermes. Il lui faut alors un peu d'aide pour examiner le mobilier. Je suis volontaire : ma formation vient de commencer. Je découvre alors l'art de la maïeutique, auquel Vianney Forest s'exerce en fin pédagogue. Pour sa rigueur toujours jointe d'encouragements, je le remercie très sincèrement et avec beaucoup d'amitié.

À Alain Bouet, qui est le parrain de cette aventure, je souhaite exprimer toute ma gratitude pour la confiance qu'il m'a accordée en me permettant de poursuivre le travail de Vianney Forest sur les coquilles de Barzan.

Hélène Walter puis Francis Tassaux se sont succédé pour me guider et me soutenir dans mes travaux universitaires successifs. Je les remercie vivement du regard attentif qu'ils ont toujours porté sur mes recherches. Ma reconnaissance va également à Alain Bouet, à Marie-Brigitte Carre, à Vianney Forest et à Yves Lignereux, qui ont accepté avec eux d'examiner et de commenter mon travail de doctorat.

J'adresse un grand merci à Jacqueline Argant, à Laurent Charles, à Patrick Counillon et à Yves Gruet qui, chacun dans leur domaine, m'ont apporté leur aide par leurs conseils et leurs relectures attentives.

Les résultats présentés n'auraient pas pu être acquis sans la documentation, parfois inédite, transmise par Catherine Dupont, Vianney Forest et Yves Gruet, sans les renseignements précieux d'Alain Rouyé et de Pascal Lavaud, sans la confiance de Marie-Pierre Jezegou et de Corinne Sanchez qui m'ont intégrée à leur Programme Collectif de Recherche sur *Le système portuaire narbonnais entre Méditerranée et Atlantique, du IIe siècle avant J.-C. au Bas-Empire*, et bien entendu sans les archéologues qui m'ont confié l'étude du mobilier conchyliologique issu de leurs fouilles. Qu'ils en soient tous chaleureusement remerciés.

[1] Les chapitres de notre thèse consacrés aux noms des coquillages dans les textes anciens et à leur analyse comparée avec les conchyliorestes découverts au cours des fouilles feront prochainement l'objet d'une autre publication.

INTRODUCTION

"Les uns ont pensé d'abord que cette couche de coquilles marines a été formée par les eaux de la mer, et n'intéresse que la géologie ; les autres, qu'elle est l'ouvrage de la main de l'homme, et qu'elle intéresse l'histoire et l'archéologie"[2].

Cette remarque de l'abbé Croizet, curé de Neschers (Puy-de-Dôme), vers le milieu du XIXe siècle, rend parfaitement compte des discussions qui animèrent les débats entre érudits. Une question revenait régulièrement : quel statut donner aux coquilles retrouvées en des points parfois très éloignés des côtes ? À l'époque, elle fut déjà élucidée par certains, notamment par le baron Chaudruc de Crazanne qui affirmait "qu'elles ne sont point fossiles comme quelques personnes l'ont cru, elles appartiennent à la variété de ces mollusques (ostrea edulis, Linn.), que l'on pêche chaque jour sur nos côtes Saintongeaises"[3]. Pour l'abbé Croizet, il n'y avait pas non plus de doute : "la mer n'est pour rien dans cette affaire", c'est bien là "l'ouvrage de l'homme"[4]. Cette origine fut largement admise par la suite. Il n'est donc pas étonnant que des coquillages marins soient mentionnés depuis longtemps sur les sites romains de Gaule.

Les découvertes de coquilles sont régulièrement utilisées par les historiens pour traiter de la place des produits de la mer dans la vie des populations de cette époque. Cependant, les démonstrations s'appuient généralement sur d'autres sources : les textes anciens et la documentation iconographique. Elles laissent finalement peu de place aux coquilles révélées par les fouilles archéologiques, qui servent moins à soutenir le discours qu'à l'illustrer. Or les coquilles sont trop souvent interprétées sans qu'aucune étude approfondie n'ait auparavant déterminé leur nature. Pour cause, les travaux spécialisés sur les conchyliorestes, c'est-à-dire sur les coquilles entières ou fragmentaires de mollusques[5], ne font que commencer.

Ainsi, malgré les observations réalisées en 1885 par A. Locard sur les coquilles du site du Trion à Lyon (Rhône)[6], les études archéoconchyliologiques, autrement dit consacrées aux vestiges archéologiques de mollusques, les conchyliorestes, se sont développées seulement à partir de la fin des années 1980, sous l'impulsion de Fr. Brien-Poitevin[7] dans la région méditerranéenne. Après son décès en 1995, son entreprise a été poursuivie par V. Forest[8] qui avait collaboré plusieurs fois avec elle. Sur la côte atlantique également, plusieurs chercheurs sont intervenus, dont Y. Gruet[9] et C. Dupont[10] pour les principales références strictement conchyliologiques. Leurs résultats ont permis à V. Forest de proposer une première approche de la consommation et le commerce des coquillages autour de la Gironde, à l'occasion de l'étude du site du Fâ à Barzan (Charente-Maritime) publiée en 2003[11]. Cette étude, à laquelle V. Forest nous avait associée lors de l'examen des conchyliorestes, a marqué le départ de notre enquête sur l'exploitation des coquillages marins en Gaule romaine.

À cette date, aucune synthèse de grande ampleur n'avait encore été menée, et une thèse d'histoire ancienne encore moins, peut-être parce que cette approche semblait, au premier abord, incompatible avec une démarche historique. Les sciences humaines, et les disciplines historiques en particulier, se sont en effet toujours imposées une distance avec ce qu'elles considèrent plus comme du domaine des sciences naturelles que de l'analyse anthropologique. Elles ont ainsi réduit la coquille à la construction d'un mollusque dont l'histoire ne s'occupe pas, au contraire d'une structure bâtie ou d'une céramique pour lesquelles le geste humain est l'acte fondateur. Pourtant, l'homme est bel et bien intervenu sur les coquilles puisqu'il les a retirées de l'environnement marin pour ensuite les transporter sur les sites où elles ont finalement été abandonnées. Les conchyliorestes sont donc les indices d'activités humaines anciennes et, à ce titre, un mobilier archéologique à part entière.

Cependant, il ne faut pas s'y tromper, l'étude des coquilles archéologiques est celle de vestiges d'animaux, en l'occurrence ceux de mollusques marins. Elle est donc zoologique et les premières étapes de sa mise en œuvre sont biologiques, par exemple au moment de déterminer le taxon d'origine de chaque conchylioreste ou de mesurer les coquilles. Ensuite seulement, les résultats biologiques sont mis en interaction avec les données archéologiques chrono-stratigraphiques. C'est enfin, comme l'a exprimé V. Forest, "la rencontre de la biologie, du temps et des facteurs anthropiques qui conduit à un discours interprétatif d'ordre historique"[12]. La formule est belle, mais elle est pour un historien difficile à appliquer, et parfois à assumer. En effet, le raisonnement, et plus précisément la manière de le construire, n'est pas classique, car il implique de sortir de son champ disciplinaire de formation pour mieux y revenir et l'éclairer ainsi sous un angle nouveau. Cet exercice est celui de plusieurs années, non seulement parce qu'il est la clé de l'élaboration d'un discours scientifique, mais aussi parce qu'il oblige à l'acquisition de connaissances très différentes : historiques,

[2] Comité historique des arts et monuments, 1844-1845, 74.
[3] Chaudruc de Crazanne 1833, 390.
[4] Comité historique des arts et monuments, 1844-1845, 74.
[5] Dans cet ouvrage, les noms "mollusque", "bivalve" et "gastéropode" nous servent le plus souvent à désigner des entités archéozoologiques et non des entités systématiques. Ils sont donc écrits sans la majuscule conventionnelle en systématique. Parfois, nous ferons néanmoins référence à des classes, à des ordres ou encore à des familles. Dans ce cas, la convention est respectée, par exemple : la classe des Bivalves, l'ordre des Arcoïdes, la famille des Vénéridés.
[6] Locard 1887-1888.
[7] Fr. Brien-Poitevin était membre du Centre Archéologique du Var et Chercheur associé au Centre Camille Jullian, Aix-en-Provence.
[8] Docteur vétérinaire biologiste, archéozoologue, INRAP, Nîmes.
[9] Maître de conférences, retraité, Biologie marine, Université de Nantes.
[10] Chargée de recherche au CNRS, Université de Rennes 1, UMR 6566.
[11] Forest 2003a.
[12] Communication écrite.

biologiques, écologiques, statistiques et archéozoologiques.

Dans cet ouvrage, les conchyliorestes vont nous servir à définir la suite des gestes humains qui a précédé l'abandon des coquilles sur les sites : d'étape en étape, du mobilier archéologique à l'animal, nous allons remonter le parcours des coquilles jusqu'au moment de leur collecte dans la mer. Les conchyliorestes seront également nos outils pour délimiter des zones d'influence commerciale entre le monde atlantique et le monde méditerranéen. Pour cela, nous nous appuierons sur des cadres géographique et chronologique larges ; ils comprennent des découvertes réalisées dans la moitié est de la France et sur quelques sites de la façade atlantique, entre le IIe siècle a.C. et le VIe siècle p.C.

Trois usages des coquillages ne seront pas traités ici, car ils ont fait récemment - et font encore - l'objet d'études et de travaux de synthèse : la fabrication de la pourpre à partir de la glande hypobranchiale des célèbres murex, dont Chr. Macheboeuf a fait son sujet de recherche[13], l'incrustation des coquilles dans les décors pariétaux et de sols, qu'étudie S. Heidet[14], et le dépôt de coquilles dans l'espace funéraire auquel Y. Manniez, avec la contribution de V. Forest, a consacré une partie de sa thèse[15]. Les données conchyliologiques qui les concernent interviendront néanmoins dans nos démonstrations, lorsqu'elles permettent d'interpréter nos propres résultats, ou quand, inversement, nous pouvons préciser certains aspects de ces usages à partir des observations réalisées dans d'autres contextes.

Afin d'organiser au mieux la diversité des résultats, nous avons divisé notre exposé en trois parties.

La première partie décrit le contexte théorique d'acquisition des données. L'archéoconchyliologie y est abordée par le biais d'un aperçu historiographique, puis par l'intermédiaire d'une définition qui est, selon nous, la plus en accord avec son champ d'application. Nous avons ensuite souhaité fixer un certain nombre de données biologiques, écologiques et conchyliologiques, dont la connaissance est un préalable obligatoire à l'étude des vestiges de mollusques. Le protocole que nous avons suivi pour le traitement du mobilier conchyliologique est également détaillé. Il a été conçu pour qu'à chaque stade de son déroulement il réponde à une question, depuis la nature de l'unité stratigraphique dont sont issus les conchyliorestes jusqu'aux origines des marques anciennes parfois inscrites sur les coquilles.

La deuxième partie présente les résultats bruts de notre enquête. Elle fait le point sur le cadre géographique et chronologique exploré et décrit la nature des informations recueillies. Surtout, elle rassemble les données archéoconchyliologiques que nous avons collectées. Ce catalogue est organisé par taxons, au sein des bivalves en premier, des gastéropodes en second. Pour chacun, les observations sont ordonnées en respectant le protocole d'étude précédemment exposé.

Nous pouvons qualifier la dernière partie "d'interprétative". Elle est en effet la transcription historique des résultats bruts que nous avons synthétisés. L'exploitation romaine des coquillages est abordée comme un cheminement qui respecte le statut de notre objet d'étude, à savoir les conchyliorestes en tant que mobilier archéologique. C'est ainsi que nous nous interrogerons d'abord sur les raisons du transport des coquilles sur les sites. Nous tenterons ensuite de définir la succession des activités humaines qui les ont produites, jusqu'au départ de leur parcours antique, c'est-à-dire l'environnement marin d'où elles proviennent. Le commerce est le dernier aspect que nous évoquerons, puisqu'il est le trait d'union entre la mer et les sites d'utilisation.

---

[13] Docteur de l'Université du littoral Côte d'Opale. Chr. Macheboeuf a soutenu une thèse en 2005 intitulée *Exploitation et commercialisation de la pourpre dans l'Empire romain* (Macheboeuf (sous presse), 2004a, 2004b, 2005a, 2005b, 2007, 2008a, 2008b).

[14] Doctorante à l'Université de Bourgogne. Thèse en cours sur les décors de parois et de plafonds à matériaux mixtes dans les provinces gauloises à l'époque romaine (Heidet 1995 et 2003 ; Barbet & Heidet 1999).

[15] Docteur de l'Université de Provence. Y. Manniez a soutenu sa thèse en 1999 sur *Les pratiques funéraires en Narbonnaise méditerranéenne (partie occidentale) du IIIe au VIIIe s.* (Manniez 1999 et 2005 ; Forest 1999a, 2003c, 2009).

1. L'ARCHÉOCONCHYLIOLOGIE OU L'ÉTUDE DES CONCHYLIORESTES ARCHÉOLOGIQUES

1.1. Petite histoire d'un intéret recent

La prise en compte des conchyliorestes marins dans la démarche archéologique est assez récente ; c'est seulement depuis une vingtaine d'années qu'ils font l'objet d'une plus grande attention et que des études leur sont entièrement dédiées.

Y. Taborin est probablement l'une des premières à s'être intéressée aux coquillages par le biais des parures préhistoriques. Elle leur a consacré une thèse en 1971 et a produit, depuis, plusieurs ouvrages.[16] Pour les périodes du Néolithique à l'âge du Fer, les régions méditerranéennes commencent à être bien documentées ; Fr. Brien-Poitevin, V. Forest, A. Mendoza ou encore N. Serrand fournissent de nombreuses références, par exemple : le site des Mas Neuf et Vignoles IX à Nîmes (Gard) occupé à partir de l'Epicardial,[17] de Camp Redoun à Lespignan (Hérault) surtout au Néolithique final,[18] des Vautes à Saint-Gély-du-Fesc (Hérault) du Néolithique final au Bronze ancien,[19] de Filiès 1 à Lattes (Hérault)[20] et de l'Abri de la Figue à Sartène (Corse du Sud)[21] au Néolithique moyen, et de Coudouneu à Lançon-de-Provence (Bouches-du-Rhône) au premier âge du Fer.[22] Les régions atlantiques ne sont pas non plus en reste grâce aux études de C. Dupont et Y. Gruet :

- sites mésolithiques de Beg-an-Dorchenn à Plomeur (Finistère),[23] de Beg-er-Vil à Quiberon (Morbihan)[24] et de la Grande Pièce à La Vergne (Charente-Maritime).[25]
- sites néolithiques de Champ-Durand à Nieul-sur-l'Autize (Vendée),[26] de la Sauzaie à Soubise (Charente-Maritime),[27] du Rocher à Villedoux (Charente-Maritime),[28] de Diconche à Saintes (Charente-Maritime)[29] et du vallon des Ouchettes à Plassay (Charente-Maritime).[30]
- site de l'âge du Fer de Cabariot à Mortantambe (Charente-Maritime).[31]

C. Dupont et Y. Gruet ont en outre publié plusieurs articles de synthèse sur les amas coquilliers mésolithiques et néolithiques.[32] La thèse récente de C. Dupont fait écho à ces travaux, comme l'indique son titre : *La malacofaune de sites mésolithiques et néolithiques de la façade atlantique de la France : contribution à l'économie et à l'identité culturelle des groupes* concernés.[33]

La bibliographie médiévale et moderne est moins dense. Quelques études doivent néanmoins être mentionnées : celles réalisées par Y. Gruet à propos du travail des coquilles Saint-Jacques,[34] des buttes d'huîtres de Saint-Michel-en-l'Herm (Vendée)[35] et du site de la Challonnière à Tonnay-Charente (Charente-Maritime),[36] et celles menées par C. Dupont,[37] V. Forest[38] et nous-même sur l'alimentation.[39] Cette liste devrait s'allonger au regard de nombreuses observations effectuées dernièrement par M. Tessier en bordure littorale du Pays de Retz (Loire-Atlantique) : "Ce sont près de 20 sites qui nous sont apparus au long des 50 km de rivage : de l'estuaire de la Loire au fond de la Baie de Bourgneuf, à l'occasion et au cours de travaux de voirie ou d'urbanisme. Nous y avons constaté des coupes de structures en creux (fossés ou fosses) comblées de débris de cuisine (coquillages et ossements animaux et céramique médiévale)". L'auteur signale les sites de Saint-Brévin, Saint-Michel, La Plaine, Préfailles, Pornic, La Bénerie, Les Moutiers-en-Retz et Bourgneuf.[40]

Pour la période antique, les études de mobilier conchyliologique se sont développées à partir de la fin des années 1980. Nos recherches se sont concentrées sur le domaine français, mais il semble qu'à l'étranger l'intérêt pour les coquilles marines soit tout aussi récent. Sans prétendre à l'exhaustivité, plusieurs études méritent d'être signalées. Le plus souvent, les conchyliorestes y sont mentionnés aux côtés des ostéorestes - "The animal bones" par St. Pinter-Bellows pour la villa de North Leigh (Oxfordshire, Angleterre) -[41] ou avec les restes de mollusques terrestres - "Mollusks from the Villa of Livia at Prima Porta (Italie)" par E.M. Pinto-Guillaume.[42] Ponctuellement, ils sont aussi l'objet d'un traitement particulier : M. Abad Varela et M.A. García Pérez à la villa de La Pila à Altea (Espagne),[43] J. Robinson à Pompéi (Italie),[44] H. Kappes et B. Liesen à Cologne et à Xanten (Allemagne),[45] B. Moor à Augst (Suisse)[46] et Y. Finet et Cl. Olive à Martigny, à Genève et à Orbe-

[16] Taborin 1971, 1993 et 2004.
[17] Forest 2005a.
[18] Forest (inédit g).
[19] Carrère & Forest 2003.
[20] Mendoza 2002.
[21] Serrand 1996. Du même auteur, voir l'étude des conchyliorestes du site de Shillourokambos à Chypre (Néolithique précéramique ancien). Vigne & Serrand 2000 ; Serrand *et al.* 2005.
[22] Verdin *et al.* 1997.
[23] Dupont & Gruet 2005.
[24] Dupont & Gruet 2005.
[25] Dupont 1998.
[26] Gruet (inédit a).
[27] Gruet (inédit b).
[28] Gruet (inédit d).
[29] Gruet *et al.* 1999.
[30] Gruet 2002.
[31] Gruet 1998b.
[32] Gruet 1998c ; Gruet *et al.* 1999 ; Gruet & Dupont 2001 ; Dupont & Gruet 2002 ; Dupont 2003a, 2004, 2006a, 2007 ; Dupont *et al.* 2007.
[33] Dupont 2003b (publication : Dupont 2006b). Pour d'autres références françaises et étrangères, voir la bibliographie citée en introduction de cette thèse.
[34] Gruet & Bonnissent 1997 et 2002.
[35] Gruet & Prigent 1986a.
[36] Gruet 1998a.
[37] Dupont 2005a et 2010.
[38] Rodet-Belarbi & Forest 2009 ; Forest & Belarbi 2006.
[39] Bardot (inédit f).
[40] M. Tissier à V. Forest, renseignements écrits.
[41] Pinter-Bellows 1999.
[42] Pinto-Guillaume 2002.
[43] Abad Varela & García Pérez 1992. Pour l'Espagne voir aussi les études de J. Martinell à Puig Mascaró y Fonollera (Torroella de Montgrí, Baix Empordà, Girona) (Martinell 1980 ; Martinell & Pons 1989).
[44] Robinson 1999. Pour l'Italie voir aussi les études de B. Wilkens et F. Delussu à l'agora di Eraclea Lucana (Wilkens & Delussu 2002) et de K.D. Thomas à la villa de Settefinestre (Thomas 1985).
[45] Kappes & Liesen 1996.
[46] Moor 1986.

Boséaz (Suisse).[47] Enfin, des travaux suivis et de synthèse sont à noter ; principalement ceux de G.E. Thüry et de Fr. Strauch en Allemagne,[48] en Autriche[49] et en Suisse,[50] et de D.S. Reese sur le pourtour du bassin méditerranéen,[51] notamment en Italie (Otrante,[52] Pompéi,[53] Rome/Schola Praeconum,[54] Ruoti/San Giovanni[55]), en Libye (Benghazi/Sidi Khrebish[56]), en Tunisie (Carthage[57]) et en Grèce (Amathonte,[58] Knossos[59]).

En France, nous devons sans doute au naturaliste, A. Locard, la plus ancienne étude de conchyliorestes marins.[60] Intitulée *Note sur une faunule malacologique gallo-romaine trouvée en 1885 dans la nécropole de Trion*, elle fait suite au signalement par A. Allmer et P. Dissard "d'un nombre considérable de coquillages" sur le site d'une nécropole dans le quartier dit du "Trion" à Lyon (Rhône).[61] Publiée en 1887-1888, elle se présente sous la forme d'une liste de mollusques, deux terrestres et 19 marins. Pour chaque espèce identifiée, A. Locard évalue leur fréquence d'apparition ("très commun", "assez commun", "rare") et renseigne l'état de conservation des restes en notant, par exemple, que les rochers épineux, *Bolinus brandaris*, forment des "échantillons généralement bien conservés ; la pointe du canal seule est brisée, mais les épines sont intactes".[62] Il donne aussi la taille des coquilles et décrit leur morphologie : quelques valves d'*Ostrea edulis*, l'huître plate d'Europe, "atteignent de dix à douze centimètres de diamètre ; toutes ont un galbe circulaire ou subcirculaire et sont, en général, assez déprimées".[63] Enfin, il compare les exemplaires archéologiques à d'autres actuels tout en précisant la distribution géographique des espèces ; à propos de *Proteopecten glaber*, le peigne glabre, il écrit : "échantillons de grandes dimensions, plus grands même que le type ordinaire actuel des côtes de Provence".[64] Même si elle donnait déjà les bases d'une méthode de travail, la démarche d'observation et de comparaison adoptée par A. Locard n'a malheureusement pas eu de suites immédiates.

Ce n'est qu'en 1959 que M. Labrousse s'inspire des travaux d'A. Locard dans un article consacré aux *Recherches sur l'alimentation des populations gallo-romaines, escargots, huîtres et fruits de mer à Montmaurin* (Haute-Garonne).[65] Ainsi, comme le précise l'auteur lui-même, "la méthode suivie à Montmaurin est parallèle à la sienne ": les espèces, identifiées par R. Soyer,[66] sont évoquées les unes après les autres et confrontées "avec d'autres données qui touchent directement à la civilisation et aux mœurs des populations gallo-romaines".[67] Dans ses conclusions, M. Labrousse exprime le souhait de voir se multiplier les études de coquillages. Plusieurs vont suivre. Cependant, elles restent très ponctuelles, par exemple celles de Ph. Deloge à Epiais-Rhus (Val d'Oise),[68] d'Y. Lignereux et de J. Peters à Aulnay (Charente-Maritime)[69] et de P.-J. Labour à Bordeaux (Gironde).[70] Le plus souvent, les conchyliorestes sont sommairement mentionnés dans des études centrées sur les ostéorestes.[71] Parfois, un paragraphe leur est réservé dans les monographies sur les grandes agglomérations antiques : celui sur les "Huîtres" dans *Autun Augustodunum Capitale des Eduéens* par A. Rebourg,[72] sur la "La pêche et l'ostréiculture" dans *Narbonne antique des origines à la fin du IIIe siècle* par M. Gayraud[73] ou encore sur des "lits d'huîtres" dans *Saintes antique des origines à la fin du VIe siècle après Jésus-Christ* par L. Maurin.[74]

Le vœu de M. Labrousse ne se concrétisera pleinement qu'à partir du début des années 1990. Dans la région méditerranéenne, Fr. Brien-Poitevin inaugure alors une série de travaux dédiés aux restes de coquilles marines, essentiellement sur des sites méditerranéens. En 1989, elle étudie les conchyliorestes mis au jour dans des niveaux datés de 50 a.C. à 250 p.C. sur le site d'*Ambrussum* à Villetelle (Hérault).[75] Puis, à partir de trois pôles principaux, l'étang de Berre en Provence et les étangs de Maugio et de Thau en Languedoc, elle dresse les premières synthèses de données conchyliologiques à l'échelle de sites comme Lattes,[76] de zones géographiques restreintes comme l'étang de Berre[77] ou de régions plus vastes comme le midi de la Gaule.[78] Après son décès en 1995, les études de conchyliorestes s'interrompent momentanément. Mais son entreprise, qui avait éveillé l'intérêt des archéologues, est assez rapidement poursuivie, principalement par V. Forest qui publie en 1998 une seconde étude du mobilier conchyliologique d'*Ambrussum* à partir des fouilles d'une

[47] Finet & Olive 2005.
[48] Strauch & Thüry 1985 ; Thüry 1990a ; Attendorn *et al.* 1996
[49] Thüry 1990a ; Thüry 1997 ; Thüry 1998 ; Attendorn *et al.* 2001.
[50] Thüry & Strauch 1984 ; Thüry 1990a.
[51] Reese 1991. D.S. Reese a aussi travaillé sur des périodes plus anciennes (voir Reese 1978 ; Reese 1987a ; Reese 1987b ; Reese 2000).
[52] Reese 1992a.
[53] Reese 2002b.
[54] Reese 1982.
[55] Reese 2002a.
[56] Reese 1979-1980. Voir aussi pour ce site : Barker 1981.
[57] Reese 1977 ; Reese 1981.
[58] Reese 1992b.
[59] Reese 1992c.
[60] Locard 1887-1888.
[61] Allmer & Dissard 1887-1888.
[62] Locard 1887-1888, 585.
[63] Locard 1887-1888, 587.
[64] Locard 1887-1888, 587.
[65] Labrousse 1959.
[66] M. Labrousse précise qu'il a tout d'abord procédé à une première identification des espèces et qu'ensuite, "et pour plus de sûreté, un échantillonnage des escargots et des huîtres, et la totalité des autres coquilles, qui sont infiniment moins nombreuses, ont été envoyés à M. Soyer qui, au laboratoire de géologie du Muséum, se consacre depuis longtemps à l'étude des coquillages antiques ou modernes non fossiles" (Labrousse 1959, 62).
[67] Labroussse 1959, 62.
[68] Deloge 1986.
[69] Lignereux & Peters 1997.
[70] Labour 1997.
[71] Voir par exemple : Gagnère 1979 ; Columeau 1978 ; Columeau 1979 ; Columeau 1986 ; Lauranceau 1988.
[72] Rebourg 1987.
[73] Gayraud 1981.
[74] Maurin 1978.
[75] Brien-Poitevin 1989.
[76] Brien-Poitevin 1992b.
[77] Brien-Poitevin 1993.
[78] Brien-Poitevin 1992a, Brien-Poitevin 1996.

installation de l'Antiquité tardive.[79] Depuis, il traite systématiquement les conchyliorestes aux côtés de la faune vertébrée dans ses travaux d'archéozoologie. Cette démarche lui permet aujourd'hui de mieux saisir la place des coquillages dans la vie des Gallo-romains des régions méditerranéennes, comme l'illustrent un article paru en 2002 sur la consommation du peigne glabre, *Proteopecten glaber*, en Languedoc,[80] et deux autres en 2004 et 2006 sur les découvertes de coquillages marins en Camargue antique pour le premier[81] et dans la région de Béziers au IIIe siècle p.C. pour le second.[82]

Dans la région atlantique, les études de coquillages se sont multipliées depuis peu. Y. Gruet a travaillé sur le site de la Bibliothèque Multimédias (Haute-Vienne) à Limoges[83] et sur celui d'Alet (Ille-et-Vilaine) à Saint-Malo,[84] C. Dupont sur celui de Bongraine à Aytré[85] et de La Ferme aux Mouches 2 à Pont-de-Metz près d'Amiens (Somme),[86] et V. Carpentier sur deux sites de la plaine de Caen, Ifs et Fleury-sur-Orne (Calvados).[87] Toutefois, les travaux de synthèse sont encore peu nombreux ; nous citerons l'étude des conchyliorestes du site du Fâ à Barzan (Charente-Maritime) qui a permis à V. Forest "d'élaborer une première synthèse sur la production, la consommation et, succinctement, le commerce des coquillages autour de la Gironde entre le Ier et le IIIe siècle p.C." et de proposer un début de comparaison entre les habitudes alimentaires atlantiques et méditerranéennes.[88]

1.2. Définition

Comme son nom l'indique, l'archéoconchyliologie est une passerelle entre les sciences humaines et les sciences naturelles. Elle consiste en effet à traiter un sujet d'archéologie, qui est une discipline historique, par l'étude zoologique des coquilles. Nous avons préféré le terme de conchyliologie à celui aussi utilisé de malacologie, car, d'après leur étymologie, le premier désigne l'étude des coquilles (du grec *conchylion*, coquille) et le second celles des animaux à corps mou, les mollusques (du grec *malakos*, mou). Or si les coquilles que nous étudions sont bien les constructions de mollusques, les parties molles de ces animaux ont depuis longtemps disparu. Par ailleurs, tous les mollusques ne disposent pas d'une coquille : les gastéropodes nudibranches en sont dépourvus,[89] les solénogastres et les caudofovéates présentent un revêtement protecteur d'origine épithéliale,[90] les polyplacophores (chitons) sont recouverts de plaques calcaires partiellement superposées et chez la plupart des céphalopodes, la coquille entièrement interne ne subsiste qu'à l'état de vestige ("os" de la seiche), et disparaît même chez de nombreux octopodes (pieuvres).[91] Pour notre sujet de recherche, le terme "conchyliologie" semble donc le mieux adapté, car il renvoie à la coquille externe vide des mollusques qui en possède une. Du reste, nous verrons qu'à l'époque romaine, les coquillages n'étaient pas seulement recherchés vivants pour leur chair, mais également pour leur seule coquille, indépendamment du corps qu'elle protégeait.

En 1735, dans un ouvrage intitulé *Systema naturae*, C. von Linné est l'un des premiers naturalistes à établir une classification des coquilles et à fixer des principes pour en déterminer les genres et les espèces.[92] Pour ceux qui l'ont suivi, J.-B. de Lamarck notamment, C. von Linné, "en adoptant la division des coquilles en univalves, bivalves et multivalves (maintenant cette dernière coupe ne saurait être conservée), qui avait été proposée avant lui, a, en effet, créé le premier des mots génériques simples, des définitions concises, des phrases caractéristiques fondées sur les différences extérieures essentielles des coquilles".[93] En outre, il met au point un système de nomenclature qui repose sur la combinaison de deux noms latins : le premier désigne le genre, le second l'espèce. Ce système, toujours en usage aujourd'hui, est le seul reconnu internationalement.

Au cours du XIXe siècle, l'utilisation du nom "conchyliologie" fut contestée par de nombreux zoologistes qui se souvenaient du temps où l'on s'intéressait aux coquillages à partir de leur seule coquille : "À la vérité, pendant longtemps, la *conchyliologie* n'a été qu'un vain objet d'amusement, qu'un sujet d'ostentation et même de luxe ; en sorte que les collections dont elle était le but ne produisaient guère, dans l'esprit des propriétaires ou de ceux qui les considéraient, qu'une stérile admiration, soit de la multiplicité et de la singularité des formes des coquilles, soit de la variété presque infinie, et de la vivacité de leurs couleurs".[94] Dans cet extrait de la notice sur la "Conchyliologie" rédigée pour le *Nouveau dictionnaire d'histoire naturelle*, J.-B. de Lamarck fait peut-être allusion à l'ouvrage de F. Martini et J.H. Chemnitz,[95]

[79] Forest 1998b.
[80] Forest 2002a.
[81] Forest 2004a.
[82] Forest 2006b.
[83] Gruet (inédit c).
[84] Gruet & Prigent 1986b.
[85] Dupont 2005b. Voir aussi : "Façade atlantique de la France et la Manche". In Archéozoo, Archéozoologie/ Spécialités, Archéomalacologie. *Site collaboratif d'archéozoologie*, [En ligne]. http://www.archeozoo.org. Voir aussi : Hanry *et al.* 2006.
[86] Dupont & Blondiau 2006.
[87] Carpentier 2007. V. Carpentier précise en outre que "la consommation de l'*Ostrea edulis* est régulièrement attestée sur les habitats antiques de la région caennaise". Il mentionne (note 28, p. 65) les sites de Bréville-les-Monts (fouilles de B. Duvernois, 1987-1988), Mondeville (fouilles de V. Renault, INRAP, 1993), Bretteville-l'Orgueilleuse "La Corneille" (fouilles de N. Pétorin, INRAP, 1996 : l'auteur renvoie à Lepetz & Yvinec 1998, 97-98). En Haute-Normandie, V. Carpentier signale l'étude de M.-A. Dollfus pour le site de Fleurheim à Lyons-la-Forêt (Eure) (Dollfus 1969).
[88] Forest 2003a. Nous poursuivons le travail de V. Forest à Barzan/Le Fâ : voir Bardot-Cambot 2011 ; Bardot 2007a ; Tranoy *et al.* 2008.

[89] Quéro & Vayne 1998, 63 ; Lindner 2004, 130.
[90] Lecointre & Le Guyader 2001, 267-270 ; Lindner 2004, 26.
[91] Lecointre & Le Guyader 2001, 286-288.
[92] Linné 1735.
[93] De Lamarck 1817, 421.
[94] De Lamarck 1817, 413.
[95] Première publication à Nuremberg entre 1769 et 1793. Continué par H.C. Küster : Martini & Chemnitz 1837. A propos des "magasins de conchyliologie" voir : Dance 1966 et Lamers-Schütze 2004. Ce dernier ouvrage reproduit plusieurs planches du *Locupletissimi Rerum*

Neues systematisches Conchylien Kabinet, et décrit par H. M. Ducrotay de Blainville comme "un recueil de figures de coquilles" plutôt que comme "un véritable système de conchyliologie".[96] H. M. Ducrotay de Blainville, inventeur du nom de malacozoologie ou par abréviation malacologie,[97] compte en effet parmi les plus sceptiques. Selon lui, "si l'on veut faire attention aux coquilles et aux animaux, c'est la malacologie qu'il faut principalement étudier", la conchyliologie concernant "l'art de disposer les coquilles ou mieux les enveloppes ou corps protecteurs des animaux testacés [qui possèdent une coquille], de manière à les faire reconnaître promptement et sûrement, sans avoir presque aucun égard aux animaux qu'elles ont pu contenir, ou auxquels elles ont appartenu".[98]

C'est J.-B. de Lamarck qui, le premier, a exprimé un intérêt pour la conchyliologie : "L'intérêt qu'inspirent l'étude et la connaissance des coquillages ne réside pas dans cette curiosité futile qui jouit des formes singulières, ainsi que de l'éclat et des variétés de couleurs de ces enveloppes solides ; qui jouit même de l'abus par lequel on se procure en elles des couleurs que la nature n'y a pas mises à découvert ; mais il se trouve dans cette curiosité philosophique qui cherche à connaître partout les opérations de la nature, à pénétrer l'origine de tous les objets observables, la cause de leur état, des changements qu'ils éprouvent, et souvent des phénomènes qu'ils produisent ; en un mot, qui soutient le physicien dans ses recherches, et le naturaliste dans ses travaux".[99] On pourrait ajouter aujourd'hui : qui participe à la connaissance des activités humaines du passé. Avec J.-B. de Lamarck, la conchyliologie devient une "science particulière". Mais elle reste "liée aux autres parties de l'histoire naturelle", car elle ne peut nier les mollusques qui ont sécrété les coquilles "depuis que l'on sait que ces enveloppes pierreuses sont, par leurs caractères, des indices certains de l'organisation propre aux animaux à qui elles appartiennent".[100]

1.3. Les mollusques

Classification

Au IVe siècle a.C., dans son *Histoire des animaux*, Aristote utilise pour la première fois le terme *μαλακία*, racine grecque de notre mot "mollusque". Il lui sert alors à désigner "tous les non sanguins qui ont la partie charnue (*σαρκῶδης*) à l'extérieur, et la partie solide (*στερεός*), quand ils en ont une, à l'intérieur, exactement comme les sanguins : tel est le genre des seiches (*σηπια*)".[101] *Μαλακία* est parfois traduit par "céphalopodes", ce que semble en effet décrire Aristote.[102] Aux animaux "dont la partie charnue est à l'intérieur et la partie solide à l'extérieur",[103] il réserve le mot *ὀστρακόδερμα* : "qui a une écaille [*ὄστρακόν*] en guise de peau [*δέρμα*]".[104] Au Ier siècle p.C., Pline l'Ancien reprendra les mêmes dénominations en parlant de *mollia*, "le calamar, la seiche, le poulpe et tous leurs congénères (*lolligo, sepia, polyptus et cetera generis eius*)" et des *testae*, les animaux "qu'enferment des coquilles dures (*testis conclusa duris*)".[105] Cette distinction semble bien admise dans l'Antiquité puisqu'elle se retrouve à nouveau au IVe siècle p.C., dans les écrits d'Oribase.[106] Elle perdurera jusqu'au début du XIXe siècle.

En effet, ce n'est que vers 1800, que G. Cuvier, à la suite d'études d'anatomie comparée,[107] découvre que la séparation de ces deux groupes ne se justifie pas ; en 1798, dans son *Tableau élémentaire de l'histoire naturelle des animaux*, il les réunit en un seul embranchement, celui des Mollusques : "Leur corps ou du moins leurs membres n'ont point d'os à l'intérieur ; mais plusieurs d'entre eux sont enveloppés dans des étuis très solides, ou même pierreux, qu'on nomme *coquilles* (*testa*), et portent en particulier le nom de *testacés* : nous les comprendrons, avec ceux qui sont entièrement nus, sous le nom commun de mollusques. [...] Leur corps est ordinairement enveloppé, ou au moins recouvert en partie, par un *manteau* membraneux. [...] Les uns ont le manteau en forme de sac, d'où sort une tête couronnée de grands tentacules sur lesquels ils rampent ; nous les nommerons *céphalopodes*. D'autres rampent sur le ventre, qui est fait en forme de disque plat et gluant, et ont une tête libre et saillante ; nous les nommerons *gastéropodes*. Enfin il y en a dont la tête ne consiste que dans une bouche cachée sous le manteau ; ce seront nos *acéphales*".[108] Cette définition fut reprise un peu plus tard par H. M. Ducrotay de Blainville pour qui les mollusques sont des "animaux au corps et aux appendices mous, non articulés, enveloppés d'une peau ou derme musculaire (manteau) de forme variable dans ou sur laquelle se développe le plus souvent une partie calcaire (coquille) d'une ou deux pièces".[109]

À l'époque, ce classement ne satisfait cependant pas tous les zoologistes, notamment J.-B. de Lamarck.[110] Tout d'abord inspiré par les travaux de G. Cuvier, il propose, dans le *Système des Animaux sans vertèbres* publié en 1801, de diviser les mollusques en deux ordres, celui des

Naturalium Thesaurus d'Albertus Seba (pharmacien hollandais, 1665-1736) publié entre 1734 et 1765.

[96] Ducrotay de Blainville 1825, 311.

[97] Ducrotay de Blainville 1825, 7.

[98] Ducrotay de Blainville 1825, 223.

[99] De Lamarck 1817, 413.

[100] De Lamarck 1817, 418.

[101] Aristote, *Histoire des animaux*, 4.523b.1-5.

[102] Voir la traduction de P. Louis 1964.

[103] Aristote, *Histoire des animaux*, 4.523b.9-10.

[104] Bailly 2000.

[105] Pline l'Ancien, *Histoire naturelle*, 9.44.

[106] Oribase, *Des aliments*, 2.53.1. et 2.55.1.

[107] Comme son nom l'indique, l'anatomie comparée s'emploie à comparer l'anatomie des différentes espèces animales (ou végétales) pour déterminer leur formation et leur évolution, et établir leur parenté. Voir : Cuvier 1805 ; à propos du classement des mollusques : Leçon 1, 83.

[108] Cuvier 1798, 373 ; 377-378.

[109] Ducrotay de Blainville 1825, 5.

[110] Pour d'autres travaux contemporains sur les Mollusques : voir notamment, Deshayes 1839 ; Chenu 1847 ; Chenu 1859 ; Chenu 1862.

mollusques céphalés et celui des *mollusques acéphalés*.[111] Mais en 1818, dans un ouvrage consacré à l'*Histoire naturelle des animaux sans vertèbres*, il s'oppose à la dénomination d'acéphales donnée par G. Cuvier et préférant celle de conchifères, il conclut : "Pour moi les conchifères sont tout à fait étrangers aux Mollusques".[112] La même année, il rédige la notice sur les *Mollusques* pour le *Nouveau dictionnaire d'histoire naturelle, appliquée aux arts, à l'agriculture, à l'économie rurale et domestique, à la médecine, etc.* et propose de donner ce nom "aux seuls animaux sans vertèbres qui soient à la fois inarticulés dans toutes leurs parties et qui aient une tête plus ou moins avancée à la partie antérieure de leurs corps. [...] Ces animaux mollasses sont, les uns nus, avec ou sans partie dure ou coquille à l'intérieur, et les autres sont enveloppés ou recouverts à l'extérieur, par une coquille univalve ou par une rangée dorsale de pièces testacées ; mais aucun d'eux ne produit une coquille véritablement bivalve, à pièces réunies en charnière".[113]

Depuis, les systématiciens[114] ont rattaché les conchifères (*Conchifera*) à l'embranchement des Mollusques, "animaux invertébrés dont le corps, inarticulé, présente à l'origine une symétrie bilatérale et se compose de quatre parties : la tête, le pied, le sac viscéral et le manteau".[115] Ils ont par ailleurs élargi la définition de J.-B. de Lamarck à tous ceux portant (*fera* en latin) une coquille.[116] Les conchifères réunissent ainsi cinq classes de mollusques. Parmi elles, on compte celle des Gastéropodes et celle des Bivalves ;[117] leurs coquilles sont au centre des études archéoconchyliologiques que nous avons menées. Les mœurs de quelques-uns de ces mollusques méritent donc d'être rappelées.

Les gastéropodes et les bivalves : exemples de distribution, biologie et déplacement[118]

Les bivalves et les gastéropodes marins ont colonisé toutes les aires géographiques depuis les pôles jusqu'aux tropiques, toutes les profondeurs depuis les grands fonds marins jusqu'aux zones de balancement des marées et tous les milieux qu'ils soient abrités ou battus. Mais, si certains sont ubiquistes, comme l'huître plate d'Europe, *Ostrea edulis*, d'autres sont endémiques. Ainsi, le peigne glabre, *Proteopecten glaber*, est une espèce propre au monde méditerranéen : il se trouve en Méditerranée et Atlantique proche (côte du Portugal). La coquille Saint-Jacques répond à une espèce méditerranéenne, *Pecten jacobeus*, et aussi à une espèce atlantique, *Pecten maximus*. En outre, toutes les espèces ne supportent pas les mêmes conditions environnementales. Elles appartiennent à un biotope, c'est-à-dire à " une aire géographique de surface ou de volume variable soumise à des conditions écologiques où les dominantes sont homogènes" :[119] bathymétrie, température, salinité, turbidité ou encore nature des fonds. Les patelles, *Patella* sp., vivent ainsi sur les rochers exposés de la zone intertidale. Le lavignon poivré, *Scrobicularia plana*, et les coques, *Cerastoderma* sp., par exemple, supportent de fortes variations de salinité ; ces bivalves sont dits euryhalins. Ils apprécient les fonds vaseux pour le premier et sableux ou sablo-vaseux pour les seconds et fréquentent les milieux côtiers riches en matières organiques, spécialement des estuaires et des fonds de baie. Le peigne glabre, *Proteopecten glaber*, évolue sur des fonds rocheux, sableux ou détritiques vaseux dans les régions abritées et les lagunes suffisamment alimentées en eau marine, où il peut abonder dans l'étage infralittoral. Enfin, l'huître plate d'Europe, *Ostrea edulis*, doit bénéficier de conditions océaniques qui lui fournissent des eaux marines limpides et de salinité assez élevée.

Tous ces mollusques ont développé des modes de déplacement en accord avec leur environnement et l'homme a dû inventer des techniques de collecte appropriées. Ainsi, les couteaux, *Ensis* sp. et *Solen* sp., les coques, *Cerastoderma* sp., et les palourdes, comme *Ruditapes decussatus*, s'enfouissent dans les fonds meubles en utilisant leur pied qui, en se dilatant, crée un passage et leur permet de se frayer un chemin dans les sédiments. Ils déploient ensuite leurs siphons, l'un exhalant, l'autre inhalant, jusqu'à l'eau libre qu'ils filtrent pour se nourrir. Les trous ainsi laissés à la surface du sable sont un repère pour les pêcheurs à pied qui retournent le sable au moyen de râteaux, de pelles, de bêches ou de fourches. Sur les rochers, les patelles, *Patella* sp., avancent grâce à leur pied musculeux qui forme une sole de reptation. En cas de danger, elles le contractent fermement. Pour les décrocher, une solide lame est alors nécessaire : celle-ci doit être insérée entre le bord de la coquille et le support pour aller sectionner le pied qui agit comme une ventouse. Les moules, *Mytilus* sp., quant à elles, sont quasiment sédentaires. Elles se fixent à l'aide du byssus. Celui-ci est constitué de filaments protéiniques terminés chacun par un petit disque adhésif qui colle au substrat. Il est sécrété par une glande spéciale située à la base du pied, la glande byssogène. Les moules ne peuvent opérer que des déplacements très courts : elles dirigent le byssus dans le sens de leur progression avant de rompre les anciennes attaches avec leur pied, puis elles renouvellent l'opération. Cette mobilité extrêmement réduite ne leur permet pas d'échapper aux dents des griffes utilisées pour les ramasser. Les coquilles Saint-Jacques, *Pecten maximus* et *Pecten jacobeus*, et le peigne glabre, *Proteopecten glaber*, sont beaucoup plus rapides. Ces espèces de moyennes ou grandes profondeurs sont en

---

[111] De Lamarck 1801, 55.
[112] De Lamarck 1818, 414-415.
[113] Collectif 1818, 266-292.
[114] Pour une synthèse des récents progrès en matière de systématique des êtres vivants, voir par exemple la synthèse de Lecointre & Le Guyader 2001.
[115] Lindner 2004, 24.
[116] Lindner 2004, 30 ; Lecointre & Leguyader 2001, 265-294.
[117] Lecointre & Leguyader 2001, 265-294.
[118] Marteil 1976 ; Poutiers 1978 ; Poutiers 1987 ; Martoja 1995, 117-150 ; Quéro & Vayne 1998 ; Gruet & Dupont 2001 ; Lindner 2000 ; Marcy 2002 ; Lindner 2004 ; Dupont 2003b. Plus particulièrement, à propos des environnements et biocénoses, voir Marteil 1974 ; Bellan-Santini et *al*. 1994 ; Barrier & Cauquil 1996 ; Dauvin 1997, Pergent *et al*. 2007.
[119] Dauvin 1997, 351.

effet dites "libres", car elles ne sont liées à aucun support. Elles reposent sur le fond, par leur valve droite, bombée pour *Pecten maximus* et *Pecten jacobeus*, plutôt plane pour *Proteopecten glaber*. Leur muscle adducteur unique très développé est mis au service de la locomotion qui s'apparente à une nage par propulsion ; la contraction du muscle actionne la fermeture des valves qui crée un brusque flux et propulse l'animal sous la forme de bonds pouvant atteindre quelques mètres.[120] Ces espèces sont pêchées depuis une embarcation à l'aide d'une drague qui parcourt le fond de la mer.[121]

Cependant, toutes les espèces ne se déplacent pas, comme l'illustre l'huître plate d'Europe, *Ostrea edulis*. Après une vingtaine de jours de vie nageuse, la larve d'huître cherche à se fixer. Elle développe un petit pied (qui disparaîtra par la suite) qui lui permet de ramper sur le support qu'elle a choisi. Une fois l'huître installée, son pied sécrète un ciment qui assure sa fixation définitive par sa valve gauche, creuse et dite "inférieure". La petite huître ou naissain entame alors sa croissance et prend progressivement la forme de son support. Une fois qu'elle sera devenue adulte, seul un outil résistant (un piochon à huîtres par exemple) pourra l'en désolidariser. Et s'il y réussit, celui qui souhaite accéder aux parties molles de l'animal devra encore poursuivre son effort. Les bivalves et les gastéropodes sont en effet protégés des agressions extérieures par leur coquille qui forme une enveloppe dure, hermétiquement fermée, autour de la masse viscérale.

1.4. La coquille

Une enveloppe dure autour de la masse viscérale[122]

La coquille des gastéropodes est d'un seul tenant, contrairement à celle des bivalves qui, comme le rappelle leur nom, est constituée de deux parties, les valves. À l'origine, toutes sont pourtant d'une seule pièce. La différenciation intervient au cours de la phase larvaire des mollusques. Certaines coquilles s'enroulent alors sous l'effet d'une torsion à 180 degrés de la masse viscérale opérée par la larve alors que d'autres se divisent en deux valves : l'une est placée sur le côté gauche de l'animal et l'autre sur son côté droit. C'est pourquoi on parle, pour les bivalves, de valve gauche et de valve droite.

Faute d'avoir trouvé une dénomination adéquate dans la documentation consultée, nous appellerons ici "matière-coquille", la matière constitutive de la coquille. Sécrétée par les replis du manteau palléal, l'organe qui entoure la masse viscérale, elle est formée de trois couches superposées. La première, externe, le périostracum, est une couche cuticulaire protectrice fabriquée par des cellules spécialisées du manteau. Elle se présente comme un tégument de conchyoline, sorte de mortier organique. Chez l'huître plate d'Europe, *Ostrea edulis*, le périostracum forme des écailles ; particulièrement développées sur la valve droite, elles débordent en périphérie de la coquille et masquent très souvent la zone ventrale de contact entre les deux valves. Au contraire, celui des moules, *Mytilus* sp., est extrêmement mince et lisse. Chez le vernis fauve, *Callista chione*, il donne à la surface externe de la coquille son aspect luisant ; les valves sont recouvertes d'une pellicule vernissée rappelant l'aspect d'une laque brillante, d'où le nom de "vernis" donné à l'animal. La deuxième couche, médiane (ou intermédiaire), est composée de calcite en cristaux empilés en colonnes, disposés perpendiculairement à la surface et enrobés de conchyoline. Ce calcaire est issu de la précipitation des sels de calcium solubilisés dans l'eau de mer. Il constitue aussi la dernière couche, interne et nacreuse. Mais les cristaux sont disposés parallèlement à la surface s'imbriquant comme des tuiles sur un toit. Cette construction complexe de conchyoline et de calcaire explique la dureté de la coquille des mollusques. Selon les espèces, la matière-coquille est néanmoins plus ou moins dense et forme une paroi plus ou moins épaisse. Certains coquillages ont donc une coquille très résistante, par exemple l'huître plate d'Europe, *Ostrea edulis*, la palourde croisée d'Europe, *Ruditapes decussatus*, ou encore le vernis fauve, *Callista chione*, alors que d'autres ont une coquille plus cassante, comme les moules, *Mytilus* sp., le lavignon poivré, *Scrobicularia plana*, le peigne variable, *Chlamys varia*.

Les coquilles des bivalves sont simples mais variées : elles sont plus ou moins bombées, arrondies, trapézoïdales ou elliptiques. Parfois, elles présentent des expansions sur le bord dorsal : les oreilles des pectinidés. Celles des gastéropodes sont généralement enroulées en hélice pointue ou globuleuse ; elles sont plus rarement coniques ou en spirale aplatie. Les coquilles grandissent progressivement à partir de l'apex (ou *umbo*) ; la matière-coquille y est donc particulièrement dense. On nomme ainsi le premier tour pour les gastéropodes et les sommets des deux valves pour les bivalves. Ceux-ci, en forme de crochets, sont situés dorsalement. "Fondamentalement, on considère comme dorsale la zone où les lobes du manteau sont fusionnés entre eux et avec la masse viscérale [...]. Le bord antérieur de la coquille se trouve alors relativement proche de la bouche, et le bord postérieur de l'anus".[123] L'identification du bord antérieur et du bord postérieur permet de latéraliser les valves, c'est-à-dire de distinguer la valve gauche de la valve droite ; lorsque la coquille est placée le bord dorsal vers

---

[120] Il faut préciser que, contrairement aux coquilles Saint-Jacques, le peigne glabre obture l'ouverture créée entre les valves avec son manteau. L'eau est ainsi évacuée non pas à la hauteur des bords ventraux de la coquille mais près des oreillettes, ce qui le propulse dans le sens inverse de ses cousines (Clanzig 1987).

[121] Drague : armature métallique dotée d'une surface d'attaque qui rabote le sédiment et est prolongée par une cage ou un sac destiné à recueillir le produit de la pêche. En Bretagne, la drague à coquille Saint-Jacques se présente comme un cadre rectangulaire en fer d'une largeur maximale de 2 m. Il maintient ouvert un sac constitué le plus souvent d'anneaux métalliques. L'avant de l'engin est équipé d'une courte lame sur laquelle sont soudées 20 dents au maximum, d'une longueur de 8 à 13 cm. (Quéro & Vayne 1998, 153)

[122] Marteil 1976 ; Arrecgros-Dejean 1966 ; Gaillard 1987 ; Poutiers 1978 ; Poutiers 1987 ; Martoja 1995 ; Quéro & Vayne 1998 ; Bouchet & Von Cosel, 2001 ; Lecointre & Le Guyader 2001 ; Marcy 2002 ; Lindner 2000 ; Lindner 2004.

[123] Poutiers 1987, 375.

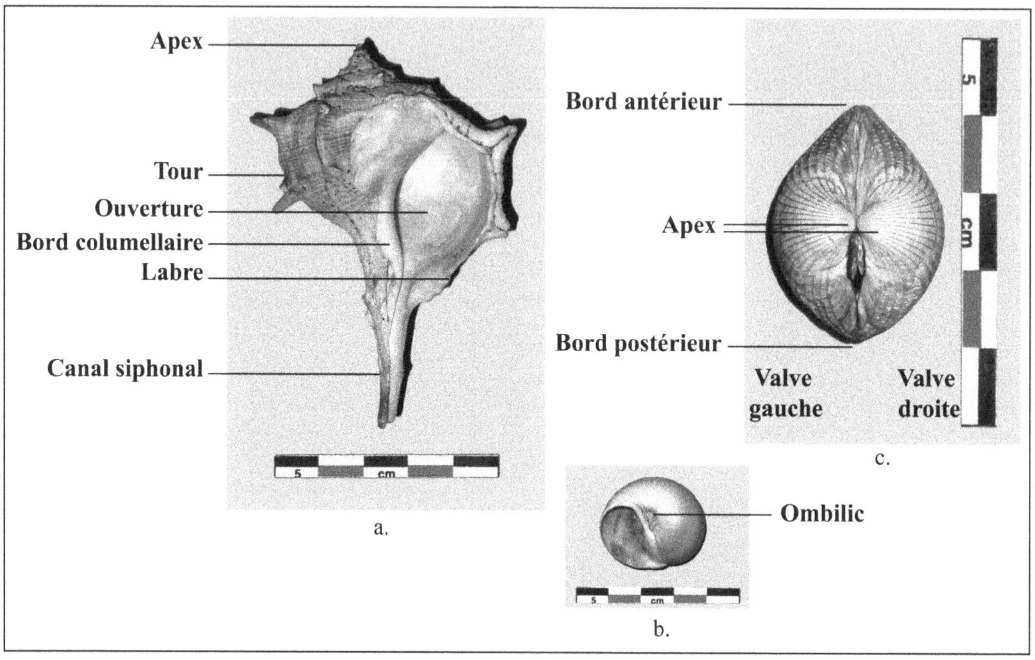

fig. 1 : la coquille des gastéropodes (a et b) et des bivalves (c).

le haut et le bord postérieur vers soi, la valve droite se trouve à droite et la valve gauche à gauche. (fig. 1)

Les coquilles des bivalves sont équivalves ou inéquivalves, c'est-à-dire que les valves sont symétriques ou non. Dans le premier cas, leurs bords ferment généralement complètement la cavité interne (les coques, *Cerastoderma* sp.), mais il existe aussi des coquilles béantes latéralement (les couteaux, *Ensis* sp. et *Solen* sp.). Dans le second cas, les valves n'ont pas la même courbure : la coquille Saint-Jacques, par exemple, possède une valve gauche plane et une valve droite bombée. Du reste, une valve peut être en saillie par rapport à l'autre. Ainsi, l'huître plate d'Europe, *Ostrea edulis*, a sa valve gauche légèrement plus grande que la droite. Cette espèce a également une coquille très polymorphe : elle tend généralement à s'arrondir, mais elle peut être aussi régulièrement piriforme ou en forme de pois. Chez la plupart des autres espèces, la forme de la coquille varie peu ; les valves sont équilatérales lorsque leur croissance est symétrique de part et d'autre de l'apex ou inéquilatérales dans le cas contraire. Elles s'articulent grâce à une charnière qui, lorsqu'elle ne s'étend que d'un seul côté de l'apex, lui est postérieure. Elle est formée d'un plateau cardinal, ponctué de dents qui s'engrènent d'une valve à l'autre. Il existe plusieurs types de charnière. La plupart sont de type hétérodonte (les coques, *Cerastoderma* sp.) : les dents centrales fortes et peu nombreuses sont séparées par des fossettes et bordées par des dents latérales en lamelles. D'autres sont taxodontes (les amandes de mer, *Glycymeris* sp.) avec des dents nombreuses disposées en rangées transversales par rapport au plateau cardinal ou desmodontes (la mye des sables, *Mya arenaria*) avec sur la valve gauche un prolongement en forme de plateau qui s'articule avec une large dépression sur la valve droite. Certaines sont isodontes (le spondyle pied-d'âne, *Spondylus gaederopus*) avec deux dents épaisses et deux fossettes correspondantes sur la valve opposée ou hémidapédontes (le lavignon poivré *Scrobicularia plana*) avec un plateau cardinal peu développé, des dents centrales peu importantes et des dents latérales généralement absentes. Enfin, quelques charnières sont dysodontes (l'huître plate d'Europe, *Ostrea edulis*), c'est-à-dire faiblement développées et dépourvues de dents.

Les coquilles enroulées en hélice des gastéropodes ont un nombre de tours variable. L'ouverture (ou péristome) forme le dernier. Celle-ci est circulaire, ovale, anguleuse ; elle peut être étroite, large ou en forme de fente (les porcelaines, *Cyprea* sp.). On y distingue le bord interne columellaire et le bord externe ou labre. Chez la plupart des gastéropodes, l'ouverture est obturée par un opercule corné, comme celui du buccin ondé, *Buccinum undatum*, ou calcaire, comme celui appelé "œil de Sainte Lucie" de l'astrée, *Bolma rugosa*. La spire s'organise autour d'un axe interne. Nommé columelle, il est parfois visible à la base de la coquille sous la forme d'un petit orifice, l'ombilic (la natice chaîne, *Euspira catena*), ou il peut se prolonger en une gouttière, le canal siphonal (le rocher épineux, *Bolinus brandaris*). (fig. 1) Hormis quelques rares exceptions, les coquilles sont dextres, c'est-à-dire que l'enroulement vu depuis l'apex a lieu dans le sens des aiguilles d'une montre. Elles sont senestres dans le cas contraire.

La surface de la paroi interne des coquilles présente des empreintes qui correspondent aux points de fixation des parties molles de l'animal. Chez les bivalves, elles sont particulièrement nettes. Tout d'abord, à la charnière des deux valves, une sorte de fossette marque l'emplacement d'un ligament. Composé de résiline, une protéine élastique, il unit les valves entre elles et tend à les maintenir ouvertes. Des muscles adducteurs assurent quant à eux la fermeture de la coquille en se contractant. Sur la face interne, des traces plus ou moins en creux signalent leurs zones d'insertion. Ces muscles sont souvent au nombre de deux. L'un est dit antérieur, l'autre postérieur, par référence à l'organisation anatomique des bivalves. Plus rarement, le muscle antérieur est réduit, comme pour les mytilidés, ou a disparu, comme pour les pectinidés et les ostreidés. Le muscle postérieur est alors largement développé : son empreinte est presque ronde chez les coquilles Saint-Jacques, *Pecten jacobeus* et *Pecten maximus*, en forme de pois chez l'huître plate d'Europe, *Ostrea edulis*, et chez les moules, *Mytilus* sp., elle est prolongée dorsalement par celles d'autres muscles chargés de la rétractation du byssus et du pied. Ensuite, une ligne étroite et continue marque les impressions des muscles marginaux du manteau palléal ; ils permettent sa rétractation lors de la fermeture de la coquille. La ligne palléale peut présenter postérieurement une échancrure correspondant à l'emplacement d'un siphon. Il s'agit du sinus palléal. D'une espèce à l'autre, il est plus ou moins profond et sa forme varie. Ainsi, les valves de la palourde croisée d'Europe, *Ruditapes decussatus*, se distinguent par un sinus légèrement anguleux dorsalement et nettement séparé ventralement de la ligne palléale. Celles de la palourde bleue, *Venerupis senegalensis*, au contraire, présentent un sinus largement arrondi dont la limite ventrale n'est séparée de la ligne palléale que par un espace étroit. Chez les gastéropodes, l'enroulement de la coquille pour les formes en hélice ne permet guère d'observation. Seules les formes coniques montrent l'empreinte du pied musculeux de l'animal ; en forme de fer à cheval, elle est ouverte vers l'avant.

À la surface externe de la coquille, les stades de croissance du mollusque sont signalés par des cernes concentriques chez les bivalves, c'est-à-dire qu'ils s'agrandissent progressivement depuis l'apex, et longitudinaux chez les gastéropodes. Sur les valves gauches de l'huître plate d'Europe, *Ostrea edulis*, ils forment des lamelles, plus ou moins rapprochées, qui donnent à la surface un aspect tuilé. Chez les autres espèces, les arrêts de croissance peuvent être très marqués, comme sur les valves de la praire commune, *Venus verrucosa*, ou beaucoup plus ténus, comme sur celles des moules, *Mytilus* sp. Chez le gastéropode *Nassarius reticulatus*, la nasse réticulée, ils sont associés à des côtes axiales et forment ainsi un treillis. La coquille des bivalves peut aussi s'animer de côtes rayonnant depuis l'apex jusqu'au pourtour des valves qui prend alors un tracé crénelé. Leur nombre est variable et leur relief plus ou moins accentué. Sur les valves droites des coquilles Saint-Jacques, elles sont fortement développées, bien dessinées, arrondies pour *Pecten maximus*, l'espèce atlantique, et anguleuses pour *Pecten jacobeus*, l'espèce méditerranéenne. Chez le peigne glabre, *Proteopecten glaber*, en revanche, elles sont plus légèrement bombées, ce qui leur donne un aspect aplati et rend peu franc le passage entre côte et inter-côte. La face externe des coquilles se remarque aussi généralement par son ornementation. Les côtes rayonnantes de la bucarde à tubercules, *Acanthocardia tuberculata*, portent ainsi de petites rugosités irrégulières, le cérithe commun, *Cerithium vulgatum*, des tubercules saillants tandis que le rocher épineux, *Bolinus brandaris*, brandit de grandes épines. D'autres coquilles sont entièrement colorées ou dessinent des motifs aux couleurs variées. Le peigne variable, *Chlamys varia*, est violet foncé ou orange-roussâtre, le vernis fauve, *Callista chione*, est quadrillé de rayures concentriques et de bandes rayonnantes brunes, et la monodonte articulée, *Osilinus articulatus*, présente une alternance de bandes spirales blanches ponctuées de tâches brun-rouge et d'espaces ornés de fines lignes brunes, irrégulières et en zigzag.

L'objet d'une association naturelle entre le coquillage et un autre être vivant[124]

La coquille est régulièrement l'objet d'une association naturelle entre le coquillage auquel elle appartient et un autre être vivant. Pour le coquillage hôte, cette relation peut être non-destructrice, dans le cas d'animaux simplement fixés à la surface de sa coquille, ou au contraire nuisible, lorsqu'ils perforent la matière-coquille et l'utilisent comme lieu d'habitat. Ces animaux sont plus ou moins inféodés à un biotope. Plusieurs sont susceptibles d'être rencontrés aux cours des études archéoconchyliologiques. Il nous faut donc rappeler leurs principaux caractères morphologiques et biologiques.

Parmi la faune fixée figurent d'autres mollusques comme le naissain d'huître ou les bivalves du genre *Anomia*. Chez ces derniers, la fixation est assurée par un byssus calcifié très solide qui passe dans une échancrure de la valve droite appelée le foramen. Mais on compte aussi des crustacés cirripèdes des genres *Balanus* et *Chthamalus*, les vers polychètes serpulidés du genre *Pomatoceros* et des bryozoaires. Les premiers, communément appelés balanes, se présentent sous la forme de petits cratères protégés par des plaques dures rayées, la muraille, et fermés par un opercule en quatre pièces : deux dorsales, les *terga*, et deux ventrales, les *scuta*. Ils ont une base membraneuse comme *Chthamalus stellatus* et *Balanus balanoides*, ou calcaire, par exemple *Balanus perforatus* et *Balanus crenatus*. À l'exception de *Balanus balanoides* qui ne s'étend guère, vers le sud, au-delà de la pointe nord-ouest de l'Espagne, les balanes sont quasiment ubiquistes. Sur la côte atlantique française, il semble néanmoins que *Balanus crenatus* ne descende pas beaucoup plus bas que l'estuaire de la Gironde et que *Chthamalus stellatus* et *Balanus perforatus*, qui se concentrent en Atlantique et Manche occidentale, ne dépassent pas la pointe du Cotentin.[125] Elles affectionnent les eaux marines salées. En zonation verticale, on rencontre d'abord *Chthamalus stellatus*, puis *Balanus balanoides* et *Balanus perforatus* qui supportent l'alternance de phases découvertes et immergées dictées par les courants de marée, et enfin *Balanus crenatus* qui se trouve à basse mer de vives eaux ou en zone subtidale.

---

[124] Laurain 1971 ; Granier 1973 ; Marteil 1976 ; Southward 1976 ; Clément 1978 ; Gruet (inédit c) ; Gruet & Prigent 1986a ; Gruet 1998d ; Schneider 2002 et les fiches espèces de la Station Biologique de Roscoff, notamment celle de F. De Carvalho Vaz Pinto (Université d'Aveiro). Base de données en ligne : http://www.sb-roscoff.fr

[125] Distribution rapportée par M. Schneider (Schneider 2002, 71 et fig. 27, 73) d'après des données non publiées d'Y. Gruet.

Les vers polychètes serpulidés du genre *Pomatoceros* s'abritent quant à eux à l'intérieur de tubes calcaires qu'ils sécrètent. Ils apprécient peu les eaux dessalées et ne tolèrent pas les environnements vaseux. "C'est aux niveaux les plus bas et dans les eaux profondes que les serpulidés sont les plus nombreux".[126] Ils abondent ainsi particulièrement dans l'étage médiolittoral inférieur où les tubes peuvent former de véritables petits récifs ; dans le médiolittoral supérieur, les tubes sont souvent plus isolés. Enfin, les bryozoaires constituent un sous-embranchement des Lophophoriens, animaux disposant d'un panache de tentacules ciliés. Il rassemble des organismes coloniaux d'aspect variable ; certains sont dits "encroûtants". Connus des ostréiculteurs sous le nom de "crêpes", ils forment en effet des sortes de plaques composées de très nombreuses petites chambres qui contiennent chacune un animal. *Conopeum reticulatum*, par exemple, constitue des colonies dont l'aspect peut se comparer à une gaze aux fines mailles. Cette espèce de l'étage infralittoral aime particulièrement les milieux vaseux et les zones abritées et s'adapte bien aux eaux saumâtres.

Les vers polychètes du genre *Polydora* et les spongiaires du genre *Cliona* sont quant à eux les principaux perforants de la matière-coquille. Les premiers creusent la matière-coquille et s'y abritent dans des canaux en forme de U ; à la surface on en voit le tracé ou ses extrémités sous la forme de deux petits trous rapprochés. Cette intrusion aboutit à la création d'une cavité lenticulaire qui peut se remplir de vase ou rester vide ; on dit de la coquille qu'elle est chambrée. L'animal s'isole alors en sécrétant de la nacre qui renforce la matière-coquille. Chez l'huître, c'est sur la face interne de la valve, dans sa partie la plus creuse entre la charnière et l'empreinte musculaire, que cette réaction est la plus visible : il s'agit d'une alternance de vides et de pellicules nacreuses qui cèdent facilement sous la pression des doigts. "Les *Polydora* sont des animaux qui acceptent de vivre dans des eaux de salinité anormalement basse, à des profondeurs toujours faibles (du niveau moyen des mers, à moins de 25 mètres, 50 mètres maximum), sur des fonds vaseux et boueux non consolidés".[127] Ils sont adeptes des milieux calmes comme ceux des baies abritées ou des estuaires. Les seconds, les spongiaires du genre *Cliona*, forent la matière-coquille en de nombreuses petites galeries dans lesquelles ils vivent. Celle des huîtres est leur habitat de prédilection ; les ostréiculteurs disent alors qu'elles sont atteintes de "la maladie du pain d'épice". Les coquilles des animaux morts suite à cette installation sont souvent perforées sur toute leur surface par des trous plus ou moins grands ; leur diamètre va de celui d'une tête d'épingle à environ deux millimètres. Le milieu marin est le domaine de ces éponges perforantes ; elles vivent là où il reste toujours de l'eau à basse mer ou bien en zone subtidale. "Pour leur croissance, et leur survie, ces éponges demandent une stabilité du substrat ; des petites coquilles ou galets calcaires ne sont colonisés que si la faible turbulence du milieu ne les mobilisent pas".[128] "En France c'est à *Cliona celata*, que sont attribués le plus généralement les dommages constatés, plus souvent chez l'huître plate que chez l'huître creuse, plus fréquemment sur les gisements que sur les parcs".[129]

Une protection contre les attaques extérieures[130]

La coquille est comme un bouclier qui protège le mollusque des attaques de nombreux prédateurs. Cependant, elle est loin d'être un obstacle infranchissable pour le poulpe commun, *Octopus vulgaris*, les échinodermes comme *Asterias rubens*, l'étoile de mer, les crustacés décapodes (par exemple le crabe vert, *Carcinus maenas*), les poissons (les sparidés comme *Sparus aurata*, dorade royale) ou encore les oiseaux (*Haematopus ostralagus*, huîtrier-pie). Elle doit également faire face aux agressions de certains mollusques gastéropodes surnommés "les perceurs". Ceux-ci ont développé une utilisation particulière de leur appareil buccal. La partie antérieure de leur tube digestif s'organise en une trompe protractile, capable d'atteindre une proie à distance. À l'intérieur se trouve la *radula*, un ruban en forme de langue supportant des pièces plus ou moins dures ("les dents"), qui par une action de va-et-vient entame la matière-coquille. Cette action mécanique peut être précédée d'une action chimique sous forme d'une attaque enzymatique de la conchyoline. Grâce au passage ainsi créé, les "perceurs" atteignent la chair de l'animal qu'ils ingèrent grâce à leur trompe. Ces gastéropodes rassemblent essentiellement des espèces de naticidés, comme la natice chaîne, *Euspira catena*, la natice marbrée, *Natica hebraea*, ou la natice-mille points, *Natica millepunctata*, et de muricidés : le rocher épineux, *Bolinus brandaris*, le rocher fascié, *Hexaplex trunculus*, le bigorneau perceur, *Ocenebra erinacea*, et le pourpre petite pierre, *Nucella lapillus*. Les quatre premiers vivent sur des fonds sablo-vaseux alors que les derniers apprécient les fonds durs rocheux. L'infraction de ces gastéropodes laisse un trou de section circulaire mesurant entre 1,5 et 2,5 mm de diamètre à la surface.[131] Celui d'*Ocenebra erinacea* diminue ensuite progressivement vers l'intérieur contrairement à celui laissé par les natices, *Natica* sp.

On citera enfin l'homme qui transporte les animaux vivants dans des régions qui sont parfois très éloignées de la côte. Face à lui, les bivalves maintiennent leurs deux valves fermement jointes grâce à leur(s) muscle(s) adducteur(s) et la plupart des gastéropodes s'isolent loin derrière un opercule qui obture l'ouverture de la coquille, comme un bouchon. L'opérateur doit donc créer une faille dans cette cuirasse calcaire afin d'extraire la chair que constituent les parties molles de l'animal. Pour cela plusieurs procédés s'offrent à lui. Ils seront décrits plus

[126] Marteil 1976, 274.
[127] Laurain 1971, 50.
[128] Laurain 1971, 50.
[129] Marteil 1976, 270.
[130] Marteil 1976, 257-270 ; Poutiers 1987, 598 ; Quéro & Vayne 1998, 65 ; Lindner 2000, 36 ; Bouchet & Von Cosel 2001, 21 ; 26.
[131] Marteil 1976, 261.

loin, lorsque nous aborderons la préparation des coquillages.[132]

1.5. Le conchylioreste archéologique

Les conchyliorestes sont les vestiges de coquilles de mollusques marins découverts en contexte archéologique. Ils sont dégagés lors de fouilles subaquatiques, menées par exemple sur des épaves ou à l'emplacement d'anciens ports, ou révélés à l'occasion d'opérations terrestres. Sous l'eau, la question de l'origine humaine des amas de conchyliorestes peut se poser. Les coquillages sont ici dans leur domaine ; il n'y a donc besoin d'aucune action de l'homme pour que des coquilles épaves, c'est-à-dire d'individus morts, se constituent en lits sur le fond de la mer. V. Forest l'a montré sur un site de l'âge du Bronze, celui de Montpenèdre, dans l'étang de Thau, à Marseilllan (Hérault). Ses premières observations ont permis de rattacher les restes extraits des niveaux supérieurs à "une phase d'activité actuelle", ceux des niveaux intermédiaires à "l'occupation humaine ancienne qui se déroulait dans les habitats sus-jacents" et ceux des niveaux inférieurs à "deux états successifs de l'étang avant l'installation de l'habitat".[133] Dans les aires de contact entre les domaines marins et terrestres, comme les zones de quais, des coquilles ont également pu être amenées par les va-et-vient des vagues.[134] En revanche, sur terre, les conchyliorestes sont assurément des pièces apportées par l'homme. Il est peu probable qu'un coquillage soit retrouvé en dehors de son milieu naturel, sans qu'il en ait été sorti par une intervention humaine puis transporté jusqu'au lieu où la fouille l'a exhumé. Les conchyliorestes témoignent donc de tout un parcours au cours duquel les coquilles ont été manipulées par l'homme. Ils sont l'objet de notre recherche, pour retrouver la chaîne opératoire qui régit l'exploitation des coquillages marins en Gaule romaine. Le protocole que nous avons mis en œuvre pour les étudier va être maintenant défini puis détaillé.

Définition du protocole d'étude

Dans le cadre des fouilles programmées menées sur le site de Barzan, A. Bouet, entre 2002 et 2009, S. Coadic, en 2006 et 2007, et L. Tranoy, depuis 2007, nous ont confié l'étude du mobilier conchyliologique de plusieurs secteurs : un quartier d'habitations, des entrepôts, un puits (PT 25055) et une voie monumentale.[135] Les assemblages mis au jour sont nombreux et les contextes chrono-stratigraphiques variés, ce qui nous a permis de disposer d'une solide base de travail pour élaborer la trame de notre protocole. À chaque campagne, nous avons pu suivre les conchyliorestes depuis leur dégagement sur le terrain jusqu'à leur examen en laboratoire. Et pour que notre méthode puisse être appliquée à toute opération archéologique, elle a été éprouvée dans les conditions de fouilles préventives, notamment sur le site de Malard à Narbonne (Aude).[136]

La mer abrite des coquillages vivants et livre les coquilles ou valves épaves des individus morts. Grâce à l'archéologie, on sait aujourd'hui que les uns et les autres ont été collectés et transportés sur des sites parfois très éloignés des côtes.[137] De la coquille des animaux vivants, l'homme a extrait la chair avant de s'en débarrasser. À cet instant a commencé une longue période d'ensevelissement[138] au cours de laquelle des facteurs naturels sont intervenus sur la conservation des coquilles. Aujourd'hui, lorsqu'elles nous arrivent, elles ne sont donc plus exactement celles qui ont été recouvertes par les sédiments, ni le déchet qui a été rejeté, ni le réceptacle qui accueillait la chair avant sa consommation, ni l'animal qui a été transporté vivant, ni le mollusque qui a été enlevé à son environnement marin : ce sont des conchyliorestes, éléments parmi d'autres du mobilier découvert par les archéologues. Le scénario qui a amené au rejet des coquilles ou valves épaves est un peu différent de celui qui a été écrit pour les coquillages collectés vivants, puisqu'elles étaient vides de chair à leur arrivée sur le site. Ils se rejoignent néanmoins au moment où, dans l'Antiquité, le dépôt a été scellé par les sédiments.

C'est à partir du dernier statut connu des coquilles, celui de mobilier archéologique, et en remontant graduellement les précédents que nous avons construit la trame de notre protocole d'étude. Il s'organise ainsi en deux grandes phases de travail : l'une a lieu sur le terrain, l'autre en laboratoire. La première permet de réfléchir à la nature de l'unité stratigraphique qui a livré les conchyliorestes, à la constitution de l'assemblage qui est soumis à étude et au traitement post-fouille du mobilier conchyliogique. La seconde pose la question de l'état des restes, de la composition du lot qui a été rejeté anciennement ou encore des manipulations dont ont fait l'objet les coquilles et les animaux auxquels elles ont appartenu. Nous avons cherché chez d'autres auteurs des outils qui soient adaptés pour aborder chacun de ces aspects. Fr. Brien-Poitevin consacre, la première, plusieurs lignes aux "Méthodes employées pour l'étude conchyliologique" au début de son article sur la "Collecte, consommation et réutilisation des coquillages marins sur le site de Lattes",[139] V. Forest commence systématiquement ses propos par une première partie vouée aux "Méthodes d'étude",[140] Y. Gruet s'attache à décrire la "Méthode d'étude" dans de nombreuses études[141] et C. Dupont dédie un chapitre aux "méthodes

[132] cf. 3.4.
[133] Forest (inédit f).
[134] Jezegou & Sanchez (éd.) 2008, 148.
[135] Bardot-Cambot 2011 ; Bardot 2007a ; Tranoy *et al.* 2008.

[136] Bardot 2006b.
[137] La formule "coquille épave" a été employée pour la première fois en archéologie par Fr. Brien-Poitevin. Voir par exemple, Brien-Poitevin 1990.
[138] Faute de trouver dans le langage archéologique un mot qui définisse le "fait d'être en terre", nous avons retenu le terme "ensevelissement" qui désigne certes l'action d'ensevelir mais aussi l'état qui en résulte (Petit Larousse illustré, 2006).
[139] Brien-Poitevin 1992b.
[140] Se reporter à la bibliographie de l'auteur.
[141] Se reporter à la bibliographie de l'auteur.

choisies pour aborder la malacofaune".[142] Plusieurs emprunts ont été faits à ces travaux. Des outils ont également été élaborés, lorsque nous n'avons pas trouvé de solutions qui puissent répondre à nos interrogations.

Sur le terrain ...

L'unité stratigraphique

Les conchyliorestes mis au jour sur la fouille témoignent du dernier statut antique des coquilles. Il faut donc conserver une image du dépôt dans son contexte chrono-stratigraphique.

Les restes disséminés çà et là appartiennent à une unité stratigraphique (US) ; leur présence est signalée dans sa description. Lorsque des restes sont concentrés, c'est-à-dire qu'ils sont l'élément structurant majeur d'une US, celle-ci est photographiée, décrite et relevée, et son interprétation archéologique est indiquée lors de son enregistrement, par exemple "couche de remblai", "comblement d'excavation" ou encore "niveau de sol".

L'assemblage soumis à étude

Le lot de conchyliorestes qui est prélevé doit être le plus proche possible du dépôt tel qu'il a été dégagé, car il compose l'assemblage soumis à étude. Cette question apparaît dans quelques travaux voués aux conchyliorestes.[143] C. Dupont est l'auteur qui, dans sa thèse, y consacre le plus de lignes ; elle traite notamment des quantités à prélever.[144] Pour l'étude des amas coquilliers mésolithiques et néolithiques, elle propose tout d'abord de tester "l'échantillonnage en prenant différents volumes de sédiments au sein d'une même structure et en observant à partir de quelle quantité les proportions de chaque espèce ne varient plus". Cependant, l'expérimentation "montre que le volume minimum qui correspond à la stabilisation de la diversité spécifique n'est pas le même que celui que l'on obtient pour la stabilisation des proportions des espèces. De plus, le volume minimum correspondant à la stabilisation des proportions des espèces varie selon le site étudié. D'autre part, il peut être dépendant du volume total de sédiment trié". Par ailleurs, comme elle le précise, le temps nécessaire à cet exercice au cours de la fouille rend cette méthode difficilement utilisable. C. Dupont conclut finalement que le volume minimum à prélever doit être calculé pour chaque site, selon "la stratification du site, la variabilité du contenu, la physionomie de la distribution, l'origine des dépôts".[145] Cette démarche "au cas par cas" peut évidemment être appliquée pour nos dépôts antiques ; le prélèvement est alors orienté en fonction du contexte stratigraphique et des questions connexes formulées par les archéologues. Mais il n'est pas toujours possible de se rendre sur place. Le cas échéant, on ne peut pas se permettre de freiner les opérations archéologiques généralement soumises à des contraintes de temps, principalement dans le cadre de fouilles préventives. Nous nous attacherons donc à proposer une méthode qui soit à la fois une réponse technique pour les archéologues et un outil efficace dans le cadre de notre recherche.

À ce moment du protocole, le lot prélevé doit permettre de retrouver, dans l'assemblage qui sera étudié, deux aspects du dépôt. Il s'agit de sa composition - quelle quantité de coquilles a été rejetée ? Quelles espèces sont présentes ? Et en quelles proportions ? - et de sa formation - un rejet ou plusieurs successifs en sont-ils à l'origine ?

Comme nous l'avons indiqué précédemment, les restes peuvent être dispersés ou au contraire concentrés. Dans le premier cas, ils sont intégralement ramassés et la description des US concernées précisera, s'il y a lieu, leur disposition (par exemple, "valves avec leur face externe vers le haut") et leur localisation spatiale (par exemple, "dans la partie ouest du secteur"). Dans le second cas, un ramassage à vue est à écarter pour éviter des préférences inconscientes. En effet, comme l'a déjà fait remarquer C. Dupont, ce procédé "tend à sélectionner des coquilles de grandes tailles ou remarquées par leur coloration, ou un stigmate tel une perforation".[146] Un "ramassage par pelletée" est alors préféré. Dans le même temps, ce procédé permet de conserver les sédiments qui pourraient cacher des coquilles de petite taille difficilement visibles à l'œil nu. Nous préférerons donc travailler, comme C. Dupont, à partir du volume brut de sédiments plutôt qu'à partir de celui des seuls restes. En fonction du volume du dépôt, le prélèvement s'effectue différemment. Nous distinguons les dépôts circonscrits, c'est-à-dire bien délimités en surface et qui ne dépassent pas un volume de 50 litres et les dépôts trop importants pour être prélevés en totalité (remblais et comblements de structures en creux, les puits particulièrement).

Les premiers sont prélevés par passes, dans leur totalité, et en gardant le maximum de sédiments. Cette méthode est actuellement la plus efficace que nous ayons testée pour révéler une répartition ou un agencement particulier des restes. Sur le site du Fâ à Barzan, elle a été utilisée lors de la mise au jour d'une couche de dépotoir (US 40132). Epais d'une dizaine de centimètres, le dépôt s'étendait sur 110 cm de longueur et 50 cm de largeur. Le prélèvement par passes a montré que les coquilles avaient été rejetées en vrac et sans distinguer les espèces. Du reste, de nombreuses coquilles bivalves étaient entières et fermées, c'est-à-dire que leurs deux valves adhéraient encore l'une à l'autre. Elles ont ainsi pu être extraites des sédiments en l'état et les deux valves ont été maintenues accolées[147]. Un second exemple, celui de Cybèle à Lyon (Rhône), illustre, malheureusement par la négative, l'intérêt de cette méthode de prélèvement. Le comblement d'une fosse y a livré un assemblage de

[142] Dupont 2003b, partie III, 71-75.
[143] Voir les références données par C. Dupont, dans Dupont 2003b, 85. L'auteur cite notamment : Voigt 1975 ; Claassen 1991 ; Wing &Wing 1995 ; Hesse & Prieur 1999, Grouard 2001 ; Serrand 2002.
[144] Dupont 2003b, 85.
[145] Claassen 1991, 258 cité dans Dupont 2003b, 85.
[146] Dupont 2003b, 84.
[147] Bardot (étude en cours). Sur le site du Fâ à Barzan, nous avons utilisé des élastiques pour conserver les coquilles entières.

nombreux restes alimentaires d'huîtres qui, au moment de l'étude, a révélé la présence de deux groupes de coquilles très différentes par la forme et la taille des valves. Mais le ramassage global qui a été réalisé lors de la fouille n'a pas permis de déterminer si les deux groupes avaient été rejetés simultanément ou si l'un avait précédé l'autre. Un prélèvement par passes aurait certainement indiqué si les conchyliorestes étaient issus d'un seul évènement ou de deux séparés dans le temps et/ou dans l'espace.[148]

Les seconds dépôts, volumineux, sont échantillonnés. Il apparaît après plusieurs expériences, notamment sur le site du Fâ à Barzan[149] et de Constantine à Lançon-de-Provence (Bouches-du-Rhône),[150] que quatre à cinq prélèvements de 10 litres chacun, sédiments compris, constituent un volume suffisant pour l'application de chaque étape de la phase d'étude en laboratoire. Ils doivent être réalisés en différents points éloignés les uns des autres en distance et en altitude. La spatialisation de l'échantillonnage facilite en effet la compréhension de la formation du rejet. Sur le site du Fâ à Barzan, par exemple, les prélèvements effectués tout au long de la fouille du puits PT 25055 ont permis de repérer plusieurs séries de coquilles dans le comblement.[151]

Le mobilier conchyliologique

Le traitement post-fouille doit préserver les conchyliorestes tels qu'ils ont été prélevés jusqu'au moment de l'étude en laboratoire. Plusieurs précautions méritent donc d'être prises lors du lavage et du conditionnement.

Le premier doit éviter une sélection inconsciente des restes les plus gros afin de ne pas tronquer le spectre spécifique. Pour cela, un nettoyage manuel de chaque reste est exclu. En effet, outre son caractère très long et fastidieux, il risque de ne pas prendre en compte les coquilles les plus petites mêlées aux sédiments. De plus, l'utilisation de brosses doit être écartée, car leur passage à la surface des coquilles est trop abrasif. Sur la face interne des valves d'huître par exemple, le frottement des poils peut engendrer une perte de matière et faire ainsi disparaître des marques (d'ouverture en particulier) souvent ténues. On préférera donc employer un jet de faible pression sur un tamis pour laver les restes. (fig. 2) Ils constituent une solution à la fois rapide et non destructrice pour la matière-coquille. Cette technique permet de traiter le prélèvement dans son ensemble : les restes qui pourraient échapper à l'étude sans le tamisage du sédiment sont arrêtés par les mailles. Nous avons opté pour une maille de 5 mm. Cette taille est un choix méthodologique. En effet, il n'était pas question dans notre enquête de se lancer dans l'analyse des coquilles des tout petits mollusques. Ce domaine nécessite une spécialisation que nous n'avons pas et intéresse plus la malacologie que l'archéoconchyliologie. *A posteriori*, il apparaît en outre, qu'un tamisage plus fin, à 2 mm, n'apporte guère d'informations supplémentaires : d'après les tests pratiqués par C. Dupont sur le site de Beg-an-Dorchenn, "Hormis la présence de rares espèces de taille inférieure à 6 millimètres, la matériel a été jugé homogène à celui retenu sur la plus grande maille".[152]

fig. 2 : installation de tamisage et de lavage. Fouille du puits PT 25055, Barzan/Le Fâ (Fouille S. Coadic, 2006). Cliché S. Coadic.

Le conditionnement peut être effectué une fois les restes séchés. Il doit limiter leur écrasement afin de ne pas fausser l'analyse de la fragmentation. Ainsi, les restes devront être conditionnés par petits volumes (maximum 5 litres) pour qu'ils ne se brisent pas sous leur propre poids. Des sacs plastiques peuvent être utilisés comme contenants s'ils sont suffisamment résistants pour éviter les coupures des bords tranchants des coquilles. Néanmoins, des caisses sont préférables, car elles permettent une meilleure manutention et protègent les coquilles contre les chocs liés au transport. Idéalement, les coquilles solides (d'huître notamment) sont isolées pour limiter leur pression sur les plus fragiles (de moule par exemple). Enfin, les coquilles intactes et les fragments de grandes tailles (lorsque plus de la moitié de la valve ou de la coquille est conservée) sont séparés des autres restes qui seront soumis à un tri manuel. Celui-ci constitue une phase intermédiaire entre le terrain et l'étude ; il est destiné à retenir les coquilles de petite taille et les fragments qui peuvent être latéralisés. Sur le site de Malard à Narbonne, l'application de ce protocole a permis de faire apparaître de nombreuses valves de moules, *Mytilus* sp., dont les restes étaient pourtant très fragmentaires, et des coquilles de cérithe réticulé, *Bittium reticulatum*, qui ne dépassent pas une dizaine de millimètres.[153]

En laboratoire ...

Evaluer la conservation des conchyliorestes

Entre le moment de la fouille et celui du conditionnement, le lot qui nous parvient n'est pas le reflet exact du rejet tel qu'il a été mis au jour ; il constitue

[148] Bardot (inédit a).
[149] Bardot-Cambot 2011.
[150] Bardot 2004b et 2007b.
[151] Bardot 2006a et 2007d ; Bardot-Cambot 2011.

[152] Dupont 2003b, 84.
[153] Bardot 2006b.

un assemblage de restes conchyliologiques qui tend à s'en rapprocher. Celui-ci n'était toutefois déjà plus à l'image du dépôt scellé initialement, car au cours de la période d'ensevelissement, certains facteurs influent sur la tenue des restes. La pression mécanique exercée par le poids des sédiments et l'action chimique du contexte sédimentologique participent en effet à leur dégradation ou au contraire à leur préservation. C'est l'évolution taphonomique post-dépositionnelle : elle se lit à travers la composition de l'assemblage, la coquille et la matière qui la compose. On se doit donc de reconnaître et de mesurer les modifications intervenues sur les restes alors qu'ils étaient en terre, notamment en comparant les spécimens archéologiques à des exemplaires actuels.

Jusqu'à récemment, l'état des restes n'était pas ou peu mentionné dans les travaux traitant des conchyliorestes ; les observations formulées anciennement par A. Locard pour les coquilles du site du Trion à Lyon sont en effet restées longtemps sans suite.[154] Les spécialistes s'y intéressent depuis peu. C. Dupont s'est attachée dans sa thèse à décrire "l'ensemble des processus qui modifient ou transforment un artefact après son abandon",[155] car, selon elle, "l'analyse des tests malacofauniques trouvés en contexte archéologique est confrontée à plusieurs limites", l'une étant "les dégradations que les tests ont subies avant leur découvertes",[156] Aussi, afin de "juger de l'état général de dégradation d'un site", C. Dupont a défini une "typologie de dégradation" pour les coquilles de deux gastéropodes, le troque épais, *Osilinus lineatus*, et les patelles, *Patella* sp. ; pour les patelles, l'auteur s'inspire d'une étude d'Y. Gruet sur les "Stades de destruction des coquilles de *Patella* sur l'estran et en milieu terrestre".[157] Six "types" sont énoncés de "la coquille entière", type 0, au "débris de coquille", type 5.[158] Dans ses travaux, V. Forest s'emploie systématiquement à évaluer les pertes en mobilier et les modifications de la matière, postérieures au scellement des couches.[159] À Bram, il propose de calculer le taux de fragmentation des restes, qu'il définit "par le rapport du nombre de restes qui ne sont pas des valves entières, c'est-à-dire dont la surface est conservée à plus de 75%, au nombre total de restes, et ramené en pourcentages".[160] À Chartres et au Vieil-Evreux, M. Schneider mesure "l'état de dégradation du matériel" en comparant le poids des "morceaux d'huîtres" au "poids total du matériel".[161] Au cours de nos études, nous n'avons pas retenu ces outils, car bien souvent le volume de restes était trop important pour évaluer la surface conservée de chaque valve. Du reste, l'absence de définition du terme "morceau" rendait trop hasardeuse l'utilisation de la méthode donnée par M. Schneider. Nous avons donc préféré décrire l'état des valves pour les bivalves ou des coquilles pour les gastéropodes : pour chaque espèce, la fragmentation est estimée et les éventuelles altérations physico-chimiques de la matière-coquille sont signalées. Cette démarche descriptive est celle développée par V. Forest, notamment dans l'étude qu'il consacre aux conchyliorestes du site du Fâ à Barzan : la conservation des restes est renseignée pour chacune des espèces identifiées puis prise en compte dans l'interprétation des résultats.[162] Il montre ainsi que si l'on veut restituer de manière fiable le processus de formation du dépôt, une question s'impose : dans quelle mesure le matériel qui arrive sur notre table de laboratoire est-il proche de celui qui a été scellé suite au rejet ? La période d'ensevelissement est en effet une étape à part entière du parcours des coquilles : en cela, ses conséquences n'entravent pas l'interprétation, au contraire, elles y participent.

Identifier

Quels sont les animaux à l'origine des coquilles manipulées par l'homme ? L'identification répond à cette question puisqu'elle consiste à déterminer le taxon d'origine de chaque conchylioreste. Pour cela, on fait appel aux caractères propres de la coquille qui offrent, selon les mots de J.-B. de Lamarck, "un moyen pour reconnaître à quelle classe, quel ordre, quelle famille, appartient celui qui y a donné lieu".[163] Ainsi, malgré d'éventuelles dégradations liées à l'évolution taphonomique post-dépositionnelle, les coquilles conservent généralement tout ou partie de leur forme générale et de leurs différentes caractéristiques morphologiques. Elles gardent inscrites sur leur face interne les empreintes laissées par le corps de l'animal. De même, les reliefs externes et l'ornementation, bien que toujours un peu passés, survivent au temps et au contexte d'ensevelissement.

L'identification s'effectue selon le principe de l'anatomie-comparée utilisé en zoologie : les exemplaires archéologiques sont comparés entre eux et à d'autres spécimens actuels. Notre collection de référence a été en partie rassemblée grâce à V. Forest qui nous a transmis de nombreuses coquilles issues de son propre référentiel. Cette méthode comparative s'appuie aussi sur la consultation de guides de vulgarisation, de catalogues régionaux et d'ouvrages scientifiques dont la plupart des références nous ont été données par Y. Gruet et V. Forest.[164]

En accord avec cette démarche, nous désignons les espèces par l'expression binominale latine de la zoologie actuelle. Les appellations utilisées sont donc formulées en latin et composées de deux termes : le premier est le nom générique (sa première lettre est en majuscule) et le

[154] cf. 1.1.
[155] Définition de Cl. Masset reprise par l'auteur (Masset dans Leroi-Gourhan 1988, 1023).
[156] Dupont 2003b, 77.
[157] Gruet 1991.
[158] Dupont 2003b, 82-83.
[159] Se reporter à la bibliographie de l'auteur.
[160] Forest 1998a.
[161] Schneider 2002, 54 ; 87.

[162] Forest 2003a.
[163] De Lamarck 1817, 419.
[164] Bucquoy *et al.* 1887-1898 ; Arrecgros-Dejean 1966 ; Seed 1972 ; Parenzan 1974 ; Poutiers 1978 ; Granier & Penez 1984 ; Gaillard 1987 ; Poutiers 1987 ; Poppe & Goto 1991 et 1993 ; Quéro & Vayne 1998 ; Lindner 2000 ; Bouchet & Von Cosel 2001 ; Chauvin 2003 ; Lindner 2004 ; Audibert & Delemarre 2009.

second est le nom spécifique (tout en minuscule, il s'accorde avec le genre grammatical du nom générique). Lorsqu'une identification ne peut pas être poussée jusqu'à l'espèce, seul le nom générique suivi de la mention sp. (abréviation du nom latin *species*, espèce) est donné. En complément et afin de faciliter la lecture, un nom français accompagne le nom latin, par exemple : *Ostrea edulis*, l'huître plate d'Europe.

Les appellations zoologiques que nous avons adoptées sont celles de la base de données CLEMAM qui sert actuellement de référence pour la systématique des mollusques européens.[165] Les dénominations françaises employées sont issues de plusieurs sources, mais la majorité a été extraite des ouvrages de J. Granier et A. Penez (1984), J.-M. Poutiers (1978 et 1987), J.-Cl. Quéro et J.-J. Vayne (1998) et G. Lindner (2004).

Dénombrer

En archéoconchyliologie, il n'existe pas de méthode de dénombrement clairement définie ; chaque chercheur a traduit à sa manière un assemblage en nombres. Peu de réflexions ont en outre été menées sur les principes qui régissent ce moment de l'étude. Ceux adoptés par les archéozoologues nous ont donc guidée. Dénombrer consiste à faire le "compte des unités qui composent un ensemble".[166] En fonction de l'unité choisie, la nature du dénombrement diffère. Il est descriptif lorsqu'il donne le résultat brut d'un simple comptage, par exemple celui de tous les restes. Il est estimatif quand il fournit une interprétation, comme le nombre d'animaux qui en sont à l'origine.

Le dénombrement est donc un outil qui, selon l'unité à laquelle il est appliqué, permet de quantifier un aspect de l'assemblage. Pour nous, cette unité peut être un fragment de coquille, une valve, une coquille ou encore un animal. Mais les quantifier n'est pas une fin en soi. Cet exercice n'a en effet de valeur que si le nombre obtenu peut servir à répondre à la question qui guide notre enquête : quelles sont les activités humaines qui ont conduit au rejet des coquilles ?

Sur le parcours des coquillages, la dernière étape à voir une intervention humaine antique est celle du rejet. Nous avons donc recherché un mode de dénombrement qui mesure les quantités des différents taxons pour approcher au plus près la composition du lot scellé anciennement. Il fallait également qu'il puisse exprimer les variations de quantité d'un taxon entre les assemblages d'un site ou entre des sites. Dans les études centrées sur les ostéorestes, les conchyliorestes sont généralement comptés comme les restes osseux, en Nombre de Restes Déterminés (NRD ou NISP chez les auteurs anglophones : Number of Identified Specimens). Dans les inventaires de mobilier conchyliologique, les auteurs parlent en nombre de fragments ou de morceaux, mais ces termes sont rarement définis. Heureusement certaines études exposent la méthode utilisée. Nous nous sommes concentrée sur celles qui, comme nous, traitent de l'exploitation alimentaire des coquillages.

C. Dupont travaille avec le Nombre de Restes (NR) qu'elle restreint toutefois à celui des "fragments de coquille et tests entiers dont la plus grande dimension est supérieure ou égale à une certaine taille, que le test soit entier ou non" ; à Pont-de-Metz (Somme) par exemple, le décompte ne concerne que "les morceaux de coquille supérieurs à 2 mm".[167] Pour nous, le NR s'est avéré inadapté, car il ne donne pas la photographie souhaitée de l'assemblage : il fournit celle d'un lot marqué par les modifications post-dépositionnelles et non celle du lot originel. Du reste, ce mode de dénombrement n'autorise pas une démarche comparative. Il faudrait en effet que toutes les coquilles, indépendamment de l'espèce, soient également sensibles à la fragmentation au sein de l'assemblage, entre les assemblages du même site et entre les sites. Or certaines coquilles sont plus résistantes que d'autres et tous les contextes d'ensevelissement ne sont pas identiques.

V. Forest, après avoir brièvement employé le NR, propose de déterminer "la valeur la plus proche du nombre réel d'organes biologiques ayant contribué à la composition de l'assemblage"[168]. Libéré des caractéristiques physiques propres à chaque espèce, ce mode de dénombrement est celui que nous avons adopté. Contrairement au NR, il est déjà une interprétation puisqu'il ne considère pas tous les restes, mais seulement ceux qui auront été sélectionnés pour représenter un organe. Chez les bivalves, la coquille est composée de deux organes, les valves : on compte le Nombre Minimum de Valves (NMV). Chez les gastéropodes, la coquille est d'un seul tenant. Un organe équivaut alors à une coquille : on enregistre le Nombre Minimum de Coquilles (NMC). Pour chacun de ces organes, valve ou coquille, nous avons cherché quelle partie serait la plus susceptible d'être rencontrée, permettrait de ne les compter qu'une fois et autoriserait ensuite la comparaison des taxons entre eux. Nous devions retenir l'endroit de l'organe qui est le plus résistant à la fragmentation et qui se retrouve chez toutes les espèces. C. Dupont qui comptabilise les valves pour retrouver le Nombre Minimum d'Individus, choisit "la présence des dents de la charnière".[169] Mais celles-ci sont absentes chez certaines espèces bivalves, notamment *Ostrea edulis*, l'huître plate d'Europe, puisque la charnière est dépourvue de dents.[170] Pour les gastéropodes, Fr. Brien-Poitevin prend en compte les apex,[171] et C. Dupont le péristome pour les coquilles enroulées en hélice et l'apex associé à une partie de l'empreinte musculaire pour les

[165] CLEMAM – Checklist of European Marine Mollusca – Base de données scientifiques publique, hébergée par le Muséum National d'Histoire Naturelle (M.N.H.N.), Paris, à : http://www.somali.asso.fr/clemam/index.clemam.html
[166] Petit Larousse illustré, 2006.

[167] Dupont & Blondiau 2006.
[168] Forest (inédit a).
[169] Dupont 2003b, 74-75.
[170] cf. 1.4.
[171] Brien-Poitevin 1992b, 125-126.

coquilles coniques.[172] Finalement, nous avons opté pour la zone apicale, pour les gastéropodes comme pour les bivalves, car c'est une partie très solide de la coquille où la matière-coquille est particulièrement dense. À défaut, un autre repère est choisi, par exemple l'empreinte musculaire chez *Ostrea edulis*. Lorsqu'un taxon n'est présent que par un reste, celui-ci compte pour un organe : une valve chez les bivalves ou une coquille chez les gastéropodes.

En excluant le cas des valves épaves, le lot, tel qu'il a été manipulé par l'homme avant son rejet, était constitué de coquilles. Une coquille est une unité. Nous avons donc pensé calculer le nombre minimum d'unités ayant permis de composer l'assemblage. Nous souhaitions cependant faire la différence entre les animaux vivants sortis de l'eau et les coquilles vides dont on a extrait la chair.

Des outils différents étaient nécessaires pour exprimer ces deux moments du parcours des coquillages. Dans les travaux que nous connaissons, cette distinction n'existe pas. Nous n'avons donc pas trouvé de mode de dénombrement qui concerne les coquilles vides ; aussi, le Nombre Minimum de Coquilles (NMC) a t-il été créé. Les animaux vivants apparaissent en revanche par le biais du Nombre Minimum d'Individus (NMI). Le NMC et le NMI sont tous les deux des estimations, le premier, du nombre de coquilles à l'origine de l'assemblage, le second, du nombre d'animaux vivants à l'origine des coquilles. NMC et NMI sont équivalents puisqu'une coquille correspond à un animal. La valeur de notre NMC est donc égale à celle du NMI.

Pour les gastéropodes le NMC est déjà connu : il est égal au nombre minimum d'organes biologiques. Pour les bivalves, notre méthode de calcul du NMC s'inspire de celles proposées pour le NMI dans les ouvrages consultés. Nous avons retenu la plus souvent utilisée pour permettre la comparaison de nos résultats avec ceux des autres auteurs. Elle consiste à garder le plus grand NMV entre les valves gauches et les valves droites. Lorsque des coquilles arrivent entières jusqu'à nous, c'est-à-dire avec leurs deux valves encore jointes, ou que certaines sont reconstituées après appariement des valves gauches et droites isolées, leur nombre est précisé ; il est exprimé respectivement en Nombre Minimum de Coquilles entières (NMCe) et en Nombre Minimum de Coquilles reconstituées (NMCr).

Mesurer

La taille des valves

Mesurer, comme dénombrer, est un outil que nous avons utilisé pour retrouver la composition des assemblages rejetés anciennement par l'homme. Ainsi, les coquilles des bivalves sont formées de deux valves, mais, quand des exemplaires gauches et droits nous arrivent, rien n'assure qu'ils s'associent effectivement par paires. En outre, les valves des coquilles initialement entières ont pu se séparer au cours de l'évolution post-dépositionnelle. On peut tenter d'apparier les valves droites et gauches d'un petit lot, mais lorsqu'il en compte plusieurs dizaines, l'exercice n'est pas raisonnable, car il implique des manipulations longues et fastidieuses. Dans ce cas, le recours aux dimensions devient utile pour établir l'éventuelle correspondance des valves gauches et droites.

Dans les ouvrages consacrés aux coquilles des mollusques marins et dans les études archéoconchyliologiques consultées, nous avons trouvé deux dimensions capables d'exprimer la taille des valves. L'une suit son axe de croissance depuis l'apex, l'autre exprime son développement latéral. Leur nom et leur définition varient en fonction des auteurs. E. Bucquoy, Ph. Dautzenberg et G. Dollfus parlent du diamètre umbono-ventral et du diamètre antéro-postérieur.[173] Selon P.S. Galtsoff, "height is the distance between the *umbo* and the ventral valve margin ; lenght is the maximum distance between the anterior and posterior margin measured parallel with the hinge axis"[174]. Y. Gruet et C. Dupont s'inspirent de P.S. Galtsoff : la hauteur est la "distance séparant le crochet dorsal du bord ventral" et la longueur celle "séparant le bord antérieur du bord postérieur".[175] Fr. Brien-Poitevin mentionne aussi parfois la hauteur et la largeur. Enfin, V. Forest utilise la hauteur et le diamètre antéro-postérieur. "Chez les bivalves, la hauteur de la valve est la distance maximale entre le crochet (ou sommet ou apex ou *umbo*) et le bord ventral qui est opposé au crochet. Chez les huîtres, elle relie la pointe apicale de la charnière au bord ventral suivant un axe qui passe par le milieu de l'empreinte musculaire"[176] ; ce repère supplémentaire donne une direction constante pour des valves ayant un bord ventral de morphologie très variable, comme celui des huîtres. Le "diamètre antéro-postérieur maximal" est pris "entre les points antérieur et postérieur diamétralement opposés".[177] Nous avons retenu le principe des distances maximales, qui est le plus généralement suivi, et les appellations "hauteur" (H) et "diamètre antéro-postérieur" (DAP), car une remarque de P.S. Galtsoff souligne la confusion fréquente entre les termes "longueur" et "hauteur".[178] La hauteur "H" des valves d'*Ostrea edulis* a été mesurée en suivant la définition de V. Forest. La méthode que nous avons employée pour positionner les valves entre les branches du pied à coulisse est exposée dans l'annexe 1.

La plupart des espèces que nous avons rencontrées ont leurs deux valves de même grandeur ; si leurs tailles respectives sont proches, on peut donc envisager qu'elles se correspondent. Les deux dimensions, hauteur et diamètre antéro-postérieur, n'ont pas été systématiquement enregistrées. C'est un choix méthodologique qui répond aux contraintes de temps qui se sont parfois imposées au cours des études

[172] Dupont 2003b, 74-75.

[173] Bucquoy *et al.* 1887-1898.
[174] Galtsoff 1964, 18 et fig. 20, 20.
[175] Gruet (inédit c) ; Gruet & Prigent 1986a.
[176] Forest 2006a.
[177] Forest 2003a.
[178] Galtsoff 1964, 18.

archéoconchyliologiques que nous avons menées. Chez *Ostrea edulis*, l'huître plate d'Europe, il est plus compliqué d'établir une correspondance entre les valves gauches et droites, car la coquille est inéquivalve. La valve gauche est toujours la plus grande. Ce trait morphologique constitue déjà un indice, car des valves gauches qui seraient plus petites que les valves droites ne pourraient appartenir aux mêmes coquilles. Du reste, au fil des études, nous avons remarqué que l'écart entre les hauteurs des valves gauches et celles des valves droites était régulier. Pour le vérifier, un test a été réalisé pour 77 coquilles retrouvées entières et fermées sur le site du Fâ à Barzan. Les hauteurs des valves droites se sont avérées inférieures de 1 à 13 mm à celles des valves gauches. Pour treize spécimens actuels, nous avons obtenu des résultats proches. L'intervalle est plus réduit, mais la valeur maximum est voisine : entre 6 et 14 mm. Si les hauteurs des valves gauches sont supérieures de plus de 14 mm à celles des valves droites, on peut présumer qu'elles ne se correspondent pas. Toutefois, l'état des bords des valves n'autorise pas toujours la mesure de la hauteur. Sur les conseils de V. Forest, nous avons donc cherché une dimension qui en soit moins dépendante ; le diamètre antéro-postérieur a été logiquement écarté, car il relie deux points du bord de la valve. Pour être retenue, elle devait traduire l'accroissement de la coquille à partir de deux points, communs aux deux valves et évitant leurs bords. Or deux organes relient la valve gauche et la valve droite : le ligament articulaire et le muscle adducteur. Sur les valves archéologiques, leur zone d'insertion est encore bien visible ; il s'agit d'une fossette légèrement en creux pour le premier et d'une empreinte en forme de pois pour le second. L'observation des coquilles entières nous a conduite à supposer que la distance entre leurs dernières lignes d'arrêt de croissance était égale pour les deux valves. Un nouveau test a été réalisé, à partir des mêmes échantillons précédemment utilisés. La dimension qui a été prise est nommée "hauteur biologique" et abrégée HB, pour la différencier de la hauteur "H". Elle retient la distance maximale comprise entre l'extrémité de l'expansion interne de l'aire ligamentaire et la dernière ligne de croissance visible de l'empreinte musculaire. (annexe 1) Pour les mêmes 77 coquilles archéologiques, l'écart obtenu entre les valeurs gauches et droites est nul ou très étroit, jusqu'à 4 mm mais le plus souvent de 1 ou 2 mm (65% des exemplaires). Parmi les 13 spécimens actuels, six ont montré un écart nul, cinq un écart de 1 mm et deux un écart de 2 mm. Mesurer la hauteur biologique est donc un outil assurément efficace lorsqu'on souhaite évaluer "le degré d'appariement" des valves droites et gauches.

La taille des coquilles

Jusqu'aux années 1970-80, les huîtres creuses, *Crassostrea gigas* étaient classées en fonction de leur taille. Depuis, les machines à trier se sont généralisées ; les huîtres sont désormais classées en fonction de leur poids, mais les anciennes dénominations de taille ont subsisté.[179] Ainsi, partout en France, les plus petites portent le numéro 5, les plus grosses le numéro 0. Et plus généralement, lorsque les coquillages arrivent sur les étals, ils sont calibrés, c'est-à-dire que pour une même espèce, on ne compte pas d'individus plus grands ou plus petits que les autres : ils ont tous quasiment la même taille. Qu'en est-il dans l'Antiquité ? Pour répondre à cette question, les variations entre les lots d'une même espèce devaient être examinées et l'homogénéité de chaque assemblage évaluée. Les coquilles des bivalves et des gastéropodes ont donc été mesurées, et des outils mathématiques et statistiques ont été utilisés pour analyser les séries de dimensions obtenues.

Pour les bivalves, il s'agit plus de restituer la taille de la coquille que de la mesurer. En effet, elles ne nous arrivent pas toujours avec leurs deux valves appariées. Chez la plupart des espèces, la coquille est formée de deux valves de même grandeur, sa taille est donc donnée par l'une ou l'autre. Chez *Ostrea edulis*, l'huître plate d'Europe, les dimensions de la valve gauche, plus grande que la droite rappelons-le, donnent celles de la coquille ; pour cette espèce extrêmement polymorphe, la hauteur a été privilégiée, car elle nous a semblé moins dépendante des variations morphologiques que le diamètre antéro-postérieur. Toutefois, si les valves gauches sont trop abîmées, leur hauteur ne pourra pas être mesurée. Nous avons donc voulu savoir si elle pouvait être estimée à partir de la hauteur biologique. L'intensité de la relation entre Hg et HBg a été testée à l'aide d'un outil statistique pour un échantillon de 120 valves gauches archéologiques intactes et de toutes tailles. Le coefficient de corrélation (r) a été calculé : il est de 0,92, ce qui exprime une très forte liaison entre les deux variables. Une relation de type linéaire ($y = a x + b$) a été établie. Elle se traduit par l'équation suivante : $Hg = 2HBg - 6{,}4$. Nous avons comparé la moyenne des hauteurs mesurées et celle des hauteurs restituées. Les deux sont très proches, 89 mm pour la première et 87 mm pour la seconde. Finalement, lorsque la hauteur des valves gauches ne peut être mesurée, leur hauteur biologique peut vraisemblablement être utilisée pour restituer la taille des coquilles. Dans l'éventualité de l'absence de la valve gauche, il reste toujours la hauteur des valves droites. En effet, comme nous l'avons montré précédemment, l'écart entre les deux organes est régulier. Pour les 77 coquilles archéologiques entières du site du Fâ, le coefficient de corrélation entre les séries de hauteurs gauches et droites est d'ailleurs de 0,98. L'équation qui a été obtenue, $Hg = 1{,}1Hd - 1{,}09$, a été testée sur les valves de deux assemblages du site de Cybèle à Lyon et de Port la Nautique à Narbonne, et sur celles d'un lot du site "PME" de Meaux (Seine-et-Marne). Les moyennes obtenues à partir des hauteurs restituées sont très proches de celles obtenues à partir des hauteurs mesurées ; l'écart est de 1 mm pour trois lots et de 4 mm et 6 mm pour les deux autres lots. La loi "barzanaise" semble donc pourvoir être appliquée aux assemblages d'*Ostrea edulis* qui ne livreraient que des valves droites et pour lesquels on rechercherait la taille des coquilles.

[179] Nous remercions Y. Gruet pour cette précision.

Pour les gastéropodes, deux dimensions peuvent exprimer la taille de la coquille : la hauteur "H" et le diamètre "D". Chez les formes coniques (*Patella* sp., par exemple), la hauteur est la distance qui unit l'apex au plan sur lequel repose la face concave de la coquille, suivant un axe perpendiculaire au dit plan. Le diamètre correspond au diamètre maximal de la coquille sur ce même plan. Chez les formes enroulées en hélice, la hauteur est la distance maximale qui relie l'extrémité du canal siphonal à l'apex. Le diamètre correspond au diamètre maximal du dernier tour de la coquille suivant un axe perpendiculaire à la hauteur. Chez *Bolinus brandaris*, le rocher épineux, le diamètre a été mesuré selon la définition de V. Forest : "le diamètre mesuré est celui du dernier tour entre le point central de l'avant-dernière lamelle de croissance (celle en cours d'élaboration qui porte le labre n'est pas prise en compte) comprise entre la deuxième et troisième interruption lamellaire, et le point opposé en passant approximativement par l'apex de la coquille. Le point opposé se place généralement en avant (dans le sens de la croissance) d'une interruption lamellaire, parfois juste en arrière, le relief de l'interruption lamellaire étant évité".[180] (annexe 1)

Le calcul de la moyenne arithmétique (x), celle des hauteurs et/ou des diamètres antéro-postérieurs pour les bivalves et celle des hauteurs et/ou des diamètres pour les gastéropodes, a été systématisé. Il permet de traduire en écriture mathématique des tendances de taille qui pourront être comparées entre elles. Pour évaluer l'homogénéité des assemblages, deux autres outils ont été utilisés. Empruntés à V. Forest, ils ont été retenus pour leur facilité d'application par un non-statisticien et parce qu'ils donnent au lecteur, lors de l'exposé des résultats, toutes les clés de l'analyse. Le premier exprime en pourcentage la propension d'une série de valeurs à varier. Il s'agit de la variabilité maximale qui se définit par la formule mathématique suivante : (Valeur Maximum - Valeur Minimum)/Valeur Minimum*100).[181] Plus le pourcentage est élevé, plus l'intervalle de variation est large. Le second appréhende la dispersion des valeurs de manière visuelle, comme si le lecteur voyait les coquilles devant lui. Il consiste à distribuer les valeurs d'une même série dans des intervalles de classe. Plus le nombre de valeurs est élevé dans des intervalles proches, plus les valeurs sont regroupées.

Examiner la morphologie des coquilles qui composent l'assemblage et dresser leur profil morphologique

Lorsque les restes d'une espèce sont exhumés par les archéologues, rien n'assure qu'ils se rapportent à un seul lot d'animaux collectés dans une même population. Pour retrouver la composition de l'assemblage qui a été enfoui anciennement, nous avons donc choisi de mesurer l'homogénéité morphologique des coquilles. En effet, les individus d'une même population développent des caractères morphologiques communs ; c'est ce que suggère l'utilisation par Y. Gruet de "l'indice de forme".[182] Défini par P.S. Galtsoff pour les coquilles bivalves, il est obtenu par la formule : If = (H+l)/DAP, "l" étant l'épaisseur des deux valves jointes.[183] Plus les indices de forme sont voisins, plus les coquillages ont une chance d'appartenir à une seule population. Cet outil n'a cependant pas été retenu, car, comme le fait remarquer Y. Gruet, il est difficilement applicable aux spécimens archéologiques : les coquilles ne disposent pas toujours de leurs deux valves et celles-ci sont encore moins souvent jointes. Nous avons donc opté pour une solution plus descriptive.

À ce stade du protocole, deux espèces dont nous verrons qu'elles livrent la majorité des restes rencontrés, ont fait l'objet d'un examen systématique : *Proteopecten glaber*, le peigne glabre, et *Ostrea edulis*, l'huître plate d'Europe. Les valves gauches et droites, dont on aura montré auparavant qu'elles peuvent se correspondre, sont observées successivement pour restituer la morphologie des coquilles qu'elles formaient initialement. Pour les décrire, deux caractères principaux ont été enregistrés : la taille et la forme. Chez *Proteopecten glaber*, la hauteur de l'une ou l'autre valve donne la taille de la coquille. Les variations de formes interviennent surtout dans le bombement de la coquille d'après les observations de V. Forest.[184] La convexité d'une valve est traduite en écriture mathématique par le rapport entre la hauteur et l'épaisseur "E" (H/E). L'épaisseur est "la distance qui unit le plan sur lequel repose la face concave de la valve au point le plus éloigné de la face convexe suivant un axe perpendiculaire au dit plan".[185] (annexe 1) Chez *Ostrea edulis*, la hauteur de la valve gauche permet de restituer la taille de la coquille. Sa forme est donnée par le contour des valves - elles sont par exemple rondes, piriformes ou en forme de goutte - et par leur allongement. Celui-ci se concrétise numériquement par le calcul du rapport entre la hauteur et le diamètre antéro-postérieur (H/DAP). Ce calcul nous servira surtout pour rechercher une tendance grossière, c'est pourquoi nous exprimons les résultats par un nombre limité à un chiffre après la virgule (par exemple : 0,9). À la lecture de la thèse de M. Laurain et des travaux de P.S. Galtsoff, d'autres caractères peuvent être pris en compte dans la description des coquilles d'*Ostrea edulis*.[186] Il s'agit de l'épaisseur de la paroi des valves et de l'ornementation de leur face externe. On regardera également l'aire ligamentaire (l) qui est "le résultat du déplacement pendant la croissance de la génératrice qu'est le ligament"[187] et l'empreinte musculaire qui délimite la zone d'insertion du muscle adducteur. Le rapport Hl/DAPl exprime l'allongement de l'aire ligamentaire. Le développement en hauteur et en

[180] Forest (inédit e).
[181] Ce paramètre a été récemment promu par Cl. Guintard dans les approches ostéométriques (Guintard 1998).

[182] Gruet 1983 ; Gruet & Prigent 1986a.
[183] Galtsoff 1964, 29-30.
[184] Forest 1999c ; Forest 2006a.
[185] Forest 2006a.
[186] Galtsoff 1964 ; Laurain 1971.
[187] Laurain 1971, 17. Les travaux de M. Laurain et de L. Marteil, que nous citerons par la suite, sont déjà anciens. Mais ce sont les seules études de synthèse que nous avons découvertes sur ce sujet ; une enquête serait à mener dans les milieux biologiques spécialisés.

largeur de l'empreinte musculaire est perçu par le calcul du rapport entre la hauteur de l'empreinte et la hauteur biologique de la valve (HB/Hm), et entre le diamètre antéro-postérieur de l'empreinte et le diamètre antéro-postérieur de la valve (DAP/DAPm). Les hauteurs de l'aire ligamentaire et de l'empreinte musculaire sont les distances maximales comprises entre leur extrémité externe (en direction du bord dorsal) et interne (en direction du bord ventral) et leurs diamètres antéro-postérieurs sont les distances maximales comprises entre leurs extrémités antérieure et postérieure. (annexe 1)

La morphologie la plus fréquente donne le profil morphologique des coquilles. Nous avons entrepris de dresser ce profil pour chaque assemblage d'huître plate d'Europe, *Ostrea edulis*. Il s'agit ainsi d'approcher les environnements qui ont été exploités et, à terme, de préciser les axes commerciaux qui régissent la diffusion de cette espèce. En effet, exception faite des spécimens épaves, les coquilles sont les représentantes des populations dans lesquelles l'homme a puisé et des lots qu'il a ensuite transportés. Or, chez *Ostrea edulis*, les coquilles développent une morphologie différente d'une population à l'autre, liée directement aux conditions écologiques dans lesquelles les individus grandissent.

La configuration du substrat sur lequel sont fixés les animaux détermine en partie la forme des coquilles : M. Laurain indique que "Les individus fixés dans les anfractuosités, en adoptent les contours, et conservent des formes aberrantes".[188] La densité de la population influe également. En effet, les coquilles sont d'autant plus allongées et leur contour irrégulier qu'elles croissent serrées les unes contre les autres. Au contraire, les animaux isolés profitent de l'espace libre environnant pour développer une forme arrondie régulière.[189] Par ailleurs, ceux "vivant sur les fonds vaseux, fixés sur un support de petite dimension, ne tardent pas à basculer, et à vivre couchés sur la vase ; l'huître doit alors lutter, en permanence, contre les dangers de l'envasement, la coquille devient large, parfois plus large que longue".[190] La turbulence des eaux agit tant sur la forme de la coquille que sur son ornementation. Ainsi, l'agitation continuelle du milieu "aplatit les huîtres sur leur support, et inhibe l'apparition de toute ornementation lamelleuse ou costulée",[191] "le bord libre du manteau étant incapable de se maintenir dressé dès qu'une certaine agitation se manifeste"[192] ; la surface de fixation de la valve gauche sur le substrat représente alors une partie importante de la surface totale et les reliefs externes des valves sont comme abrasés.[193] Inversement, les formes dont la surface est froncée et ornée de lamelles minérales saillantes "ne se développent bien que dans des milieux assez calmes (sous le niveau des plus basses mers, quand l'influence de la houle ne se fait plus trop sensible)".[194]

[188] Laurain 1971, 40.
[189] Laurain 1971, 40 ; Gruet & Prigent 1986a ; Gruet (inédit c).
[190] Laurain 1971, 40.
[191] Laurain 1971, 91
[192] Laurain 1971, 42.
[193] Laurain 1971, 73 ; 91.
[194] Laurain 1971, 88-89.

M. Laurain précise en outre que "les huîtres se développant en permanence dans les eaux de salinité élevée, restent de taille médiocre et présentent une ornementation plus riche, ainsi qu'une pigmentation plus vive".[195] Enfin, l'épaisseur de la paroi des valves est un indice sur la rapidité de la croissance des individus : elle est plus forte chez ceux qui grandissent lentement.[196]

Identifier le support de fixation des huîtres

Au hasard des courants, la larve d'huître s'installe sur des coquilles d'autres mollusques vivants ou sur celles d'animaux morts et y poursuit sa croissance. Ainsi, les valves gauches épaves rejetées par la mer que nous avons ramassées montrent régulièrement sur leur talon une valve, une coquille ou à défaut leur empreinte. (fig. 3) Les huîtres sont des coquillages ubiquistes. L'identification de la valve ou de la coquille qui lui a servi de support de fixation peut être un sérieux indice sur le bassin géographique que l'homme a exploité. Rappelons en effet, que certaines espèces sont proprement méditerranéennes, comme *Proteopecten glaber*, le peigne glabre, ou uniquement atlantiques, comme *Pecten maximus*, la coquille Saint-Jacques d'Atlantique. Les valves gauches d'huître plate qui montrent ainsi la trace d'un support de fixation sont dénombrées à l'aide du NMV.

fig. 3 : valves gauches d'huître plate d'Europe, *Ostrea edulis*, fixées sur une valve (ou un fragment de valves) de bivalve ou une coquille de gastéropode. Au centre, la coquille d'une nasse variable, *Nassarius mutabilis*, et son empreinte sur le talon d'une valve gauche.

Aujourd'hui, l'homme intervient très tôt dans le parcours des huîtres en disposant des collecteurs sur le chemin du naissain pour ensuite contrôler sa croissance ; c'est la première étape de la "culture". Peut-on l'envisager déjà à l'époque romaine ? Pour tenter de répondre à cette question, le talon des valves gauches, zone localisée à leur extrémité dorsale, mérite d'être examiné puisqu'il enregistre la nature du support choisi par la jeune huître

[195] Laurain 1971, 38.
[196] Marteil 1976.

pour se fixer. Nous avons ainsi remarqué que les huîtres élevées actuellement montrent parfois le négatif des coupelles plastiques en lamelles qui ont servi à collecter le naissain. (fig. 4) La part des exemplaires marqués est souvent faible, car les jeunes huîtres ont été décrochées de leur support avant qu'elles n'en prennent véritablement la forme. Outre les collecteurs dits "traditionnels" (tuiles chaulées, tubes et coupelles en plastique enfilées en cordée), les ostréiculteurs de la baie de Quiberon utilisent également des coquilles de moules pour récolter le naissain d'huître plate, *Ostrea edulis*. Cette technique est apparue vers 1980 ; elle s'effectue en eau profonde (3-6 m).[197] "Les coques *(Cardium sp.)*, les palourdes, pétoncles, vanneaux, etc., bien qu'étant de bons collecteurs, ne sont pas employés".[198] Les coquilles de moules sont enfilées en chapelets ou entassées dans des pochons, les uns et les autres reposant sur des tables surélevées. Elles sont aussi placées en boudins dans des filets de plastique que l'on suspend sur des armatures métalliques ou, "dans leur quasi totalité, déposées à l'état brut directement sur le sol".[199] Quelquefois des valves de moules sont encore fixées au talon des huîtres qui arrivent dans nos assiettes. (fig. 4)

fig. 4 : a. valve gauche d'huître creuse élevée, *Crassostrea gigas*. Son talon montre l'empreinte de la coupelle en plastique qui a servi de collecteur. b. coupelles en plastique enfilées sur des tubes. Village ostréicole du Canon sur le bassin d'Arcachon (Gironde). c. valves gauches de deux huîtres plates d'Europe élevées, *Ostrea edulis*. Elles sont fixées sur des valves de moules, *Mytilus* sp.

Identifier et quantifier la faune associée

La coquille est un substrat naturel pour de nombreux organismes sédentaires ; nous l'avons développé précédemment.[200] Ils se fixent à sa surface (épilithes), comme les crustacés cirripèdes du genre *Balanus* et *Chthamalus*, les vers polychètes serpulidés du genre *Pomatoceros* et les bryozoaires, ou ils y creusent un abri (endolithes), par exemple les vers polychètes du genre *Polydora* et les spongiaires du genre *Cliona*. Des bivalves comme le naissain d'huître ou le genre *Anomia* font également de la coquille leur support de fixation. Enfin, elle est le rempart protecteur que les prédateurs tentent de franchir pour accéder à la chair dont ils se nourrissent.

Cette faune, que nous qualifierons "d'associée", est plus ou moins inféodée à un biotope. C'est pourquoi elle peut être examinée pour renseigner les conditions écologiques dans lesquelles les coquillages ont vécu. Plusieurs auteurs l'ont montré : parmi eux, M. Laurain dans sa thèse consacrée aux huîtres fossiles de faluns du Miocène de la Loire,[201] et Y. Gruet dans ses travaux de biologie marine et ses études conchyliologiques d'assemblages archéologiques.[202] Pour nous, reconnaître la faune associée et dénombrer les valves des bivalves (par le NMV) et les coquilles des gastéropodes (par le NMC) qui en présentent une trace, sont des outils supplémentaires pour définir les environnements que l'homme a exploités dans l'Antiquité pour les coquillages.

Enregistrer les marques d'origine humaine

À deux moments de leur parcours, les coquillages collectés vivants opposent leur coquille aux interventions humaines. Tout d'abord, lors de la collecte, elle sert de bouclier aux animaux qui vivent fixés, par exemple l'huître plate d'Europe, *Ostrea edulis*, ou les patelles, *Patella* sp. Elle est aussi mobilisée par ceux qui se meuvent, comme le peigne glabre, *Proteopecten glaber*, qui, pour fuir, se propulse en faisant claquer ses valves. Ensuite, au moment d'extraire la chair, elle protège l'animal qui s'est enfermé à l'intérieur.

Pour retrouver les moyens mis en œuvre par l'homme pour collecter les coquillages et retirer la chair de la coquille, les stigmates laissés par les outils qu'il a employés sont des indices à exploiter ; les valves des bivalves et les coquilles des gastéropodes ainsi marquées sont dénombrées à l'aide du NMV pour les premières et du NMC pour les secondes. On remarquera par exemple que la matière-coquille des huîtres reste rarement intacte après le passage en force d'une lame de couteau entre leurs valves : les plus expérimentés d'entre nous laissent une trace discrète tandis que les moins habiles entament profondément la matière qui se brise en petits morceaux, gâchant alors le plaisir de la dégustation.

[197] Marteil 1979, 25 ; Quéro & Vayne 1998, 155 ; Extrait d'une brochure "Locmariaquer", éditée par l'Association des Amis de la Chapelle Saint-Michel.
[198] Marteil 1979, 25.
[199] Extrait d'une brochure "Locmariaquer", éditée par l'Association des Amis de la Chapelle Saint-Michel.

[200] cf. 1.4.
[201] Laurain 1971
[202] Gruet 1983 ; Gruet 1998a ; Gruet 1998b ; Gruet (inédit c) ; Gruet & Prigent 1986a.

2. LES DÉCOUVERTES DE COQUILLAGES MARINS : RÉSULTATS

321 sites de découverte de conchyliorestes marins répartis sur 189 localités ont été recensés.[203] Ils s'inscrivent dans un cadre chronologique et géographique dicté par les orientations que nous avons fixées pour cette recherche.

2.1. Cadre chronologique et géographique

L'ère chronologique retenue s'étend sur près de huit siècles, entre le IIe siècle a.C. et le VIe siècle p.C. Le choix de cette période très large répond à notre objectif de cerner les grandes tendances de l'évolution des mœurs gallo-romaines en matière de coquillages.

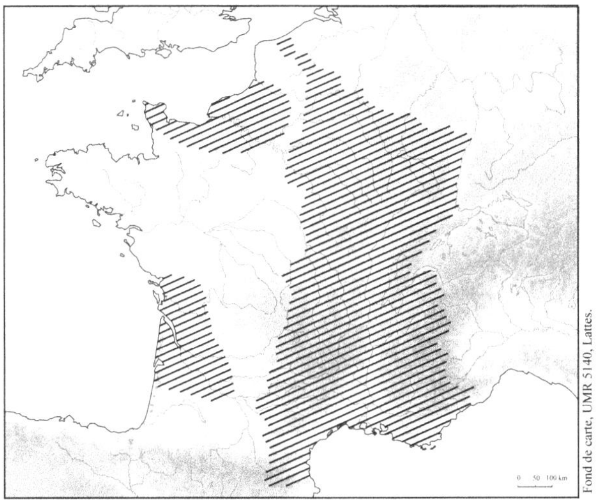

fig. 5 : zones géographiques explorées.

Parallèlement, la caractérisation des différentes phases de la chaîne opératoire qui régit l'exploitation des coquillages, et la participation à la définition des influences commerciales entre le monde atlantique et le monde méditerranéen impliquaient un large terrain d'investigation. Comme nous ne pouvions pas explorer l'ensemble de la Gaule dans le temps imparti, il fallait pouvoir considérer à la fois l'intérieur des terres et les régions côtières de la Méditerranée, de l'Atlantique, de la Manche et de la mer du Nord. Nous nous sommes alors concentrée sur les régions qui, en limite du Rhin, atteignent la mer du Nord, sur celles qui s'éloignent dans les terres en suivant l'axe séquano-rhodanien et sur celles qui s'ouvrent sur la Méditerranée ; cette aire géographique correspond à 46 départements français, couvrant la moitié est du pays. En outre, pour ne pas priver l'enquête des alternatives atlantiques et de la Manche, nous avons sélectionné deux secteurs de la façade occidentale française. L'un est en contact avec la Manche : il est limité par la baie de Somme et la pointe du Cotentin. L'autre s'ouvre sur l'Atlantique : il va de la baie d'Aiguillon aux étangs landais. (fig. 5) Ce cadre géographique s'appuie principalement sur la trame administrative actuelle. Il nous a semblé prématuré de faire intervenir la géographie historique alors qu'aucun inventaire des découvertes de conchyliorestes marins n'avait encore été réalisé.

2.2. Nature des informations recueillies

226 sites, les trois quarts de notre inventaire, reposent sur de simples mentions, c'est-à-dire sur des signalements ponctuels, de "coquillages" par exemple, ou sur des inventaires de conchyliorestes dans les études centrées sur les ostéorestes. 84 sont concernés par une étude dédiée aux conchyliorestes. 11 sont signalés par une mention et ont également fait l'objet d'une étude conchyliologique. (fig. 6)

Entre Méditerranée et Rhin

Les Cartes archéologiques de la Gaule (*CAG*)[204] comptent un très grand nombre de signalements de coquillages. Mais ils sont peu précis, tant sur le contexte archéologique et chronologique que sur les coquilles mises au jour. Au début de notre recherche, nous nous sommes efforcée de retrouver l'information originelle. Beaucoup de découvertes étaient anciennes, de la fin du XIXe ou du début du XXe siècle. L'accès à la documentation n'a donc pas été facilité. De plus, quand nous y sommes arrivée, la première mention s'est rarement avérée plus complète que celle fournie par les *CAG*, notamment quant aux espèces représentées et à la quantité de restes retrouvés. Finalement, nous avons fait confiance aux différents rapporteurs et considéré que le contenu des signalements était proche ou identique à celui d'origine. Pour 50 d'entre eux, seuls "des coquillages" sont signalés. Nous avons supposé qu'il s'agissait bien d'espèces marines, car les mollusques terrestres apparaissent sous les termes "d'escargots" ou "de coquille d'escargots ": à Flavin/Mas-Marcou (027[205]) ou à Florensac/Pouchette (076/3), "escargots" et "coquillages" se succèdent dans l'énumération des coquilles. Une liste de noms, le plus souvent en français et parfois en latin, peut compléter la mention : "coquillages (moules, huîtres, pectens)" (Pinet/Castelle (088)), "coquillages (palourdes, huîtres, moules, pectens)" (Fos-sur-Mer/Centre aéré (036/2)) ou encore "coquillages (ostrea edulis, clamys glaber, cardium edulis)" (Vaison-la-Romaine/Maison de la Tonnelle (168/3)). Si ces appellations françaises ou latines peuvent préciser le spectre de coquillages, elles doivent tout de même être considérées avec prudence. En effet, le même mot ne définit pas toujours le même coquillage ; nous y reviendrons lors de l'exposé consacré aux espèces rencontrées. F. Benoît rapporte ainsi que dans une épave - Hyères/Le Titan (160/2) - une amphore contenait "des arêtes de thonidés et pélamydes, ainsi que des gastéropodes ptéropodes". Il est cependant peu probable que F. Benoît ait observé les coquilles de ces mollusques.

[203] Ces découvertes sont inventoriées et cartographiées dans l'annexe 2.

[204] Huit départements sur les 46 concernés n'étaient pas documentés lorsque nous avons commencé notre travail d'inventaire.

[205] Dans ce chapitre, nous ferons très souvent référence aux mentions et études inventoriées pour cette recherche. Pour ne pas surcharger les notes de bas de page, chaque site mentionné dans le texte est donc associé à son numéro d'inventaire ; celui-ci fait office de renvoi bibliographique (cf. annexe 2).

	Mentions (signalements ou inventaires)	**Etudes**	**Mentions et études**	**Nombre de sites**
Alsace	**8**			**8**
Bas-Rhin	7			7
dont Strasbourg	*7*			*7*
Haut-Rhin	1			1
Auvergne	**12**			**12**
Allier	1			1
Cantal	3			3
Haute-Loire	3			3
Puy-de-Dôme	5			5
Bourgogne	**19**	**12**	**2**	**33**
Côte-d'Or	2	3		5
Nièvre	1			1
Saône-et-Loire	9	1	1	11
dont Autun	*5*	*1*	*1*	*7*
Yonne	7	8	1	16
dont Sens	*1*	*8*		*9*
Champagne-Ardenne	**1**			**1**
Haute-Marne	1			1
Franche-Comté	**12**	**8**	**1**	**21**
Doubs	3	7	1	11
dont Besançon	*2*	*7*	*1*	*10*
Jura	6			6
Haute-Saône	2	1		3
Territoire-de-Belfort	1			1
Ile-de-France		**1**		**1**
Seine-et-Marne		1		1
Languedoc-Roussillon	**64**	**30**	**5**	**99**
Aude	17	10	3	30
dont Narbonne	*9*	*5*	*3*	*17*
Gard	5	5		10
dont Nîmes	*5*	*2*		*7*
Hérault	40	15	2	57
Lozère	2			2
Lorraine	**4**			**4**
Meurthe-et-Moselle	1			1
Meuse	1			1
Moselle	2			2
Midi-Pyrénées	**17**			**17**
Aveyron	5			5
Tarn	12			12
Nord-Pas-de-Calais	**9**			**9**
Nord	9			9
Picardie	**3**			**3**
Aisne	3			3
Provence-Alpes-Côte-d'Azur	**60**	**14**	**3**	**77**
Alpes-de-Haute-Provence	4			4
Bouches-du-Rhône	42	14	2	58
dont Marseille	*5*	*1*		*6*
et Saint-Mitre-Les-Remparts	*7*	*1*	*1*	*9*
Var	6		1	7
Vaucluse	8			8
Rhône-Alpes	**15**	**5**		**20**
Ain	2			2
Ardèche	4			4
Isère	2	2		4
Loire	1			1
Rhône	2	4		6
dont Lyon	*2*	*4*		*6*
Savoie	3			3
Les deux secteurs de la façade occidentale française	**2**	**14**		**16**
Totaux	***226***	***84***	***11***	***321***

fig. 6 : tableau récapitulatif du nombre de sites de découverte de conchyliorestes marins en fonction de la nature de l'information.

En effet, les thécosomates, "les ptéropodes", sont de très petits gastéropodes pélagiques ; ceux de la famille des cavolinidés, fréquents en Méditerranée, dépassent rarement la taille d'un ongle. Surtout, leur coquille est réduite, voire absente ; elle est alors remplacée par une formation secondaire appelée pseudoconcha.[206] Nous avons également trouvé plusieurs mentions de découvertes de coquillages dans les monographies des

[206] Rampal 1973 ; Linder 2004, 136-137.

grandes agglomérations, comme pour illustrer "La pêche et l'ostréiculture" à Narbonne[207] et dans la région de Béziers.[208] Toutefois, si les exposés proposés par les auteurs semblent s'appuyer sur une information première relativement bien documentée, le retour aux sources initiales, déjà anciennes, a montré qu'elles étaient, pour nous, presque inutilisables dans ce travail. Une fois encore, l'exercice n'a donc pas été systématiquement tenté.

Au terme de cette quête des mentions, il nous est apparu que les inventaires de mobilier conchyliologique dans les études centrées sur les ostéorestes sont, eux, plus intéressants. Certes moins nombreux, ils renseignent plus précisément le contexte chrono-stratigraphique et la composition du spectre spécifique. Les espèces sont souvent désignées par un nom latin doublé d'une appellation française. La plupart du temps, cette association autorise à retenir les identifications proposées ; certaines pourront malgré tout être discutées. Parfois, les espèces sont classées en fonction de leur ordre d'importance. Plus régulièrement, leurs restes sont dénombrés, mais les procédés de comptage varient d'un auteur à l'autre. Ceci ne facilite pas la comparaison des résultats, surtout lorsque la méthode utilisée n'est pas détaillée.

Les mentions que nous avons enregistrées, signalements ponctuels et inventaires de conchyliorestes, témoignent donc avant tout de la présence de coquillages marins sur les sites concernés. Et si leur contenu peut être parfois exploité plus en détail, il devra toujours être manipulé avec réserve.
Les études dédiées aux conchyliorestes ne comptent que pour un quart de l'inventaire des sites, mais elles offrent une base de travail qui est beaucoup plus favorable à notre démarche que celle des mentions. Le contexte chrono-stratigraphique y est donné en fonction des données archéologiques alors à disposition, ce qui permet généralement de cerner les conditions de la découverte. Les auteurs nous livrent des résultats qui dépassent la présentation de l'assemblage spécifique. Ils concernent l'état de conservation des restes, la forme et la taille des valves ou des coquilles, ou encore les marques d'origine humaine.

Les observations que nous avions réalisées à l'occasion de notre recherche de Maîtrise sur le mobilier conchyliologique de plusieurs sites bourguignons et francs-comtois[209] ainsi que onze études que nous avons menées pour cette thèse viennent en complément. Celles-ci ont été effectuées suivant les disponibilités en mobiliers. Nous avons retenu des lots issus d'opérations archéologiques récentes afin d'accéder facilement à la documentation de fouilles et d'exploiter ainsi les données chronologiques et stratigraphiques. Dans le même temps, nous avons bénéficié d'un Programme Collectif de Recherche qui nous a permis de travailler sur l'agglomération antique de Narbonne.[210] Au final, ce sont cinq études qui ont été menées dans l'intérieur des terres (Besançon/Collège Lumière (060/2), Besançon/Refuge (060/9), Lyon/Cybèle (136/4), Autun/Hôpital (140/3), Meaux/PME (148)) et six autres dans la région méditerranéenne (Narbonne/Général de Gaulle (020/4), Narbonne/Clos de la Lombarde (020/10), Narbonne/Malard (020/11), Narbonne/Port la Nautique (020/14), Lançon-de-Provence/Constantine (041) et Villevieille (065)). S'ajoutent les premiers résultats de trois autres études en cours (Balaruc-les-Bains/Rue Montgolfier (071/3), Narbonne/1848 (020/1) et Narbonne/Kennedy (020/8)).

Sur la façade occidentale française

Nous avons orienté notre recherche bibliographique vers les inventaires de conchyliorestes et les études "spécialisées". Nous avons pu accéder à la documentation de dix sites : Bordeaux/Cité Judiciaire (184/3) et Bordeaux/Grands-Hommes (184/4) en Gironde, Aulnay (180), Aytré/Bongraine (181), Saintes/Ma Maison (183), et Barzan/Le Fâ (182/1) en Charente-Maritime, Ifs (178) et Fleury-sur-Orne (179) dans le Calvados, Pont-de-Metz/La Ferme aux Mouches 2 (187) dans la Somme et Epiais-Rhus/La Poulaine (189) dans le Val d'Oise. Et nous avons réalisé six études : Agen/Ermitage (186) dans le Lot-et-Garonne, Loupiac/Saint-Romain (185), Bordeaux/Chapeau Rouge (184/2) et Bordeaux/Auditorium (184/1) en Gironde, Rom/La Petite Ouche (188) dans les Deux-Sèvres et Barzan/La Palisse (182/2) en Charente-Maritime. À Barzan/Le Fâ (182/1), nous traitons également depuis 2002 le mobilier issu de la fouille d'un quartier d'habitations et d'une zone d'entrepôts, et depuis 2006, celui qui est sorti du comblement d'un puits (PT 25055). Ces travaux ne sont pas achevés, cependant plusieurs résultats méritent d'ores et déjà d'être exposés.

2.3. Distribution géographique et chronologique des découvertes

Environ la moitié des découvertes est localisée dans la région méditerranéenne, principalement autour de deux pôles, l'un languedocien, l'autre provençal. (fig. 7) L'Aude, les Bouches-du-Rhône et l'Hérault sont particulièrement bien représentés : ces trois départements rassemblent 145 des 321 sites recensés. La seconde moitié des découvertes est disséminée sur le reste du territoire exploré. Deux départements bourguignons, l'Yonne et la Saône-et-Loire, et un franc-comtois, le Doubs, comptent toutefois plus d'une dizaine de sites. Cette distribution géographique reflète l'état des recherches en archéoconchyliologie et davantage celui de

[207] Gayraud 1981, 542-543.
[208] Clavel 1970, vol. 2, 324-328.
[209] Bardot 2003.

[210] Programme Collectif de Recherche "*Le système portuaire narbonnais entre Méditerranée et Atlantique, du IIe siècle avant J.-C. au Bas-Empire*", sous la direction de C. Sanchez (CNRS, UMR5607), M.-P. Jezegou (D.R.A.S.S.M.) et P. A. Gianfrotta (Université de Viterbe, Italie).

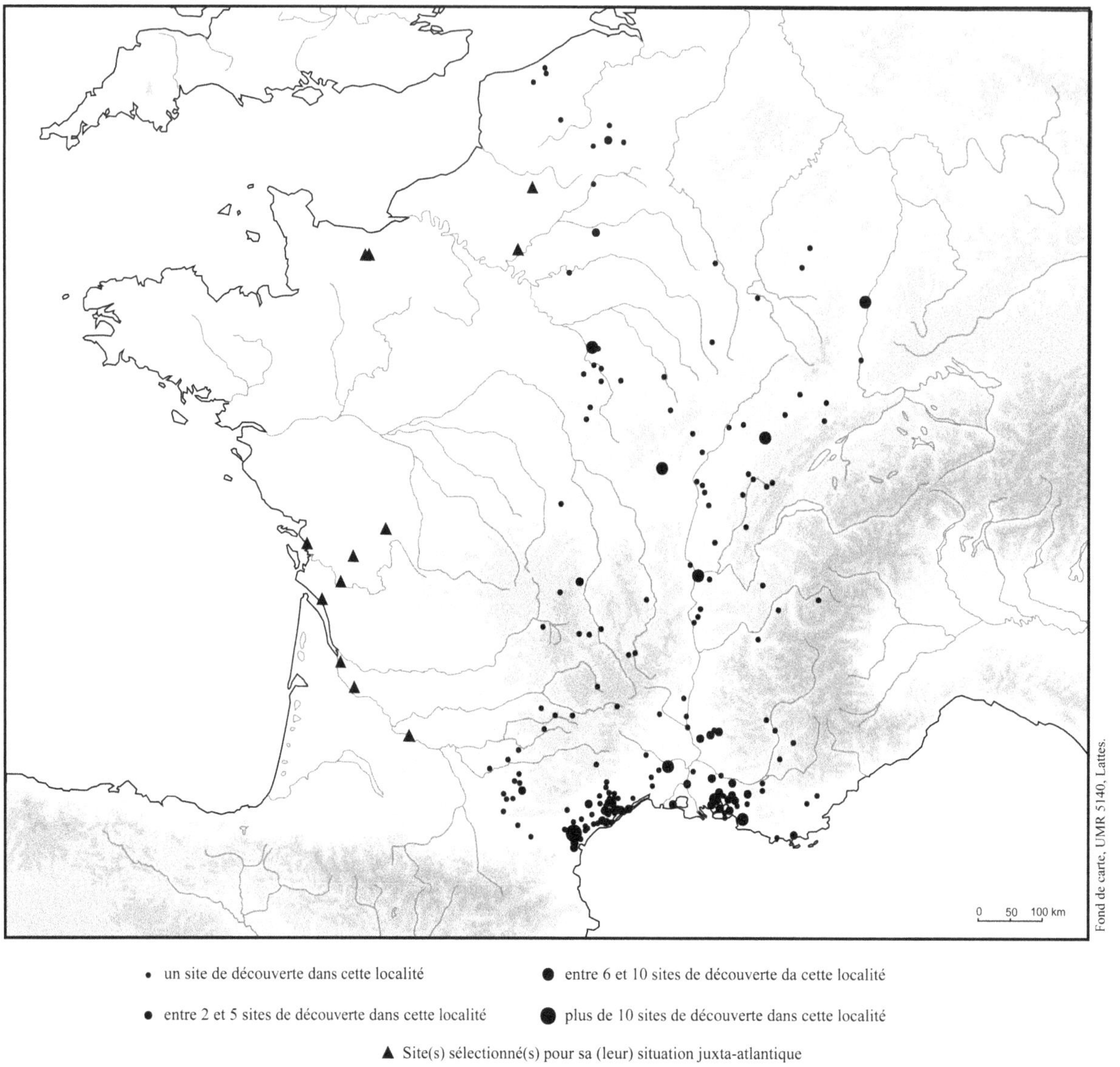

fig. 7 : distribution géographique des sites de découverte de conchyliorestes marins dans le cadre géographique et chronologique exploré.

notre propre recensement. En effet, les concentrations observées pour les deux pôles méditerranéens s'expliquent par les interventions répétées de Fr. Brien-Poitevin et de V. Forest et plus récemment de nous-même. Quant au triangle Sens/Besançon/Autun, il est le fruit de nos travaux de Maîtrise[211] et de DEA.[212] On retiendra néanmoins les fortes densités qui marquent le pourtour languedocien et provençal du Golfe du Lion ; nous n'avons pas recensé autant de sites dans le cadre pourtant plus vaste des régions Bourgogne et Franche-Comté. Notons par ailleurs que neuf agglomérations actuelles rassemblent presque un quart des découvertes, le développement des opérations d'archéologie préventive en milieu urbain au cours de ces dernières années ayant largement participé à la mise au jour de mobiliers conchyliologiques.

Pour 50% des localités enregistrées, une découverte, au moins, est datée. La fenêtre chronologique est de quelques dizaines d'années, d'un siècle, ou d'une période plus large, par exemple "IIe- Ier siècle a.C." ou "fin du IIe siècle a.C. ou du début du Ier siècle a.C.". Dans ce cas, pour permettre la comparaison des contenus conchyliologiques, nous avons considéré que les coquilles datent, au plus tard, du siècle le plus tardif, ici, le Ier siècle a.C. Le mobilier dit de "l'Antiquité tardive" a été rattaché à la période comprise entre le début du IVe siècle p.C. et la fin du VIe siècle p.C.

Le IIe siècle a.C. est représenté par seulement quelques découvertes réalisées dans une dizaine de localités. (fig. 8) Au Ier siècle a.C., les conchyliorestes marins sont un peu plus fréquents, mais c'est au Ier siècle p.C. qu'ils deviennent nettement plus présents sur les sites archéologiques. La tendance amorcée au Ier siècle p.C. se maintient au IIe siècle p.C. En revanche, à partir du IIIe siècle p.C. et jusqu'à la fin de la période étudiée, les découvertes se font moins nombreuses. Ce déficit doit être mis en relation avec ce que les archéologues ont largement discuté, notamment dans un ouvrage consacré au *IIIe siècle en Gaule Narbonnaise, Données régionales*

[211] Bardot 2003 ; Bardot 2007c.
[212] Bardot 2004a.

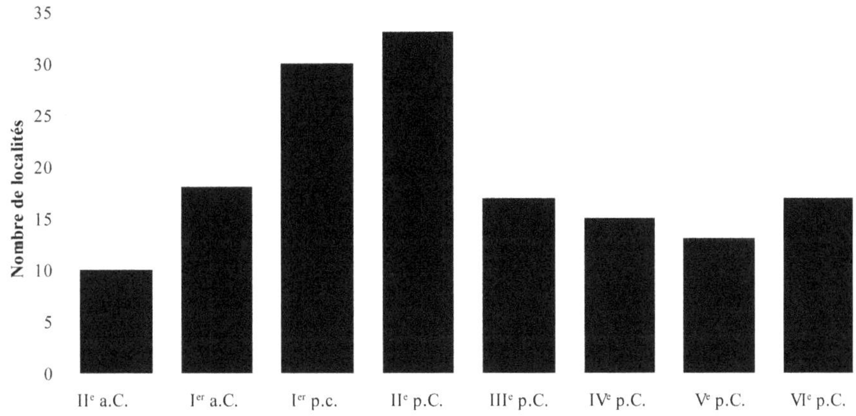

<table>
<tr><th></th><th>IIe a.C.</th><th>Ier a.C.</th><th>Ier p.c.</th><th>IIe p.C.</th><th>IIIe p.C.</th><th>IVe p.C.</th><th>Ve p.C.</th><th>VIe p.C.</th></tr>
<tr><td rowspan="2">Nombre de localités ayant livré au moins une découverte daté de ce(s) siècle(s)</td><td rowspan="2">10</td><td rowspan="2">18</td><td rowspan="2">30</td><td rowspan="2">33</td><td rowspan="2">17</td><td>15</td><td>13</td><td>17</td></tr>
<tr><td colspan="3">7</td></tr>
</table>

fig. 8 : distribution chronologique des découvertes de conchyliorestes marins. Histogramme et tableau récapitulatif.

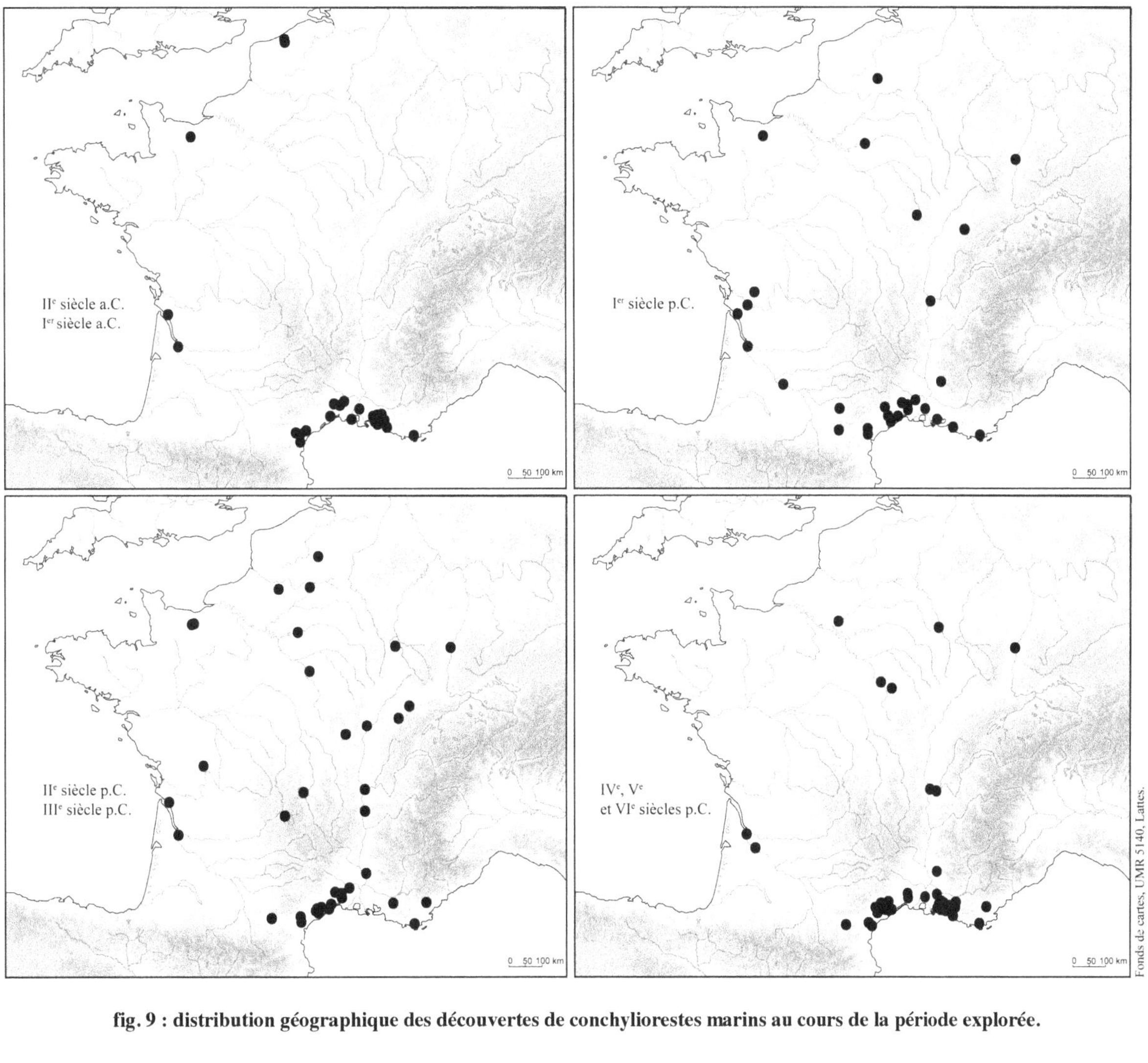

fig. 9 : distribution géographique des découvertes de conchyliorestes marins au cours de la période explorée.

sur la crise de l'Empire[213] : "la crise du IIIe siècle" qui, selon J.-L. Fiches, "fut peut-être un temps de latence entre les changements importants qui marquèrent le siècle précédent et les réorganisations dont l'archéologie perçoit les effets au siècle suivant".[214] Aux IIe et IIIe siècles p.C., les découvertes de coquillages sont toutefois singulièrement rares sur le pourtour de l'étang de Berre. Pour ces deux siècles, l'occupation est encore mal connue dans la région. Les prospections ont permis de repérer des sites, mais peu ont été fouillés.[215]

Aux IIe et Ier siècles a.C., les conchyliorestes se retrouvent uniquement sur des sites localisés à proximité des côtes. (fig. 9) Dans notre inventaire, les plus en retraits sont ceux de Nages-et-Solorgues/Oppidum des Castels (062) et de Villevieille (065), dans le Gard, à une quarantaine de kilomètres de la mer. Le changement d'ère marque l'entrée des coquillages dans les terres : des restes sont exhumés dans des régions très éloignées de la mer, comme à Strasbourg (134), à Besançon (060), à Alise-Sainte-Reine (055) et à Lyon (136). Les plus anciens sont recensés à Lyon sur le site de Cybèle (136/4). Ils ont été trouvés dans des niveaux de l'extrême fin du Ier a.C. ou du tout début du Ier siècle p.C.

2.4. Les conchyliorestes

Les assemblages que nous avons étudiés sont composés de restes de bivalves et de gastéropodes. Ils seront présentés successivement.

Les restes de bivalves

Parmi les bivalves, l'huître plate d'Europe, *Ostrea edulis*, domine largement en volume de restes. Nous lui réservons la première partie de ce chapitre.

L'huître plate d'Europe, Ostrea edulis

L'huître est sans doute le bivalve qui a amené le plus de commentaires, notamment de la part des historiens qui se sont interrogés sur la présence de ce coquillage dans des régions très éloignées des côtes, et des archéologues qui dégagent des couches parfois très épaisses de coquilles. En réponse, une large place a été donnée à l'huître dans les études conchyliologiques, certaines lui étant même entièrement consacrées. L'accent est mis sur les quantités de restes découverts ou sur les marques laissées par l'homme lors de l'ouverture des coquilles ou sur la forme des individus ou encore sur la faune associée. Cependant, tous ces aspects sont rarement réunis dans une même étude. Nous nous proposons ici de les reprendre un à un, en accord avec le protocole qui a été défini. Il s'agit ainsi d'exposer nos propres observations et de synthétiser celles qui ont été enregistrées dans les travaux que nous avons consultés.

[213] Fiches (éd.) 1996.
[214] Fiches 1996, 185.
[215] Communication orale de F. Verdin (CNRS, UMR5607-Ausonius).

Identification

L'utilisation des clés d'identification retenues par J.-M. Poutiers[216] et Y. Gruet[217] nous a permis de reconnaître *Ostrea edulis*, l'huître plate d'Europe. Les coquilles tendent ainsi toujours à s'arrondir et sont pourvues d'une valve gauche généralement peu profonde ; elle est aussi légèrement plus grande que la valve droite. En face interne, les valves présentent en outre une empreinte adductrice non colorée, en forme de pois concave dorsalement. Celle-ci est située à équidistance entre le bord ventral et la charnière, et n'est que légèrement décalée postérieurement. Enfin, de petites denticulations ou "anachomata" ont pu être observées aux abords de la charnière des valves droites ; sur les valves gauches, les fossettes correspondantes ou "catachomata", bien que très faiblement marquées, ont parfois été repérées.

Ostrea edulis était la seule huître susceptible d'être rencontrée, car elle est l'espèce indigène des côtes européennes. Rappelons en effet que l'huître creuse japonaise, *Crassostrea gigas*, majoritairement élevée et consommée aujourd'hui, n'a été introduite en France qu'au début des années 1970 pour remplacer une autre huître creuse, portugaise, *Crassostrea angulata*, importée accidentellement un siècle plus tôt, et alors gravement affectée par une épizootie.[218] Aucun reste n'ayant été rattaché au genre *Crassostrea*,[219] la contamination des dépôts antiques par des rejets récents n'a donc jamais été observée.

"Gravette", "Belon" ou "Marenne" pour celle élevée respectivement à Arcachon, en Sud-Bretagne ou en Charente-Maritime,[220] "Pied de cheval", pour celle qui, sauvage, a pu grossir librement,[221] l'huître plate possède en France de nombreuses appellations. Victime d'une exploitation excessive aux XVIIIe et XIXe siècles et de maladies entre 1880 et 1920, il ne subsiste d'*Ostrea edulis* que quelques gisements naturels.[222] Selon, L. Marteil, "au Quaternaire et à l'époque gallo-romaine, elle était très abondante sur les côtes d'Europe". Actuellement, "on la trouve dans le sud de la Norvège, au Danemark, en Allemagne (île d'Héligoland), aux Pays-Bas, en Belgique et en Grande-Bretagne. Sur le littoral atlantique français, une sévère épizootie qui sévit encore, menace de compromettre l'avenir du stock. On la retrouve sur les façades atlantiques de la Péninsule Ibérique et du Maroc où le Cap Ghir (Agadir) serait la limite méridionale de son aire d'extension. Des gisements naturels de l'espèce sont également observés sur les rives de la Méditerranée, de l'Adriatique et de la mer Noire : côtes françaises et de l'Afrique du nord, Italie, Sicile,

[216] Poutiers 1978, 205-206 ; Poutiers 1987, 450-451.
[217] Gruet & Prigent 1986a ; Gruet (inédit c).
[218] Marteil 1976, 165 ; Quéro & Vayne 2008, 4-5.
[219] Aujourd'hui, "l'existence d'une seule et même espèce regroupant *Crassostrea gigas* et *Crassostrea angulata* est maintenant communément acceptée basée sur leurs similitudes morphologiques et génétiques et sur les données d'hybridation expérimentale de première génération" (Huvet *et al.* 2002).
[220] Quéro & Vayne 1998, 107.
[221] Marteil 1976, 168.
[222] Collectif 1997 ; Lindner 2004, 74.

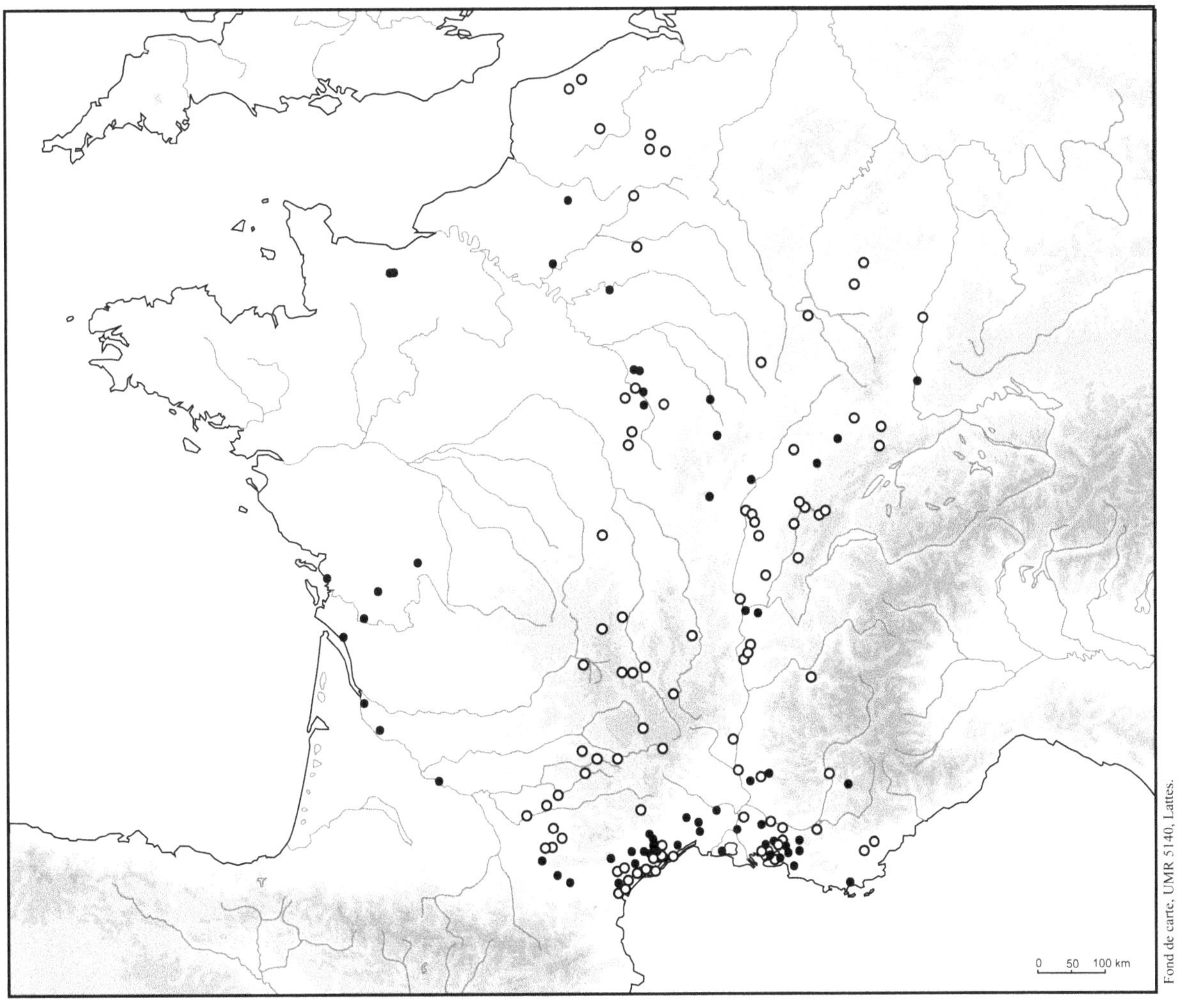

● présence attestée d'*Ostrea edulis*, huître plate d'Europe, sur au moins un site de cette localité
○ présence suspectée d'*Ostrea edulis*, huître plate d'Europe, sur au moins un site de cette localité

fig. 10 : distribution géographique des découvertes d'huître plate d'Europe, *Ostrea edulis*.

Yougoslavie, Grèce, Egypte, Turquie, Crimée, Odessa".[223]

Des "variétés" ou "formes" ont été rapportées à *Ostrea edulis* à partir de la morphologie des coquilles. À la fin du XIXe siècle, A. Locard, dans son manuel consacré aux "*Coquilles marines des côtes de France*",[224] distingue ainsi dans le "Groupe de l'*O. edulis*", *Ostrea lamellosa*, *Ostrea cristata*, *Ostrea cyrnusi*, *Ostrea stentina*, *Ostrea adriatica* ou encore *Ostrea hippopus*. E. Bucquoy, P. Dautzenberg et G. Dollfus dans leur ouvrage sur "*Les mollusques marins du Roussillon*"[225] et P. Parenzan,[226] plus récemment, ajoutent d'autres "variétés" à cette liste, par exemple *Ostrea tarentina*, *Ostrea taurica* et *Ostrea boblayi*. Aujourd'hui, comme l'écrit J.-M. Poutiers, l'identification de ces "variétés", diversement interprétées par les auteurs, est sujette à controverse. Les biologistes s'accordent à toutes les rassembler sous le même nom spécifique d'*Ostrea edulis*.[227] Nous retenons donc cette seule appellation ; nous y rattachons les identifications d'*Ostrea lamellosa* et d'*Ostrea cyrnusi* données par Fr. Brien-Poitevin et celles d'*Ostrea stentina* proposées par V. Forest à Villetelle/*Ambrussum* (100).

L'huître plate d'Europe, *Ostrea edulis*, a été identifiée sur tous les sites étudiés et cette identification est assurée pour 100 autres ; elle a été retenue lorsqu'elle était donnée dans le cadre d'une étude dédiée aux conchyliorestes ou lorsque le signalement était suffisamment précis pour permettre de la valider. (fig. 10) À Malay-le-Grand (172), O. Putelat indique par exemple que "tous les restes étudiés appartiennent à l'espèce Ostrea edulis, huître plate, huître de Belon". Nous avons aussi recensé 142 signalements de restes "d'huîtres". Les observateurs désignent certainement l'huître, car ce coquillage peut difficilement être confondu avec un autre. À Marseille/Archipel de Riou (042/1), F. Benoît indique toutefois la découverte d'une amphore italique remplie de restes d'huîtres, mais il précise "spondylus gaederopus".

[223] Marteil 1976, 168.
[224] Locard 1892.
[225] Bucquoy *et al.* 1887-1898.
[226] Parenzan 1974.
[227] Poutiers 1978.

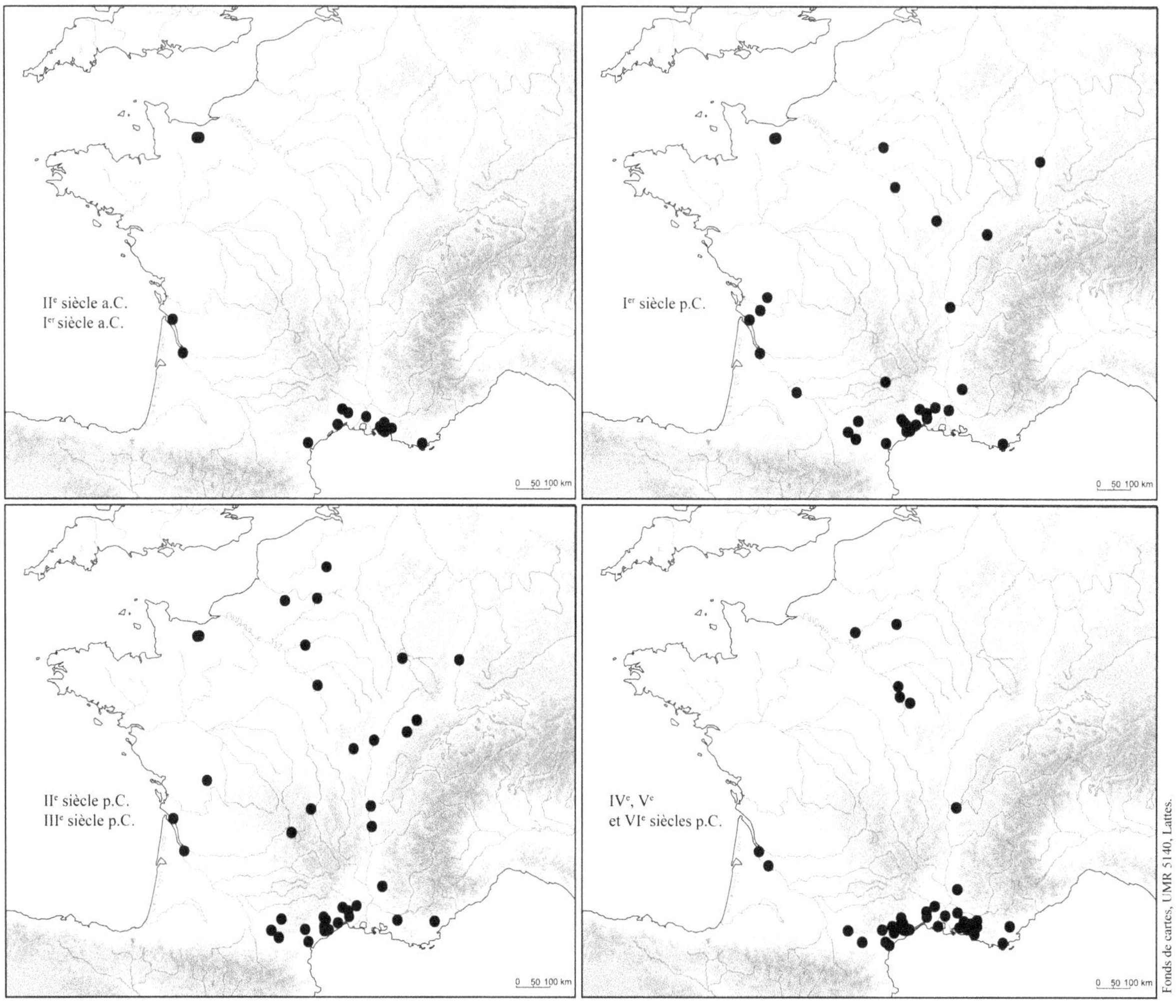

fig. 11 : distribution géographique des découvertes d'huître plate d'Europe, *Ostrea edulis*, au cours de la période explorée.

Or l'huître et le spondyle sont deux espèces bien distinctes.[228]

Au moins 245 sites ont donc livré des restes d'huîtres et, bien que l'identification d'*Ostrea edulis* ne soit pas assurée pour tous, il s'agit sans doute de cette espèce. Elle se retrouve dans l'ensemble de la zone explorée, sur les côtes comme dans l'intérieur des terres. On notera deux zones de concentrations sur les bords du Golfe du Lion, l'une autour des lagunes languedociennes, l'autre autour des lagunes provençales. (fig. 10) Avant le changement d'ère, les découvertes d'huître plate d'Europe se limitent aux régions côtières. (fig. 11) Ce n'est qu'au Ier siècle p.C., que l'espèce fait largement son entrée dans les terres.

La conservation des restes

Au cours de la période d'ensevelissement, les valves d'*Ostrea edulis* résistent bien à la pression mécanique exercée par le poids des sédiments. Généralement, elles sont bien conservées. V. Forest l'a déjà souligné notamment sur le site de Barzan/Le Fâ (182/1). Nous avons remarqué que les valves droites étaient souvent un peu mieux préservées que les valves gauches. Ponctuellement, des lots se caractérisent toutefois par une très forte fragmentation des restes : par exemple l'US 25306 à Barzan/Le Fâ (182/1), l'US 33040A à Barzan/La Palisse (182/2), l'US 1003 à Narbonne/Malard (020/11), et l'US 20902 à Bordeaux/Auditorium (184/1). À Narbonne et Barzan, nous avons noté que les deux tiers des assemblages sont des fragments dont la taille ne dépasse pas 1 cm.

Certains éléments organiques sont régulièrement préservés. À Besançon/Refuge (060/9), à Lançon-de-Provence/Constantine (041), à Autun/Hôpital (140/3) et à Narbonne/Port la Nautique (020/14), tout ou partie du ligament articulaire qui unit les deux valves adhère encore à son point d'insertion.

Aucune altération physico-chimique importante de la matière-coquille n'est à signaler. D'ailleurs à Narbonne/Malard (020/11), pour l'ensemble A de Narbonne/Port la Nautique (020/14) et pour l'ensemble B de Lyon/Cybèle (136/4), plusieurs valves ont gardé une partie de leur périostracum et de leur coloration externe violet foncé. Sur le site de Lançon-de-Provence/Constantine (041), nous avons noté la présence d'un encroûtement quasi-systématique à la surface des restes. Il se développe sur la face externe et interne des

[228] Une expérience archéologique récente nous a prouvé qu'un observateur non averti pouvait confondre un spondyle avec une huître.

valves, sauf dans le cas des coquilles entières et fermées où il est absent de la face interne. Il semble que V. Forest l'ait aussi remarqué à Béziers/Saint-Jean-d'Aureilhan (073), car il précise qu'une "pellicule sédimentaire qui ne peut être enlevée par un simple lavage, et des encroûtements ont gêné la perception de certaines altérations des coquilles". Cette gangue ne doit pas être confondue avec une concrétion plus discrète de couleur jaunâtre observée uniquement sur la face interne de nombreuses valves. V. Forest est le premier à avoir signalé cette concrétion à Barzan/Le Fâ (182/1) : lorsque la coquille est entière et fermée, c'est-à-dire les deux valves encore adhérentes l'une à l'autre, la nacre interne, en particulier de la valve gauche, est colorée en jaune ocre tandis qu'un liseré périphérique est laissé indemne. À partir de cette description, nous avons pu la reconnaître sur les valves de dizaines de coquilles retrouvées entières dans d'autres secteurs du site de Barzan/Le Fâ (182/1), mais également à Barzan/La Palisse (182/2), à Lançon-de-Provence/Constantine (041) et à Autun/Hôpital (140/3). (fig. 12)

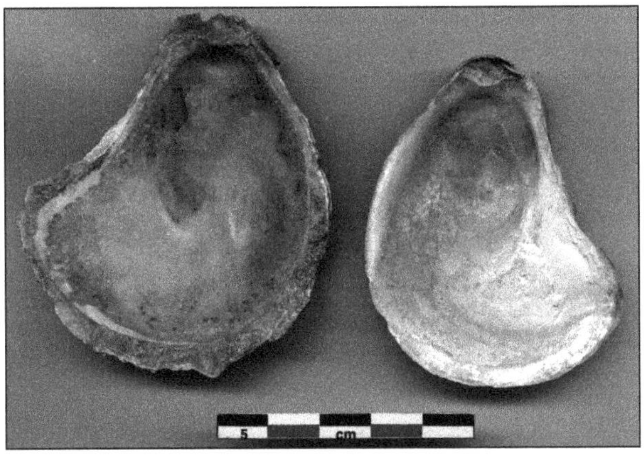

fig. 12 : coquille d'huître plate d'Europe, *Ostrea edulis*, retrouvée entière à Lançon-de-Provence/Constantine. Vue interne des valves : à gauche, la valve inférieure (gauche) et à droite, la valve supérieure (droite). Le pourtour de la valve inférieure, qui n'était pas recouvert par la valve supérieure, montre un encroûtement sédimentaire. La partie centrale des deux valves présente quant à elle une concrétion jaunâtre. Elle est plus discrète sur la valve supérieure. Le liseré périphérique indemne décrit par V. Forest est nettement visible sur la valve inférieure.

Quelquefois, les valves présentent une coloration singulière. Elle est visible tant sur la face externe qu'interne. La plus intense, noirâtre, a été observée à Narbonne/Port la Nautique (020/14). Dans le puits PT 25055 à Barzan/Le Fâ (182/1), les valves ont une couleur brun foncé et dans les premiers niveaux d'occupation à Bordeaux/Chapeau Rouge (184/2), elles sont orangées et leur nacre interne a un aspect irisé. Nous avons fait la même observation à partir des valves de Besançon/Refuge (060/9), pour celles d'une US (328) de Sens/Espace du Thau (175/3) et pour celles des structures CA 3 et FS 9 de Rom/La Petite Ouche (188). À Sens et à Rom, les valves colorées côtoient des valves dont la matière-coquille se délite en une poudre crayeuse. Cette altération a également été constatée à Autun/Hôpital (140/3) et elle est notée à plusieurs reprises par Fr. Brien-Poitevin. Ainsi, à Saint-Mitre-Les-Remparts/Saint-Blaise (046/8), à Villetelle/*Ambrussum* (100) et à Lunel-Viel (083), "les fragments d'huîtres ont un aspect très crayeux".

Dénombrements

Plus de 23000 valves d'huître plate d'Europe, *Ostrea edulis*, sont passées entre nos mains. La somme des NMC obtenus pour chaque assemblage permet d'estimer qu'au moins 12500 coquilles en sont à l'origine. (fig. 13) Les restes se retrouvent en abondance dans l'ensemble du cadre géographique retenu pour cette recherche, près de la mer comme dans les régions les plus éloignées des côtes. (fig. 14)

Les assemblages qui nous arrivent sont généralement le fruit d'un échantillonnage. Il est donc difficle d'apprécier le volume des lots retrouvés sur les sites d'autant que la documentation archéologique donne rarement une estimation du volume total dégagé lors de la fouille. Rappelons en outre que les études conchyliologiques sont beaucoup plus nombreuses pour les sites côtiers que pour ceux de l'intérieur des terres, ce qui limite une analyse géographique. Nous signalerons toutefois que le site de Barzan (182/1 et 182/2), localisé sur la rive droite de l'estuaire de la Gironde, a livré les restes les plus abondants que nous avons étudiés. (fig. 13) À Narbonne, sur la côte méditerranéenne, l'huître est également omniprésente, quels que soient les lieux sondés.

Les valves gauches et droites sont en quantités proches dans trois quarts des assemblages étudiés. La part de la valve manquante représente en effet de moins de 1% à 16% du NMV. (fig. 13 et 15) Nous avions déjà enregistré de tels résultats lors de notre recherche de Maîtrise. À Migennes/Côte Mitière (173), à Sens/Ancien Archevêché (175/1) et pour un lot (CT 46) de Sens/12, cours Tarbé (175/7), la part des valves gauches et celle des valves droites étaient presque équivalentes : 45/55% sur le premier site, 53/47% sur le second et 54/46% sur le dernier. Les travaux menés par M. Schneider, Y. Gruet et V. Forest témoignent également de cette tendance. Au Vieil-Evreux/Thermes, M. Schneider écrit : "on est très proche du rapport 1/1 entre les nombres des valves gauches et droites".[229] À Limoges/Bibliothèque multimédia, Y. Gruet compte 285 valves gauches et 213 valves droites.[230] Et à Nîmes/Assas (063/2), par exemple, V. Forest dénombre 43 valves gauches et 55 valves droites.

Pour ces assemblages, on peut donc supposer que les valves gauches et les valves droites se correspondent. Deux arguments confortent cette hypothèse. Tout d'abord, les hauteurs et/ou hauteurs biologiques gauches et droites sont suffisamment proches pour que les valves puissent s'apparier. (fig. 16a et b) Ensuite, des coquilles nous sont parvenues entières pour plusieurs lots : 11 à Barzan/La Palisse (182/2), une à Lyon/Cybèle (136/4), une à Loupiac/Saint-Romain (185) et une à Lançon-de-

[229] Schneider 2002, 54.
[230] Gruet (inédit c).

			NMVg	NMVd	NMV	NMC		NMC
						e	r	
Autun/Hôpital	Remblais : US 2704, 2858, 2860	fin du IIe - début du IIIe siècle p.C.	45	43	88		14	45
Besançon/Refuge	Comblement d'une cave : US 261	milieu du IIe siècle p.C.	3	**25** *(89%)*	28			25
Besançon/Collège Lumière	Niveau de démolition : US 113	IIIe siècle p.C.	57	56	113			57
	Comblement d'un bassin – Couches sup.	IIIe siècle p.C.	44	36	80			44
	Comblement d'un bassin – Couche inf.	IIIe siècle p.C.	**70** *(95%)*	**4**	74			70
Lyon/Cybèle	Comblement d'une fosse (H.2.7.) – Ensemble A	20 - 30 p.C.	73	74	147	1		74
	Comblement d'une fosse (H.2.7.) – Ensemble B	20 - 30 p.C.	113	111	224			113
Meaux/PME	Remblais : US 2079, 2122	60/65 - 85/90 p.C.	23	30	53			30
	Remblais : US 1071, 2086	fin du IIe - début du IIIe siècle p.C.	**11**	**43** *(80%)*	54			43
	Comblement de fosse FS 2048	60/65 - 85/90 p.C.	75	88	163			88
	Comblement de fosse FS 3246	60/65 - 85/90 p.C.	**8**	**63** *(89%)*	71			63
Lançon-de-Provence/Constantine	Niveaux d'occupation	200 - 1 a.C.	8	5	13			8
	Remblais : US 2009, 2015 2063, 2078, 2079	V^{e} - VIe siècle p.C.	867	792	1659	1		867
Narbonne/Malard	Niveau de circulation : US 1003	début du Ier siècle p.C.	182	236	418			236
Narbonne/Général de Gaulle	Niveau de destruction : US 5013	50 - 30 a.C.	14	13	27			14
Narbonne/Kennedy	-	-	62	75	137			75
Narbonne/Clos de la Lombarde	Comblement d'un puits	fin du IIe - milieu du IIIe siècle p.C.	69	75	144			75
Narbonne/Port-La-Nautique	Rejet dans une zone portuaire – Ensemble A	fin du Ier siècle p.C.	**361** *(82%)*	**81**	442			361
	Rejet dans une zone portuaire – Ensemble B	fin du Ier siècle p.C.	25	18	43			25
Villevieille	Zone 2	fin du Ier siècle p.C.	43	44	87			44
	Zone 3	fin du Ier - début du IIe siècle p.C.	50	62	112			62
	Zone 4	fin du Ier siècle a.C. - début du IIIe siècle p.C.	13	14	27			14
	Zone 5	Ier siècle p.C.	3	3	6			3
Barzan/Le Fâ (« Habitats »)	Comblement du puits PT 25055	110 - 150 p.C.	1672	1829	3501			1829
	Autres contextes		3606	4104	7710	200		4104
Barzan/La Palisse	Niveau d'occupation : US 33414	début du Ier siècle p.C.		3	3			3
	Niveau de circulation : US 33040A	début du IIe siècle p.C.	**64**	**151** *(70%)*	215			151
	Niveau prép. à une voie : US 33040B	début du IIe siècle p.C.	246	314	560	11		314
Bordeaux/Auditorium	Tous contextes	20 a.C. - 1 p .C.	66	49	115			66
		10 p.C. - 40/50 p.C.	586	587	1173			587
		40/50 p.C. - 120 p.C.	1089	1061	2150			1089
		120 p.C. - 299 p.C.	149	265	414			265
		IVe siècle p.C.	160	180	340			180
Bordeaux/Chapeau Rouge	Niveaux d'occupation	50/30 - 30/10 a.C.	55	61	116		2	61
	Comblement de latrines : US 8147, 8176	20 - 1 a.C.	7	12	19			12
	Couche de dépotoir : US 6818	20 a.C. - 10 p.C.	20	15	35			20
	Remblais : US 6634, 6449	20 - 40 p.C.	113	95	208			113
Rom/La Petite Ouche	Secteur ouest	IIe - IIIe siècle p.C.	534	523	1057			534
	Secteur est	IIe - IIIe siècle p.C.	265	287	552			287
Loupiac/Saint-Romain	Comblement d'une piscine : US 1002, 1031	V^{e} - VIe siècle p.C.	503	492	995	1		503
Agen/Ermitage	Comblement d'une fosse	Ier siècle p.C.	24	32	56			32
		Totaux	**11378**	**12051**	**23429**	**214**	**16**	**12586**

fig. 13 : dénombrements des restes d'huître plate d'Europe, *Ostrea edulis*, sur les sites étudiés.

Provence/Constantine (041). 14 valves gauches et 14 valves droites ont été appariées à Autun/Hôpital (140/3) et une coquille a été reconstituée dans les premiers niveaux d'occupation de Bordeaux/Chapeau-Rouge (184/2). (fig. 13) À Nîmes/Assas (063/2), V. Forest précise que 17 coquilles ont pu être reconstituées par appariement des valves gauches et droites. Il signale en outre la présence de coquilles entières à Barzan/Le Fâ (182/1). Cette observation est renouvelée à chaque campagne de fouille. À ce jour, nous en avons dénombré 200 dont 65 dans un niveau de circulation (US 25306 ; NMVd=281 et NMVg=251), 50 dans un remblai (US 25289 ; NMVd=227 et NMVg=235) ou encore 43 dans un niveau préparatoire à une construction (US 25359 ; NMVd=300 et NMVg=243). (fig. 13)

Sur plusieurs sites, les coquilles abandonnées entières devaient être plus nombreuses que celles enregistrées au moment de l'étude, car la concrétion jaunâtre qui se forme sur la face interne des valves lorsque celles-ci sont jointes dans le dépôt[231] a été observées à plusieurs reprises : par exemple, sur quelques valves de Meaux/PME (148) et de Bordeaux/Auditorium (par exemple pour les US 20716 et 20754) (184/1), sur une quarantaine dans les US 113 et 165 de Besançon/Collège Lumière (060/2), sur 37 de Lyon/Cybèle (136/4) et sur une cinquantaine dans les remblais de Bordeaux/Chapeau Rouge (184/2). À Barzan/Le Fâ (182/1), ce sont des centaines de valves isolées qui présentent une concrétion

[231] cf. *supra*.

jaunâtre sur leur face interne ; nous en avons compté 203 dans l'US 25561, 123 dans l'US 25359 ou encore 87 de l'US 25286.

Dès le XIXe siècle, la présence de coquilles entières sur les sites d'époque romaine est enregistrée : en 1843, à Clermont-Ferrand "un dépotoir composé d'huîtres non ouvertes" est signalé rue Bardoux (132/1), et à proximité de la cathédrale (132/2) une couche d'huîtres est dégagée : "La plupart avaient les deux valves réunies et n'avaient point été ouvertes". Dans les années 1960, "de nombreuses huîtres non ouvertes" sont recueillies à proximité du boulevard de 1848 à Narbonne (020/1) et des "coquilles d'huîtres non consommées [...] dont la plupart n'ont jamais été ouvertes" sont observées à Autun sur le site de La Forge (140/2). Il y une trentaine d'années, sur le site de Sens/Tarbé (18, cours) (175/8), "il a été trouvé plusieurs milliers de coquilles d'huîtres fermées et soigneusement empilées". Enfin, à Entrains-sur-Nohain/Chantier Chambault (123), des valves "étaient réunies deux à deux comme si les coquillages n'avaient pas été ouverts".

Pour le quart des assemblages restant, on note en revanche un net déficit entre les deux valves : la part de la valve manquante varie entre 33 et 89% du NMV. (fig. 13 et 15) Les coquilles n'ont donc vraisemblablement pas été rejetées entières. Le déficit concerne les valves droites, par exemple pour l'US 1193 de Besançon/Collège Lumière (060/2) et l'ensemble A de Narbonne/Port la Nautique (020/14) où elles comptent seulement pour 5% et 8% du NMV. À Alignan/Le Valat (067), V. Forest indique le même déséquilibre : les valves droites ne représentent qu'un tiers du NMV (NMVg= 132 ; NMVd=74). Mais la valve gauche peut également manquer, comme dans les excavations CA 2, FS 40 et FS 21 de Rom/La Petite Ouche (188). De même, à Besançon/Refuge (060/9), pour des remblais et le comblement d'une fosse (FS 3246) à Meaux/PME (148), et pour un niveau de circulation à Barzan/La Palisse (182/2), la part des valves gauches n'est que de 30 à 11% du NMV. À Sens, elle descend jusqu'à 7% du NMV et à Chartres/Place de la République, M. Schneider souligne que dans deux puits (PT 75 et PT 96) "le nombre de valves droites est anormalement supérieur [à celui des

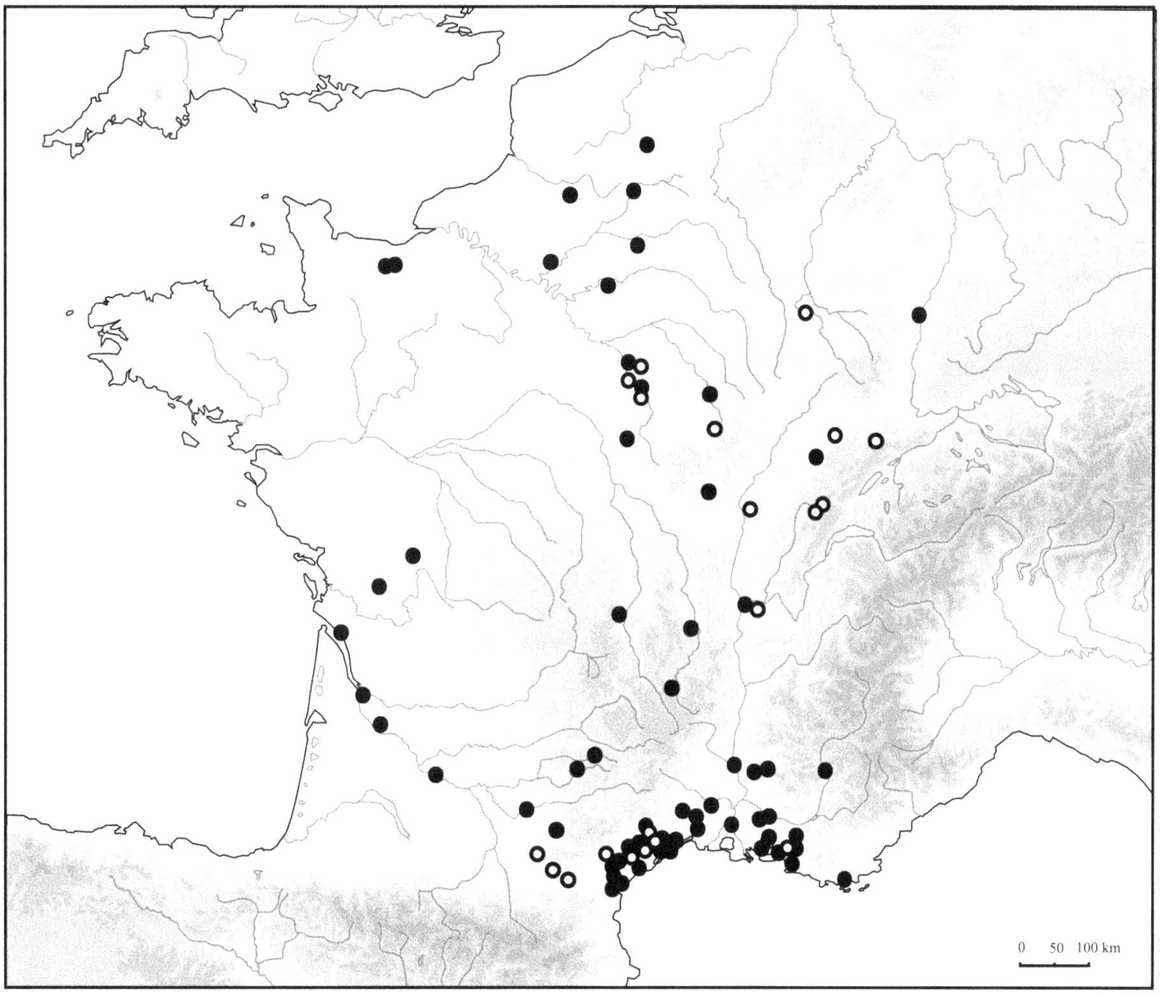

○ quelques restes d'huître plate d'Europe, *Ostrea edulis*, dans au moins un assemblage de cette localité. (NMV ≤ 40 ou NMI ou nombre d'exemplaires ≤ 20)
● plusieurs restes d'huître plate d'Europe, *Ostrea edulis*, dans au moins un assemblage de cette localité. (NMV > 40 ou NMI ou nombre d'exemplaires > 20 ou mention décrivant de grandes quantités "d'huîtres")

fig. 14 : distribution géographique des découvertes d'huître plate d'Europe, *Ostrea edulis*, en fonction du nombre de restes.

			NMV	Nb de valves manquant pour obtenir la parité		%
				Vd	Vg	
Autun/Hôpital	Remblais : US 2704, 2858, 2860		88	2		*2*
Besançon/Refuge	Comblement d'une cave : US 261		28		22	*79*
Besançon/Collège Lumière	Niveau de démolition : US 113		113	1		*1*
	Comblement d'un bassin	Couches sup.	80	8		*10*
		Couche inf.	74	66		***89***
Lyon/Cybèle	Comblement d'une fosse (H.2.7.)	Ensemble A	147		1	*0,7*
		Ensemble B	224	2		*0,9*
Meaux/PME	Remblais : US 2079, 2122		53		7	*13*
	Remblais : US 1071, 2086		54		32	***59***
	Comblements de fosses	FS 2048	163		13	*8*
		FS 3246	71		55	*77*
Lançon-de-Provence/Constantine	Niveaux d'occupation		13	3		-
	Remblais : US 2009, 2015, 2063, 2078, 2079		1659	75		*5*
Narbonne/Malard	Niveau de circulation : US 1003		418		54	*13*
Narbonne/Général de Gaulle	Niveau de destruction : US 5013		27	1		*4*
Narbonne/Kennedy	-		137		13	*9*
Narbonne/Clos de la Lombarde	Comblement d'un puits		144		6	*4*
Narbonne/Port-La-Nautique	Rejet dans une zone portuaire	Ensemble A	442	280		***63***
		Ensemble B	43	7		*16*
Villevieille	Tous contextes		232		14	*6*
Barzan/Le Fâ (« Habitats »)	Comblement du puits PT 25055		3501		157	*4*
	Autres contextes		7710		498	*6*
Barzan/La Palisse	Niveau d'occupation : US 33414		3		3	-
	Niveau de circulation : US 33040A		215		87	***40***
	Niveau préparatoire à une voie : US 33040B		560		68	*12*
Bordeaux/Auditorium	US 11398		71	41		*58*
	US 11736		140	54		*39*
	US 20490		37		17	*46*
	Autres contextes		3974		16	*0,4*
Bordeaux/Chapeau Rouge	Niveaux d'occupation		116		6	*5*
	Comblement de latrines : US 8147, 8176		19		5	-
	Couche de dépotoir : US 6818		35	5		*14*
	Remblais : US 6634, 6449		208	18		*9*
Rom/La Petite Ouche	CA 2		56		24	*43*
	CA 3		129		3	*2*
	FS 40		275		107	*39*
	Bât. 1	US 529	201	73		*36*
		US 561	206	12		*6*
		US 566	53	1		*2*
		US 767	137	59		*43*
	FS 9		68		2	*3*
	FS 12		395		13	*3*
	FS 18		71		1	*1*
	FS 21		18		6	-
Loupiac/Saint-Romain	Comblement d'une piscine : US 1002, 1031		995	11		*1*
Agen/Ermitage	Comblement d'une fosse		56		8	*14*

fig. 15 : huître plate d'Europe, *Ostrea edulis* : nombre de valves manquant pour obtenir la parité et pourcentage exprimé par rapport au NMV : il n'a été calculé que pour les assemblages aux NMV les plus grands, c'est-à-dire strictement supérieurs à 20.

	Site	Contexte	Datation	Vg N	Vg xH	Vg xHB	Vd N	Vd xH	Vd xHB
Petites	**Loupiac/Saint-Romain**	Comblement d'une piscine : US 1002, 1031	V^{e} - VIe siècle p.C.	154	61		202	57	
	Bordeaux/Auditorium	Tous contextes — Ens. A	Toutes phases	242	69	40	426	65	39
	Bordeaux/Chapeau Rouge	Niveaux d'occupation : US 7017	50/30 - 30/10 a.C.		68**		18	63	
		Couche de dépotoir : US 6818	20 a.C. - 10 p.C.	8	62		10	59	
		Remblais : US 6634, 6449	20 - 40 p.C.		69**		42	64	
	Barzan/La Palisse	Niveau préparatoire à une voie : US 33040B — Ens. A	début du IIe siècle p.C.	21	67		29	63	
	Barzan/Le Fâ	US 25641 en zone 1	70 - 90 p.C.		X			X	
		US 25359 en zone 1, US 26292 et 26293 de PT 25055	90 - 110 p.C.		X			X	
		US 25323 en zone 1, US 25516 et 25306 en zone 5, US 25154 en zone 3, US 25996, 25997 et 26291 de PT 25055.	110- 150 p.C.		X			X	
		US 25306 en zone 5	150 - seconde moitié du IIIe siècle		X			X	
Moyennes	**Besançon/Refuge**	Comblement d'une cave : US 261	milieu du IIe siècle p.C.		73**		10	68	40
	Lançon-de-Provence/Constantine	Remblais : US 2009, 2015, 2063, 2078, 2079	V^{e} - VIe siècle p.C.	296	73		341	63	
	Narbonne/ Malard	Niveau de circulation : US 1003	début du Ier siècle p.C.		73**		20	67	40
	Narbonne/Port-La-	Rejet dans une zone portuaire — Ens. A	fin du Ier siècle p.C.	26	74		41	69	
	Besançon/Collège Lumière	Niveau de démolition : US 113	IIIe siècle p.C.	16	84*	45	15		41
		Comblement d'un bassin		25	80	45			
	Lyon/Cybèle	Comblement de fosse (H.2.7) — Ens. B	20 - 30 p.C.	25	82	45	30	75	43
	Villevieille	Tous contextes	Toutes phases	30	82		44	71	42
	Barzan/La Palisse	Niveau préparatoire à une voie : US 33040B — Ens. B	début du IIe siècle p.C.	18	83		30	71	
	Sens/Tarbé (12, cours)	habitat CT 25	du milieu du Ier au IVe siècle p.C.		84**		16	77	43
		habitat CT 251			83**		32	77	43
	Rom/La Petite Ouche	Tous contextes	IIe-IIIe siècle p.C.	32	84	44	87	73	43
	Barzan/Le Fâ	Tous contextes	entre 15 a.C. - 10 p.C. et 70 - 90 p.C.		X			X	
			110 - 150 p.C.		X			X	
Grandes	**Sens/Espace du Thau**	US 124	de la seconde moitié du Ier siècle p.C. à la fin du IIe siècle p.C.		91**		46	85	46
		US 162			98**		11	90	51
		US 185			90**		17	82	47
	Meaux/PME	Remblais : US 2079	60/65 - 85/90 p.C.	4	99	52	10	86	48
		Remblais : US 1071	fin du IIe - début du IIIe	5	98	51	13	86	48
		Comblement de fosse : FS 2048	60/65 - 85/90 p.C.	10	95	50	34	84	48
		Comblement de fosse : FS 3246		9	93		40	85	49
	Narbonne/Clos de la Lombarde	Comblement d'un puits	fin du IIe - milieu du IIIe siècle p.C.	43	99	51	28	94	53
	Narbonne/Kennedy			15	96	50	29	84	46
	Narbonne/Port-La-Nautique	Rejet dans une zone portuaire — Ens. B	fin du Ier siècle p.C.	19	101		14	94	
	Narbonne/Général de Gaulle	Niveau de destruction : US 5013	50 - 30 a.C.		102**		8	94	
	Bordeaux/Auditorium	Tous contextes — Ens. B	entre 10 et 120 p.C.	30	104	55	46	94	52
Très grandes	**Lyon/Cybèle**	Comblement de fosse (H.2.7) — Ens. A	20 - 30 p.C	25	115	57	30	102	55

a.

* : hauteur moyenne restituée calculée à partir des hauteurs biologiques .
** : hauteur moyenne restituée calculée à partir des hauteurs de la valve droite. N : nombre de valves mesurées.
X : taille majoritaire

PT 25055 Barzan/Le Fâ	*N*	**Très petites**			**Petites**				**Moyennes**				**Grandes**				**Très grandes**		
US		35-39	40-44	45-49	50-54	55-59	60-64	65-69	70-74	75-79	80-84	85-89	90-94	95-99	100-104	105-109	110-114	115-119	120-124
25382	*26d*						6	7	6	4	3								
25397	*25d*			1			2	6	5	5	4	1		1					
25398 - 25410	*40d*				1	4	8	8	12	1	1	5							
25994 - 25412	*56d*						1	10	24	14	4	2	1						
25995	*31d*						3	9	10	7	2								
25996	*38d*			3	4	14	13	3	1										
25997	*12d*				3	2	5	1	1										
25999 - 26289	*46g*				1	1	7	10	10	6	6	4		1					
	66d			3	2	8	19	17	10	4	2	1							
26291	*47g*				2	12	9	11	8	2	2		1						
	65d			3	18	16	16	6	6										
26292	*40g*				4	9	9	9	8		1								
	56d			1	8	23	15	5	2	2									
26293	*38d*		2	3	7	10	11	2	3										

b.

fig. 16 : a. moyennes des hauteurs (xH) et hauteurs biologiques (xHB) obtenues pour les valves gauches et droites d'huître plate d'Europe, *Ostrea edulis*. b. Barzan/Le Fâ, PT 25055 : distribution des hauteurs (H) obtenues pour les valves gauches et droites d'huître plate d'Europe, *Ostrea edulis*.

			NMVg		NMVd		NMV
Sens/Espace du Thau	"quartier sub-urbain à vocation artisanale"	de la seconde moitié du Ier siècle p.C. à la fin du IIe siècle p.C.	83		**505**	***86%***	588
Sens/Mail (boulevard du)	-	-	8		**44**	***85%***	52
Sens/Gennetier	-	-	6		**17**	***74%***	23
Sens/Les Cordeliers	-	de la fin du IIIe à la fin du IVe siècle p.C.	2		**25**	***93%***	27
Sens/Tarbé (12, cours)	"habitat" CT 25	du milieu du Ier au IVe siècle p.C.	25		**70**	***74%***	95
	"habitat" CT 251		7		**89**	***93%***	96
Vertault	-	-	106		**370**	***78%***	476
Chartres/Place de la République	puits 96	Ier siècle p.C.	82		**151**	***65%***	233
	puits 75		10		**61**	***86%***	71
Saint-Romain-de-Jalionas	"appentis pour artisanats" ; "dépotoirs, zone de stockage des déchets alimentaires"	IVe - Ve siècle p.C.	-	*30%*	-	***70%***	-
Saint-Mitre-Les-Remparts/Saint-Blaise	"Saint-Blaise protohistorique"	IIe siècle a.C.	-		"la valve inférieure n'a pas été retrouvée sur le site sauf à de rares exceptions"		
Alignan/Le Valat	Comblement d'une fosse (US 1017)	fin du IVe - début du Ve siècle p.C.	**132**	***64%***	74		206

fig. 17 : quelques exemples d'assemblages montrant un déficit entre les valves gauches et les valves droites d'huître plate d'Europe, *Ostrea edulis*.

				Vg		Vd	
				N	**H**	**N**	**H**
Très petites	**Saint-Romain-de-Jalionas**	IVe-Ve siècle p.C.		-	x ≤ 42 max : 51	-	x ≤ 30
Petites	**Villetelle/Ambrussum**	IVe siècle p.C.		1 59 122 6	80 ≤ H < 100 60 ≤ H < 80 40 ≤ H < 60 H < 40	1 36 140 37	80 ≤ H < 100 60 ≤ H < 80 40 ≤ H < 60 H < 40
	Lunel-Viel	IVe siècle p.C.		-	x = 64	-	-
Moyennes	**Nîmes/Z.A.C. des Halles**	Ier - IIIe siècle p.C.		x = 71 mm			
	Alignan/Le Valat	fin du IVe-début du Ve siècle p.C.	US 1012	18	x = 77	19	x = 73
			US 1017	66	x = 78	49	x = 70
	Bram	Ier - IIIe siècle p.C.		les plus nombreuses ont une hauteur comprise entre 60 et 80 mm			
	Chartres/Place de la République Puits 75	seconde moitié du Ier siècle p.C.		8	x = 85	44	x = 73
Grandes	**Arles/Esplanade**	Antiquité tardive		-	x = 95		x = 80
	Vieil-Evreux/Thermes	175/250 p.C.		41	x = 96	56	x = 89
Très grandes	**Chartres/Place de la République Puits 96**	milieu du Ier siècle p.C.		48	x = 112	123	x = 101

x : moyenne. N : nombre de valves mesurées.

fig. 18 : hauteurs des valves d'huître plate d'Europe, *Ostrea edulis*, pour quelques assemblages étudiés par Fr. Brien-Poitevin, V. Forest et M. Schneider. x : moyenne. N : nompbre de valves mesurées.

valves gauches]".[232] (fig. 17) Dans les études de Fr. Brien-Poitevin et C. Dupont, l'utilisation du NMI ne donne pas la représentation des valves gauches et droites. Fr. Brien-Poitevin mentionne cependant la présence quasi-exclusive des valves supérieures (70%) à Saint-Romain-de-Jalionas (104) et remarque qu'à Saint-Mitre-Les-Remparts/Saint-Blaise (046/8), au IIe siècle a.C., la valve inférieure n'a pas été retrouvée sur le site sauf à de rares exceptions. (fig. 17)

La taille des coquilles

Selon J.-M. Poutiers, la hauteur de la coquille d'*Ostrea edulis*, l'huître plate d'Europe, est communément comprise entre 60 et 90 mm.[233] P. Parenzan donne un intervalle un peu supérieur : entre 70 et 100 mm.[234] La hauteur moyenne généralement adoptée est de 80 mm.[235] D'après les tailles précitées et afin d'uniformiser les termes de la description, nous qualifierons les coquilles de :

- "très petites" si la moyenne des hauteurs gauches (xHg) est inférieure à 49 mm.
- "petites" si xHg est comprise entre 50 et 69 mm.
- "moyennes" si xHg est comprise entre 70 et 89 mm.
- "grandes" si xHg comprise entre 90 et 109 mm.
- "très grandes" si xHg est supérieure à 110 mm.

Pour six lots, les coquilles sont petites avec xHg qui s'échelonne entre 61 et 69 mm. Pour douze, elles sont moyennes ; xHg avoisine 80 mm. Et pour treize autres, elles sont grandes ou très grandes pour l'ensemble A de Lyon/Cybèle (136/4) où xHg est de 115 mm. (fig. 16a) Les études de Fr. Brien-Poitevin, V. Forest et M. Schneider montrent la même diversité. (fig. 18) Les

[232] Schneider 2002, 87.
[233] Poutiers 1987.
[234] Parenzan 1974.

[235] Bucquoy *et al.* 1887/1898 ; Poutiers 1978.

			Très petites			Petites				Moyennes				Grandes				Très grandes						
			35-39	40-44	45-49	50-54	55-59	60-64	65-69	70-74	75-79	80-84	85-89	90-94	95-99	100-104	105-109	110-114	115-119	120-124	125-129	130-134	135-139	155-159
Lançon-de-Pro./Constantine Remblais : US 2009, 2015, 2063, 2078, 2079		g				10	26	31	49	**66**	40	34	13	17	5	2	1	1	1					
		d	1	5	19	42	61	**82**	54	42	14	14	4	2			1							
Villevieille Tous contextes		g							3	3	8	8	6						2					
		d				1	2	7	10	9	5	8	1			1								
Narbonne/Kennedy		g									1	2	1	3	**3**	4					1			
		d					3	1		3	3	**2**	7	6	2		1		1					
Loupiac/Saint-Romain Comblement d'une piscine : US 1002, 1031		g		1	4	24	30	**49**	26	14	6													
		d	1	6	25	48	**51**	47	13	8	2		1											
Narbonne/Clos de la Lombarde Comblement d'un puits		g				1		3		3		13		**9**		4		7		3				
		d				1		2		5		6		**6**		8								
Bordeaux/Chapeau Rouge	Occupation : US 7017	d		3	1	2	3	**1**	4		2		1				1						1	
	Couche de dépotoir : US 6818	g				1		**3**	2															
		d			1	2	**3**	1	3															
	Remblais : US 6634, 6449	d					9	**15**	13	3	2													
Meaux/PME	Remblais : US 1071	d							1			4	**6**	1	1									
	Comblement de fosse : FS 2048	g										1		3	**4**	1	1							
		d						1		2	7	**7**	11	3	2			1						
	Comblement de fosse : FS 3246	d								2	2	17	**8**	7	3	1								
Besançon/ Collège Lumière	Démolition : US 113	g*								1	5	**3**	4	1	2									
		d*					1	1	4	**4**	4	1												
	Comblement d'un bassin : US 1193	g							1	2	9	**7**	3	3										
Bordeaux/ Auditorium	Ens. A	g				7	30	42	**54**	42	34	24	9											
		d		2	8	41	73	85	**73**	75	42	27												
	Ens. B	g												6	6	**6**	2	4	2	3	1			
		d											17	**11**	9	2	1	3	2	1				
Lyon/Cybèle Comblement de fosse (H.2.7.)	Ens. A	g													2	2	4	5	**5**	4	1	1		1
		d											1	7	6	**3**	7	4	2					
	Ens. B	g								5	3	**6**	9	2										
		d							7	10	**6**	4	3											
Rom/La Petite Ouche Tous contextes		g						4	17	24	37	**32**	18	6	2	1								
		d				1	11	33	59	**62**	36	25	8	2	1									
Narbonne/Kennedy		g									1	2	1	3	**3**	4					1			
		d					3	1		3	3	**2**	7	6	2		1		1					
Narbonne/Malard Niveau de circulation : US 1003		d				1	1	5	**5**	5	3													
Narbonne/Général de Gaulle Niveau de destruction : US 5013		d											3	**1**	2	1		1						
Besançon/Refuge Comblement d'une cave : US 261		d						2	**5**	2	1													
Narbonne/ Port-La-Nautique Rejet dans une zone portuaire	Ens. A	g							4	**10**	9	3												
		d						9	**15**	9	8													
	Ens. B	g											1	2	3	**6**	4	2	1					
		d											3	4	**5**	1	1							
Barzan/La Palisse Niveau préparatoire à une voie : US 33040B	Ens. A	g						8	**6**	6	1													
		d					3	**20**	6															
	Ens. B	g								2	5	**6**	2	2				1						
		d						4	7	**10**	8		1											

fig. 19 : l'huître plate d'Europe, *Ostrea edulis* : distribution des hauteurs (H) mesurées ou restituées (*) pour l'US 113 de Besançon/Collège Lumière. Exemple de lecture : à Lançon-de-Provence/Constantine, 66 valves gauches ont une hauteur de 70 à 74 mm. La hauteur moyenne se situe dans l'intervalle souligné.

spécimens de Saint-Romain-de-Jalionas (104) sont très petits, ceux d'*Ambrussum* (100) et de Lunel-Viel (083) sont petits et ceux d'Alignan/Le Valat (067), de Nîmes/Z.A.C. des Halles (063/7) et de Bram (015) sont moyens. C'est aussi le cas pour l'assemblage du puits 75 de Chartres/Place de la République.[236] À Arles/Esplanade (032/3) et dans les niveaux d'occupation des thermes au Vieil-Evreux/Thermes,[237] les coquilles sont grandes : xHg atteint 96 mm. Dans le puits 96 de Chartres/Place de la République,[238] elles sont très grandes : xHg dépasse 110 mm.

Aucun lien n'apparaît entre la taille des coquilles et le contexte chronologique ; les huîtres ne sont pas plus petites à une période et plus grandes à une autre. Au Ier siècle p.C., elles sont petites à Bordeaux/Chapeau Rouge (184/2), moyennes à Narbonne/Malard (020/11), grandes à Narbonne/Général de Gaulle (020/4) et très grandes dans le puits 96 de Chartres/Place de la

[236] Schneider 2002, 107-108 ; Schneider & Lepetz 2007, fig. 2, 27.
[237] Schneider 2002, 78-82.
[238] Schneider 2002, 107-108 ; Schneider & Lepetz 2007, fig. 2, 27.

				Vg			Vd		
				min (mm)	max (mm)	*Vm (%)*	min (mm)	max (mm)	*Vm (%)*
Besançon/Refuge	Comblement d'une cave : US 261		milieu du IIe siècle p.C				60	76	*27*
Besançon/Collège Lumière	Niveau de démolition : US 113		IIIe siècle p.C.	71*	99*	*39*	56*	82*	*46*
	Comblement d'un bassin Couche inf. : US 1193			66	91	*37*			
Lyon/Cybèle	Comblement de fosse (H.2.7)	Ensemble A	20 - 30 p.C.	96	157	*63*	87	116	*33*
		Ensemble B		70	94	*34*	65	89	*37*
Meaux/PME	Remblais : US 1071		fin du IIe - début du IIIe siècle p.C.				69	99	*43*
	Comblement de fosse : FS 2048		60/65 - 85/90 p.C.	81	107	*32*	62	110	*77*
	Comblement de fosse : FS 3246						72	104	*44*
Lançon-de-Provence/Constantine	Remblais : US 2009, 2015, 2063, 2078, 2079		Ve - VIe siècle p.C.	50	117	*134*	38	105	*176*
Narbonne/Kennedy				77	127	*65*	55	117	*112*
Narbonne/Malard	Niveau de circulation : US 1003		début du Ier siècle p.C.				53	78	*47*
Narbonne/Général de Gaulle	Niveau de destruction : US 5013		50 - 30 a.C.				86	111	*29*
Narbonne/Clos de la Lombarde	Comblement d'un puits		fin du IIe - milieu du IIIe siècle p.C.	62	122	*97*	61	123	*102*
Narbonne/Port-La-Nautique	Rejet dans une zone portuaire	Ensemble A	fin du Ier siècle p.C.	65	81	*25*	61	81	*33*
		Ensemble B		86	118	*37*	86	107	*24*
Barzan/La Palisse	Niveau prép. à une voie : US 33040B	Ensemble A	début du IIe siècle p.C.	61	76	*25*	56	68	*21*
		Ensemble B		71	110	*55*	64	86	*34*
Bordeaux/Chapeau Rouge	Niveaux d'occupation : US 7017		50/30 - 30/10 a.C.				42	109	*159*
	Couche de dépotoir : US 6818		20 a.C. - 10 p.C.	50	138	*176*	48	69	*44*
	Remblais : US 6634, 6449		20 - 40 p.C.				53	77	*45*
Loupiac/Saint-Romain	Comblement d'une piscine : US 1002, 1031		Ve - VIe siècle p.C.	41	77	*88*	38	85	*124*

fig. 20 : l'huître plate d'Europe, *Ostrea edulis* : variabilités maximales (*Vm*) obtenues pour plusieurs séries de hauteurs (H).
*** hauteur restituée à partir de la hauteur biologique (HB).**

République[239]. Aux IIe-IIIe siècles p.C., elles sont petites à Barzan/La Palisse (182/2), pour l'ensemble A, moyennes à Besançon/Refuge (060/9) et grandes à Narbonne/Clos de la Lombarde (020/10) et au Vieil-Evreux/Thermes.[240] Autour des Ve-VIe siècles p.C., elles sont petites à Loupiac/Saint-Romain (185) et à Villetelle/*Ambrussum* (100), moyennes à Lançon-de-Provence/Constantine (041) et à Alignan/Le Valat (067) et grandes à Arles/Esplanade (032/3). (fig. 16a et 18)

Sur le même site en revanche, des variations peuvent apparaître au cours du temps. Ainsi, à Barzan/Le Fâ (182/1), les petites coquilles abondent seulement à partir de 70-90 p.C., signent les années 90-110 p.C. et marquent fortement la première moitié du IIe siècle p.C. ; à cette période, les plus nombreuses se trouvent dans deux zones proches (zones 1 et 5). Elles ne remplacent pas pour autant les exemplaires plus grands rencontrés dans les phases antérieures. (fig. 16a) Les deux tailles se côtoient par exemple dans le comblement du puits PT 25055, mais dans des US différentes. Les couches inférieures livrent des coquilles généralement petites, hormis une US composée pour majorité de coquilles de plus grand format. Ce dernier caractérise en outre les couches supérieures. (fig. 16b) La présence de différentes tailles à la même période n'est pas spécifiquement barzanaise. En 20-30 p.C. à Lyon/Cybèle (136/4), un lot est ainsi composé de spécimens moyens et l'autre de très grands. Au Ier siècle p.C., à Narbonne/Port la Nautique (020/14), les coquilles sont moyennes et grandes, et à Bordeaux/Auditorium (184/1), elles sont petites et grandes. (fig. 16a)

Les assemblages présentent une plus ou moins grande homogénéité dans la taille des valves. (fig. 19) Par exemple, à Narbonne/Clos de la Lombarde (020/10), à Narbonne/Kennedy (020/8), dans les premiers niveaux d'occupation et la couche de dépotoir à Bordeaux/Chapeau Rouge (184/2), à Loupiac/Saint-Romain (185) et dans les remblais à Lançon-de-Provence/Constantine, la distribution des hauteurs montre une forte dispersion des valeurs caractérisée par des variabilités maximales très élevées : la plupart dépassent largement 100%. (fig. 20) À Narbonne/Clos de la Lombarde (020/10) 14% des valves sont très grandes, 38% sont grandes, 38% sont moyennes et 10% sont petites. À Narbonne/Kennedy (020/8) et à Bordeaux/Chapeau Rouge (184/2), toutes les tailles sont représentées. Cette diversité rappelle celle de l'assemblage US 3032 de Limoges/Bibliothèque multimédia[241] étudié par Y. Gruet : 20% des valves sont grandes, 45% sont moyennes, 20% sont petites et 15% sont très petites. (fig. 21) À Loupiac et à Lançon-de-Provence, les valeurs sont mieux regroupées autour de la moyenne, mais on note la présence non négligeable de très petites valves : elles comptent pour respectivement 16 et 7% des valves droites. À Lançon-de-Provence, près de 9% des valves gauches sont en outre grandes ou très grandes. L'assemblage de l'US 3044 de Limoges/Bibliothèque multimédia,[242] de

[239] Schneider 2002, 107-108; Schneider & Lepetz 2007, fig. 2, 27.
[240] Schneider 2002, 78-82.

[241] Gruet (inédit c).
[242] Gruet (inédit c).

(mm)	Limoges/Bibliothèque multimédia			
	US 3044		US 3032	
	Vg	Vd	Vg	Vd
5				
10	1	1		
15		1		
20	1		1	
25	1			
30			1	1
35	1		2	
40		2	2	1
45	1	1	2	3
50	1	4	2	1
55	4	2		5
60	2	9	1	5
65	6	14	2	6
70	10	13	5	10
75	10	10	4	5
80	18	14	7	8
85	14	4	7	2
90	8		4	4
95	5	1	4	1
100	2		5	
105	1		4	
110				

fig. 21 : Limoges/Bibliothèque multimédia : distribution des hauteurs des valves d'huître plate d'Europe, *Ostrea edulis*. D'après Gruet (inédit c).

min (≥) max (<) (mm)	Paulhan/Vareilles	
	Vg	Vd
34-40		1
40-45	1	1
45-50		1
50-55	3	5
55-60	2	4
60-65	6	10
65-70	6	9
70-75	9	5
75-80	9	4
80-85	7	3
85-90	7	3
90-95	2	3
95-100	1	2
100-105		
105-110		

fig. 22 : Paulhan/Vareilles : distribution des hauteurs des valves d'huître plate d'Europe, *Ostrea edulis*. D'après Forest 2002b.

(mm)	Epiais Rhus/La Poulaine	
	Vg	Vd
40 et -	9	23
40-60	52	187
60-80	425	966
80-100	889	1104
100-120	433	332
120-140	80	25
140 et +	2	1

fig. 23 : Epiais-Rhus/La Poulaine : distribution des hauteurs des valves d'huître plate d'Europe, *Ostrea edulis*. D'après Deloge 1986.

Paulhan/Vareilles[243] et d'Epiais Rhus/La Poulaine (189) montrent une distribution assez similaire : les valeurs centrales des hauteurs tendent à se regrouper, cependant l'étendue des séries est extrêmement large. (fig. 21, 22 et 23)

Dans d'autres assemblages au contraire, les variabilités maximales sont moins élevées, entre 77 et 21% avec une majorité inférieure à 50%. (fig. 20) Parmi les plus basses se trouvent celles de plusieurs lots issus de sites très éloignés des côtes. Ainsi, à Besançon/Refuge (060/9), à Meaux/PME (148) et pour l'ensemble B de Lyon/Cybèle (136/4) les valeurs sont particulièrement bien resserrées autour de la moyenne : plus de 50% des hauteurs sont comprises dans un intervalle de 9 mm. (fig. 19) Cette tendance se retrouve également sur des sites côtiers : dans les remblais à Bordeaux/Chapeau Rouge (184/2), et les ensembles A de Narbonne/Port la Nautique (020/14) et de Barzan/La Palisse (182/2). (fig. 19) À Barzan/Le Fâ (182/1), V. Forest a déjà souligné l'homogénéité de certains lots de valves : par exemple, pour l'US 20749 "l'intervalle est étroit, inférieur à 60% pour les deux valves".

La morphologie des coquilles

Pour quatre assemblages, l'examen de la morphologie des valves a permis de déterminer qu'ils étaient initialement formés de deux ensembles de coquilles : celui fourni par les phases 2 et 3 de Bordeaux/Auditorium (184/1), celui de Lyon/Cybèle (136/4), de Narbonne/Port la Nautique (020/14) et de Barzan/La Palisse (182/2). Dans les paragraphes qui suivent, nous avons synthétisé ce qui caractérise chaque ensemble. Ils sont baptisés A et B.

Bordeaux/Auditorium (184/1)
- Ensemble A. Les coquilles sont de "petite" taille avec une moyenne des hauteurs de 69 mm pour les valves gauches. (fig. 16a et 19) Elles sont nettement arrondies avec un rapport H/DAP moyen de 1 pour les deux valves. (fig. 24) Elles sont rondes à légèrement piriformes, c'est-à-dire un peu rétrécies dorsalement. La paroi des valves est moyennement épaisse. Les côtes radiales de la face externe des valves gauches sont nettement dessinées et les lamelles minérales bien détachées les unes des autres.
- Ensemble B. Les hauteurs décrivent des coquilles grandes voire très grandes, de 90 à 129 mm. (fig. 16a et 19) Elles sont en général très étirées avec un rapport H/DAP qui atteint parfois 1,5. (fig. 24) Elles sont le plus souvent en forme de pois : leur bord antérieur est convexe et leur bord postérieur concave. La zone apicale est largement développée. La paroi des valves est extrêmement épaisse. Les reliefs externes des valves gauches sont peu marqués.

[243] Forest 2002b.

				Vg					Vd				
				xH	xDAP	H/DAP min	H/DAP max	H/DAP x	xH	xDAP	H/DAP min	H/DAP max	H/DAP x
Arrondies	**Besançon/Collège Lumière**	Niveau de démolition : US 113		les valves sont très rondes parfois même plus larges que hautes									
	Besançon/Refuge	Comblement d'une cave : US 261							68	60	1	1,2	1,1
	Meaux/PME	Tous contextes		95	95	0,9	1	1	84	78	0,9	1,3	1,1
	Bordeaux/Auditorium	Tous contextes	Ens. A	69	66	0,9	1,1	1	65	62	1	1,1	1
	Narbonne/Général de Gaulle	Niveau de destruction : US 5013							94	83	1	1,3	1,1
	Narbonne/ Malard	Niveau de circulation : US 1003							67	60	0,9	1,2	1,1
	Narbonne/Port-La-Nautique	Rejet dans une zone portuaire	Ens. A	74	65	0,9	1,2	1,1	69	60	0,9	1,2	1,2
Etirées	**Lyon/Cybèle**	Comblement de fosse (H.2.7)	Ens. B	82	70	1,1	1,4	1,2	75	61	1,1	1,4	1,2
	Lançon-de-Provence/Constantine	Remblais : US 2009, 2015, 2063, 2078, 2079		73	61	0,8	1,9	1,2	63	53	0,9	1,9	1,2
	Loupiac/Saint-Romain	Comblement d'une piscine : US 1002, 1031		61	50	1	1,6	1,2	57	47	0,8	2,2	1,2
	Barzan/La Palisse	Niveau prép. à une voie : US 33040B	Ens. A	67	57	1	1,3	1,2	63	52	1,1	1,4	1,2
	Barzan/Fâ	Tous contextes		Pour les trois quarts des coquilles : rapports H/DAP compris entre 1,1 et 1,3, avec une majorité égale à 1,2.									
	Narbonne/Kennedy			96	81	1	1,4	1,2	84	69	1	1,6	1,2
	Rom/La Petite Ouche	Tous contextes		84	68	1,1	1,6	1,3	73	60	0,9	1,5	1,2
	Besançon/Collège Lumière	Comblement d'un bassin Couche inf. : US 1193		80	65	1,1	1,6	1,3					
	Narbonne/Port-La-Nautique	Rejet dans une zone portuaire	Ens. B	101	81	1,1	1,4	1,3	94	72	1,1	1,5	1,3
	Bordeaux/Chapeau Rouge	Remblais : US 6634, 6449		69	54	1,1	1,5	1,3	64	52	1	1,4	1,3
Nettement allongées	**Bordeaux/Auditorium**	Tous contextes	Ens.B	104	71	1,2	1,5	1,4	94	65	1,1	1,5	1,4
	Narbonne/Clos de la Lombarde	Comblement d'un puits		99	72	1,1	1,7	1,4	94	69	1,1	1 ,6	1,4
	Barzan/La Palisse	Niveau prép. à une voie : US 33040B	Ens. B	83	55	1,3	1,7	1,5	71	51	1,3	1,6	1,4
	Lyon/Cybèle	Comblement de fosse (H.2.7)	Ens. A	115	76	1,3	2,2	1,5	102	71	1,2	1,8	1,4

fig. 24 : l'huître plate d'Europe, *Ostrea edulis* : dimensions et allongement moyens des valves. xH : hauteur moyenne. xDAP : diamètre antéro-postérieur moyen. H/DAP (min. ; max. ; x) : rapport minimum, maximum et moyen entre la hauteur et le diamètre antéro-postérieur.

Lyon/Cybèle (136/4)

- Ensemble A. Avec une hauteur moyenne de 115 mm pour les valves gauches, les coquilles sont "très grandes". (fig. 16a et 19) Elles sont aussi très allongées : les valves sont beaucoup plus hautes que larges avec un rapport H/DAP moyen de 1,5 pour les gauches et de 1,4 pour les droites. (fig. 24) Elles sont généralement en forme de pois. La zone apicale est généralement fortement renflée, effilée et saillante. L'aire ligamentaire est très allongée et se concentre dans l'extrémité apicale : à gauche xHl/DAPl=1 et à droite xHl/DAPl=0,9. (fig. 25) L'empreinte musculaire est grande : xHB/Hm=2,9 pour les deux valves. (fig. 26) La paroi des valves est épaisse. Les valves gauches ont des côtes radiales peu marquées et chaque arrêt de croissance est limité par une lamelle aplatie.
- Ensemble B. Les coquilles sont de taille "moyenne": la moyenne des hauteurs des valves gauches est de 82 mm. (fig. 16a et 19) Elles sont légèrement étirées en hauteur comme le concrétise un rapport H/DAP moyen de 1,2 pour les deux valves. (fig. 24) Les valves ont un contour régulier piriforme. Elles sont le plus souvent dissymétriques avec leur bord postérieur droit et leur bord antérieur convexe. L'aire ligamentaire est courte et s'étend loin le long du bord dorsal : xHl/DAPl=0,5 pour les deux valves. (fig. 25) L'empreinte musculaire est petite : à gauche xHB/Hm=3,4 et à droite xHB/Hm=3,5. (fig. 26) La paroi des valves est moyennement épaisse. Les côtes radiales des valves gauches sont bien dessinées et chaque arrêt de croissance est souligné par une lamelle doucement relevée.

Narbonne/Port la Nautique (020/14)

- Ensemble A. La hauteur moyenne des valves gauches décrit des coquilles de taille "moyenne": elle est de 74 mm. (fig. 16a et 19) Elles sont plutôt arrondies avec un rapport H/DAP moyen de 1,1 pour les valves gauches et de 1,2 pour les valves droites. (fig. 24) Leur forme est ronde ou légèrement rétrécie dorsalement. L'aire ligamentaire est courte et s'étend loin le long du bord dorsal : xHl/DAPl=0,5 pour les deux valves. (fig. 25) La paroi des valves est moyennement épaisse. Les stades de croissance sont marqués par une ligne froncée prononcée.
- Ensemble B. Les coquilles sont "grandes" : la hauteur moyenne des valves gauches est de 101 mm. (fig. 16a et 19) Plutôt allongées avec un rapport H/DAP moyen de 1,3 pour les deux valves. (fig. 24), elles sont piriformes avec des bords antérieur et postérieur le plus souvent assez droits. La valve gauche est fortement bombée. L'aire ligamentaire est allongée et se concentre dans l'extrémité apicale : xHl/DAPl=0,7 à gauche comme à droite. (fig. 25) Les valves sont massives avec une paroi épaisse. La valve gauche montre des reliefs externes faibles.

				Vg				Vd			
				xHl	xDAPl	xHl/DAPl	xH/DAP	xHl	xDAPl	xHl/DAPl	xH/DAP
Allongée	**Lyon/Cybèle**	Comblement de fosse (H.2.7)	Ens. A	23	23	1	1,5	18	21	0,9	1,4
	Narbonne/Port-La-Nautique	Rejet dans une zone portuaire	Ens. B	18	25	0,7	1,3	16	23	0,7	1,3
	Barzan/La Palisse	Niveau prép. à une voie : US 33040B.	Ens. A	14	19	0,7					
			Ens. B	17	18	1					
Courte	**Lançon-de-Provence/Constantine**	Remblais : US 2009, 2015, 2063, 2078, 2079		9	17	0,5	1,2	7	16	0,4	1,2
	Lyon/Cybèle	Comblement de fosse (H.2.7)	Ens. B	10	19	0,5	1,2	9	18	0,5	1,2
	Narbonne/Port-La-Nautique	Rejet dans une zone portuaire	Ens. A	8	16	0,5	1,1	7	14	0,5	1,2
	Narbonne/ Malard	Niveau de circulation : US 1003						8	18	0,5	1,1

fig. 25 : l'huître plate d'Europe, *Ostrea edulis* : dimensions et allongements moyens de l'aire ligamentaire. xHl : hauteur moyenne de l'aire ligamentaire. xDAPl : diamètre antéro-postérieur moyen de l'aire ligamentaire. xHl/DAPl : rapport moyen entre la hauteur et le diamètre antéro-postérieur de l'aire ligamentaire.

				Vg		Vd	
				x DAP/DAPm	x HB/Hm	x DAP/DAPm	x HB/Hm
Grande	**Loupiac/Saint-Romain**	Comblement d'une piscine : US 1002, 1031		2,7		2,5	
	Bordeaux/Chapeau Rouge	Remblais : US 6634, 6449				2,6	
	Barzan/La Palisse	Niveau préparatoire à une voie : US 33040B.	Ensemble A	2,7		2,6	2,8
			Ensemble B	2,7		2,7	
	Lyon/Cybèle	Comblement de fosse (H.2.7) - Ensemble A		2,8	2,9	2,7	2,9
	Rom/La Petite Ouche	Tous contextes			2,7		2,9
	Barzan/Le Fâ Habitats	Comblement de tranchée de fondation de mur : US 26822			2,8		2,9
		Remblai de nivellement : US 26443					2,9
		Remblai de nivellement : US 26320					2,9
		Remblai : US 26733					2,9
	Meaux/PME	Tous contextes				2,9	2,8
	Sens/Tarbé (12, cours)	CT 25				2.9	2.9
		CT 251				2.9	2.8
	Besançon/Refuge	Comblement d'une cave : US 261				2,9	2,9
	Besançon/Collège Lumière	Niveau de démolition : US 113			2,8		2,9
		Comblement d'un bassin ; Couche inf. : US 1193		3	3		
	Bordeaux/Auditorium	Ensemble A			2,9		3
		Ensemble B			3		3
	Sens/Espace du Thau	US 124				3	3
		US 162				2.9	3
		US 185				2.9	3
Petite	**Lyon/Cybèle**	Comblement de fosse (H.2.7.) - Ensemble B		3,2	3,4	3,1	3,5
	Narbonne/Port-La-Nautique	Rejet dans une zone portuaire - Ensemble B		3,4	3,3	3	3,3
	Narbonne/ Malard	Niveau de circulation : US 1003				3,4	3,7
	Narbonne/Port-La-Nautique	Rejet dans une zone portuaire - Ensemble A		3,4	3,2	3,5	3,5
	Narbonne/Clos de la Lombarde	Comblement d'un puits		3,5	3,7	3,2	3,9
	Narbonne/Kennedy			3,7		3,2	
	Villevieille	Tous contextes					3,7
	Lançon-de-Provence/Constantine	Remblais : US 2009, 2015, 2063, 2078, 2079		3,9		3,6	

fig. 26 : l'huître plate d'Europe, *Ostrea edulis* : taille moyenne de l'empreinte musculaire par rapport à celle des valves. xDAP/DAPm : rapport moyen entre le diamètre antéro-postérieur de la valve et le diamètre antéro-postérieur de l'empreinte musculaire. xHB/Hm : rapport moyen entre la hauteur biologique de la valve et la hauteur de l'empreinte musculaire.

Barzan/La Palisse (182/2)

- Ensemble A - US 33040B. La hauteur moyenne des valves gauches est de 67 mm. (fig. 16a et 19) Les coquilles sont donc de petite taille. Elles sont légèrement étirées en hauteur comme le concrétise un rapport H/DAP moyen de 1,2 pour les deux valves. (fig. 24) Leur aire ligamentaire est assez allongéee : xHl/DAPl=0,7 à gauche. (fig. 25)
- Ensemble B - US 33040B. Les coquilles sont de taille moyenne avec des valves gauches hautes de 83 mm en moyenne. (fig. 16a et 19) Elles présentent un fort étirement en hauteur avec un rapport H/DAP de 1,5 pour les valves gauches et de 1,4 pour les valves droites. (fig. 24) Leur aire ligamentaire est nettement allongée et forme une pointe décalée postérieurement : xHl/DAPl=1 à gauche. (fig. 25)

Les coquilles à l'origine des assemblages sont diversement allongées sans qu'il soit possible d'en tirer de règle générale. Notons toutefois que le calcul de l'allongement moyen décrit des formes étirées, voire très étirées pour 13 des 20 assemblages mesurés ; le rapport moyen entre la hauteur et le diamètre antéro-postérieur est compris entre 1,2 et 1,5. Ainsi à Narbonne/Clos de la Lombarde (020/10), pour les ensembles B de Bordeaux/Auditorium (184/1) et de Barzan/La Palisse (182/2) et pour l'ensemble A de Lyon/Cybèle (136/4), les coquilles sont nettement allongées avec des rapports H/DAP moyens de 1,4 ou 1,5. (fig. 24) Les coquilles des autres assemblages tendent à s'arrondir, mais montrent toujours un léger étirement, par exemple celles de Barzan/Fâ (182/1), de Rom/La Petite Ouche (188), de l'US 1193 de Besançon/Collège Lumière (060/2) et de Loupiac/Saint-Romain (185) ; celui-ci est concrétisé par des rapports H/DAP moyens de 1,2 ou 1,3. (fig. 24) Les coquilles les plus rondes composent les assemblages de Meaux/PME (148), de Narbonne/Malard (020/11), de Narbonne/Général de Gaulle (020/4), de Besançon/Refuge (060/9), de l'US 113 de Besançon/Collège Lumière (060/2) et des ensembles A de Narbonne/Port la Nautique (020/14) et de Bordeaux/Auditorium (184/1) ; les rapports H/DAP sont proches de 1. (fig. 24)

Comme il n'y pas une seule taille de coquille, il n'y a pas non plus une seule forme. Elle est variable d'un site à l'autre. À Barzan/Le Fâ (182/1) et à Migennes/Côte Mitière (173), plusieurs coquilles ont un développement très irrégulier et à Lançon-de-Provence/Constantine (041), dans les remblais tardifs, une dizaine d'exemplaires déploient de part et d'autre du talon deux extensions de matière-coquille, ce qu'Y.Gruet appelle des "ailes".[244] À Meaux/PME (148), les coquilles sont bien rondes, à Narbonne/Général de Gaulle (020/4), elles sont arrondies, mais avec une tendance au rétrécissement de la zone dorsale, et dans les remblais tardifs de Lançon-de-Provence/Constantine (041), elles sont en forme de pois. À Loupiac/Saint-Romain (317) et pour l'ensemble B de Lyon/Cybèle (136/4), les coquilles sont piriformes. Elles sont symétriques avec des bords antérieur et postérieur presque rectilignes à Loupiac et dissymétriques avec leur bord postérieur droit et leur bord antérieur convexe à Lyon. Les unes ou les autres de ces formes n'apparaissent pas plus sur les sites atlantiques que méditerranéens. D'ailleurs, à Narbonne, plusieurs sont représentées.

La forme varie également sur un même site, à la même époque. Nous l'avons montré à Lyon/Cybèle (136/4) vers 20-30 p.C. (fig. 27), à Narbonne/Port la Nautique (020/14) à la fin du Ier siècle p.C., et à Barzan/La Palisse (182/2) au début du IIe siècle p.C. On peut ajouter Besançon/Collège Lumière (060/2) au IIIe siècle p.C., où les coquilles du niveau de démolition (US 113) et celles du comblement d'un bassin (US 1193) sont très différentes ; les premières sont rondes avec une valve gauche très aplatie, les secondes sont priformes avec une valve gauche plus fortement convexe. (fig. 28) Exceptionnellement, sur un même site, les coquilles peuvent se ressembler, quelle que soit la période. C'est le cas à Meaux/PME (148) : la morphologie des spécimens de la seconde moitié du Ier siècle p.C. est semblable à celle des spécimens de la fin du IIe ou du début du IIIe siècle p.C. De même, les coquilles de l'ensemble A de Bordeaux/Auditorium (184/1) se retrouvent tout au long de l'occupation du site.

Au sein d'un assemblage, les coquilles ont généralement une morphologie proche sauf à Villevieille (065) où les formes sont très variées quel que soit le contexte chronologique. On notera également qu'à Bordeaux/Chapeau Rouge (184/2), les US datées entre 50 a.C. et 20 p.C. livrent des exemplaires ronds, piriformes ou en forme de pois contrairement aux US plus tardives, des années 20-40 p.C., qui sont plus homogènes.

D'après nos observations, l'allongement et la forme de l'aire ligamentaire sont liés à ceux de la coquille. Les coquilles arrondies ou légèrement étirées présentent une aire ligamentaire courte (le rapport Hl/DAPl moyen est de 0,4 ou 0,5). Les plus étirées en hauteur ont au contraire une aire ligamentaire allongée, parfois même presque aussi haute que large (le rapport Hl/DAPl moyen est de 0,7 ou 0,1). (fig. 25) Chez les coquilles les plus rondes et les plus piriformes, l'aire ligamentaire dessine une pointe régulière et chez celles en forme de pois, elle s'étend le long du bord dorsal, en direction du bord convexe.

Au contraire, la taille de l'empreinte musculaire ne semble pas dépendre de celle de la coquille. (fig. 26) En effet, les rapports moyens entre la hauteur biologique des valves (HB) et celle de leur empreinte musculaire (Hm), que nous avons calculés pour 29 assemblages, indiquent que ces deux dimensions ne sont pas proportionnelles. Le même constat vaut pour les diamètres antéro-postérieurs (DAP et DAPm). Les coquilles de 21 assemblages ont ainsi une empreinte musculaire grande ($2,7 \leq HB/Hm \leq 3$; $2,5 \leq DAP/DAPm \leq 3$). Au contraire, elle est petite pour les exemplaires des huit autres ($3,2 \leq HB/Hm \leq 3,9$; $3 \leq DAP/DAPm \leq 3,9$). Or, l'analyse géographique des sites concernés montre que tous les sites côtiers qui livrent des coquilles aux empreintes musculaires grandes sont atlantiques. Inversement, tous ceux qui livrent des coquilles aux empreintes musculaires petites sont méditerranéens. Dans l'un et l'autre groupe s'intercalent des sites continentaux : ils prennent par conséquent une résonance plutôt atlantique ou plutôt méditerranéenne.

Qu'elles soient grandes ou petites, les valves ont une paroi plus ou moins épaisse. La paroi des grandes valves de Narbonne/Clos de la Lombarde (020/10), de Narbonne/Kennedy (020/8), de l'ensemble A de Lyon Cybèle (136/4), des ensembles B de Narbonne/Port la Nautique (020/14) et de Bordeaux/Auditorium (184/1) est très épaisse alors qu'elle est fine à Meaux/PME (148). De même, la paroi des valves de l'US 113 de Besançon/Collège Lumière est extrémement mince contrairement à celle des valves de l'ensemble B de Barzan/La Palisse (182/2) qui est plus épaisse ; pourtant les valves de ces deux assemblages ont une taille proche.

Les reliefs de la face externe des valves gauches sont généralement discrets, comme abrasés. Seuls ceux des valves de l'US 113 de Besançon/Collège Lumière (060/2)

[244] Gruet 1998a.

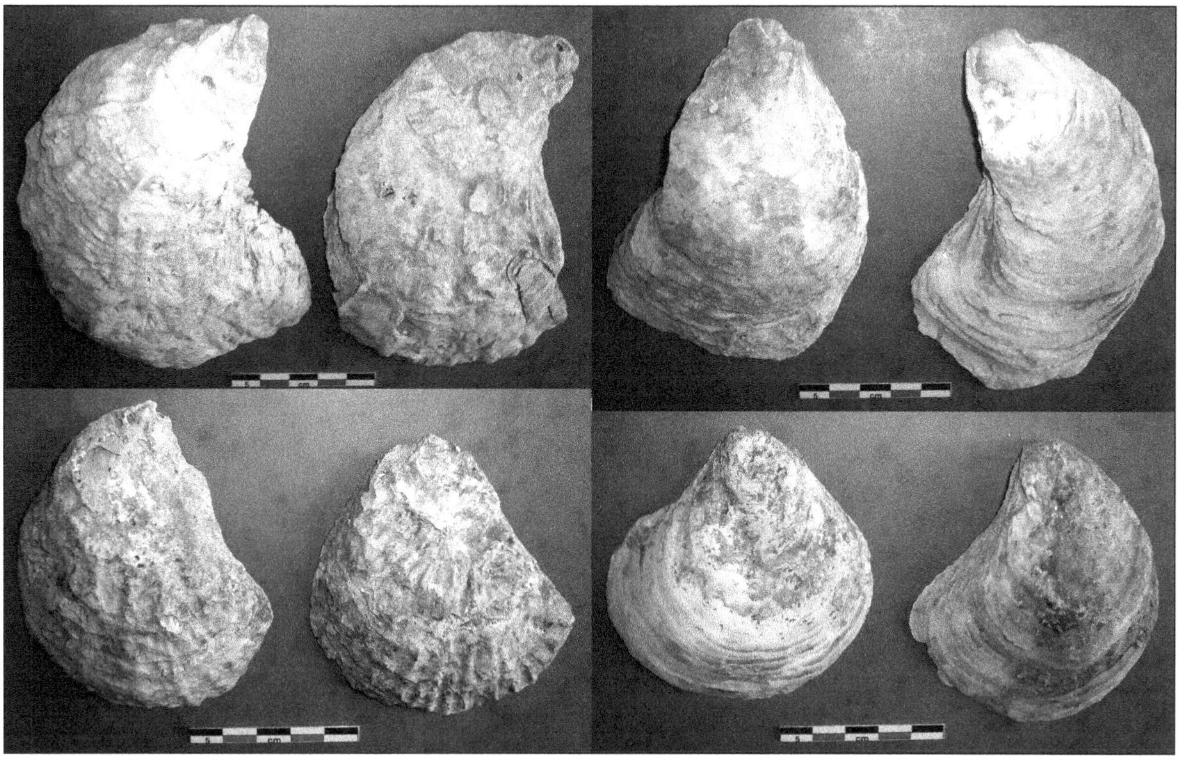

fig. 27 : huître plate d'Europe, *Ostrea edulis*. Lyon/Cybèle, ensemble A (en haut) et ensemble B (en bas). Valves gauches (à gauche) et valves droites (à droite). Vues externes.

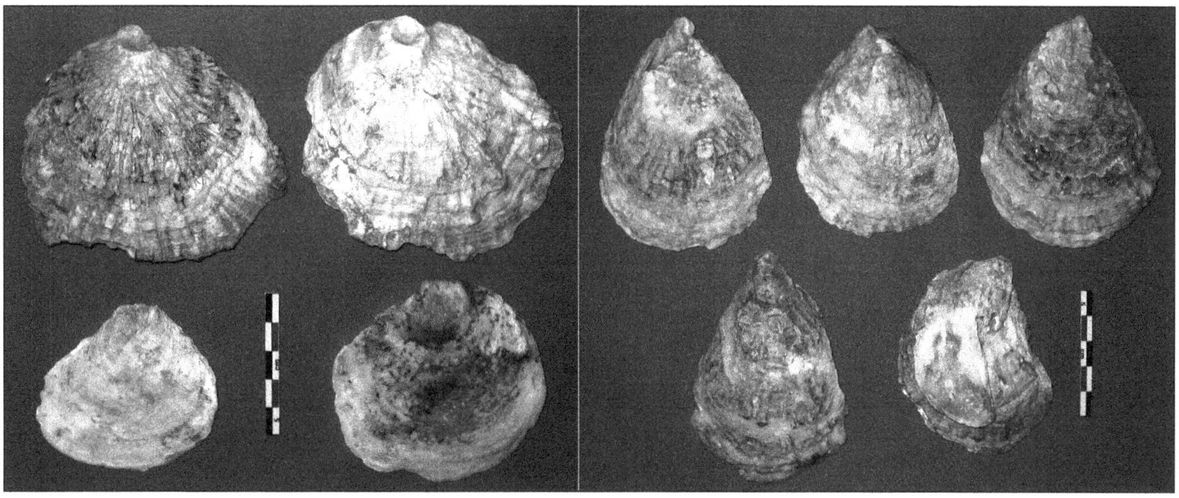

fig. 28 : huître plate d'Europe, *Ostrea edulis*. Besançon/Collège Lumière. US 113 à gauche : valves gauches (en haut) et valves droites (en bas). US 1193 à droite : valves gauches. Vues externes.

et de Meaux/PME (262) font exception. À Besançon, les arrêts de croissance sont peu marqués, mais les côtes radiales sont rapprochées et bien dessinées depuis la zone apicale. À Meaux, les côtes radiales sont larges et deviennent très saillantes à l'approche des bords de la valve. Les stades de croissance de la coquille sont en outre nettement visibles ; ils sont signalés par des lamelles concentriques relevées et froncées, largement distantes les unes des autres.

À partir des caractères morphologiques décrits précédemment, nous avons dressé le profil de 19 assemblages. Il se définit tout d'abord par l'allongement des coquilles. Ensuite, interviennent la forme des coquilles - leur contour et le degré de convexité de la valve gauche -, leur taille et celle de l'empreinte musculaire, l'épaisseur de la paroi des valves et enfin l'aspect des reliefs externes de la valve gauche. (fig. 29)

Les coquilles de six assemblages sont très rondes : l'US 113 de Besançon/Collège Lumière (060/2), Meaux/PME (262), les ensembles A de Bordeaux/Auditorium (184/1) et de Narbonne/Port la Nautique (020/14), Narbonne/Général de Gaulle (020/4) et Narbonne/Malard (020/11). Elles ont un contour piriforme dissymétrique à Narbonne/Malard. Elles sont arrondies à Besançon et à Meaux, et légèrement rétrécies dorsalement à Bordeaux et à Narbonne/Port la Nautique et Général de Gaulle.

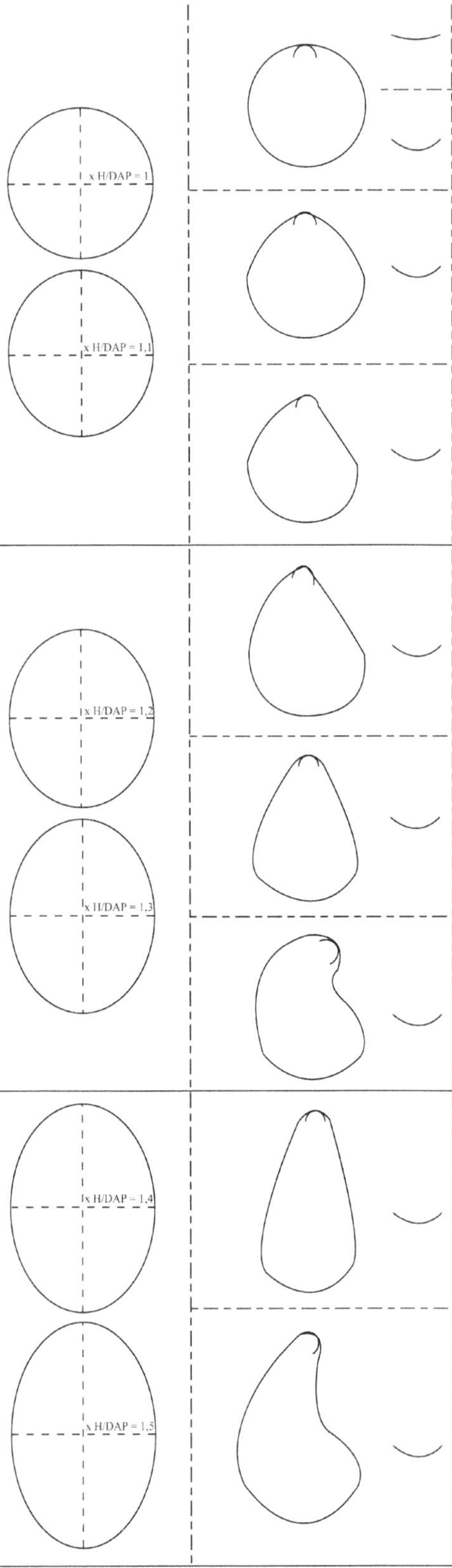

Allongement	Taille des coquilles (2)	Taille de l'empreinte musculaire (3)	Épaisseur de la paroi des valves (4)	Reliefs de la face externe de la valve gauche (5)	Assemblages	Profils
x H/DAP = 1 ; x H/DAP = 1,1	M	G	TF	P	Besançon/Collège Lumière, US113	A
	G	G	F	P	Meaux/PME	B
	P	G	M	D	Bordeaux/Auditorium, ensemble A	C
	M	P	M	D	Narbonne/Port-La-Nautique, ensemble A	D
	G	P	M	D	Narbonne/Général de Gaulle	E
	M	P	M	D	Narbonne/Malard	F
x H/DAP = 1,2 ; x H/DAP = 1,3	M	P	M	D	Lyon/Cybèle, ensemble B	G
	P	G	M	D	Loupiac/Saint-Romain Barzan/La Grande Avenue, ensemble A Bordeaux/Chapeau Rouge, remblais	H
	M	G	M	D	Besançon/Collège Lumière, US1193 Rom/La Petite Ouche	I
	G	P	TE	D	Narbonne/Port-La-Nautique, ensemble B Narbonne/Kennedy	J
	M	P	E	D	Lançon-de-Provence/Constantine, remblais	K
x H/DAP = 1,4 ; x H/DAP = 1,5	M	G	M	D	Barzan/La Grande Avenue, ensemble B	L
	G	P	TE	D	Narbonne/Clos de la Lombarde	M
	G	G	TE	D	Bordeaux/Auditorium, ensemble B	N
	TG	G	TE	D	Lyon/Cybèle, ensemble A	O

Forme des coquilles (1) et convexité de la valve gauche

(1) schéma pour la valve gauche en vue externe

(2) P : petite ; M : moyenne ; G : grande ; TG : très grande

(3) G : grande ; P : petite

(4) TF : très fine ; F : fine ; M : moyenne ; E : épaisse ; TE : très épaisse

(5) P : prononcés ; D : discrets

fig. 29 : profils morphologiques établis pour l'huître plate d'Europe, *Ostrea edulis*.

Malgré ces rapprochements de forme, ces cinq assemblages correspondent à cinq profils. En effet, la taille des coquilles et de l'empreinte musculaire est différente à Bordeaux et à Narbonne/Port la Nautique et Général de Gaulle, et la convexité de la valve gauche, la taille des coquilles et l'épaisseur de la paroi des valves distinguent les assemblages de Besançon et de Meaux. (fig. 29, profils A à F)

Les coquilles de neuf autres assemblages sont légèrement étirées : l'ensemble B de Lyon/Cybèle (136/4), Loupiac/Saint-Romain (185), l'ensemble A de Barzan/La Palisse (182/2), les remblais du Ier siècle p.C. de Bordeaux/Chapeau Rouge (184/2), l'US 1193 de Besançon/Collège Lumière (060/2), Rom/La Petite Ouche (188), l'ensemble B de Narbonne/Port la Nautique (020/14), Narbonne/Kennedy (020/8) et les remblais tardifs de Lançon-de-Provence/Constantine (041). Les coquilles sont piriformes dissymétriques à Lyon. (fig. 29, profil G) et en forme de pois à Lançon-de-Provence. (fig. 29, profil K) Celles des six autres assemblages sont piriformes symétriques ; nous avons isolé trois profils. Le premier concerne les coquilles de Loupiac, Barzan et Bordeaux : elles sont de petite taille, les empreintes musculaires sont grandes et les parois des valves sont moyennement épaisses. (fig. 29, profil H) Le deuxième est celui des coquilles de Besançon et de Rom. Il diffère du précédent par la taille moyenne des coquilles et des empreintes musculaires. (fig. 29, profil I) Le troisième profil se rapporte aux coquilles de l'ensemble B de Narbonne/Port la Nautique (020/14) et à celles de Narbonne/Kennedy (020/8) : de grande taille, elles montrent une empreinte musculaire petite et leurs valves ont une paroi très épaisse. (fig. 29, profil J)

Les coquilles des quatre derniers assemblages sont très allongées : l'ensemble B de Barzan/La Palisse (182/2), Narbonne/Clos de la Lombarde (020/10) et l'ensemble B de Bordeaux/Auditorium (184/1) et A de Lyon/Cybèle (136/4). Ces assemblages renvoient chacun à un profil. Les coquilles sont piriformes symétriques à Barzan et Narbonne, mais les premières sont de taille moyenne avec une grande empreinte musculaire et des valves à la paroi moyennement épaisse tandis que les secondes sont grandes avec une petite empreinte musculaire et des valves à la paroi très épaisse. (fig. 29, profils L et M) À Bordeaux, les coquilles sont en forme de pois et de grande taille. (fig. 29, profil N) Elles se rapprochent ainsi de celles de Lyon qui n'en diffèrent que par leur taille un peu plus grande. (fig. 29, profil O) Ces deux profils, N et O, renvoient à la description que donne A. Locard de la forme d'huître plate d'Europe appelée "Pied de Cheval ": "L'*Ostrea hippopus* Lamck., ou Huître pied de cheval, est caractérisée par sa grande taille qui atteint facilement 110 à 115 millimètres, et par l'épaisseur considérable de son test ; sur la valve supérieure les plis longitudinaux disparaissent, et le sommet ou talon est beaucoup plus développé".[245]

[245] Locard 1900, 97.

Finalement, sur les 19 assemblages étudiés, 12 correspondent à un profil particulier. Il faudra donc sans doute examiner de très nombreuses coquilles pour espérer trouver des points de comparaisons entre les assemblages. Mais dresser le profil morphologique des coquilles pour chaque lot ne semble pas vain puisque quelques uns ont déjà pu être rapprochés : le profil H convient aux coquilles de Loupiac/Saint-Romain (185), de l'ensemble A de Barzan/La Palisse (182/2) et des remblais du Ier siècle p.C. de Bordeaux/Chapeau Rouge (184/2), le profil I à celles de l'US 1193 de Besançon/Collège Lumière (060/2) et de Rom/La Petite Ouche (188), et le profil J à celles de l'ensemble B de Narbonne/Port la Nautique (020/14) et de Narbonne/Kennedy (020/8). On notera en outre que le profil de Narbonne/Malard (020/11) et de l'ensemble B de Lyon/Cybèle (136/4), datés chacun du début du Ier siècle p.C., ne se distinguent que par une légère différence d'allongement des coquilles. Par ailleurs, il nous a semblé reconnaître un profil proche pour un assemblage contemporain du site de Dourbie/Saint-Bézard à Aspiran.[246] Seul un petit écart de taille sépare aussi le profil de l'ensemble B de Bordeaux/Auditorium (184/1) de celui de l'ensemble A de Lyon/Cybèle (136/4). Les observations que nous avions réalisées en Maîtrise permettent d'établir un lien supplémentaire : entre l'assemblage de Meaux/PME (148) et celui de Sens/12, cours Tarbé (175/7) (CT 25). Les coquilles de Sens sont un peu plus petites que celles de Meaux, mais elles présentent des caractères similaires. Elles sont rondes, leur paroi est fine, l'empreinte musculaire est de taille moyenne et les reliefs de la face externe des valves gauches répondent à la même description. (fig. 30) Enfin, les coquilles des remblais tardifs de Lançon-de-Provence/Constantine (041) ne trouvent pour l'instant aucune comparaison parmi le mobilier des sites que nous avons étudiés. Mais Fr. Brien-Poitevin décrit la même forme à Saint-Romain-de-Jalionas (104), pour une période contemporaine, IVe-Ve siècle p.C. Sur le site de Lunel Viel (083), l'auteur parle également de valves "en forme de demi-lune et *umbo* court et très recourbé dans le prolongement de la valve". Toutefois, il n'est pas précisé à quelle phase chronologique correspond cette observation. De même, à Pont-Saint-Esprit/Mas Conil (064), V. Forest décrit un lot de coquilles "piriformes dissymétriques, l'angle caudo-ventral étant très saillant caudalement, ce qui implique une forte courbure du bord caudal et à un degré moindre du bord crânial".

Les supports de fixation des huîtres

Régulièrement, l'examen du talon des valves gauches nous a permis d'identifier le support de fixation des huîtres. Il s'agit presque toujours de valves ou de coquilles d'autres coquillages, plus rarement d'une petite pierre ou d'un cône de crustacé cirripède du genre *Balanus*. (fig. 31) À la lecture des travaux réalisés par

[246] Fouilles récentes réalisées par St. Mauné. L'étude qui sera menée prochainement permettra de préciser cette observation qui a été réalisée à l'occasion d'un bref examen du mobilier en janvier 2007 au Centre Archéologique de Lattes.

	Sens/12, cours Tarbé CT 25	Meaux/PME	
	Vd	Vg	Vd
N	16	10	87
xH	77	95	84
xHB	43	50	48
xDAP	70	95	78
xH/DAP	1,1	1	1,1
xDAP/DAPm	2,9		2,9
xHB/Hm	2,9		2,8

fig. 30 : huître plate d'Europe, *Ostrea edulis*. Valves gauches en vue externe : à gauche, Sens/12, cours Tarbé, CT 25, et à droite, Meaux/PME. Tableau comparatif des principales données biométriques obtenues pour les deux assemblages.

Fr. Brien-Poitevin et V. Forest, aucun autre type de support ne semble venir s'ajouter à cette liste.[247]

Les valves d'autres huîtres plates sont le support le plus fréquent. (fig. 32) Des valves gauches sont souvent cimentées les unes aux autres par leur talon de manière à former des petits bouquets ; les huîtres étaient donc fixées sur une ou plusieurs de leurs congénères, sans doute vivantes. Tel est le cas par exemple à Lyon/Cybèle (242), Loupiac/Saint-Romain (185), Constantine/Lançon-de-Provence (041) ou encore Narbonne/Port la Nautique (020/14). Sur ce site, dans l'ensemble A, sur les 361 valves gauches dénombrées, 214 sont assemblées par deux, trois ou plus. Par ailleurs, la surface fréquemment irrégulière du talon et sa forme concave et/ou carénée pourraient correspondre au négatif de la face externe d'une autre valve d'huître qui se serait détachée. Plusieurs observations semblent le confirmer. Ainsi, à Besançon/Collège Lumière (060/2), après avoir réussi à désolidariser une valve gauche d'un morceau de valve droite qui, par sa face externe, lui servait de support, une empreinte légèrement en creux au pourtour caréné est apparue sur le talon de la valve gauche. À Narbonne/Port la Nautique (020/14), l'exercice a été reproduit avec deux valves gauches complètes fixées ensemble selon le même axe vertical. Après décrochement, toutes deux montrent une carène prononcée à la limite de leur zone de contact ; cette dernière est concave pour l'une et convexe pour l'autre.

Après les valves d'autres huîtres plates, celles de moules, *Mytilus* sp., de coques, *Cerastoderma* sp. et de peigne glabre, *Proteopecten glaber*, sont celles qui apparaissent le plus souvent. (fig. 32) Elles appartiennent vraisemblablement à des coquilles épaves. Pour preuve, c'est leur face interne qui a couramment reçu les valves gauches d'huître plate. Plusieurs fois, elles se sont décrochées, mais l'empreinte qu'elles ont laissée permet de les reconnaître.

À Narbonne/Port la Nautique, plusieurs valves gauches de l'ensemble A (020/14) groupées en bouquet se partagent un support commun comme la coquille d'une coque, *Cerastoderma* sp. À Besançon/Collège Lumière (060/2), pour l'US 113, plusieurs talons ont épousé toute la surface interne d'une valve de coque : on reconnaît la forme, le rétrécissement dorsal qui marque l'apex et même le départ ventral des sillons internes. (fig. 32)

Pour l'ensemble A de Port la Nautique, la grande taille des valves de moules oriente vers l'identification de *Mytilus galloprovincialis*, la moule de Méditerranée. (fig. 32) À Lyon/Cybèle, pour l'ensemble B, des valves de cette espèce sont également à l'origine de deux

[247] Voir principalement Brien-Poitevin 1992b, 130 ; Forest 2003a, 486.

		Besançon/Collège Lumière		Lyon/Cybèle		Meaux/PME	Lançon-de-Provence/Constantine	Narbonne/Malard	Narbonne/Général de Gaulle	Narbonne/Clos de la Lombarde	Narbonne/Port-La-Nautique		Barzan/La Palisse		Bordeaux/Chapeau Rouge	Loupiac/Saint-Romain	Rom/La Petite Ouche	Villevieille	Totaux
		US 113	US 1193	Ens. A	Ens. B						Ens. A	Ens. B	Ens. A	Ens. B					
Ostrea edulis	valve (s)	1	1	1	1	1	1	1		1	1	1	1	1	1	1	1	1	16
	empreintes		1		1								1	1	1				5
Mytilus sp.	valve (s)	1		1			1	1				1				1		1	7
	empreintes						1	1	1	1								1	5
Mytilus galloprovincialis	valve (s)				1						1								2
	empreintes				1						1								2
Cerastoderma sp.	valve (s)	1					1	1			1	1			1	1		1	8
	empreintes	1				1		1			1				1			1	6
Proteopecten glaber	valve (s)				1		1			1	1							1	5
	empreintes	1 ?			1		1	1										1	4 (4 ?)
Ruditapes decussatus	valve (s)					1													1
	empreintes										1								1
Arcopagia crassa	valve (s)					1													1
Nassarius reticulatus	coquilles										1								1
Cerithium vulgatum	coquilles						1												1
Pierre							1				1								2
Cônes de *Balanus* sp.																1	1		2

fig. 31 : les supports de fixation des huîtres plates d'Europe, *Ostrea edulis* : présence (1) / absence.

fig. 32 : valves gauches d'huître plate d'Europe, *Ostrea* edulis, fixées sur d'autres valves gauches d'huître plate (a.), sur une petite pierre (b.), sur une coquille de cérithe commun, *Cerithium vulgatum* (c.), sur une valve de peigne glabre, *Proteopecten glaber* (d. une valve et une empreinte), sur une valve de moule de méditerranée, *Mytilus galloprovincialis* (e. une valve et une empreinte), sur des valves de coques, *Cerastoderma* sp. (f. des valves et une empreinte), sur une valve de vénéridés (g. une empreinte) et sur une valve de telline épaisse, *Arcopagia crassa* (h.)

empreintes concaves. Celles-ci montrent en effet une surface très lisse, simplement rythmée par de fines nervures, qui correspondrait à la face externe d'une valve de moule. De plus, elles sont très larges : d'après le référentiel consulté, la hauteur des valves devait atteindre 70 pour l'une et 90 pour l'autre, ce qui désigne plutôt *Mytilus galloprovincialis*. La moule commune, *Mytilus edulis*, est généralement plus petite.[248]

Sur la plupart des sites narbonnais et à Constantine/Lançon-de-Provence (041) plusieurs "valves-supports" sont issues de peignes glabres, *Proteopecten glaber*. (fig. 32) Ce sont aussi des valves de cette espèce, uniquement méditerranéenne, que nous avons identifiées, fixées au talon de plusieurs huîtres de l'ensemble B de Lyon/Cybèle (136/4). Parfois, des valves de peigne glabre ont en outre laissé l'empreinte côtelée de leur face externe. À Besançon/Collège Lumière (060/2), une valve gauche d'huître de l'US 113 semble montrer un négatif proche. Toutefois, nous n'avons réussi à lui faire correspondre aucune des valves de peigne glabre de notre référentiel.

Plus ponctuellement, nous avons également reconnu des valves épaves de palourde croisée d'Europe, *Ruditapes decussatus*, ou leur empreinte.[249] (fig. 32) À Narbonne/Port la Nautique (020/14), dans l'ensemble A, c'est le négatif de la face externe d'une valve droite qui apparaît parfaitement : on distingue le treillis externe qui caractérise les valves de l'espèce. Une valve gauche d'huître de Meaux/PME (148) est fixée sur un morceau de valve de telline épaisse, *Arcopagia crassa*,[250] qui est une espèce strictement atlantique. (fig. 32) Enfin, à Constantine/Lançon-de-Provence (041) et à Narbonne/Port la Nautique (020/14), pour l'ensemble A, des coquilles sans doute épaves de *Nassarius reticulatus*, nasse réticulée, et de *Cerithium vulgatum*, cérithe goumier, complètent la liste. (fig. 32)

Il est rare que plus d'un quart des valves gauches livrent un indice sur le support de fixation des huîtres. L'ensemble A de Narbonne/Port la Nautique (020/14) est une exception : nous avons identifié le support de 70% des valves gauches.

La faune associée

Les traces observées (cônes, perforations, tubes ...) témoignent d'une faune associée très diversifiée par exemple à Meaux/PME (148) et à Lyon/Cybèle (136/4) ou au contraire peu variée notamment à Narbonne/Port la Nautique (020/14), pour l'ensemble A, et à Besançon/Collège Lumière (060/2). (fig. 33)

Les vers du genre *Polydora* sont les plus fréquents ; leur présence est systématiquement associée à des chambres. Lorsque les canaux étaient bien visibles à la surface de la valve, nous avons constaté qu'ils pouvaient avoir des tailles différentes et former un réseau plus ou moins dense. Ils sont grands et isolés à Loupiac/Saint Romain (185), Barzan/La Palisse (182/2) et pour l'ensemble A de Lyon/Cybèle (136/4). Ils sont au contraire très petits et nombreux à Bordeaux/Chapeau Rouge (184/2), pour l'US 113 de Besançon/Collège Lumière (060/2), à Narbonne/Malard (020/11), Narbonne/Port la Nautique (020/14), Narbonne/Kennedy (020/8) et pour l'ensemble B de Lyon/Cybèle (136/4). La part des valves perforées est généralement assez élevée. Pour trois quarts des assemblages, elle dépasse en effet 20%. Elle atteint un maximum de 90% à Barzan/La Palisse (182/2) et à Rom/La Petite Ouche (188). Pour le quart restant, elle tombe en revanche aux environs de 10%, comme à Meaux/PME (148). Elle est particulièrement basse pour un petit groupe d'US de Bordeaux/Auditorium (184/1) : 2%. Sur ces deux sites, les vers du genre *Pomatoceros* sont en revanche très bien représentés. À Meaux (148), les tubes calcaires constituent de véritables agglomérats couvrant parfois près de la moitié de la surface externe de la valve. Ils présentent en outre une arête médiane qui leur donne une section légèrement triangulaire, ce qui semble orienter l'identification vers *Pomatoceros triqueter*. Nous avons formulé les mêmes observations pour l'assemblage CT 25 de Sens/12, cours Tarbé (175/7). Ailleurs, les tubes sont isolés et la part des valves concernées est faible. Des éponges du genre *Cliona* ont perforé des valves de la moitié des assemblages. La part des valves infestées peut aller jusqu'à 25% à Narbonne/Clos de la Lombarde (020/10). Les bryozoaires apparaissent aussi régulièrement mais en petites quantités. C'est également le cas des crustacés cirripèdes de type balane : c'est à Loupiac/Saint Romain (185), à Bordeaux/Chapeau Rouge (184/2), à Lyon/Cybèle (136/4), pour l'ensemble A, et à Bordeaux/Auditorium (184/1), pour un groupe d'US, qu'ils sont les plus nombreux. Les cônes recensés ont tous une base calcaire, ce qui exclut *Balanus balanoides* et *Chthamalus stellatus*. D'après les travaux réalisés par Y. Gruet et M. Schneider, *Balanus perforatus* et *Balanus crenatus* sont les espèces les plus susceptibles d'avoir été rencontrées. Cependant, nous n'avons pas pu identifier l'une ou l'autre. Quelques perforations ou débuts de perforations attribuables à des gastéropodes perceurs ont été recensées ; aucun indice ne permet de déterminer l'espèce à l'origine de ces attaques. Les valves de Narbonne/Général de Gaulle (020/4) sont les plus touchées. Une dizaine de valves ont servi de support de fixation au bivalve, *Anomia* sp.. Elles se signalent par la présence de byssus calcifiés encore adhérents à la surface externe de la valve. Enfin, très fréquemment, nous avons noté que de très jeunes huîtres, ou naissain, étaient fixées sur la face externe des valves d'individus adultes.

Sur un même site, la composition de la faune associée varie peu d'un assemblage à l'autre, sauf à Bordeaux/Auditorium (184/1) où trois types d'association ont pu être établis. Le premier est centré sur un trio : la part belle est donnée aux vers du genre *Polydora*, puis aux balanes et aux bryozoaires. Le deuxième et le

[248] Poutiers 1978, 100 ; Poutiers 1987, 445-446.

[249] V. Forest nous signale qu'il a repéré sur divers sites languedociens les valves d'une autre espèce de vénéridés, *Venerupis aurea*, la palourde jaune (clovisse), mais qu'il s'agit de moins d'une dizaine d'exemplaires.

[250] Aide à l'identification : L. Charles.

			Polydora sp.	*Pomatoceros* sp.	*Balanus* sp.	Bryozoaires	*Cliona* sp.	gastéropodes perceurs	*Anomia* sp.
			Canaux en U	*Tubes calcaires*	*Cônes ou bases de cônes*	*Encroûtements*	*Réseaux de perforations*	*Perforations ou début de perforations*	*Byssus calcifié*
Besançon/Collège Lumière		N=267	40%						
Lyon/Cybèle	Ens.A	N=147	52%		3%		Quelques valves	Plusieurs valves	2 valves
	Ens. B	N=224	42%				15%		
Meaux/PME		N=331	10%	19%	1%	3%	5%	2%	2 valves
Lançon-de-Provence/Constantine		N=1672	10%	0,3%			16%		
Narbonne/Kennedy		N=137	17%	1%					
Narbonne/Malard		N=418	11%					2%	
Narbonne/Général de Gaulle		N=27	41%					7%	1 valve
Narbonne/Clos de la Lombarde		N=144	42%				25%	Quelques valves	
Narbonne/Port-La-Nautique	Ens.A	N=442	25%						
	Ens. B	N=43	25%	5%		5%			
Bordeaux/Auditorium	Type 1 (7 US)	N=1202	33%	0,2%	5%	2%			
	Type 2 (7 US)	N=1184	10%	2%	1%	1%	2,5%	0,5%	
	Type 3 (3 US)	N=348	2%	18%	1%	1%	3%	0,9%	1 valve
Rom/La Petite Ouche		N=1609	90%		- de 1%		- de 1%		3 valves
Barzan/La Palisse		N=778	90%		1%				
Bordeaux/Chapeau Rouge		N=378	20%		5%	2%	0,5%		
Loupiac/Saint-Romain		N=995	32%	0,3%	8%	2%			

Exemple de lecture : dans l'assemblage de Besançon/Collège Lumière, 40% des valves montrent des canaux en U attribués à des vers du genre *Polydora*.

fig. 33 : les traces laissées par la faune associée sur les valves d'huître plate d'Europe, *Ostrea edulis*.

fig. 34 : traces de faune associée sur des valves d'huître plate d'Europe, *Ostrea edulis*. a. cônes de crustacés cirripèdes du genre *Balanus*. b. encroûtements de bryozoaires. c. agglomérats de tubes calcaires de *Pomatoceros* sp. d. réseaux de perforations d'éponges du genre *Cliona*. e. byssus d'anomie, A*nomia* sp. f. canaux de vers du genre *Polydora* (en haut, grands canaux isolés ; en bas, nombreux petits canaux).

troisième types se définissent par une plus grande diversité des animaux et la présence plus discrète des vers du genre *Polydora*. Ils se différencient l'un de l'autre par l'apparition des vers du genre *Pomatoceros* qui sont extrêmement fréquents dans le troisième type.

Les marques d'origine humaine

- Les cassures, entailles et éraflures

Parce qu'elles sont toujours localisées sur leur face interne et le pourtour des valves, ces marques sont la preuve d'un geste humain systématique pratiqué à l'aide d'un objet que nous devrons définir. Selon les assemblages, elles s'associent différemment et leurs formes varient. Mais au final, deux types ont été mis en évidence, nommés par le site de référence.

Le type "barzanais"

Plusieurs fois, nous avons noté la présence d'une encoche sur le bord ventral des valves accompagnée d'au moins une strie et d'une éraflure de la surface de la matière-coquille. Ces observations, associées à celles, similaires, d'autres observateurs permettent de définir un premier type de marques. Nous y ferons référence sous les termes de type "barzanais", car ces traces ont été initialement identifiées par V. Forest sur le site de Barzan/Le Fâ (182/1). (fig. 35) Nous reprenons ici les termes de sa description. Sur les deux valves, une encoche (1g et 1d) découpe le bord ventral. Elle est généralement dans l'axe de l'apex ou légèrement décalée postérieurement. Elle est associée à une strie (2g et 2d) qui prolonge le bord postérieur de cette encoche en se dirigeant vers l'empreinte musculaire. Cette association d'une encoche et d'une strie dessine une marque baptisée en "Puy de Dôme". Parfois, une seconde strie (3g et 3d) parallèle à la première se développe dans le prolongement du bord antérieur de l'encoche et, pour la valve gauche, une troisième (5g) apparaît antérieurement au-dessus de l'empreinte musculaire. La surface de la matière-coquille peut aussi être altérée entre les deux stries (4g et 4d). Depuis, pour le même site, nous avons aussi régulièrement reconnu ces marques. (fig. 36) Il est rare cependant, comme l'avait déjà souligné V. Forest, qu'une valve regroupe chacune d'elles. En revanche, elles peuvent être presque toutes présentes au sein d'un assemblage. C'est ce que nous avons constaté à Lyon/Cybèle (136/4) pour l'ensemble A, à Autun/Hôpital (140/3) ou à Narbonne/Port la Nautique (020/14) pour les ensembles A et B : le bord ventral montre une encoche unique ou une encoche et une strie. La première strie peut être doublée par une seconde, parallèle. De même, à Bordeaux/Auditorium (184/1), à Bordeaux/Chapeau Rouge (184/2) et à Narbonne/Malard (020/11), un éraflement de la zone postérieure entre le bord ventral et l'empreinte musculaire accompagne les encoches et les stries. Mais souvent, seule une strie, voire deux, ou une encoche sont présentes. Ainsi, à Narbonne/Clos de La Lombarde (020/10), deux stries parallèles sont orientées vers l'empreinte musculaire. À Lançon-de-Provence/Constantine (041) et Besançon/Collège Lumière (118), pour l'US 113, seule la strie est bien visible. Et à Meaux/PME (148) et Narbonne/Kennedy (020/8), ce sont les encoches qui apparaissent le mieux. Sur une valve de Narbonne/Kennedy (020/8), entre l'une de ces encoches et l'empreinte musculaire, la matière-coquille est enfoncée à deux reprises laissant à chaque fois un petit creux en léger arrondi. (fig. 36) À Barzan/Le Fâ (182/1), V. Forest a noté le même enfoncement de la matière-coquille sur une valve gauche.

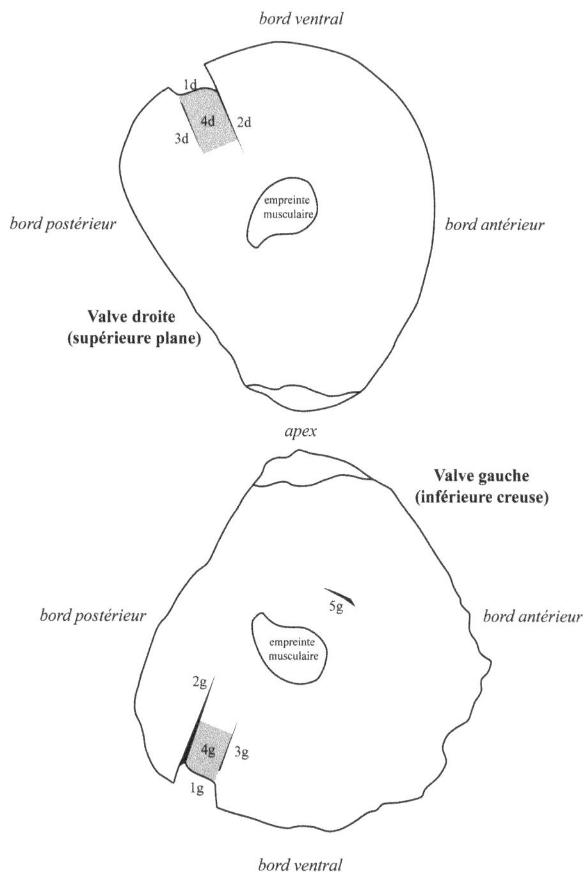

fig. 35 : le type "barzanais" : schématisation des marques observées sur la face interne des valves d'huître plate d'Europe, *Ostrea edulis*. D'après Forest 2003a.

Ces observations s'ajoutent à celles déjà faites au cours de notre recherche de Maîtrise, notamment pour plusieurs assemblages de Sens,[251] et à celles d'autres auteurs. Ainsi, les mêmes traces ont été décrites par Y. Gruet à propos des valves issues de la fouille du site de Limoges/Bibliothèque multimédia : ce sont des "encoches du bord ventral de la coquille [...] disposées entre le milieu ventral de la coquille et le bord antérieur", des "rainures allongées, parfois de simples éraflures, ou des enlèvements plus circulaires ou ovalaires".[252] Il précise que ces traces sont concentrées dans la partie postéro-ventrale des valves et entre l'empreinte musculaire et le bord postérieur. M. Schneider signale aussi les mêmes types de traces au Vieil-Evreux/Thermes et à Chartres/Place de la République : des encoches sur le

[251] Bardot 2003, vol. 1, 109-112.
[252] Gruet (inédit c), 5-6 et fig. 13-14.

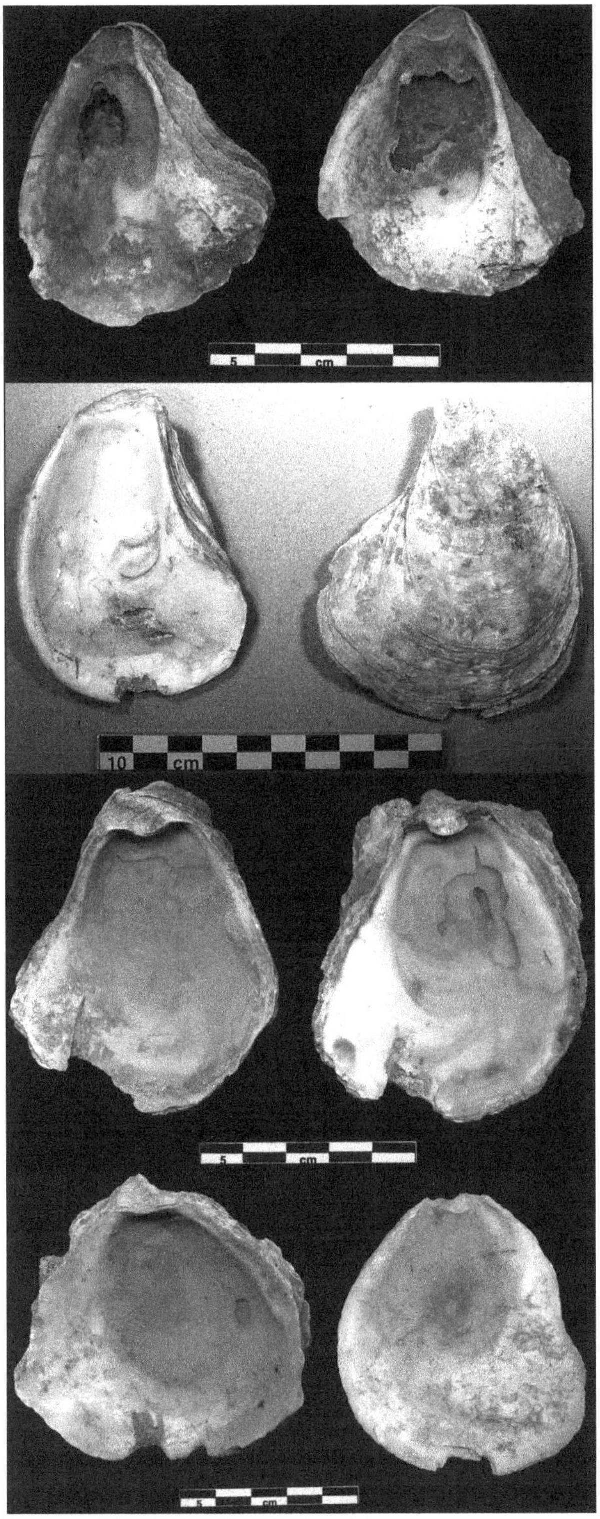

fig. 36 : huître plate d'Europe, *Ostrea edulis*. Exemples de valves présentant des marques du type "barzanais". De haut en bas : deux valves droites de Lançon-de-Provence/Constantine, deux valves droites de Narbonne/Kennedy, deux valves gauches de Barzan/La Palisse et Barzan/ Le Fâ-PT 25055, une valve gauche et une valve droite de Meaux/PME.

bord ventral et des stries concentrées dans la zone postérieure de la valve ou entre son bord ventral et l'empreinte musculaire.[253] En outre, l'étude barzanaise de V. Forest vient synthétiser d'autres observations de l'auteur réalisées antérieurement : sur le site de Villetelle/*Ambrussum* (100), "il n'apparaît qu'une encoche, rarement double, sur le bord ventral. Dans quelques rares cas, l'encoche se prolonge par une éraflure ou une altération de la face interne de la valve, en direction de l'empreinte musculaire", à Aspiran/Soumaltre (069), une valve gauche présente "une légère destruction de son bord ventral accompagnée d'une érosion de la densification calcaire qui sépare l'empreinte musculaire du bord" et à Paulhan/A75-Ermitage (086), "des stries [...] s'observent sur la face interne d'une valve gauche en position ventro-caudale par rapport à l'empreinte d'insertion du pied". Enfin, des encoches ont été signalées plus ponctuellement. Leur localisation est plus ou moins précise, mais elles apparaissent généralement sur le bord ventral. J.-Y. Cretin à Chassey-lès-Montbozon (137) mentionne ainsi "deux encoches" et Ph. Deloge à Epiais Rhus/La Poulaine (189) remarque la présence sur des valves droites d'une "échancrure opposée à la charnière". De même, la description donnée par Fr. Brien-Poitevin pour Marseille/Bon-Jésus (042/2) et Gignac-La-Nerthe/La Pousaraque (038/1) évoque aussi certainement des encoches. Bien que les mots employés soient assez flous, elle écrit en effet que les valves ont été "creusées" "dans le bord ventral" et ajoute : "au niveau de l'expansion latérale ou à son opposé". Cette zone est difficile à localiser, mais elle pourrait désigner le bord postérieur ou antérieur, l'un, souvent le premier, étant parfois plus développé que l'autre.

Le type "lyonnais"

Le second type a été défini à partir des observations réalisées sur seulement trois sites, celui de Lyon/Cybèle (136/4), pour l'ensemble B, de Narbonne/Général de Gaulle (020/4), et récemment de Barzan/Le Fâ (182/1). (fig. 37) Pour l'heure, la bibliographie consultée n'a pas fourni d'autres points de comparaison. Pour les valves gauches, nous avons tout d'abord noté une cassure (1g) du bord ventral dans sa zone postérieure. Ensuite sur la face interne, une longue strie rectiligne (2g) borde le bord postérieur en direction de l'apex ; parfois, elle ne s'arrête qu'à peu de distance de l'aire ligamentaire. Elle correspond à la limite postérieure d'une zone éraflée (3g) qui s'effile progressivement depuis son extrémité ventrale. Enfin, une rainure courbe (5g) suit le pourtour des bords antérieur et ventral. Pour les valves droites, nous avons reconnu sur le bord ventral une encoche (1d) qui est prolongée sur la face interne par une strie droite (2d) orientée vers l'empreinte musculaire. Celle-ci limite une zone éraflée (3d) qui se développe comme 3g. Une seconde strie (4d) se dessine aussi en parallèle de la première et une courte rainure arrondie (5d) longe le bord antérieur de la valve.

Ces marques sont généralement très accentuées ; les stries et rainures sont profondes et les éraflements prononcés. (fig. 38) Elles peuvent néanmoins un peu varier dans leur forme, notamment la cassure 1g. À Lyon/Cybèle (136/4),

[253] Schneider 2002, 78-82; 107-108 ; Schneider & Lepetz 2007, fig. 2, 27.

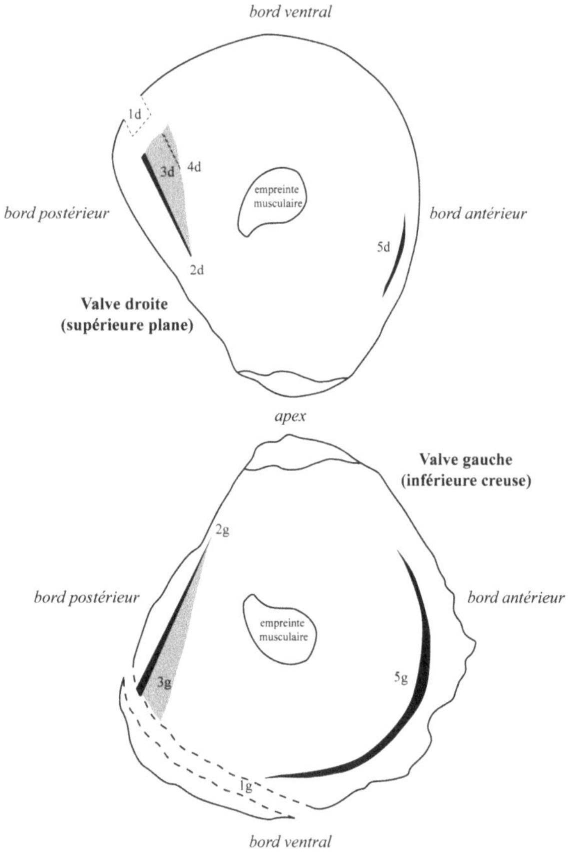

fig. 37 : le type "lyonnais" : schématisation des marques observées sur la face interne des valves d'huître plate d'Europe, *Ostrea edulis*.

elle ampute la valve gauche de son extrémité postéro-ventrale et pour une valve elle est prolongée par deux enfoncements pointus qui rentrent dans la matière-coquille sur près de 5 mm. À Narbonne/Général de Gaulle (020/4), la matière-coquille est brisée au droit ou en biseau depuis la face externe. Et à Barzan/Le Fâ (182/1), elle est parfois remplacée par une encoche quadrangulaire ou en "M". Du reste, certaines marques sont assez anecdotiques et propres à un site comme l'encoche 1d qui n'a été observée qu'à Barzan/Le Fâ (182/1). Enfin, les différentes marques sont plus ou moins faciles à isoler. Ainsi, sur les valves gauches, la strie 2g se confond souvent avec la zone éraflée 3g. Sur une valve droite de Lyon/Cybèle (136/4), les stries parallèles 2d et 4d sont en revanche très nettes.

La taille des encoches et l'espacement entre les stries parallèles

Quel que soit le type, la largeur des encoches et la distance entre les stries parallèles (type "barzanais ": 2d et 3d, 2g et 3g ; type "lyonnais" : 2d et 4d) sont assez homogènes. (fig. 39 et 40) En général, elles tournent autour de onze millimètres. Le type "barzanais" concentre néanmoins les valeurs les plus grandes. Á Barzan/Le Fâ (182/1), pour le quartier dit "des habitats", nous avons enregistré plusieurs encoches de 14/15 mm de largeur et elles avoisinent 15 mm pour deux assemblages de Sens.

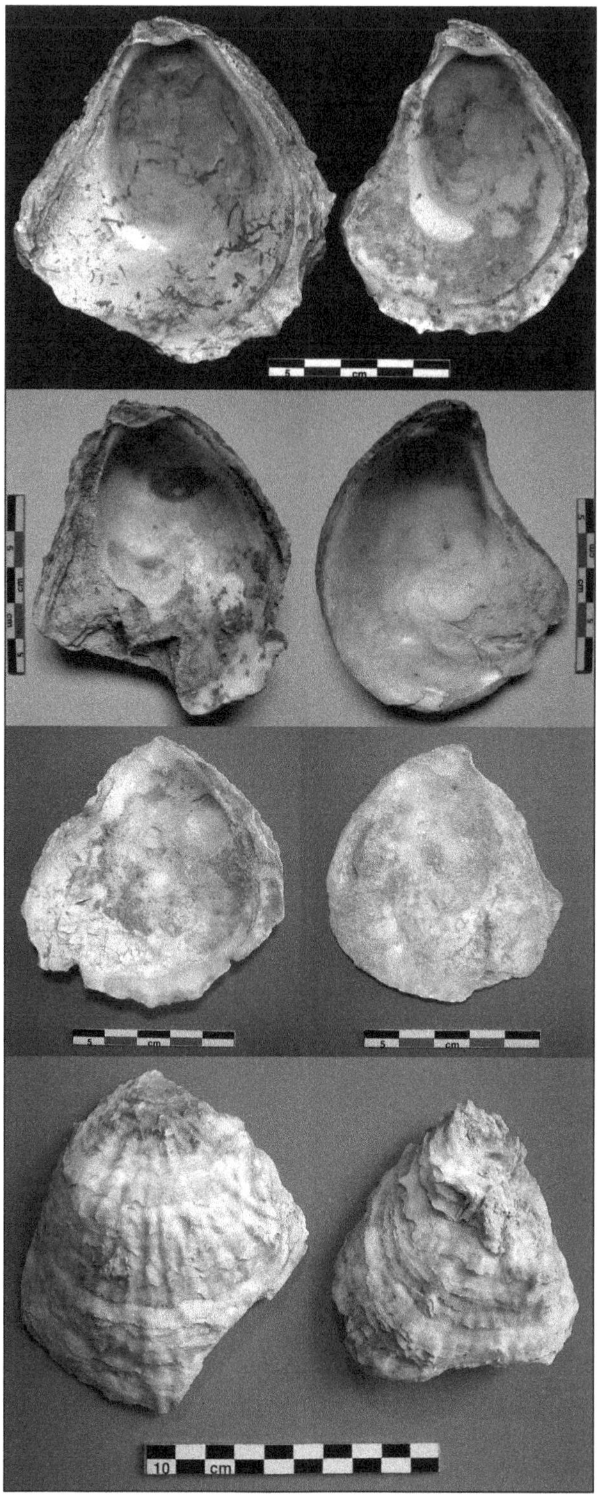

fig. 38 : huître plate d'Europe, *Ostrea edulis*. Exemples de valves présentant des marques du type "lyonnais". De haut en bas : deux valves gauches de Lyon/Cybèle, une valve gauche et une valve droite de Lyon/Cybèle, une valve gauche et une valve droite de Barzan/Le Fâ, deux valves gauches de Narbonne/Général de Gaulle.

La fréquence des valves marquées

Les valves marquées sont généralement peu nombreuses par rapport au nombre de valves dénombrées - la plupart du temps elles comptent pour moins de 10% du NMV -

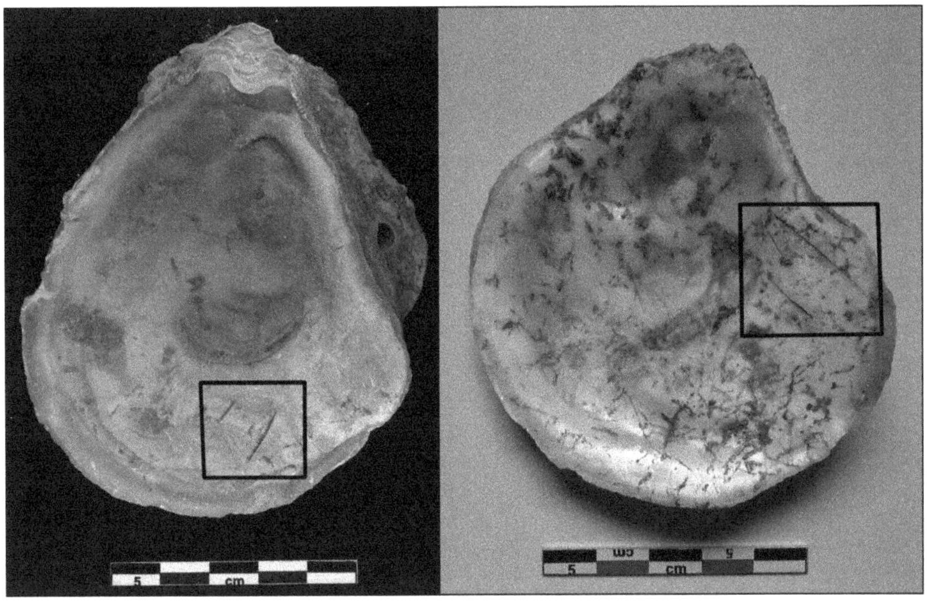

fig. 39 : huître plate d'Europe, *Ostrea edulis*. Deux stries parallèles sur la face interne de valves droites. Narbonne/La Lombarde à gauche et Lyon/Cybèle à droite.

*Gruet (inédit c)		Largeur des encoches	Distance entre deux stries parallèles
Type "barzanais"			
Barzan/Le Fâ	"Thermes"	entre 9,5 et 11,5 mm	-
	"Habitats"	entre 10 et 14/15 mm	-
Bordeaux/Auditorium			11 mm ; 15 mm
Epiais Rhus/La Poulaine		"1 cm"	-
Limoges/Bibliothèque multimédia*		"entre 5 et 14 mm, le plus souvent autour de 10 mm"	-
Sens/Espace du Thau		11/14/14/16 mm	-
Sens/9, cours Tarbé		11/12/12/13 mm	10 mm
Sens/12, cours Tarbé		13/15/16/16/16/16/16/16/16/17/17 mm	-
Lyon/Cybèle		-	entre 11,1 et 11,7 mm
Narbonne/La Lombarde		-	10,4 mm
Type "lyonnais"			
Barzan/Le Fâ		environ 11,5 mm	-
Barzan/La Palisse		10,8/8,7/9,1/9/10,5/10,7 mm	
Lyon/Cybèle		-	9 mm

fig. 40 : largeurs des encoches et distances entre les stries parallèles observées sur la face interne des valves d'huître plate d'Europe, *Ostrea edulis*.

voire absentes, comme sur le site de Loupiac/Saint-Romain (185). (fig. 41) Cette tendance vient confirmer ce que nous avions déjà constaté sur plusieurs sites à Sens et Alésia,[254] et renforcer les observations de M. Schneider au Vieil-Evreux/Thermes et à Chartres/Place de la République.[255] Du reste, l'exemple de Loupiac/Saint-Romain (185) n'est pas unique ; les valves marquées manquent par exemple à Vertault (059), Sens/Ancien Archevêché (175/1) ou encore à Migennes/Côte Mitière (173).

Sur le même site et d'un assemblage à l'autre, les valves marquées sont plus ou moins représentées et les marques plus ou moins nettes. Par exemple, sur le site de Sens/12, cours Tarbé (175/7), 23 valves marquées sont recensées dans le lot CT 25 (pour un NMV de 95) alors qu'elles sont au nombre de neuf dans le lot CT 251 (pour un NMV de 96) et de seulement une dans le lot CT 46 (pour un NMV de 54).[256] De même, sur le site de Barzan/Le Fâ (182/1), V. Forest a observé que dans certains lots les valves étaient toutes indemnes ou portaient des traces discrètes alors que dans d'autres les marques étaient très répétitives et parfois très prononcées.

- Les perforations

À Lançon-de-Provence/Constantine (041), quelques trous de section quadrangulaire ont été observés. Toutefois, leur pourtour ne montre pas d'encroûtement sédimentaire contrairement à la surface des valves de ce site. Ils laissent voir la blancheur de la matière-coquille. Ces trous ne sont donc vraisemblablement pas antiques. Ils ont sans

[254] Bardot 2003, vol. 1, 109-110 ; vol. 2, 4-6; 32-37 ; 40-41 ; 42-46.
[255] Schneider 2002, 78-82 ; 107-108.
[256] Bardot 2003, vol. 2, 43.

* Schneider 2002		NMV	Nombre de valves présentant au moins une marque d'origine humaine	%
Barzan/Le Fâ		≈ 10500	≈ 500	
Barzan/La Palisse		778	13	*2*
Bordeaux/Auditorium	**US 20490**	37	19	*51*
	Autres contextes	- de *10%* ou 0		
Rom/La Petite Ouche		1609	26	2
Loupiac/Saint-Romain		995	0	
Lyon/Cybèle		371	50	*13*
Autun/Hôpital		88	4	*5*
Lançon-de-Provence/Constantine		1672	10	*1*
Meaux/PME		331	une dizaine	
Besançon/Collège Lumière		267	2	*1*
Narbonne/La Lombarde		144	au moins 1	
Bordeaux/Chapeau Rouge		378	10	*3*
Narbonne/Général de Gaulle		27	15	*56*
Narbonne/Port la Nautique		485	10	*2*
Narbonne/Malard		418	au moins 3	
Alise-Sainte-Reine		56	4	*7*
Sens/Espace du Thau		588	48	*8*
Sens/Mail (n°4, boulevard du)		52	3	*6*
Sens/Tarbé (9, cours)		396	36	*9*
Sens/Tarbé (12, cours)	**CT 25**	95	23	*24*
	CT 251	96	9	*9*
	CT 46	54	1	*2*
Vieil-Evreux/Thermes*		238	40 = 16 “nettes” + 24 “douteuses”.	*17*
Chartres/Place de la République*		350	30 = 12 “nettes” + 18 “douteuses”.	*8*

fig. 41 : huître plate d'Europe, *Ostrea edulis* : nombres de valves marquées et nombres de valves dénombrées.

doute été faits lors de la fouille avec la pointe d'un piochon. À Barzan/Le Fâ (182/1), V. Forest en a d'ailleurs reproduit un avec le même type d'outil. Il précise néanmoins que “certains spécimens semblent antiques”. Ils sont de section carrée ou losangique et mesurent environ 10 mm de côté. Ph. Deloge signale des trous similaires en forme et en taille à Epiais Rhus/La Poulaine (189) et nous avons repéré des perforations carrées, entre 10 et 16 mm de côté, à Bordeaux/Auditorium (184/1). Sur les trois sites, les valves ainsi percées sont très exceptionnelles : elles sont “rares” à Barzan/Le Fâ (182/1), 11 à Bordeaux/Auditorium (184/1) (NMV=4192) et seulement quatre à Epiais Rhus, deux gauches et deux droites (NMV = 4528).

Dans une US de Rom/La Petite Ouche (188) (US 512 de FS 40), six valves droites et deux valves gauches étaient aussi perforées par un trou dont le pourtour est cassé net. Les perforations ont la même section quadrangulaire et leurs dimensions sont proches : 7 x 8 mm pour les plus grands, 6 x 6 mm pour les plus petits. Ils ont tous la même position sur la valve : ils sont localisés dans sa moitié dorsale à équidistance des bords antérieur et postérieur. Sur la face interne des valves, le bord des trous montre un éclatement partiel de la matière-coquille, ce qui suggère un percement depuis la face externe.

Enfin, à Pont-de-Metz/La Ferme aux Mouches 2 (187), C. Dupont et L. Blondiau dénombrent seize valves percées (“soit 15 % du total”) pour la plupart dans la zone située entre la charnière et l'empreinte musculaire. Toutes sont des valves droites. Les trous sont différents de ceux décrits précédemment. Ils sont globalement ronds ou ovales. Quatorze montrent une échancrure au contour usé et “la formation de poli sur la surface de la coquille mitoyenne de la perforation”. Régulièrement, ce sont même deux zones d'usure qui ont été observées. Parfois, l'apex est aussi usé selon le même axe que l'échancrure. D'après les photographies présentées par C. Dupont et L. Blondiau, ces trous ont été faits depuis la face interne, car leurs abords sont irréguliers sur la face externe.

Les moules, **Mytilus** *sp.*

Les archéologues le constatent souvent, les valves de moules résistent mal à la pression mécanique exercée par l'ensevelissement et elles sont parfois si émiettées qu'il est impossible de les ramasser. Lors de l'étude du mobilier conchyliologique du site de Lançon-de-Provence/Constantine (041), Fl. Verdin, qui dirige la fouille, nous signale que de nombreux restes de moules n'ont pas pu être prélevés, car ils se délitaient au contact de la truelle. De même, Chr. Sireix, responsable de l'opération archéologique à Bordeaux/Grands-Hommes (184/4), indique à P.-J. Labour que "les débris de moule" étaient beaucoup plus abondants que ceux qui ont pu lui être transmis. Pourtant, si elles nous parviennent généralement en mauvais état, les valves de moules autorisent de nombreuses observations. Deux auteurs l'ont montré. Fr. Brien-Poitevin a formulé les premiers résultats sur ce bivalve (fréquence d'apparition, représentation ou encore marques d'origine humaine). Puis V. Forest a fourni de nouvelles références, a étudié la morphologie des coquilles et a essayé de renseigner le protocole nécessaire à l'identification des formes "méditerranéenne" et "commune". Aux termes de l'analyse, les données que nous apportons n'éclairent pas différemment les aspects mis en évidence par Fr. Brien-Poitevin et V. Forest : elles sont des indices supplémentaires qui permettent de les compléter et de les préciser.

Identification

Deux espèces du genre *Mytilus* sont présentes sur les côtes françaises : la moule commune, *Mytilus edulis*, et la moule de Méditerranée, *Mytilus galloprovincialis*. Elles sont actuellement reconnues comme deux espèces distinctes,[257] mais *Mytilus galloprovincialis* était encore récemment considérée comme une sous-espèce de *Mytilus edulis*.[258] La taille et la forme de la coquille sont les critères principaux retenus pour les différencier. *Mytilus edulis* ne dépasse pas 90 mm tandis que *Mytilus galloprovincialis*, plus grande, peut atteindre 150 mm et plus[259], notamment pour les individus qui peuplent actuellement les lagunes languedociennes.[260] À titre d'information, "la moule commune est généralement commercialisée autour de 50 mm alors qu'au moment de la mise en marché la taille de la moule méditerranéenne se situe le plus souvent entre 60 et 70 mm".[261] La coquille de *Mytilus edulis* est allongée et à peine anguleuse du côté postéro-dorsal, contrairement à celle de *Mytilus galloprovincialis* qui est globalement triangulaire à sub-quadrangulaire.[262] Ces deux espèces sont cependant extrêmement polymorphes. Comme le résume J.-M. Poutiers, "si les types de *Mytilus galloprovincialis* et de *Mytilus edulis* sont relativement bien distincts, il existe des formes de l'une qui se rapprochent de l'autre, et réciproquement, si bien qu'on ne peut pas toujours attribuer la coquille de ces formes intermédiaires avec sûreté à l'une ou à l'autre".[263] R. Seed fournit des clés supplémentaires[264] ; elles ont été appliquées par V. Forest à des coquilles actuelles et archéologiques. (fig. 42) : "En face externe, la crête semble ne pas atteindre le sommet et n'est pas parallèle au bord ventral chez *edulis*. À mi-hauteur de valve, elle est plus saillante, dessinant presque une bosse. La face ventrale est plutôt convexe. Chez *gallop.*, la crête atteint nettement le sommet qui aura tendance à saillir par rapport au bord antérieur. Elle est

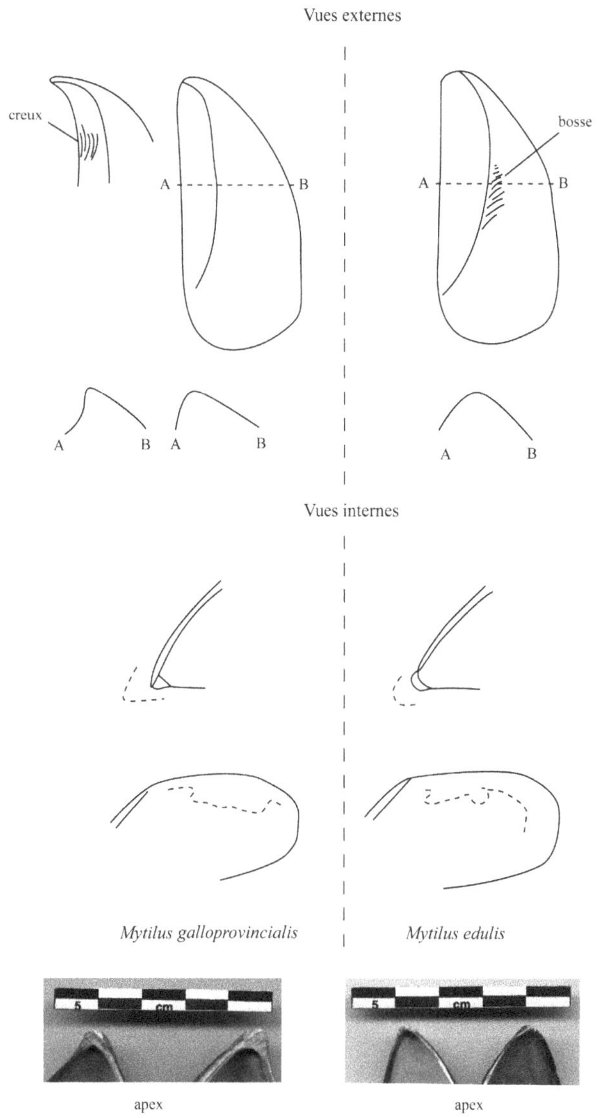

fig. 42 : quelques différences entre la moule de Méditerranée, *Mytilus galloprovincialis*, et la moule commune, *Mytilus edulis*. Dessin, V. Forest.

257 CLEMAM – Checklist of European Marine Mollusca – Base de données scientifiques publique, consultée le 7 février 2009, hébergée par le Muséum National d'Histoire Naturelle (M.N.H.N.), Paris, à : http://www.somali.asso.fr/clemam/index.clemam.html

258 À ce sujet, voir Bucquoy *et al.* 1887-1898, 135-136 ; Lubet 1959 ; Seed 1969 ; Seed 1971 ; Seed 1972 ; Seed 1974 ; Lubet 1976 ; Tebble 1966 ; Marteil 1976, 316 ; Poutiers 1978, 104-105. Se reporter également aux références bibliographiques mentionnées dans Beaumont *et al.* 2007, 68-69.

259 Poutiers 1978, 100 ; Poutiers 1987, 445-446.

260 Communication orale de V. Forest.

261 Quéro & Vayne 1998, 99.

262 Bucquoy *et al.* 1887-1898, 135-136 ; Poutiers 1978, 99-106 ; Poutiers 1987, 445-446.

263 Poutiers 1978, 104.

264 Seed 1972.

parallèle au bord ventral et moins haute. Comme elle est plus proche du bord ventral, la face ventrale sera plus verticale. En outre, le sommet peut devenir un véritable bec. Le bord antérieur s'incurve alors en se creusant. En face interne chez *gallop.*, en caricaturant, l'insertion ligamentaire déborde dorsalement la charnière qui paraît dans le prolongement du seul bord antérieur. Il se dégage une impression d'angle entre les deux bords. Au contraire, chez *edulis*, la charnière semble joindre les deux bords pour donner une impression de continuité par un arc de cercle. Sur cette même face, l'impression de l'insertion musculaire postérieure est nettement dessinée chez *edulis*, floue chez *gallop*. Ce caractère est complémentaire et paraît peu net chez *edulis* jeune".[265]

Selon R. Seed, *Mytilus galloprovincialis* est "la plus abondante en Méditerranée. On la trouve également sur la côte atlantique et dans la Manche jusqu'au Cotentin. Quelques individus ont été récoltés sur la côte Ouest du Cotentin mais aucune à l'est de Cherbourg. En revanche, *M. edulis*, qui existe sur toutes les côtes de la Manche et de l'Atlantique, est plus rare en Méditerranée".[266] Cependant, les auteurs ne sont pas unanimes sur ce point. Pour J.-M. Poutiers, *Mytilus edulis* est présente en Méditerranée occidentale mais "surtout à la faveur de l'aquaculture".[267] J.-Cl. Quéro et J.-J. Vayne sont plus catégoriques, puisqu'au regard de la carte de répartition qu'ils ont établie, elle serait absente dans les eaux méditerranéennes.[268] C'est aussi plus récemment la conclusion d'A. Beaumont, T. Gjedrem et P. Moran.[269] Et d'après A. Sanjuan, C. Zapata et G. Alvarez, *Mytilus edulis* ne descendrait pas au-delà de l'embouchure du fleuve Nervion, sur la côte nord-atlantique de l'Espagne.[270]

12 des 21 sites étudiés ont livré des restes de *Mytilus* sp., moule. Ce coquillage apparaît dans l'inventaire de 48 autres études. Des "moules" sont aussi mentionnées sur 25 sites. Toutefois, le nom de "moule" est utilisé pour désigner des bivalves bien différents : outre les bivalves marins du genre *Mytilus*, dont il est question ici, ce terme est également appliqué à des bivalves d'eau douce, les unionidés et les margaritiféridés. On peut toutefois supposer que les observateurs désignent le genre *Mytilus*, car les restes d'unionidés et de margaritiféridés sont rares dans les assemblages archéologiques antiques. Pour éviter toute confusion, nous réservons l'appellation française de "mulette" aux unionidés et aux margaritiféridés et celle de "moule" au genre *Mytilus*.

Le genre *Mytilus* a été observé dans près d'un tiers des localités recensées. Ceci en fait un bivalve assez fréquent. Il se rencontre sur toute la période, tant au IIe siècle a.C. qu'au VIe siècle p.C. Les découvertes sont plus nombreuses près des littoraux que dans l'intérieur des terres. (fig. 43) Dans la région méditerranéenne, elles sont regroupées dans un rayon de 70 km autour du Golfe du Lion. Cette zone de concentration est limitée par les premiers reliefs du Massif Central et des Alpes, et l'espèce ne semble guère pénétrer dans les vallées du Rhône et de la Garonne. Sur la façade atlantique, les données récoltées sont pour l'instant trop peu nombreuses pour que nous soyons assurée du même constat. On se contentera de remarquer que dans cette zone sept des neuf sites choisis pour leur situation côtière ont livré des restes de *Mytilus* sp., moule.

À Lançon-de-Provence/Constantine (041), à Narbonne/Malard (020/11) et à Villevieille (065), la fragmentation des restes a empêché de décrire la morphologie des valves et donc d'identifier l'une ou l'autre des deux espèces de moules. À Lyon/Cybèle (136/4), la forme de 11 valves n'a pas non plus été déterminée : extrêmement petites (fig. 44), elles étaient groupées dans les interstices des bouquets formés par les valves d'huître plate de l'ensemble B. Cinq de grande taille peuvent en revanche être rapprochées de *Mytilus galloprovincialis*. C'est aussi le cas de toutes celles de Narbonne/Général de Gaulle (020/4), Narbonne/Clos de la Lombarde (020/10) et Narbonne/Port la Nautique (020/14). Pour la plupart, leur hauteur dépasse 70 mm et leur contour est nettement sub-quadrangulaire avec un bord postéro-dorsal très anguleux et des bords postérieurs et ventraux quasiment parallèles. (fig. 45) L'assemblage de Balaruc-les-Bains/Montgolfier (071/3) devra être revu, mais nos premières observations vont également dans ce sens. Inversement, à Bordeaux/Chapeau Rouge (184/2), à Bordeaux/Auditorium (184/1) et à Rom/La Petite Ouche (188), la petite taille des valves et leur bord postéro-dorsal plutôt arrondi rappellent *Mytilus edulis*. Sur le site de Barzan/Le Fâ (182/1), ces caractères nous amènent vers la même conclusion, convergeant ainsi avec les résultats déjà obtenus par V. Forest. (fig. 46) L'identification des valves de Meaux/PME (148), que nous avons tout d'abord remarquées pour la forte épaisseur de leur paroi, a été plus difficile. Elles sont toutes relativement petites, ce qui pourrait suggérer *Mytilus edulis*. Toutefois, alors que la majorité est régulièrement allongée, quelques-unes montrent un bord postéro-dorsal très anguleux comme *Mytilus galloprovincialis*. Une nouvelle observation des valves de Meaux/PME (148), que nous avons en même temps confiées à l'examen de V. Forest, n'a malheureusement pas permis de concrétiser les critères de R. Seed pour chaque exemplaire. Nous avons finalement montré les valves à L. Charles[271] qui nous a confirmé toute la difficulté d'une application stricte de clés pour *Mytilus galloprovincialis* et *Mytilus edulis*, compte tenu de leur polymorphisme. Aussi, faute de consensus absolu dans l'identification des valves, mieux vaut-il rechercher la forme majoritaire au sein de l'assemblage. À Meaux, les restes étaient plus fortement apparentés à *Mytilus edulis*, nous les conférons donc à cette espèce.

---

265 Notice de travail rédigée par V. Forest d'après les descriptions de R. Seed (Seed 1972). (Communication écrite, février 2008).
266 Seed 1972, 357.
267 Poutiers 1987, 446.
268 Quéro & Vayne 1998, 98.
269 Beaumont *et al.* 2007, fig. 1, 62.
270 Sanjuan *et al.* 1994.

271 Chargé des collections de mollusques récents et fossiles au Muséum d'Histoire naturelle de Bordeaux. Merci à lui pour sa disponibilité et ses précieux conseils.

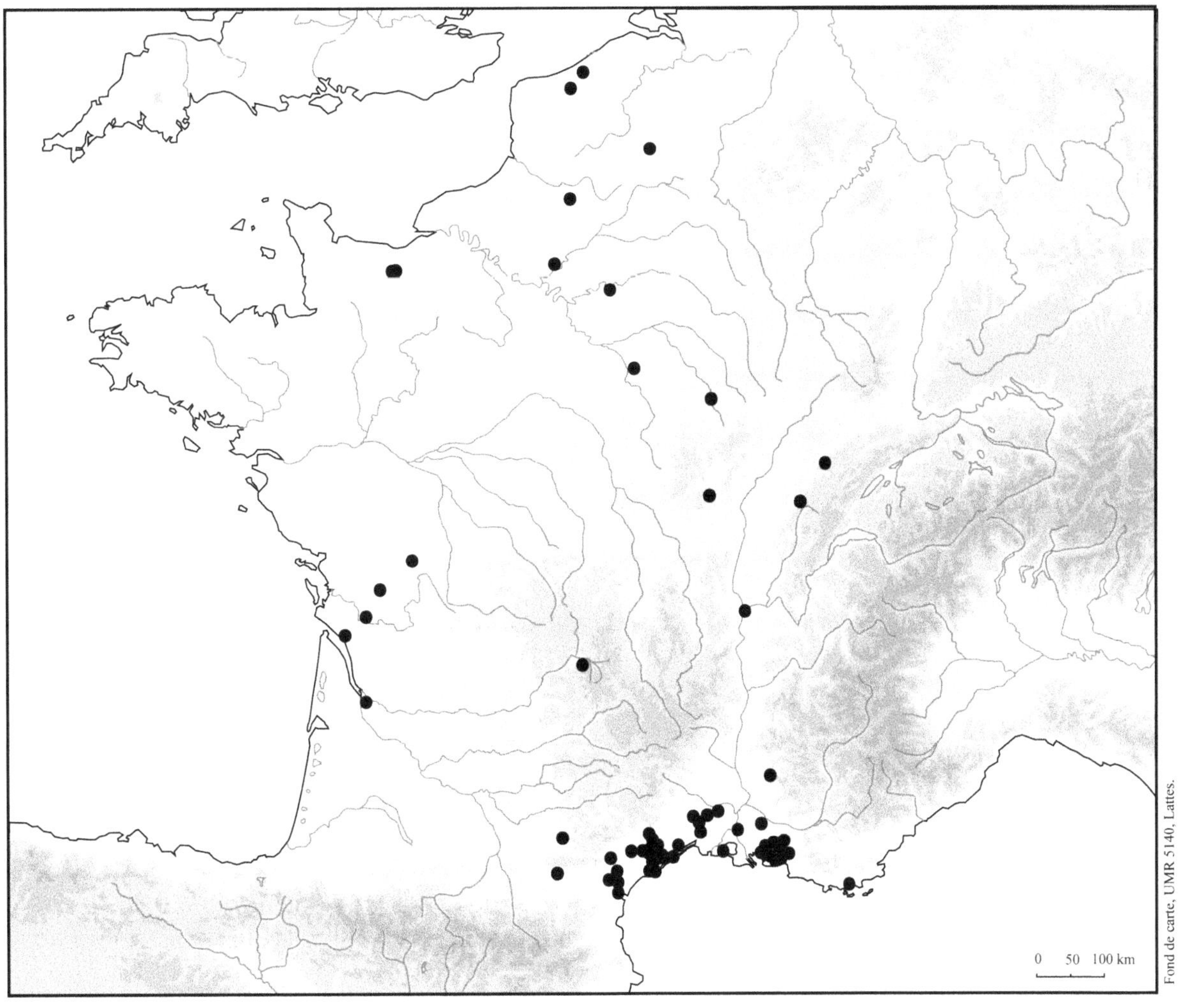

fig. 43 : distribution géographique des découvertes de moules, *Mytilus* sp.

Balaruc-les-Bains/Montgolfier	non mesurées mais décrites comme "grandes".
Lyon/Cybèle	Cinq valves, non mesurées, sont décrites comme "grandes". 11 autres sont très petites. Six ont été mesurées : H : 11 ; 16 ; 18 ; 19 ; 19 ; 19.
Narbonne/Général de Gaulle	Le bord postéro-ventral de la valve est brisé mais d'après le référentiel consulté elle devait atteindre environ 85 mm de hauteur.
Narbonne/Clos de la Lombarde	Hg : 72 ; 84 ; 94 ; 98 ; 110 mm Hd : 73 ; 86 ; 90 mm
Narbonne/Port-La-Nautique	La hauteur de cinq valves a pu être mesurée ; elle est de 68, 70, 71, 85, 92 et 98 mm. Et pour neuf autres valves, elle a pu être estimée à partir d'exemplaires actuels ; elle s'échelonne entre 75 et 105 mm.
Meaux/PME	Hg : 50 ; 50 ; 56 ; 57 mm Hd : 37 ; 38 ; 45 ; 48 mm
Rom/La Petite Ouche	H : entre 36 et 49 mm
Bordeaux/Chapeau Rouge	H : 13 ; 29 ; 32 ; 34 ; 36 ; 36 ; 36 ; 38 ; 38 ; 39 ; 40 ; 42 ; 42 mm
Barzan/Le Fâ : exemple de l'US 25111	Hg : 32 ; 33 ; 34 ; 34 ; 35 ; 36 ; 37 ; 38 ; 40 ; 40 ; 44 ; 57 mm Hd : 28 ; 33 ; 33 ; 34 ; 35 ; 39 ; 40 ; 41 ; 41 ; 44 ; 45 ; 57 mm

fig. 44 : hauteurs des valves de moules, *Mytilus* sp.

De nombreuses études font mention de restes de *Mytilus edulis* ou de *Mytilus galloprovincialis*. Mais presque toujours, nous n'avons conservé que le nom générique, car ces appellations s'accompagnent rarement d'une description de la forme et de la taille des valves. Seule l'identification de *Mytilus galloprovincialis* proposée par V. Forest à Montredon-des-Corbières/Sainte-Croix (019) peut sans doute être retenue. Certaines valves ont un bord ventral nettement concave, ce qui fait saillir antérieurement le sommet, et elles sont grandes avec, pour la plupart, une hauteur supérieure à 60 mm et pouvant atteindre plus de 80 mm.

Pour résumer, on rencontre *Mytilus edulis* sur la façade atlantique, à Bordeaux/Chapeau Rouge (184/2), à Barzan/Le Fâ (182/1) (fig. 46), à Rom/La Petite Ouche (188), et aussi plus loin dans les terres à Meaux/PME (148). On retrouve *Mytilus galloprovincialis* sur plusieurs sites de la côte méditerranéenne, à Narbonne (fig. 45), à Balaruc-les-Bains/Montgolfier (071/3) et à Montredon-des-Corbières/Sainte-Croix (019), ainsi qu'à Lyon/Cybèle (136/4).

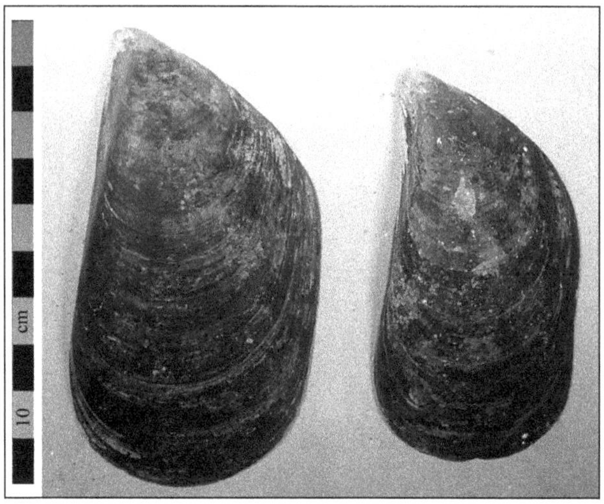

fig. 45 : valves gauches de moule de Méditerranée, *Mytilus galloprovincialis*, en vue externe. Narbonne/Port-La-Nautique.

fig. 46 : valves de moule commune, *Mytilus edulis*, en vue externe, Barzan/Le Fâ. À gauche, valves gauches. À droite, valves droites.

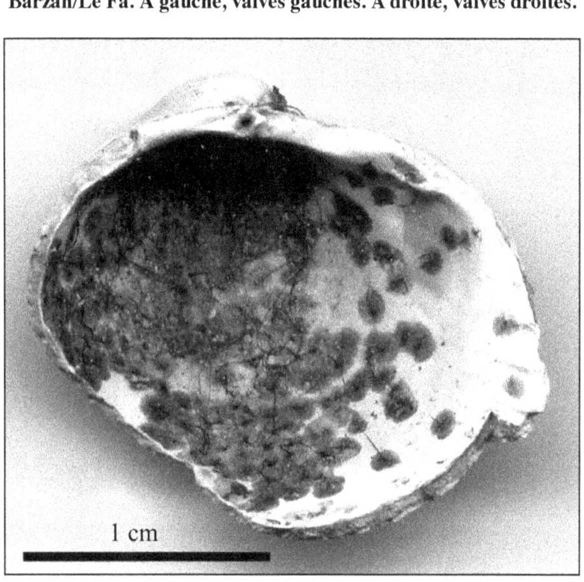

fig. 47 : byssus de moule encore adhérent à la face interne d'une valve de coque commune, *Cerastoderma edule*. Comblement de latrines de Bordeaux/Chapeau Rouge.

La conservation des restes

Comme nous l'avons déjà dit, les valves de moules sont presque systématiquement brisées sauf à Narbonne/Port la Nautique (020/14) et dans le puits PT 25055 de Barzan/Le Fâ (182/1) où elles sont bien conservées. La forte fragmentation des valves de moules n'est pas un constat nouveau. Elle a été mentionnée à plusieurs autres reprises par d'autres observateurs. Au début de son exposé sur les conchyliorestes du site d'Epiais-Rhus/La Poulaine (189), Ph. Deloge souligne "le très bon état de conservation des coquillages, hormis les moules qui sont très fragiles". Régulièrement, V. Forest fait également cette observation. À Barzan/Le Fâ (182/1), dans les contextes autres que celui du puits PT 25055, il note que les valves de moules sont fortement fragmentées, à Montredon-des-Corbières/Sainte-Croix (019), "nombreuses sont celles qui ont éclaté", à Bram (015) et à Alignan/Le Valat (067) "aucune n'est parvenue entière" et à Paulhan/A75-Ermitage (086), "elles sont toutes plus ou moins brisées". À Bordeaux/Auditorium (184/1) et à Bordeaux/Chapeau Rouge (184/2), nous avons noté une fragmentation particulièrement forte des restes de moules. À l'Auditorium, ils étaient concentrés dans une US (US 10806) qui a livré environ un litre de bris de coquilles et plus de 180 valves dont il ne subsistait en général que l'apex. À Chapeau Rouge, ils étaient contenus dans le comblement de latrines (US 8147 et 8176).

En revanche, nous n'avons enregistré aucune altération physico-chimique de la matière-coquille. D'ailleurs, dans le comblement de latrines à Bordeaux/Chapeau Rouge (184/2) et à Narbonne/Clos de la Lombarde (020/10), les valves de *Mytilus* sp., moule, ont gardé une partie de leur périostracum. Exceptionnellement, des éléments de byssus de moules sont toujours solidement accrochés sur les restes d'autres coquilles ; précisons que nous n'en avons jamais repéré sur la face externe des valves de moule. C'est le cas pour l'US 10806 de Bordeaux/Auditorium (184/1) et pour les comblements du puits PT 25055 de Barzan/Le Fâ (182/1) et des latrines de Bordeaux/Chapeau Rouge (184/2), où de fins filaments et leur ancrage, sous forme de petits disques bruns, ont été aperçus sur la face interne de valves de coque commune, *Cerastoderma edule*. (fig. 47) À Bordeaux, la même observation concerne la face interne de plusieurs valves d'huître plate d'Europe, *Ostrea edulis*, et de moule, *Mytilus* sp.

Dénombrements

Sur les sites que nous avons étudiés, plus de 2000 valves de *Mytilus* sp., moule, ont été dénombrées, ce qui correspond à près de 1000 coquilles. Les valves gauches et droites sont toujours en quantités proches. (fig. 48 et 49) Jusqu'à présent, aucune coquille ne nous est parvenue entière. Au moins un site a pourtant livré plusieurs exemplaires aux valves jointes : à Ifs (178), V. Carpentier signale "un volume conséquent d'individus complets en connexion" dans "des rejets de combustion de fours domestiques".

+ : présence

Site	Contexte	Datation	NMVg	NMVd	Nl	NMV	NMC	*Mytilus edulis*	*Mytilus gallo.*
Lançon-de-Provence/Constantine	Niveaux d'occupation	200 - 1 a.C.	3	3		6	3		
Narbonne/Malard	Niveau de circulation : US 1003	début du Ier siècle p.C.	36	45		81	45		
Villevieille	Tous contextes	fin du Ier a.C - Ier p.C.	7	6	2	15	7		
Bordeaux/Auditorium	US 10806	40/50 - 120 p.C.	88	96	env. 1litre	184	96	+	
Meaux/PME	Remblais : US 2079, 2122	60/65 - 85/90 p.C.	3	1		4	3		+
	Remblais : US 1071, 2086	fin du IIe - début du IIIe siècle p.C.	1	3		4	3		+
	Comblement de fosse FS 2048	60/65 - 85/90 p.C.	23	21		44	23		+
	Comblement de fosse FS 3246		45	39		84	45		+
Bordeaux/Chapeau Rouge	Niveaux d'occupation	50/30 - 30/10 a.C.	3	3		6	3	+	
	Comblement de latrines : US 8147, 8176	20 - 1 a.C.	47	36		83	47	+	
Barzan/Le Fâ	Comblement de PT 25055	110 - 150 p.C.	696	681		1377	696	+	
Rom/La Petite Ouche	Tous contextes	IIe-IIIe siècle p.C.	71	89		160	89	+	
Lyon/Cybèle	Comblement d'une fosse (H.2.7.)	20 - 30 p.C.	8	8		16	8		+
Narbonne/Général de Gaulle	Niveau de destruction : US 5013	50 - 30 a.C.		1		1	1		+
Narbonne/Clos de la Lombarde	Comblement d'un puits	fin du IIe - milieu du IIIe siècle p.C.	27	27		54	27		+
Narbonne/Port-La-Nautique	Rejet dans une zone portuaire	fin du Ier siècle p.C.	38	36		74	38		+
		Totaux	**1096**	**1095**	-	**2193**	**1134**		

fig. 48 : dénombrements des restes de moules, *Mytilus sp.*, sur les sites étudiés.

Site	Contexte	Datation	NMVg	NMVd	Nl	NMV	NMC
Saint-Mitre-Les-Remparts/Saint-Blaise	Ensemble 6	IIe siècle a.C.	"231 individus"				
	Ensemble 7		"305 individus"				
Montredon-des-Corbières/Sainte-Croix	Comblement d'une fosse	140- 120 a.C.	300	277		577	300
Les Pennes-Mirabeau/La Cloche	Niveau de destruction	49 a.C.	"NMI = 88"				
Saintes-Maries de la Mer/Ile de Mornès	-	Ier siècle a.C.	4			4	4
Arles/Tour du Valat	Dépotoir	Ier siècle a.C.				51	
Narbonne/Grande Armée	Dépotoir	Période augustéenne	10	12		22	12
Arles/La Capelière		25 a.C. - 25 p.C.		1	1	2	1
Saint-Pont-de-Mauchiens/Sept-Fons	Comblement de fosse	0 - 10 p.C.	11	17		28	17
Aulnay	*Horreum*	20-30 p.C.	"57"				
	Principia		"6"				
Nîmes/Assas	Comblement d'un puits	60 - 70 p.C.	2	3		5	3
Bram	Surface de circulation	50 - 100 p.C.	1	1		2	1
	Espace bâti en bordure de voie	75 - 125 p.C.	2	4		6	4
	US 1048	200 - 300 p.C.	16	9		25	16
Aspiran/Soumaltre	Comblement de fosse (FS 9003)	40 - 70 p.C.		2	6	8	6
	-	70 p.C. - 200 p.C.	1			1	1
Nîmes/Arènes	-	75 - 125 p.C.	1			1	1
	-	50 - 150 p.C.			1	1	1
	-	20 - 100 p.C.		1		1	1
	-	25 a.C. - 175 p.C.		3		3	3
Nîmes/Z.A.C. des Halles	Dépotoir 1469	60 - 80 p.C.	"NMI = 1"				
	-	Deuxième moitié du IIe siècle p.C.	"NMI = 2"				
Lattes	Comblement d'un puits - Secteur 11, zone 4, sud	IIe siècle p.C.	"NMI = 73"				
Pont-de-Metz/La Ferme aux Mouches 2	-	IIe siècle p.C.	"NMI = 16 ; NR = 68"				
Sallèles-d'Aude	-	Ier - IIIe siècle	77	76		153	77
Clermont-l'Hérault/Peyre Plantade	-	0 - 250 p.C.	3	5	6	14	5
Montagnac/Lieussac	Dépotoir	Deuxième moitié du IIIe siècle p.C.	"NMI = 1"				
Bordeaux/Cité Judiciaire	Dépotoirs	270 - 280 p.C.	"NRD= 13"				
Sens/Les Cordeliers	-	fin du IIIe siéle p.C. - fin du IVe siècle p.C.	2	2		4	2
Puissalicon/Les Jurières-Basses	Comblement de fossé	fin IVe - début Ve siècle p.C.			1	1	1
Epiais-Rhus/La Poulaine	-	fin du IVe siècle p.C.				1160	
Alignan/Le Valat	Comblement d'une fosse dépotoir	fin IVe - début Ve siècle p.C.	4	8		12	8
	Comblements de silos	VIe siècle p.C.	4	6		10	6
Eyguières/Saint-Pierre	Construction et occupation	380/400 - 500 p.C.	"NMI = 1"				
	Abandon	450 - 500 p.C.	"NMI = 1"				
	Occupation	500 - 600 p.C.	"NMI = 1"				
Paulhan/A75-Ermitage	Comblements de fosses	400 - 600 p.C.	25	19		44	25
Arles/Cabassole	-	400 - 600 p.C.			1	1	1
Saint-Mitre-Les-Remparts/Les Clapières	Dépotoir	Ve - VIe siècles p.C.	NMI = environ 17				
Balaruc-les-Bains/Rue Pasteur	Dépotoir	Ve siècle p.C.	16	19		35	19
Narbonne/ Hôtel-Dieu	Comblement d'un puits	premier quart du Ve siècle p.C.			31		
Barzan/Le Fâ	Thermes -Tous les secteurs	30 a.C. - 10 p.C.				1	
		10 - 70 p.C.				35	
		70 - 110 p.C.				50	
		110 -150 p.C.				359	
		150 - seconde moitié du IIIe siècle p.C.				157	
Villetelle/Ambrussum	-	10 a.C. - 10/20 p.C.	"3 exemplaires"				
		50 - 75 p.C.	"4 exemplaires"				
		75 - 100 p.C.	"1 exemplaire"				
		125 - 160/180 p.C.	"18 exemplaires"				
		180 - 230/240 p.C.	"5 exemplaires"				
		350 - 370 p.C.		1		1	1
Lunel-Viel	Quartier central	50 - 100 p.C.	"NMI = 2"				
		100 - 250 p.C.	"NMI = 6"				
		300 - 400 p.C.	"NMI = 6"				
		400 - 500 p.C.	"NMI = 8"				
Hyères/Olbia	Remblais et niveaux de rue	40 a.C - 60 p.C.	"NMI = 1"				
	Remblais	60 - 80 p.C .	"NMI = 1"				
	-	80 - 275 p.C.	"NMI = 1"				
	Comblements de fosses	475 - 550 p.C.	"NMI = 4"				
Vertault	-	-	1	2		3	2
Sens/12, cours Tarbé	-	-	15	15		30	15
Besançon/Inconnu	-	-	6	2		8	6

fig. 49 : dénombrements des restes de moules, *Mytilus* sp., pour plusieurs assemblages méditerranéens, atlantiques et de l'intérieur des terres.

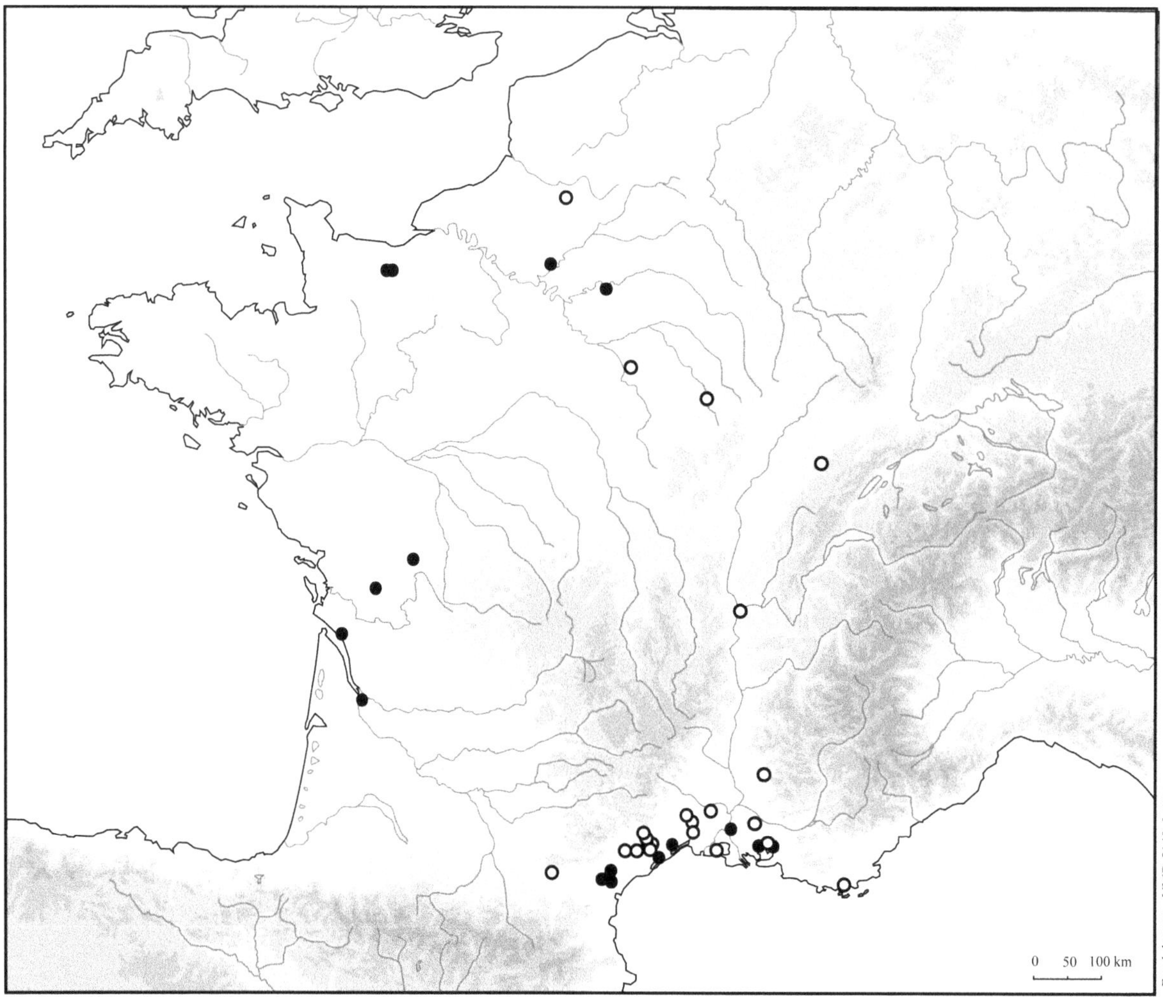

○ quelques restes de moules, *Mytilus* sp., dans le ou les assemblages de cette localité. (NMV ≤ 40 ou NMI ou nombre d'exemplaires ≤ 20)

● plusieurs restes de moules, *Mytilus* sp., dans au moins un assemblage de cette localité. (NMV > 40 ou NMI ou nombre d'exemplaires > 20)

fig. 50 : distribution géographique des découvertes de moules, *Mytilus* sp., en fonction du nombre de restes.

Bien que fréquent, ce bivalve est rarement très abondant : sur les 75 assemblages dénombrés, seulement une vingtaine compte plus d'une quarantaine de valves. (fig. 48 et 49) La majorité appartient à des sites localisés à moins de 70 km de la mer ; au-delà, les restes sont anecdotiques. (fig. 50) Sur la façade atlantique, les sites de Rom/La Petite Ouche (188), d'Epiais-Rhus/La Poulaine (189) et de Meaux/PME (148) font cependant exception. Situés entre 120 et 240 km de la côte la plus proche, ils ont livré des lots importants, totalisant plus de 1000 valves. (fig. 48 et 49)

Dans la région méditerranéenne comme sur la façade atlantique, *Mytilus* sp., moule, marque fortement les assemblages de la fin de l'âge du Fer et du début de la période romaine. (fig. 51) Au IIe siècle a.C., V. Forest recense 577 valves à Montredon-des-Corbières/Sainte-Croix (019), et Ph. Columeau signale 556 "individus" à Saint-Mitre-Les-Remparts/Saint-Blaise (046/8). Entre 50-30 a.C. et 20-1 a.C., à Bordeaux/Chapeau-Rouge (184/2), *Mytilus* sp., moule, est bien représentée avec 89 valves. En 49 a.C., Fr. Brien-Poitevin enregistre 88 "individus" aux Pennes-Mirabeau/La Cloche (044) et mentionne de nombreuses valves à Rognac/Castellas (045/3) au Ier siècle a.C. À partir du Ier siècle p.C., les assemblages riches en restes de *Mytilus* sp., moule, se font moins nombreux. Ce mouvement se poursuit aux IIe et IIIe siècles p.C., et jusqu'à la fin de l'Antiquité. (fig. 51)

La taille et la forme des coquilles

L'état fragmentaire des valves de *Mytilus* sp. limite très souvent la prise de mesure et donc l'analyse de la taille des coquilles. Pourtant la hauteur peut être un critère discriminant valable pour déterminer la composition de l'assemblage. Ainsi, à Lyon/Cybèle (136/4), les grandes valves de *Mytilus galloprovincialis* côtoient d'autres exemplaires du genre *Mytilus*, tous juvéniles, permettant ainsi de différencier nettement deux lots. (fig. 44) À Lattes (079), Fr. Brien-Poitevin fait la même distinction entre "certains exemplaires qui arrivent à 9 cm de longueur, 7 cm de largeur et 0,2 cm d'épaisseur" et d'autres "en grappe" qui ont une taille de "1,4 cm sur 0,7 cm sur 0,1 cm". Dans le puits PT 25055 de Barzan/Le Fâ (182/1), nous avons identifié trois séries de valves de *Mytilus edulis*. Les plus petites appartiennent aux US 25999-26289, 25997 et 25996 avec une majorité de hauteurs comprises entre 34 et 43 mm. Les valeurs sont

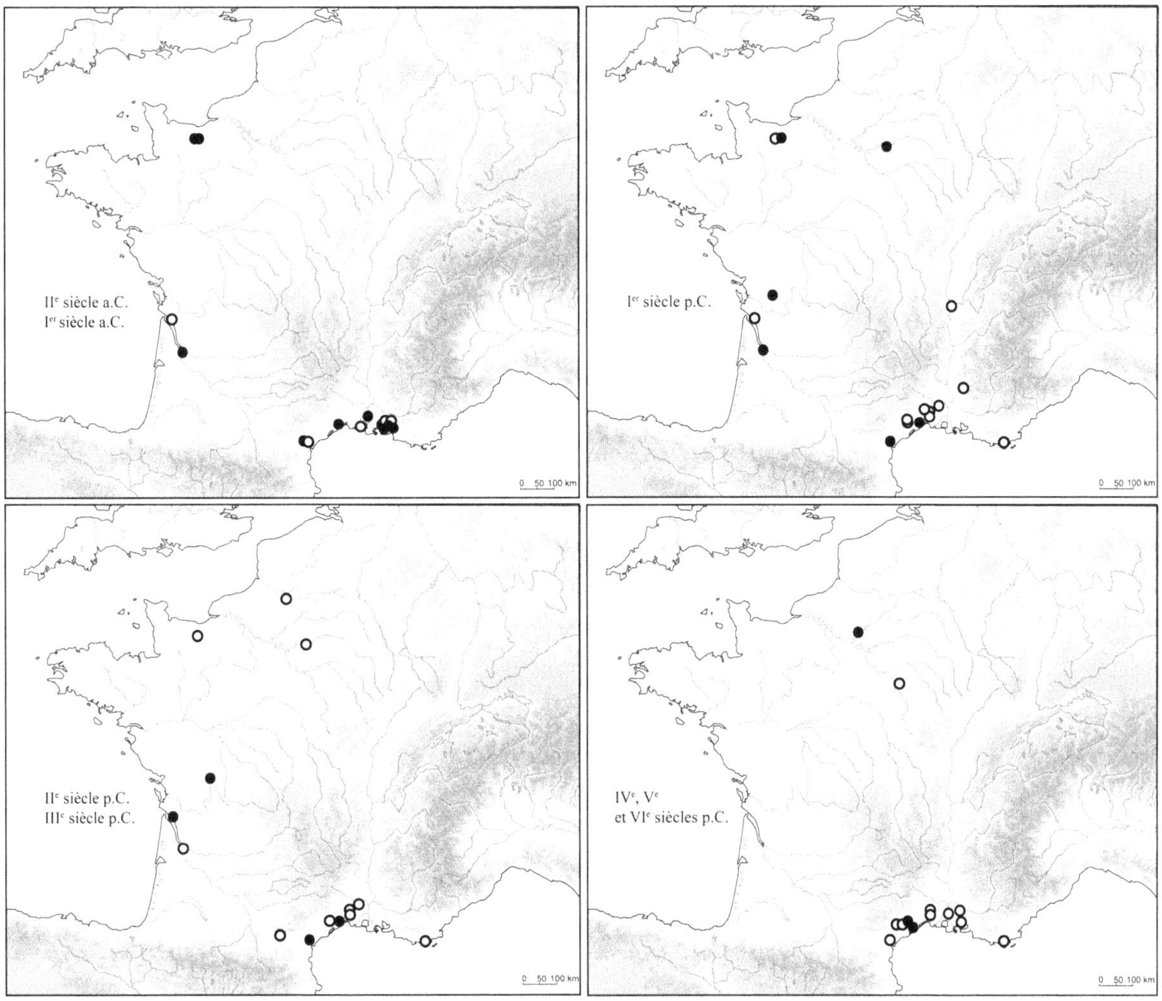

○ quelques restes de moules, *Mytilus* sp., dans au moins un assemblage de cette localité. (NMV ≤ 40 ou NMI ou nombre d'exemplaires ≤ 20)

● plusieurs restes de moules, *Mytilus* sp., dans au moins un assemblage de cette localité. (NMV > 40 ou NMI ou nombre d'exemplaires > 20)

fig. 51 : distribution géographique des découvertes de moules, *Mytilus* sp., en fonction du nombre de restes, au cours de la période explorée.

généralement un peu plus fortes dans les US 26293, 26292 et 25384 : elles se situent plutôt entre 38 et 47 mm. Enfin, les US 25995 et 25994-25412 fournissent des valves pour la plupart plus grandes : leur hauteur est rarement inférieure à 44 mm. Dans six US, les tailles sont assez homogènes. Cela se traduit par des variabilités maximales basses, entre 30 et 60%. Dans les autres US, elles sont plus élevées, jusqu'à 92% pour l'US 25999-26289, mais les valeurs tendent toujours à se regrouper. (fig. 52)

Pour l'heure, nous n'avons pas vu assez d'assemblages pour caractériser clairement des variations dans la morphologie de *Mytilus edulis*. On ne peut guère établir de rapprochement qu'entre les lots de même forme, ceux de Barzan/Le Fâ (182/1) et de Bordeaux/Chapeau Rouge (184/2). Pour *Mytilus galloprovincialis*, les valves de Meaux/PME (148), avec leur paroi très épaisse sont suffisamment singulières pour qu'on puisse espérer les reconnaître sur d'autres sites. Quant aux exemplaires des sites narbonnais, lyonnais et de Balaruc-les-Bains/Montgolfier (071/3), ils nous ont semblé très similaires. Leur profil rappelle celui défini par V. Forest à Paulhan/A75-Ermitage (086) : "leur épaisseur est

	PT 25055													
	Couches inférieures								Couches supérieures					
H en mm	US 26293		US 26292		US 25999 - 26289		US 25997	US 25996	US 25995		US 25994 - 25412		US 25384	
	Vg	Vd	Vg	Vd	Vg	Vd	Vd + Vg	Vg + Vd	Vg	Vd	Vg	Vd	Vg	Vd
24-25														
26-27						1								
28 -29					2	3								
30-31			1		4	4	1							
32-33	1				7	5	1	3					1	
34-35		3	1		17	19	2	4						1
36-37	5	5			24	18	3	4					1	1
38-39	9	4	2	4	21	15	2	2					5	4
40-41	4	8	3	5	15	17	2	5				1	4	6
42-43	2	6	3	1	11	15	1	4			1	1	3	7
44-45	14	8	3	1	6	10		3		3	1	4	3	2
46-47	9	5	1	1	4				1	2	1	1	4	5
48-49	1	4			2	2		2	3	3	1	1	2	2
50-51	3	1		2		1			1	4	1	2	2	1
52-53					1				1		3	2	2	1
54-55											1	1		1
56-57									1	1	1	3	1	
58-59									1					1
60-61									1					
62-63														
64-65														
66-67														
Nb	*48*	*44*	*14*	*14*	*114*	*110*	*12*	*27*	*9*	*13*	*10*	*16*	*28*	*32*
x	43	42	40	42	38	38	36	39	52	47	50	49	44	44
var. max. (%)	51	47	53	34	85	92	40	50	30	60	36	43	72	69

fig. 52 : moule commune, *Mytilus edulis*, puits PT 25055, Barzan/Le Fâ. Distribution des hauteurs et récapitulatif des principales données métriques.

rarement forte. Le bord ventral est généralement rectiligne avec le sommet de la valve au plus dans l'alignement du bord, sinon en retrait par rapport à celui-ci". Nous n'avons pas observé le morphotype qu'il nomme "ancien" à Aspiran/Soumaltre (069) : identifié "dès le Néolithique dans le Languedoc oriental [il est caractérisé] par une coquille à nacre épaisse et par un bord antérieur concave dans la région de l'apex".[272]

La faune associée

Quatre assemblages renseignent sur la faune associée. À Narbonne/Port la Nautique (020/14) et Narbonne/Clos de la Lombarde (020/10), des petits canaux en U se dessinent sur la face externe de plusieurs valves ; on peut certainement les attribuer à des vers du genre *Polydora*. Nous avons constaté qu'ils s'accompagnent systématiquement, sur la face interne, de petites protubérances de nacre qui rendent la surface très irrégulière, comme granuleuse. Elles ont été fabriquées par l'animal pour parer à ces intrusions. À Alignan/Le Valat (067), V. Forest signale que les valves sont "parfois attaquées par des éponges". En revanche, nous n'avons que très rarement observé les vestiges d'organismes fixés à la surface externe des valves, par exemple des cônes ou des bases de cônes de crustacés cirripèdes de type balane.

Les marques d'origine humaine

Le lot de Narbonne/Port la Nautique (020/14) fournit les seules marques attribuables à la main de l'homme. Cette origine nous a été suggérée par leur systématisme : elles sont toutes identiques et concernent 65% des valves (48 des 74 dénombrées). La cassure relie l'extrémité postéro-dorsale de l'empreinte ligamentaire à la limite postérieure du bord ventral ; en général, l'empreinte du muscle adducteur postérieur n'est pas préservée.

Notre description s'ajoute semble-t-il à plusieurs autres. À Loupian/Près-Bas (082/2), Fr. Brien-Poitevin parle de nombreuses "coupures" qui sont situées "en biais, aux deux tiers de la coquille" et à Arles/Esplanade (032/3), "toutes les moules ont une coupure caractéristique aux deux-tiers de la valve et en biais". On peut également citer les exemples de Lattes (079), de Martigues/L'île (043/1), Les Pennes-Mirabeau/La Cloche (044) et Rognac/Castellas (045/3). À Bram (015), les cassures observées par V. Forest sont un peu différentes : elles sont localisées sur les bords antérieurs et postérieurs au voisinage des sommets.

Les pectinidés

Le peigne glabre, Proteopecten glaber

Dans un article paru en 2002 et intitulé *La consommation du pétoncle glabre en Manguedoc : qui bouge ?*, V. Forest dresse la première synthèse sur les découvertes de *Proteopecten glaber*.[273] Auparavant, cette espèce avait déjà été identifiée, notamment par Fr. Brien-Poitevin, mais ses restes n'avaient pas fait l'objet d'un examen détaillé et systématique. Aussi, les données présentées dans l'exposé qui suit sont-elles en majorité empruntées aux travaux de V. Forest. Quelques observations, que nous avons réalisées, viennent en complément.

D'un ouvrage à l'autre, les appellations zoologiques sont rarement identiques pour désigner le peigne glabre. Nous avons retenu celle de *Proteopecten glaber*. Dans d'autres travaux, on retrouvera cette espèce sous le nom latin de *Chlamys glabra* ou de *Flexopecten glaber*.

- Identification

Proteopecten glaber, qui est une espèce strictement méditerranéenne, est couramment retrouvé sur les sites romains des bords du Golfe du Lion et aussi parfois dans des stations éloignées des côtes.[274] Il n'est donc pas étonnant que nous l'ayons reconnu sur nos sites narbonnais, à Lançon-de-Provence/Constantine (041), à Villevieille (065), à Balaruc-les-Bains/Montgolfier (071/3) ainsi qu'à Lyon/Cybèle (136/4). Son identification repose sur les descriptions données par E. Bucquoy, P. Dautzenberg et G. Dollfus,[275] J.-M. Poutiers[276] et reprises par V. Forest.[277] Les valves sont de forme arrondie et presque également convexes ; la valve gauche (supérieure) est légèrement plus bombée que la valve droite (inférieure).[278] Elles sont garnies d'une dizaine de côtes arrondies, plus faibles à l'approche du bord ventral. La surface des valves est quasiment lisse, surtout à droite ; à gauche, de discrètes costules rayonnantes apparaissent sur les côtes et les intercôtes. Les oreilles de la valve gauche sont à peu près similaires. Celles de la valve droite sont asymétriques : la postérieure est triangulaire, l'antérieure est longue et nettement détachée. L'échancrure byssale est étroite et dotée d'un cténolium sur sa marge ventrale ; en cas d'altération des oreilles, l'observation ou non de ces petites denticulations permet de latéraliser la valve. La courbure du bord dorsal de la charnière fournit un autre indice : à droite, elle s'avance très nettement vers l'intérieur de la valve tandis qu'à gauche elle est en léger en retrait par rapport à la surface interne des oreilles.

L'association de ces caractéristiques morphologiques permet de distinguer le peigne glabre des autres pectinidés : parmi eux, le peigne variable, *Chlamys varia*, le peigne operculaire, *Aequipecten opercularis*, ou encore les coquilles Saint-Jacques, l'une d'Atlantique, *Pecten maximus*, l'autre de Méditerranée, *Pecten jacobeus*. Ces espèces restent néanmoins morphologiquement proches et peuvent donc être facilement confondues. Par conséquent, les identifications proposées dans les études qualifiées de "spécialisées" ont été retenues en priorité.

---

[272] A propos de ce morphotype dit "ancien", voir Forest 1999d ; Forest 2005a.

[273] Forest 2002a.

[274] Voir l'article de synthèse par V. Forest : Forest 2002a.

[275] Bucquoy *et al.* 1887-1898, 87.

[276] Poutiers 1978, 179-183 ; Poutiers 1987, 459.

[277] Forest 2002a.

[278] Poutiers 1978, 180.

		Identification suspectée	Identification validée	Identification non retenue
Digne			x	
Mison/Les Combettes				x
Carcassonne/Troubadours			x	
Bram			x	
Gruissan/Ile-Saint-Martin		x		
Montredon-des-Corbières/Sainte-Croix		x		
Narbonne	1848 (Boulevard de)		x	
	Armissan (Route d')	x		
	Narbonne/Grande Armée	x		
	Général de Gaulle (Bvd du)		x	
	Hôtel-Dieu	x		
	Kennedy (Aveunue)		x	
	Lakanal (Rue)	x		
	Clos de la Lombarde		x	
	Malard (Bvd de)		x	
	Port-La-Nautique		x	
	Suffren (Rue)	x		
Sallèles-d'Aude			x	
Soupex/Fontvieille			x	
Vinasson/Saint-Félix		x		
Flavin/Mas-Marcou		x		
Aix-En-Provence/Parking Pasteur			x	
Arles	Cabassole		x	
	Esplanade		x	
	Tour du Valat		x	
Chateauneuf-les-Martigues/Les Fourques		x		
Eyguières	Roquemartine	x		
	Saint-Pierre		x	
Fos-sur-Mer/Centre aéré		x		
Gardanne/Notre-Dame			x	
Gignac-La-Nerthe/La Pousaraque			x	
Lambesc	Cavalon	x		
	Grand Verger	x		
Lançon-de-Provence/Constantine			x	
Marseille/Bon-Jésus			x	
Martigues/L'île			x	
Les Pennes-Mirabeau/La Cloche			x	
Rognac/Le Bosquet		x		
Saint-Mitre-Les-Remparts	Les Clapières		x	
	Saint-Blaise		x	
Velaux/Vallat des Vignes (rive droite)		x		
Vitrolles	Jardin du Théâtre de Verdure		x	
	Villa du Griffon		x	
Alise-Sainte-Reine			x	
Nîmes	Nîmes/Arènes		x	
	Assas (Place d')		x	
	Carsalade		x	
	Z.A.C. des Halles		x	
Pont-Saint-Esprit/Mas Conil			x	
Villevieille			x	
Alignan/Le Valat			x	
Ambonne		x		
Aspiran/Soumaltre			x	
Aumes/Bourgaraou-Bas 2		x		
Balaruc-les-Bains	Montgolfier (rue)		x	
	Pasteur (4, rue)		x	
Béziers/Saint-Jean-d'Aureilhan			x	
Bouzigues/Mas d'Argent		x		
Clermont-l'Hérault/Peyre Plantade			x	
Florensac	Font de Mingaud	x		
	Pouchette	x		
Fontès/Bardens			x	
Frontignan	Mas de Bernadou	x		
	Peyrade	x		
Lattes			x	
Loupian/Près-Bas			x	
Lunel-Viel			x	
Montagnac/Lieussac			x	
Paulhan/A75-Ermitage			x	
Pezenas/L'Auribelle-Basse			x	
Pinet/Castelle		x		
Poussan/Clachs		x		
Puissalicon/Les Jurières-Basses			x	
Quarante/Souloumiac			x	
Saint-Pont-de-Mauchiens/Sept-Fons			x	
Saint-Thibery/Nadaihan		x		
Villetelle/Ambrussum			x	
Villeveyrac/Marcouine		x		
Saint-Romain-en-Gal			x	
Saint-Romain-en-Jalionas			x	
Lavoye				x
Lyon	Célestins (Place des)		x	
	Colonel Chambonnet (Rue du)	x		
	Cybèle		x	
	Trion (Quartier du)		x	
Chassey-les-Montbozon		x		
Autun/Parking Leaderprice				x
Castres/Camping				x
Castres/ Domaine de Gourjade 1		x		
Lautrec/La Coffe		x		
Montgey		x		
Rabastens		x		
Rivières/Lacourtade		x		
Hyères/Olbia			x	
Orange	Pourtoules (Cours)		x	
	La Brunette		x	
Vaison-la-Romaine	Maison du Dauphin		x	
	Maison de la Tonnelle	x		
Sens/Ancien Archevêché			x	
Nombre de localités : 72	**Nombre de sites : 99**	**35**	**60**	**4**

fig. 53 : identifications suspectées, validées et non retenues de *Proteopecten glaber*, le peigne glabre.

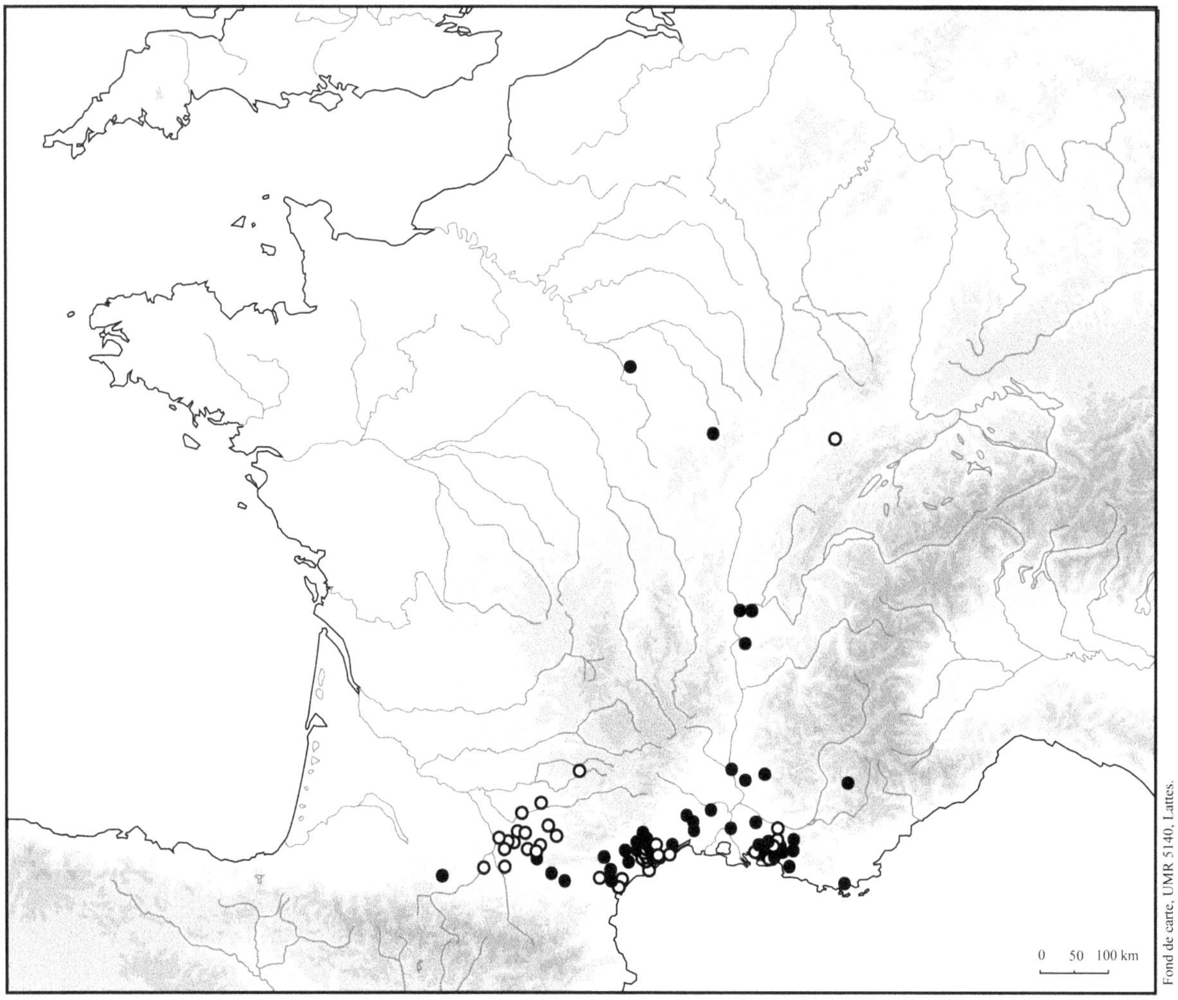

O présence suspectée de restes de peigne glabre, *Proteopecten glaber*, sur au moins un site de cette localité

● présence attestée de restes de peigne glabre, *Proteopecten glaber*, sur au moins un site de cette localité

fig. 54 : distribution géographique des découvertes de peigne glabre, *Proteopecten glaber*.

Sites	Signalements	Sources
Auterive	"huîtres, coquilles Saint Jacques, moules d'eau douce"	Massendari 2006, 105
Auzielle	"coquilles d'huîtres et coquilles Saint Jacques"	Massendari 2006, 109
Bourg-Saint-Bernard	"35 coquilles Saint Jacques et de nombreuses huîtres"	Massendari 2006, 122
Cambiac	"quelques coquilles Saint Jacques, morceaux d'huître plate"	Massendari 2006, 131
Castanet-Tolosan	"huîtres plates et coquilles Saint Jacques"	Massendari 2006, 139
Marquefave	"huîtres, coquilles Saint Jacques"	Massendari 2006, 209
Quint-Fonsegrives	"huîtres, coquilles Saint Jacques, mulettes"	Massendari 2006, 310
Saint-Félix-Lauragais	"nombreuses coquilles d'huître, coquilles Saint Jacques"	Massendari 2006, 321
Verfeil	"huîtres, Saint Jacques, Cardium edule, Tapes decussatus, Arca"	Massendari 2006, 353
Toulouse/Ancely	F. Crouzel inventorie plusieurs restes de *Pecten jacobeus* : 18 valves dans les "Thermes du centre et environnement immédiat", 16 valves dans le "Dépotoir dit 'aux huîtres' du bâtiment R", 4 coquilles et 3 valves dans des "Substructions", et une valve et un fragment dans un puits.	Crouzel 1988.
Montmaurin	"*Pecten glaber*" figure parmi les espèces identifiées par M. Soyer	Labrousse 1959.

fig. 55 : signalements suspectés de peigne glabre, *Proteopecten glaber*, sur 11 sites de Haute-Garonne.

Quelques mentions ont été conservées lorsqu'aucun élément ne contredisait ou ne rendait douteuse la détermination de l'espèce, par exemple dans l'inventaire réalisé par S. Gagnère pour Vaison-la-Romaine/Maison du Dauphin (168/2). Au final, 60 sites répartis sur 42 localités ont certainement livré des restes de peigne glabre. (fig. 53)

Mais que faire des 39 signalements de "pectens", "peignes", "pétoncles" et "coquilles Saint-Jacques "? Tous désignent vraisemblablement des pectinidés. Plus précisément, nous soupçonnons *Proteopecten glaber* pour la plupart d'entres eux. (fig. 53) Deux arguments soutiennent cette hypothèse : la localisation géographique des sites et le nombre de restes découverts. Ainsi, presque tous les sites concernés se situent aux abords de la Méditerranée. Or le peigne le plus fréquent sur les sites du midi de la Gaule est *Proteopecten glaber*. Cette tendance a été clairement énoncée par V. Forest : le peigne variable, *Chlamys varia*, est "exceptionnellement trouvé", le peigne operculaire, *Aequipecten opercularis*, "rarement" et la coquille Saint-Jacques, *Pecten jacobeus*, "n'est guère plus fréquente".[279] Nos observations ne sont pas différentes : parmi ces trois espèces, nous n'avons identifié que la dernière et sur un unique site, à Narbonne/Clos de la Lombarde (020/10). Ensuite, les observateurs décrivent souvent des restes en grandes quantités : c'est "un dépôt d'ordures ménagères [avec] des coquilles d'huîtres et de pectens" à Narbonne/Suffren (020/17), "44 valves de pectens" à Narbonne/Hôtel-Dieu (020/7), "des coquilles d'huîtres et des coquilles Saint-Jacques" à Lambesc/Cavalon (040/1), des "huîtres et des peignes" à Montgey (154) ou encore "27 *Pecten jacobeus*" à Saint-Mitre-Les-Remparts/Saint-Blaise (046/8), dans les assemblages du IIe siècle a.C. *Proteopecten glaber* est le pectinidé qui répond le mieux à la formulation de ces signalements. Il est toujours le mieux représenté et souvent en abondance. Nous avons pu le constater à travers les assemblages étudiés et V. Forest,[280] et Fr. Brien-Poitevin[281] l'ont largement montré.

Finalement, la présence du peigne glabre, qui est l'espèce de pectinidés la plus fréquente, la mieux représentée et la plus abondante, peut être suspectée pour une trentaine de sites. On ne retiendra pas ceux de Castres/Camping (150/1), Lavoye (120), Autun/Parking Leaderprice (140/4) et Mison/Les Combettes (008). (fig. 53) Pour chacun, il n'est fait mention que "d'une coquille Saint-Jacques". De plus, Lavoye et Autun, qui se trouvent respectivement dans la Meuse et en Saône-et-Loire, sont trop éloignés du Languedoc et de la Provence.

La région méditerranéenne concentre plus de 90% des découvertes de *Proteopecten glaber*. Deux tiers d'entre elles sont regroupés autour des lagunes languedociennes et provençales actuelles. Sur la Côte Vermeille et la Côte d'Azur, l'espèce paraît plus rare ; elle n'est signalée que sur un site, celui d'Hyères/Olbia (160/1). Le dernier tiers se trouve dans un rayon d'environ 150 km autour du Golfe du Lion, en évitant toutefois les premiers reliefs du Massif Central. Vers les Alpes, Digne (007) est le point le plus oriental. Les autres sont disséminés de part et d'autre de la vallée du Rhône et surtout à l'ouest, vers l'Aquitaine. (fig. 54) Dans cette direction, on se heurte à la limite du cadre géographique retenu pour cette synthèse. Néanmoins, l'espèce ne semble pas présente très au-delà de Rabastens dans le Tarn (156). En effet, nous n'avons enregistré aucun signalement pouvant suggérer la présence de peigne glabre dans le Tarn-et-Garonne, le Gers, le Lot-et-Garonne, la Gironde ou les Landes. Nous n'avons pas non plus identifié l'espèce à Bordeaux/Chapeau Rouge (184/2), Loupiac/Saint-Romain (185) et Agen/Ermitage (186). En revanche, dans le nord de la Haute-Garonne, onze sites ont retenu notre attention. (fig. 55) Dix ont livré "des coquilles Saint-Jacques" ou des "*Pecten jacobeus* "; les réflexions développées précédemment laissent en fait pressentir des restes de *Proteopecten glaber*. Sur le dernier, à Montmaurin, l'espèce est citée parmi les coquillages découverts. Le dessin qui accompagne l'inventaire semble confirmer l'identification.[282] Vers Bordeaux, le site d'Ancely à Toulouse[283] serait le point le plus éloigné de la côte méditerranéenne, ce qui élargit peu la zone de concentration initialement décrite : en prenant Narbonne comme référence, Toulouse se situe à environ 160 km de la Méditerranée. Vers les Pyrénées, Montmaurin est un des rares sites localisés au-delà de cette distance. (fig. 54)

Dans l'intérieur des terres, la présence de *Proteopecten glaber* est en effet beaucoup plus exceptionnelle (moins de 10% des découvertes). On suit toutefois l'espèce jusque dans les régions les plus éloignées de la Méditerranée. Des restes sont attestés dans l'Yonne, à Sens/Ancien Archevêché (175/1), à près de 700 km de la côte. Elle se trouve aussi probablement à Chassey-lès-Montbozon (137) et sûrement à Alise-Sainte-Reine (055), Saint-Romain-en-Gal (103), Lyon/Cybèle (136/4) et Saint-Romain-de-Jalionas (104).

Au IIe siècle a.C., le peigne glabre est peu présent et les découvertes se cantonnent à des sites côtiers : il apparaît à Lançon-de-Provence/Constantine (041) et Saint-Mitre-Les-Remparts/Saint-Blaise (046/8). Comme l'a montré V. Forest,[284] ce n'est qu'au Ier siècle a.C., et surtout à partir de 50 a.C., qu'il commence à marquer plus franchement les assemblages. Il est alors retrouvé sur des sites plus en retrait. (fig. 56) Cette tendance se concrétise au Ier siècle p.C. et jusqu'au VIe siècle p.C., l'espèce est très régulièrement retrouvée.

[279] Forest 1999a.
[280] Forest 2002a.
[281] Brien-Poitevin 1992a ; Brien-Poitevin 1993 ; Brien-Poitevin 1996.
[282] Labrousse 1959, fig. 4-2.
[283] Crouzel 1988.
[284] Forest 2002a.

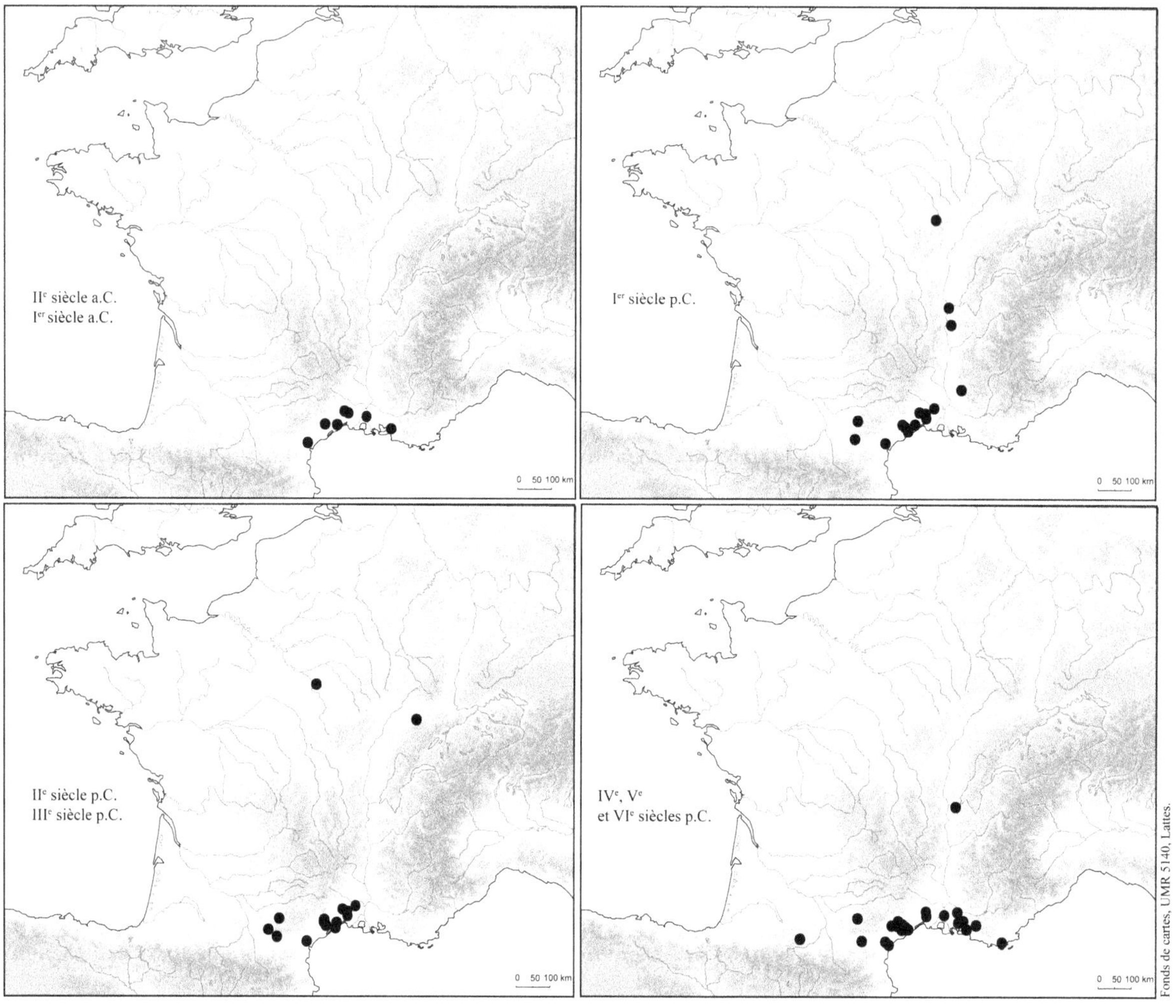

fig. 56 : distribution géographique des découvertes de peigne glabre, *Proteopecten glaber*, au cours de la période explorée.

- La conservation des restes

Comme les valves d'*Ostrea edulis*, l'huître plate d'Europe, celles de *Proteopecten glaber* sont souvent bien préservées même si elles ont parfois perdu une de leurs oreilles ou les deux. Le site de Narbonne/Boulevard de Malard (020/11) fait néanmoins encore exception avec des valves très fragmentées. À Bram (015), V. Forest a également décrit les valves de peigne glabre, comme "assez peu cassées". À Aspiran/Soumaltre (069), "le taux de valves fragmentées par rapport à celui de valves entières est de 37,5%" et à Nîmes/Assas (063/2), "la très grande majorité est entière ou légèrement abîmée". Fr. Brien-Poitevin indique en outre qu'à Villetelle/*Ambrussum* (100), Gardanne/Notre-Dame (037) et Lunel-Viel (083), l'oreille "qui se détache nettement de la coquille" est brisée.

Aucune transformation physico-chimique importante de la matière-coquille n'a été enregistrée. On notera seulement qu'à Lançon-de-Provence/Constantine (041) et Narbonne/Port la Nautique (020/14), les observations formulées pour les valves d'*Ostrea edulis* valent aussi pour celles de *Proteopecten glaber* ; sur le premier site, elles sont prises dans une gangue sédimentaire et sur le second, elles montrent une coloration noirâtre de leur surface externe et interne.

- Dénombrements

1967 valves de peigne glabre ont été dénombrées, ce qui représente environ 1053 coquilles. Sur les huit assemblages qui comptent le plus de valves, un seul montre un net déficit entre les valves gauches et les valves droites, au profit des premières : à Narbonne/Kennedy (020/8), 75% des valves sont des valves gauches. (fig. 57) La même constatation peut être dressée à partir de deux lots étudiés par V. Forest, mais les proportions sont inversées : à Narbonne/Clos de la Lombarde (020/10) vers 30 - 1 a.C. et à Narbonne/Grande Armée (020/3), les valves droites comptent respectivement pour 75% et 91% des valves. (fig. 58)

Les restes les plus nombreux de *Proteopecten glaber* se trouvent dans la région méditerranéenne, ce qui correspond aux observations déjà réalisées par Fr. Brien-Poitevin et V. Forest. (fig. 59) L'espèce y est particulièrement abondante à partir du milieu du Ier siècle p.C. Les localités de la frange côtière languedocienne et provençale, c'est-à-dire situées à moins d'une soixantaine de kilomètres des lagunes

			NMVg	NMVd	NI	NMV	NMC
Lyon/Cybèle	Comblement d'une fosse (H.2.7.)	20 - 30 p.C.	1	2	4	7	2
Lançon-de-Provence/Constantine	Niveaux d'occupation	200 - 1 a.C.	26	14		40	26
	Remblais : US 2009, 2015 2063, 2078, 2079	Ve - VIe siècle p.C.	638	589		1227	638
Villevieille	Zone 2	Toutes phases	50	44		94	50
	Zone 3		29	24	2	55	29
	Zone 4		53	46	14	113	53
	Zone 5		13	8	6	27	13
	Zone 7		1	1		2	1
Narbonne/Malard	Niveau de circulation : US 1003	début du Ier siècle p.C.	30	15		45	30
Narbonne/Kennedy			82	28		110	82
Narbonne/Général de Gaulle	Niveau de destruction : US 5013	50 - 30 a.C.	3	6		9	6
Narbonne/Clos de la Lombarde	Comblement d'un puits	fin du IIe - milieu du IIIesiècle p.C.	114	121		235	121
Narbonne/Port-La-Nautique	Rejet dans une zone portuaire	fin du Ier siècle p.C.	1	2		3	2
		Totaux	**1041**	**900**	**26**	**1967**	**1053**

fig. 57 : dénombrements des restes de peigne glabre, *Proteopecten glaber*, sur les sites étudiés.

				NMVg	NMVd	NI	NMV	NMC
- NMV≤40 ou - NMI ou nombre d'exemplaires≤20	**Chassey-les-Montbozon**	Couche de dépotoir	120-200 p.C.				1	1
	Saint-Pont-de-Mauchiens/Sept-Fons	Comblement de fosse	0 - 10 p.C.	1			1	1
	Arles/Tour du Valat	Dépotoir	Ier siècle a.C.				3	3
	Arles/Cabassole	-	400-600 p.C.			2	2	2
	Sens/Ancien Archevêché	-	IIIe siècle p.C.			2	2	2
	Alise-Sainte-Reine	Dépotoir	Ier siècle p.C.	3	2		5	3
	Soupex/ Fontvieille	-	50 - 200	3	2		5	3
		-	100 - 500		1	1	2	1
	Carcassonne/Troubadours	Comblements d'excavations et niveaux d'abandon	IVe - Ve siècle p.C.		2	2	4	2
	Béziers/Saint-Jean-d'Aureilhan		400 - 600 p.C.	1			1	1
	Nîmes/Carsalade	Comblement de fosse	Début du Ier siècle p.C.				2	
	Pont-Saint-Esprit/Mas Conil	-	-	5	6	1	12	6
	Lyon/Célestins	-	seconde moitié du IIe ou début du IIIe siècle p.C.	"deux peignes glabres"				
	Saint-Romain-en-Jalionas	-	IVe - Ve siècle p.C.	" 4 exemplaires"				
	Hyères/Olbia	Comblements de fosses	475 - 550 p.C.	"NMI = 3"				
	Lattes	Comblement d'un puits -Secteur 11, zone 4, sud	IIe siècle p.C.	"NMI = 10"				
	Gruissan/Ile-Saint-Martin	Comblement d'une fosse	IVe - Ve siècle p.C.	" NMI = 2"				
	Saint-Mitre-Les-Remparts/Saint-Blaise	Ensemble 6	IIe siècle a.C.	"15 individus"				
		Ensemble 7		"12 individus"				
	Puissalicon/Les Jurières-Basses	Comblement de fossé (US 1019 - 1021))	fin IVe - début Ve siècle p.C.	" NMI = 6"				
		Comblement de fosse (US 1023)	fin Ve - début VIe siècle p.C.	"NMI = 1"				
		Comblement de fosse (US 1015)	VIe siècle p.C.	"NMI = 3"				
Pour au moins un assemblage de chaque site : - NMV>40 ou - NMI ou nombre d'exemplaires>20	**Aspiran/Soumaltre**	Comblement de fossé (US 8058)	10 a.C. - 10 p.C.	7	12		19	12
		Comblement de fosse (FS 9003)	40 - 70 p.C.	1	4	1	6	4
		-	70 p.C. - 200 p.C.	15	20	5	40	20
	Nîmes/Arènes	Dépotoir	25 - 75 p.C.	5	21		26	21
			50 - 125 p.C.	9	12		21	12
			75 - 125 p.C.	28	32		60	32
			50 - 150 p.C.	21	21		42	21
			375 - 500 p.C.	5	11	1	17	11
	Narbonne/ Hôtel-Dieu	Comblement d'un puits	premier quart du Ve siècle p.C.				44	
	Narbonne/Grande Armée	Dépotoir US 007	Période augustéenne	6	59		65	59
		Dépotoir US 014		15	10		25	15
		Dépotoir US 015		48	42		90	48
	Vaison-la-Romaine/Maison du Dauphin	Sondage XV	Ier siècle p.C.				50	
		Autres sondages					8	
	Narbonne/Clos de la Lombarde	-	30 - 1 a.C.	17	50		67	50
		-	30 a.C. - 15 p.C.	30	34		64	34
		-	60 - 100 p.C.		3		3	3
		-	225 - 425 p.C.	3	5		8	5
	Bram	US 8019	0 - 25 p.C.	1	3		4	3
		Surface de circulation	50 - 100 p.C.	5	3		8	5
		Espace bâti en bordure de voie	75 - 125 p.C.	3	5		8	5
		US 1048	200 - 300 p.C.	43	44		87	44
	Pezenas/L'Auribelle-Basse	Comblement d'une fosse	140 - 170 p.C.				134	
	Clermont-l'Hérault/Peyre Plantade	-	0 - 250 p.C.	149	167	9	325	167
	Paulhan/A75-Ermitage	Comblements de fosses	400 - 600 p.C.	218	209		427	218
	Nîmes/Assas	Comblement d'un puits	60 - 70 p.C.	259	308		567	308
	Sallèles-d'Aude	-	Ier - IIIe siècle	216	359	25	600	359
	Alignan/Le Valat	Comblement d'une fosse dépotoir	fin IVe - début Ve siècle p.C.	283	356		639	356
		Comblements de silos	VIe siècle p.C.	171	159		330	171
	Nîmes/Z.A.C. des Halles	-	Période augustéenne	"1 exemplaire"				
		Dépotoir 1469	60 - 80 p.C.	"35 exemplaires"				
		-	Deuxième moitié du IIe siècle p.C.	"20 exemplaires"				
	Les Pennes-Mirabeau/La Cloche	Niveau de destruction	Milieu du Ier siècle a.C.	"NMI = 83"				
	Montagnac/Lieussac	Dépotoir	Deuxième moitié du IIIe siècle p.C.	"NMI = 30"				
	Saint-Mitre-Les-Remparts/Les Clapières	Dépotoir	Ve - VIe siècles p.C.	NMI = environ 225				
	Gignac-La-Nerthe/La Pousaraque	-	antiquité tardive	"158 exemplaires"				
	Gardanne/Notre-Dame	Comblement de fosse dépotoir	Début du VIe siècle p.C.	"NMI = 57"				
	Eyguières/Saint-Pierre	Construction et occupation	380/400 - 500 p.C.	"NMI = 6"				
		Abandon	450 - 500 p.C.	"NMI = 48"				
		Occupation	500 - 600 p.C.	"NMI = 226"				
	Lunel-Viel – **Quartier central**	-	50 - 100 p.C.	"NMI = 25"				
		-	100 - 250 p.C.	"NMI = 70"				
		-	300 - 400 p.C.	" NMI = 38"				
		-	400 - 500 p.C.	"NMI = 9"				
	Lunel-Viel – **Quartier ouest**	Remblais	Deuxième moitié du Ier siècle p.C.	"NMI = 38"				
		Dépotoirs et silos	IIIe siècle	"NMI = 35"				
		"Eboulis"	milieu du IVe siècle p.C	"NMI = 73"				
	Villetelle/Ambrussum	-	50/30 - 10 a.C.	"2 exemplaires"				
		-	10 a.C. - 10/20 p.C.	"34 exemplaires"				
		-	50 - 75 p.C.	"197 exemplaires"				
		-	75 - 100 p.C.	"283 exemplaires"				
		-	125 - 160/180 p.C.	"141 exemplaires"				
		-	180 - 230/240 p.C.	"100 exemplaires"				
		-	350 - 370 p.C.	2	4		6	

fig. 58 : dénombrements des restes de peigne glabre, *Proteopecten glaber*, pour plusieurs assemblages méditerranéens et de l'intérieur des terres.

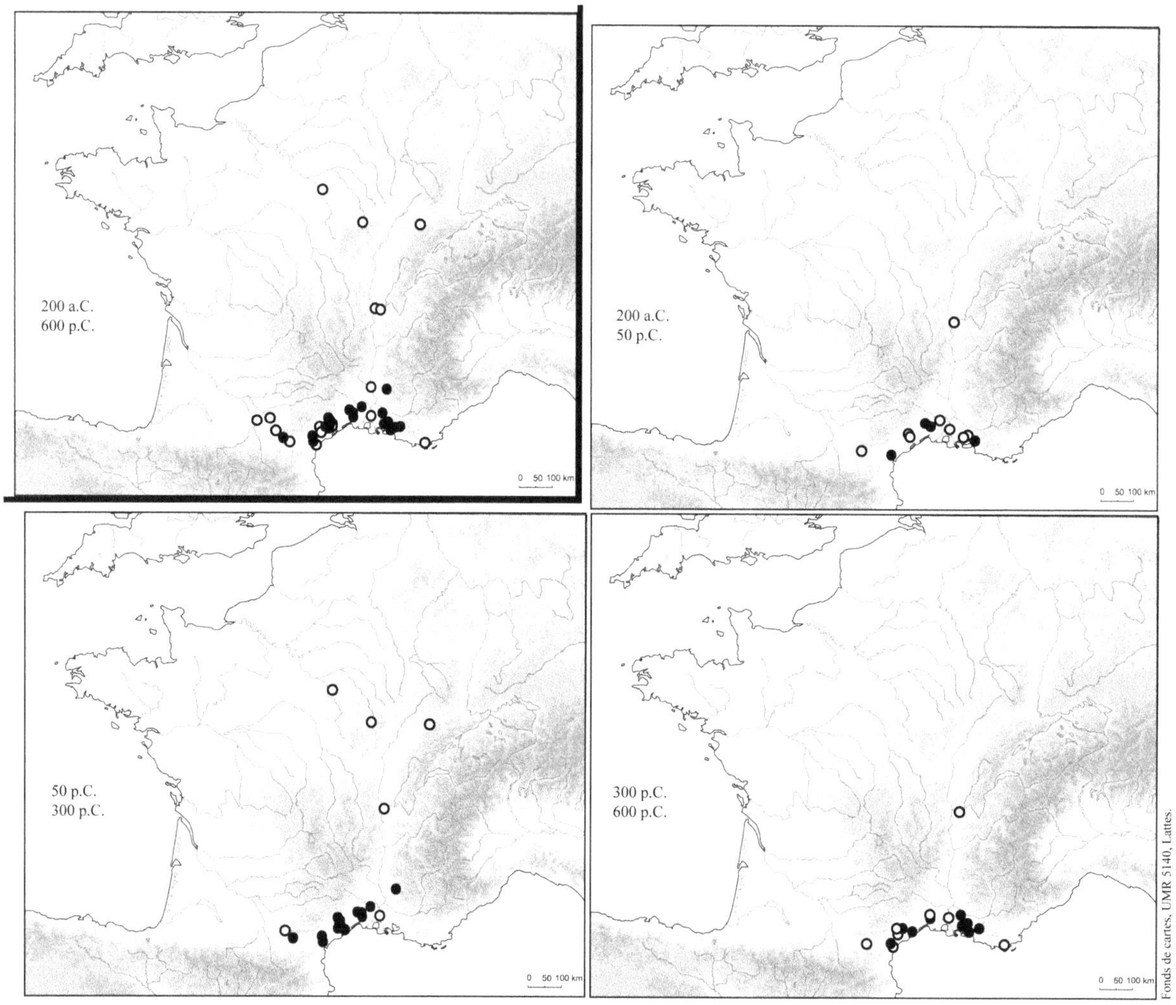

○ quelques restes de peigne glabre, *Proteopecten glaber*, dans au moins un assemblage de cette localité. (NMV ≤ 40 ou NMI ou nombre d'exemplaires ≤ 20)

● plusieurs restes de peigne glabre, *Proteopecten glaber*, dans au moins un assemblage de cette localité. (NMV > 40 ou NMI ou nombre d'exemplaires > 20)

fig. 59 : distribution géographique des découvertes de peigne glabre, *Proeteopecten glaber*., en fonction du nombre de restes, au cours de la période explorée.

actuelles, concentrent les assemblages les plus importants. Au-delà, deux sites seulement livrent plus d'une quarantaine de valves. Ils sont situés à une centaine de kilomètres de la mer : ce sont Vaison-la-Romaine/Maison du Dauphin (168/2), pour le Ier siècle p.C., et Bram (015), pour le IIIe siècle p.C. Sur la Côte d'Azur, à Hyères/Olbia (160/1), *Proteopecten glaber* est peu représenté : Fr. Brien-Poitevin n'a dénombré que "3 individus".

Dans les régions les plus à l'intérieur des terres, les restes sont franchement anecdotiques, quelle que soit la période : nous avons par exemple dénombré sept valves à Lyon/Cybèle (136/4) en 20-30 p.C., cinq à Alise-Sainte-Reine (055) au Ier siècle p.C. et deux à Sens/Ancien Archevêché (175/1) au IIIe siècle. (fig. 57 et 59)

- La taille des coquilles

La hauteur des valves ne témoigne pas d'une grande diversité de taille. (fig. 60 et 61) En général, la moyenne des hauteurs avoisine 50 mm et la majorité des valeurs sont comprises entre 46 et 55 mm et regroupées autour de 48/51 mm, ce qui correspond aux dimensions habituellement observées pour cette espèce : V. Forest retient une moyenne proche de 48 mm[285] à partir d'une série archéologique médiévale, une hauteur moyenne de 49 mm est avancée par E. Bucquoy, P. Dautzenberg et G. Dollfus[286] à la fin du XIXe , et P. Parenzan présente un exemplaire actuel de 52 mm. [287]

Cette régularité n'est pas favorable à une analyse chronologique : les coquilles ont la même taille à Nîmes/Assas (063/2) au Ier siècle p.C. et à Alignan/Le Valat (067) au VIe siècle p.C. Trois assemblages peuvent néanmoins être rapprochés d'autres lots contemporains grâce à la taille des coquilles.

Le premier a été décrit à Lançon-de-Provence/Constantine (041). Daté de 200-1 a.C., il est composé de petites valves : leur hauteur moyenne est de 45 mm à gauche et 43 mm à droite. (fig. 60 et 61) Pour cette période, le corpus de mesures à disposition est

[285] Forest 2002a, 109.
[286] Bucquoy *et al.* 1887-1898, 87.
[287] Parenzan 1974, 111.

			Vg		Vd	
			N	xH	N	xH
Lançon-de-Provence/Constantine	Niveaux d'occupation	200 - 1 a.C.	19	45	11	43
Balaruc-les-Bains/Montgolfier	Comblement de fosse : FS 1088	Période flavienne			9	51
	Comblement de fosse : FS 1122				22	53
Narbonne/Clos de la Lombarde	Comblement d'un puits	Fin du IIe - milieu du IIIe siècle p.C.	31	54	39	52
Narbonne/Kennedy	-		20	49	13	53
Villevieille	Tous contextes	Toutes phases	70	50	50	49
Nîmes/Arènes	-	25 - 150 p.C.	33	51	60	52
		375 - 500 p.C.	2	47	6	47
Alignan/Le Valat	Comblement d'une fosse dépotoir : US 1012	fin IVe - début Ve siècle p.C.	61	49	83	48
	Comblement d'une fosse dépotoir : US 1017		60	49	89	48
	Comblement d'une fosse dépotoir : US 1013		102	48	118	46
	Comblement de silos : US 1008	VIe siècle p.C.	9	52	12	47
	Comblement de silos : US 1024		51	51	66	50
	Comblement de silos : US 1026		8	47	3	46
	Comblement de silos : US 1028		42	50	49	50
Lançon-de-Provence/Constantine	Remblais : US 2009, 2015, 2063, 2078, 2079	V^{e} - VIe siècle p.C.	265	57	232	56

fig. 60 : moyennes des hauteurs (xH) pour les valves gauches et droites de peigne glabre, *Proteopecten glaber*.

			< 30	32 33	34 35	36 37	38 39	40 41	42 43	44 45	46 47	48 49	50 51	52 53	54 55	56 57	58 59	60 61	62 63	64 65	66 67	68 69	70 71	72 73	74 75	> 80
Lançon-de-Pro./Constantine Niveaux d'occupation (200 - 1 a.C)		g		1	1			2	1	4	3	1	2		1	2				1		1	1			
		d			1			3	1	1	2		2								1		1			
Nîmes/Assas (60-70 p.C.)	**US 3149**	g							1		2	3	8	17	9	4	5	4	5	2						
		d							1	4	2	6	17	9	5	5	1	6	2	1	1					
	US 3062	g							1	12	19	24	22	12	11	18	13	8	4	4	4	3	2	5		
		d					1	1	1	11	22	33	35	16	30	15	17	14	3	5	6	4	1	3		
Nîmes /Arènes (25 - 150 p.C.)		g						3	1	1	3	4	7	3	2	2	3	3	1							
		d						3	5	3	8	5	6	8	6	6	6	2			1	1				
Villevieille Toutes phases		g					1	1	4	5	8	11	14	15	3	4	2	1	3							
		d						1	2	7	10	12	14	2	2						1					
Narbonne/Kennedy		g							1	1		2	1	1	3	1	1		2							
		d							2	3	2	4	4	1	3		1									
Clermont-l'Hérault/Peyre Plantade (0-250 p.C.)		g						1	3	5	11	16	9	7	6	4	2	7			1					
		d					1		3	4	7	12	14	16	6	14	5	3	1	4	1					
Bram (200 - 300 p.C.)		g				1		1	7	4	11	4	5	2	3				1							
		d			1		1	2	5	9	7	2	4		1			1								
Alignan/Le Valat	**Comblement d'une fosse dépotoir (fin IVe - début Ve siècle p.C.)**	g			2	3	4	9	20	23	39	29	30	24	17	8	7	5	2	1						
		d			1	5	10	27	28	42	40	43	36	25	13	12	3	2	1	1	1					
	Comblement de silos (VIe siècle p.C.)	g				4	1	4	6	7	8	15	22	22	15	3	1	1			1					
		d			1	1	2	5	9	11	13	15	22	17	18	7	5	1	1		2					
Paulhan/A75-Ermitage (400-600 p.C.)		g						1		1		6	4	9	9	29	26	33	31	19	15					
		d							3	1	8	8	8	11	16	18	28	31	15	9	6					
Lançon-de-Pro../Constantine Remblais (V^{e} - VIe siècle p.C.)		g		1	1	5	1	5	4	11	10	11	15	20	20	27	22	29	26	25	17	7	6	1	1	1
		d	1			1	3	2	4	11	9	15	13	12	14	30	18	23	31	21	14	9		1	1	

fig. 61 : *Proteopecten glaber*, le peigne glabre : distribution des hauteurs (H). En grisé, la valeur modale.

encore trop peu fourni pour que la petite taille des valves apparaisse comme un marqueur chronologique. Notons toutefois que dans les niveaux 49 a.C. du site voisin des Pennes-Mirabeau/La Cloche (044), les peignes sont décrits par Fr. Brien-Poitevin "comme relativement petits : inférieurs à 5 cm de haut". Par ailleurs, aucun lot à valves aussi petites n'a été enregistré durant les six siècles qui suivent. Le seul que nous connaissons est lié à la phase VIIe-IXe siècle p.C. du site de Paulhan/A75-Ermitage (086) ; la majorité des valves a une hauteur inférieure à 44 mm.

Les deux autres assemblages, l'un sur le même site de Constantine, l'autre à Paulhan/A75-Ermitage (086), au contraire tardifs, du Ve-VIe siècle p.C., sont composés de grandes valves ; les hauteurs sont centrées autour de 58/61 mm. (fig. 60 et 61) Ces dimensions rappellent celles enregistrées par Fr. Brien-Poitevin à Eyguières/Saint-Pierre (035/2) à la même époque : "une moyenne de 6,6 cm de hauteur avec un maximum de 7,4 cm de hauteur". Des valves plutôt grandes pourraient donc marquer plus fréquemment les assemblages de la fin de l'Antiquité.

Si dans la plupart des assemblages, les valves droites et les valves gauches ont des hauteurs proches, ce qui signifie qu'elles peuvent se correspondre, il n'en est pas de même à Clermont-l'Hérault/Peyre Plantade (075) et à Narbonne/Kennedy (020/8) où l'une des deux valves est trop grande par rapport à l'autre, la droite à Clermont-l'Hérault et la gauche à Narbonne. (fig. 61) On peut donc suggérer la présence de deux lots représentés chacun par une seule valve ; à Narbonne/Kennedy (020/8), le net déficit entre les deux valves renforce cette hypothèse. V. Forest en a aussi repéré au moins deux à Nîmes/Arènes (063/1) et Nîmes/Assas (063/2), pour l'US 3062, car la distribution des hauteurs est nettement bimodale. (fig. 61) Enfin, à Narbonne/Clos de la Lombarde (020/10), plusieurs lots composent probablement le comblement du puits III. Nous avons en effet constaté que la taille des valves augmente au fur et à mesure du comblement avant de retrouver, dans la couche supérieure, des valves plus petites. (fig. 62)

	(mm)	2,60/3m	7,25m	7,40m	7,55m	7,70	7,80
Vg	40-43					1	
	44-47					3	1
	48-51		1		2	3	3
	52-55		1	2	1		2
	56-59				1	5	
	60-63		1	1			
	64-67					1	
	68-71			2			
Vd	40-43					1	1
	44-47	4			2	3	1
	48-51		1		4	1	3
	52-55	2	2		1	1	2
	56-59	1	2			2	
	60-63		2		1		
	64-67		1				
	68-71		1				

fig. 62 : *Proteopecten glaber*, le peigne glabre : Narbonne/Clos de la Lombarde, puits III : distribution des hauteurs (H) des valves gauches et droites de *Proteopecten* glaber, peigne glabre.

Vers 200-1 a.C. à Lançon-de-Provence/Constantine (041), les valeurs sont extrêmement dispersées. (fig. 61) Pour les siècles suivants, à Nîmes/Assas (063/2), pour l'US 3149, à Bram (015) et à Clermont-l'Hérault/Peyre Plantade (075), pour les valves gauches, elles sont au contraire bien regroupées. (fig. 61) Ailleurs, l'étendue des séries est plus large. (fig. 61) Mais pour trois assemblages, le nombre croît avec la taille : on compte quelques petites valves, plusieurs moyennes et beaucoup de grandes (Alignan/Le Valat, Lançon-de-Provence/Constantine-Remblais, Paulhan/A75-Ermitage). (fig. 61)

- La forme des coquilles

J.-M. Poutiers qualifie *Proteopecten glaber* d'extrêmement variable.[288] Avant lui, à la fin du XIXe siècle, E. Bucquoy, P. Dautzenberg et G. Dollfus ont fait la même réflexion en parlant d'une "espèce très polymorphe".[289] Ils décrivent alors plusieurs formes, sous les appellations de "variété *sulcata*" et de "variété *pontica*" par exemple. La première s'applique à une coquille "de taille moyenne ou petite, avec les costulations bien développées sur les côtes ainsi que dans les intervalles",[290] la seconde à une coquille "nettement inéquivalve, [...] la valve droite est presque tout à fait plane, tandis que la gauche est bien convexe et sa forme est souvent assez irrégulière et un peu oblique".[291] Dans les années 1970, la "variété *pontica*" d'E. Bucquoy, P. Dautzenberg et G. Dollfus réapparaît dans l'ouvrage de P. Parenzan sous le nom de *Proteopecten glaber ponticus*.[292]

Les coquilles archéologiques témoignent du polymorphisme de *Proteopecten glaber*. Ainsi, dans deux études conchyliologiques, l'une pour le puits PT 3095 de Nîmes/Assas (063/2) et l'autre pour les niveaux médiévaux du site de Béziers/Saint-Jean-d'Aureilhan (073), V. Forest a singularisé plusieurs lots de valves à partir de leur morphologie. Il indique qu'à Nîmes, "La paroi des valves de l'US 3149 est plus fine que celle des valves de l'US 3062. Cela se traduit par une sonorité plus claire lorsque les valves sont entrechoquées. De plus le profil convexe de la face externe et la courbure des bords des valves de l'US 3149 sont plus régulièrement dessinés. Le profil convexe des valves de l'US 3062 est souvent caractérisé par un fort bombement de la zone apicale qui s'interrompt en direction ventrale par une dépression plus ou moins marquée avant que le profil reprenne une courbure convexe périphérique un peu plus régulière". Suivant les mêmes critères, il définit deux types de valves à Béziers, "mais les mesures montrent que les valves des deux sites ne sont pas de dimensions identiques". Ces résultats nous ont incité à systématiser l'examen de la morphologie des valves de peigne glabre, ce qui nous a permis d'isoler cinq formes de coquilles.

La première concerne les sites narbonnais du Clos de la Lombarde (020/10), de Kennedy (020/8) et de 1848 (020/1) ; à Narbonne/Malard (020/11), la très grande fragmentation des restes n'a pas permis de commenter la forme des valves. Aucune particularité morphologique n'a retenu notre attention : elle correspond à la forme "typique" décrite par E. Bucquoy, P. Dautzenberg et G. Dollfus[293], et rappelée par J.-M. Poutiers[294]. (fig. 63)

Les autres ont été identifiées à partir des assemblages de Lançon-de-Provence/Constantine (041) et de Balaruc-les-Bains/Montgolfier (071/3). À Lançon-de-Provence/Constantine (041), la forme des valves dépend du contexte chronologique puisque l'une concerne la phase d'occupation précoce, vers 200-1 a.C., et l'autre, la réoccupation tardive au Ve-VIe siècle p.C. La première se caractérise par la petite taille des valves. (fig. 64) et par la

[288] Poutiers 1978, 183.

[289] Bucquoy *et al.* 1887-1898, 88.
[290] Bucquoy *et al.* 1887-1898, 87.
[291] Bucquoy *et al.* 1887-1898, 87.
[292] Parenzan 1974.
[293] Bucquoy *et al.* 1887-1898, 87.
[294] cf. *supra*. Poutiers 1978, 179-183 ; Poutiers 1987, 459.

fig. 63 : valve gauche et valve droite de peigne glabre, *Proteopecten glaber*, en vue externe. En haut à gauche, Narbonne/Clos de la Lombarde. En haut à droite, Narbonne/Kennedy. En bas, Narbonne/1848.

			Vg			Vd		
			xH	xE	x H/E	xH	xE	x H/E
Lançon-de-Provence/Constantine	Niveaux d'occupation	200 - 1 a.C.	45	11	4,3	43	8	5,5
Balaruc-les-Bains/Montgolfier	Comblement de fosse : FS 1088	Période flavienne				51	15	3,5
	Comblement de fosse : FS 1122					53	12	4,5
Villevieille	US 2133	60 - 100 p.C.	49	13	3,9	48	13	3,9
	US 3013	60/75 - 100 p.C.	51	14	3,7	49	13	3,9
	US 2149	60 - 100 p.C.				49	11	4,4
Narbonne/Kennedy			49	11	4,4	53	11	4,8
Narbonne/Clos de la Lombarde	Comblement d'un puits	Fin du IIe - milieu du IIIe siècle p.C.	54	14	4	52	12	4,4
Nîmes/Assas	US 3149	60 - 70 p.C.		16			14	
	US 3062			12			10	
Lançon-de-Provence/Constantine	Remblais : US 2009, 2015, 2063, 2078, 2079	V^e^ - VIe siècle p.C.	57	13	4,5	56	11	5,2

fig. 64 : le peigne glabre, *Proteopecten glaber* : moyennes des hauteurs (H) et épaisseurs (E) des valves de quelques assemblages.

présence de costules rayonnantes très développées à la surface des côtes et intercôtes de la valve gauche. (fig. 65) Celle-ci est beaucoup plus convexe que la valve droite, comme le concrétise l'écart entre les rapports moyens H/E gauche et droit : il est de 1,2 contre 0,4 à Narbonne/Clos de la Lombarde (020/10) par exemple. (fig. 64) La seconde forme identifiée se traduit également par une forte convexité de la valve gauche (à gauche, xH/E=4,5 ; à droite, xH/E=5,2) (fig. 64) Mais celle-ci n'est pas régulièrement arrondie. La moitié dorsale du bord postérieur est en effet presque rectiligne ; la valve est comme étirée postérieurement. (fig. 66) Ce caractère est moins marqué pour la valve droite. Du reste, les valves sont grandes. (fig. 64) et leur surface est lisse. Ces deux formes ne trouvent pour l'heure aucune comparaison en période antique. En revanche, elles rappellent les "variétés *sulcata* et *pontica*" décrites par E. Bucquoy, P. Dautzenberg et G. Dollfus.[295]

[295] Bucquoy *et al.* 1887-1898, 87-88.

À Balaruc-les-Bains/Montgolfier (071/3), la forme distingue les valves de deux dépotoirs flaviens, FS 1122 et FS 1088. Leurs hauteurs sont presque équivalentes : xHd=53 pour la première série et xHd=51 pour la seconde. (fig. 64) Cependant, elles ne se ressemblent pas. Dans le premier, elles sont moyennement convexes comme celles des sites narbonnais (rapport moyen H/E de 4,5 pour la valve droite), mais elles se développent amplement en éventail, leurs côtes devenant très larges et aplaties à l'approche du bord ventral. (fig. 64 et 67) Elles ont aussi une paroi très mince. Dans le second, les valves se caractérisent au contraire par un très fort bombement de la zone apicale ; pour la valve droite, la moyenne des rapports H/E est de 3,5. (fig. 64) Les valves sont comprimées latéralement. Leurs côtes sont étroites et bien marquées, et leur paroi est assez épaisse. (fig. 68) L'examen des valves de Villevieille (065) nous a amené à faire une distinction similaire entre celles des US 2133 et 3013 et celles de l'US 2149. (fig. 64) Parallèlement, la description des valves de Balaruc-les-Bains/Montgolfier

fig. 65 : valves gauches (en haut) et valves droites (en bas) de peigne glabre, *Proteopecten glaber*, en vue externe. Lançon-de-Provence/Constantine, niveaux d'occupation 200-1 a.C.

fig. 66 : valve gauche (à gauche) et valve droite (à droite) de peigne glabre, *Proteopecten glaber*, en vue externe. Lançon-de-Provence/Constantine, remblais V^e^-VIe siècle p.C.

fig. 67 : valves droites de peigne glabre, *Proteopecten glaber*, en vue externe. Balaruc-les-Bains/Montgolfier, dépotoir flavien, FS 1122.

fig. 68 : valves gauches (à gauche) et valves droites (à droite) de peigne glabre, *Proteopecten glaber*, en vue externe. Balaruc-les-Bains/Montgolfier, dépotoir flavien, FS 1088.

(071/3) ne peut que rappeler celle réalisée par V. Forest à Nîmes/Assas (063/2), pour le puits PT 3095. Un lien peut donc certainement être établi entre les assemblages de Balaruc-les-Bains/Montgolfier (071/3), de Villevielle (065) et de Nîmes/Assas (063/2). Le rapprochement est aussi chronologique : les US de Villevielle sont datées 60-100 p.C. et le comblement du puits de Nîmes des années 60-70 p.C. comme les dépotoirs de Balaruc-les-Bains.

Finalement, si les formes de *Proteopecten glaber* sont peu marquées, elles permettent tout de même de différencier les assemblages, comme à Lançon-de-Provence/Constantine (041) et d'isoler des lots, comme à Balaruc-les-Bains/Montgolfier (071/3). La comparaison des assemblages sur des critères morphologiques n'est pas non plus vaine, comme le montrent les exemples de Balaruc-les-Bains, Villevieille et Nîmes : pour la même époque, les trois sites livrent des lots de coquilles qui sont très proches par leur forme et par leur taille.

- La faune associée

La faune associée repérée sur les valves d'*Ostrea edulis*, l'huître plate d'Europe, se retrouve chez *Proteopecten glaber*. À Narbonne/Clos de la Lombarde (020/10), des éponges du genre *Cliona* et des vers du genre *Polydora* ont ainsi perforé plusieurs valves. Et à Lançon-de-Provence/Constantine (041), 16% des valves sont altérées par des éponges du genre *Cliona* - le même pourcentage a été calculé pour *Ostrea edulis*, huître plate d'Europe - et plusieurs servent à la fixation de tubes calcaires de vers du genre *Pomatoceros*.

- Les marques d'origine humaine

À Puissalicon/Les Jurières-Basses (092/2), V. Forest signale que "les bords ventraux sont ébréchés ponctuellement". Il précise qu'une valve droite est aussi "perforée en son centre de l'intérieur vers l'extérieur et dans le prolongement de la cassure du bord ventral". (fig. 69) Cette dernière est identique à l'encoche que nous avons décrite pour trois valves gauches de l'assemblage tardif de Lançon-de-Provence/Constantine (041). En forme de U renversé, elle est localisée sur leur bord ventral. Elle est très petite, 4/5 mm à l'ouverture. (fig. 70) Nous avons remarqué la même marque sur le bord antérieur de deux valves gauches à Balaruc-les-Bains/Montgolfier (071/3), sur le bord postérieur d'une valve droite à Narbonne/1848 (020/1) (fig. 70) et sur le bord antérieur d'une valve gauche de Villevieille (065).

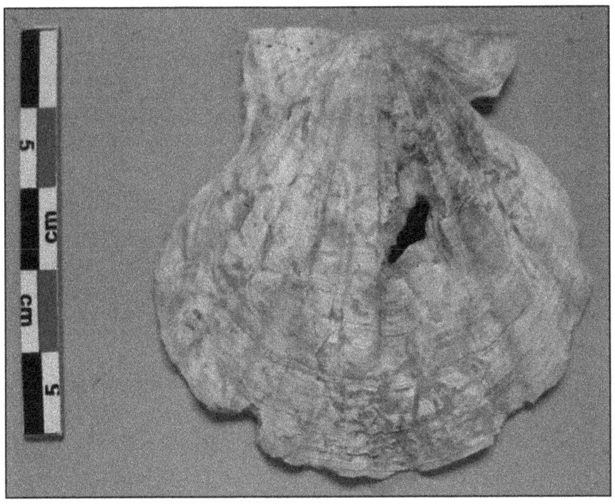

fig. 69 : encoche sur le bord ventral et perforation chez une valve droite de peigne glabre, *Proteopecten glaber*. Puissalicon/Les Jurières-Basses. Cliché V. Forest.

fig. 70 : petite encoche sur le bord de valves de peigne glabre, *Proteopecten glaber*. En haut, Lançon-de-Provence/Constantine. En bas à gauche, Balaruc-les-Bains/Montgolfier. En bas à droite, Narbonne/1848.

Par ailleurs, à Bram (015), V. Forest mentionne deux valves gauches et cinq valves droites, (NMV=99) perforées. Les trous "n'occupent pas de position particulière, puisqu'ils peuvent être situés aussi bien en position crâniale que caudale, dorsale que ventrale. Cependant, ils sont toujours dans un cercle central d'un rayon égal aux deux tiers de celui de la coquille entière". Quatre trous sont plutôt losangiques. Les autres sont en revanche parfaitement circulaires et de petite taille : "Le plus grand diamètre oscille entre 3,2 et 6,3 mm". À Aspiran/Soumaltre (069), quatre valves droites (NMV=65) montrent des perforations similaires. Deux trous sont irrégulièrement circulaires ; ils ont un diamètre de 4 à 5 mm. L'un dessine un losange irrégulier ; il mesure 8 mm de long entre les pointes des angles les plus extrêmes. L'autre a la forme d'une feuille de trèfle quadrilobée ; son ouverture maximale est de 6,5 mm. V. Forest signale enfin de rares valves perforées à Clermont-l'Hérault/Peyre Plantade (075) et quelques-unes à Alignan/Le Valat (067) et Paulhan/A75 - Ermitage (086). (fig. 71)

De notre côté, nous avons enregistré des perforations semblables pour trois valves droites et une valve gauche de l'assemblage tardif de Lançon-de-Provence/Constantine (041). Le bord des cassures est pris dans la gangue sédimentaire qui recouvre tous les restes du site, ce qui montre qu'elles n'ont pas été faites récemment et qu'elles sont donc assurément antiques. Les valves ont été perforées depuis la face interne vers la face externe, car des éclats se sont détachés sur cette dernière. (fig. 72) Aucun trou n'a la même position sur la valve : un est central, un autre est décalé vers le bord ventral et le dernier est plutôt antéro-dorsal. Ils ont un contour assez irrégulier. Néanmoins, pour deux valves, un bord est bien rectiligne. Et pour l'une d'elle, on aperçoit le départ, à angle droit, de deux autres côtés. (fig. 72)

L'instrument à l'origine de ces perforations a peut-être aussi entamé le bord ventral de quatre autres valves, toutes gauches. Sur trois d'entre elles, il a laissé une grande encoche et sur une, la perforation aurait pu être complète si une partie du bord ventral n'avait pas cédé. (fig. 73) La limite dorsale des marques est en forme de M ce qui pourrait s'expliquer par le relief côtelé des valves. La pointe en saillie correspond en effet toujours à l'emplacement d'une côte. Or la paroi de la valve y est plus épaisse que dans les inter-côtes. Elle résiste donc mieux à cet endroit. Ces marques ont été réalisées depuis la face externe parce qu'elle est intacte. Les sections les plus droites des perforations ont pu être mesurées : elles sont de 10/11 mm. Une encoche a la même largeur. Les autres sont plus grandes, autour de 19 mm. À Narbonne/1848 (020/1), une première observation du mobilier a permis de reconnaître les mêmes trous sur deux valves droites et les mêmes grandes encoches sur deux valves gauches. Les premières ont été réalisées depuis la face interne de la valve et inversement pour les secondes. (fig. 72 et 73)

fig. 71 : valves perforées de peigne glabre, *Proteopecten glaber*. Cliché, V. Forest.

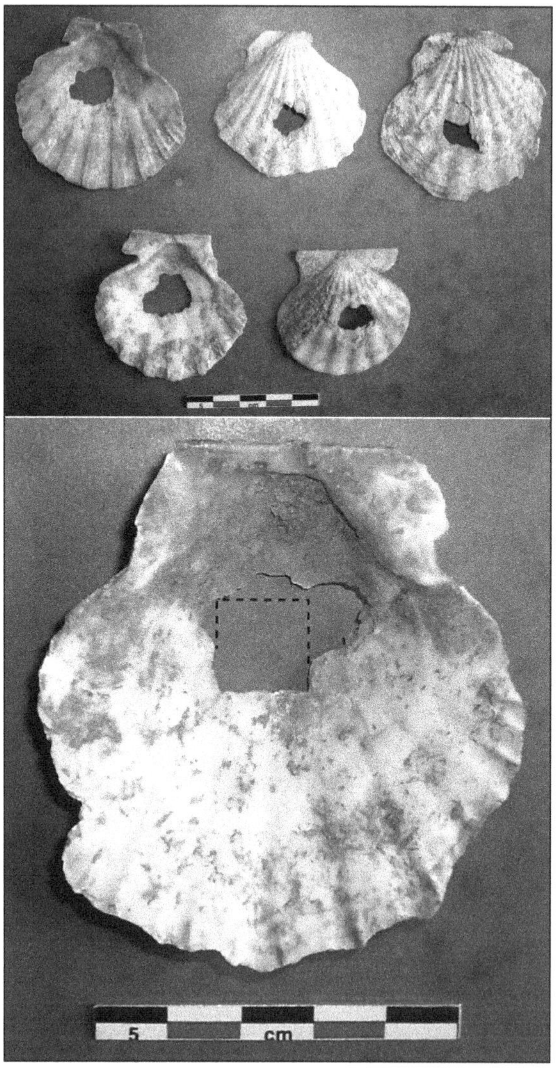

fig. 72 : valves perforées de peigne glabre, *Proteopecten glaber*. En haut, Lançon-de-Provence/Constantine (en haut) et Narbonne/1848 (en bas). En bas, Lançon-de-Provence/Constantine.

fig. 73 : grande encoche sur le bord ventral de valves gauches de peigne glabre, *Proteopecten glaber*. En haut, Lançon-de-Provence/Constantine. En bas, Narbonne/1848.

Le peigne variable, Chlamys varia, *et le peigne operculaire,* Aequipecten opercularis

Chlamys varia est une espèce qui nous est familière puisque c'est un des premiers coquillages que nous avons rencontrés, sur le site de Barzan/Le Fâ (182/1). Depuis, nous l'avons retrouvé sur d'autres sites et dans les inventaires d'autres observateurs. Cette espèce est encore peu renseignée, mais sa seule présence, ou absence, permet déjà d'analyser la distribution géographique des restes. Celle-ci avait été pressentie par V. Forest, qui qualifiait *Chlamys varia* "d'exceptionnel" sur les sites du Midi de la Gaule ; elle se dessine maintenant clairement.

Quant à *Aequipecten opercularis*, nous n'avons pas eu l'occasion de l'identifier. Nous ne pouvions cependant pas l'omettre, car, sur plusieurs aspects, il fait écho à *Chlamys varia*. Les résultats utilisés proviennent, pour l'essentiel, des études réalisées par V. Forest.

- Identification

La coquille du peigne variable, *Chlamys varia*, se reconnaît par sa forme en ovale allongé dorso-ventralement et par les 25 à 35 côtes rayonnantes étroites, serrées et écailleuses qui rythment la surface externe de

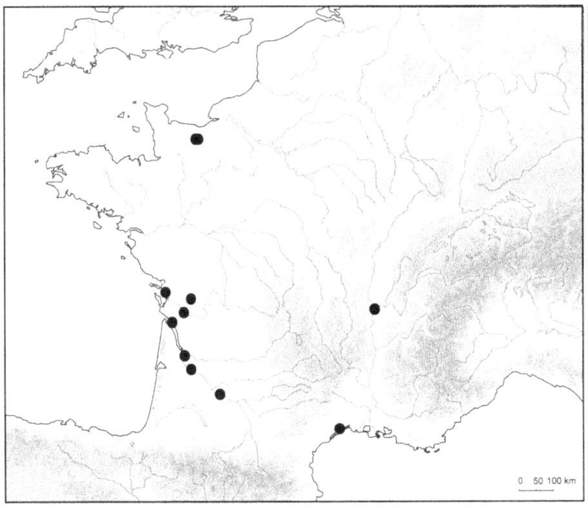

Chlamys varia, le peigne variable

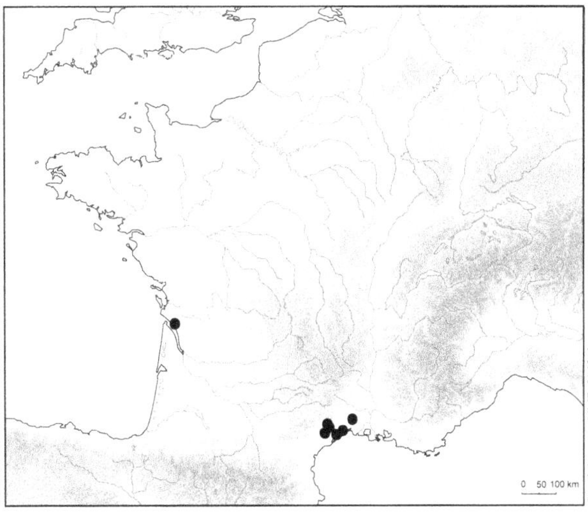

Fond de carte, UMR 5140, Lattes.

Aequipecten opercularis, le peigne operculaire

fig. 74 : en haut, distribution géographique des découvertes de peigne variable, *Chlamys varia*, et de peigne operculaire, *Aequipecten opercularis*. En bas, une valve droite de chaque espèce en vue externe.

chaque valve. L'oreille antérieure est deux à trois fois plus grande que la postérieure. Celle de la valve droite est particulièrement saillante avec ventralement une profonde échancrure byssale munie d'un cténolium aux fortes dents. (fig. 74) *Chlamys varia* doit son nom à la coloration extrêmement variable de sa coquille, orangée, brune, grise, violacée, noirâtre. Cette espèce est présente sur toutes les côtes françaises. Elle vit dans la mer du Nord, la Manche, l'Atlantique-Est du sud de la Norvège jusqu'au Sénégal, dans tout le bassin méditerranéen et pénètre même quelque peu en mer Noire.[296]

Nous avons recensé *Chlamys varia* sur 14 sites. Deux sont éloignés des côtes, Agen/Ermitage (186) et Lyon/Cybèle (136/4), et 12 sont sur la façade atlantique ou de la Manche. (fig. 74) Bien qu'il soit actuellement présent en Méditerranée, *Chlamys varia* ne semble pas marquer les assemblages du sud-est de la Gaule. En effet, Fr. Brien-Poitevin et V. Forest n'en font aucune mention en Provence et en Languedoc. Nous n'avons trouvé qu'une seule trace de cette espèce dans la région méditerranéenne, parmi les déchets de criblages de sable de plage identifiés par G. Piquès dans plusieurs puits de Lattes.[297]

Sur les bords de la Méditerranée, *Chlamys varia* s'efface au profit de deux autres peignes, *Proteopecten glaber*, le peigne glabre, nous l'avons vu, et *Aequipecten opercularis*, le peigne operculaire. Ce dernier se distingue assez facilement de ses cousins grâce aux costules rayonnantes qui ponctuent les côtes et les espaces intercostaux sur la face externe des valves.[298] *Aequipecten opercularis* apparaît dans l'inventaire de sept sites du pourtour du Golfe du Lion, tandis qu'il n'a été recensé qu'une seule fois sur la façade atlantique, à Barzan/Le Fâ (182/1). (fig. 74) Pourtant, comme le peigne variable, c'est une espèce qui vit tant en Méditerranée qu'en Atlantique.[299]

Pour ces deux peignes, parfaitement ubiquistes, *Chlamys varia* et *Aequipecten opercularis*, les distributions archéologiques sont donc différentes : le premier est nettement attaché au monde atlantique contrairement au second qui se trouve plus volontiers à proximité de la côte méditerranéenne.

- La conservation des restes

Les valves de *Chlamys varia* nous arrivent souvent fragmentaires, ce qui coïncide avec une observation de V. Forest : à Barzan/Le Fâ (182/1), il décrit les valves

[296] Poutiers 1978, 164-168 ; Poutiers 1987, 458 ; Quéro & Vayne 1998, 103-104.
[297] Piquès 2005.

[298] Poutiers 1978, 169-174.
[299] Poutiers 1978, 174 ; Poutiers 1987, 457 ; Quéro & Vayne 1998, 105.

comme "fréquemment brisées". Cette observation vaut aussi pour *Aequipecten opercularis* : à Alignan/Le Valat (067), l'auteur signale qu'un "peu plus de la majorité des restes sont entiers, 57%, beaucoup moins que chez le peigne glabre".

Les valves de peigne variable sont les seules à témoigner de modifications physico-chimiques de la matière-coquille. Ainsi, à Bordeaux/Chapeau Rouge (184/2), dans les premiers niveaux d'occupation du site, les restes portent une coloration orangée, comme ceux de la plupart des autres espèces. Et à Barzan/Le Fâ (182/1), dans le comblement de latrines (US 20374 de FS 20375), V. Forest note une coloration brune commune aux valves de peigne variable, d'huître plate d'Europe et de palourde croisée d'Europe.

fig. 75 : US 26822 : poche de limon cendreux contenant des coquilles entières de peigne variable, *Chlamys varia*. Barzan/Le Fâ.

Enfin la concrétion jaunâtre qui se forme sur la face interne des valves d'*Ostrea edulis*, l'huître plate d'Europe,[300] lorsqu'elles sont jointes dans le dépôt, a aussi été observée pour 36 coquilles retrouvées entières dans l'US 26822 de Barzan/Le Fâ (182/1). (fig. 75 et 76) Nous l'avons en outre reconnue pour 33 des 134 valves qui nous sont parvenues isolées ; de nombreuses autres coquilles étaient donc assurément entières. V. Forest a signalé qu'ailleurs sur le site, "certains individus étaient probablement complets, par exemple pour les US 20068, 20428 ou encore 20405". L'US 26822 a livré de nombreux conchyliorestes, mais toutes les coquilles de *Chlamys varia*, peigne variable, étaient contenues dans une poche de limon cendreux. (fig. 75) Cela n'a laissé que peu de traces sur la face externe des valves, puisque seulement une ou deux ont leur matière-coquille légèrement noircie.

- Dénombrements

Les restes de *Chlamys varia* et d'*Aequipecten opercularis* sont généralement retrouvés en petit nombre. Pour la plupart des assemblages, il s'agit de moins d'une dizaine de valves. (fig. 77 et 78) Les sites de Barzan/Le Fâ (182/1) et de Bordeaux/Auditorium (184/1) fournissent toutefois des lots importants de restes de *Chlamys varia*, par exemple l'US 26822 à Barzan et les US 20759 et 10873 à Bordeaux. Les valves gauches et droites sont toujours en quantités proches. (fig. 77) Quant à *Aequipecten opercularis*, il est représenté en abondance sur un seul site, celui d'Alignan/Le Valat (067), dans le comblement d'une fosse. (fig. 78) Les valves droites sont plus nombreuses que les valves gauches ; elles composent les deux tiers de l'assemblage.

- La taille des coquilles

Pour *Chlamys varia*, malgré la fragmentation des valves, la taille permet de différencier les lots bordelais des lots barzanais. À Bordeaux/Auditorium (184/1), les hauteurs des valves sont généralement comprises dans l'intervalle moyen commun retenu actuellement pour cette espèce : entre 45 et 55 mm.[301] On notera églement la part non

fig. 76 : le peigne variable, *Chlamys varia*. En haut, trois coquilles entières (vues depuis la face externe de la valve gauche). En bas, une coquille dont les valves (gauche et droite) présentent une concrétion jaunâtre sur leur face interne. US 26822 de Barzan/Le Fâ.

négligeable de grands individus, jusqu'à 66 mm. (fig. 79) Les valves de Bordeaux/Chapeau Rouge (184/2) se rapprochent de cette taille. Quatre hauteurs ont pu être mesurées : 52, 55, 57 et 61 mm. (fig. 79) Au contraire, à Barzan/Le Fâ (182/1), pour l'US 26822, les moyennes des hauteurs décrivent des coquilles assez petites, 41 mm pour les deux valves avec un maximum de 52 mm à gauche et de 51 mm à droite. (fig. 79) Cette taille pourrait être un marqueur du site. V. Forest a en effet obtenu des résultats proches pour la zone des thermes : xHg et xHd sont respectivement de 43 et 42 mm avec des valeurs maximales de 56 et 52 mm.

À Bordeaux/Auditorium (184/1) comme à Barzan/Le Fâ (182/1), toutes les tailles sont représentées. (fig. 80), ce qui se traduit par une large étendue des séries de hauteurs. (fig. 79)

[300] cf. *supra*.

[301] Poutiers 1987, 458 ; Quéro & Vayne 1998, 103.

+ : présence

			NMVg	NMVd	NI	NMV	NMCe	NMC
Bordeaux/Chapeau Rouge	Niveaux d'occupation	50/30 - 30/10 a.C.	5	7		12		7
	Comblement de latrines : US 8147, 8176	20 - 1 a.C.		3		3		3
	Couche de dépotoir : US 6818	20 a.C. - 10 p.C.		4		4		4
Bordeaux/Auditorium	US 20759	10 p.C. - 40/50 p.C.	76	95		171		76
	US 10873	40/50 p.C. - 120 p.C.	59	43		102		59
	Autres contextes	Toutes phases	287	323		610		323
Barzan/La Palisse	Niveau prép. à une voie : US 33040B	début du IIe siècle p.C.	1	2		3		2
Barzan/Le Fâ	Comblement de tranchée de fondation de mur : US 26822	20 - 40 p.C.	114	92		206	36	114
Loupiac/Saint-Romain	Comblement d'une piscine : US 1002, 1031	V^{e} - VIe siècle p.C.			2	2		2
Lyon/Cybèle	Comblement d'une fosse (H.2.7.)	20 - 30 p.C.		2		2		2
Agen/Ermitage	Comblement d'une fosse	Ier siècle p.C.	3	2		5		3
		Totaux sites étudiés	**545**	**573**	**2**	**1120**	**36**	**595**
Barzan/Le Fâ	Thermes -Tous les secteurs	10 - 70 p.C.				18		
		70 - 110 p.C.				26		
		110 -150 p.C.				12		
		150 - seconde moitié du IIIe siècle p.C.				54		
Bordeaux/Grands-Hommes	-	Ier siècle p.C.		1		1		
Bordeaux/Cité Judiciaire	Dépotoirs	270 - 280 p.C.	"NRD = 29"					
Aulnay	*"Principia"*	20 - 30 p.C.	"4"					
	"Intervallum"		"1"					
Ifs	-	-	+					
Fleury-sur-Orne	-	-	+					
Saintes/Ma Maison	-	Ier siècle p.C.	+					
Aytré/Bongraine	-	-	+					

fig. 77 : dénombrements des restes de peigne variable, *Chlamys varia*.

				NMVg	NMVd	NI	NMV	NMC
Alignan/Le Valat	Comblement d'une fosse	US 1012	fin IVe - début Ve siècle p.C.	13	16		29	16
		US 1017		32	66		98	66
		US 1020			2		2	2
	Comblement d'un silo, US 1008		VIe siècle p.C.	1			1	1
Balaruc-les-Bains/ Montgolfiers	Comblement d'un silo, US 1084 (FS 1099)		Ve siècle p.C.		1		1	1
Aspiran/Soumaltre	Comblement de fosse (US 9084)		40- 150 p.C.			1	1	1
Clermont-l'Hérault/Peyre Plantade	-		100 a.C. - 50 p.C.		1		1	1
			1 - 250 p.C.		1		1	1
Villetelle/Ambrussum	-		10 a.C. - 10/20 p.C.	"1 exemplaire"				
Barzan/Le Fâ	Thermes -Tous les secteurs		-			1	1	1

fig. 78 : dénombrements des restes de peigne operculaire, *Aequipecten opercularis*.

Pour *Aequipecten opercularis*, aucune comparaison ne peut être faite, car nous ne disposons que des données recueillies par V. Forest à Alignan/Le Valat (067). Avec des hauteurs qui avoisinent 51 mm, les valves s'inscrivent dans l'intervalle moyen commun de l'espèce, entre 40 et 60 mm avec un maximum de 110 mm.[302] Les tailles sont relativement homogènes, ce qui se traduit par des valeurs bien resserrées autour de la moyenne et des variabilités maximales faibles, 21% pour les valves gauches et 36% pour les valves droites. (fig. 81)

- La faune associée

Nous noterons seulement que dans l'US 26822 de Barzan/Le Fâ (182/1) la face externe de trois valves de peigne variable, *Chlamys varia*, a servi de support à la fixation d'un ou plusieurs cônes, ou base de cône, de crustacés cirripèdes du genre *Balanus*. Des tubes calcaires, probablement construits par des vers du genre *Pomatoceros*, se développent sur cinq autres, et trois constituent un point d'accroche à du naissain d'huître plate d'Europe, *Ostrea edulis*. (fig. 80)

[302] Poutiers 1987, 457 ; Quéro & Vayne 1998, 106.

	Barzan/Le Fâ			Bordeaux/ Auditorium	Bordeaux/ Chapeau Rouge	
	US 26822			Tous contextes		
H en mm	Vg	Vd	Vg+Vd	Vg+Vd		
27-28	-	-	-			
29-30	-	1	1			
31-32	-	2	2			
33-34	6	5	11	1		
35-36	6	9	15	3		
37-38	7	9	16	13		
39-40	2	9	11	18		
41-42	5	6	11	16		
43-44	8	11	19	33		
45-46	3	5	8	35		Intervalle moyen
47-48	3	5	8	26		
49-50	4	3	7	43		
51-52	1	2	3	48	1	
53-54	-	-	-	33		
55-56	-	-	-	37	1	
57-58	-	-	-	19	1	
59-60	-	-	-	21		
61-62	-	-	-	13	1	
63-64	-	-	-	4		
65-66	-	-	-	2		
67-68	-	-	-			
Nb	*45*	*67*	*112*	*365*	*4*	

fig. 79 : *Chlamys varia*, le peigne variable. Barzan/Le Fâ, US 26822, Bordeaux/Auditorium et Bordeaux/Chapeau Rouge. Distribution des hauteurs des valves gauches et droites.

fig. 80 : valves de peigne variable, *Chlamys varia*, de tailles variées en vue externe. Barzan/Le Fâ, US 26822. En haut, valves gauches. La première porte deux cônes et la base d'un cône de crustacés cirripèdes du genre *Balanus*, la troisième montre un tube calcaire d'un ver du genre *Pomatoceros* et la quatrième sert de support de fixation à du naissain d'huître plate d'Europe, *Ostrea edulis*. En bas, valves droites.

fig. 81 : le peigne operculaire, *Aequipecten opercularis*. Alignan/Le Valat, comblement d'une fosse (US 1012, 1017 et 1020). Distribution des hauteurs des valves gauches et droites, et récapitulatif des principales données métriques. D'après Forest (inédit c).

H en mm	Vg	Vd	Vg+Vd	
40	-	-	-	Intervalle moyen
41	-	-	-	
42	-	1	1	
43	-	-	-	
44	-	1	1	
45	-	-	-	
46	-	1	1	
47	1	3	4	
48	1	5	6	
49	2	4	6	
50	2	9	**11**	
51	7	16	**23**	
52	5	6	**11**	
53	5	9	**14**	
54	-	5	5	
55	1	4	5	
56	-	-	-	
57	1	1	2	
58	-	-	-	
59	-	-	-	
60	-	-	-	
Nb	*25*	*65*	*90*	
x	51	51		
min	47	42		
max	57	57		
var. max. (%)	21	36		

- Les marques d'origine humaine

Aucune marque d'origine humaine, encoche, strie ou encore perforation, n'a été observée sur les valves de *Chlamys varia*.

À Alignan/Le Valat (067), V. Forest ne mentionne pas non plus de "lésion particulière" sur les valves d'*Aequipecten opercularis* hormis quelques trous "comparables à ceux portés par les valves de peigne glabre".[303]

La coquille Saint-Jacques d'Atlantique, Pecten maximus, *et la coquille Saint-Jacques de Méditerranée,* Pecten jacobeus

La coquille Saint-Jacques est certainement le pectinidé le plus connu des gourmands. La fameuse noix n'est autre que le muscle adducteur qui retient les valves entre elles, et le corail, la glande génitale de l'animal. Mais ce coquillage doit surtout sa célébrité au pèlerinage dédié au saint du même nom. Au Moyen Age, son commerce fut réglementé autour de la cathédrale de Santiago de Compostella où les marchands qui se fournissaient en valves de *Pecten maximus*, la coquille Saint-Jacques d'Atlantique, vendaient aux pèlerins la preuve de leur voyage. Comme l'ont montré Y. Gruet et D. Bonnissent, les valves, souvent les creuses (droites), furent l'objet d'un véritable artisanat : perforées pour pouvoir être cousues sur le chapeau, la besace ou la cape, elles étaient aussi parfois retaillées en un plus petit modèle probablement plus facile à porter.[304]

Pour la période antique, nous verrons que les exemplaires intacts sont extrêmement rares et que les restes sont très anecdotiques. Pourtant, c'est là que repose leur intérêt. En effet, un fragment aussi petit qu'il soit peut être attribué à l'une ou l'autre des deux espèces de coquilles Saint-Jacques. Outre la coquille Saint-Jacques d'Atlantique, *Pecten maximus*, il existe en effet une coquille Saint-Jacques de Méditerranée, *Pecten jacobeus*.

Les données que nous avons recueillies résultent pour la plupart des études que nous avons menées et de celles réalisées par V. Forest. On lui doit notamment d'avoir renseigné l'état de chaque reste pour mieux caractériser la présence de ces deux espèces dans les assemblages archéologiques.

- Identification

La coquille Saint-Jacques de Méditerranée, *Pecten jacobeus*, et la coquille Saint-Jacques d'Atlantique, *Pecten maximus*, sont de très grands pectinidés. Si les autres espèces de peigne ne dépassent généralement pas les 80 ou 90 mm, il s'agit d'une taille moyenne pour les coquilles Saint-Jacques. *Pecten maximus* peut devenir un peu plus grande que *Pecten jacobeus*, 170 mm pour la première contre 150 mm pour la seconde, mais leurs tailles communes se suivent de près : entre 80 et 100 mm pour la coquille méditerranéenne, et entre 70 et 130 mm pour la coquille de l'Atlantique.[305]

Pecten jacobeus, a été largement décrite par J.-M. Poutiers. Il en donne une image particulièrement précise ; nous utilisons donc les clés transmises par cet auteur. La morphologie de *Pecten maximus* n'a pas été autant commentée et les descriptions que nous avons trouvées sont moins complètes. Pour cette espèce, nous retenons les quelques caractères généralement retenus[306] que nous complétons par des observations personnelles réalisées à partir d'exemplaires actuels et archéologiques.

Les deux espèces ont une coquille fortement inéquivalve avec une valve gauche (supérieure) aplatie et une valve droite (inférieure) convexe. Chez *Pecten jacobeus*, les bords antérieur et postérieur des valves sont légèrement concaves ce qui crée une impression de rupture avec le pourtour convexe du bord ventral. Dans le même temps, la zone apicale se trouve comprimée latéralement. Ce caractère est particulièrement net à droite chez les individus adultes : le sommet est aigu, fortement bombé et déborde le niveau de la marge dorsale. (fig. 82) Chez *Pecten maximus*, les extrémités antérieure et postérieure des valves sont moins anguleuses ; les bords antérieur et postérieur qui sont quasiment rectilignes semblent continuer l'arrondi du bord ventral. À droite, la zone apicale paraît plus épatée et le sommet n'avance pas au-delà de la marge dorsale. (fig. 82)

Quelle que soit l'espèce, les oreilles, trigones, sont de taille à peu près égale. Celles de la valve droite sont ornées de cordons qui rayonnent depuis l'apex. Le dernier plus fort constitue la limite dorsale. Chez *Pecten jacobeus*, il se recourbe vers l'intérieur de la valve comme s'il s'enroulait. Chez *Pecten maximus*, il ne dessine souvent qu'une petite avancée. (fig. 82) L'ornementation des oreilles de la valve gauche permet de distinguer plus nettement les deux espèces. Chez l'une et l'autre, la surface présente des stries concentriques lamelleuses très serrées, mais, chez *Pecten maximus*, elles interfèrent avec des cordons rayonnants bien marqués alors qu'ils sont à peine visibles chez *Pecten jacobeus*. (fig. 82)

La sculpture externe des valves est enfin très différente entre les deux espèces. Chez *Pecten maximus*, la valve droite présente des côtes arrondies et des espaces intercostaux doucement concaves ; la limite du bord ventral dessine une ligne ondulée. De légères costules rayonnantes et de fines stries lamelleuses concentriques apparaissent à la surface de côtes et dans les espaces intercostaux. Les reliefs de la valve gauche présentent la même sculpture, mais les reliefs sont plus accentués. (fig. 82) Chez *Pecten jacobeus*, la valve droite est rythmée par des côtes et des espaces intercostaux anguleux ; la

[303] cf. *supra*.

[304] Gruet & Bonnissent 1997 ; Gruet & Bonnissent 2002.

[305] Poutiers 1987, 457-460, 462 ; Quéro & Vayne 1998, 101, 103, 106 et 129.

[306] Arrecgros-Dejean 1966, 56 ; Poutiers 1978, 153-154 ; Quéro & Vayne 1998, 101 ; Lindner 2004, 72.

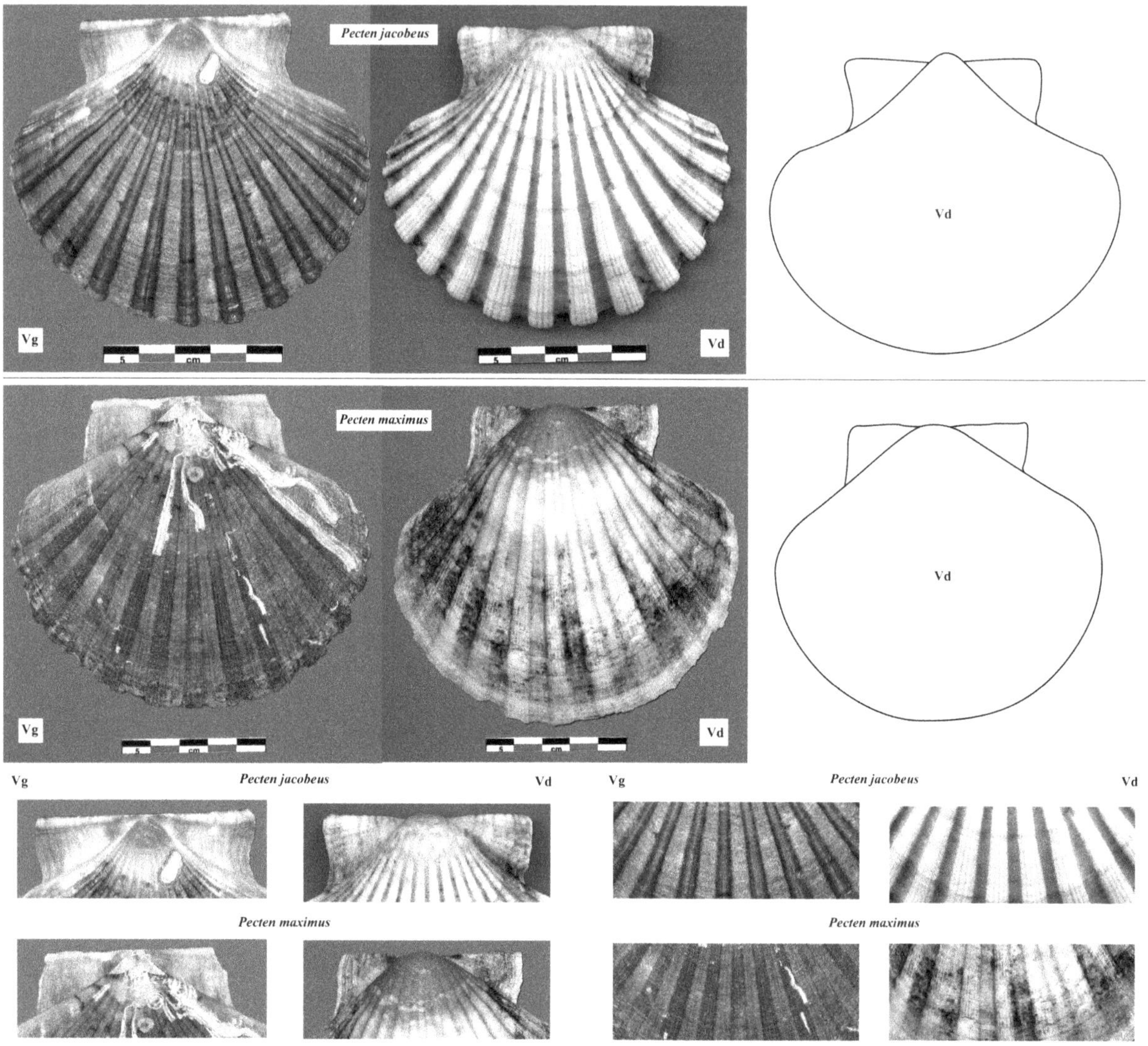

fig. 82 : caractéristiques morphologiques des valves de *Pecten jacobeus*, la coquille Saint Jacques de Méditerranée, et de *Pecten maximus*, la coquille Saint Jacques d'Atlantique.

limite du bord ventral dessine une ligne crénelée. Les côtes sont garnies de costules rayonnantes bien développées. Les espaces intercostaux, profonds, sont couverts de stries lamelleuses concentriques serrées et saillantes. À gauche, les côtes sont arrondies et plus étroites que les espaces intercostaux qui sont aplatis. Les côtes présentent des costules rayonnantes faibles et les espaces intercostaux montrent des stries lamelleuses concentriques. (fig. 82)

Comme leur nom l'indique, *Pecten jacobeus*, la coquille Saint-Jacques de Méditerranée, et *Pecten maximus*, la coquille Saint-Jacques d'Atlantique, évoluent dans deux domaines marins distincts. La première est présente dans tout le bassin méditerranéen et en Atlantique proche, du sud du Portugal au nord du Maroc. La seconde se trouve dans la mer du Nord, la Manche et dans l'Atlantique jusqu'au nord du Maroc. Il n'est donc pas surprenant de voir apparaître *Pecten jacobeus* sur les sites de la région méditerranéenne et *Pecten maximus* sur ceux de la façade atlantique. La plupart des découvertes sont localisées à proximité des côtes, mais on suit tout de même les deux espèces très loin dans les terres. (fig. 83) Nous avons identifié *Pecten jacobeus* à Meaux (148) en Seine-et-Marne, et *Pecten maximus* à Vertault (059) en Côte d'Or. À Sens, dans l'Yonne, nous avons reconnu les deux (*Pecten jacobeus* : 175/4 ; *Pecten maximus* : 175/1, 175/2 et 175/9). Elles sont également signalées à Lyon (136/6) par A. Locard et *Pecten jacobeus* a été repéré par un conchyliologue à Saint-Romain-en-Gal (103).

Une mention désigne *Pecten maximus* à Lyon/Bellecordière (136/1), mais nous ne l'avons pas conservée. En effet, une couche charbonneuse aurait livré "deux individus de petite taille de *Pecten maximus*, coquille Saint-Jacques d'Atlantique". Toutefois, Th. Argant qui rapporte l'information précise qu'aucun élément ne vient garantir cette identification et qu'il pourrait tout aussi bien s'agir de *Pecten jacobeus*. Selon nous, le détail de taille, que l'auteur a jugé bon de souligner, oriente plutôt vers une espèce de peignes qui sont plus petits que les coquilles Saint-Jacques. Nous n'avons pas enregistré de mention de *Pecten jacobeus*. Ici, il nous faut rappeler la confusion qu'il existe régulièrement à propos de cette dénomination. D'après Y. Gruet et D. Bonnissent, le nom de *Pecten jacobeus*

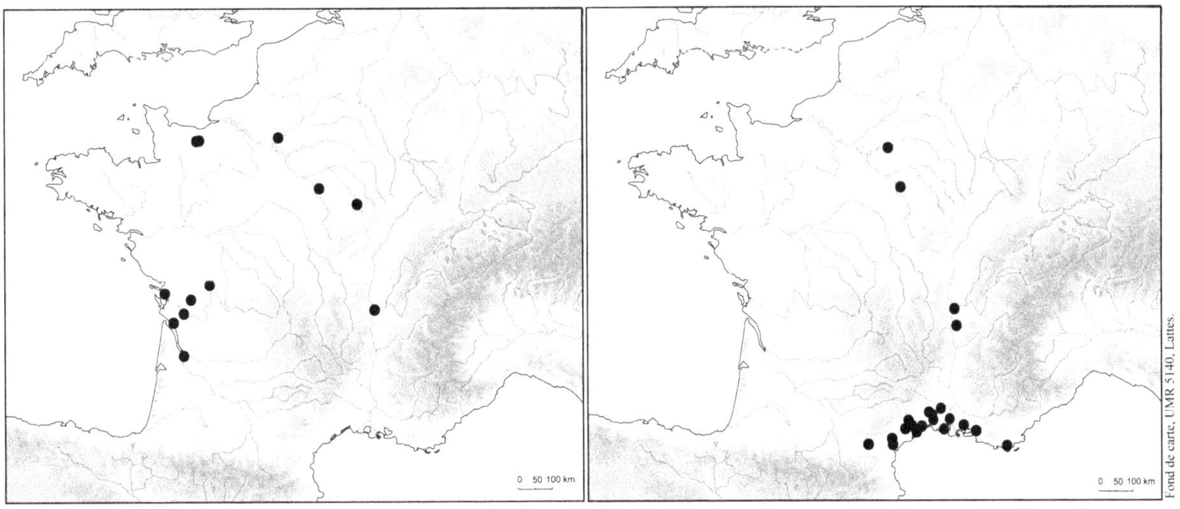

Pecten maximus, la coquille Saint-Jacques d'Atlantique — *Pecten jacobeus*, la coquille Saint-Jacques de Méditerranée

fig. 83 : distribution géographique des découvertes de coquille Saint-Jacques d'Atlantique, *Pecten maximus*, et de coquille Saint-Jacques de Méditerranée, *Pecten jacobeus*.

aurait été donné par Linné en hommage au pèlerinage. Or ce sont des valves de *Pecten maximus* qui sont théoriquement ramenées par les pèlerins.[307]

Les coquilles Saint-Jacques semblent surtout présentes dans les assemblages postérieurs au début du Ier siècle p.C., car nous n'avons pas inventorié de découverte pour le IIe siècle a.C. et une seule, à Bordeaux/Chapeau Rouge (184/2), est clairement attachée au Ier siècle a.C.

- La conservation des restes

À Bordeaux/Chapeau Rouge (184/2), le reste de *Pecten maximus* retrouvé dans les premiers niveaux d'occupation du site, porte, comme les autres restes une coloration orangée. Elle est "marron" à Paulhan/A75-Ermitage (086) pour un fragment de *Pecten jacobeus*. "Fragment" est le terme qui convient le mieux pour décrire la conservation des valves de coquille Saint-Jacques. Celles que nous avons identifiées sont presque toujours incomplètes ; ce sont par exemple des morceaux de bords ventraux ou une moitié antérieure ou postérieure de valve. (fig. 84) Et d'après les commentaires d'A. Locard à Lyon et les études réalisées par V. Forest, cet état peut être généralisé à la majorité des restes découverts en contexte antique. V. Forest a remarqué l'usure fréquente des bords des valves. (fig. 84)

- Dénombrements

Les restes de *Pecten maximus* et de *Pecten jacobeus* sont toujours anecdotiques, qu'on se trouve en zone côtière ou à l'intérieur des terres, au Ier siècle p.C. ou au VIe siècle p.C. Trois assemblages en livrent plus d'une dizaine, à Bordeaux/Auditorium (184/1), à Alignan/Le Valat (067) et à Hyères/Olbia (160/1). Ailleurs, ils se comptent plutôt par deux ou par trois. À Lattes (079), Fr. Brien-Poitevin n'a recensé que 76 "individus" sur six siècles d'occupation. (fig. 84)

Globalement, les valves droites sont plus nombreuses que les valves gauches : sur les 30 signalements qui précisent la latéralisation des valves, on recense 64 droites (creuses) contre 29 gauches (planes). 16 assemblages ne livrent qu'une ou plusieurs valves droites. (fig. 84)

- La taille et la forme des coquilles

Nous ne ferons qu'une remarque sur la taille des valves. Pour les deux espèces, elles sont souvent assez petites avec une hauteur qui avoisine les valeurs inférieures de l'intervalle moyen habituellement retenu. (fig. 84)

- La faune associée

Elle est renseignée une seule fois, par V. Forest : à Paulhan/A75-Ermitage (086), deux fragments présentent "des galeries transperçantes d'éponges calcicoles".

- Les marques d'origine humaine

À deux reprises, V. Forest décrit des usures "artificielles ": la première fois à Clermont-l'Hérault/Peyre Plantade (075), la seconde à Carcassonne/Troubadours (016), où il précise qu'un exemplaire présente "une petite portion de bord ventral dont le tranchant est émoussé par une usure qui paraît artificielle". Nous avons fait une observation semblable à Bordeaux/Auditorium (184/1) : la section du bord antérieur d'une valve gauche est parfaitement rectiligne et émoussée. Sur le même site, un morceau postéro-ventral d'une autre valve gauche montre une cassure qui pourrait être attribuée à l'homme : elle se présente comme une succession de petits éclats. Une côte est également percée d'un petit trou circulaire de 2,5 mm de diamètre. Nous avons enregistré une perforation de même section et de

[307] Gruet & Bonnissent 2002. Il est probable qu'aujourd'hui "*Pecten jacobeus*" soit encore utilisé par certains observateurs pour désigner "la coquille Saint-Jacques" et non "la coquille Saint-Jacques de Méditerranée". Aussi, en présence de coquilles nommées *Pecten jacobeus*, il reste à vérifier qu'elles sont effectivement de cette espèce et non de *Pecten maximus*.

Site	Datation	NMVg	NMVd	NI	NMV	Conservation	H
Sites étudiés							
***Pecten maximus*, coquille Saint Jacques d'Atlantique**							
Bordeaux/Chapeau Rouge	50/30 - 30/10 a.C.		1		1	fragment de bord ventral portant une coloration orangée	
	20 a.C. - 10 p.C.		1		1	fragment de bord ventral	
Bordeaux/Auditorium	FS 20679 - VIe siècle p.C.	2	4		6	15 valves plus ou moins complètes et 8 fragments	66 mm 97 mm
	Autres contextes - postérieurs au début du Ier siècle p.C.	10	7		17		
Rom/La Petite Ouche	IIe - IIIe siècle p.C.	1			1	bord postérieur brisé et cassure antéro-dorsale (oreille antérieure absente)	
Sens/Ancien Archevêché	IIIe siècle p.C.	1			1	entière	65 mm
Sens/Les Cordeliers	fin du IIIe siècle p.C. - fin du IVe siècle p.C.		1		1	extrémité ventrale d'une côte	
Sens/Vermiglio	50 p.C. - 120 p.C.		1		1	fragment de bord ventral	
Vertault			1		1	moitié ventrale	115 mm
***Pecten jacobeus*, coquille Saint Jacques de Méditerranée**							
Meaux/PME	60/65 - 85/90 p.C.		1		1	moitié antérieure	70 mm env.
Sens/Gennetier		1			1	fragment	
Villevielle	10 - 25 p.C.		1		1	fragment	
Narbonne/Clos de la Lombarde	fin du IIe - milieu du IIIe siècle p.C.	1	2		3	g : demi-valve d : fragments	
Autres sites							
***Pecten maximus*, coquille Saint Jacques d'Atlantique**							
Barzan/Le Fâ	-	US 20276 : 1			1	une moitié postérieure	110 mm
	10-40 p.C.	US 20298 : 1			1	entière	70 mm
	50-60 p.C.		US 20754 : 1		1	moitié antérieure usée	69 mm
Bordeaux/Grands-Hommes	Ier siècle p.C.			2		non précisée	
Bordeaux/Cité Judiciaire	270 - 280 p.C.			5		non précisée	
Epiais Rhus/La Poulaine	fin du IVe siècle p.C.			3		non précisée	de 100 à 160 mm
Aulnay	20 - 30 p.C.	1		1	2	g : entière	90 mm env.
Saintes/Ma Maison	Ier siècle p.C.	x					
Aytré/Bongraine	-		1		1	cassure ventrale	
Lion/Trion	Ier siècle p.C.	"les valves supérieures [gauches] sont souvent brisées par le milieu suivant la direction de la côte"					
Ifs	-	+					
Fleury-sur-Orne	-	+					
***Pecten jacobeus*, coquille Saint Jacques de Méditerranée**							
Sallèles-d'Aude	Entre le Ier et le IIIe siècles p.C.	2	3	1	6	g : fragments d : fragments nl : fragment	
Villetelle/Ambrussum	355- 370 p.C.		1		1	fragment	
Saint-Pont-de-Mauchiens/Sept-Fons	début du Ier siècle p.C.	2	3		5	"aucune pièce ne dépasse la taille d'une demi-valve"	
Alignan/Le Valat	fin du IVe siècle p.C - début du Ve siècle p.C.	3	9		12	g : une entière, les autres fragmentaires d : une entière, les autres	
	courant du VIe siècle p.C.		3		3	fragments	
Aspiran/Soumaltre	40 - 70 p.C.		FS 9003 : 2		1	fragments	
	100 - 200 p.C.		1		1	fragment	
Clermont-l'Hérault/Peyre Plantade	Deux premiers siècle p.C.	1	7		8	fragments usés. "Néanmoins les usures paraissent davantage artificielles sur une valve droite".	
Paulhan/A75-Ermitage	400 - 600 p.C.	1	7		8	fragments sauf une droite entière avec ses bords intacts et une autre brisée. Un fragment avec une couleur marron et deux avec "des galeries transperçantes d'éponges calcicoles".	76 mm pour la valve droite entière
Arles/Cabassole	400 - 600 p.C.		1		1	non précisée	
Saintes-Maries de la Mer/Le Carrelet	IVe - VIe siècle p.C.		1		1	fragment	
Balaruc-les-Bains/Pasteur	Ve siècle p.C.	14	4		18	10 valves entières et 8 fragments	
Carcassonne/ Troubadours	IVe - Ve siècle p.C.		5		5	fragments Un exemplaire présente "une petite portion de bord ventral dont le tranchant est émoussé par une usure qui parait artificielle".	
Nîmes/Arènes	25 a.C. - 175 p.C.	1			1	non précisée	
Lunel-Viel	100 - 250 p.C.			3		non précisée	
	300 - 400 p.C.			9		non précisée	
	400 - 500 p.C.			5		non précisée	
Lattes	entre le IVe siècle a.C. et le IIe siècle p.C.	"NMI = 76" : états non précisés					
Narbonne/ Hôtel-Dieu	premier quart du Ve siècle p.C.	"9 fragments = 2 individus"					
Saint-Mitre-Les-Remparts/Saint-Blaise	V^{e} - VIe siècle p.C	+					
Hyères/Olbia	40 a.C. - 60 p.C.	Trois restes : états non précisés					
	60 - 80 p.C.	Trois restes : états non précisés					
	80 - 275 p.C.	Deux restes : états non précisés					
	275 - 475 p.C.	Un reste : état non précisé					
	475 - 550 p.C.	Douze restes : états non précisés					
Les Pennes-Mirabeau/La Cloche	Milieu du Ier siècle a.C.	"NMI = 8" : états non précisés					
Lyon/Trion	Ier siècle p.C.	Plusieurs fragments					
Saint-Romain-en-Gal	Deux premiers siècles p.C.		1		1	presque intacte	80 mm env.

fig. 84 : *Pecten jacobeus*, la coquille Saint Jacques de Méditerranée, et *Pecten maximus*, coquille Saint Jacques d'Atlantique. Dénombrements et description des restes.

fig. 85 : valves gauches de *Pecten maximus*, coquille Saint Jacques d'Atlantique, montrant une petite perforation (sur une oreille : Rome/La Petite Ouche, à gauche ; sur une côte : Bordeaux/Auditorium, à droite).

même taille sur l'oreille postérieure d'une valve gauche de Rom/La Petite Ouche (188). Dans les deux cas, le trou a vraisemblablement été réalisé depuis la face interne vers la face externe, car des éclats se sont détachés sur cette seconde face. (fig. 85)

Le peigne multistrié, Crassadoma multistriata

Ce pectinidé apparaît une seule fois, aux côtés de *Chlamys varia* à Aulnay (180). Mais la présence de ce bivalve sur ce site juxta-atlantique est surprenante, car pour plusieurs auteurs il est uniquement méditerranéen.[308] Il existerait toutefois "dans l'océan atlantique une forme qui semble très proche (sinon identique) à *Crassadoma multistriata* à l'état jeune, mais qui ensuite se fixe à des objets solides par sa valve droite et prend alors un aspect extrêmement différent". Mais "à l'heure actuelle, personne n'a encore pu apporter d'argument décisif permettant de classer cette forme océanique".[309]

Les cardiidés

Les coques, Cerastoderma *sp.*

La coque est un des bivalves les plus recherchés par les amateurs de pêche à pied, qui récoltent les "rigadeaux" en Bretagne, les "sourdons" en Charente et les "besourdes" en Provence. Jusqu'au début du XXe siècle, les naturalistes l'ont quant à eux désignés sous le nom générique de *Cardium*.[310] Cette appellation est encore utilisée par quelques auteurs - J. Arrecgros-Dejean parle de *Cardium edule*[311] -, mais *Cerastoderma* est actuellement la plus courante.

Les mentions de *Cerastoderma* sp. en contexte archéologique sont assez nombreuses. Ce sont donc autant de témoignages qui nous permettent d'analyser la distribution géographique et chronologique de ce bivalve. Les restes sont cependant peu commentés. Le cas échéant, les données sont de natures différentes ; selon les auteurs, l'accent est mis sur la forme des valves, leur état ou leur taille. Dans les paragraphes qui suivent, nous nous sommes attachée à hiérarchiser ces informations ; elles interviennent à chaque étape du développement, en complément de nos propres observations.

- Identification

Près de 15% des sites recensés ont livré des restes de coque. Nous avons identifié *Cerastoderma* sp. sur 11 sites, ce coquillage est présent dans une quarantaine d'études ou inventaires et neuf signalements de "coques" ou de "cardiums" complètent la liste des découvertes. (fig. 86) Ces termes désignent probablement le genre *Cerastoderma*, bien qu'on ne puisse pas exclure l'hypothèse d'autres cardiidés de forme proche. On pense notamment aux coquilles des jeunes individus du genre

Bray-Dunes		IIe siècle a.C.	"cardium"
Castres/ Domaine de Gourjade 1	Comblement d'un fossé	fin du Ier ou au début du IIe siècle p.C.	"cardium"
Rabastens			"cardium"
Vaison-la-Romaine/Maison de la Tonnelle			"cardium edulis"
Rognac/Castellas		Ier siècle a.C.	"des valves de coques"
Ambonne			"coques"
Pitgam			"coques"
Montredon-des-Corbières/Sainte-Croix	Comblement d'une fosse	140 - 120 a.C.	"coques"
Chateauneuf-les-Martigues/Les Fourques		fin du IIe a.C. ou début du Ier siècle a.C.	"coquilles de coques"

fig. 86 : signalements de "coques" et de "cardiums" désignant probablement le genre *Cerastoderma*.

[308] Arrecgros-Dejean 1966, 56 ; Poutiers 1987, 461.

[309] Bucquoy *et al.* 1887-1898, 106-107 ; Poutiers 1978, 163.

[310] "*Cardium*" est bien connu des préhistoriens car il a donné son nom à la culture cardiale : sur les rivages de la Méditerranée, vers 5700 a.C., apparaissent les premières poteries décorées de sillons, souvent réalisés à l'aide du bord côtelé d'une valve de cardiidé.

[311] Par exemple dans Arrecgros-Dejean 1966, 34.

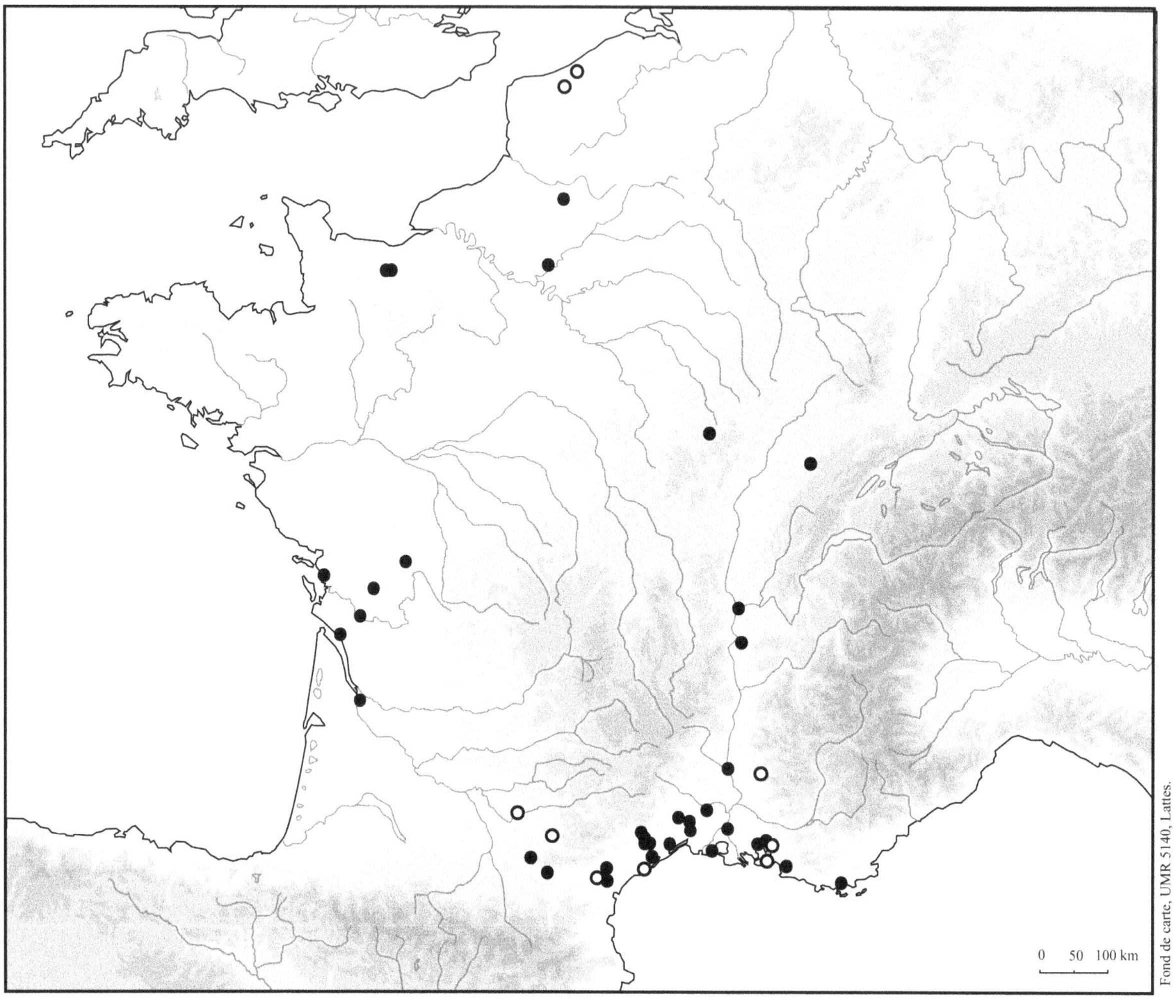

○ présence suspectée de restes de coques, *Cerastoderma* sp., sur au moins un site de cette localité

● présence attestée de restes de coques, *Cerastoderma* sp., sur au moins un site de cette localité

fig. 87 : distribution géographique des découvertes de coques, *Cerastoderma* sp.

Acanthocardia qui peuvent être facilement confondues avec celles d'individus adultes du genre *Cerastoderma*.

Les restes de coques se trouvent principalement sur des sites localisés sur ou à proximité immédiate de la côte : ils ponctuent la zone littorale occidentale, de Bray-Dunes (126) à Bordeaux (184), et le pourtour du Golfe du Lion, de Narbonne (020) à Hyères (160). Sur la façade atlantique, Epiais Rhus (189) est le point le plus éloigné de la mer, à environ 200 km. Dans la région méditerranéenne, les coques ne vont pas très au-delà de cette distance. Elles suivent le Rhône, jusqu'à Pont-Saint-Esprit (064), et entrent dans la vallée de la Garonne, jusqu'à Rabastens (156). On ne compte que quatre lieux de découverte dans l'intérieur des terres, Saint-Romain-en-Gal (103), Lyon (136), Besançon (060) et Alise-Sainte-Reine (055). (fig. 87)

Le genre *Cerastoderma* est présent sur toute la période étudiée, mais il marque plus nettement les assemblages des IIe et Ier siècles a.C. et du Ier siècle p.C. (fig. 88)

Les ouvrages que nous avons consultés indiquent la présence sur les côtes françaises de deux espèces de coque, *Cerastoderma glaucum*, la coque glauque, et *Cerastoderma edule*, la coque commune. La première se rencontre à la fois dans les domaines atlantique et méditerranéen tandis que la seconde semble se limiter au seul domaine océanique, de l'Islande et de la Baltique occidentale jusqu'au Maroc et au Sénégal. Les clés de détermination les plus généralement retenues pour différencier les deux coques reposent sur la forme et l'ornementation de la coquille.[312] Contrairement à *Cerastoderma edule* qui est bien ovale, *Cerastoderma glaucum* est décrite comme "ovalaire à quadratique ou sub-trigone souvent plus ou moins étirée vers l'arrière, déclive et moins renflée postérodorsalement". *Cerastoderma edule* se distingue par "ses côtes sub-arrondies et aplaties, contiguës ou plus larges que leurs intervalles, et ornées de lamelles transverses", *Cerastoderma glaucum* par "ses côtes convexes, devenant sub-carénées postérieurement (au voisinage de la déclivité postérieure)", à ornementation "confuse ou peu apparente". (fig. 89) Malgré ces caractères distincts, l'identification de l'une ou l'autre espèce reste un exercice difficile, notamment lorsque les valves se sont

[312] Poutiers 1978, 241.

+ : présence ; 1 : *Cerastoderma edule* ; 2 : *Cerastoderma glaucum*

Site	Contexte	Datation	NMVg	NMVd	NI	NMV	NMC	*1*	*2*
Sites étudiés									
Bordeaux/Chapeau Rouge	Comblement de latrines : US 8147, 8176	20 - 1 a.C.	9	5		14	9	+	
Bordeaux/Auditorium	US 10806	40/50 p.C. - 120 p.C.	12	14		26	14		
	US 11764	40/50 p.C. - 120 p.C.	13	13		26	13	+	
	Autres contextes	Toutes phases	8	11		19	11		
Barzan/La Palisse	Niveau prép. à une voie : US 33040B	début du IIe siècle p.C.	3	2		5	3	+	
Barzan/Le Fâ	US 25442 - Epandage de coquilles	100 - 150 p.C.	23	34		57	34	+	
	Comblement de PT 25055 – US 25999-26289	90 - 150 p.C.	24	24		48	24	+	
	Comblement de PT 25055 – Autres US	90 - 150 p.C.	13	16		29	16		
Rom/La Petite Ouche	Tous contextes	IIe - IIIe siècle p.C.	1	1		2	1	+	
Narbonne/Port-La-Nautique	Rejet dans une zone portuaire	fin du Ier siècle p.C.	3	7		10	7		+
Narbonne/Clos de la Lombarde	Comblement d'un puits	fin du IIe - milieu du IIIe siècle p.C.	5	2		7	5		
Narbonne/Malard	Niveau de circulation : US 1003	début du Ier siècle p.C.	4	2		6	4		+
Villevieille	Tous contextes	Toutes phases	4	3	2	9	4		
Lançon-de-Provence/Constantine	Niveaux d'occupation	200 - 1 a.C.	1	1		2	1		+
	Remblais : US 2009, 2015 2063, 2078, 2079	Ve - VIe siècle p.C.	1	1		2	1		
Lyon/Cybèle	Comblement d'une fosse (H.2.7.)	20 - 30 p.C.	3	1	10	4	3	+	+
Autres sites									
Loupian/Près-Bas	-	-			+				
Aytré/Bongraine	-	-			+				
Montredon-des-Corbières/Sainte-Croix	Comblement d'une fosse	140 - 120 a.C.			+				
Marseille/Bon-Jésus	-	Epoque augustéenne			+				
Lyon/ Trion	-	Ier siècle p.C.			+				
Saintes/Ma Maison	-	Ier siècle p.C.			+				
Ifs	-	Entre 50 a.C. et le début du IIe siècle p.C.			+				
Fleury-sur-Orne	-	Entre 50 a.C. et la fin du IIIe siècle p.C.			+				
Saint-Mitre-Les-Remparts/Les Clapières	Dépotoir	Ve - VIe siècles p.C.			+				
Pont-Saint-Esprit/Mas Conil	-	-		1		1	1		
Sallèles-d'Aude	-	-	2			2	2		
Besançon/Inconnu	-	-	5	6		11	6		
Arles/Tour du Valat	Dépotoir	Ier siècle a.C.				12			
Saintes-Maries de la Mer/Ile de Mornès	-	Ier siècle a.C.	1	1		2	1		
Saint-Pont-de-Mauchiens/Sept-Fons	Comblement de fosse	Début du Ier siècle p.C.			1	1	1		
Nîmes/Carsalade	Comblement de fosse	Début du Ier siècle p.C.				1	1		
Alise-Sainte-Reine	Dépotoir	première moitié du Ier siècle p.C.		1		1	1		
Aulnay	*"Horreum"*	20 - 30 p.C.			"2"				
	" Principia"	20 - 30 p.C.			"7"				
Aspiran/Soumaltre	Comblement de fosse (FS 9003)	40-70 p.C.	1			1	1		
Nîmes/Assas	Comblement d'un puits	60 - 70 p.C.		1		1	1		
Nîmes/Z.A.C. des Halles	Dépotoir 1469	60 - 80 p.C.			"1"				
Nîmes/Mas Vignoles IX	-	Ier siècle p.C.		1		1	1		
Bram	-	Ier siècle p.C.	1	1	1	3	1		
Nîmes/Arènes	-	50 - 125 p.C.		1		1	1		
Bordeaux/Grands-Hommes	US 8041, 8105 et 8133	Début du Ier siècle p.C.				3			
Lattes	Comblement d'un puits -Secteur 11, zone 4, sud	IIe siècle p.C.			"NMI = 15"				
Pont-de-Metz/La Ferme aux Mouches 2	Comblement d'excavations	IIe siècle p.C.			"188 restes" ; "NMI = 79"				
Saint-Romain-en-Gal	-	Deux premiers siècles p.C.		≥ 1		≥ 1	≥ 1		
Bordeaux/Cité Judiciaire	Dépotoirs	270 - 280 p.C.			"NRD = 2"				
Paulhan/A75-Ermitage	Comblements de fosses	400 - 600 p.C.		1		1	1		
Narbonne/ Hôtel-Dieu	Comblement - PT 2336	premier quart du Ve siècle p.C.				37			
Arles/Esplanade	Dépotoir	Ve - VIe siècle p.C.			"1 individus"				
Epiais Rhus/La Poulaine	-	fin du IVe siècle p.C.				4			
Soupex/Fontvieille	-	100 - 500 p.C.	1	1		2	1		
Clermont-l'Hérault/Peyre Plantade	-	0 - 75 p.C.	1			1	1		
	-	0 - 250 p.C.	1			1	1		
Villetelle/Ambrussum	-	10 a.C. - 10/20 p.C.			"1 exemplaire"				
	-	125 p.C. - 160/180 p.C.			"1 exemplaire"				
Lunel-Viel	Quartier central	Entre 50 et 400 p.C.			"13 restes"				
	Quartier ouest – Dépotoirs et silos	IIIe siècle			"NMI = 3"				
	Quartier ouest – "Eboulis"	Milieu du IVe siècle p.C			"NMI = 3"				
	Quartier ouest – Dépotoir	Début du Ve siècle p.C.			"NMI = 1"				
Saint-Mitre-Les-Remparts/Saint-Blaise	Ensemble 6	IIe siècle a.C.			"5 individus"				
	Ensemble 7	IIe siècle a.C.			"11 individus"				
	-	Ve et VIe siècle p.C.			+				
Barzan/Le Fâ	Thermes -Tous les secteurs	30 a.C. - 10 p.C.				3			
		10 - 70 p.C.				12			
		70 - 110 p.C.				12			
		110 - 150 p.C.				22			
		150 - seconde moitié du IIIe siècle p.C.				22			
		Totaux	27	44		71	44		
Hyères/Olbia	Remblais et niveaux de rue	40 a.C. - 60 p.C.			"1343 restes"				
	Remblais	60 - 80 p.C.			"600 restes"				
	-	80 - 275 p.C.			"187 restes"				
	Remblais	275 - 475 p.C.			"291 restes"				
	Comblements de fosses	475 - 550 p.C.			"363 restes"				

fig. 88 : dénombrements des restes de coques, *Cerastoderma* sp., pour plusieurs assemblages atlantiques, méditerranéens et de l'intérieur des terres.

altérées au cours de la période d'ensevelissement). Leurs coquilles sont en effet extrêmement variables et il est rare d'observer les "formes typiques". A Narbonne/Clos de la Lombarde (020/10) et à Villevieille (065), l'identification de l'une ou l'autre forme est un obstacle que nous n'avons pas pu lever. À Lyon/Cybèle (136/4), les deux pourraient être présentes. Deux valves ont un contour bien ovale et de petites lamelles transversales sur les côtes, ce qui rappelle *Cerastoderma edule*, et deux autres sont étirées postérieurement avec des côtes lisses, ce qui oriente plutôt vers *Cerastoderma glaucum*. Selon les mêmes critères, les valves de Bordeaux/Chapeau Rouge (184/2), de Bordeaux/Auditorium (184/1), de Rom/La Petite Ouche (188) et de Barzan (182/1 et 182/2) peuvent être rapprochées de *Cerastoderma edule* et celles de Lançon-de-Provence/Constantine (041), de Narbonne/Port la Nautique (020/14) et de Narbonne/Malard (020/11) de *Cerastoderma glaucum*. (fig. 88)

fig. 89 : en haut, coquille de coque glauque, *Cerastoderma glaucum*. En bas, coquille de coque commune, *Cerastoderma edule*. Valves gauches et valves droites en vue externe.

Cerastoderma edule ou *Cerastoderma glaucum* sont mentionnées par de nombreux observateurs. La plupart du temps, nous avons conservé le seul nom générique, car les déterminations sont données sans justification ou elles s'appuient sur des critères peu discriminants. Sur plusieurs sites méditerranéens, Fr. Brien-Poitevin attribue par exemple les "toutes petites coques" à *Cerastoderma glaucum* et les autres à *Cerastoderma edule*.[313] Or la taille ne peut être retenue pour séparer les deux formes. Elles s'inscrivent en effet dans des intervalles quasiment similaires : *Cerastoderma glaucum* est commune entre 30 et 40 mm de diamètre antéro-postérieur avec un maximum de 55 mm et *Cerastoderma edule* entre 25 et 45 mm avec un maximum de 60 mm. Par ailleurs, compte tenu de la distribution atlantique de *Cerastoderma edule*, on est surpris de sa présence dans la région méditerranéenne. À Lattes (079), les exemplaires sont d'ailleurs décrits comme "très excentrés", morphologie qui rappelle plutôt *Cerastoderma glaucum*. Finalement, nous n'avons retenu que six signalements. À Barzan/Le Fâ (182/1), V. Forest précise que "la morphologie des côtes de la surface externe répond à celle de l'espèce *C. edule*", ce qui rejoint nos récentes observations sur ce site. À Lyon/ Trion (136/6), A. Locard reconnaît une valve de *Cardium Lamarcki* (ancien nom de *Cerastoderma glaucum*), car elle montre "le type particulièrement oblique-transverse de cette espèce". À Pont-de-Metz/La Ferme aux Mouches 2 (187), Aytré/Bongraine (181) et Aulnay (180), les clichés qui accompagnent chacun des inventaires sont vraisemblablement en accord avec les identifications de *Cerastoderma edule*. Enfin à Saint-Romain-en-Gal (103), Y. Finet et C. Olive présentent clairement la photographie d'une valve presque triangulaire de *Cerastoderma glaucum*.

- La conservation des restes

À Ifs (178), les valves présentent "des stigmates de chauffe (rubéfaction, microfissures) et caramels de cuisson visibles dans les espaces intercostaux", mais elles sont "en excellent état de conservation". Les valves sont aussi régulièrement intactes à Barzan/Le Fâ (182/1). C'est moins souvent le cas des assemblages qui ne comptent que quelques restes : les valves sont fragmentaires à Lyon/Cybèle (136/4) (10 fragments n'ont pas pu être latéralisés) et à Saint-Pons-de-Mauchiens/Sept-Fons (094) (un fragment de bord ventral), ou usées à Aspiran/Soumaltre (069) et Nîmes/Assas (063/2). Elles se rapprochent ainsi des valves que l'on retrouve fixées au talon des huîtres.

- Dénombrements

Les coques, *Cerastoderma* sp., sont très inégalement représentées sur les sites recensés. Sur les 42 pour lesquels nous disposons de dénombrements, 29 livrent moins d'une dizaine de valves (ou moins de cinq "individus" ou "exemplaires") tandis que trois fournissent d'une centaine à plus de deux milliers de restes : Barzan/Le Fâ (182/1) entre la fin du Ier siècle a.C. et la seconde moitié du IIIe siècle p.C., Pont-de-Metz/La Ferme aux Mouches 2 (187) au IIe siècle p.C. et Hyères/Olbia (160/1) entre le milieu du Ier siècle a.C. et le milieu du VIe siècle p.C. (fig. 88) Les restes de coques sont vraisemblablement abondants sur un autre site, celui d'Ifs (178) : V. Carpentier évoque "une proportion remarquable de valves" dans "des rejets charbonneux" datés de l'époque augustéenne.

À Lattes (079), Pont-de-Metz/La Ferme aux Mouches 2 (187) et Hyères/Olbia (160/1), le mode de dénombrement

[313] Par exemple : Lattes (161), Hyères/Olbia (160) et Lunel-Viel (166).

adopté ne fait pas apparaître la part des valves gauches et droites, et à Ifs (178), les restes ne sont pas quantifiés. Nous nous appuyons donc sur les données récoltées sur le site de Barzan/Le Fâ (182/1) pour analyser la représentation de chacune des valves. Dans le puits PT 25055, les valves sont également représentées, soit 37 gauches et 40 droites ; elles se concentrent dans une US, l'US 25999-26289 qui compte 48 des 77 valves dénombrées. Dans l'US 25442, la part des valves gauches est un peu plus faible que celle des valves droites, 23 contre 34. Malgré cela, quelques coquilles nous sont parvenues entières. (fig. 90) D'autres valves isolées pouvaient en outre se correspondre ; c'est ce que suggère la similarité des dimensions gauches et droites. (fig. 91) V. Forest avait fait les mêmes constats pour la zone des thermes : il notait un déséquilibre entre les deux valves au profit des droites mais remarquait l'appariement de certaines valves gauches et droites, "en particulier de toutes celles de l'US 20318".

fig. 90 : coquilles entières de coque commune, *Cerastoderma edule*. Barzan/Le Fâ, US 25442.

- La taille et la forme des coquilles

Des mesures sont disponibles pour cinq sites : trois atlantiques, Barzan/Le Fâ (182/1), Bordeaux/Chapeau Rouge (184/2) et Bordeaux/Auditorium (184/1), et deux méditerranéens, Narbonne/Port la Nautique (020/14) et Lattes (079).

À Barzan/Le Fâ (182/1), dans l'US 25442, la majorité des valves de *Cerastoderma edule* n'atteint pas les 25 mm de diamètre adoptés comme valeur inférieure dans la distribution générale des tailles ; elles ont un diamètre antéro-postérieur moyen de 24 mm à gauche et de 23 mm à droite. (fig. 91 et 92) Elles sont encore plus petites dans l'US 25999-26289 de PT 25055 avec un regroupement des valeurs autour de 18/19 mm. Dans la zone des thermes, elles étaient un peu plus grandes ; V. Forest avait calculé une moyenne de 29 mm pour les deux valves. (fig. 91 et 92) Ces dimensions restent cependant loin de celles données par Fr. Brien-Poitevin pour le site de Lattes (079). Elle indique que "moins de 10 exemplaires de petite taille ont été retrouvés" ; les coquilles "ont une taille normale pour l'espèce" et certaines sont mêmes grandes avec des diamètres supérieurs à 45 mm.

À Narbonne/Port la Nautique (020/14), une seule valve de *Cerastoderma glaucum* dépasse les 30 mm de diamètre, taille autorisée actuellement pour la commercialisation de ce coquillage. (fig. 92) Dans le comblement des latrines à Bordeaux/Chapeau Rouge (184/2) et dans l'US 10806 de Bordeaux/Auditorium (184/1), les dimensions sont encore plus basses : le diamètre antéro-postérieur moyen est de 12 mm à Chapeau Rouge et il dépasse rarement 18 mm à l'Auditorium. (fig. 92)

Pour l'heure, nous n'avons pas vu assez de restes pour pouvoir établir des profils de formes. Néanmoins, nous pouvons déjà noter des différences dans l'épaisseur de la paroi des valves. Celles que nous avons observées ont toutes une paroi fine. Mais à Lattes (079) Fr. Brien-Poitevin distingue deux ensembles : l'un correspond à des exemplaires "de couleur blanche et épais", l'autre à des exemplaires "un peu plus fin et avec des taches marron". Elle remarque en outre que "les coques sont plus épaisses à Rognac (045/3) qu'à Saint-Blaise (046/8), leur épaisseur se rapproche de celle de Martigues (043/1)".[314]

- La faune associée

Nous avons observé qu'à Narbonne/Port la Nautique (020/14), deux valves montraient des perforations complètes de la paroi dues à des vers du genre *Polydora*.

- Les marques d'origine humaine

Les interventions humaines ont laissé peu de traces sur les coquilles de ce bivalve. Aucune marque particulière n'a attiré l'attention de V. Forest et de Fr. Brien-Poitevin et nous en avons repéré une seule à Barzan/Le Fâ (182/1). Il s'agit d'une encoche peu profonde (environ 3 mm) mais large de 8 à 10 mm visible sur le bord ventral de deux valves de l'US 25442. (fig. 93)

Les bucardes, Acanthocardia *sp.*

Acanthocardia, ou *Rudicardium* dans certaines publications, est le genre des grosses coques à la coquille épaisse et solide, que nous nommerons "bucardes", pour éviter toute confusion avec les représentantes du genre *Cerastoderma*. Il est représenté sur plus d'une trentaine de sites. Des "bucardes" sont signalées à Tarascon/Le Pied de Bouquet (049), mais aucun indice n'assure que le terme "bucarde" désigne effectivement le genre *Acanthocardia*.

[314] Brien-Poitevin 1993, 286.

en mm	US 25442		US 25999-26289 (PT 25055)		Zone des thermes (V. Forest)	
	DAP		DAP		DAP	
	Vg	Vd	Vg	Vd	Vg	Vd
x	24	23	20	20	29	29
min	21	21	17	16	18	18
max	34	29	27	26	39	39
Nb	*14*	*19*	*22*	*24*	*28*	*34*

fig. 91 : coque commune, *Cerastoderma edule*. Barzan/Le Fâ. Récapitulatif des principales données métriques pour l'US 25516 et la zone des thermes.

DAP en mm	Barzan/Le Fâ				Bordeaux/ Chapeau Rouge Latrines	Bordeaux/Auditorium US 10806	Narbonne/Port-La-Nautique
	US 25442		US 25999-26289				
	Vg	Vd	Vg	Vd	Vg + Vd	Vg + Vd	Vg + Vd
6-7						1	
8-9					1		
10-11					3		
12-13					1	1	
14-15					3	5	
16-17			1	3		3	2
18-19			12	9		1	2
20-21	2	6	4	4			
22-23	7	5	2	7			
24-25	2	5	1			2	1
26-27	1	1	2	1			1
28 -29	1	2				1	1
30-31							
32-33							
34-35	1						
36-37							1
38-39							
40-41							
42-43							
44-45							
46-47							
Nb	*14*	*19*	*22*	*24*	*8*	*14*	*8*

Intervalle moyen (24-25 à 44-45)

fig. 92 : *Cerastoderma* sp., coque. Distribution des diamètres antéro-postérieurs des valves gauches et droites pour trois assemblages.

Fig. 93 : valves gauches de coque commune, *Cerastoderma edule*, montrant une encoche sur le bord ventral. Barzan/Le Fâ, US 25442.

J.-M. Poutiers décrit cinq espèces. Nous en avons rencontré quatre : *Acanthocardia tuberculata*, la bucarde à tubercules, *Acanthocardia echinata*, la bucarde à papilles, *Acanthocardia aculeata*, la bucarde épineuse, et *Acanthocardia paucicostata*, la bucarde à côtes rares. (fig. 94) Comme leurs noms l'indiquent, elles se différencient surtout par l'ornementation externe de leurs côtes. Elles peuplent l'Atlantique et la Méditerranée.[315] Seule la bucarde à côtes rares semble ne pas dépasser le Golfe de Gascogne par le sud.[316]

Acanthocardia tuberculata est de loin l'espèce la plus représentée. Elle apparaît sur 32 sites, contre huit pour *Acanthocardia echinata*, quatre pour *Acanthocardia aculeata* et deux pour *Acanthocardia paucicostata*.

Les restes d'*Acanthocardia tuberculata* ont appelé plusieurs commentaires de la part de Fr. Brien-Poitevin, principalement à Lunel-Viel (083) et Lattes (079). Nous les avons repris et complétés par les remarques formulées par V. Forest sur d'autres sites.

La coquille de la bucarde à tubercules est de forme ovale avec un bord postérieur légèrement étiré. Les côtes qui sont très saillantes portent des tubercules particulièrement développés dans la région antérieure. Les espaces inter-costaux et les bords des côtes sont rythmés par des ridules concentriques irrégulières.[317] (fig. 94) Nous l'avons identifiée à Loupiac/Saint-Romain (185) et dans le comblement du puits PT 25055 de Barzan/Le Fâ (182/1). Elle est présente sur deux autres sites juxta-atlantiques, dans l'intérieur des terres, et V. Forest et Fr. Brien-Poitevin l'ont rencontrée dans la région méditerranéenne

[315] Poutiers 1987, 401-404.

[316] Poutiers 1987, 403.

[317] Poutiers 1978, 253-258 ; Poutiers 1987, 404.

fig. 94 : en haut à gauche, valve gauche de bucarde à tubercules, *Acanthocardia tuberculata* ; en haut à droite, valve gauche de bucarde à papilles, *Acanthocardia echinata* ; en bas à gauche, valve gauche de bucarde épineuse, *Acanthocardia aculeata* ; en bas à droite, valve gauche de bucarde à côtes rares, *Acanthocardia paucicostata*.

(fig. 95) Elle ne semble pas marquer une période en particulier.

Les restes se retrouvent en très petites quantités dans la majorité des assemblages. En général, il s'agit d'une à huit valves fréquemment brisées et plus ou moins usées, surtout à l'emplacement des côtes dont la crête est souvent émoussée et de l'apex qui est parfois percé. (fig. 95 et 96) À Villevieille (065), nous avons compté plus de valves gauches que de valves droites, 22 contre sept. Elles ne se correspondent pas, car nous n'avons jamais réussi à les réunir par paire.

Les restes sont en revanche singulièrement abondants dans le quartier central de Lunel-Viel (083), de 50 p.C. (30 restes) jusque vers 400 p.C., et surtout à Lattes (079) dans deux lots du IIe et Ier siècles a.C. qui comptent respectivement 30 et 505 valves. À Lunel-Viel (083), les restes les plus nombreux ont été retrouvés dans deux couches datées de la seconde moitié du Ier siècle p.C. : "l'une dans la pièce 10 de la maison A définie comme ayant eu une fonction de réserve, de cellier, l'autre dans une zone non bâtie où les saignées 2117 se rattachent à des plantations agricoles ou horticoles". Pour les siècles suivants, les valves sont issues des sols d'une autre pièce de la maison (pièce 8, US 2046 et 2120). À Lattes (079), les restes les plus anciens appartenaient à un "niveau de pavement" dans un espace ouvert (rue 109, US 8091), les plus récents à un remblai (US 4110). Sur les deux sites, les valves sont souvent entières. Selon Fr. Brien-Poitevin, beaucoup sont en revanche percées au sommet et "roulées", c'est-à-dire qu'elles ont leurs bords émoussés et leurs reliefs externes usés. (fig. 95 et 96)

À Villevieille (065), 17 valves ont été mesurées. Leur hauteur varie de 34 à 68 mm. La taille commune de cette espèce est de 50 à 70 mm.[318] 12 hauteurs sont comprises dans cet intervalle : les exemplaires sont donc de taille moyenne. Les valves de Lattes (079) sont un peu plus grandes ; Fr. Brien-Poitevin note que "dans l'ensemble, la hauteur varie de 6 à 7,2 cm".

Les autres espèces de bucardes sont peu fréquentes et leurs restes sont anecdotiques. Elles se rencontrent tant sur des sites côtiers atlantiques ou méditerranéens que dans l'intérieur des terres. (fig. 97) Leur forme est proche de celle d'*Acanthocardia tuberculata*. (fig. 94) On notera seulement qu'*Acanthocardia echinata* est moins étirée postérieurement et qu'*Acanthocardia paucicostata* a un contour plus sub-orbiculaire.[319] Elles se distinguent mieux par les reliefs externes qui ponctuent leurs côtes rayonnantes. Celles d'*Acanthocardia aculeata* portent une rangée d'épines reliées entre elles par un étroit sillon longitudinal ; elles sont particulièrement longues et effilées postérieurement.[320] Chez les exemplaires archéologiques, ces épines ne sont pas conservées ; leurs accroches sont toutefois encore visibles sous la forme d'une ligne pointillée. C'est aussi le cas des valves anciennes d'*Acanthocardia echinata* qui ont à l'origine des pointes courtes et fortes selon la même disposition.[321] La sculpture d'*Acanthocardia paucicostata* est plus fine ; elle est caractérisée par des côtes anguleuses, chacune étant déclive de part et d'autre d'une carène médiane ornée de petits tubercules.[322]

Les autres cardiidés rencontrés

Deux autres cardiidés apparaissent dans les assemblages archéologiques que nous avons recensés, *Laevicardium crassum*, la bucarde de Norvège ou coque lisse norvégienne, et *Laevicardium oblongum*, la bucarde allongée ou coque lisse sillonnée.

La bucarde de Norvège, qui est présente tant en Atlantique qu'en Méditerranée,[323] a une coquille un peu plus haute que large, au contour ovale arrondi. La surface des valves qui est presque lisse au toucher, est ornée de lignes rayonnantes serrées.[324] Cette espèce a été identifiée à Barzan/Le Fâ (182/1) par deux valves, à Bordeaux/Cité Judiciaire (184/3) par trois restes et à Alise-Sainte-Reine (055), Bordeaux/Grands-Hommes (184/4), Aulnay (180) et Lunel-Viel (083) par une valve. Elle a surtout attiré notre attention à Bordeaux/Auditorium (184/1) où ses restes sont particulièrement nombreux : le comblement d'une fosse, FS 20679, contenait en effet 24 valves. Celles-ci ont toutes leurs bords émoussés et leur apex est usé parfois jusqu'à la perforation. Elles sont en outre très lourdes, ce qui suggère le commencement du processus de fossilisation de la matière-coquille. 19 valves sont complètes. Cinq autres ont leur bord ventral brisé, semble-il récemment ; parmi les neuf fragments de bords

[318] Poutiers 1978, 253 ; Poutiers 1987, 404.
[319] Poutiers 1987, 401-403.
[320] Poutiers 1978, 243-248.
[321] Poutiers 1978, 233-234.
[322] Poutiers, 1978, 248-252.
[323] Poutiers 1987, 408.
[324] Poutiers 1978, 231.

Site	Contexte	Datation	NMVg	NMVd	NI	NMV
Vertault	-	-	3			3
Arles/Tour du Valat	Dépotoir	Ier siècle a.C.				2
Pennes-Mirabeau/La Cloche	-	49 a.C.	"NMI = 6"			
Narbonne/Clos de la Lombarde	-	30 a.C. - 15 p.C.	2	1		3
Saint-Pont-de-Mauchiens/Sept-Fons	Comblement de fosse	Début du Ier siècle p.C.		1	1	2
Nîmes/Carsalade	Comblement de fosse	Début du Ier siècle p.C.				1
Alise-Sainte-Reine	Dépotoir	Première moitié du Ier siècle p.C.		1	1	2
Lyon/Colonel Chambonnet	-	50 - 70 p.C.				1
Lyon/ Trion	-	Ier siècle p.C.	+			
Nîmes/Assas	Comblement d'un puits	60 - 70 p.C.	7			7
Nîmes/Z.A.C. des Halles	Dépotoir 1469	60 - 80 p.C.	"4"			
Nîmes/Mas Vignoles IX	-	Ier siècle p.C.			1	1
Nîmes/Arènes	-	25-150 p.C..	3	1		4
		25 a.C. - 175 p.C.	2	1		3
Aspiran/Soumaltre	Comblement de fossé (US 8058)	10 a.C. - 10 p.C.			1	1
	Comblement de fosse (FS 9003)	40 - 70 p.C.	2		2	4
	Comblement de fosse (US 9084)	40- 150 p.C.	1			1
Bordeaux/Grands-Hommes	US 8042	40 - 60 p.C.				1
Montagnac/Lieussac	Dépotoir	Seconde moitié du IIIe siècle p.C.	"NMI = 1"			
Pezenas/L'Auribelle-Basse	Comblement de fosse	140 - 170 p.C.				3
Lyon/ Saint-George	-	Milieu du IIIe siècle p.C.			1	1
Sens/Ancien Archevêché	-	IIIe siècle p.C.	1	1		2
Bordeaux/Cité Judiciaire	Dépotoir	270 - 280 p.C.	"NRD = 3"			
Carcassonne/Troubadours	Comblements d'excavations et niveaux d'abandon	IVe - Ve siècle p.C.			1	1
Paulhan/A75-Ermitage	Comblements de fosses	400 - 600 p.C.	2			2
Balaruc-les-Bains/Pasteur	Comblement de fronts de carrière	Ve siècle p.C.	1			1
Loupiac/Saint-Romain	Comblement d'un bassin	Ve - VIe siècle p.C.	1	2	2	5
Puissalicon/Les Jurières-Basses	Comblement de fossé (US 1015)	VIe siècle p.C.			1	1
Clermont-l'Hérault/Peyre Plantade	-	50 - 25 a.C.	3	2		5
		100 a.C. - 50 p.C.	1	2		3
		0 - 75 p.C.	2			2
		0 - 200 p.C.	6	1	1	8
		25 - 100 p.C.	2	1		3
		375 -500 p.C.			1	1
Villetelle/Ambrussum	-	10 a.C. - 10/20 p.C.	"1 exemplaire"			
		50 - 75 p.C.	"2 exemplaires"			
		125 p.C. - 160/180 p.C.	"2 exemplaires"			
		180 - 230/240 p.C.	"1 exemplaire"			
		355- 370 p.C.		1		1
Lunel-Viel	Quartier central	50 - 100 p.C.	"30 restes"			
		100 - 250 p.C.	"18 restes"			
		300 - 400 p.C.	"17 restes"			
		400 - 500 p.C..	"5 restes"			
	Quartier ouest - Remblais	Ier siècle p.C.	"NMI = 1"			
	Quartier ouest - Dépotoirs et silos	IIIe siècle	"NMI = 9"			
	Quartier ouest - "Eboulis"	Milieu du IVe siècle p.C	"NMI = 9"			
	Quartier ouest - Dépotoir	Début du Ve siècle p.C.	"NMI = 2"			
Lattes	Pavement, US 8091	Milieu du IIe siècle a.C.	30 valves			
	Remblai, US 4110	Début du Ier siècle a.C.	505 valves			
	Comblement d'un puits - Secteur 11, zone 4, sud	IIe siècle p.C.	"NMI = 5"			
Villevieille	Zone 2	Toutes phases (entre le début du Ier et la fin du IIe siècle p.C.	1		1	2
	Zone 3		2	1	3	6
	Zone 4		17	6	2	25
	Zone 5		1			1
	Zone 7		1			1
Barzan/Le Fâ	Thermes -Tous les secteurs	Entre 30 a.C. et la seconde moitié du IIIe siècle p.C.	2	1	1	4
	PT 25055 – US 25384	110 - 150 p.C.	1			1
Hyères/Olbia	Remblais	60 - 80 p.C.	"2 restes"			
	Comblements de fosses	475 - 550 p.C.	"1 reste"			

fig. 95 : dénombrements des restes de bucarde à tubercules, *Acanthocardia tuberculata*.

ventraux répertoriés, certains pourraient correspondre aux parties manquantes. D'ailleurs deux valves ont ainsi été reconstituées. Nous avons tenté d'apparier les valves gauches et droites : aucune paire n'a pu être formée. Leur hauteur varie entre 53 et 67 mm, ce qui correspond à des exemplaires plutôt grands d'après l'intervalle de 30 à 60 mm donné J. Arrecgros-Dejean.[325]

[325] Arrecgros-Dejean 1966, 34.

La bucarde allongée, qui est proprement méditerranéenne[326], a été reconnue à Nîmes/Assas (063/2). Elle a une coquille nettement plus haute que large, en ovale allongé. La surface des valves est rythmée par des costules peu saillantes, lisses et aplaties.[327]

[326] Poutiers 1987, 406.

[327] Poutiers 1978, 232-233.

	Description : A. Bardot
Villevieille	Les restes sont des fragments de valves ou des valves entières usées, surtout à l'emplacement des côtes dont la crête est souvent émoussée et de l'apex qui est parfois percé.
	Descriptions : F. Brien-Poitevin
Lunel-Viel - Quartier central	De nombreuses valves sont "roulées" et "percées".
Lattes - US 8091 et « Comblement »	Les valves sont souvent "roulées" et "des traces d'usure sont très nettement visibles sur le sommet de la partie convexe. Les côtes étaient dans certains cas usées et fortement diminuées en épaisseur. Beaucoup de valves étaient même noircies par la saleté, la boue ...)".
	Descriptions : V. Forest
Saint-Pont-de-Mauchiens/Sept-Fons	"2 fragments d'épaisseur différente"
Puissalicon/Les Jurières-Basses	Fragment de bord ventral
Aspiran/Soumaltre	Une valve droite entière, les autres restes sont des fragments. Un a un aspect très crayeux et un autre une coloration très marquée.
Clermont-l'Hérault/Peyre Plantade	Il s'agit soit de fragments, soit de valves entières aux bords plus ou moins usés.
Nîmes/Carsalade	Une valve entière mais aux reliefs usés.
Nîmes/Assas	"valves plus ou moins entières"
Balaruc-les-Bains/Pasteur	Une valve entière
Lyon/ Saint-George	Fragment
Nîmes/Mas Vignoles IX	Fragment
Carcassonne/Troubadours	Fragment

fig. 96 : conservation des restes de bucarde à tubercules, *Acanthocardia tuberculata*.

			NMVg	NMVd	NI	NMV
	Acanthocardia echinata, bucarde à papilles					
Barzan/Le Fâ	Thermes -Tous les secteurs	-	1			1
Bordeaux/Cité Judiciaire	Dépotoir	270 - 280 p.C.	"NRD = 2"			
Aulnay	*"Horreum"*	20 - 30 p.C.		1		1
Nîmes/Assas	Comblement d'un puits	60 - 70 p.C.		1		1
Villevieille	-	125 - 175 p.C.	1			1
Villetelle/Ambrussum	-	50 - 75 p.C.	"1 exemplaire"			
		180 - 230/240 p.C.	"1 exemplaire"			
Lunel-Viel	Dépotoir	Début du Ve siècle p.C.	"NMI=1"			
Aytré/Bongraine	-	-	+			
Lyon/Trion	-	Ier siècle p.C.	+			
	Acanthocardia aculeata, bucarde épineuse					
Sens/Ancien Archevêché	-	IIIe siècle p.C.	1			1
Villevieille	-	150 - 175/200 p.C.	1			
Paulhan/A75-Ermitage	Comblements de fosses	400 - 600 p.C.	2	1		3
Clermont-l'Hérault/Peyre Plantade	-	50 - 25 a.C.	1			1
		100 a.C. - 50 p.C.			1	1
		50 - 100 p.C.	1			1
	Acanthocardia paucicostata, bucarde à côtes rares					
Lattes	-	150 - 125 a.C.	+			
Barzan/Le Fâ	Zone des thermes	-	1			1

+ : présence

fig. 97 : dénombrements des restes d'*Acanthocardia echinata*, la bucarde à papilles, *Acanthocardia aculeata*, la bucarde épineuse, et *Acanthocardia paucicostata*, la bucarde à côtes rares.

Les vénéridés

La palourde croisée d'Europe, Ruditapes decussatus, *et les espèces du genre* Venerupis *et* Tapes

Actuellement, deux espèces du genre *Ruditapes* vivent sur les côtes françaises, *Ruditapes decussatus*, la palourde croisée d'Europe, et *Ruditapes philippinarum*, la palourde croisée japonaise. Pour l'époque romaine, seule *Ruditapes decussatus* est susceptible d'être rencontrée, car *Ruditapes philippinarum*, qui est d'origine indo-pacifique, n'a été acclimatée qu'à partir de 1972 pour l'aquaculture. *Ruditapes decussatus* est présente en mer du Nord, en Manche, en Atlantique et dans tout le bassin méditerranéen. Elle y côtoie trois autres palourdes : *Venerupis aurea*, la palourde jaune, *Tapes rhomboïdes*, la palourde rose, et *Venerupis senegalensis*, la palourde bleue. Elles sont toutes morphologiquement proches, ce qui rend l'exercice d'identification assez difficile. J.-M. Poutiers, J.-Cl. Quéro et J.-J. Vayne fournissent plusieurs clés de détermination, qui concernent la forme générale de la coquille, la sculpture externe et le développement du sinus palléal sur la face interne des valves.[328]

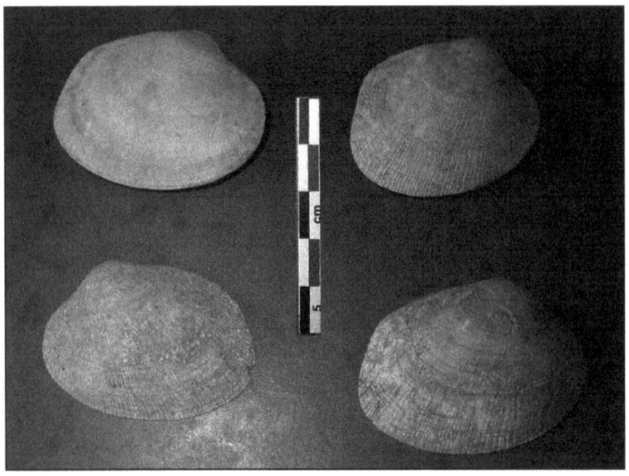

fig. 98 : la palourde croisée d'Europe, *Ruditapes decussatus*. En haut, deux coquilles entières vues par la valve droite. En bas, à gauche, une valve gauche. En bas, à droite, une valve droite. Barzan/Le Fâ, US 26822.

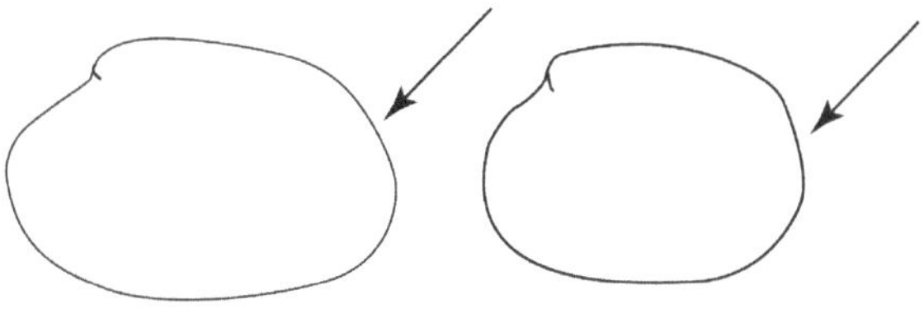

fig. 99 : la palourde croisée d'Europe, *Ruditapes decussatus*. Formes méditerranéenne et atlantique.

La coquille de la palourde croisée d'Europe, *Ruditapes decussatus*, est sans doute la plus facile à identifier. Le bord dorsal qui est subrectiligne ou légèrement convexe fait un angle marqué avec le bord postérieur. Celui-ci dessine une ligne oblique avant de s'arrondir ventralement ; la coquille est comme tronquée en arrière d'où une forme assez trapézoïdale. La surface externe des valves est rythmée par des costules rayonnantes serrées et des sillons concentriques qui s'entrecroisent d'où un aspect treillissé caractéristique. (fig. 98) J.-M. Poutiers signale que "la forme qui s'observe le plus couramment dans le domaine atlantique (var. *fusca* Gmel.) présente, par rapport à la forme méditerranéenne, un contour moins allongé antéro-postérieurement, plus anguleux, et une sculpture plus grossière dont l'aspect treillissé ressort particulièrement bien".[329] (fig. 99) Sur leur face interne, la ligne palléale est indentée par un sinus profond. Sa branche dorsale est relativement droite tandis que sa branche ventrale est nettement arrondie. Celle-ci est largement séparée de la ligne palléale qu'elle ne rejoint qu'à son extrémité postérieure.[330] Cette espèce est de loin la plus fréquente dans les assemblages archéologiques. Nous l'avons reconnue sur huit sites et elle est signalée sur une vingtaine d'autres. Les découvertes, qui couvrent toute la période étudiée, se répartissent le long de la façade occidentale française et sur le pourtour du Golfe du Lion. Néanmoins, la palourde croisée d'Europe semble apparaître beaucoup plus fréquemment sur le littoral atlantique que près de la Méditerranée : on compte une dizaine de découvertes dans l'une et l'autre région, mais ce nombre doit être rapporté à 16 sites en atlantique et à environ 180 en Méditerranée. (fig. 6) Cette espèce n'est qu'exceptionnellement rencontrée dans l'intérieur des terres. (fig. 100)

Ruditapes decussatus n'a pas beaucoup été commentée jusqu'à présent. Les sites de Barzan/Le Fâ (182/1), de Bordeaux/Auditorium (184/1), de Bordeaux/Chapeau Rouge (184/2) et de Rom/La Petite Ouche (188) fournissent la majorité des données concernant cette espèce.

Les valves découvertes à Barzan/Le Fâ (182/1), à Bordeaux/Chapeau Rouge (184/2) et à Rom/La Petite Ouche (188) présentent la forme typique décrite par J.-M. Poutiers pour le domaine atlantique. En revanche, celles de Bordeaux/Auditorium (184/1) s'en écartent nettement. Elles ont en effet un contour plus ovale : les bords dorsal et postérieur dessinent une courbe régulièrement convexe et non un angle. (fig. 101)

Les valves sont régulièrement intactes et nous n'avons pas noté de transformation physico-chimique importante de la matière-coquille. À Barzan/Le Fâ (182/1), plusieurs dizaines de valves ont été découvertes dans l'US 26822. Elles étaient contenues dans la même poche de limon cendreux que celles de peigne variable, *Chlamys varia* ; elles aussi ne présentent pas de coloration particulière. Les valves issues du comblement du puits PT 25055 ont en revanche une couleur brun foncé sur leurs deux faces. Enfin, à Bordeaux/Chapeau Rouge (184/2), dans les premiers niveaux d'occupation, la surface externe des valves montre une modification assez nette. Elle revêt un aspect terne et un toucher crayeux.

Les restes les plus abondants se trouvent sur les sites de la façade atlantique, à partir du changement d'ère. (fig. 102 et 103) V. Forest dénombre 408 valves à Barzan/Le Fâ (182/1), Y. Lignereux et J. Peters comptent 154 "*Tapes decussata*" à Aulnay (180), le site de Bordeaux/Auditorium (184/1) a livré plus de 400 valves et celui de Rom/La Petite Ouche (188) plus de 200. (fig. 103) À Barzan/Le Fâ (182/1), les restes constituent régulièrement des assemblages volumineux. (fig. 103) Dans la région méditerranéenne, l'espèce est très peu représentée. (fig. 102) À Lattes (079), on atteint difficilement la vingtaine "d'exemplaires" pour les huit siècles d'occupation. Et à Narbonne/Général de Gaulle

[328] Quéro & Vayne 1998 ; Poutiers 1978 ; Poutiers 1987.
[329] Poutiers 1978, 441.
[330] Quéro & Vayne 1998, 121 ; Poutiers 1978, 438-442 ; Poutiers 1987, 507.

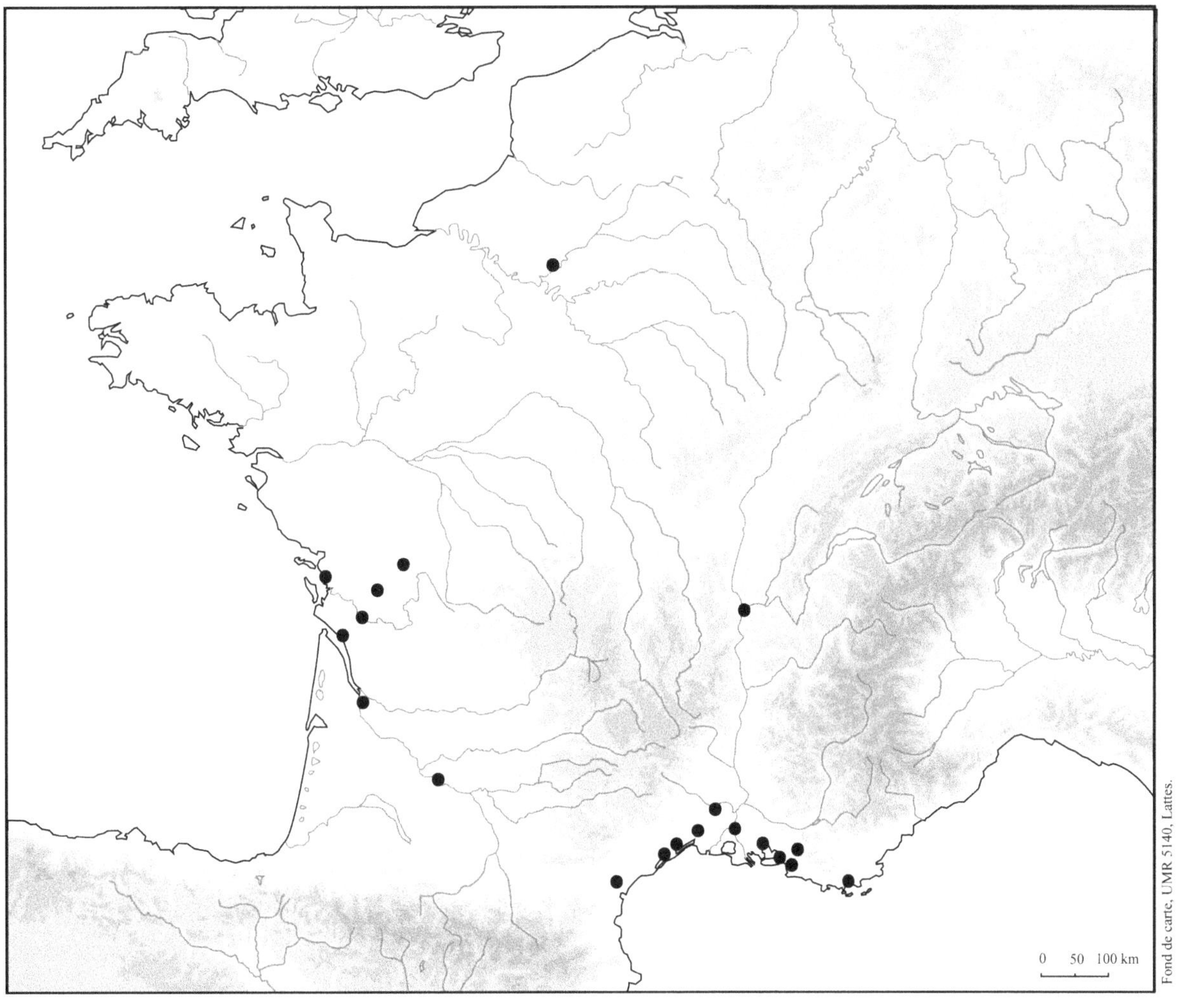

fig. 100 : distribution géographique des découvertes de palourde croisée d'Europe, *Ruditapes decussatus*.

fig. 101 : valves de *Ruditapes decussatus*, palourde croisée d'Europe. En haut, valves droites du site de Barzan/Le Fâ. En bas, valve gauche (à gauche) et valve droite (à droite) du site de Bordeaux/Auditorium.

(020/4), Hyères/Olbia (160/1), Lunel-Viel (083) ou encore Nîmes/Assas (063/2), les restes sont franchement anecdotiques. (fig. 103) Le même constat s'impose pour les sites de l'intérieur des terres : nous avons dénombré cinq restes dont trois valves droites à Lyon/Cybèle (136/4) et une valve droite à Agen/Ermitage (186). (fig. 102 et 103)

Le nombre de valves gauches et celui des valves droites se suivent toujours de très près. Sur les sites de Barzan/Le Fâ (182/1), de Bordeaux/Auditorium (184/1) et de Rom/La Petite Ouche (188), il ne manque souvent qu'une ou deux valves pour obtenir la parité. (fig. 103) ; les valves gauches et les valves doites pourraient donc s'assembler par paire. Dans l'US 26822 de Barzan, plusieurs coquilles avaient d'ailleurs leurs valves jointes et, dans les US 25157 et 40257, quelques-unes ont été reconstituées. (fig. 98) À chaque fois, les valves avaient une concrétion jaunâtre sur leur face interne, comme celle qui se forme sur la face interne des valves d'huître plate d'Europe, *Ostrea edulis*, et de peigne variable, *Chlamys varia*, lorsque les coquilles sont entières dans le dépôt. La même concrétion nous a permis d'apparier plusieurs valves gauches et droites à Bordeaux et à Rom.

Les valves des sites atlantiques de Barzan/Le Fâ (182/1), de Bordeaux/Auditorium (184/1), de Bordeaux/Chapeau Rouge (184/2) et de Rom/La Petite Ouche (188) appartiennent à de petites coquilles. Les dimensions

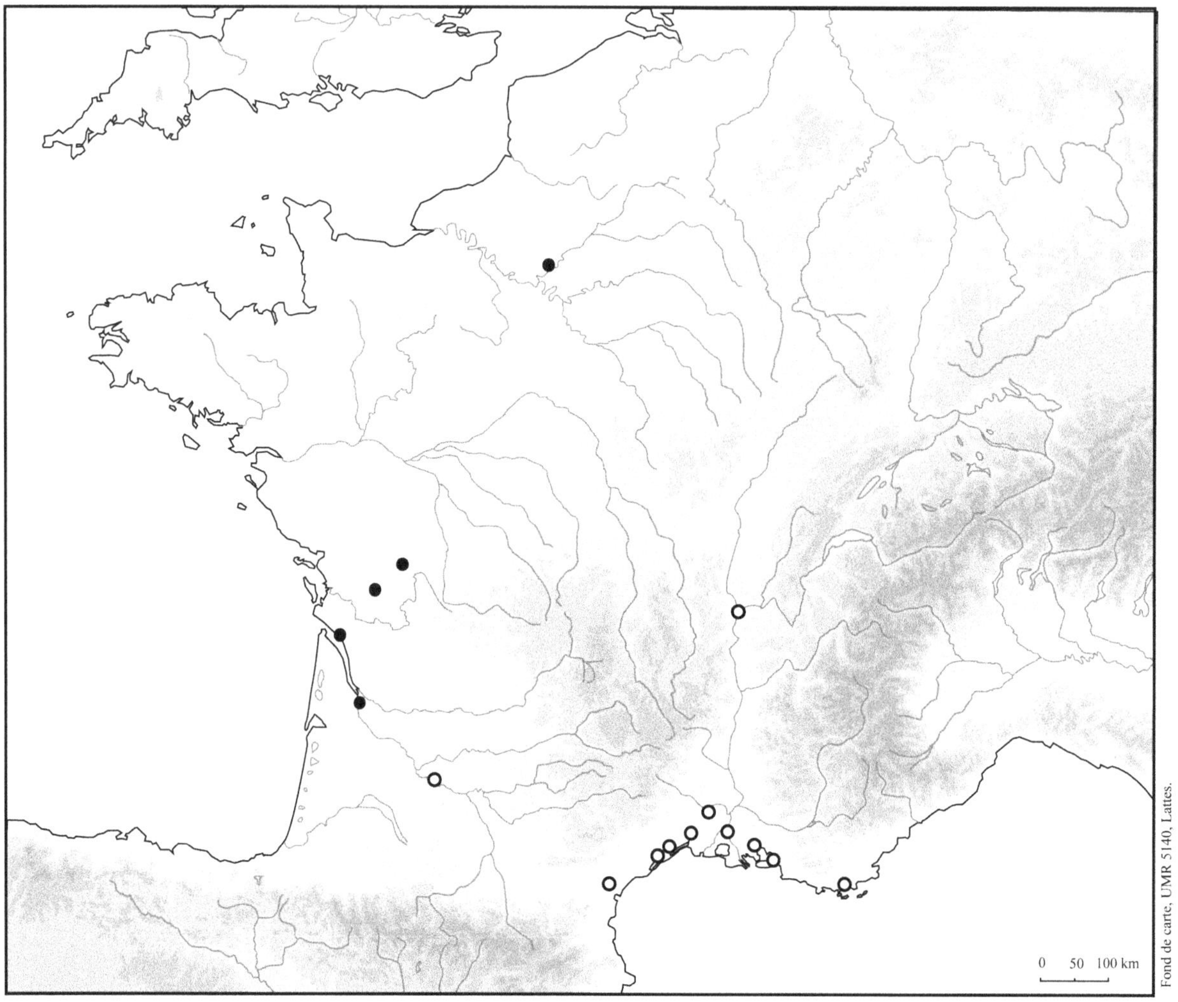

○ quelques restes de palourde croisée d'Europe, *Ruditapes decussatus*, sur le ou les sites de cette localité. (NMV ≤ 40 ou NMI ou nombre d'exemplaires ≤ 20)

● plusieurs restes de palourde croisée d'Europe, *Ruditapes decussatus*, sur au moins un site de cette localité. (NMV > 40 ou NMI ou nombre d'exemplaires >20)

fig. 102 : distribution géographique des découvertes de palourde croisée d'Europe, *Ruditapes decussatus*, en fonction du nombre de restes.

obtenues sont inférieures à celles habituellement admises pour l'espèce : un diamètre antéro-postérieur compris entre 40 et 50 mm, pouvant atteindre 80 mm et une hauteur de 39 mm.[331] (fig. 104) Les diamètres antéro-postérieurs moyens varient pour la plupart entre 34 et 39 mm et la moyenne des hauteurs s'échelonnent entre 22 et 29 mm. (fig. 105) V. Forest avait donné des résultats quasiment similaires lors de l'étude des restes découverts dans les thermes (xHg et xHd=29 ; xDAPg=40 et xDAPd=41). Seules les valves du comblement des latrines (US 8176/US 8147) à Bordeaux/Chapeau Rouge (184/2) ont une taille un peu supérieure, soit une hauteur moyenne de 32 mm et un diamètre antéro-postérieur moyen de 47 mm. (fig. 104 et 105)

Sur le site méditerranéen de Narbonne/Général de Gaulle (020/4), les valves sont nettement plus grandes : les quelques exemplaires dénombrés ont un diamètre antéro-postérieur compris entre 52 et 57 mm. Cet assemblage mériterait d'être comparé à d'autres lots du pourtour du Golfe du Lion, mais les références manquent pour cette région. On se contentera donc de remarquer que le seul site à livrer des valves de grande taille est un site méditerranéen.

Les espèces, du genre *Venerupis* et *Tapes*, se manifestent rarement dans les assemblages archéologiques et, pour l'heure, seulement sur des sites de la région méditerranéenne. Leurs restes sont en outre très peu nombreux. (fig. 106)

Nous n'avons pas rencontré *Venerupis senegalensis*, la palourde bleue, et elle n'a pas non plus été identifiée par V. Forest. Elle est mentionnée par Fr. Brien-Poitevin à Villetelle/*Ambrussum* (100) et aux Pennes-Mirabeau/La Cloche (044), et par Ph. Columeau à Saint-Mitre-Les-Remparts/Saint-Blaise (046/8), mais les critères retenus pour ces déterminations ne sont pas énoncés. Or *Venerupis senegalensis* ressemble beaucoup à *Ruditapes decussatus*. C'est sa forme ovale un peu plus arrondie et surtout le dessin du sinus palléal sur la face interne des valves qui permet de la différencier : il est très développé

[331] Quéro & Vayne 1998 ; Poutiers 1978.

+ : présence

Site	Contexte	US	Datation	NMVg	NMVd	NI	NMV	NMC
Sites étudiés								
Lyon/Cybèle	Comblement d'une fosse (H.2.7.)		20 - 30 p.C.		3	2	5	3
Agen/Ermitage	Comblement d'une fosse		Ier siècle p.C.		1		1	1
Narbonne/Général de Gaulle	Niveau de destruction : US 5013		50 - 30 a.C.	3	1		4	3
Barzan/La Palisse	Niveau prép. à une voie : US 33040B		Début du IIe siècle p.C.	1			1	1
Barzan/Le Fâ	Puits PT 25055	US 25382	110 - 150 p.C.	3	3		6	3
		US 25384		1			1	1
		US 26397		3	3		6	3
		US 25398		13	14		27	14
		US 25994		2	2		4	2
		US 25995		5	3		8	5
		US 25996		1	1		2	1
		US 25999/26289		48	50		98	50
		US 26291		1	1		2	1
		US 26292		2	4		6	4
		US 26293		3	5		8	5
	US 25157		70 - 110 p.C.	11	11		22	11
	US 25234		10 - 70 p.C.	25	32		57	32
	US 25518		70 - 150 p.C.	13	15		28	15
	US 26822		20 - 40 p.C.	102	106		208	106
	US 40023		150 - 225 p.C.	18	17		35	18
	Cave 34	US 40225	150 - 220 p.C.	37	41		78	41
		US 40257		18	16		34	16
		US 40258		26	27		53	27
		US 40318		25	26		51	26
Rom/La Petite Ouche	Tous contextes		IIe - IIIe siècle p.C.	113	98		211	113
Bordeaux/Auditorium	US 10857		40/50 p.C. - 120 p.C.	24	22		46	24
	US 11669		Milieu du Ier siècle p.C.	27	34		61	34
	US 11761		40/50 p.C. - 120 p.C.	22	21		43	22
	US 11764			20	23		43	23
	Autres contextes		Toutes phases	116	125		241	125
Bordeaux/Chapeau Rouge	Niveaux d'occupation	US 7017	50 - 30 a.C.	6	4		10	6
		US 7131	30 - 15 a.C.		1		1	1
		US 7093		14	18		32	18
		US 7046	30 - 10 a.C.	8	10		18	10
	Comblement de latrines	US 8147 et 8176	20/1 a.C	8	6		14	8
	Couche de dépotoir	US 6818	20 a.C./10 p.C.		1		1	1
Autres sites								
Barzan/Le Fâ	Thermes -Tous les secteurs		50 - 30 a.C.				2	
			30 a.C. - 10 p.C.				4	
			10 - 70 p.C.				70	
			70 - 110 p.C.				139	
			110 - 150 p.C.				55	
			150 - seconde moitié du IIIesiècle				138	
			Totaux	**199**	**209**		**408**	**209**
Bordeaux/Grands-Hommes	Dépotoirs		Ier siècle p.C.				26	
Epiais Rhus/La Poulaine	-		Fin du IVe siècle p.C.				50	
Bordeaux/Cité Judiciaire	Dépotoirs		270 - 280 p.C.	"NRD = 38"				
Aulnay	*"Horreum"*		20 - 30 p.C.	"124"				
	"Principia"			"27"				
	"Intervallum"			"3"				
Arles/Tour du Valat	Dépotoir		Ier siècle a.C.				14	
Narbonne/Clos de la Lombarde	-		30 - 1 a.C.	2	1		3	2
Nîmes/Assas	Comblement d'un puits		60 - 70 p.C.	2	3		5	3
Lunel-Viel	-		300 - 400 p.C.	"NMI = 1"				
Lattes	Tous les secteurs		Entre le IVe siècle a.C. et le IIe	"NMI = 21"				
Hyères/Olbia	Remblais		60 - 80 p.C.			2		
Gignac-La-Nerthe/La	Zone A		Ve - VIe siècle p.C.	"1"				
Marseille/Théâtre	-		-	+				
Saint-Mitre-Les-Remparts/Les	Dépotoir		Ve - VIe siècle p.C.	"NMI = 1"				
Balaruc-les-Bains/Pasteur	"comblement de fronts de carrière"		Ve siècle p.C.	1 fragment de valve gauche et				
Gardanne/Notre-Dame	Fosse dépotoir		Début du VIe siècle p.C.	+				
Lyon/ Trion	-		Ier siècle p.C.	+				
Saintes/Ma Maison	-		Ier siècle p.C.	+				
Aytré/Bongraine	-		-	+				

fig. 103 : dénombrements des restes de palourde croisée d'Europe, *Ruditapes decussatus*, pour plusieurs assemblages atlantiques, méditerranéens et de l'intérieur des terres.

et "sa branche ventrale n'est séparée de la ligne palléale que par un espace très étroit presque nul postérieurement".[332] (fig. 106)

Sur le site de Lançon-de-Provence/Constantine (041), nous pouvons certainement rattacher une valve droite à *Venerupis aurea*. De petite taille (pas plus de 50 mm de diamètre antéro-postérieur) et au contour bien ovale, elle présentait une sculpture externe très fine, faite de stries presque uniquement concentriques.[333] (fig. 106)

Tapes rhomboïdes, la palourde rose, a été observée une seule fois par V. Forest sur le site de Nîmes/Arènes (063/1) et elle pourrait être présente à Villetelle/*Ambrussum* (100) d'après la liste des espèces

[332] Quéro & Vayne 1998, 145 ; Poutiers 1987, 512.

[333] Quéro & Vayne 1998, 146 ; Poutiers 1978, 428-433 ; Poutiers 1987, 508.

DAP en mm	Barzan/Le Fâ		Rom/La Petite Ouche		Bordeaux/ Auditorium		Bordeaux/Chapeau Rouge		
	Total		Total		Total		US 7093		US 8176 US 8147
	Vg	Vd	Vg	Vd	Vg	Vd	Vg	Vd	Vg + Vd
26-27				1					
28 -29	1	3	4	1	2	1			
30-31	4	4	4	8	3	1			
32-33	5	9	6	11	3	4	1		
34-35	14	16	9	10	12	12	1		
36-37	20	24	11	10	9	18	3	5	
38-39	18	19	5	3	23	12	4	6	
40-41	22	18	2	3	13	14			1
42-43	18	11	2	1	2	5	1		1
44-45	6	13			9	8			
46-47	7	5			7	3			2
48-49					1				1
50-51	1	1							1
52-53	1	2							1
54-55	2								
56-57									
58-59	1								
Nb	*120*	*125*	*43*	*47*	*84*	*78*	*10*	*11*	*7*

Intervalle moyen (40-41 à 50-51)

fig. 104 : la palourde croisée d'Europe, *Ruditapes decussatus*. Distribution des diamètres antéro-postérieurs des valves gauches et droites pour les assemblages de quatre sites de la façade atlantique.

	Barzan/Le Fâ				Bordeaux/Chapeau Rouge						Rom/La Petite Ouche		Bordeaux/ Auditorium	
	Total				US 7093				US 8176 US 8147		Total		Total	
	DAP		H		DAP		H		DAP	H	DAP		DAP	
	Vg	Vd	Vg	Vd	Vg	Vd	Vg	Vd	Vg + Vd	Vg + Vd	Vg + Vd	Vg + Vd	Vg	Vd
x	39	39	29	28	38	38	26	26	47	32	35	34	39	38
min	29	29	22	22	33	36	22	25	41	28	28	26	29	28
max	58	52	40	38	43	39	29	29	52	35	44	42	48	46
Nb	*121*	*125*	*121*	*125*	*10*	*11*	*10*	*11*	*7*	*7*	*44*	*50*	*84*	*80*

**fig. 105 : la palourde croisée d'Europe, *Ruditapes decussatus*.
Récapitulatif des principales données métriques pour quatre sites de la façade atlantique.**

+ : identification assurée ; ? : identification incertaine

A	*Venerupis senegalensis* , palourde bleue	+	**Rom/La Petite Ouche**	CA 2	IIe - IIIe siècle p.C.	1 valve droite et 1 valve gauche
		?	**Villetelle/Ambrussum**	-	75 - 100 p.C.	"NMI = 2"
		?	**Les Pennes-Mirabeau/La Cloche**	-	Milieu du Ier siècle a.C.	"NMI = 1"
		?	**Saint-Mitre-Les-Remparts/Saint-Blaise**	Ensemble 6	IIe siècle a.C.	"13 individus"
		?		Ensemble 7		"2 individus"
B	*Venerupis aurea*, palourde jaune	+	**Lançon-de-Provence/Constantine**	US 2286	200/1 a.C.	1 valve droite
C	*Tapes rhomboïdes*, palourde rose	+	**Nîmes/Arènes**		25 - 75 p.C.	1 valve gauche
		?	**Villetelle/Ambrussum**	-	50 - 75 p.C.	"NMI = 1"
		?			125 - 160/180 p.C.	"NMI = 2"

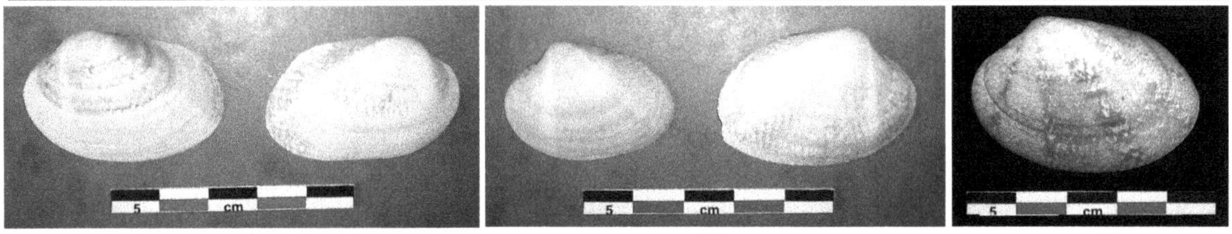

A B C

Fig. 106 : dénombrements des restes de palourde bleue, *Venerupis senegalensis*, de palourde jaune, *Venerupis aurea*, et de palourde rose, *Tapes rhomboïdes*.

établies par Fr. Brien-Poitevin. Comme chez *Venerupis aurea*, la sculpture externe des valves est principalement concentrique, mais elle est beaucoup plus grossière. La coquille atteint également une plus grande taille (jusqu'à 70 mm de diamètre antéro-postérieur) et sa forme est plus allongée voir grossièrement rhomboïdale, d'où son nom.[334] (fig.106)

Six signalements pourraient compléter la liste des découvertes de *Ruditapes decussatus* ou de *Venerupis* sp., mais le vocabulaire employé par les observateurs est ambigu.

Des coquilles de "palourdes" ont été repérées à Castres/Domaine de Gourjade 1 (150/2), Chateauneuf-les-Martigues/Les Fourques (034) et Fos-sur-Mer/Centre aéré (036/2). Mais, comme l'a montré V. Forest, cette appellation ne renvoie pas toujours qu'aux seuls

[334] Quéro & Vayne 1998, 125 ; Poutiers 1978, 434-437 ; Poutiers 1987, 509.

vénéridés du genre *Ruditapes* ou *Venerupis* : le Dictionnaire universel encyclopédique Larousse (1913) définit en effet le terme " palourde "comme le " nom vulgaire de plusieurs mollusques comestibles : petites bucardes (*Cerastoderma edule*), des *venus*, *cytherea*, *donax*, etc".[335] Palourde peut donc désigner des coquillages très différents : les coques (*Cerastoderma* sp.), les palourdes (*Rudtapes* sp., *Venerupis* sp.) anciennement appelées *venus*, le vernis fauve (*Callista chione*) aussi nommé *Cytherea chione* et les flions (*Donax* sp.). Des "palourdes" sont ainsi signalées dans plusieurs tombes de la nécropole de Saint-Michel à Montpellier,[336] cependant V. Forest, qui a repris la documentation, a identifié des valves de vernis fauve, *Callista chione*.[337]

Des "clovisses" sont mentionnées dans l'intérieur des terres, à Flavin/Mas-Marcou (027), et sur la côte méditerranéenne, à Narbonne/Gare S.N.C.F. (020/5). Ce terme est souvent préféré à celui de "palourde" pour parler des vénéridés du genre *Ruditapes* ou *Venerupis*, notamment dans le midi de la France. Cet emploi est cependant ici très incertain, car les signalements donnent l'image de coquilles en assez grands nombres qui ne correspondent pas à ce que nous avons constaté pour les régions concernées. À Flavin, les "clovisses" sont au premier rang dans la liste des coquillages établie par l'observateur, avant les "coquilles de Saint-Jacques" que nous avons plutôt rattachées au peigne glabre, *Proteopecten glaber*. Et à Narbonne, les restes étaient suffisamment nombreux pour être facilement observés et enregistrés par les observateurs. L'appellation "clovisse" pourrait donc avoir une acception plus large. Nous en avons un témoignage à Marseille/Ile Planier 5 (042/4) : F. Benoît regroupe sous les termes "amandes de mer ou grosses clovisses "trois coquillages qui ne sont pas du genre *Ruditapes*, *Venerupis* ou *Tapes* : "*pitaria chione*, *lutraria* et [...] *pectunculus pilosus*". *Pitaria chione* est l'autre nom d'un vénéridé plus connu sous l'appellation "*Callista chione*, vernis fauve", *Lutraria* correspond au genre des lutraires et *Pectunculus pilosus* est un ancien nom de *Glycymeris pilosa*, une espèce d'amande de mer.

Le vernis fauve, Callista chione

C'est dans la région méditerranéenne, en contexte funéraire, que *Callista chione*, le vernis fauve, a attiré pour la première fois l'attention des archéologues. Au Bas-Empire, des valves de ce vénéridé sont régulièrement déposées dans les tombes. Y. Manniez qui a révélé cette pratique dans un chapitre de sa thèse[338] recense sept sites de découverte, tous localisés dans les départements de l'Aude et de l'Hérault. Parmi eux, celui de la nécropole des Clapiès de Villeneuve-lès-Béziers a livré 16 valves. Elles étaient réparties dans 15 sépultures : hormis une qui disposait de deux valves, les autres n'en comptaient qu'une, indifféremment droite ou gauche. Dans huit tombes, *Callista chione* était associée à une autre espèce, *Pecten jacobeus*, la coquille Saint-Jacques de Méditerranée, toujours représentée par une valve gauche. Le plus souvent, la valve de vernis avait été mise dans le creux de celle de coquille Saint-Jacques, sa face interne vers le haut. V. Forest, en charge de l'étude conchyliologique, a réuni à cette occasion les remarques que suscitent les identifications de *Callista chione* ainsi que plusieurs observations sur l'état de conservation des valves.[339] À chaque rencontre avec ce coquillage, il examine en effet de près les restes ; ceux-ci se trouvent fréquemment dans les assemblages, mais toujours en faible nombre, et sans que leur nature puisse être clairement définie. Le paragraphe ci-après est une synthèse des données récoltées par V. Forest sur une quinzaine de sites et de celles, plus ponctuelles, que nous avons rassemblées pour cette recherche.

Le vernis fauve a changé plusieurs fois de nom de genre depuis le début du XIXe siècle. V. Forest a recensé *Cytherea chione* et *Meretrix chione*.[340] Et on peut en ajouter quatre autres : d'après P. Parenzan, "In qualche anno il nome venne cambiato addirittura più volte, così che la povera originaria *Venus chione* passò da Venere a Meretrice (*Meretrix*) ; fu quindi un susseguirsi di *Callista*, *Macrocallista*, *Chione*, *Pitar*, per riprendersi il nome di *Meretrix*, e poi di *Callista* (1858), mentre per priorità andrebbe meglio *Cytherea* (1818), nome che la specie mantenne giustamente più a lungo".[341] Aujourd'hui *Callista chione* est l'appellation la plus régulièrement employée ; c'est donc celle que nous avons retenue. "*Cytherea chione*" persiste néanmoins dans certains ouvrages[342] et *Pitar chione*, ou *Pitaria chione*, apparaît encore comme synonyme de *Callista chione* dans quelques travaux récents.[343]

Le vernis fauve est connu en Atlantique, des îles Britanniques au sud du Maroc, et dans tout le bassin méditerranéen. C'est un vénéridé de grande taille ; seules les plus grosses palourdes croisées d'Europe, *Ruditapes decussatus*, et les plus grosses palourdes roses, *Tapes rhomboïdes*, peuvent atteindre le diamètre antéro-postérieur moyen de cette espèce : entre 60 et 80 mm avec des exemplaires mesurant jusqu'à 110 mm. La coquille du vernis fauve est épaisse et solide. Elle dessine un ovale allongé régulier. La surface externe des valves est de couleur brune et rehaussée de bandes concentriques et rayonnantes plus foncées. Elle est recouverte d'un périostracum très adhérent, translucide et d'un aspect vernissé qui a donné son nom à l'animal. En face interne, les deux valves montrent une charnière épaisse et un sinus palléal profond qui se termine antérieurement en pointe.[344] (fig. 107)

---

[335] Forest 1999a, 132.
[336] Majurel *et al.* 1970-1973, fig. 26-1.
[337] Forest 1999a, 132.
[338] Manniez 1999.
[339] Forest 1999a.
[340] Forest 1999a, 131.
[341] Parenzan 1974, 285.
[342] Arrecgros-Dejean 1966, 38.
[343] Palese & Palese 1992 ; Canestri-Trotti *et al.* 2000 ; López López *et al.* 2004.
[344] Quéro & Vayne 1998, 148 ; Poutiers 1978, 416-421 ; Poutiers 1987, 504.

fig. 107 : le vernis fauve, *Callista chione*. À gauche, valve gauche (à gauche) et valve droite (à droite) en vue externe. À droite, valve gauche en vue interne.

			NVMg	NMVd	NI	NMV	Conservation
Sites étudiés							
Bordeaux/Auditorium	FS 20679	VIe siècle p.C.	5	2	9	16	Neuf fragments, trois valves brisées et quatre valves complètes mais avec leurs bords antérieur et postérieur ébréchés
	Autres contextes	40/50 p.C. - 120 p.C.		1	3	4	Fragments
Narbonne/Kennedy	-	-		2		2	Une entière avec une petite cassure du bord antérieur et un morceau de zone apicale.
Narbonne/Clos de la Lombarde	Comblement d'un puits	fin du IIe - milieu du IIIe siècle p.C.	3	4		7	Deux sont presque entières et ont conservé leur cuticule. Les autres sont des fragments. Les bords antérieurs et postérieurs de la valve entière la plus intégralement conservée (US 135-7,80 m) sont ébréchés.
Lançon-de-Provence/Constantine	US 2009	V^{e} - VI^{e}e siècle p.C.			2	2	Une moitié dorsale et un fragment de bord ventral.
Villevieille	Tous contextes	Toutes phases			5	5	Fragments
Signalements de V. Forest							
Narbonne/Clos de la Lombarde	-	30 - 1 a.C.	2	1		3	non précisée
		15 - 60 p.C.		1		1	non précisée
Narbonne/Grande Armée	Dépotoirs	Période augustéenne	1	4		5	Fragments, essentiellement des zones sommitales.
Lyon/Cybèle	Lot F2 - US7	40 a.C. - 10 p.C.		1		1	Angle crânial
Arles/La Capelière	-	25 a.C. - 25 p.C.			1	1	Fragment
Saint-Pont-de-Mauchiens/Sept-Fons	Comblement de fosse	0 - 10 p.C.	3	3	3	6	"ces animaux sont toujours cassés en fragments de dimensions inférieures au quart de la surface de la valve entière"
Nîmes/Carsalade	Comblement de fosse	Début du Ier siècle p.C.				2	Deux fragments de bords ventraux
Nîmes/Assas	Comblement d'un puits	60 - 70 p.C.	1			1	Presque intacte
Sallèles-d'Aude	-	Ier - IIIe siècle	11	6	6	17	"certains indices rattachent certaines valves à la catégorie des coquilles épaves"
Clermont-l'Hérault/Peyre Plantade	-	0 - 250 p.C.	4	2	1	6	non précisée
Villetelle/Ambrussum	-	355- 370 p.C.	1			1	non précisée
Soupex/Fontvieille	-	100 - 500 p.C.		1		1	Fragment
Puissalicon/Les Jurières-Basses	Comblement de fossé (US 1019)	fin IVe - début Ve siècle p.C.			1	1	non précisée
Fontès/Bardens	Comblement de fossé (397-4)	VIe siècle p.C.			1	1	non précisée
Alignan/Le Valat	Comblement d'une fosse dépotoir	fin IVe - début Ve siècle p.C.	7	2		9	"petits fragments de 4 à 5 cm, issus de l'éclatement ancien des valves"
	Comblements de silos	VIe siècle p.C.	2	1		3	
Carcassonne/Troubadours	Comblements d'excavations et niveaux d'abandon	IVe - Ve siècle p.C.	3	7	4	10	"Les vestiges sont très majoritairement des fragments à l'exception de deux valves plus ou moins complètes […]. Ces deux dernières présentent des ébréchures des angles antérieurs et postérieurs […]. Par ailleurs le bord ventral d'un exemplaire est légèrement éclaté comme le provoquent de petits chocs sur le bord d'une tasse".
Balaruc-les-Bains/Pasteur	Dépotoir	Ve siècle p.C.	4	1		5	non précisée
Paulhan/A75-Ermitage	Comblements de fosses	400 - 600 p.C.	3	4	1	7	Deux valves sont entières. Une a "des bords crânial et caudal cassés" ce qui se retrouve sur plusieurs autres fragments. L'autre "présente une usure éventuelle des bords, mais très mal perçue. Les autres sont des morceaux de valves".
Arles/Cabassole	-	V^{e} - VIIe siècle p.C.			1	1	éclat
Aspiran/Soumaltre	Comblement de fosse (US9084)	40- 150 p.C.	2	2		4	Les valves sont brisées en neuf fragments. Ceux-ci ont un aspect crayeux.
	Comblement de fosse (FS 9003)	40-70 p.C.	1			1	Fragments
	Comblement de fossé (US 8058)	10 a.C. - 10 p.C.			1	1	
Nîmes/Arènes	Dépotoir	Ier siècle p.C.	2	1		3	Fragments
		375 - 500 p.C.	1	2		3	
Autres signalements							
Aulnay	"*Principia*"	20 - 30 p.C.		≥ 1		≥ 1	La valve photographiée semble montrer un bord antérieur ébréché.
Marseille/Ile Planier 5	Epave. Dans une amphore	Ier siècle p.C.	présence suspectée				
Saint-Romain-en-Gal	-	Deux premiers siècles p.C.			≥ 1	≥ 1	Les restes photographiés sont des fragments.
Epiais Rhus/La Poulaine	-	fin du IVe siècle p.C.				1	non précisée

fig. 108 : les découvertes de vernis fauve, *Callista chione*. Récapitulatif des données récoltées.

			Quantité
	***Mactra corallina*, mactre coralline (?)**		
Pennes-Mirabeau/La Cloche		Milieu du Ier siècle a.C.	"NMI = 1"
Hyères/Olbia	Remblais et niveaux de rue	40 a.C. - 60 p.C.	2 restes
	Remblais	60 - 80 p.C.	1 reste
	-	80 - 275 p.C.	2 restes
	Comblements de fosses	475 - 550 p.C.	56 restes
	***Callista chione*, vernis fauve (?)**		
Lattes	-	Entre le IVe siècle a.C. et le IIe siècle p.C.	"NMI = 72"
Villetelle/Ambrussum	-	Toutes phases	"4 exemplaires"
Nîmes/Z.A.C. des Halles	Dépotoir 1469	60 - 80 p.C.	"NMI = 1"
Lunel-Viel Quartier ouest	Remblais	Fin Ier siècle p.C.	"NMI = 1"
	Dépotoir	IIIe siècle p.C.	"NMI = 3"
	"Eboulis"	Milieu du IVe siècle p.C.	"NMI = 2"
	Silo	Vesiècle p.C.	"NMI = 2"
Gignac-La-Nerthe/La Pousaraque	Zone A	antiquité tardive	"1 exemplaire"
Gardanne/Notre-Dame	Comblement de fosse	Début du VIe siècle p.C.	"NMI = 1"

fig. 109 : signalements par Fr. Brien-Poitevin de mactre fauve, *Mactra glauca* : autres identifications proposées.

Nous avons recensé *Callista chione* à Villevieille (065), à Lançon-de-Provence/Constantine (041), à Narbonne/Clos de la Lombarde (020/10), à Narbonne/Kennedy (020/8) et à Bordeaux/Auditorium (184/1) (Fig. 319 à 322). Il apparaît à Aulnay (180), à Saint-Romain-en-Gal (103) et sous le nom "*Merethrix chione*" à Epiais Rhus/La Poulaine (189). Fr. Brien-Poitevin l'a reconnu aux Pennes-Mirabeau/La Cloche (044) et V. Forest l'a identifié sur 19 autres sites. (fig. 108)

En outre, des valves que Fr. Brien-Poitevin avait rapportées au mactridé *Mactra glauca*, la mactre fauve, ont finalement été attribuées à *Callista chione* par V. Forest.[345] Il propose donc de faire glisser les mactres fauves, que Fr. Brien-Poitevin nomme "vernissées",[346] parmi les vernis fauves. Du reste, il note que *Callista chione* est absent de la quasi-totalité des inventaires établis par cet auteur tandis que *Mactra glauca*, qui lui ressemble beaucoup,[347] y apparaît "suivant les mêmes modalités de fréquence et de quantité". Or il précise qu'il n'a jamais identifié cette espèce et qu'elle est "donnée comme très rare sur les littoraux languedociens par tous les auteurs".[348] Cette hypothèse peut vraisemblablement être retenue pour la plupart des sites concernés, sauf à Hyères/Olbia (160/1) et aux Pennes-Mirabeau/La Cloche (044) où nous pouvons sans doute conserver l'identification du genre *Mactra*. (fig. 109) À Hyères/Olbia (160/1), au Ve - VIe siècle p.C., les restes attribués à *Mactra glauca* sont en effet trop nombreux pour appartenir à *Callista chione*. (fig. 109) Si *Mactra glauca* n'est pas commune sur le littoral du Languedoc et de la Provence, une autre espèce du genre *Mactra*, morphologiquement proche de *Callista chione*, est extrêmement fréquente[349] : *Mactra corallina*, la mactre coralline.[350] Nous préférons donc faire glisser les mactres fauves parmi les mactres corallines plutôt que parmi les vernis fauves. De même, aux Pennes-Mirabeau/La Cloche (044), *Mactra glauca*, qui apparaît à côté de *Callista chione*, correspond certainement à *Mactra corallina*. (fig. 109)

Enfin, *Callista chione* a peut-être été observée dans une amphore de l'épave de Marseille/Ile Planier 5 (042/4) par F. Benoît. Celui-ci signale des coquilles de "*Pitaria chione*". Il les décrit comme de "grosses clovisses", ce qui effectivement rappelle l'aspect des vernis fauves : des coquilles de grande taille qui ont la forme des palourdes. Mais cette description convient à d'autres coquillages qu'il est facile de confondre pour un observateur non averti, les mactridés par exemple. Cette identification de *Callista chione* est donc loin d'être assurée.

Ce vénéridé semble plus fréquemment présent aux abords de la Méditerranée que sur la façade atlantique. Néanmoins, nous avons exploré moins de sites dans cette région. Le vernis fauve marque particulièrement les assemblages languedociens. Cette distribution géographique centrée sur les départements de l'Aude et de l'Hérault répond à celle décrite par Y. Manniez à propos des dépôts de valves retrouvés dans les tombes du Bas-Empire. (fig. 110) Dans l'intérieur des terres, l'espèce apparaît rarement, seulement à Saint-Romain-en-Gal (103) et à Lyon/Cybèle (136/4).

Callista chione livre généralement moins d'une dizaine de valves. (fig. 108) Elles sont exceptionnellement intactes. Soit elles sont fragmentaires, soit leurs bords sont ébréchés, ce qui a été régulièrement signalé par V. Forest. (fig. 108) Au sujet des restes découverts à Carcassonne/Troubadours (016), il écrit : "Les vestiges sont très majoritairement des fragments à l'exception de deux valves plus ou moins complètes [...]. Ces deux dernières présentent des ébréchures des angles antérieurs et postérieurs [...]. Par ailleurs le bord ventral d'un exemplaire est légèrement éclaté comme le provoquent de petits chocs sur le bord d'une tasse". Parfois, les valves sont aussi usées et dans une couche d'Aspiran/Soumaltre (069) (US 9084), elles ont un aspect crayeux.

[345] Communication orale de V. Forest.
[346] Brien-Poitevin 1992b, 138.
[347] cf. *supra*.
[348] Forest 1999a, note 544, 131. A propos de la rareté de *Mactra glauca*, voir notamment Granier & Penez 1984, notice 137.
[349] cf. *supra*.
[350] Granier & Penez 1984, notice 136.

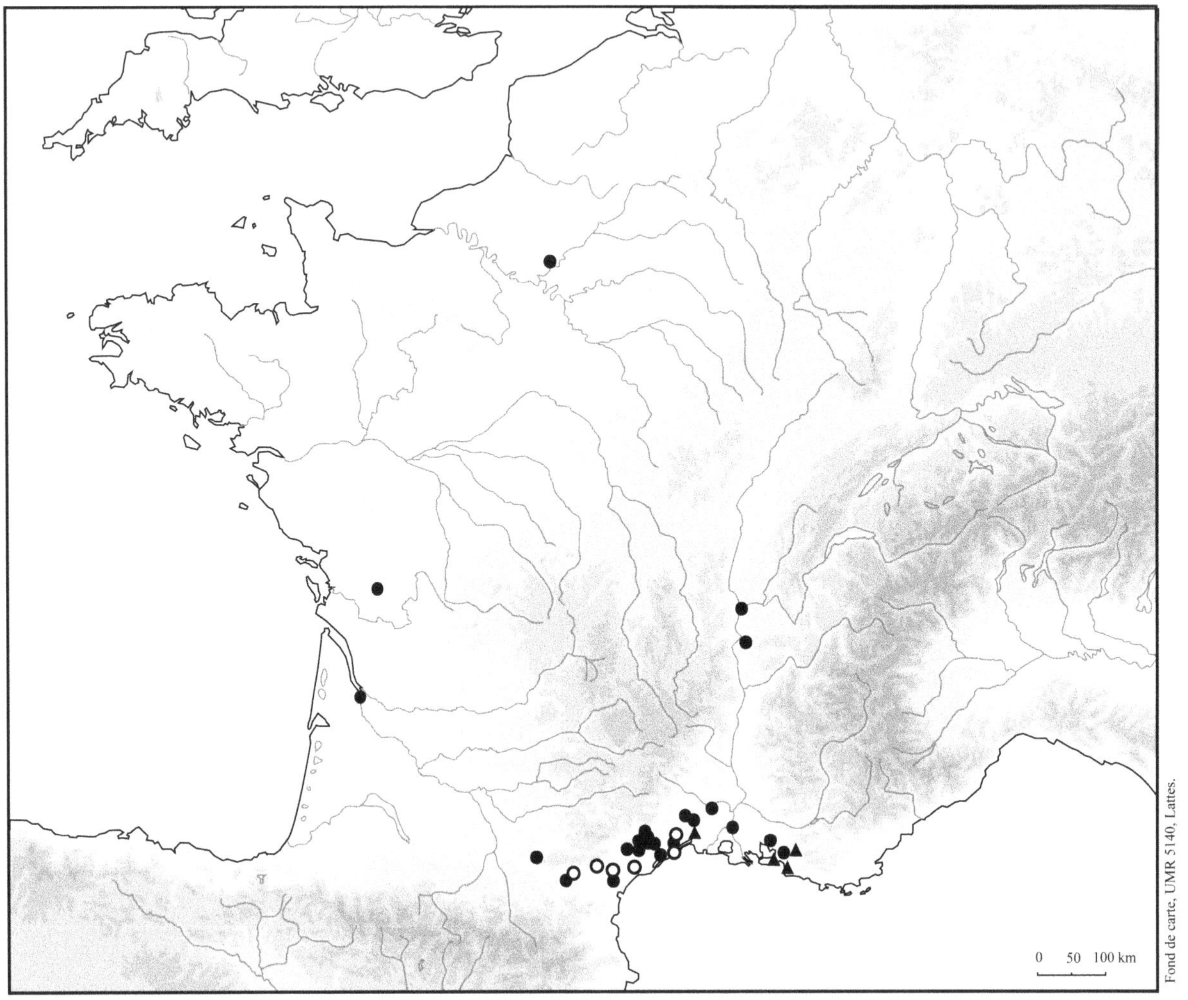

▲ présence suspectée du vernis fauve, *Callista chione*, sur au moins un site de cette localité

● présence attestée du vernis fauve, *Callista chione*, sur au moins un site de cette localité

○ présence du vernis fauve, *Callista chione*, en contexte funéraire (Bas Empire). D'après Yv. Manniez, Manniez 1999.
De l'ouest vers l'est : Bagnole/Plaine Haute (1 tombe - 1 valve) ; Mailhac/La Lécugne (1 tombe - 1 valve) et Mailhac/Le Rossignol (1 tombe - 1 valve) ; Ouveilhan/Le Mouret (1 tombe - 1 valve) ; Villeneuve-lès-Béziers/Les Clapiès (15 tombes - 16 valves) ; Vic-la-Gardiole/L'Arnel (1 tombe - 1 valve) ; Montpellier/Saint Michel (1 tombe - 1 valve)

fig. 110 : distribution géographique des découvertes de vernis fauve, *Callista chione*.

Les autres vénéridés

Les vénéridés sont représentés par deux autres espèces, toutes les deux ubiquistes : *Venus verrucosa*, la praire commune, et *Chamelea gallina*, la vénus poule.

Venus verrucosa est présente sur huit sites ; cinq sont localisés sur la façade atlantique et trois dans l'intérieur des terres. Nous ne l'avons pas retrouvée dans les inventaires réalisés par Fr. Brien-Poitevin et V. Forest en régions languedocienne et provençale.

Chamelea gallina a pour l'instant été recensée uniquement sur des sites méditerranéens. Elle n'est généralement représentée que par quelques restes, sauf aux Pennes-Mirabeau/La Cloche (044), au milieu du Ier siècle a.C., où les valves sont exceptionnellement nombreuses. (fig. 111) Fr. Brien-Poitevin décrit de petites valves. Elles sont "inférieures à 1,5 cm de long". Or la taille commune de l'espèce est comprise entre 25 et 35 mm.

Les amandes de mer,* Glycymeris *sp.

Aujourd'hui, le nom générique des amandes de mer est *Glycymeris*. Mais, pendant longtemps, ce fut *Pectunculus*, qu'il ne faut pas confondre avec l'appellation française "pétoncle" qui renvoie aux petits peignes de la famille des pectinidés.

Nous avons identifié les amandes de mer, *Glycymeris* sp., à Villevieille (065) et à Bordeaux/Auditorium (184/1). Ces bivalves sont aussi mentionnés dans 34 études ou inventaires de mobilier conchyliologique (fig. 112) et "des coquilles d'amandes de mer" auraient été découvertes dans des amphores appartenant à la cargaison de deux épaves, Marseille/Ile Planier 5 (042/4) et Marseille/Ile Planier 7 (042/5). F. Benoît, qui rapporte l'information, nomme certains de ces restes "*Pectunculus*

Venus verrucosa, **la praire commune. Valve droite en vue externe.**

Chamelea gallina, **la vénus poule. Valve gauche en vue externe.**

Loupiac/Saint-Romain	Comblement d'une piscine	Ve-VIe siècle p.C.	1 fragment non latéralisé
Barzan/Le Fâ	Puits PT 25055, US 25995	110 - 150 p.C.	1 valve gauche
Bordeaux/Auditorium	FS 20679	VIe siècle p.C.	1 valve
	Autres contextes	40/50 p.C. - 120 p.C.	6 valves
Bordeaux/Grands-Hommes	-	Ier siècle p.C.	3 valves
Saintes/Ma Maison	-	Ier siècle p.C.	+
Alise-Sainte-Reine	Dépotoir	première moitié du Ier siècle p.C.	1 valve gauche
Lyon/Trion	-	Ier siècle p.C.	1 valve
Lyon/Célestins	-	seconde moitié du IIe ou début du IIIe siècle p.C.	"1 exemplaire"
Pennes-Mirabeau/La Cloche	-	Milieu du Ier siècle a.C.	NMI = 318
Nîmes/Assas	Comblement d'un puits	60-70 p.C.	1 valve droite
Lattes	-	Ier siècle a.C.	"2 exemplaires"
	-	Ier siècle p.C.	"1 exemplaire"
	-	Autres contextes chronologiques	"9 exemplaires"
Villetelle/Ambrussum	-	180 - 230/240 p.C.	"5 exemplaires"

fig. 111 : la praire commune, ***Venus verrucosa*****, et la vénus poule,** ***Chamelea gallina*****. Récapitulatif des données récoltées.**

pilosus". Il n'en fournit cependant aucune description ; cette identification est donc difficile à retenir.

On rencontre plus fréquemment l'amande de mer dans la région méditerranéenne que sur la façade atlantique où elle n'est recensée que sur trois des 14 sites pris en compte pour cette recherche. Elle est présente dans quatre localités de l'intérieur des terres, à Sens (175), Alise-Sainte-Reine (055), Lyon (136) et Saint-Romain-en-Gal (103). (fig. 113)

Glycymeris sp. apparaît sur toute la période étudiée, mais semble marquer plus fortement les assemblages du Ier siècle p.C. (fig. 112)

Quatre espèces d'amande de mer vivent sur nos côtes. Elles se distinguent facilement des autres bivalves par leur charnière taxodonte : *Glycymeris glycymeris*, l'amande commune, *Glycymeris violacescens*, l'amande violacée, encore désignée parfois par le nom ancien de *Glycymeris insubrica*, *Glycymeris pilosa*, l'amande velue, et *Glycymeris bimaculata*, l'amande à deux tâches. La première peuple la Manche, l'Atlantique et la Méditerranée. Les autres se trouvent en Méditerranée et jusque dans le secteur atlantique du détroit de Gibraltar.[351]

Seule *Glycymeris bimaculata*, qui a la coquille la plus grande (de 70 à plus de 130 mm de diamètre antéro-postérieur) et la plus lourde[352], ne figure pas dans les inventaires. (fig. 112) Les trois autres espèces ont des coquilles qui se ressemblent beaucoup, aussi bien par leur taille que par leur morphologie : elles font entre 40 et 60 mm de diamètre antéro-postérieur, ont un contour régulier plus ou moins arrondi et une surface quasiment lisse.[353] Quelques critères permettent néanmoins de les séparer ; nous les avons empruntés à J.-M. Poutiers.[354] La paroi des valves de *Glycymeris glycymeris* et de *Glycymeris pilosa*, est relativement épaisse ; elle l'est moins chez *Glycymeris violacescens*. La coquille de *Glycymeris glycymeris* est équilatérale et pratiquement ronde. Celle de *Glycymeris pilosa* et de *Glycymeris violacescens* est inéquilatérale. La première est un peu ovale et dotée d'un apex dont l'extrémité est nettement orientée vers le bord postérieur. La seconde est plus sub-quadrangulaire : le bord dorsal est rectiligne, ce qui tend à former un angle obtus à son contact avec les bords antérieur et postérieur. Dans sa zone postérieure, elle présente deux carènes rayonnantes discrètes reliant l'apex au bord ventral pour l'une et l'apex au point de contact des bords postérieur et ventral pour l'autre. (fig. 114) La figure 115 rassemble les déterminations proposées par les différents auteurs. La plupart sont incertaines, car les critères utilisés pour identifier les restes ne sont pas

[351] Poutiers 1987, 419-422.

[352] Poutiers 1987, 419.

[353] Poutiers 1987, 420-422 ; Quéro & Vayne 1998, 95-96.

[354] Poutiers 1978, 90-96 ; Poutiers 1987, 420-422.

+ : présence

Site	Contexte	Datation	NMVg	NMVd	NI	NMV
Loupian/Près-Bas	-	-	+			
Villevieille	Zone 2	Toutes phases (entre le début du Ier et la fin du IIe siècle p.C.		2		2
	Zone 3		1	2	5	8
	Zone 4		13	25	8	46
Arles/Tour du Valat	Dépotoir	Ier siècle a.C.				24
Pennes-Mirabeau/La Cloche	-	49 a.C.	"NMI = 1"			
Lyon/Cybèle	Lot F2	40 - 20 a.C.				2
		10 a.C. - 10 p.C.				1
Narbonne/Grande Armée	Dépotoirs	Période augustéenne			1	1
Saintes/Ma Maison	-	Ier siècle p.C.	+			
Lyon/Trion	-	Ier siècle p.C.	+			
Arles/La Capelière	-	25 a.C. - 25 p.C.				1
Saint-Pont-de-Mauchiens/Sept-Fons	Comblement de fosse	Début du Ier siècle p.C.			1	1
Nîmes/Carsalade	Comblement de fosse	Début du Ier siècle p.C.				2
Alise-Sainte-Reine	Dépotoir	première moitié du Ier siècle p.C.	1			1
Lyon/Colonel Chambonnet	-	50 - 70 p.C.				2
Nîmes/Assas	Comblement d'un puits	60 - 70 p.C.	15	5		20
Nîmes/Z.A.C. des Halles	Dépotoir 1469	60 - 80 p.C.	"14"			
Nîmes/Arènes	-	25-75 p.C..		2		2
		50 - 125 p.C.	1			1
		75 - 125 p.C.	1			1
Aspiran/Soumaltre	Comblement de fosse (FS 9003)	40 - 70 p.C.		1		1
Bram	-	50 - 100 p.C.	1			1
Soupex/ Fontvieille	-	50 - 200 p.C.		1		1
Pezenas/L'Auribelle-Basse	Comblement de fosse	140 - 170 p.C.				3
Sens/Ancien Archevêché	-	IIIe siècle p.C.			1	1
Paulhan/A75-Ermitage	Comblements de fosses	400 - 600 p.C.	3	2		5
Alignan/Le Valat	Comblement d'une fosse dépotoir	Fin IVe - début Ve siècle p.C.	1	1		2
Saint-Mitre-Les-Remparts/Les Clapières	Dépotoir	V[e]/VIe siècles p.C.	"1 exemplaire"			
Gruissan/Ile-Saint-Martin	Comblement d'une fosse	IVe - Ve siècle p.C.	3	2		5
Quarante/Souloumiac	Comblement de fosse (3019)	VIe siècle p.C.			1	1
Saint-Romain-en-Gal	-	Deux premiers siècles p.C.	≥ 1	≥ 1		≥ 2
Sallèles-d'Aude	-	Entre le Ier et le IIIe siècle p.C.	1	3		4
Narbonne/Clos de la Lombarde	-	30 - 1 a.C.	1			1
		30 a.C. - 15 p.C.	1	1		2
		225 - 350 p.C.		1		1
Clermont-l'Hérault/Peyre Plantade	-	Ier siècle a.C.	3	2		5
		Ier siècle p.C.	5	3		8
		IIe siècle p.C.	6	2	1	9
		IVe - Ve siècle p.C.			1	1
Villetelle/Ambrussum	-	10 a.C. - 10/20 p.C.	"1 exemplaire"			
		50 - 75 p.C.	"2 exemplaires"			
		75 - 100 p.C.	"1 exemplaire"			
		125 p.C. - 160/180 p.C.	"4 exemplaires"			
		180 - 230/240 p.C.	"1 exemplaire"			
Lunel-Viel	Quartier central	50 - 100 p.C.	"247 restes"			
	Quartier central	100 - 250 p.C.	"105 restes"			
	Quartier central	300 - 400 p.C.	"99 restes"			
	Quartier central	400 - 500 p.C..	"4 restes"			
	Quartier ouest : Remblais	Ier siècle p.C.	"NMI = 1"			
	Quartier ouest : Dépotoirs et silos	IIIe siècle	"NMI = 3"			
	Quartier ouest : "Eboulis"	Milieu du IVe siècle p.C	" NMI = 14"			
Lattes	Pavement, US 8091	200 - 150 a.C.	122 valves			
	Remblai, US 4110	Début du Ier siècle a.C.	762 valves			
	"Niveau de pavement dans une rue"	Ier siècle a.C. ?	"120 coquilles"			
	Comblement d'un puits - Secteur 11, zone 4, sud	IIe siècle p.C.	"NMI = 2"			
Hyères/Olbia	Remblais	60 - 80 p.C.	"2 restes"			
	Comblements de fosses	475 - 550 p.C.	"1 reste"			
Barzan/Le Fâ	Thermes -Tous les secteurs	Entre 30 a.C. et la seconde moitié du IIIe siècle p.C.			3	3
Bordeaux/Auditorium	FS 20679	VIe siècle p.C.	1			1
	Autres contextes	40/50 p.C. - 120 p.C.		2		2

fig. 112 : dénombrements des restes d'amande de mer, *Glycymeris* sp.

indiqués. On se contentera de remarquer que Fr. Brien-Poitevin mentionne souvent *Glycymeris glycymeris* et jamais *Glycymeris violacescens* alors que cette espèce apparaît dans plusieurs études de V. Forest.

Les restes d'amande de mer sont rarement abondants, en général moins d'une dizaine de valves. Ponctuellement, des lots plus importants, d'une vingtaine à une cinquantaine de valves, ont été découverts, comme à Arles/Tour du Valat (032/4), à Nîmes/Assas (063/2) et à Villevieille (065). (fig. 112) Sur ce dernier site, les restes

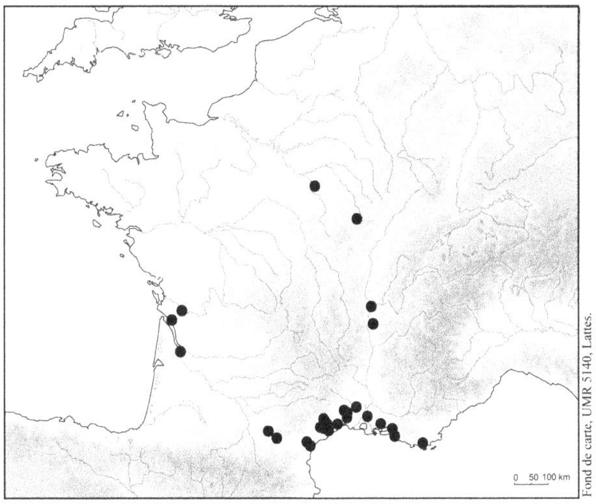

fig. 113 : distribution géographique des découvertes d'amandes de mer, *Glycymeris* sp.

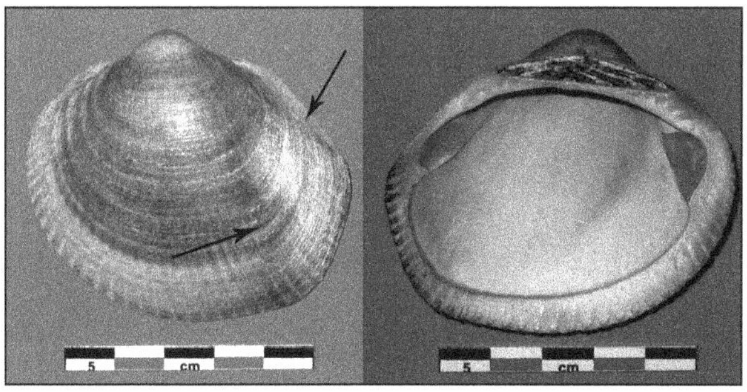

fig. 114 : l'amande violacée, *Glycymeris violacescens*. Valve gauche en vue externe (à gauche) et en vue interne (à droite). Les flèches indiquent les deux carènes rayonnantes.

fig. 115 : les amandes de mer, *Glycymeris sp.* Identifications spécifiques proposées dans les études et les inventaires de mobilier conchyliologique.

			Glycymeris glycymeris	*Glycymeris violacescens*	*Glycymeris pilosa*
Identifications spécifiques : A. Bardot					
Villevieille	Tous contextes	Toutes phases		+	
Bordeaux/Auditorium	Tous contextes	Toutes phases	+		
Identifications spécifiques : V. Forest					
Loupian/Près-Bas	-	-			+
Arles/Tour du Valat	Dépotoir	Ier siècle a.C.		+	
Lyon/Cybèle	Lot F2	40 - 20 a.C.	+ (?)		
		10 a.C. - 10 p.C.			
Arles/La Capelière	-	25 a.C. - 25 p.C.		+	
Nîmes/Carsalade	Comblement de fosse	Début du Ier siècle p.C.		+	
Nîmes/Assas	Comblement d'un puits	60 - 70 p.C.		+	
Nîmes/Arènes	-	25-75 p.C..		+	+
		50 - 125 p.C.		+	
		75 - 125 p.C.			+
Aspiran/Soumaltre	Comblement de fosse (FS 9003)	40 - 70 p.C.		+	
Soupex/ Fontvieille	-	50 - 200 p.C.		+	
Pezenas/L'Auribelle-Basse	Comblement de fosse	140 - 170 p.C.		+	
Paulhan/A75-Ermitage	Comblements de fosses	400 - 600 p.C.		+	
Alignan/Le Valat	Comblement d'une fosse dépotoir	Fin IVe - début Ve siècle p.C.		+	
Sallèles-d'Aude	-	Entre le Ier et le IIIe siècle p.C.		+	
Barzan/Le Fâ	Thermes -Tous les secteurs	Entre 30 a.C. et la seconde moitié du IIIe siècle p.C.	+		
Narbonne/Clos de la Lombarde	-	30 - 1 a.C.			
		30 a.C. - 15 p.C.		+	
		225 - 350 p.C.			
Clermont-l'Hérault/Peyre Plantade	-	Ier siècle a.C.		+	
		Ier siècle p.C.		+	
		IIe siècle p.C.	+	+	
		IVe - Ve siècle p.C.		+	
Identifications spécifiques : Fr. Brien-Poitevin					
Pennes-Mirabeau/La Cloche	-	49 a.C.	+		
Nîmes/Z.A.C. des Halles	Dépotoir 1469	60 - 80 p.C.	+		
Villetelle/Ambrussum	-	10 a.C. - 10/20 p.C.	+		
		50 - 75 p.C.	+		
		75 - 100 p.C.	+		
		125 p.C. - 160/180 p.C.	+		
		180 - 230/240 p.C.	+		
Lunel-Viel	Quartier central	50 - 100 p.C.	+		+
	Quartier central	100 - 250 p.C.	+		
	Quartier central	300 - 400 p.C.	+		+
	Quartier central	400 - 500 p.C..	+		+
	Quartier ouest : Remblais	Ier siècle p.C.	+		
	Quartier ouest : Dépotoirs et silos	IIIe siècle	+		
	Quartier ouest : "Eboulis"	Milieu du IVe siècle p.C	+		
Lattes	US 8091 - "Niveau de pavement"	200 - 150 a.C.	+		
	"Comblement" - US 4110	Ier siècle a.C.			
	"Niveau de pavement dans une rue"	Ier siècle a.C. ?			
	Comblement d'un puits - Secteur 11, zone 4, sud	IIe siècle p.C.			
Identifications spécifiques : autres observateurs					
Saintes/Ma Maison	-	Ier siècle p.C.	+		
Lyon/Trion	-	Ier siècle p.C.	+	+	+
Lyon/Colonel Chambonnet	-	50 - 70 p.C.		+	
Gruissan/Ile-Saint-Martin	Comblement d'une fosse	IVe - Ve siècle p.C.	+		
Saint-Romain-en-Gal	-	Deux premiers siècles p.C.		+	

Descriptions : A. Bardot	
Villevieille	Les restes se présentent sous la forme de fragments de valves et de valves plus ou moins complètes. Celles-ci ont pour la plupart leur apex usé ou percé et leurs bords émoussés.
Sens/Ancien Archevêché	Une valve très usée brisée en deux morceaux
Alise-Sainte-Reine	Une valve au sommet brisé
Descriptions : Fr. Brien-Poitevin	
Lunel-Viel - Quartier central	De nombreuses valves sont "roulées" et "percées".
Lattes - US 8091 et "Comblement"	Dans l'US 8091, 41% des valves sont roulées et 40% sont percées. Dans le "comblement", 56% des valves sont roulées et percées, 17% sont uniquement roulées et 1% sont seulement percées.
Descriptions : V. Forest	
Lyon/Cybèle	Les reliefs internes, dents des bords et des charnières, stries du bourrelet sommital sont quasiment effacés. Le sommet lui-même est perforé. Ces valves sont donc très usées.
Saint-Pont-de-Mauchiens/Sept-Fons	Un fragment de bord ventral usé
Alignan/Le Valat	Une valve aux bords usés
Aspiran/Soumaltre	Une valve aux bords émoussés par l'usure
Clermont-l'Hérault/Peyre Plantade	Fragments usés
Paulhan/A75-Ermitage	Fragments ou valves entières aux bords plus ou moins usés
Barzan/Le Fâ	Fragments
Arles/Tour du Valat	Certains exemplaires ont leurs bords et leurs reliefs usés
Nîmes/Arènes	Valves entières ou non, aux reliefs et aux bords plus ou moins usés
Quarante/Souloumiac	Un fragment aux reliefs émoussés

fig. 116 : conservation des restes d'amandes de mer, *Glycymeris* sp.

fig. 117 : valves d'amande violacées, *Glycymeris violacescens*, à l'apex usé ou percé et aux bords émoussés. Vues internes. Exemplaires archéologiques issus du site de Villevieille dans le Gard.

se présentent sous la forme de fragments de valves et de valves plus ou moins complètes. Celles-ci ont pour la plupart leur apex usé ou percé et leurs bords émoussés. (fig. 116 et 117) Nous avons compté plus de valves gauches que de valves droites, 29 contre 14. (fig. 112) Nous n'avons jamais réussi à les réunir en paire. Exceptionnellement, de très nombreuses valves ont été mises au jour : Fr. Brien-Poitevin dénombre 451 "restes" à Lunel-Viel (083), entre 50 et 400 p.C., et 884 "valves" et 120 "coquilles" à Lattes (079) aux IIe et Ier siècles a.C. (fig. 112) Les restes de Lunel-Viel (083) proviennent de la maison A et des fosses de plantations du quartier central. À Lattes (079), ils sont issus du remblai US 4110, du niveau de pavement US 8091 et d'un second "niveau de pavement dans une rue". Les valves sont souvent complètes, mais leur apex est usé ou percé et leurs bords émoussés. (fig. 116) Fr. Brien-Poitevin note ainsi, à Lattes (079), que dans l'US 8091, 41% des valves sont roulées et 40% sont percées et que dans le "comblement" US 4110, "56% des valves sont roulées et percées, 17% sont uniquement roulées et 1% sont seulement percées". (fig. 116)

À Villevieille (065), la hauteur de 27 valves de *Glycymeris violacescens* a été mesurée. Les dimensions obtenues s'échelonnent entre 22 et 65 mm. Elles sont majoritairement (80%) supérieures à 40 mm, ce qui correspond à la taille commune de l'espèce.[355]

*Les donacidés (**Donax** sp., flion) et les tellinidés (**Tellina** sp., telline)*

Les bivalves du genre *Donax* ont reçu divers noms régionaux, dont celui de "tenille" en Languedoc, et ils sont aujourd'hui souvent vendus sous le nom commercial de "telline". Or cette désignation est trompeuse, car les genres *Donax* et *Tellina* appartiennent à deux familles différentes, les donacidés et les tellinidés.[356] Les coquilles des tellines, *Tellina* sp., et des flions, *Donax* sp., se ressemblent beaucoup, mais on peut les distinguer grâce à trois critères principaux.[357] (fig. 118) Tout d'abord, les flions ont des valves cunéiformes fortement étirées antérieurement, ce qui n'est pas le cas des tellines dont les valves sont en ovale plus ou moins allongé et comprimé postérieurement. Ensuite, la marge interne des valves est fréquemment crénelée chez les flions, alors

[355] Poutiers 1987, 421.
[356] Bouchet & Von Cosel 2001, 12-13.
[357] Poutiers 1987, 411 ; 493.

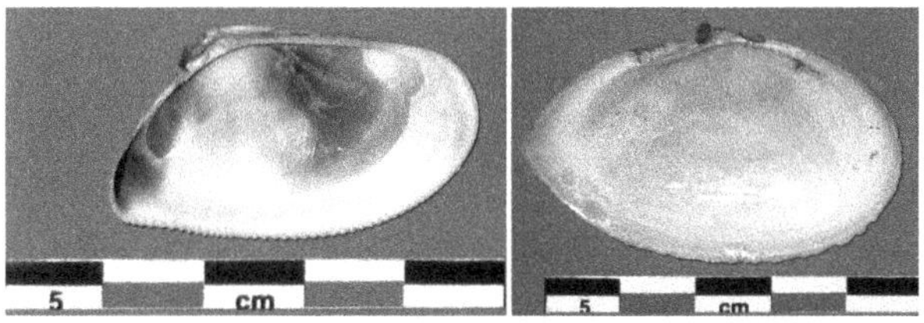

fig. 118 : à gauche, *Donax* sp., flion. Valve gauche en vue interne. À droite, *Tellina* sp., telline. Valve gauche en vue interne.

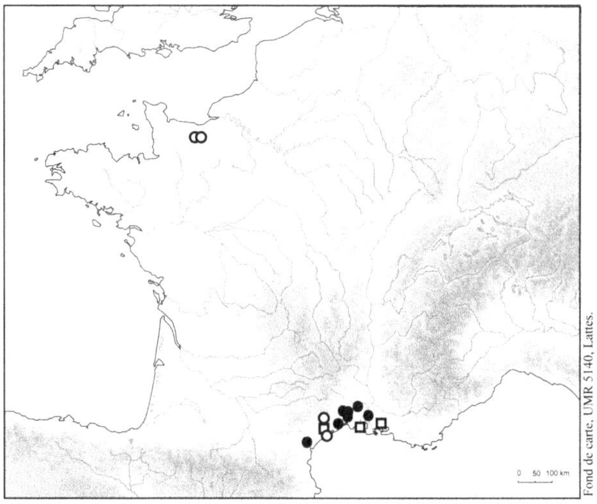

○ présence de restes de flions, *Donax* sp., sur au moins un site de cette localité

● nombreux restes de flion tronqué, *Donax trunculus*, sur au moins un site de cette localité

□ quelques restes de flion tronqué, *Donax trunculus*, sur le ou les sites de cette localité

fig. 119 : distribution géographique des découvertes de flions, *Donax* sp.

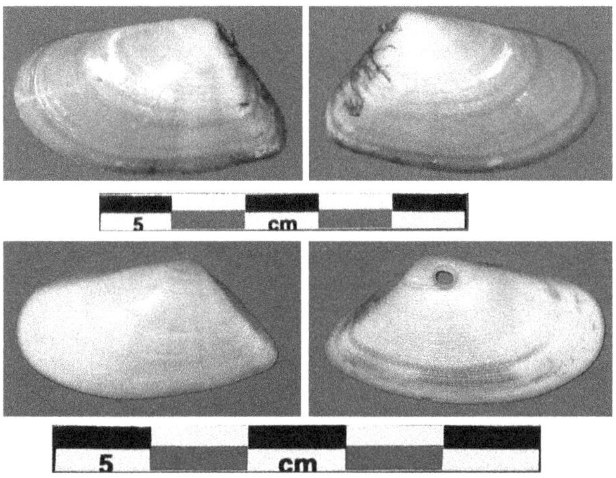

fig. 120 : en haut, le flion tronqué, *Donax trunculus*. Valve gauche (à gauche) et valve droite (à droite) en vue externe. En bas, le flion semistrié, *Donax semistriatus*. Valve gauche (à gauche) et valve droite (à droite) en vue externe.

qu'elle est toujours lisse chez les tellines. Enfin, les valves de flion montrent en face interne un sinus palléal relativement court ; sur les valves de telline, il est au contraire extrêmement profond et développé avec, près de son extrémité postéro-ventrale, deux petites empreintes arrondies qui correspondent aux points de fixation des muscles servant à la rétraction des siphons.

À Ambonne (068), les observateurs signalent la présence de "tellines", mais ce terme désigne sans doute des donacidés, et non des tellinidés. *Tellina* sp. apparaît en effet rarement dans les études ou inventaires de mobilier conchyliologique et le cas échéant, il s'agit toujours de quelques restes. Ainsi, nous n'avons pas rencontré de tellines et V. Forest non plus. Elles apparaissent aux côtés des flions dans les inventaires réalisés par V. Carpentier à Ifs (178) et Fleury-sur-Orne (179) et elles sont mentionnées dans trois études menées par Fr. Brien-Poitevin : aux Pennes-Mirabeau/La Cloche (044), elle dénombre "2 exemplaires" de *Tellina tenuis*, telline délicate, à Lunel-Viel (083), dans le Quartier ouest, et à Hyères/Olbia (160/1), elle compte respectivement une et six valves de *Tellina pulchella*, telline gentille. Parmi les espèces de telline, *Tellina pulchella* est toutefois celle qui se rapproche le plus par sa forme des représentants du genre *Donax*. Une confusion entre les deux genres n'est donc pas à écarter.

Des restes de flion, *Donax sp.*, sont signalés sur 18 sites, tous localisés à proximité de la mer. (fig. 119) On notera que ces bivalves sont pour l'heure absents des assemblages aquitains et charentais alors qu'ils se trouvent aux abords de la Manche, à Ifs (178) et Fleury-sur-Orne (179).

Sur les côtes de France, il existe cinq espèces de flions. Deux sont proprement méditerranéennes, *Donax semistriatus*, le flion semistrié, et *Donax venustus*, le flion gracieux, une n'est qu'atlantique, *Donax vittatus*, le flion des canards, et deux vivent dans les deux domaines, *Donax variegatus*, le flion aplati, et *Donax trunculus*, le flion tronqué.[358] (fig. 120) Pour l'heure, nous n'avons identifié que *Donax trunculus*, à Villevieille (065) et à Narbonne/Clos de la Lombarde (020/10) dans le comblement d'un puits, et V. Forest et Fr. Brien-Poitevin l'ont observé à 13 autres reprises. (fig. 121) Quant à *Donax semistriatus*, flion semistrié, il n'apparaît qu'à Lattes (079) dans les comblements des puits étudiés par G. Piquès. Nous ne connaissons qu'une seule découverte de *Donax venustus*, en contexte funéraire, à Nîmes/Kineapolis (SP 6043, milieu du Ier siècle a.C.).[359]

Cinq sites livrent de nombreux restes : Lattes (079), surtout au Ier siècle a.C., Villevieille (065) où la moitié des valves se concentrent dans deux US proches en stratigraphie datées des années 10 a.C.-10 p.C., Nîmes/Assas (063/2) et Nîmes/Z.A.C. des Halles (063/7) au Ier siècle p.C. et Narbonne/Clos de la Lombarde (020/10) vers la fin du IIe ou le milieu du IIIe siècle p.C. Sur trois autres, les restes sont moins abondants, mais leur quantité n'est pas négligeable : Arles/Tour du Valat (032/4), Lunel-Viel (083) et Villetelle/*Ambrussum* (100). Ailleurs, ils sont anecdotiques. (fig. 119 et 121)

---

[358] Poutiers 1987, 413-415 ; Quéro & Vayne 1998, 140-142.

[359] Rodet-Belarbi & Forest 2008, 249. *Donax venustus* apparaît sous le nom erroné de *Donax vetustus*. L'appellation française "flion gracieux" qui lui est associé autorise cependant à retenir l'identification de cette espèce.

+ : présence

			NMVg	NMVd	NMV	NMC
***Donax trunculus*, flion tronqué**						
Narbonne/Clos de la Lombarde	-	30 - 1 a.C.	6	1	7	6
		30 a.C. - 15 p.C.		1	1	1
	Comblement d'un puits	Fin du IIe - milieu du IIIe siècle p.C.	35	38	73	38
Villevieille	US 4853	10 a.C. - 10 p.C.	26	18	44	26
	US 4856		50	38	88	50
Nîmes/Assas	Comblement d'un puits	60 - 70 p.C.	63	65	128	65
Nîmes/Z.A.C. des Halles	-	Période augustéenne	"NMI = 1"			
	Dépotoir	60 - 80 p.C.	"NMI = 116"			
	-	Deuxième moitié du IIe siècle p.C.	"NMI = 7"			
Lattes	Tous les secteurs	Entre le IVe siècle a.C. et le IIe siècle p.C.*	"NMI = 1223"			
	Comblement d'un puits - Secteur 11, zone 4, sud	IIe siècle p.C.	"NMI = 20"			
Arles/Tour du Valat	Dépotoir	Ier siècle a.C.			29	
Lunel-Viel	Quartier central	100 - 250 p.C.	"36 restes"			
		300 - 400 p.C.	"2 restes"			
Villetelle/Ambrussum	-	50 - 75 p.C.	"5 exemplaires"			
		75 - 100 p.C.	"19 exemplaires"			
		125 p.C. - 160/180 p.C.	"15 exemplaires"			
		180 - 230/240 p.C.	"7 exemplaires"			
Saintes-Maries de la Mer/Ile de Mornès	-	Ier siècle a.C.	3		3	3
Arles/La Capelière	-	25 a.C. - 25 p.C.	1	1	2	1
Nîmes/Carsalade	Comblement de fosse	Début du Ier siècle p.C.			5	5
Pezenas/L'Auribelle-Basse	Comblement de fosse	140 - 170 p.C.			1	1
Saint-Mitre-Les-Remparts/Saint-Blaise	-	Ve et VIe siècle p.C.	"2 restes"			
Nîmes/Arènes	-	25-75 p.C.	4	3	7	4
		50 - 125 p.C.	1	1	2	1
		75 - 125 p.C.	2	2	4	2
***Donax* sp., flion**						
Clermont-l'Hérault/Peyre Plantade	-	100 a.C. - 50 p.C.		1	1	1
Ifs	-	Entre 50 a.C. et le début du IIe siècle p.C.	+			
Fleury-sur-Orne	-	Entre 50 a.C. et la fin du IIIe siècle p.C.	+			
Ambonne	-	-	+			

*Fr. Brien-Poitevin indique que les restes les plus nombreux appartiennent à la "période de transition" qu'elle situe entre 75 a.C. et le changement d'ère.

fig. 121 : dénombrements des restes de flions, *Donax* sp.

Les restes de *Donax* sp. ne sont guère commentés par les observateurs. Seuls quelques assemblages de *Donax trunculus* sont complètement renseignés : celui de Nîmes/Assas (063/2) traité par V. Forest et ceux de Narbonne/Clos de la Lombarde (020/10) et des US 4853 et 4856 de Villevielle que nous avons étudiés. La suite de cet exposé reprend donc les observations réalisées sur ces trois sites ; elles concernent l'état des restes, la représentation de chacune des valves et la taille des coquilles.

À Narbonne/Clos de la Lombarde (020/10) et à Villevieille (065), les valves sont bien préservées. D'ailleurs des lambeaux de périostracum sont encore conservés sur plusieurs exemplaires. Mais il semble que les restes ne soient pas toujours en aussi bon état : à Nîmes/Assas (063/2), V. Forest précise qu'une moitié seulement des valves est intacte.

Les valves de Nîmes/Assas (063/2) qui font entre 30 et 31 mm de diamètre antéro-postérieur sont légèrement plus grandes que celles de Narbonne/Clos de la Lombarde (020/10) qui tournent autour de 27 ou 28 mm. (fig. 122) Elles se rapprochent ainsi des valves de Villevieille (065) que nous pouvons qualifier de "moyennes". Celles-ci s'inscrivent en effet dans l'intervalle de taille commun pour cette espèce : entre 25 et 35 mm de diamètre antéro-postérieur.[360] (fig. 123) Les exemplaires plus grands, c'est-à-dire supérieurs à 35 mm, sont rares.

À Narbonne/Clos de la Lombarde (020/10) et à Nîmes/Assas (063/2), les valves gauches et droites sont en nombre à peu près égal (fig. 121) et la valeur moyenne du diamètre antéro-postérieur est identique ou proche pour l'une et l'autre valve. (fig. 122) Comme le souligne V. Forest, les coquilles avaient donc probablement leurs deux valves dans les dépôts. Au contraire, à Villevielle (065), le nombre de valves droites est inférieur à celui des valves gauches. De plus, dans l'US 4856, les tailles des valves gauches et droites se répartissent différemment, contrairement à leur symétrie dans la coquille de l'animal vivant : les valves moyennes sont rares à gauche et nombreuses à droite. Les tailles ne sont pas non plus identiques dans les deux lots. L'US 4856 possède quelques grandes valves, qui sont absentes dans l'US voisine 4853. (fig. 123)

Les mactridés

Les mactridés sont représentés essentiellement par des espèces du genre *Lutraria* et *Mactra*, et exceptionnellement par les spisules, *Spisula* sp., et l'eastonie rugueuse, *Eastonia rugosa*. Un critère principal

[360] Poutiers 1987, 414 ; Quéro & Vayne 1998, 142.

DAP en mm	Narbonne/Clos de la Lombarde		Nîmes/Assas V. Forest			
			US 3062		US 3149	
	Vg	Vd	Vg	Vd	Vg	Vd
x	28	27	30	30	30	31
min	22	22	20	24	24	24
max	34	38	37	37	36	36
Nb	*28*	*27*	*18*	*15*	*15*	*9*

fig. 122 : le flion tronqué, *Donax trunculus*. Récapitulatif des principales données métriques pour les assemblages de Narbonne/Clos de la Lombarde et de Nîmes/Assas.

DAP en mm	≥	*20*	*21*	*22*	*23*	*24*	*25*	*26*	*27*	*28*	*29*	*30*	*31*	*32*	*33*	*34*	*35*	*36*	*37*	
US		*21*	*22*	*23*	*24*	*25*	*26*	*27*	*28*	*29*	*30*	*31*	*32*	*33*	*34*	*35*	*36*	*37*	*...*	*N*
4853	Vg		2	2	2	2			1	3	2		1	2						*17*
	Vd					1	1	2	1	1	1	3	1	2						*13*
4856	Vg	1		1		3	1	2	6	2	4	3		5	1	6	2	1		*38*
	Vd			1	1				1	3	2	4	3	5	2	1				*25*

fig. 123 : le flion tronqué, *Donax trunculus*. Villevieille. Distribution des diamètres antéro-postérieurs des valves gauches et droites.

+ : présence				***Lutraria magna*, grande lutraire**	***Lutraria lutraria*, lutraire elliptique**
Ifs	-	Entre 50 a.C. et le début du IIe siècle p.C.	+		
Fleury-sur-Orne	-	Entre 50 a.C. et la fin du IIIe siècle p.C.	+		
Barzan/Le Fâ	Thermes -Tous les secteurs	Entre 30 a.C. et la seconde moitié du IIIe siècle p.C.	1 valve gauche	+	
Lunel-Viel Quartier ouest	Dépotoirs et silos	IIIe siècle p.C.	"NMI = 1"	+	
	"Eboulis"	Milieu du IVe siècle p.C.	"NMI = 10"		+
Loupiac/Saint-Romain	Comblement d'une piscine - 1031	V^e^ - VIe siècle p.C.	1 valve gauche		+
Lattes	Tous les secteurs	Entre le IVe siècle a.C. et le IIe siècle p.C.	"NMI = 3"		+
Hyères/Olbia	Remblais	60 - 80 p.C.	2 restes		+
	Comblements de fosses	475 550 p.C.	2 restes		

fig. 124 : signalements de lutraires, *Lutraria* sp.

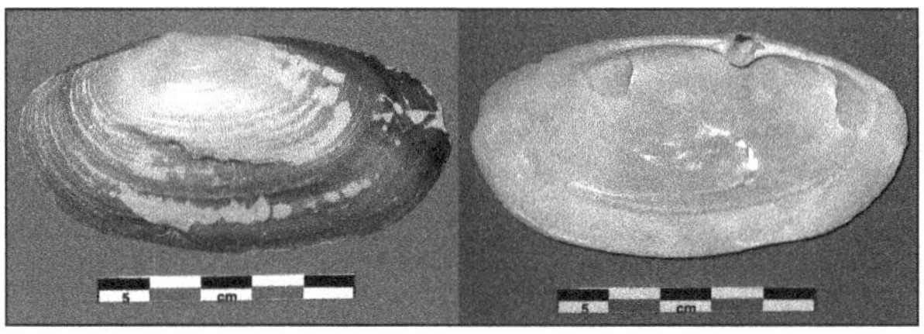

fig. 125 : la lutraire elliptique, *Lutraria lutraria*. Valve gauche en vue externe (à gauche) et en vue interne (à droite).

permet de les distinguer des autres bivalves : tous montrent une zone d'insertion ligamentaire en forme de fossette trigone pointant vers l'apex.[361]

Les lutraires, *Lutraria* sp., sont des mactridés ubiquistes. Elles apparaissent d'ailleurs sur autant de sites de la façade atlantique que de la région méditerranéenne. Nous avons identifié le genre *Lutraria* à Loupiac/Saint-Romain (185), V. Forest à Barzan/Le Fâ (182/1) et V. Carpentier à Ifs (178) et Fleury-sur-Orne (179). Fr. Brien-Poitevin l'a reconnu à Lattes (079) et il est présent dans le quartier ouest à Lunel-Viel (083) et à Hyères/Olbia (160/1). Enfin, F. Benoît le mentionne à propos du contenu d'une amphore découverte dans l'épave de Marseille/Ile Planier 5 (042/4). Ce dernier signalement doit cependant être manipulé avec précaution, comme nous l'avons fait pour les autres identifications proposées par cet auteur.

Les lutraires ne fournissent que quelques restes. (fig. 124) Ils sont attribués soit à *Lutraria magna*, la grande lutraire, soit à *Lutraria lutraria*, la lutraire elliptique. Ces deux espèces se distinguent par la forme générale de la coquille et par le dessin du sinus palléal sur la face interne des valves. Chez la première, le bord postéro-dorsal est légèrement concave et la branche ventrale du sinus se confond avec la ligne palléale. Chez la seconde, le bord postérieur est comprimé, ce qui se traduit par un bord postéro-dorsal plus rectiligne voire un peu convexe, et la branche ventrale du sinus est largement séparée de la ligne palléale qu'elle ne rejoint qu'à son extrémité postérieure. (fig. 125)

Nous avons identifié le genre des mactres, *Mactra* sp., à Bordeaux/Auditorium (184/1) et Villevieille (065) sans pouvoir en préciser l'espèce. Actuellement, *Mactra corallina*, la mactre coralline, et *Mactra glauca*, la mactre fauve, sont les deux représentantes du genre *Mactra* sur le littoral français de l'Atlantique et de la Méditerranée. (fig. 126) Toutefois, comme nous l'avons déjà indiqué, *Mactra corallina* est de loin la plus commune sur les

[361] Poutiers 1987, 428.

fig. 126 : en haut, la mactre fauve, *Mactra glauca*. Valve gauche en vue externe (à gauche) et en vue interne (à droite). En bas, la mactre coralline, *Mactra corallina*. Valve gauche en vue externe (à gauche) et en vue interne (à droite).

+ : présence ; ? : présence suspectée

		***Mactra* sp., mactres**		
Bordeaux/Auditorium	FS 20679	IVe siècle p.C.	1 valve gauche	
Villevieille	Tous contextes	Entre le Ier et le IIe siècles p.C.	2 valves gauches et 6 fragments non latéralisés	
		***Mactra corallina*, mactre coralline**		
Pennes-Mirabeau/La Cloche	-	Milieu du Ier siècle a.C.	"NMI = 1"	?
Hyères/Olbia	Remblais et niveaux de rue	40 a.C. - 60 p.C.	2 restes	?
	Remblais	60 - 80 p.C.	1 reste	?
	-	80 - 275 p.C.	2 restes	?
	Comblements de fosses	475 - 550 p.C.	56 restes	?
Nîmes/Assas	Comblement d'un puits	60-70 p.C.	1 valve gauche et 1 valve droite	+

fig. 127 : signalements de mactres, *Mactra* sp.

côtes[362] ; elle est donc la plus susceptible d'être rencontrée dans les assemblages archéologiques. J. M. Poutiers décrit sa coquille ainsi : "ovale-trigone et renflée, un peu bâillante en arrière, avec un léger pli rayonnant des crochets vers l'extrémité postéroventrale. [...] Sinus palléal peu profond. Marges internes minces et lisses".[363] (fig. 126) *Mactra corallina* a été reconnue sur un site, à Nîmes/Assas (063/2) par V. Forest. Rappelons en outre que les restes de *Mactra glauca* signalés par Fr. Brien-Poitevin aux Pennes-Mirabeau/La Cloche (044) et à Hyères/Olbia (160/1) semblent plutôt se rattacher à *Mactra corallina*.[364]

Les restes du genre *Mactra* sont généralement peu nombreux sauf pour un lot d'Hyères/Olbia (160/1) qui compte 56 restes. (fig. 127)

Une seule fois, nous avons enregistré le genre *Spisula* : à Bordeaux/Auditorium (184/1) où il est présent par une valve droite. Il est mentionné sur trois autres sites : près de la Manche à Ifs (178) et Fleury-sur-Orne (179) par V. Carpentier, et sur la côte méditerranéenne à Saint-Mitre-Les-Remparts/Saint-Blaise (046/8) par Ph. Columeau. Pour Ifs et Fleury-sur-Orne, nous ne disposons pas de dénombrement. À Saint-Mitre-Les-Remparts, il s'agit d'un seul "individu" que l'auteur attribue à *Spisula solida*, la spisule épaisse. Cette identification est toutefois peu probable, car *Spisula solida* est une espèce uniquement atlantique.[365] Une confusion avec une autre spisule (peut-être *Spisula subtruncata*, le douceron triangulaire) ou avec un autre genre de mactridé est certainement à envisager. On pense notamment aux mactres, *Mactra* sp., qui sont morphologiquement très proches des spisules.

Eastonia rugosa, l'eastonie rugueuse, est une espèce qui vit dans le bassin méditerranéen et en Atlantique, du Portugal au Sénégal. Dans les assemblages antiques, sa présence est tout à fait exceptionnelle : un fragment de bord ventral a été reconnu à Lyon/Saint-Georges (136/5) par V. Forest et un reste a été identifié à Villetelle/*Ambrussum* (100) par Fr. Brien-Poitevin. Actuellement, *Eastonia rugosa* serait absente des côtes languedociennes : J. Granier et A. Penez ne l'ont pas retrouvée et elle ne figure pas non plus dans l'inventaire établi par J.-M. Poutiers. D'après ces auteurs, elle est attachée au littoral de l'Afrique du nord et de l'Espagne méridionale.[366]

[362] cf. *supra*.
[363] Poutiers 1987, 432.
[364] cf. *supra*.

[365] Une valve gauche de cette espèce nous a été récemment signalée par V. Forest sur le site de Jublains/La Grande-Boissière (Mayenne) (Forest 2004d).
[366] Poutiers 1978 ; Granier & Penez 1984, notice 140 ; Poutiers 1987, 433.

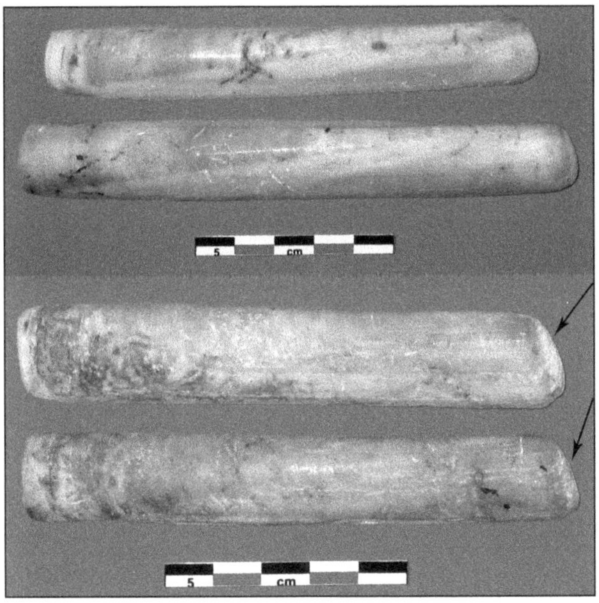

fig. 128 : en haut, le couteau silique, *Ensis siliqua*. Valves droites en vue externe. En bas, le couteau droit d'Europe, *Solen marginatus*. Valves droites en vue externe (les flèches indiquent la dépression visible à l'extrémité antérieure des valves). Barzan/Le Fâ, PT 25055.

+ : présence

					Ensis siliqua, couteau silique	*Solen marginatus*, couteau droit d'Europe	*Ensis ensis*, couteau sabre
Ifs	-		Entre 50 a.C. et le début du IIe siècle p.C.	+			
Fleury-sur-Orne	-		Entre 50 a.C. et la fin du IIIe siècle p.C.	+			
Lunel-Viel Quartier ouest	Remblais		Ier siècle p.C.	"NMI = 1"			
Hyères/Olbia	Remblais		60 - 80 p.C.	1 restes			
Saintes/Ma Maison	-		Ier siècle p.C.	+		+	
Barzan/Le Fâ	Thermes -Tous les secteurs		Entre 30 a.C. et la seconde moitié du IIIe siècle p.C.	4 fragments non latéralisés		+	
	PT 25055	US 25384	110 - 150 p.C.	8 valves gauches et 6 valves droites	+	+	
		US 25397		1 valve gauche et 1 valve droite		+	
		US 25398		5 valves gauches et 8 valves droites	+	+	
Lattes	Tous les secteurs		Entre le IVe siècle a.C. et le IIe siècle p.C.	"NMI = 1"			+

fig. 129 : signalements de solénidés.

Les solénidés

Les solénidés sont des bivalves à la forme étroite et allongée, ce qui est sûrement à l'origine de leur appellation française : couteau ou manche de couteau. Cinq espèces se rencontrent actuellement sur les côtes françaises ; elles appartiennent au genre *Ensis* - *Ensis ensis*, le couteau sabre, *Ensis arcuatus*, le couteau arqué, *Ensis siliqua*, le couteau silique, *Ensis directus*, le couteau américain - et au genre *Solen* - *Solen marginatus*, le couteau droit d'Europe. Quatre seulement peuvent se trouver dans les assemblages antiques ; *Ensis directus* a fait sa première apparition en Europe en 1978.[367] Tous les couteaux vivent en Atlantique et en Méditerranée sauf un, *Ensis arcuatus*, qui ne se trouve qu'en Atlantique. Ils se distinguent "principalement par la courbure de leur coquille, mais, contrairement à ce que leurs noms latins laissent supposer, c'est *Ensis ensis* (9-12 cm) et non *Ensis arcuatus* (15-17 cm) qui est le plus courbé".[368] *Ensis siliqua* (20-30 cm) et *Solen marginatus* (9-11 cm) ont une coquille droite. (fig. 128) Le second présente "près du bord antérieur de la coquille une dépression externe transversale, absente chez les autres espèces".[369] (fig. 128)

Des restes du genre *Ensis* et/ou *Solen* sont mentionnés sur sept sites : deux sont situés dans la plaine de Caen (Ifs (178) et Fleury-sur-Orne (179)), deux sont charentais (Barzan/Le Fâ (182/1) et Saintes/Ma Maison (183)), deux sont languedociens (Lattes (079) et Lunel-Viel (083)) et le dernier est provençal (Hyères/Olbia (160/1)). (fig. 129) À Barzan/Le Fâ (182/1), dans les couches supérieures du comblement du puits PT 25055, nous avons identifié au moins deux espèces, *Ensis siliqua*, le couteau silique, et *Solen marginatus*, le couteau droit d'Europe. (fig. 128 et 129) Une troisième a été observée à Lattes par Fr. Brien-Poitevin : *Ensis ensis*, le couteau sabre. (fig. 129)

Les solénidés sont toujours représentés par moins d'une dizaine de restes. Ce sont généralement des fragments sauf dans le puits PT 25055 de Barzan/Le Fâ (182/1), où

[367] Bouchet & Von Cosel 2001, 18

[368] Bouchet & Von Cosel 2001, 14.

[369] Quéro & Vayne 1998, 134-136.

+ : présence

Aytré/Bongraine	-	-	+
Saintes/Ma Maison	-	Ier siècle p.C.	+
Lyon/Cybèle	Comblement d'une fosse (H.2.7.)	20 - 30 p.C.	1 valve droite et 2 fragments non latéralisés
Rom/La Petite Ouche	US 824	IIe-IIIe siècle p.C.	27 valves droites et 27 valves gauches
Barzan/Le Fâ	Thermes -Tous les secteurs	Entre 30 a.C. et la seconde moitié du IIIe siècle p.C.	2 valves gauches, une valve droite et un fragment non latéralisé
	Comblement de PT 25055	110 - 150 p.C.	16 valves gauches et 17 valves droites

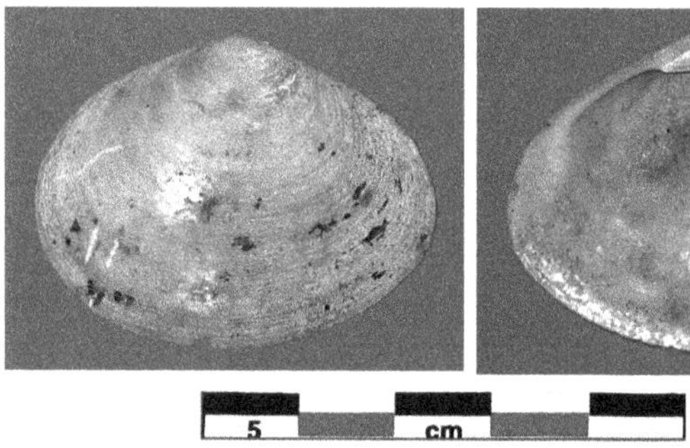

Valves gauches (en vue externe à gauche et en vue interne à droite). Barzan/Le Fâ, PT 25055.

fig. 130 : signalements de lavignon poivré, *Scrobicularia plana*.

nous avons observé une majorité de valves intactes. (fig. 128)

Le lavignon poivré, Scrobicularia plana

Scrobicularia plana se caractérise par l'extrême finesse de sa coquille qui le rend fragile même à l'état frais. Il peuple l'Atlantique et tout le bassin méditerranéen.[370] Pourtant, nous n'en avons pas trouvé la trace dans les assemblages méditerranéens inventoriés.

C'est un bivalve peu courant. Nous ne l'avons identifié qu'à trois reprises : à Rom/La Petite Ouche (188), à Lyon/Cybèle (136/4) et à Barzan/Le Fâ (182/1). (fig. 130) Les restes sont anecdotiques à Lyon : une valve droite et deux fragments. À Barzan, la plupart des valves, 14 droites et 15 gauches se concentrent dans le comblement du puits PT 25055. Plusieurs d'entre elles sont complètes contrairement aux spécimens découverts ailleurs sur le site qui sont presque systématiquement brisés. Pour la zone des thermes, V. Forest indique ainsi qu'une "valve a été retrouvée entière parce qu'elle était coincée entre deux valves d'huîtres non nettoyées qui l'avaient protégée ; cependant elle était déjà fêlée en trois morceaux". Le site de Rom livre les restes les plus nombreux, soit 54 valves, autant droites que gauches, toutes issues de la même US (US 824).

L'espèce a aussi été reconnue à Aytré/Bongraine (181) par C. Dupont et elle a probablement été observée à Saintes/Ma Maison (183) par N. Laurenceau. Dans son inventaire, ce dernier mentionne un tellinidé, *Gastrana fragilis*, mais l'associe au nom "lavagnon". Or, "lavagnon" est une appellation régionale qui désigne le lavignon poivré, en Charente-Maritime.[371] Les tellinidés étant quasiment absents des assemblages archéologiques, et cette espèce particulièrement, on suppose que les restes appartiennent plutôt à *Scrobicularia plana*.

En résumé, le lavignon poivré a pour l'instant été recensé sur cinq sites. Aucun n'est localisé dans la région méditerranéenne : quatre se situent sur la façade occidentale, et plus précisément dans la région charentaise, et le dernier se trouve à l'intérieur des terres.

Le spondyle pied d'âne, Spondylus gaederopus

Spondylus gaederopus est un bivalve méditerranéen. Ce n'est donc pas surprenant de le voir apparaître sur quelques sites du pourtour du Golfe du Lion : Fr. Brien-Poitevin l'a identifié à Lunel-Viel (083), dans le quartier ouest, à Gardanne/Notre-Dame (044) et à Hyères/Olbia (160/1). On le suit dans l'intérieur des terres jusqu'à Lyon où il est signalé au Trion (136/6) par A. Locard. Le spondyle fournit très peu de restes. Les plus nombreux se trouvent à Hyères/Olbia (160/1) vers 475-550 p.C. ; Fr. Brien-Poitevin en a dénombré six. (fig. 131)

Cette espèce est également mentionnée à Marseille/Archipel de Riou (042/1) par F. Benoît. Rappelons qu'il décrit une amphore remplie de valves

[370] Poutiers 1987, 479 ; Quéro & Vayne 1998, 142.

[371] Quéro & Vayne 1998, 143.

Lyon/Trion	Dépotoirs	Ier siècle p.C.	1 coquille entière
Lunel-Viel Quartier ouest	Dépotoirs et silos	IIIe siècle p.C.	"NMI = 1"
Hyères/Olbia	Remblais et niveaux de rue	40 a.C. - 60 p.C.	"1 reste"
	Remblais	60 - 80 p.C.	"1 reste"
	Comblements de fosses	475 - 550 p.C.	"6 restes"
Gardanne/Notre-Dame	Comblement de fosse dépotoir	Début du VIe siècle p.C.	"NMI = 2"

fig. 131 : signalements de spondyle pied d'âne, *Spondylus gaederopus*.

Aulnay	*"Horreum"*	Ier siècle p.C.	"1"
Rom/La Petite Ouche	FS 18	IIe - IIIe siècle p.C.	2 valves gauches
Bordeaux/Auditorium	Tous contextes	Ier siècle p.C.	12 valves gauches et 2 valves droites
Barzan/Le Fâ	Thermes -Tous les secteurs	Entre 30 a.C. et la seconde moitié du IIIe siècle p.C.	5 valves gauches et 1 valve droite
Narbonne/Grande Armée	US 014	Période augustéenne	
Narbonne/Port-La-Nautique	Rejet dans une zone portuaire	Fin du Ier siècle p.C.	1 valve droite
Narbonne/Clos de la Lombarde	Comblement d'un puits	Fin du IIe - milieu du IIIe siècle p.C.	1 valve gauche

Coquille vue depuis la face externe de la valve droite.

fig. 132 : signalements d'anomie, *Anomia* sp.

d'huîtres tout en précisant "spondylus gaederopus".[372] La rareté des restes de spondyle suggère toutefois que les valves observées appartiennent à des huîtres. Certaines coquilles d'*Ostrea edulis* aux reliefs externes prononcés peuvent se rapprocher de celles lamelleuses et parfois épineuses de *Spondylus gaederopus*. Néanmoins, les deux espèces demeurent très différentes. Contrairement à l'huître, le spondyle se cimente par sa valve droite qui est plus haute et plus convexe que la gauche. De plus, il possède une charnière isodonte, alors qu'elle est dysodonte chez l'huître.[373]

[372] cf. *supra*.
[373] cf. 1.4.

Les anomies,* Anomia *sp.

Les anomies sont présentes sur toutes les côtes françaises. J.-M. Poutiers signale qu'il en existe une demi-douzaine d'espèces, la plus commune étant *Anomia ephippium*, l'anomie pelure d'oignon. Comme le suggère leur nom, la coquille de ces animaux est très mince. Elles possèdent deux valves au contour variable et irrégulier ; la droite, qui est appliquée contre la face externe du support, est trouée pour laisser passer un byssus calcifié développé sur la face interne de la valve gauche. Cette structure sert à la fixation de l'animal sur le substrat.[374] (fig. 132)

Ce genre a été recensé sur sept sites, à Bordeaux/Auditorium (184/1), à Rom/La Petite Ouche (188), à Barzan/Le Fâ (182/1) et à Aulnay (180) sur la

[374] Poutiers 1978, 188-196 ; Poutiers 1987, 391.

Lunel-Viel Quartier ouest	Dépotoirs et silos	IIIe siècle p.C.	"NMI = 1"
Hyères/Olbia	Remblais et niveaux de rue	40 a.C. - 60 p.C.	"7 restes" / "NMI = 2"
	Remblais	60 - 80 p.C.	"2 restes" / "NMI = 2"
	-	80 - 275 p.C.	"4 restes" / "NMI = 2"
	Remblais	275 - 475 p.C.	"12 restes" / "NMI = 3"
	Comblements de fosses	475 550 p.C.	"811 restes" / "NMI = 57"

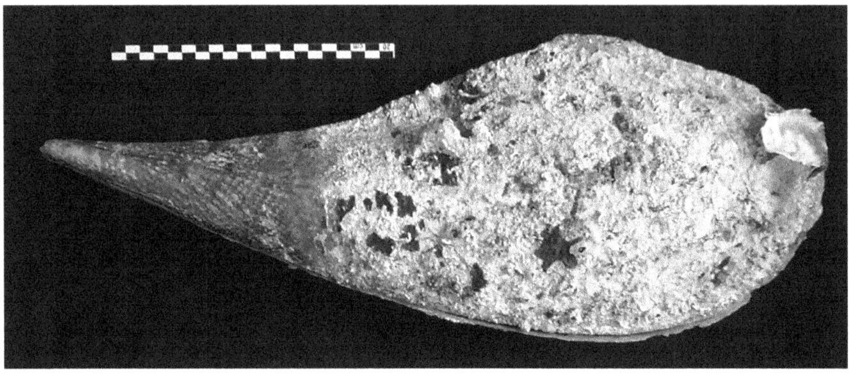

Coquille de pinne marine, *Pinna* sp. Valve gauche en vue externe.

fig. 133 : signalements de pinne marine, *Pinna* sp.

fig. 134 : l'arche de Noé, *Arca noae*. Valves gauches. Vue externe à droite. Vue interne à gauche.

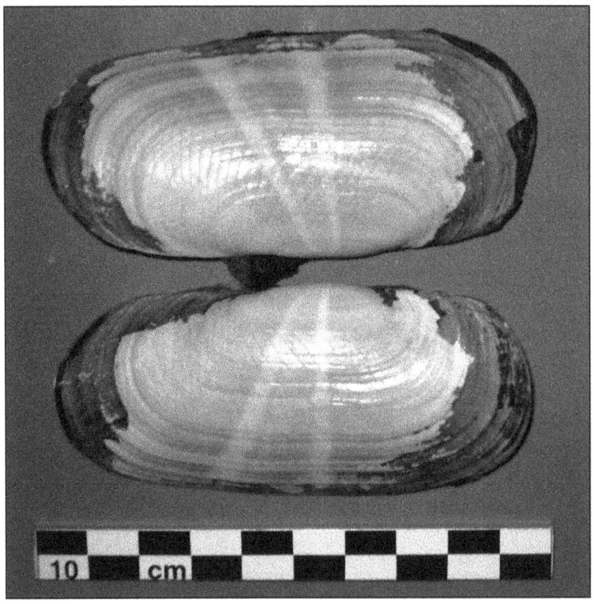

fig. 135 : le solécurte rose, *Solecurtus strigillatus*. Valve gauche (en haut) et valve droite (en bas) en vue externe.

côte atlantique, à Narbonne/Clos de la Lombarde (020/10), à Narbonne/Grande Armée (020/3) et à Narbonne/Port la Nautique (020/14) sur la côte méditerranéenne. Il se manifeste par seulement quelques valves, gauches pour la plupart. (fig. 132)

Les pinnidés

Cette famille regroupe de très grands bivalves à la coquille pointue en avant et large en arrière. (fig. 133) Les espèces les plus communes sont *Pinna nobilis*, le jambonneau hérissé, et *Atrina pectinata*, le jambonneau fragile. La première qui peut dépasser 1 m de hauteur a des valves recouvertes d'écailles ; elle ne vit qu'en Méditerranée. La seconde est plus petite, jusqu'à 35 cm de hauteur, et a une coquille presque lisse ; elle est ubiquiste.[375]

Seules deux études réalisées par Fr. Brien-Poitevin mentionnent des restes de pinnes marines. L'une concerne le site de Hyères/Olbia (160/1), l'autre celui de Lunel-Viel (083). L'état des restes n'est pas précisé, mais il s'agit vraisemblablement de morceaux et non de valves entières, car ils n'ont pas amené de commentaire particulier. Or à Hyères, Fr. Brien-Poitevin compte "811 restes" pour la phase 475-550 p.C. Dans les autres assemblages, les restes sont très peu abondants ; une seule fois, ils sont plus d'une dizaine. (fig. 133)

Les autres bivalves

Trois autres coquillages, tous méditerranéens, complètent la liste des bivalves signalés dans les assemblages archéologiques. Ils sont peu fréquents et leurs restes sont anecdotiques. Deux appartiennent à la famille des arcidés : Fr. Brien-Poitevin reconnaît six restes d'arche (de Noé ?), *Arca* (*noae* ?), (fig. 134) à Hyères/Olbia

[375] Poutiers 1987, 471-472.

(160/1) et "un exemplaire" d'arche corbeille, *Anadara corbuloïdes*, à Villetelle/*Ambrussum* (100). Le dernier bivalve est *Solecurtus strigillatus*, le solécurte rose : nous avons déterminé une valve gauche à Alise-Sainte-Reine (055) et Fr. Brien-Poitevin dénombre deux restes à Villetelle/*Ambrussum* (100). (fig. 135)

Les restes de gastéropodes

Les muricidés

Les muricidés " comptent entre 400 et 500 espèces, selon qu'on isole, ou non, certains groupes de genres sous d'autres dénominations de familles. Ils sont distribués dans toutes les mers du globe"[376] Ce sont des prédateurs redoutables, notamment pour les bivalves. Le bigorneau perceur, *Ocenebra erinacea*, et les rochers, *Bolinus brandaris* et *Hexaplex trunculus*, apprécient particulièrement les huîtres. D'autres préfèrent les moules comme *Nucella lapillus*, le pourpre petite pierre, et *Stramonita haemastoma*, le pourpre bouche de sang[377]

Le rocher épineux, Bolinus brandaris, *et le rocher fascié,* Hexaplex trunculus

En Méditerranée et le long des côtes méridionales du Portugal, se trouvent les célèbres *Bolinus brandaris* et *Hexaplex trunculus* qui fournissaient dans l'Antiquité la pourpre utilisée pour teindre les étoffes[378]. La coquille du rocher épineux est assez facile à reconnaître avec ses épines canaliculées et sa forme subsphérique prolongée par un long et étroit canal siphonal. (fig. 136) Celle du rocher fascié est plus massive. Elle est fusiforme avec un canal siphonal court protégé sur la face dorsale par deux minces lames émanant de chaque bord et elle porte des tubercules plus ou moins saillants. (fig. 136)

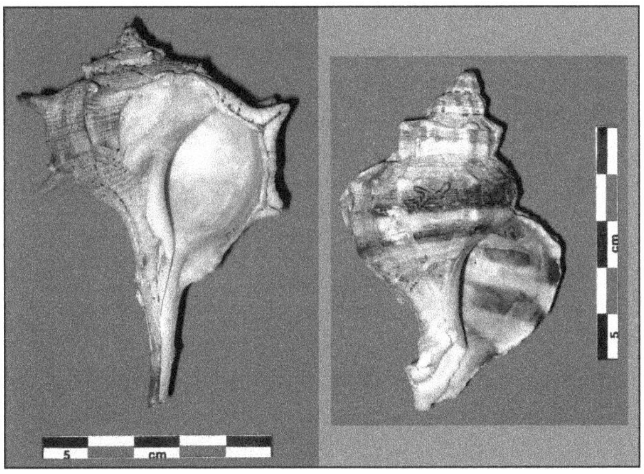

fig. 136 : à gauche, le rocher épineux, *Bolinus brandaris*. À droite, le rocher fascié, *Hexaplex trunculus*.

Des coquilles de rochers ont été retrouvées sur 31 sites et on suspecte leur présence sur cinq autres pour lesquels les observateurs mentionnent des "murex". (fig. 137 et 138) Les découvertes sont regroupées sur les bords du Golfe du Lion ; elles sont peu nombreuses dans l'intérieur des terres. (fig. 139) Les rochers sont présents sur toute la période étudiée, mais c'est à partir du début du Ier siècle p.C. qu'ils semblent devenir plus fréquents. (fig. 137) *Bolinus brandaris*, le rocher épineux, est le plus courant. Nous l'avons identifié sur six sites et il est signalé sur 23 autres. Nous n'avons reconnu *Hexaplex trunculus*, le rocher fascié, que deux fois et il est enregistré sur seulement 13 autres sites. (fig. 137)

Les coquilles de *Bolinus brandaris* sont souvent bien préservées même si l'on note régulièrement une troncature du canal siphonal. V. Forest décrit les coquilles comme "à peu près intactes" à Nîmes/Assas (063/2), Fr. Brien-Poitevin remarque une cassure semblable du canal siphonal à Villetelle/*Ambrussum* (100), à Lattes (079) et à Lunel-Viel (Quartier ouest, s. 083) ; sur ce dernier site, "seuls quatre exemplaires ont été conservés entiers [sur 48]". Les coquilles d'*Hexaplex trunculus* sont généralement intactes.

À Narbonne/Clos de la Lombarde (020/10), les coquilles de *Bolinus brandaris* et d'*Hexaplex trunculus* sont entièrement blanches à l'image de l'altération que nous avons décrite à plusieurs reprises pour certaines valves d'huître plate d'Europe, *Ostrea edulis*. À Villetelle/*Ambrussum* (100) et à Lunel-Viel (083), Fr. Brien-Poitevin mentionne une coloration de la matière-coquille. Sur le premier site, "Plus d'une cinquantaine de fragments de coquillages divers ont une couleur marron", parmi eux des "*Murex*", et sur le second, certains restes "ont des traces de couleur marron orange ayant pénétré dans l'épaisseur de la coquille". Cette observation rappelle celle que nous avons faite sur le site de Villevieille (065) où plusieurs coquilles d'US différentes ont révélé sur leur face externe une coloration rouge orangée ; la nacre interne qui borde l'ouverture n'est pas touchée. Mais la coloration est ici superficielle. Elle n'a pas pénétré les couches minérales sous-jacentes, car quelques épines que nous avons cassées montrent une matière-coquille parfaitement blanche. Elle est présente seulement en certains endroits de la coquille qui sont toujours les mêmes quels que soient les exemplaires. Elle se développe uniquement sur la face qui porte l'ouverture : le long du labre, de part et d'autre du canal siphonal et sur les tours jusqu'à l'apex. La couleur n'est pas uniformément répartie. Elle recouvre en effet plus intensément la surface des parties les plus saillantes, l'extrémité des épines et les interruptions lamellaires.

Le rocher épineux fournit les restes les plus nombreux. (fig. 137) Six assemblages rassemblent 45% des coquilles ; tous appartiennent à des sites localisés sur la côte languedocienne. Aucun n'est antérieur au début du Ier siècle p.C. Bram (015) et Soupex (024) vers l'ouest, et Saint-Romain-en-Gal (103) et Lyon (136) vers le nord livrent quelques exemplaires. (fig. 137 et 140) Le rocher fascié est peu représenté tant dans l'intérieur des terres

[376] Gaillard 1987, 583.
[377] Marteil 1976, 259-261.
[378] A ce sujet, voir : Macheboeuf 2004a, 2004b, 2005a, 2005b, 2007, 2008a, 2008b, (sous presse). Et aussi : Reese 1979-1980 ; Cocaign 1997 ; Molines 1998 ; Cardon 2003 ; Alfaro *et al.* 2004 ; Haubrichs 2005 ; Bernal *et al.* 2008.

			Bolinus brandaris NMC	*Hexaplex trunculus* NMC	?
		Sites étudiés			
Lyon/Cybèle	Comblement d'une fosse H.2.7.)	20 - 30 p.C.	3	4	
Narbonne/Kennedy	-	-	1		
Narbonne/Général de Gaulle	Niveau de destruction : US 5013	50 - 30 a.C.	1		
Narbonne/Clos de la Lombarde	Comblement d'un puits	Fin du IIe - milieu du IIIe siècle p.C.	**82**	29	
Narbonne/Port-La-Nautique	Rejet dans une zone portuaire	fin du Ier siècle p.C.	2		
Villevieille	Zone 2	Toutes phases (entre le début du Ier et la fin du IIe siècle p.C.	**102**		
	Zone 3		22		
	Zone 4		17		
	Zone 5		5		
	Zone 7		3		
		Autres sites			
Loupian/Près-Bas	-	-	+		
Soupex/Fontvieille	-	-	2		
Les Pennes-Mirabeau/La Cloche	Niveau de destruction	Milieu du Ier siècle a.C.		2	
Narbonne/Grande Armée	Dépotoir : US 014	Période augustéenne	4		
	Dépotoir : US 015		2		
	Dépotoir : US 020		2		
	Dépotoir : US 026		6		
Lyon/Bellecordière	Remblai	Ier siècle p.C.	1		
Lyon/Trion	Dépotoirs	Ier siècle p.C.	+	1	
Nîmes/Carsalade	Comblement de fosse	Début du Ier siècle p.C.	1		
Nîmes/Assas	Comblement d'un puits	60 - 70 p.C.	**81**	5	
Bram	Surface de circulation	50 - 100 p.C.	1		
Villevieille	CN 2142	75 - 125 p.C.	**102**		
	Autres contextes		47		
Pezenas/L'Auribelle-Basse	Comblement d'une fosse	140 - 170 p.C.	1		
Nîmes/Z.A.C. des Halles	-	Deuxième moitié du IIe siècle p.C.	2		
Lyon/Célestins	-	seconde moitié du IIe ou début du IIIe siècle p.C.		1	
Alignan/Le Valat	Comblement d'une fosse dépotoir	fin IVe - début Ve siècle p.C.	2		
Narbonne/ Hôtel-Dieu	Comblement d'un puits	Premier quart du Ve siècle p.C.			2
Gardanne/Notre-Dame	Comblement de fosse dépotoir	Début du VIe siècle p.C.		2	
Eyguières/Saint-Pierre	Occupation	500 - 600 p.C.		1	
Arles/Esplanade	Dépotoir	V^e - VIe siècle p.C.		+	
Sallèles-d'Aude	-	Ier - IIIe siècle	3		
Saint-Romain-en-Gal	-	Deux premiers siècles p.C.	≥ 1		
Nîmes/Arènes	Dépotoir	25 - 75 p.C.	9		
		20 - 100 p.C.	8		
		50 - 125 p.C.	3		
		75 - 125 p.C.	15	2	
		50 - 150 p.C.	5	1	
		25 a.C. - 175 p.C.	23		
		375 - 500 p.C.	1		
Narbonne/Clos de la Lombarde	-	30 - 1 a.C.	4		
		30 a.C. - 15 p.C.	3		
		60 - 100 p.C.	28		
		225 - 425 p.C.	1		
Villetelle/Ambrussum	-	10 a.C. - 10/20 p.C.	14		
		50 - 75 p.C.	**42**		
		75 - 100 p.C.	33		
		125 - 160/180 p.C.	**48**	1	
		180 - 230/240 p.C.	**152**		
		350 - 370 p.C.			1
Lunel-Viel	Quartier central	50 - 100 p.C.	9		
		100 - 250 p.C.	**52**		
		300 - 400 p.C.	20		2
		400 - 500 p.C.	2		
	Quartier ouest : Remblais	Deuxième moitié du Ier siècle p.C.	6		
	Quartier ouest : Dépotoirs et silos	IIIe siècle	23		
	Quartier ouest : "Eboulis"	milieu du IVe siècle p.C	16		
	Quartier ouest : Remblais	V^e - VIe siècle p.C.	2		
	Quartier ouest : Dépotoir	Début du Ve siècle p.C.	1		
Lattes	Tous les secteurs	Entre le IVe siècle a.C. et le IIe siècle p.C.	262		
	Comblement d'un puits -Secteur 11, zone 4	IIe siècle p.C.	10		
Hyères/Olbia	Remblais et niveaux de rue	40 a.C. - 60 p.C.	5	30	
	Remblais	60 - 80 p.C.	22	**90**	
	-	80 - 275 p.C.	10	**126**	
	Remblais	275 - 475 p.C.	1		
	Comblements de fosses	475 550 p.C.	10	13	

fig. 137 : dénombrements des coquilles de rocher épineux, *Bolinus brandaris*, et de rocher fascié, *Hexaplex trunculus*, pour plusieurs assemblages méditerranéens et de l'intérieur des terres.

Frontignan/Mas de Bernadou	-	-	"des murex"
Castres/ Domaine de Gourjade 1	Dans un "fosse"	Fin du Ier ou au début du IIe siècle p.C.	"murex"
Orange/La Brunette	Comblement d'un bassin	Début du Ier siècle p.C.	"un remplissage exclusivement constitué de coquilles de *murex*"
Rasteau/Saint-Martin	-	-	"murex"
Montredon-des-Corbières	Comblement d'une fosse	140 - 120 a.C.	"murex"

fig. 138 : autres signalements de restes de rochers (restes de *Bolinus brandaris* ou de *Hexaplex trunculus*).

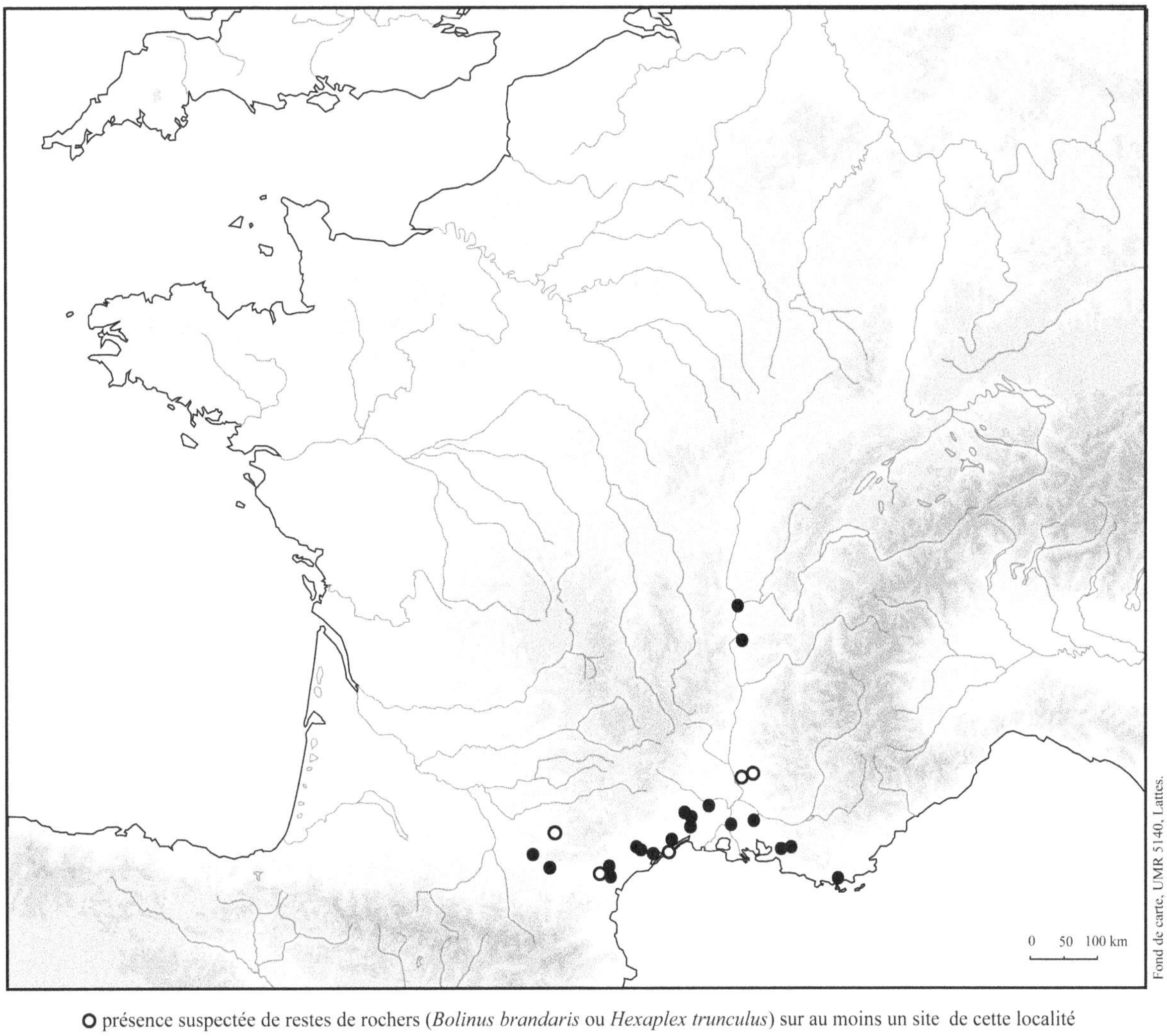

○ présence suspectée de restes de rochers (*Bolinus brandaris* ou *Hexaplex trunculus*) sur au moins un site de cette localité

● présence attestée de restes de rochers (*Bolinus brandaris* ou *Hexaplex trunculus*) sur au moins un site de cette localité

fig. 139 : distribution géographique des découvertes de rochers (*Bolinus brandaris* ou *Hexaplex trunculus*).

que sur la côte. (fig. 137 et 140) Un site fait cependant exception : Hyères/Olbia (160/1). Il concentre 95% des restes dénombrés. (fig. 137 et 140)

Les deux espèces sont associées dans neuf assemblages : les restes de rocher fascié sont moins abondants que ceux de rocher épineux, et même souvent anecdotiques, sauf à Hyères/Olbia (160/1) où les proportions sont inversées. (fig. 137)

À Villevieille (065), nous avons mesuré le diamètre de 85 coquilles de rocher épineux, *Bolinus brandaris*, issues du même contexte : un passage d'échelle comblé au Ier siècle p.C. (CN2142). Des mesures sont aussi disponibles sur deux sites de Nîmes étudiés par V. Forest et sur celui de Lattes étudié par Fr. Brien-Poitevin. Les dimensions utilisées pour exprimer la taille des coquilles sont différentes ; elles ont été choisies en fonction de l'état de conservation des restes. Il s'agit respectivement du diamètre et de la hauteur, ce qui ne permet pas de comparer les exemplaires traités par les deux auteurs. Par ailleurs, il faut rappeler que le diamètre retenu par V. Forest[379] pour les coquilles de rocher épineux ne prend pas en compte les épines contrairement à celui qui est donné dans les ouvrages qui décrivent l'espèce[380] : à Nîmes, les coquilles ne peuvent donc pas être qualifiées de grandes, moyennes ou petites.

[379] cf. 1.5.

[380] Gaillard 1987, 586 ; Quéro & Vayne 1998, 82.

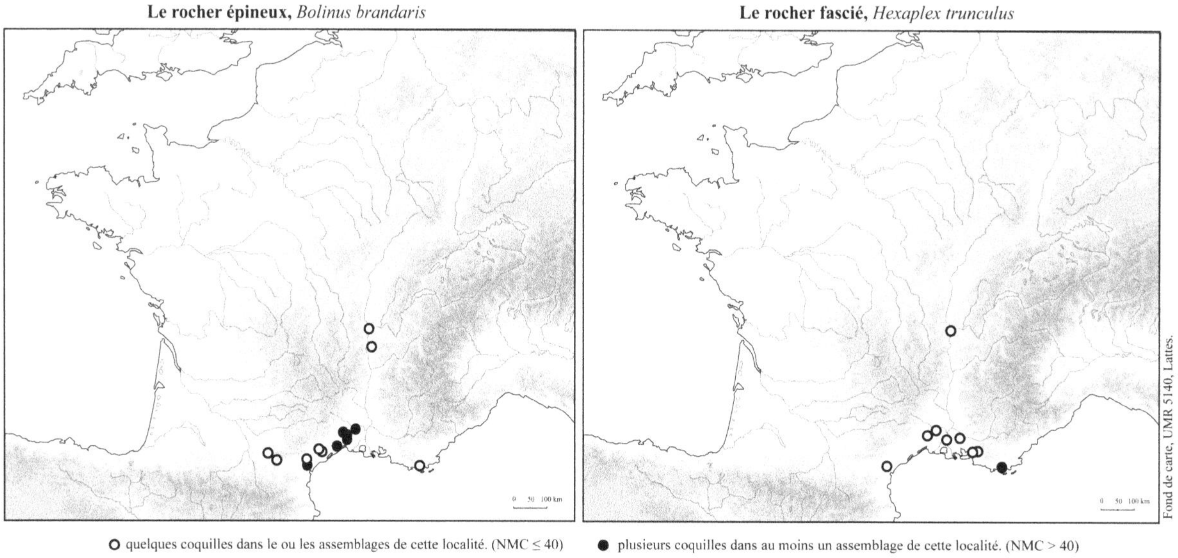

fig. 140 : distribution géographique des découvertes de rocher épineux, *Bolinus brandaris*, et de rocher fascié, *Hexaplex trunculus*, en fonction du nombre de restes.

D en mm	Villevieille - passage d'échelle CN2142 - Ier siècle p.C.				
	US 2083	US 2133	US 2149	US 2152	US 2265
x	38	38	38	40	35
min	34	31	32	35	26
max	44	46	55	44	40
Nb	*9*	*36*	*13*	*16*	*11*

D en mm	Nîmes/Assas V. Forest		Nîmes/Arènes V. Forest				
	60 - 70 p.C.		40 - 100 p.C.	50 - 150 p.C.	40 - 50 p.C.	50 - 100 p.C.	50 - 150 p.C.
	US 3062	US 3149	e10		e12/13	z3	
x	34	34	33	35	34	34	38
min	27	27	27	31	27	28	32
max	41	44	41	40	38	43	44
var. max. (%)	49	71	51	30	42	53	35
Nb	*16*	*21*	*8*	*10*	*6*	*12*	*5*

fig. 141 : le rocher épineux, *Bolinus brandaris*. Récapitulatif des principales données métriques (diamètres) pour les assemblages de deux sites nîmois.

Les individus des assemblages retrouvés à Villevieille (065), dans le passage d'échelle CN 2142, sont de taille proche avec une moyenne des diamètres qui varie entre 38 et 40 mm. Un seul se distingue avec des coquilles un peu plus petites : la moyenne est de 35 mm. Les dimensions obtenues par V. Forest à Nîmes sont du même ordre. À Nîmes/Assas (063/2) et Nîmes/Arènes (063/1), les coquilles ont un diamètre compris entre 33 et 38 mm. (fig. 141) Selon l'auteur, il se dégage à Nîmes/Arènes (063/1) "une évolution chronologique entre les phases qui restent dans le Ier s. ap. J.-C. et celles qui incluent la première moitié du IIe s. ap. J.-C. D'une part, la moyenne s'accroît légèrement passant de 33,4/34,3 mm à 35,3/38,2 mm. D'autre part, la variabilité maximale est plus forte dans la première phase, de 42 à 53%, que dans la seconde, 30 et 35%." (fig. 141) À Lattes (079), Fr. Brien-Poitevin note que les "*Bolinus brandaris* mesurent en moyenne 6,5 cm de hauteur avec un maximum de 7,2 cm", ce qui correspond à des coquilles de taille moyenne. J. Arrecgros-Dejean indique en effet une "coquille de 5 à 8 cm"[381], J.-M. Gaillard une hauteur maximale de 9,2 cm[382] et l'espèce est actuellement commercialisée autour de 70 mm, taille minimum légale pour la pêche.[383] Pour *Hexaplex trunculus*, nous avons remarqué que les coquilles de Narbonne/Clos de la Lombarde (020/10) étaient plutôt grandes dépassant parfois 83/85 mm, hauteur limite donnée pour les individus actuels.[384] Il semble cependant que certains animaux rencontrés aujourd'hui sur le rivage languedocien atteignent cette taille.[385]

Nous n'avons pas examiné assez de coquilles pour pouvoir commenter leur forme. Les seules observations formulées à ce sujet ont été réalisées par Fr. Brien-

[381] Arrecgros-Dejean 1966, 24.
[382] Gaillard 1987, 586.
[383] Gaillard 1987, 586.
[384] Gaillard 1987, 588 ; Quéro & Vayne 1998, 83.
[385] Communication orale de J. Pelorce à V. Forest. J. Pelorce est Délégué régional de l'AFC (Association Française de Conchyliologie) pour le Languedoc, correspondant du Muséum d'Histoire Naturelle de Paris.

fig. 142 : coquilles de rocher épineux, *Bolinus brandaris*. Site romain de Loron en Istrie (Croatie).

Poitevin et V. Forest ; elles concernent le rocher épineux. À Lattes (079), Fr. Brien-Poitevin remarque que "certaines coquilles ont de très longues épines allant jusqu'à 1,5 ou 1,7 cm de long dans le dernier quart du Ier s. av. n. è." et à Nîmes/Assas (063/2), V. Forest souligne que "les épines superficielles sont plus longues et plus fines sur les coquilles de l'US 3149 que sur celles de l'US 3062". Jusqu'à présent, ce caractère ne nous a pas interpellée pour les assemblages des sites gallo-romains que nous avons étudiés. Nous avons en revanche observé des coquilles aux longues épines sur le site romain de Loron localisé sur la côte occidentale de l'Istrie (Croatie).[386] (fig. 142)

À Nîmes/Arènes (063/1), V. Forest précise que "quelques coquilles [de *Bolinus brandaris*] portent des colonies de Bryozoaires".

Aucune cassure qui pourrait avoir une origine humaine n'a été enregistrée.

Le bigorneau perceur, Ocenebra erinacea*, le pourpre petite pierre,* Nucella lapillus*, et le pourpre bouche de sang,* Stramonita haemastoma

Des trois espèces, *Ocenebra erinacea* est celle qui est la plus fréquente dans les assemblages archéologiques. Ce gastéropode se trouve sur toutes les côtes françaises. Sa coquille est épaisse et présente de très puissants

+ : présence			***Ocenebra erinacea***	***Nucella lapillus***	***Stramonita haemastoma***
			NMC		
Narbonne/Malard	Niveau de circulation	Début du Ier siècle p.C.	1		
Nîmes/Assas	Comblement d'un puits	60 - 70 p.C.	1		
Villetelle/Ambrussum	-	50 - 75 p.C.	1		
		180 - 230/240 p.C.	1		
Lattes	Tous les secteurs	Entre le IVe siècle a.C. et le IIe siècle p.C.	2		
Hyères/Olbia	Remblais	60 - 80 p.C.	3		
	Comblements de fosses	475 - 550 p.C.	16		
Arles/Tour du Valat	Dépotoir	Ier siècle a.C.			1
Barzan/Le Fâ	Thermes -Tous les secteurs	Entre 30 a.C. et la seconde moitié du IIIe siècle p.C.	9		
Bordeaux/Grands Hommes	-	Ier siècle p.C.		1	1
Ifs	-	Entre 50 a.C. et le début du IIe siècle p.C.	+	+	
Fleury-sur-Orne	-	Entre 50 a.C. et la fin du IIIe siècle p.C.	+	+	

Le bigorneau perceur, *Ocenebra erinacea*

Le pourpre petite pierre, *Nucella lapillus*

Le pourpre bouche de sang, *Stramonita haemastoma*

fig. 143 : signalements de bigorneau perceur, *Ocenebra erinacea*, de pourpre petite pierre, *Nucella lapillus*, et de pourpre bouche de sang, *Stramonita haemastoma*.

[386] Bardot (à paraître).

bourrelets spiraux soulevés par de fortes varices transversales prenant parfois l'allure de crêtes foliacées.[387] (fig. 143) D'après G. Lindner, "les coquilles de Méditerranée ont une sculpture beaucoup plus marquée que celles du nord de l'aire de répartition".[388] Cette espèce mesure de 30 à 40 mm de hauteur et jusqu'à 65 mm.[389] Nous avons identifié le bigorneau perceur à Narbonne/Malard (020/11) et il apparaît sur quatre autres sites méditerranéens. Sur la façade atlantique et de la Manche, il est présent à Barzan/Le Fâ (182/1), Ifs (178) et Fleury-sur-Orne (179). Il livre peu de restes, au maximum 16 à Hyère/Olbia (160/1) entre 475 et 550 p.C. (fig. 143)

Nucella lapillus, le pourpre petite pierre, qui vit uniquement dans l'Atlantique et dans la Manche, figure dans les inventaires réalisés par V. Carpentier à Ifs (178) et à Fleury-sur-Orne (179) et P.-J. Labour lui attribue une coquille à Bordeaux/Grands Hommes (184/4). (fig. 143) Nous ne l'avons jamais rencontrée. Cette espèce a une coquille assez petite, entre 20 et 25 mm de hauteur selon J. Arrecgros-Dejean[390], entre 25 et 35 mm selon G. Lindner. Elle a un apex bref et pointu tandis que le dernier tour est ample. Le bord de l'ouverture est épais et dentelé intérieurement. La sculpture externe se compose de cordons spiralés entrecroisés de stries d'accroissement irrégulières.[391] (fig. 143)

Stramonita haemastoma, le pourpre bouche de sang, est encore plus rare. Il est aussi absent des séries que nos avons manipulées. Ce muricidé peuple la Méditerranée et l'Atlantique proche jusqu'à la côte basque[392]. P.-J. Labour l'a identifié un peu plus au nord, à Bordeaux/Grands Hommes (184/4), par une coquille. Et un exemplaire a été recensé à Arles/Tour du Valat (032/4) par V. Forest. (fig. 143) La coquille de cette espèce est grande (entre 40 et 100 mm de hauteur), épaisse et lourde. Elle montre un dernier tour très enveloppant. Son ouverture occupe les deux tiers de sa hauteur et porte une teinte rose chair tendant fortement à l'orangé, d'où l'appellation "bouche de sang".[393]

Les patelles, **Patella** *sp.*

Patella est le genre des gastéropodes à la coquille conique. La face interne du cône, qui est lisse, porte la trace de l'insertion musculaire en forme d'arc ouvert vers l'avant tandis que sa face externe montre une sculpture très variable et fréquemment érodée. (fig. 144)

Les patelles (ou berniques ou chapeaux chinois) apparaissent dans trois mentions et 18 inventaires. (fig. 145) Les sites concernés sont localisés sur la façade occidentale française et sur le pourtour méditerranéen. Dans cette région, c'est au-delà de l'embouchure du Rhône, sur la côte provençale, que les découvertes sont les plus nombreuses. Elles sont anecdotiques à l'intérieur des terres. (fig. 146)

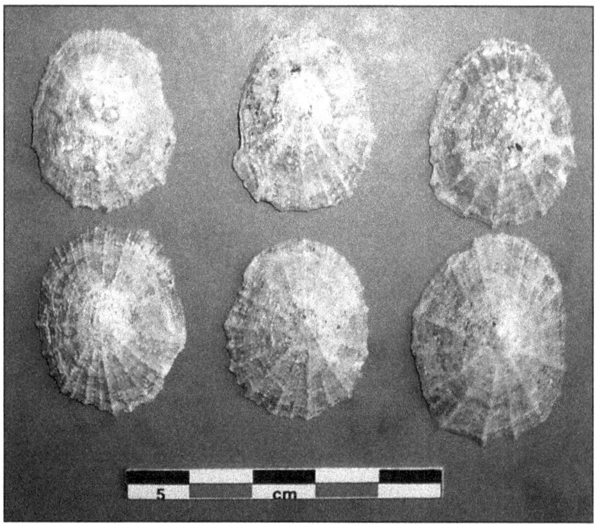

fig. 144 : coquilles de patelles, *Patella* sp., en vue externe. Barzan/La Palisse, US 33414.

Patella sp. marque assez fortement les assemblages des deux derniers siècles avant notre ère et du Ier siècle p.C. : la moitié appartient en effet à cette période. (fig. 145) Six sites livrent de nombreux restes : Epiais Rhus/La Poulaine (189), Barzan/Le Fâ (182/1) et Barzan/La Palisse (182/2) sur la façade occidentale et Les Pennes-Mirabeau/La Cloche (044), Saint-Mitre-Les-Remparts/Saint-Blaise (046/8) et Hyère/Olbia (160/1) sur la côte provençale. (fig. 145 et 147)

Les coquilles que nous avons examinées sont habituellement bien conservées. On notera cependant qu'il ne reste parfois qu'une partie du cône, inférieure ou supérieure. Ces observations déjà réalisées par V. Forest à Barzan/Le Fâ (182/1), ont aussi été enregistrées par C. Dupont : "coquille entière" (type 0), "apex présent et bord de la coquille cassé" (type 1), et "anneau de coquille" (type 2).[394]

Il existe sur les côtes de France une demi-douzaine d'espèces du genre *Patella* qui ne sont pas toujours faciles à distinguer. Les coquilles sont en effet très polymorphes, ce qui rend l'identification spécifique délicate. Le plus souvent, c'est un obstacle que nous avons eu du mal à lever. À Barzan/La Palisse (182/2), nous pouvons néanmoins faire quelques propositions pour les coquilles de l'US 33414. La forme conique est très accusée, c'est-à-dire que les coquilles sont hautes. Leur apex est central ou légèrement décalé antérieurement. Elles ont des côtes radiales régulières, rectilignes et alternativement fortes et fines. (fig. 144) Trois espèces sont aujourd'hui communes en Atlantique :

---

[387] Gaillard 1987, 587 ; Lindner 2004, 52.
[388] Lindner 2004, 52.
[389] Arrecgros-Dejean 1966, 26 ; Marteil 1976, 260 ; Gaillard 1987, 587 ; Lindner 2004, 52.
[390] Arrecgros-Dejean 1966, 26.
[391] Lindner 2004, 52.
[392] Arrecgros-Dejean 1966, 26 ; Lindner 2004, 54.
[393] Gaillard 1987, 589 ; Lindner 2004, 54.
[394] Dupont 2003b, partie III, 82-83 et fig. 18 (publication : Dupont 2006b).

				NMC
Sites étudiés				
Bordeaux/Chapeau Rouge	Comblement de latrines : US 8176		20/1 a.C	1
Barzan/La Palisse	Niveau d'occupation : US 33414		début du Ier siècle p.C.	119
	Niveau prép. à une voie : US 33040B		début du IIe siècle p.C.	3
Barzan/Le Fâ	Puits PT 25055	US 25382	110 - 150 p.C.	8
		US 25384		28
		US 25397		14
		US 25995		12
		US 25996		8
		US 25997		2
		US 25398 - 25410		7
		US 25999 - 26289		63
		US 26291		2
		US 26292	90 - 110 p.C.	12
		US 26293		8
	US 25283		40 - 70 p.C.	45
	US 25132		40 - 70 p.C.	15
	US 25138		40 - 70 p.C.	29
	US 25111		110 - 150 p.C.	12
	US 25168		150/seconde moitié du IIIe siècle	13
Sens/Ancien Archevêché	-		IIIe siècle p.C.	1
Loupiac/Saint-Romain	Comblement d'une piscine		V^e - VIe siècle p.C.	3
Autres sites				
Barzan/Le Fâ	Zone des thermes (V. Forest)	Un secteur	50 - 30 a.C.	5
		Trois secteurs	30 a.C. - 10 p.C.	51
		Quatre secteurs	10 - 70 p.C.	40
		Quatre secteurs	70 - 110 p.C.	12
		Dix secteurs	110 - 150 p.C.	49
		Six secteurs	150 - seconde moitié du IIIe siècle p.C.	49
Aytré/Bongraine	-		-	+
Ifs	-		Entre 50 a.C. et le début du IIe siècle p.C.	+
Fleury-sur-Orne	-		Entre 50 a.C. et la fin du IIIe siècle p.C.	+
Aulnay	*"Horreum"*		20 - 30 p.C.	1
	"Principia"			1
Bordeaux/Grands-Hommes	-		Ier siècle p.C.	1
Saintes/Ma Maison	-		Ier siècle p.C.	+
Bordeaux/Cité Judiciaire	Dépotoirs		270 - 280 p.C.	1
Epiais Rhus/La Poulaine	-		fin du IVe siècle p.C.	82
Les Pennes-Mirabeau/La Cloche	-		Milieu du Ier siècle a.C.	436
Gruissan/Ile-Saint-Martin	Comblement d'une fosse		IVe - Ve siècle p.C.	1
Gardanne/Notre-Dame	Comblement de fosse dépotoir		Début du VIe siècle p.C.	1
Saint-Mitre-Les-Remparts/Saint-Blaise	Ensemble 6		IIe siècle a.C.	1
	Ensemble 7			1
	Comblement de fosse (FS 8)		Entre le milieu du VIe et le début du VIIe siècle p.C.	115
Hyères/Olbia	Remblais et niveaux de rue		40 a.C. - 60 p.C.	96
	Remblais		60 - 80 p.C.	626
	-		80 - 275 p.C.	131
	Remblais		275 - 475 p.C.	50
	Comblements de fosses		475 - 550 p.C.	5853
Autres signalements				
Narbonne/Pech-Redon	Comblement d'un bassin		-	"patelles"
Chateauneuf-les-Martigues/Les Fourques	Dépotoir		Fin du IIe ou début du Ier siècle a.C.	"coquilles de patelles"
La-Chapelle-du-Mont-Chat	"contexte d'habitation"		-	"patelles"

fig. 145 : dénombrements et signalements des coquilles de patelles, *Patella sp.*

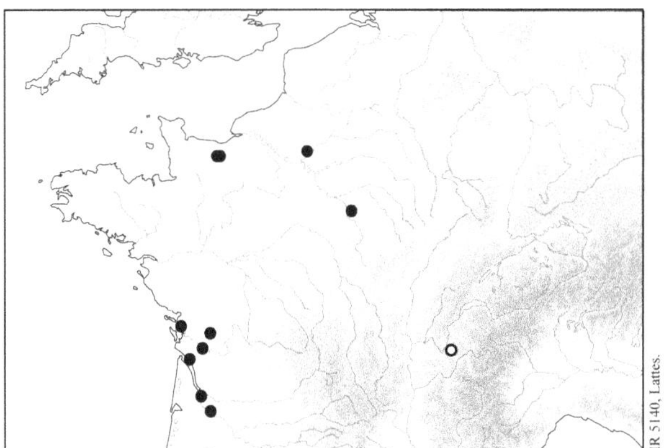

○ présence suspectée de restes de *Patella sp.*, patelle, sur au moins un site de cette localité

● présence attestée de restes de *Patella sp.*, patelle, sur au moins un site de cette localité

fig. 146 : distribution géographique des découvertes de patelles, *Patella* sp.

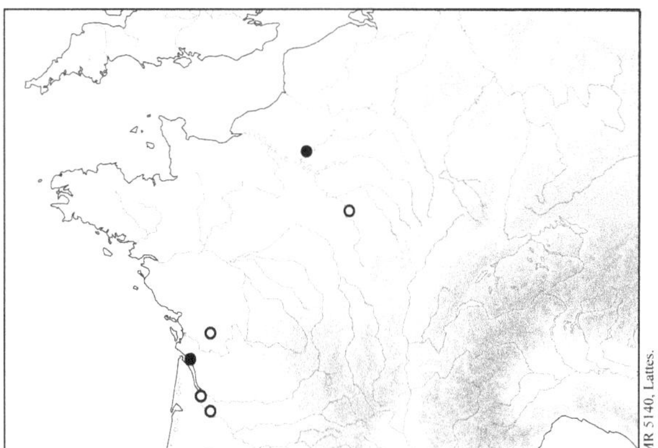

○ quelques coquilles de *Patella sp.*, patelle, dans le ou les assemblages de cette localité. (NMC ≤ 40)

● plusieurs coquilles de *Patella sp.*, patelle, dans au moins un assemblage de cette localité. (NMC > 40)

fig. 147 : distribution géographique des découvertes de patelle, *Patella* sp., en fonction du nombre de restes.

en mm	La Palisse		Le Fâ			
	US 33414		US 25283		Zone des thermes (V. Forest)	
	Diam.	H	Diam.	H	Diam.	H
x	28	11	27	10	31	11
min	21	7	21	7	20	4
max	38	16	35	13	43	24
var. max. (%)	81	129	67	86	115	500
Nb	*49*	*49*	*22*	*22*	*160*	*147*

fig. 148 : patelles, *Patella* sp. Récapitulatif des principales données métriques pour trois assemblages de Barzan.

en mm	La Palisse US 33414		Le Fâ US 25283		
	Diam.	H	Diam.	H	
4-5					
6-7		1		3	
8-9		**15**		**10**	
10-11		**17**		5	
12-13		6		4	
14-15		7			
16-17		3			
18-19					
20-21	2		1		
22-23	5		2		
24-25	3		**7**		Intervalle moyen
26-27	**11**		**6**		
28-29	**13**		2		
30-31	7		2		
32-33	3		1		
34-35	4		1		
36-37					
38-39	1				
40-41					
42-43					
44-45					
46-47					
48-49					
50-51					
Nb	*49*	*49*	*22*	*22*	

fig. 149 : patelles, *Patella* sp. Distribution des diamètres et des hauteurs pour deux assemblages de Barzan.

la patelle de l'Atlantique, *Patella vulgata*, la patelle intermédiaire, *Patella intermedia*, et la patelle rude, *Patella ulyssiponensis*.[395] Nous pouvons vraisemblablement écarter *Patella ulyssiponensis* qui est assez plate, large et resserrée antérieurement. Cette espèce présente en outre des côtes acérées très marquées, ce qui ne correspond pas à nos observations.[396] Nous nous orientons donc plutôt vers *Patella vulgata* ou *Patella intermedia*. Pour les assemblages issus de la zone des thermes (Barzan/Le Fâ (182/1)), V. Forest a privilégié *Patella vulgata*.

À Bordeaux/Cité Judiciaire (184/3) et à Saintes/Ma Maison (183), les auteurs identifient *Patella vulgata* pour l'un et *Patella caerulea* pour l'autre. L'observation de *Patella vulgata* à Bordeaux ne serait pas surprenante, en revanche la présence de *Patella caerulea* est peu probable à Saintes : cette patelle dite de Méditerranée peuple comme son nom l'indique le bassin méditerranéen et l'Atlantique proche jusqu'à la côte basque.[397] La forme générale de sa coquille ne diffère pas de celle de *Patella vulgata*, mais elle est plus aplatie, sa paroi est plus mince et la sculpture de sa face externe est plus fine.[398]

Fr. Brien-Poitevin propose plusieurs identifications pour les coquilles des assemblages méditerranéens. Elles amènent quelques remarques. L'auteur mentionne *Patella caerulea*, une forme *"fragilis"* de cette espèce que nous n'avons pas retrouvée dans les ouvrages consultés, et *Patella ferruginea*. *Patella caerulea* est très commune en Méditerranée[399], *Patella ferruginea*, la patelle foncée, beaucoup moins ; elle est assez rare d'après J.-M. Gaillard[400] et elle n'est pas citée par J. Granier et A. Penez qui ont exploré le littoral de la Camargue et de la partie orientale du Golfe d'Aigues-Mortes.[401] Deux espèces pourtant courantes en Méditerranée ne sont pas signalées : la patelle rude, *Patella ulyssiponensis*, et la patelle ponctuée, *Patella rustica*, qui remonte en Atlantique jusqu'au Golfe de Gascogne : sa coquille fortement bombée est pourvue de fines côtes rayonnantes ornées de petits tubercules noirâtres.[402]

Les seules données biométriques dont nous disposons pour *Patella* sp. sont celles fournies par les études menées à Barzan par V. Forest et nous-même. Le diamètre et la hauteur de 49 coquilles de l'US 33414 de Barzan/La Palisse (182/2) ont été mesurés. Leurs moyennes sont respectivement de 28 et 11 mm. (fig. 148) Avec cette taille, les coquilles se rapprochent plus de *Patella intermedia* que de *Patella vulgata* : la première est donnée commune entre 26 et 45 mm diamètre, la seconde entre 30 et 50 mm.[403] Qu'ils appartiennent à l'une ou l'autre espèce, les individus restent néanmoins plutôt petits, à la limite inférieure de l'intervalle moyen. (fig. 149) Cela caractérise aussi les coquilles de l'US 25283 : la moyenne des diamètres est de 27 mm, celle des hauteurs de 10 mm. (fig. 148 et 149) Ces observations ne diffèrent pas de celles formulées par V. Forest pour les assemblages issus de la zone des thermes (Barzan/Le Fâ (182/1)). Il décrit de petits exemplaires : une moyenne de 31 mm de diamètre et de 11 mm de hauteur.

395 Gaillard 1987 ; Dupont & Gruet 2002 ; Lindner 2004.
396 Gaillard 1987, 611 ; Dupont & Gruet 2002, 527.
397 Gaillard 1987, 610-611; Quéro & Vayne 1998, 80.
398 Arrecgros-Dejean 1966, 12 ; Gaillard 1987, 610 ; Quéro & Vayne 1998, 80.
399 Arrecgros-Dejean 1966, 12 ; Granier & Penez 1984, notice 177 ; Gaillard 1987, 610.
400 Gaillard 1987, 610.
401 Granier & Penez 1984.
402 Gaillard 1987, 611 ; Quéro & Vayne 1998, 80.
403 Dupont & Gruet 2002.

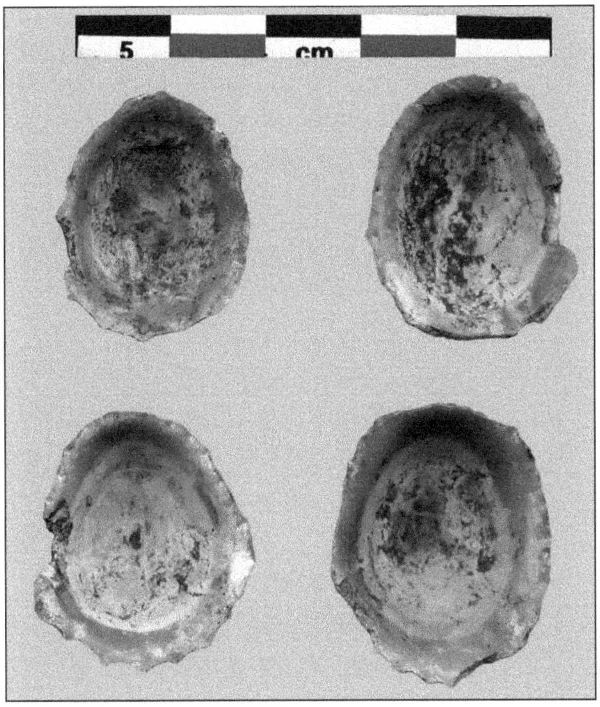

fig. 150 : six coquilles de patelles, *Patella* sp., en vue interne montrant une petite encoche et un enlèvement de la surface de la matière-coquille. Barzan/La Palisse, US 33414.

Dans les US 33414 et 25283, les coquilles ont des tailles homogènes. Ainsi, malgré des variabilités maximales assez fortes, la distribution des diamètres et des hauteurs montrent un fort regroupement des valeurs autour de la moyenne. (fig. 149)

À Barzan (182), plusieurs marques, toutes semblables, ont sans doute une origine humaine. Dans l'US 33414 de La Palisse (182/2), nous avons observé une petite encoche sur le bord de 15 coquilles ; elle est prolongée sur la face interne par un enlèvement de la surface de la matière-coquille. (fig. 150) V. Forest décrit les cassures proches pour des exemplaires issus de la zone des thermes (182/1) : "Les bords du cône sont souvent cassés, soit sur toute sa circonférence, soit sur des arcs plus ou moins grands, ou parfois réduits à une encoche de largeur variable".

Les cérithiidés

Le cérithe commun, Cerithium vulgatum

Dans les inventaires et les études de mobilier conchyliologique, on le rencontre parfois sous son nom ancien de *Gourmya vulgata*. La coquille du cérithe commun est turriculée, assez allongée et pointue. Elle s'enroule en plusieurs tours peu bombés munis de tubercules et de crêtes peu saillants et mesure le plus souvent entre 40 et 60 mm de hauteur.[404] (fig. 151) Il existe une espèce morphologiquement proche, *Cerithium rupestre*, le cérithe rupestre, qui est un peu plus ventrue et dotée d'une sculpture externe moins marquée ; de faibles

fig. 151 : coquilles de cérithe commun, *Cerithium vulgatum*, montrant une cassure du péristome et/ou de l'apex. Lançon-de-Provence/Constantine.

bosses remplacent les tubercules.[405] Nous ne l'avons observée qu'à Lançon-de-Provence/Constantine (041) par une seule coquille.

Cerithium vulgatum est présent uniquement sur des sites du pourtour de la Méditerranée. (fig. 152 et 153) Cette concentration des découvertes dans le sud de la Gaule correspond à la distribution géographique actuelle de l'espèce. Elle est essentiellement méditerranéenne ; en Atlantique, elle est présente de Gibraltar aux côtes nord de la Galice.[406]

Les coquilles de cérithe commun ont souvent l'apex et/ou le pourtour de l'ouverture (le péristome) brisés. (fig. 152) Ces états se retrouvent pour les coquilles d'un autre gastéropode, *Osilinus lineatus*, le troque épais, découvertes sur les sites mésolithiques et néolithiques de la façade atlantique. Ils peuvent en effet être rapprochés de quatre des six types décrits par C. Dupont dans sa typologie des dégradations : le type 0, "coquille entière", le type 1, "coquille à apex cassé", le type 2, "coquille à péristome brisé en partie" et le type 3, "coquille à apex et péristome cassés".[407] La surface de la coquille est aussi régulièrement usée. À Nîmes/Place d'Assas (063/2), V. Forest décrit des coquilles aux reliefs externes très émoussés.

Cette espèce livre généralement peu de restes. Huit assemblages sur les 26 pour lesquels nous disposons de dénombrements comptent plus d'une dizaine de coquilles. (fig. 152) La moitié d'entre eux appartient aux IIe et Ier siècles a.C. et cinq des six sites concernés sont localisés sur la côte provençale, principalement dans la région de l'étang de Berre. (fig. 152 et 153) Comme l'a souligné Fr. Brien-Poitevin, les cérithes communs sont

404 Gaillard 1987, 561 ; Quéro & Vayne 1998, 81 ; Lindner 2004, 34.

405 Gaillard 1987, 560 ; Lindner 2004, 34.

406 Gaillard 1987, 561 ; Quéro & Vayne 1998, 81.

407 Dupont 2003b, partie III, 82-83 et fig. 18 (publication : Dupont 2006b).

+ présence

			NMC
Sites étudiés			
Lançon-de-Provence/Constantine	Remblais : US 2009, 2015 2063, 2078, 2079	V^{e} - VIe siècle p.C.	**17**
Narbonne/Malard	Niveau de circulation : US 1003	Début du Ier siècle p.C.	1
Narbonne/Clos de la Lombarde	Comblement d'un puits	Fin du IIe - milieu du IIIe siècle p.C.	1
Viellevieille	Zone 4	Ier siècle p.C.	2
Autres sites			
Loupian/Près-Bas	-	-	+
Rognac/Castellas	Comblement s de fosses (case 3)	Ier siècle a.C.	+ **(363*)**
Saint-Pont-de-Mauchiens/Sept-Fons	Comblement de fosse	0 - 10 p.C.	1
Nîmes/Carsalade	Comblement de fosse	Début du Ier siècle p.C.	1
Nîmes/Assas	Comblement d'un puits	60 - 70 p.C.	9
Nîmes/Z.A.C. des Halles	Niveau de sol	60 - 80 p.C.	1
Les Pennes-Mirabeau/La Cloche	-	Milieu du Ier siècle a.C.	**18**
Clermont-l'Hérault/Peyre Plantade	-	0 - 250 p.C.	2
Pezenas/L'Auribelle-Basse	Comblement d'une fosse	140 - 170 p.C.	2
Sallèles-d'Aude	-	Ier - IIIe siècle	2
Alignan/Le Valat	Comblements de silos	VIe siècle p.C.	1
Arles/Esplanade	Dépotoir	V^{e} - VIe siècle p.C.	+
Lunel-Viel - Quartier ouest	Dépotoir	Début du Ve siècle p.C.	1
Eyguières/Saint-Pierre	Niveau d'abandon	Ve siècle p.C.	2
Villetelle/Ambrussum	-	75 - 100 p.C.	2
	-	125 - 160/180 p.C.	1
	-	180 - 230/240 p.C.	2
	-	350 - 370 p.C.	6
Saint-Mitre-Les-Remparts/Les Clapières	Dépotoir	V^{e} - VIe siècle p.C.	+
Saint-Mitre-Les-Remparts/Saint-Blaise	Ensemble 6	IIe siècle a.C.	1
	Ensemble 7		**13**
	-	V^{e} et VIe siècle p.C	+
Lattes	Comblement d'un puits -Secteur 11, zone 4, sud	IIe siècle p.C.	3
Hyères/Olbia	Remblais et niveaux de rue	40 a.C. - 60 p.C.	**68**
	Remblais	60 - 80 p.C.	**88**
	-	80 - 275 p.C.	**90**
	Comblements de fosses	475 - 550 p.C.	**195**

* Ce nombre, donné par Fr. Brien-Poitevin, prend également en compte les coquilles de cérithe réticulé, *Bittium reticulatum.*

fig. 152 : dénombrements des coquilles de cérithe commun, *Cerithium vulgatum*, pour plusieurs autres assemblages méditerranéens.

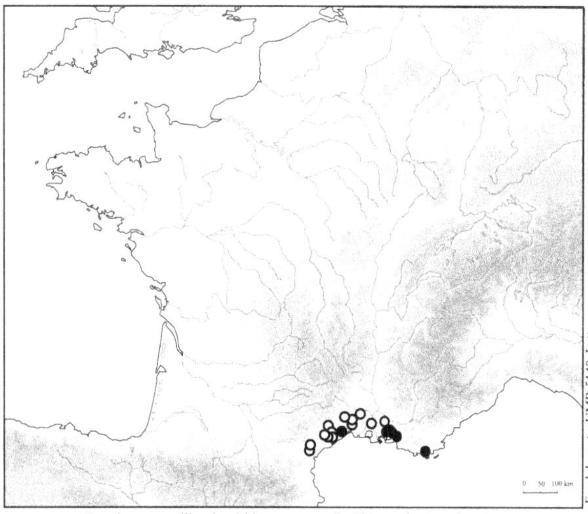

○ quelques coquilles de cérithe commun, *Cerithium vulgatum*, dans le ou les assemblages de cette localité. (NMC ≤ 10)

● plusieurs coquilles de cérithe commun, *Cerithium vulgatum*, dans le ou les assemblages de cette localité. (NMC ≤ 10)

fig. 153 : distribution géographique des découvertes de cérithe commun, *Cerithium vulgatum*, en fonction du nombre de restes.

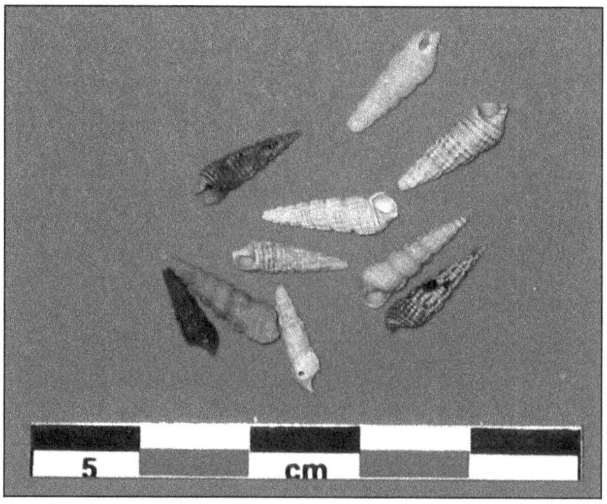

fig. 154 : le cérithe réticulé, *Bittium reticulatum*.

			NMC
Rognac/Castellas	Comblement de fosse	Ier siècle a.C.	+
Narbonne/Malard	Niveau de circulation : US 1003	début du Ier siècle p.C.	1
Barzan/Le Fâ	Remblai, US 25289	10 - 40 p.C.	1
Lattes	Tous les secteurs	Entre le IVe siècle a.C. et le IIe siècle p.C.	5
Hyères/Olbia	Remblais et niveaux de rue	40 a.C. - 60 p.C.	1
	Remblais	60 - 80 p.C.	6
	Comblements de fosses	475 - 550 p.C.	18

fig. 155 : dénombrements des coquilles de cérithe réticulé, *Bittium reticulatum*.

exceptionnellement abondants à Rognac/Castellas (045/3), dans les comblements de fosses creusées dans une "case (n°3)" où ils étaient mêlés aux coquilles de cérithe réticulé, *Cerithium reticulatum*. (fig. 154) Les deux espèces n'ont pas été dénombrées séparément, mais l'auteur parle d'un assemblage de 363 exemplaires. (fig. 152)

Le cérithe réticulé, Bittium reticulatum

Bittium reticulatum est présent en Atlantique et en Méditerranée. C'est un tout petit gastéropode puisqu'il mesure communément entre 8 et 13 mm. Sa coquille en spirale allongée montre des tours faiblement bombés à la sculpture granuleuse.[408] (fig. 154) À Narbonne/Malard (020/11), nous avons recueilli un exemplaire. Il faisait partie des résidus de tamisage rassemblés par les archéologues suite à l'application du protocole de lavage et de conditionnement que nous avions proposé. À Barzan/Le Fâ (182/1), nous avons repéré une autre coquille coincée dans les interstices de la surface externe d'un bord de valve gauche d'huître plate d'Europe, *Ostrea edulis*. Cette espèce est aussi signalée à Aytré/Bongraine (181) par C. Dupont et à Lattes (079), Hyères/Olbia (160/1) et Rognac/Castellas (045/3) par Fr. Brien-Poitevin. Hormis à Rognac/Castellas (045/3) où on ne connaît pas leur nombre, sur les autres sites les coquilles ne sont jamais abondantes. Hyères/Olbia (160/1) compte les plus nombreuses, 18 pour la phase 475-550 p.C. (fig. 155)

Les nassariidés

Dans les assemblages archéologiques que nous avons étudiés, cette famille est principalement représentée par la nasse réticulée, *Nassa reticulata*, qui est un gastéropode tant atlantique que méditerranéen.[409] (fig. 156) Sa coquille mesure en moyenne entre 20 et 30 mm de hauteur. Elle se caractérise par une sculpture treillissée régulière et par un bord columellaire très arqué et renforcé par un cal épais débordant sur la face ventrale.[410] (fig. 156)

Une autre nasse, uniquement méditerranéenne[411], a été identifiée, *Cyclonassa neritea*, la nasse néritoïde, mais il s'agit seulement de deux coquilles sur le site de Narbonne/Port la Nautique (020/14). (fig. 156) Cette espèce qui est très petite, 5 à 9 mm de hauteur, se reconnaît facilement par sa coquille ovale surbaissée et par sa base plane.[412] (fig. 156)

Dix autres sites ont semble-t-il livré des coquilles de nasses. Six sont localisés sur la façade atlantique, quatre dans la région méditerranéenne. (fig. 156 et 157) La nasse réticulée, *Nassa reticulata*, et la nasse épaisse, *Nassarius incrassatus*, sont les deux espèces qui apparaissent dans les inventaires. Dans ses études, Fr. Brien-Poitevin attribue tous les restes à la nasse épaisse. Or les deux espèces se côtoient, sont très communes et se ressemblent beaucoup[413] ; elles sont donc susceptibles d'être rencontrées toutes les deux et d'être confondues. *Nassarius incrassatus* se différencie par sa coquille épaisse et solide dotée de reliefs externes prononcés : les sutures sont nettes et creusées, et les côtes axiales sont larges. Elle est aussi plus petite que *Nassa reticulata* : maximum 15/16 mm de hauteur.[414] La taille et les caractères morphologiques généraux des coquilles ne sont pas décrits par les observateurs, il est donc délicat de retenir les identifications proposées.
Les restes que nous avons recensés correspondent souvent à des coquilles usées aux reliefs émoussées. Ils sont presque toujours anecdotiques. Il n'y a qu'à Hyères/Olbia (160/1) où ils abondent entre 475 et 550 p.C. (fig. 156)

Les littorines,* Littorina *sp.

Le genre *Littorina* est surtout représenté en Atlantique. En Méditerranée, une seule espèce est très commune, *Littorina neritoïdes*, la littorine bleue. Sa coquille est de très petite taille (5 à 8 mm de hauteur).[415] Nous ne l'avons pas identifiée et elle ne figure pas non plus dans les inventaires établis par les autres observateurs.

Littorina littorae est l'espèce la plus connue ; c'est le "bigorneau par excellence, le seul qui soit commercialisé sous ce nom [...]. Son aire de répartition comprend toute la façade atlantique européenne ; il est cependant plus rare au sud de la Gironde".[416] Sa coquille grossièrement

408 Lindner 2000, 66 ; Lindner 2004, 34.
409 Arrecgros-Dejean 1966, 26 ; Gaillard 1987, 594.
410 Gaillard 1987, 594.
411 Gaillard 1987, 596.
412 Arrecgros-Dejean 1966, 26 ; Lindner 2004, 30.
413 Gaillard 1987, 594 ; 596.
414 Gaillard 1987, 596 ; Lindner 2004, 60.
415 Arrecgros-Dejean 1966, 22 ; Granier & Penez 1984, notice 210.
416 Bouchet & Von Cosel 2001, 22 ; 23.

			NMC
	***Nassa reticulata*, nasse réticulée**		
Bordeaux/Chapeau Rouge	Niveaux d'occupation	50/30 - 30/10 a.C.	1
Barzan/Le Fâ	Puits PT 25055, US 25999	110 - 150 p.C.	1
Lançon-de-Provence/Constantine	Niveau d'occupation	IIe a.C.	1
Narbonne/Malard	Niveau de circulation : US 1003	Début du Ier siècle p.C.	5
Narbonne/Port-la-Nautique	Rejet dans une zone portuaire	Fin du Ier siècle p.C.	2
	***Cyclonassa neritea*, nasse néritoïde**		
Narbonne/Port-la-Nautique	Rejet dans une zone portuaire	Fin du Ier siècle p.C.	2

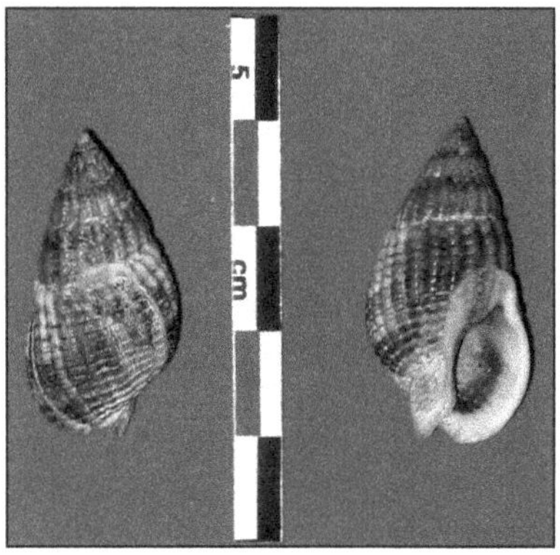

Coquilles de nasse réticulée, *Nassa reticulata*

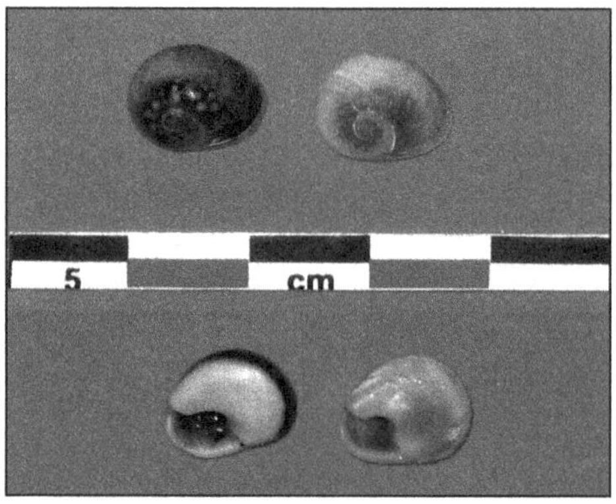

Coquille de nasse néritoïde, *Cyclonassa neritea*

fig. 156 : dénombrements des coquilles de nasse réticulée, *Nassa reticulata*, et de coquille de nasse néritoïde, *Cyclonassa neritea*, sur les sites étudiés.

			NMC	*Nassa* sp.	*Nassa reticulata*	*Nassarius incrassatus*
Ifs	-	Entre 50 a.C. et le début du IIe siècle p.C.	+	+		
Fleury-sur-Orne	-	Entre 50 a.C. et la fin du IIIe siècle p.C.	+	+		
Saintes/Ma Maison	-	Ier siècle p.C.	+	+		
Aytré/Bongraine	-	-	+		+	
Barzan/Le Fâ	Thermes -Tous les secteurs	Entre 30 a.C. et la seconde moitié du IIIe siècle p.C.	9		+	
Bordeaux/Grands-Hommes	-	Ier siècle p.C	2		+	
Bram	US 1048	200 - 300 p.C.	1	+		
Lunel-Viel	Quartier central	100 - 250 p.C.	1			+
Lattes	Tous les secteurs	Entre le IVe siècle a.C. et le IIe siècle p.C.	5			+
Hyères/Olbia	Remblais et niveaux de rue	40 a.C. - 60 p.C.	6			+
	Remblais	60 - 80 p.C.	2			
	-	80 - 275 p.C.	15			
	Remblais	275 - 475 p.C.	4			
	Comblements de fosses	475 - 550 p.C.	**279**			

fig. 157 : dénombrements des coquilles de nasses, *Nassa* sp., pour plusieurs autres assemblages méditerranéens et atlantiques. Colonnes de droites : identifications proposées par les auteurs.

				NMC
		***Littorina littorae*, bigorneau commun**		
Ifs	-		Entre 50 a.C. et le début du IIe siècle p.C.	+
Fleury-sur-Orne	-		Entre 50 a.C. et la fin du IIIe siècle p.C.	+
Bordeaux/Chapeau Rouge	Niveaux d'occupation		50/30 - 30/10 a.C.	1
Barzan/Le Fâ	Puits PT 25055	US 25410	110 - 150 p.C.	1
		US 25996		2
Bordeaux/Grands-Hommes	-		Ier siècle p.C	1
Epiais Rhus/La Poulaine	-		fin du IVe siècle p.C.	6
		***Littorina obtusata*, littorine obtuse**		
Aytré/Bongraine	-		-	+
Barzan/Le Fâ	Thermes -Tous les secteurs		Entre 30 a.C. et la seconde moitié du IIIe siècle p.C.	12
		***Littorina saxatilis*, littorine des rochers**		
Barzan/Le Fâ	Thermes -Tous les secteurs		Entre 30 a.C. et la seconde moitié du IIIe siècle p.C.	9

fig. 158 : dénombrements des coquilles de bigorneau commun, *Littorina littorae*, de littorine obtuse, *Littorina obtusata*, et de littorine des rochers, *Littorina saxatilis*.

arrondie atteint au maximum 30 mm de hauteur.[417] Il a été retrouvé sur une demi-douzaine de sites de la frange côtière atlantique ; il s'agit seulement de quelques restes : entre une et six coquilles. (fig. 158) Seuls les petits individus peuvent être confondus avec la littorine des rochers, *Littorina saxatilis*. Cette espèce à la coquille plus pointue et aux sutures nettement creusées ne mesure en moyenne qu'une quinzaine de millimètres de hauteur.[418] V. Forest lui attribue neuf coquilles à Barzan/Le Fâ (182/1). (fig. 158) Sur ce site, il identifie en outre la littorine obtuse, *Littorina obtusata*. Son nom décrit sa forme : elle est trapue avec une zone apicale aplatie et un dernier tour globuleux.[419] Elle est signalée à Aytré/Bongraine (181) par C. Dupont. (fig. 158)

Les buccinidés

Deux espèces de buccinidés apparaissent dans les assemblages archéologiques. La première est exclusivement atlantique, il s'agit du buccin ondé ou bulot, *Buccinum undatum*, la seconde est proprement méditerranéenne, il s'agit du buccin corné, *Buccinulum corneum*. La coquille du buccin ondé est robuste, spiralée et ornée de stries d'accroissement ondulées d'où son nom. Le canal siphonal est bref et rectiligne. (fig. 159) La coquille du buccin corné a une forme proche, mais le canal siphonal est long et incurvé en arrière. (fig. 159) Les deux espèces sont assez grandes ; elles atteignent 70 voire 100 mm de hauteur pour le buccin ondé. V. Forest et nous-même avons reconnu *Buccinum undatum* à Barzan/Le Fâ, et il est mentionné sur six autres sites de la façade atlantique. À Epiais Rhus/La Poulaine (189), les restes sont assez nombreux, ce qui n'est généralement pas le cas : 33 coquilles sont dénombrées par Ph. Deloge. (fig. 159) Le buccin ondé apparaît aussi dans l'inventaire dressé par Ph. Columeau à Saint-Mitre-Les-Remparts/Saint-Blaise (046/8), mais cette identification est peu vraisemblable, compte tenu de la distribution de l'espèce. Peut-être pouvons-nous faire glisser ce signalement parmi ceux du buccin corné méditerranéen, *Buccinulum corneum*. Celui-ci n'est identifié qu'à Hyères/Olbia par Fr. Brien-Poitevin (160/1). (fig. 159)

***L'astrée,* Bolma rugosa**

L'astrée, ou turbo, *Bolma rugosa*, peuple le bassin méditerranéen et l'Atlantique jusqu'au Golfe de Gascogne. Sa coquille est épaisse et grande, jusqu'à 50 mm de hauteur et 60 mm de diamètre.[420] En forme de toupie, elle s'enroule en plusieurs tours bombés, carénés à la périphérie et réunis par une suture profonde. Sa sculpture externe est grossière : elle est souvent écailleuse et la partie supérieure des tours est bordée par une bande spiralée tuberculeuse.[421] (fig. 160) Cependant ce n'est pas cette coquille massive et solide qui est en général retrouvée sur les sites archéologiques, mais l'opercule qui la ferme. Calcifié et non corné comme celui de la plupart des autres gastéropodes, il se conserve parfaitement. De contour ovoïde, il se présente comme une petite construction calcaire, bordée d'un bourrelet calleux de couleur orangé à l'extérieur et ornée d'une spirale elliptique à l'intérieur. (fig. 160)

L'astrée apparaît dans quatre études d'assemblages méditerranéens. (fig. 160) Une ne précise pas si les restes correspondent à des coquilles ou à des opercules ; elle concerne le site de Hyères/Olbia (160/1). Les autres mentionnent explicitement des opercules : un à Arles/Tour du Valat (032/4), 16 aux Pennes-Mirabeau/La Cloche (044) et des exemplaires non dénombrés à Saint-Mitre-Les-Remparts/Saint-Blaise (046/8). (fig. 160) Toutes ces découvertes sont provençales ; aucune n'est localisée sur la côte languedocienne.

Les troques,* Osilinus *sp., et les gibbules,* Gibbula *sp.

Des coquilles de troques, *Osilinus* sp., et de gibbules, *Gibbula* sp., sont mentionnées sur quatre sites côtiers. Un seul est localisé sur la façade atlantique : Aytré/Bongraine (181) où C. Dupont a identifié *Osilinus lineatus*, le troque épais. (fig. 161) Les autres sont situés sur le pourtour du Golfe du Lion : Fr. Brien-Poitevin signale des restes du genre *Osilinus* et *Gibbula* à Hyères/Olbia (160/1), et des restes du seul genre *Gibbula* à Lattes (079) et aux Pennes-Mirabeau/La Cloche (044). (fig. 161) Elle attribue toutes les gibbules à *Gibbula divaricata*, le troque divergent. On doute toutefois qu'une seule espèce puisse être représentée. Les ouvrages que nous avons consultés en décrivent en effet au moins une dizaine de communes en Méditerranée.[422] Leur séparation repose en partie sur les décors colorés qui ornent la coquille. Or celle-ci a généralement perdu de sa couleur en contexte archéologique. L'identification est donc souvent délicate à effectuer. Nous avons néanmoins remarqué qu'un filet d'eau passé à la surface de la coquille ravivait pour un temps les pigments devenus ternes au fil des siècles.[423]

L'immense majorité des restes de trochidés appartiennent aux assemblages provençaux de Hyères/Olbia (160/1) et des Pennes-Mirabeau/La Cloche (044). Ce sont plus de 1900 coquilles qui ont été découvertes à Hyères principalement dans des fosses comblées tardivement. (fig. 161)

***Le triton noueux,* Charonia lampas*, et le triton foncé,* Cymatium corrugatum**

Nous n'avons pas rencontré de restes de triton au cours des études que nous avons réalisées. En revanche, une vingtaine a été identifiée par V. Forest et Fr. Brien-

[417] Quéro & Vayne 1998, 75 ; Bouchet & Von Cosel 2001, 22 ; 23 ; Lindner 2004, 32.
[418] Arrecgros-Dejean 1966, 22 ; Bouchet & Von Cosel 2001, 22 ; 23.
[419] Arrecgros-Dejean 1966, 22 ; Bouchet & Von Cosel 2001, 22 ; 23 ; Lindner 2004, 32.
[420] Gaillard 1987, 628.
[421] Gaillard 1987, 628 ; Lindner 2004, 30.
[422] Granier & Penez 1984 ; Gaillard 1987.
[423] Observation réalisée à l'occasion de l'étude du mobilier conchyliologique issu de la fouille du site de Loron (Istrie, Croatie). Bardot 2011b ; Bardot (à paraître).

			NMC
Le buccin ondé, *Buccinum undatum*			
Saintes/Ma Maison	-	Ier siècle p.C.	+
Ifs	-	Entre 50 a.C. et le début du IIe siècle p.C.	+
Fleury-sur-Orne	-	Entre 50 a.C. et la fin du IIIe siècle p.C.	+
Barzan/Le Fâ	Puits PT 25055, US 25996	110 - 150 p.C.	1
	Thermes -Tous les secteurs	Entre 30 a.C. et la seconde moitié du IIIe siècle p.C.	1
Aulnay	"*Principia*"	20 - 30 p.C.	1
Epiais Rhus/La Poulaine	-	Fin du IVe siècle p.C.	33
Le buccin corné, *Buccinulum corneum*			
Hyères/Olbia	Remblais	60 - 80 p.C.	8
	-	80 - 275 p.C.	10
	Remblais	275 - 475 p.C.	8
	Comblements de fosses	475 - 550 p.C.	32

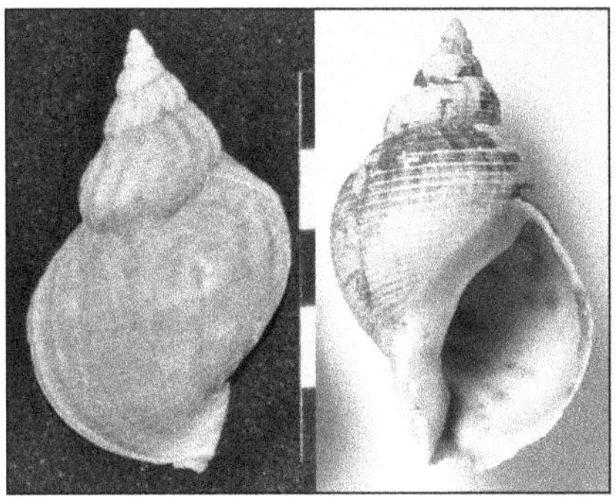

Le buccin ondé, *Buccinum undatum*

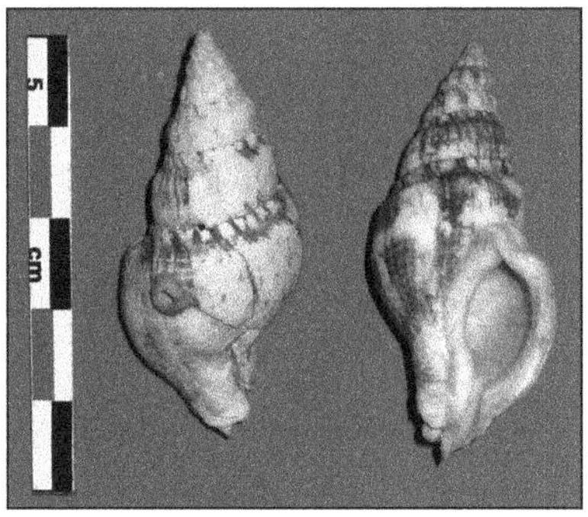

Le buccin corné, *Buccinulum corneum*

fig. 159 : dénombrements des coquilles de buccin ondé, *Buccinum undatum* et de buccin corné, *Buccinulum corneum*.

			NMC
Opercules de *Bolma rugosa*, astrée			
Saint-Mitre-Les-Remparts/Saint-Blaise	-	V^e^ et VIe siècle p.C.	+
Arles/Tour du Valat	Dépotoir	Ier siècle a.C.	1
Les Pennes-Mirabeau/La Cloche	Niveau de destruction	Milieu du Ier siècle a.C.	16
Opercules et/ou coquilles de *Bolma rugosa*, astrée			
Hyères/Olbia	Remblais et niveaux de rue	40 a.C. - 80 p.C.	2
	Remblais	60 - 80 p.C.	1
	-	80 - 275 p.C.	5
	Comblements de fosses	475 - 550 p.C.	13

L'astrée, *Bolma rugosa*, coquilles et opercules

fig. 160 : dénombrements des restes d'astrée, *Bolma rugosa*.

			NMC
	***Osilinus lineatus*, troque épais**		
Aytré/Bongraine	-	-	+
	***Osilinus* sp., troques**		
Hyères/Olbia	Remblais et niveaux de rue	40 a.C. - 80 p.C.	63
	Remblais	60 - 80 p.C.	63
	-	80 - 275 p.C.	88
	Remblais	275 - 475 p.C.	31
	Comblements de fosses	475 - 550 p.C.	594
	***Gibbula* sp., gibbules**		
Lattes	Tous les secteurs	Entre le IVe siècle a.C. et le IIe siècle p.C	2
Les Pennes-Mirabeau/La Cloche	Niveau de destruction	Milieu du Ier siècle a.C.	93
Hyères/Olbia	Remblais et niveaux de rue	40 a.C. - 80 p.C.	33
	Remblais	60 - 80 p.C.	63
	-	80 - 275 p.C.	39
	Remblais	275 - 475 p.C.	26
	Comblements de fosses	475 - 550 p.C.	959

fig. 161 : dénombrements des coquilles de troques, *Osilinus* sp. et de gibbule, *Gibbula* sp.

	***Cymatium corrugatum*, triton foncé**		
Paulhan/A75-Ermitage	Comblements de fosses	400 - 600 p.C.	"une grande coquille aux reliefs usés"
	***Charonia lampas*, triton noueux**		
Pont-Saint-Esprit/Mas Conil	-	-	"La coquille provient d'un individu de taille très importante, proche des maximum, 30 cm. La troisième spire et les suivantes, en partant de l'ouverture, sont absentes. La seconde voit ses parois apparemment creusée en partie par les éponges dulçaquicoles (mais cette observation serait à confirmer car il peut s'agir de la structure naturelle de la coquille)".
Hyères/Olbia	Remblais	60 - 80 p.C.	"4 restes"
	Comblements de fosses	475 - 550 p.C.	"9 restes"
Lunel- Viel Quartier ouest	"Eboulis"	milieu du IVe siècle p.C	1 coquille "dont le sommet a été coupé et dont le bord du labre (ou ouverture) a été retaillé sur 6 cm. […] L'exemplaire a ses nodules un peu uses".
Gardanne/Notre-Dame	Comblement de fosse dépotoir	Début du VIe siècle p.C.	"Trois fragments"
Arles/Esplanade	Dépotoir	V^e - VIe siècle p.C.	1 coquille (?)

fig. 162 : signalements de reste de triton foncé, *Cymatium corrugatum*, et de triton noueux, *Charonia lampas*.

Poitevin sur six sites méditerranéens. (fig. 162) Dernièrement, C. Sanchez nous a également signalé la découverte de deux coquilles lors des fouilles menées dans les années 1990 par A. Bouscaras à Narbonne/Port la Nautique (020/14). Pour l'instant, elles n'ont pas été retrouvées dans les rapports de fouille. Une enquête bibliographique plus approfondie et l'étude des coquilles seront menées prochainement. L'une des coquilles est exposée au musée archéologique de Narbonne. D'après une photographie que nous a transmise C. Sanchez, il lui manque l'extrémité apicale.[424]

Parmi les restes identifiés par V. Forest et Fr. Brien-Poitevin, un a été rapporté à *Cymatium corrugatum*, les autres à *Charonia lampas* (connu également sous les noms de *Charonia rubicunda* et *Triton nodifera*).[425] Les deux espèces se différencient tout d'abord par leur taille : la première atteint 10 cm de longueur tandis que la seconde peut dépasser 40 cm. Ensuite, la coquille de *Cymatium corrugatum* montre des tours peu bombés, une ouverture étroite prolongée par un canal siphonal massif et une sculpture faite de forts cordons spiraux. Celle de *Charonia lampas* s'enroule en plusieurs tours rendus anguleux par la présence de tubercules. Le dernier tour est ventru. L'ouverture est large (elle occupe la moitié de la longueur de la coquille) et se poursuit en un court canal siphonal.[426] *Charonia variegata*, un autre grand triton (il peut dépasser 40 cm de longueur), commun surtout en Méditerranée orientale n'a semble-t-il pas été identifié. Sa coquille se rapproche par sa taille de celle de *Charonia lampas*, mais elle en diffère par sa forme en fuseau plus élancé, son ouverture plus réduite, son labre denté et des tours à la surface presque lisse.[427]

[424] Nous remercions vivement C. Sanchez (Chargé de Recherche CNRS, Céramologue, UMR 5140 - Lattes) qui nous a transmis cette information et qui s'est mise en quête de ces coquilles dans les rapports de fouille.
[425] Gaillard 1987, 569.
[426] Gaillard 1987, 569 ; 571.
[427] Gaillard 1987, 570.

À Hyères/Olbia (160/1), Gardanne/Notre-Dame (037) et Arles/Esplanade (032/3), Fr. Brien-Poitevin ne précise pas l'état des restes. En revanche, à Lunel-Viel (083), pour le quartier ouest, elle décrit une coquille "dont le sommet a été coupé et dont le bord du labre (ou ouverture) a été retaillé sur 6 cm. [...] L'exemplaire a ses nodules un peu usés". À Paulhan/A75-Ermitage (086), V. Forest mentionne "une grande coquille aux reliefs usés" et à Pont-Saint-Esprit/Mas Conil (064), "La coquille provient d'un individu de taille très importante, proche des maximum, 30 cm. La troisième spire et les suivantes, en partant de l'ouverture, sont absentes. La seconde voit ses parois apparemment creusées en partie par les éponges dulçaquicoles (mais cette observation serait à confirmer, car il peut s'agir de la structure naturelle de la coquille)".

Les cypréidés

Nous appellerons ces gastéropodes "porcelaines", mais ils se rencontrent également sous le nom de "cyprées" ou "cauris". Tous ceux qui sont un jour entrés dans une des nombreuses boutiques qui longent les plages des stations balnéaires les connaissent. Enfilés sur des fils de nylon pour former un napperon, collés sur des coffrets ou servant de corps à la figurine d'une petite tortue, ils se déclinent en une variété, parfois insoupçonnée, de souvenirs.

La famille des cypréidés compte de très nombreuses espèces, mais, sur la cinquantaine présentée par G. Lindner, quatre seulement sont présentes en Méditerranée : *Lurida lurida*, *Schilderia achatidea*, *Zonaria pyrum* et *Erosaria spurca*.[428] *Lurida lurida* est la plus grande avec une coquille qui mesure en moyenne entre 30 et 48 mm de longueur. *Schilderia achatedea* et *Zonaria pyrum* dépassent rarement 40 mm et *Erosaria spurca* 30 mm. Les cypréidés les plus nombreux et les plus grands se trouvent dans les eaux chaudes de l'océan Indien et du Pacifique occidental, d'où proviennent d'ailleurs les spécimens vendus aux vacanciers. Parmi les plus communes, on citera *Cypraea tigris* dont la coquille peut atteindre 150 mm de long ; plus communément, elle se situe entre 70 et 108 mm. Elle vit dans toute la région indo-pacifique jusqu'au Golfe d'Aden. À cet endroit, elle cohabite avec *Cypraea pantherina* (autrefois nommée *Cypraea vinosa*) qui est un peu plus petite, entre 60 et 82 mm et jusqu'à 118 mm. Cette espèce peuple également la mer Rouge : de toutes les porcelaines de grande taille, elle est la plus proche du bassin méditerranéen.

Les cypréidés sont morphologiquement proches des triviidés, dont nous n'avons pas trouvé de mentions dans la bibiographie consultée. Ces derniers comptent pourtant plusieurs espèces sur les côtes françaises, notamment *Trivia monacha*, *Trivia arctica* et *Trivia pullicina*. Ces espèces ont une coquille très petite, généralement inférieure à 15 mm de long.[429]

[428] Lindner 2000 ; Lindner 2004.
[429] Lindner 2000 ; Lindner 2004.

Nous avons rencontré deux restes de cypréidés, l'un à Besançon (060/1), l'autre à Alise-Sainte-Reine (055). Le contexte de la découverte du premier est inconnu. Celui d'Alise-Sainte-Reine serait un dépotoir fouillé "à l'emplacement d'une aire sacrée" et daté de la première moitié du Ier siècle p.C. Dernièrement, V. Riquier[430] nous a aussi consultée pour l'identification et l'interprétation d'une coquille dans une fosse datée du IVe-Ve siècle p.C., sur le site de Buchères/Parc Logistique de l'Aube (Aube).[431] Enfin, une coquille, attribuée à *Cypraea tigris* par E. Salin et D.S. Reese, a aussi été retrouvée dans les vestiges d'un *mithraeum* à Strasbourg/Koenigshoffen (134/4).

Sur les sites de Besançon et Alise-Sainte-Reine, il s'agit de la moitié d'une coquille, celle qui porte le labre. Chez la première, il manque l'extrémité antérieure : la longueur conservée est de 54 mm. La longueur de la seconde est complète : 74 mm. L'état fragmentaire des coquilles ne nous a pas permis de donner une identification spécifique d'après leur forme. En revanche, les dimensions ne sont pas en faveur des espèces méditerranéennes citées au début de cet exposé. La forme étirée de la coquille et l'enfoncement de l'apex plaident plutôt pour la seconde. Nous nous orientons donc vers *Cypraea tigris* ou *Cypraea pantherina*. Cette dernière est en outre la plus probable au regard des conclusions récemment formulées par V. Forest.[432] Il a ainsi discuté de l'identification de ces deux porcelaines qui sont les plus fréquemment citées. Les deux espèces qui ont une morphologie proche peuvent être facilement confondues sans un examen attentif. À longueur égale, *Cypraea pantherina* est toutefois moins renflée que *Cypraea tigris*. Or les mesures prises par l'auteur, directement sur des exemplaires archéologiques ou d'après des photographies, plaident pour *Cypraea pantherina*. D'après V. Forest, *Cypraea tigris* serait en réalité absente, constat appuyé par les observations de K. Banghard[433] et A. Lennartz[434] en Allemagne. Du reste, "Il est logique qu'à qualité égale la plus proche géographiquement soit privilégiée".[435]

Notre premier examen de la coquille de Buchères va bien dans le sens de *Cypraea pantherina*. Sa longueur est de 73 mm et sa largeur de 42 mm[436] (fig. 163 et 164) : dans le référentiel de mesures établies par V. Forest[437], le rapport entre ces deux dimensions inscrit nettement cette porcelaine parmi les *Cypraea pantherina*. (fig. 165) L'identification de *Cypraea tigris* à Strasbourg est probablement erronée, d'après les conclusions des auteurs précités.

[430] Archéologue, INRAP, Grand-Est-Nord.
[431] Bardot (inédit h).
[432] Forest 2009.
[433] Lennartz 2004, 177-181.
[434] Banghard 2002.
[435] Forest 2009.
[436] Les mesures ont été prises selon le protocole décrit par V. Forest (Forest 2009). cf. fig. 163.
[437] Forest 2009.

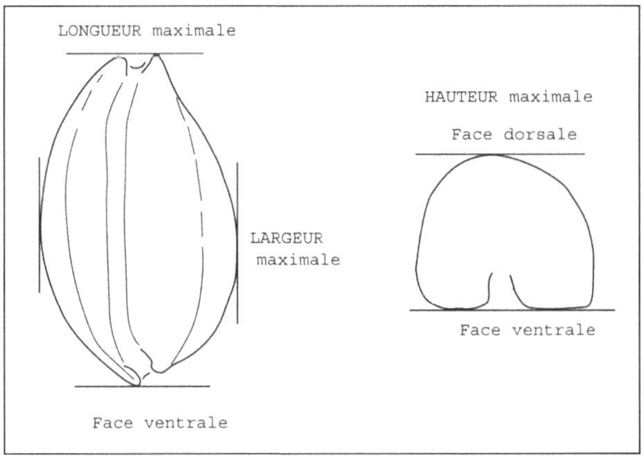

fig. 163 : description des mesures prises sur les coquilles de porcelaines, *Cypraea* sp., selon le protocole décrit par V. Forest. Dessin issu de Forest 2009.

fig. 164 : coquille de *Cypraea pantherina*, porcelaine-panthère. Site de Buchères/Parc Logistique de l'Aube (Aube). Cliché V. Riquier.

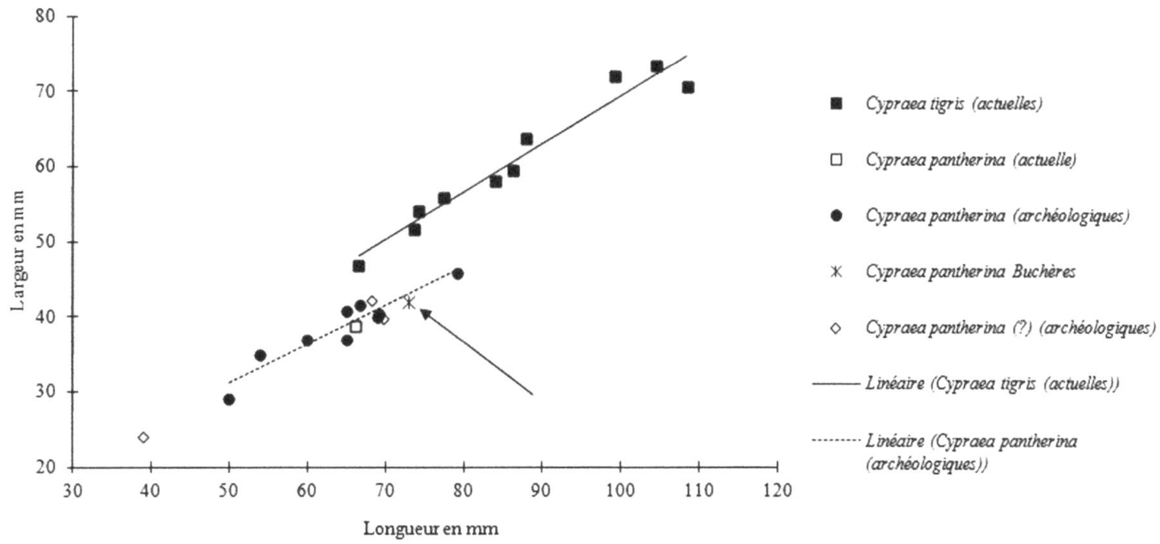

fig. 165 : *Cypraea pantherina* (archéologiques) et *Cypraea tigris* (actuelles) : rapport de la longueur à la largeur. Données issues de Forest 2009.

L'état des restes de Besançon et d'Alise-Sainte-Reine ne permet pas d'observation quant à la présence éventuelle de marques d'origine d'humaine. Les coquilles de Buchères et de Strasbourg sont intactes.

Les quatre exemplaires précités appartiennent à une très longue liste de découvertes dont les autres membres sont tous attachés à des contextes funéraires. (fig. 166 et 167) C'est en effet dans les tombes que les coquilles de porcelaine sont les plus fréquentes. Ainsi, à Lyon, sur le site du 41-43 rue du Bourbonnais, Th. Argant signale deux fragments de coquille, chacun dans une sépulture à incinération (n°72 et 81), et rappelle la mention par A. Locard d'un individu au Trion (136/6).[438] Des coquilles de cypréidés ont également été retrouvées à Nîmes. En 1926, au n°7 du boulevard de l'Amiral-Courbet, des travaux de construction ont bouleversé une sépulture (tombe 75) : dans l'inventaire du mobilier figure "Un coquillage marin de l'espèce dite porcelaine ou coquille de Vénus".[439] Et sur le site de l'avenue Jean Jaurès, V. Forest a identifié deux porcelaines parmi le mobilier d'accompagnement d'une crémation (SP 1113).[440] On peut également citer deux coquilles ("hors contexte" et SP247) sur le site de la nécropole de Saint-Paul-Trois-Chateaux/Valladas (Drôme).[441] Hormis la découverte de Nîmes/Amiral-Courbet pour laquelle nous n'avons pas de précisions chronologiques, toutes datent du Haut-Empire. Les porcelaines apparaissent plus ponctuellement dans des contextes funéraires du Bas-Empire, par exemple à Montpellier/Saint-Michel (SP 42).[442] (fig. 166) À partir du Ve siècle en revanche, et jusqu'au VIIIe siècle p.C., les coquilles de porcelaines sont particulièrement nombreuses, avant de

[438] Locard 1887-1888, 585 ; Argant 2001, 90.

[439] Salin 1959, 74 ; Fiches & Veyrac 1996, 418 et fig. 325, 419.

[440] Forest 2005d ; Célié & Darde (éd.) 2007, 82-83.

[441] Bel 2002, 137-138.

[442] Majurel *et al.* 1970-1973. Mention reprise dans Forest 1999a.

	Haut-Empire et Bas-Empire	
Lyon/41-43 rue du Bourbonnais (Rhône) Tombes 72 et 81 Ier siècle p.C.		1 coquille de "*Cypraea tigris*" dans chaque tombe. La mieux conservée mesure 78 mm de longueur.
Argant 2001, 90.		
Lyon/Trion (Rhône) Ier siècle p.C.		1 coquille de "*Cypraea tigris*", "grande taille"
Locard 1887-1888, 585 ; Argant 2001, 90.		
Montpellier/Saint-Michel (Hérault) Tombe 42 Bas-Empire		Une coquille de plus de 90 mm de longueur présentant "une double perforation".
Majurel *et al.* 1970-1973 ; Forest 1999a.		
Nîmes/n°7, boulevard de l'Amiral-Courbet (Gard) Tombe 75		"Un coquillage marin de l'espèce dite porcelaine ou coquille de Vénus". Longueur : 65 mm.
Salin 1959, 74 ; Fiches & Veyrac 1996, 418 et fig. 325, 419.		
Nîmes/ avenue Jean Jaurès (Gard) Tombe 1113 Haut-Empire	Défunt adulte de sexe masculin	"Une porcelaine, *Cypraea pantherina*, trois murex droit-épine, *Bolinus brandaris*, et une anomie pelure d'oignon, *Anomia ephippium*, (par une valve gauche), participent, intactes, à un dépôt votif. S'y associe dans les restes brûlés, une seconde porcelaine, dont les deux fragments subsistant, ne permettent pas une identification précise de l'espèce. Les dents du bord du bord latéral du labre écarte *C. panthérina* ; la forme de l'extrémité apicale plutôt protubérante évoquerait *Cypraea camelopardalis*, mais *Cypraea vitellus* ne peut être écartée". A la porcelaine intacte étaient associés plusieurs objets sans doute placés dans un sac en matériau périssable : un broyeur, des petits récipients en céramique, une fiole en verre, une pyxide en os, un agitateur en verre, une amulette en cristal de roche et une fibule à tête de Méduse.
Forest 2005d ; Célié & Darde (éd.) 2007, 82-83.		
Saint-Paul-Trois-Chateaux/Valladas (Drôme) Haut-Empire Tombe 247 et "hors context"		La coquille de la tombe 247, quasiment intacte, est attribuée à *Cypraea pantherina*.
Bel 2002, 137-138.		
	V[e] - VIe siècles p.C.	
Andilly-en-Bassigny (Haute-Marne)		1 coquille de "*Cypraea tigris*"
Vaillant 1998.		
Baldenheim (Bas-Rhin) Tombes 14 et 23 VIe siècle p.C.	Défunts adultes de sexe féminin	1 coquille percée dans chaque tombe
Salin 1959, 75 ; Lennartz 2004, n°125, 226 ; Flotté & Fuchs 2000, 162 ; Zehner 1998, 267-227.		
Beaucaire-sur-Baïse/ La Turraque (Gers) Tombe 27 Première moitié du VIe siècle p.C.	Défunt adulte de sexe féminin	"Le long du fémur gauche devait se trouver soit une aumônière, soit une bourse car il a été retrouvé ensemble et sans place précise, un couteau, un silex (briquet) et un coquillage marin (cyprée)".
Larrieu *et al.* 1985 ; Lennartz 2004, n°127, 226.		
Brèves (Nièvre) Tombe 181 VIe siècle p.C.	Défunt adulte de sexe féminin	1 coquille
Lennartz 2004, n°130, 226.		
Dampierre-sur-le-Doubs (Doubs) Tombe 5 VIe-VIIe siècle p.C.	Défunt adulte de sexe féminin	"Le mobilier funéraire comprend un collier de 25 perles, une petite boucle de ceinture de fer, une aumônière avec 3 anneaux de fer et 1 en bronze, contenant un peigne en os, un porte-équipement, une coquille de cyprée fixée à l'aumônière ou au porte-objet".
Lerat 1968 ; Lennartz 2004, n°132, 226.		
Ermont (Val-d'Oise) Fin VIe- début VIIe siècle p.C.		1 coquille avec un petit vase en verre et une perle en ambre
Wabont *et al.* 2006, 255.		
Kunheim/rue de la Forge (Haut-Rhin) Milieu du VIe siècle p.C.	Défunt adulte de sexe féminin	"Restes d'une châtelaine munie de l'aumônière, déposée le long de la jambe gauche de l'individu. Elle était composée de deux anneaux de fer, de ciseaux, d'une pincette en fer, d'une monnaie romaine en bronze percée (as d'Hadrien) et d'un *Cypraea tigris* percé par un petit clou à tête ronde".
Zehner 1998, 227.		
Nesles (Pas-de-Calais) V[e]-VIe siècles p.C.		1 coquille de "*Cypraea pantherina*"
Salin 1959, 74 ; Reese 1991, n°130, 179; Lennartz 2004, n°140, 227.		
Rixheim/rue du Général de Gaulle (Haut-Rhin) Fin V[e]-VIe siècles p.C.	Défunt adulte de sexe féminin	1 coquille "avec collier et pendeloque en os. Percée, elle a dû servir de pendentif".
Salin 1959, 75 ; Lennartz 2004, n°145, 227 ; Zehner 1998, 267.		
Saint-Vit/Les Champs Traversains (Doubs) Tombe 25 et 177 VIe-VIIe siècle p.C.		Tombe 25 - 1 coquille de *Cypraea pantherina.* - longueur : 60 mm - largeur : 37 mm - hauteur : 35 La face dorsale de son extrémité proximale est percée d'un trou d'axe dorso-ventral par lequel passe un anneau métallique. Tombe 77 - 1 coquille de *Cypraea pantherina* fragmentaire. Elle devait être entière lors de son dépôt. Sa longueur est estimée à 69 mm environ, sa largeur est de 40 mm et sa hauteur de 35 mm.
Forest 2009		

fig. 166 : signalements de porcelaines, *Cypraea* sp., en contexte funéraire.

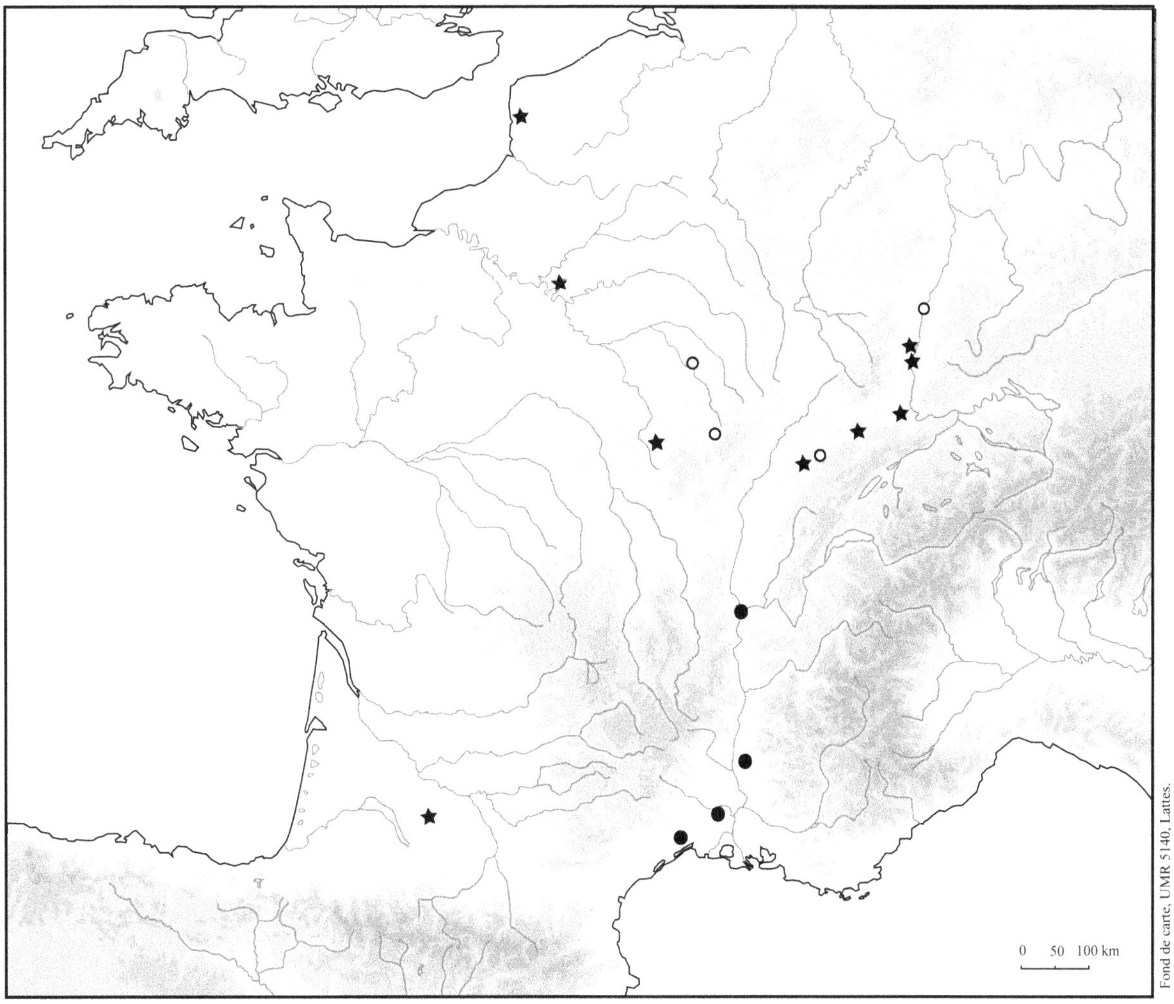

Contexte funéraire :

● Ier - IVe siècles p.C. : présence de *Cypraea* sp. sur au moins un site de cette localité

★ Vème - VIe siècles p.C. : présence de *Cypraea* sp. sur au moins un site de cette localité

Autre contexte :

○ Ier - IVe siècles p.C. : présence de *Cypraea* sp. sur au moins un site de cette localité

fig. 167 : distribution géographique des découvertes de porcelaines, *Cypraea* sp.

			NMC
***Natica* sp., natice**			
Villetelle/Ambrussum	-	350 - 370 p.C.	1
***Apporhais pes-pelecani.*, pied de pélican**			
Saint-Pont-de-Mauchiens/Sept-Fons	Comblement de fosse	0 - 10 p.C.	1
***Conus mediterraneus*, cône de méditerranée**			
Hyères/Olbia	Remblais et niveaux de rue	40 a.C. - 80 p.C.	4
	Remblais	60 - 80 p.C.	6
	-	80 - 275 p.C.	8
	Remblais	275 - 475 p.C.	1
	Comblements de fosses	475 - 550 p.C.	32
***Turritella communis*, turritelle commune**			
Barzan/Le Fâ	Thermes -Tous les secteurs	Entre 30 a.C. et la seconde moitié du IIIe siècle p.C.	1
Bordeaux/Grands-Hommes	-	Ier siècle p.C	2
***Turritella* sp., turritelle**			
Saint-Mitre-Les-Remparts/Saint-Blaise	Ensemble 6	IIe siècle a.C.	1
	Ensemble 7		2
***Haliotis tuberculata*, ormeau**			
Hyères/Olbia	Remblais et niveaux de rue	40 a.C. - 60 p.C.	1
Epiais Rhus/La Poulaine	-	fin du IVe siècle p.C.	6

fig. 168 : dénombrements des autres gastéropodes signalés dans les assemblages archéologiques.

disparaître aux siècles suivants[443] ; V. Forest a développé ce point récemment suite à l'étude des coquillages retrouvés dans trois sépultures à inhumation de la nécropole de Saint-Vit/Les Champs Traversains (Doubs) (VIe-VIIe siècle p.C).[444] Pour respecter le cadre chronologique fixé pour cette recherche, nous n'avons enquêté que sur les découvertes antérieures au VIIe siècle p.C. Les signalements énoncés anciennement par E. Salin[445] et plus récemment par D.S. Reese[446], A. Lennartz[447] et V. Forest[448] ont été enregistrés dans la figure 166. Les découvertes, jusqu'alors localisées des abords de la Méditerranée aux régions du nord-est, se concentrent à cette époque dans le nord de la Gaule. (fig. 167) Cette distribution correspond à une tendance beaucoup plus vaste qui touche le monde rhénan, où les porcelaines se comptent par centaines.[449]

Les coquilles se trouvent plus fréquemment déposées dans les tombes de femmes et d'enfants que dans celles d'hommes, ce qu'a largement souligné A. Lennartz pour la Germanie : sur 47 tombes dont le sexe du défunt a été déterminé, 29 sont celles de femmes, 15 celles d'enfants et seulement trois d'hommes.[450] Les coquilles sont intactes ou percées. Plusieurs fois, leur présence est aussi liée à celle d'une aumônière, par exemple à Dampierre-sur-le-Doubs (Doubs).[451] (fig. 166)

Les autres gastéropodes

Cinq autres gastéropodes sont signalés dans les assemblages archéologiques. Ils sont peu fréquents, leurs restes sont anecdotiques et ils n'amènent aucun commentaire particulier. Leurs dénombrements sont rassemblés dans la figure 168.

[443] Salin 1959.
[444] Forest 2009.
[445] Salin 1959.
[446] Reese 1991.
[447] Lennartz 2004.
[448] Forest 2009.
[449] Banghard 2000 ; Banghard 2002 ; Lennartz 2004.
[450] Lennartz 2004, fig. 10, 198.
[451] Lerat 1968.

3. L'exploitation des coquillages marins en Gaule romaine : interprétations

3.1. La taphonomie post-dépositionnelle

Au préalable, il est nécessaire de rappeler que la taphonomie post-dépositionnelle relève d'une analyse de sciences naturelles et non d'une analyse anthropologique. Elle se définit en effet par l'ensemble des modifications physiques et chimiques intervenues sur les restes au cours de la période d'ensevelissement, c'est-à-dire entre le moment où le dépôt a été scellé dans l'Antiquité - instant auquel s'arrête notre investigation historique - et celui qui voit sa découverte par les archéologues aujourd'hui. Ainsi, les altérations anciennes, comme celles consécutives au séjour des coquilles en mer ou celles liées aux manipulations humaines antérieures au rejet, ne nous intéressent-elles pas dans ce chapitre. Nous allons en revanche regarder l'état de la matière-coquille, puis celui de la coquille en tant qu'organe biologique, fait de deux pièces chez les bivalves et d'une seule chez les gastéropodes.

La matière-coquille

La matière-coquille semble bien traverser les siècles, et ce, quelle que soit l'espèce. À Lançon-de-Provence/Constantine[452] et à Béziers/Saint-Jean-d'Aureilhan,[453] elle a même été protégée des altérations du terrain par les sédiments qui ont formé une gangue à la surface des valves et des coquilles en s'accumulant sur toutes les parties des restes qui étaient à leur contact. Parfois, des éléments non minéraux se sont conservés, surtout dans les contextes humides qui ont freiné leur disparition. Il s'agit de lambeaux de périostracum que nous avons retrouvés sur les valves de moules, *Mytilus* sp., et d'huître plate, *Ostrea edulis*. Sur ces dernières toutefois, les écailles périphériques ont systématiquement disparu. Elles se seront décrochées au fil du temps, à moins qu'une partie ait été volontairement ôtée déjà à l'époque romaine.

La modification physico-chimique la plus importante que nous ayons enregistrée est un délitement partiel de la matière-coquille en une poudre crayeuse. La présence d'agents acides dans la masse sédimentaire qui emprisonne les conchyliorestes pourrait expliquer cette dégradation. Nous ne pouvons pas en apporter la preuve. Néanmoins, les travaux menés par J. Vieillefon, à partir des milieux très singuliers que sont les sols des mangroves en Casamance,[454] permettent de le supposer ; ceux-ci sont qualifiés de "très agressifs", à cause de leur forte acidité. L'auteur rapporte qu'à l'occasion de la construction d'un polder, des gaines de coquillages avaient été disposées autour des drains pour pallier un colmatage trop rapide par l'argile. Or des tranchées de surveillance ouvertes quelques années plus tard ont permis de constater que les coquilles "étaient corrodées, la partie extérieure devenant friable et collante". Des expériences ont été conduites par la suite pour contrôler le pouvoir de "digestion" de ce milieu et mesurer la rapidité du phénomène : les résultats ont montré une importante perte de masse de la coquille, jusqu'à 10% par an.[455] Sur le site de Rom/La Petite Ouche, les valves délitées d'huître plate d'Europe, *Ostrea edulis*, retrouvées dans les structures CA 3 et FS 9 pourraient avoir ainsi souffert d'un milieu corrosif. Les restes des autres structures n'ayant jamais montré une telle dégradation, il est peu probable que le substrat naturel soit en cause. Aussi, bien que nous ne puissions l'affirmer avec certitude, ces conditions pourraient résulter d'activités humaines. L'identification supposée de CA 3 comme des latrines[456] est sans doute un début de piste interprétative.[457] En 1882, un témoignage de G. Bélèze tend à conforter cette hypothèse. Il indique en effet que "les coquillages que la mer rejette sur les côtes, et principalement les écailles d'huîtres, sont employés comme engrais. Lorsque les coquilles sont entières ou en gros fragments, il faut, avant de les employer, les broyer ou les étendre sur l'aire des étables et des bergeries pour que l'urine des animaux les décompose".[458]

Plus fréquemment, la matière-coquille est colorée. Cette modification est certainement intervenue après le scellement du dépôt et non à la suite d'un traitement culinaire, notamment thermique ; nous reviendrons plus tard sur le cas des coquilles de rocher épineux, *Bolinus brandaris*, retrouvées sur le site de Villevieille.[459] En effet, la coloration épargne généralement peu de restes et toute la surface des coquilles, externe comme interne, est touchée. Seules les valves de moule ne paraissent jamais modifiées, mais la pigmentation naturelle foncée de leur matière-coquille masque peut-être la même réaction. La plupart des contextes sédimentologiques où ce phénomène a été rencontré étaient très humides. Nous supposons donc que l'eau a servi de conducteur pour des pigments retenus dans le sédiment ; ainsi véhiculés, ils ont infiltré et coloré la nacre interne qui n'était plus naturellement protégée par la fermeture hermétique de la coquille. Sur la surface externe, la disparition ou la fragilisation du périostracum organique aura favorisé le mécanisme d'imprégnation en laissant les pigments pénétrer les couches minérales sous-jacentes.

Les restes ensevelis dans des sédiments mêlés d'eau marine salée semblent réagir beaucoup plus nettement. Ceux sortis des boues de l'étang de Bages-Sigean à Narbonne/Port la Nautique portaient une coloration noirâtre très marquée[460] ; elle était seulement brune dans

[452] Bardot 2004b.
[453] Forest 1999c.
[454] Les mangroves sont des formations végétales qui se développent dans la zone de balancement des marées des régions littorales intertropicales, par exemple au sud-ouest du Sénégal, en Casamance. Elles colonisent les zones calmes et peu profondes, alimentées en eau douce et à l'abri des courants marins, comme les estuaires et les systèmes lagunaires.

[455] Vieillefon 1970.
[456] Dieudonné-Glad & Rodet-Belarbi 2003.
[457] Bardot (inédit g).
[458] Bélèze 1882, 614.
[459] Bardot-Cambot & Forest (à paraître a).
[460] Bardot 2011c Les céramiques remontées lors de la fouille présentaient aussi une couleur inhabituelle (Sanchez 2011).

le puits PT 25055 de Barzan/Le Fâ[461] ou orangée à Besançon/Refuge,[462] Sens/Espace du Thau[463] et dans les premiers niveaux d'occupation à Bordeaux/Chapeau Rouge.[464] Le sel (chlorure de sodium) contenu dans l'eau pourrait avoir un rôle de fixateur dans le processus de coloration, sauf s'il en est le seul responsable. Pour l'heure, les arguments chimiques manquent pour conforter l'une ou l'autre de ces hypothèses.[465] Signalons toutefois que nous avons ramassé des valves d'huître plate d'Europe, *Ostrea edulis*, de couleur noirâtre sur la plage du Cap Ferret en Gironde. Or leurs reliefs très émoussés suggèrent qu'elles étaient roulées depuis très longtemps par les eaux salées de l'Atlantique.

La coquille et les valves chez les bivalves

La coquille des bivalves semble plus souffrir des contraintes mécaniques post-dépositionnelles que celle des gastéropodes dont les restes sont généralement mieux préservés. Leur construction respective explique certainement ces états différents : la coquille en une seule pièce, conique ou spiralée, des gastéropodes absorberait davantage les pressions exercées par les sédiments que celle des bivalves fragilisée par sa constitution en deux valves. La plupart du temps, il ne reste d'ailleurs des coquilles des bivalves que des valves gauches et droites isolées ; chez l'huître plate, *Ostrea edulis*, la conservation du ligament, qui peut être encore fixé à sa zone d'insertion, témoigne de leur articulation ancienne. Pour plusieurs assemblages, nous supposons que les valves gauches et droites pouvaient se correspondre. Il est cependant difficile de mesurer ce qui, de cet état, revient à l'évolution post-dépositionnelle, car on ne peut pas écarter une action antérieure de l'homme qui se serait débarrassé de coquilles aux valves déjà dissociées. De plus, le rejet lui-même, par le choc qu'il impose aux coquilles, et ensuite les mouvements de sédiments, qui interviennent au moment de l'enfouissement, doivent aussi participer à la séparation des valves d'exemplaires entiers. Sans autres indices, nous ne pouvons donc pas réellement connaître l'état originel des coquilles. Heureusement, des valves gauches et droites nous parviennent encore en connexion. Celles que nous avons recensées étaient toutes fermées, c'est-à-dire que leurs deux valves adhéraient l'une à l'autre. Cette observation n'a pas toujours été consignée lors de la fouille, mais la présence d'une concrétion jaunâtre sur la face interne des valves permet d'identifier les coquilles concernées. Selon V. Forest, qui l'a décrite pour la première fois pour des valves d'huître plate d'Europe, *Ostrea edulis*, issues des fouilles des thermes de Barzan/Le Fâ, elle est une particularité de l'évolution sédimentologique post-dépositionnelle : le sédiment qui est fait prisonnier à l'intérieur de la coquille colore la nacre interne.[466] Cette interprétation se trouve aujourd'hui confirmée, puisque nous avons identifié la même concrétion dans d'autres secteurs, et aussi sur d'autres sites et pour d'autres espèces, notamment *Chlamys varia*, le peigne variable, et *Ruditapes decussatus*, la palourde croisée d'Europe.

Les valves de tous les bivalves ne sont pas également conservées. Alors que certaines espèces livrent des valves quasiment intactes, d'autres se manifestent par des restes le plus souvent fragmentaires. Les caractéristiques physiques propres à chaque espèce expliquent cette conservation différenciée. Ainsi, l'épaisseur et la densité de la matière calcaire qui compose par exemple la coquille de l'huître plate d'Europe, *Ostrea edulis*, et du peigne glabre, *Proteopecten glaber*, permettent de protéger les valves de l'écrasement ; pour certains lots qui se singularisent par une forte fragmentation des restes de ces espèces, comme à Barzan/La Palisse (US 33040A)[467] et à Narbonne/Malard (US 1003),[468] les pressions exercées par l'ensevelissement ne suffisent pas à expliquer cet état, auquel il faut certainement attribuer une origine ancienne. Au contraire, les valves à la paroi fine, comme celles des moules, *Mytilus* sp., et du lavignon poivré, *Scrobicularia plana*, se cassent facilement sous le poids des sédiments. De ces espèces, il ne nous arrive parfois que de tous petits morceaux, retenus par les mailles du tamis qui a servi au traitement du prélèvement. Les contextes de sédiments mous, notamment les boues des puits, sont plus propices à la préservation de ces valves fragiles que les contextes de sédiments secs. La masse sédimentaire rendue meuble par l'humidité atténue en effet l'intensité des chocs provoqués par le rejet et enrobe les valves plus qu'elle ne les écrase. Sur le site de Barzan/Le Fâ, le comblement du puits PT 25055 a ainsi livré les valves de moules, *Mytilus* sp., de lavignon poivré, *Scrobicularia plana*, et de solénidés, les plus nombreuses et les mieux conservées du site.[469]

L'état de l'une des valves est rarement très différent de celui de l'autre. L'huître plate d'Europe, *Ostrea edulis*, fait exception, car nous avons constaté que les valves gauches se maintiennent moins bien que les valves droites, surtout lorsqu'elles sont prises dans une masse dure de sédiments secs. Deux phénomènes se conjuguent pour expliquer cette plus forte dégradation des valves gauches. D'une part, leur matière-coquille est moins dense que celle des valves droites, et donc moins résistante à la charge sédimentaire imposée par l'ensevelissement. D'autre part, leur forme, qui est courbe et non aplatie, épouse moins bien les surfaces dures, ce qui multiplie les points de rupture à l'emplacement des espaces laissés vides entre la paroi des valves et le substrat. Toutefois, cela ne suffit pas à expliquer la nette infériorité du nombre des valves gauches par rapport à celui des valves droites qui a été enregistrée à plusieurs reprises pour cette espèce : la composition des assemblages doit alors sûrement plus à

[461] Bardot 2006a et 2007d.
[462] Bardot (inédit d).
[463] Bardot 2003.
[464] Bardot 2006d.
[465] La compréhension de ces phénomènes de coloration nécessiterait une collaboration avec des chimistes.
[466] Forest 2003a.
[467] Bardot 2007a.
[468] Bardot 2006b.
[469] Bardot-Cambot 2011, résultats préliminaires dans Bardot 2006a et 2007d.

une intervention humaine ancienne qu'à la destruction post-dépositionnelle des valves gauches manquantes.

Des cassures ont été notées sur les coquilles des patelles, *Patella* sp., des rochers épineux, *Bolinus brandaris*, et sur les valves des peignes glabres, *Proteopecten glaber*. Quelquefois, il subsiste ainsi une seule moitié de la coquille des patelles, *Patella* sp., soit la partie inférieure du cône, soit sa partie supérieure. Selon l'interprétation de V. Forest, que nous retiendrons, "probablement sous l'effet de stress, le dépôt des substances minérales lors de la croissance de la coquille faiblit. Il se crée ainsi un sillon circulaire complet qui sépare la coquille en deux moitiés. Les forces exercées lors du ramassage ou lors de l'évolution post-dépositionnelle ont rompu cette ligne de fragilité : les éléments retrouvés ne sont donc pas produits par une volonté humaine".[470] Chez le rocher épineux, *Bolinus brandaris*, et le peigne glabre, *Proteopecten glaber*, l'étroitesse et l'allongement du canal siphonal du premier et la saillie très prononcée des oreilles du second ne sont pas non plus favorables à la conservation complète de ces parties de la coquille.

Dans le cadre des études que nous avons menées, nous pouvons finalement conclure sur trois points. Tout d'abord, la conservation de certains éléments organiques non minéraux et la bonne tenue de la matière-coquille ne permettent pas d'envisager la destruction totale d'une partie du mobilier conchyliologique. Chez l'huître plate d'Europe, *Ostrea edulis*, des valves ont néanmoins pu disparaître suite au délitement de la matière-coquille. Le pourcentage d'exemplaires concernés est difficilement appréciable. Cependant, cette modification physico-chimique ne nous a pas paru assez avancée pour l'envisager à grande échelle. Ensuite, le nombre de coquilles de bivalves disposant initialement de leurs deux valves jointes devait être plus grand que celui qui est enregistré aujourd'hui, comme le suggère la découverte de coquilles entières fermées et/ou de valves à la surface interne concrétionnée. Enfin, si les valves les plus solides ont résisté aux contraintes mécaniques post-dépositionnelles, certaines particulièrement sensibles à la fragmentation auront disparu et d'autres se seront brisées bien qu'elles aient été probablement intactes au moment de leur abandon. Il n'est pas toujours possible de mesurer avec précision le volume des pertes consécutives à l'ensevelissement. Mais ce manque est en partie compensé par la très bonne préservation des valves les plus fragiles dans les contextes de sédiments mous. Par ailleurs, les très nombreuses valves de lavignon poivré, *Scrobicularia plana*, livrées par l'US 824 de Rom/La Petite Ouche montrent qu'un lot abondant a peu de chance de passer inaperçu malgré d'éventuelles destructions post-dépositionnelles. Cet exemple relativise en outre les bénéfices d'un tamisage systématique par rapport à un ramassage manuel à vue ; cette méthode qui a été utilisée par les fouilleurs de Rom n'a en effet pas gêné l'apparition de l'espèce et la quantification de ses restes.

[470] Forest 2003a.

Les assemblages exhumés par les archéologues ne sont donc pas fidèlement représentatifs de ceux qui ont été scellés dans l'Antiquité. Et ceux qui nous parviennent le sont encore un peu moins puisqu'ils sont le résultat de choix opérés lors des fouilles, notamment ceux relatifs au prélèvement des restes, ou plus tard lors du traitement du mobilier, par exemple le lavage et le conditionnement. Ce constat ne doit pas être considéré comme un frein à l'analyse. Il suffit simplement de l'intégrer dans le raisonnement analytique lors de la comparaison des données récoltées.

La première de ces questions paraît presque anodine : quelle est la nature des conchyliorestes ? Pourtant, elle s'impose dans une démarche archéoconchyliologique, qui retient comme objet d'étude le vestige archéologique avant l'animal dont il est issu.

3.2. La nature des conchyliorestes archéologiques

Un raisonnement rapide conduit à associer coquillages et fruits de mer, fruits de mer et consommation. Or les restes de certaines espèces ne sont assurément pas des résidus alimentaires, car l'examen des coquilles montre qu'elles n'abritaient plus de chair quand elles ont été apportées par l'homme sur les sites archéologiques. C'est ainsi que parmi la soixantaine de coquillages rencontrés, une dizaine est sûrement consommée en Gaule et quelques autres ont pu l'être. Pour les autres, il faut en revanche trouver une autre explication à leur présence sur les sites archéologiques d'époque romaine.[471]

Les coquillages "fruits de mer"

L'exploitation alimentaire de l'huître plate d'Europe, *Ostrea edulis*, a déjà été établie ou au moins pressentie par la plupart des chercheurs qui se sont intéressés aux conchyliorestes archéologiques. Jusqu'à présent, les études conchyliologiques restaient toutefois ponctuelles, ce qui ne permettait d'apprécier cette pratique qu'à une échelle locale, généralement celle du site. Aujourd'hui, elle peut être proposée pour un cadre géographique plus vaste. Ainsi la découverte de coquilles entières, comme à l'intérieur des terres sur le site d'Autun/Hôpital,[472] va dans le sens d'une collecte d'animaux vivants, condition indispensable pour manger la chair. La fréquence et l'abondance des restes sont d'autres sérieux indices de consommation. Et les cassures, entailles et éraflures qui ont été souvent observées sur les valves en sont le témoignage direct. Ces marques sont en effet les stigmates des moyens mis en œuvre par l'homme pour extraire la chair de la coquille. Inscrites sur la face interne de la valve gauche et de la valve droite, elles ont certainement été laissées par le passage d'un outil entre elles : celui-ci était obligatoire pour sectionner le muscle qui maintient les valves solidement jointes du vivant de l'animal.

[471] Les interprétations proposées dans ce chapitre sont en partie reprises dans deux articles : Bardot 2012 et Bardot & Forest 2009.
[472] Bardot 2004d.

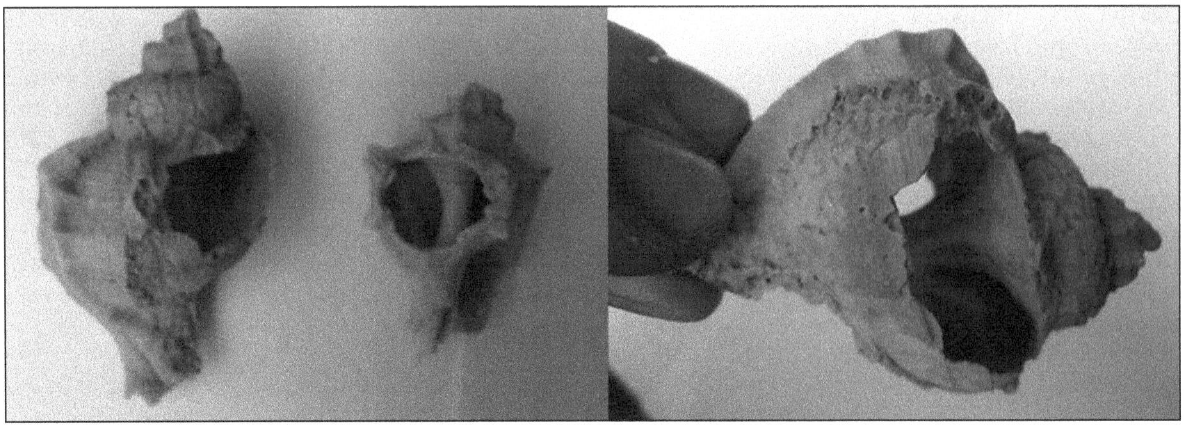

fig. 169 : coquilles archéologiques de rocher fascié, *Hexaplex trunculus*, cassées à la hauteur de la glande hypobranchiale pour en exploiter les propriétés purpurigènes. Cliché C. Macheboeuf.

Comme l'ont démontré Fr. Brien-Poitevin et V. Forest, la consommation du peigne glabre, *Proteopecten glaber*, ne fait pas non plus de doute ; les nombreuses apparitions de l'espèce et ses restes retrouvés par centaines l'assurent.[473] Pour l'instant, nous n'avons pas dénombré de coquille entière, ce qui serait un argument supplémentaire. Cependant, l'analyse des tailles des valves gauches et droites de plusieurs assemblages nous a permis de supposer que des coquilles étaient initialement entières : ainsi, elles contenaient certainement le corps mou de l'animal. Les encoches en forme de U renversé, que nous avons remarquées sur le bord ventral de quelques valves, pourraient en outre correspondre aux séquelles d'une ouverture forcée des coquilles : elles donnent l'impression qu'une pointe a été introduite entre les deux valves.

Dans la liste des bivalves consommés en période antique, il faut aussi ranger les moules, *Mytilus* sp., les coques, *Cerastoderma* sp., le peigne variable, *Chlamys varia*, la palourde croisée d'Europe, *Ruditapes decussatus*, et le flion tronqué, *Donax trunculus*. Ces coquillages sont couramment retrouvés sur les sites archéologiques où ils fournissent des restes souvent nombreux. Pour les moules et le flion tronqué, comme pour les huîtres plates d'Europe, la découverte de coquilles entières décrit des animaux collectés vivants : hormis le flion tronqué, les autres bivalves ont livré des spécimens avec leurs deux valves encore adhérentes l'une à l'autre, par exemple à Barzan/Le Fâ et à Ifs.[474] La cassure des valves de moules dans leur zone postéro-ventrale, ou plus rarement au voisinage de l'apex, pourrait indiquer la récupération de la chair après qu'un coup franc ait été porté sur la coquille.

Enfin, bien qu'elles soient peu fréquentes en comparaison des bivalves précités, deux autres espèces ont vraisemblablement fait l'objet d'une utilisation alimentaire : le peigne operculaire, *Aequipecten opercularis*, sur le site d'Alignan/Le Valat et le lavignon poivré, *Scrobicularia plana*, sur celui de Rom/La Petite Ouche, où leurs restes respectifs sont abondants.

Chez les gastéropodes, les patelles, *Patella* sp., figurent régulièrement dans les assemblages conchyliologiques. Leurs coquilles peuvent y être extrêmement nombreuses. De plus, sur le bord de certains exemplaires se trouve parfois une petite encoche. Cette marque rappelle que les patelles étaient en vie au moment de leur collecte : solidement fixées au rocher par la contraction de leur pied musculeux, elles auront opposées une résistance au passage de l'outil employé pour les décrocher, qui aura fait rompre la coquille à cet endroit. Leur consommation est donc tout à fait probable.

D'après les données qui ont été réunies, cette conclusion vaut aussi pour les rochers, *Bolinus brandaris* et *Hexaplex trunculus*. Aucun des spécimens recensés dans ce travail ne suggère une exploitation des propriétés purpurigènes de ces espèces à des fins de teinture ; les coquilles ne présentent aucune trace d'extraction de la glande hypobranchiale de l'animal. Or cette activité impose de les écraser ou de les briser à la hauteur du précieux organe. Les travaux de D. Cardon et Chr. Macheboeuf, menés à partir d'exemplaires archéologiques, l'ont montré.[475] (fig. 169)

La consommation des couteaux, *Solen* sp. et *Ensis* sp., est plus discutable, car ils sont rarement retrouvés. Notons toutefois que leurs restes ne sont pas négligeables sur un site, et plus précisément dans un contexte, celui du puits PT 25055 de Barzan/Le Fâ. L'hypothèse de résidus alimentaires n'est donc pas à exclure, surtout que ces coquillages sont encore très estimés aujourd'hui.

À Hyères/Olbia, pour les niveaux 475-550 p.C., la nature des 800 restes de pinnes marines, *Pinna* sp., dont Fr. Brien-Poitevin estime qu'ils appartiennent à au moins 57 coquilles, est également incertaine.[476] Ces animaux sont parfaitement comestibles et ils offrent une grande masse de chair ; le jambonneau fragile, *Atrina pectinata*, atteint 35 cm de hauteur et le jambonneau hérissé, *Pinna nobilis*, peut mesurer plus d'un mètre.[477] Leur consommation pourrait donc être envisagée. En 1900,

[473] Se reporter à la bibliographie des auteurs.
[474] Bardot-Cambot 2011 ; Carpentier 2007.
[475] Cardon 2003 ; Macheboeuf 2004a, 2005a, 2007, 2008a, 2008b.
[476] Brien-Poitevin 2006.
[477] Poutiers 1987, 471-472.

A. Locard signale que "sa chair [de la pinne] n'est pas très bonne, cependant on la consomme parfois sur le littoral des environs de Cette".[478] Mais au cours de nos lectures, la mention d'une autre pratique, plus singulière, nous a interpellée. Aux XVIIIe et XIXe siècles, en Méditerranée orientale (Sicile, Calabre, Malte et Naples), les pinnes marines étaient recherchées pour leur byssus, c'est-à-dire pour les filaments qui servent à leur fixation sur le substrat. Ces filaments étaient alors filés pour confectionner des tissus.[479] En 1719, M. de Réaumur observe que la pinne "est attachée comme les moules par des fils soyeux [...] dont on fait encore des ouvrages"[480] et, quelques décennies plus tard, E. Lefèvre précise que le byssus est employé "pour faire divers tissus, comme des gants, des bas, des bonnets, d'une grande solidité et d'une belle couleur mordorée fort brillante et inaltérable".[481] En France, la découverte en 1978 d'un bonnet en byssus, dans une cave à Saint-Denis, fait remonter cette activité au moins au XIVe siècle.[482] Aucun argument archéologique ne permet de supposer qu'une telle pratique existait déjà dans l'Antiquité. Cependant, l'emploi du terme *byssus* ou *byssinus* dans les textes anciens ouvre une piste de réflexion. Il apparaît en effet chez Apulée pour désigner l'étoffe légère qui compose la robe de la déesse Isis : *Tunica multicolor, bysso tenui pertexta*.[483] Une question s'impose alors : à quelle époque le mot *byssus* a-t-il pris le sens qu'on lui connaît aujourd'hui ? Simultanément, nous attirons l'attention des archéologues sur les restes de pinnes marines, surtout s'ils se trouvent concentrés et inhabituellement nombreux. Nous n'avons pas pu l'apprécier au mieux à Hyères/Olbia, car les dénombrements sont exposés par phase et non par US.[484]

La nature des centaines de coquilles de troques, *Osilinus* sp., et de gibbules, *Gibbula* sp., découvertes aux Pennes-Mirabeau/La Cloche[485] et à Hyères/Olbia[486] n'est pas clairement établie. De même, celle des très nombreuses coquilles de cérithe commun, *Cerithium vulagtum*, révélées sur le même site d'Hyères et surtout dans une "case" à Rognac/Castellas[487] est aussi ambiguë. Si tous ces gastéropodes sont parfaitement comestibles, ils sont peu estimés de nos jours. En 1900, A. Locard signale que "la chair des Cérithes est assez médiocre ; elle présente surtout ce grand inconvénient qu'elle est difficile à extraire des profondeurs de sa coquille".[488] D'ailleurs, ils sont plus souvent employés comme appât pour la pêche.[489] Nous aurions pu suivre cette piste. Toutefois, aux Pennes-Mirabeau/La Cloche et à Hyères/Olbia, l'association de ces espèces avec d'autres sûrement consommées, comme le peigne glabre, *Proteopecten glaber*, les moules, *Mytilus* sp., les coques, *Cerastoderma* sp., et les patelles, *Patella* sp. étaie l'hypothèse d'une origine alimentaire des vestiges.[490] À Rognac/Castellas en revanche, Fr. Brien-Poitevin n'est pas persuadée de la consommation du cérithe commun, *Cerithium vulgatum*, ce qui est effectivement douteux, compte tenu de la composition spécifique de l'assemblage. L'auteur n'en donne pas le détail exact, mais le cérithe commun, qui n'a déjà guère d'amateurs, est accompagné par une seule autre espèce : le cérithe réticulé, *Bittium reticulatum*, dont l'intérêt alimentaire est nul, car il dépasse rarement le centimètre[491] L'identification de ce duo oriente vers une autre explication. Le petit cérithe réticulé se trouve parmi les algues des eaux peu profondes qu'apprécie également le cérithe commun.[492] Fr. Brien-Poitevin propose donc "la possibilité d'algues récupérées le long du rivage, algues qui auraient totalement disparu, mais dont on aurait la trace en négatif par les coquillages qui y vivent".[493] Un élément nous manque pour conforter cette hypothèse : l'état des coquilles qui pourrait suggérer des animaux vivants et écarter ainsi la possibilité d'épaves venues par un autre moyen, avec du sable par exemple. Les coquilles épaves actuelles que nous avons observées montrent ainsi une usure de l'apex et/ou du labre, jusqu'à la disparition complète de ces deux zones pour les exemplaires les plus dégradés.

Les coquilles épaves

Les autres coquillages ne semblent pas consommés dans le cadre géographique qui a été exploré. Quatre taxons figurent parmi la vingtaine la plus fréquente sur les sites archéologiques. Ce sont les bucardes, *Acanthocardia* sp., les amandes de mer, *Glycymeris* sp., le vernis fauve, *Callista chione*, et la coquille Saint-Jacques, qu'elle soit atlantique, *Pecten maximus*, ou méditerranéenne, *Pecten jacobeus*.

Description des vestiges

Ces bivalves se rencontrent sous la forme de valves épaves. Deux observations nous assurent de cet état. Tout d'abord, les valves gauches et droites sont de tailles différentes et ne s'apparient jamais : les coquilles n'étaient donc probablement pas entières au moment de la collecte. Ensuite, la crête des côtes qui ornent les valves des bucardes est comme érodée, les valves d'amandes de mer ont leurs bords émoussés et l'apex parfois percé, et les valves de vernis fauve ont les angles de leurs bords antérieur et postérieur ébréchés. Or toutes ces altérations sont liées à un phénomène d'abrasion

[478] Locard 1900, 92.
[479] Chenu 1847, 91 ; Lefèvre 1886, 414.
[480] De Réaumur 1719, 177.
[481] Lefèvre 1886, 414. L. Figuier signale également la fabrication d'objets en byssus (Figuier 1866, 333-334).
[482] Wyss 2001.
[483] Apulée, *Métamorphoses*, 11.3.5.
[484] Brien-Poitevin 2006.
[485] Brien-Poitevin 1993.
[486] Brien-Poitevin 2006.
[487] Brien-Poitevin 1993.
[488] Locard 1900, 37.
[489] Gaillard 1987, 559 ; 613-618 ; Quéro & Vayne 1998, 81.

[490] Bien qu'éloigné de la Gaule, le site romain de Loron, localisé sur la côte istrienne, a livré plus de 600 coquilles de trochidés et près de 400 coquilles de *Cerithium vulgatum*, auxquelles nous avons attribué la même origine (Bardot (à paraître)).
[491] Lindner 2000, 66 ; Lindner 2004, 34.
[492] Données d'Observations pour la Reconnaissance et l'Identification de la Faune et de la Flore subaquatiques. Le Granché Philippe, Damerval Marc, in : DORIS, 2/1/2012 : Cerithium vulgatum (Bruguière, 1792), http://doris.ffessm.fr/fiche2.asp?fiche_numero=1177
[493] Brien-Poitevin 1993.

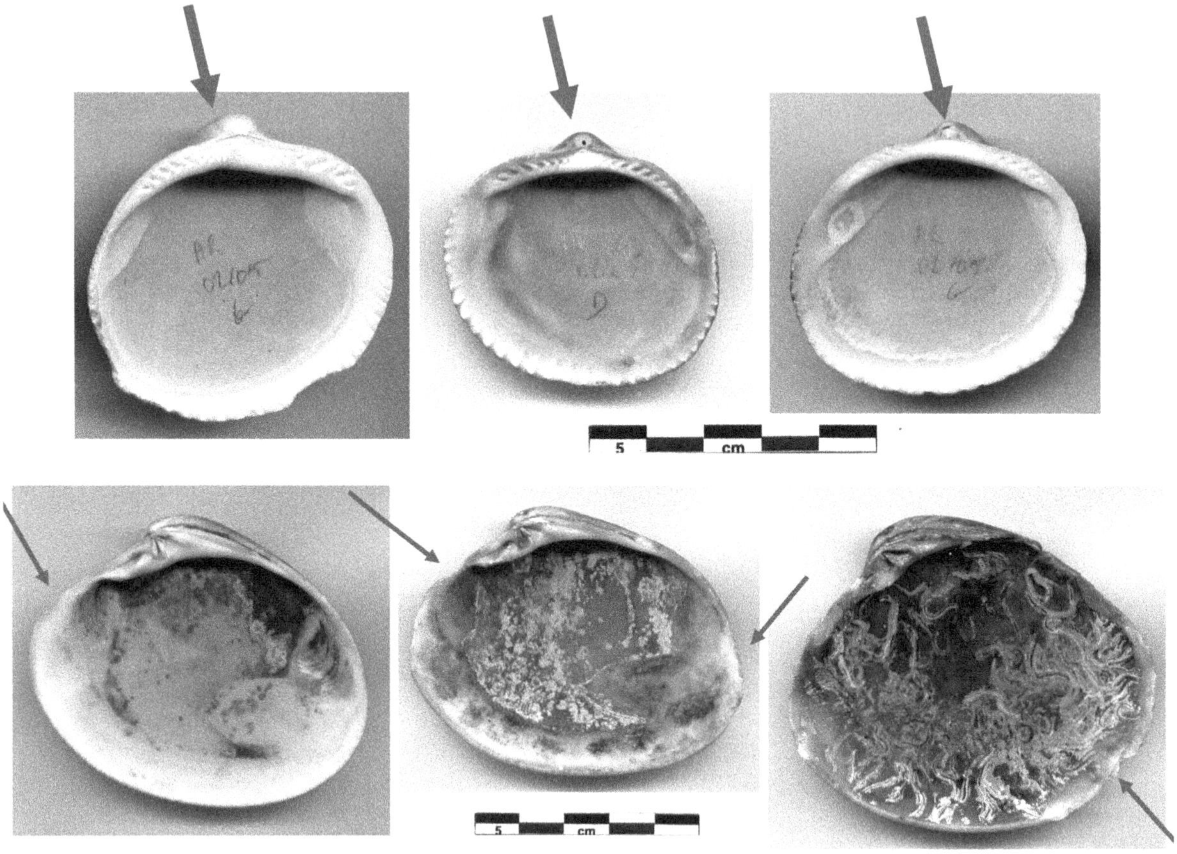

fig. 170 : valves épaves actuelles d'amandes de mer, *Glycymeris* sp. (en haut) et de vernis fauve, *Callista chione* (en bas).

naturelle. Les valves se dissocient en effet après la mort de l'animal et sont roulées par la mer : leurs reliefs s'usent alors au fil des frottements occasionnés par les mouvements de l'eau. Des valves épaves de bucardes et d'amandes de mer que nous avons ramassées montrent les mêmes usures de leurs reliefs jusqu'à la perforation de l'apex. (fig. 170) En présence d'exemplaires archéologiques percés, l'hypothèse d'un forage pratiqué par l'homme ne peut donc s'imposer systématiquement. À propos du vernis fauve, V. Forest rapporte qu'il a "rencontré une petite concentration de coquilles mortes sur une portion de la plage des Aresquiers (Vic-la-Gardiole, Hérault) ": il constate à cette occasion que "le premier stade de dégradation des valves se traduit par des cassures légères des bords crâniaux et caudaux".[494] (fig. 170). Quant aux coquilles Saint-Jacques, les valves archéologiques n'affichent pas d'usure franche ni des côtes ni des bords. Pourtant, elles étaient certainement épaves à leur arrivée sur les sites, car elles sont trop rares dans les assemblages pour suggérer une collecte d'individus vivants. Du reste, nous avons régulièrement trouvé des grandes valves isolées sur les plages. Or elles étaient le plus souvent intactes.

La présence de ces valves épaves sur les sites archéologiques est loin d'être complètement expliquée. Fr. Brien-Poitevin et plus récemment V. Forest et Y. Manniez ont ébauché plusieurs pistes de réflexions, que nous allons maintenant exposer et tenter de poursuivre.

Usages antiques

Assainissement et décor de sols

D'après Fr. Brien-Poitevin, les très nombreuses valves épaves d'amandes de mer et de bucardes découvertes dans la maison A de Lunel-Viel, et plus précisément dans le niveau de sol de la pièce 10 interprétée comme un cellier, auraient permis "d'assurer une meilleure isolation du sol, les valves, par leur forme, retenant l'humidité du sol et l'empêchant de remonter en surface et de gâter ainsi les produits stockés dans la pièce".[495] Cette hypothèse est confortée par l'existence, dans une pièce voisine (pièce 12), d'un second procédé d'assainissement : un vide sanitaire était formé d'un plancher posé sur une assise de pierres. Cet usage des valves épaves, au cours de la seconde moitié du Ier siècle p.C., semble se poursuivre durant les trois siècles suivants, car les restes de bucardes et d'amandes de mer sont encore singulièrement abondants. Fr. Brien-Poitevin signale d'ailleurs que des "coquilles roulées" ont été retrouvées "au IIIe et IVe siècles p.C. [...] dans les sols de la pièce 8, 2046 et 2120".[496]

[494] Forest 1999a, 130.

[495] Brien-Poitevin 2007, 80.

[496] Brien-Poitevin 2007, 80.

À Lattes, dans l'espace ouvert que constitue la rue 109 et qui correspond plus, selon D. Garcia, à un couloir d'aération et de drainage qu'à une voie de circulation,[497] les dizaines de valves épaves de bucardes et d'amandes de mer (US 8091), disposées en lignes avec leur face interne contre terre,[498] étaient peut-être également destinées à assainir le secteur. Cependant, si cet aménagement avait sans doute pour but initial de consolider ou d'assainir la surface, il produisait un effet visuel certain par l'opposition des valves côtelées et brunes-orangées des bucardes et des valves lisses et violacées des amandes de mer.[499] Fr. Brien-Poitevin ne cite qu'un seul autre exemple de pavement, fait celui-ci de la juxtaposition de "120 coquilles de *glycymeris*".[500] Mais d'autres espaces ont dû être ainsi pavés, ou étaient destinés à l'être, comme le suggèrent les 505 valves du bucardes et les 762 valves d'amandes de mer issues du remblai US 4110 de l'îlot 4.[501] Ces valves pourraient correspondre à un ou plusieurs aménagements détruits ou au(x) lot(s) qu'il était prévu d'utiliser à cette fin : au regard du nombre de valves livrées par ce remblai, le stockage de coquilles épaves en vue de leur utilisation future peut en effet être envisagé. Dans ce cas, le projet aurait-il été abandonné et les valves rejetées lors de travaux de remblaiement ? C. Belarte et M. Py signale "un remblai comparable, livrant de nombreux cardiums" dans le quartier 30-35 (maison 3004, pièce 5B, US 30257).[502]

La composition de ces remblais lattois montre que l'interprétation des restes épaves de bucardes et d'amandes de mer comme des matériaux de pavement est une possibilité qu'il faut examiner lorsqu'ils sont singulièrement abondants. Nous ferons donc quelques remarques sur la distribution géographique et chronologique de ces aménagements. À notre connaissance, le site de Lattes est le seul en Gaule à avoir livré des pavements, originalité qu'avaient déjà exprimé C. Belarte et M. Py en 2004.[503] S. Heidet, qui a consacré son mémoire de Maîtrise à l'*opus musivum* à coquillages en Gaule, a inventorié une cinquantaine de décors faits d'incrustations de valves de bivalves et/ou de coquilles de gastéropodes, cependant il s'agit d'ensembles muraux, de plafonds, de fontaines ou de niches,[504] par ailleurs bien connus à Herculanum et à Pompéi où de nombreux exemples sont encore visibles.[505] À Lattes, l'utilisation des valves épaves pour aménager les sols est limitée dans le temps, entre le milieu du IIe siècle a.C. et le début du Ier siècle a.C. Pour comparaison, C. Belarte et M. Py signalent deux exemples, l'un et l'autre dans le monde ibérique. Ils sont plus anciens : Illa d'en Reixac (Ullastret, Gérone) dans la deuxième moitié du IIIe siècle a.C. et El Oral (San Fulgencio, Alicante) au Ve siècle a.C. Le premier met en scène des valves de bucardes, le second des valves d'amandes de mer.[506]

Sur les sites de Lattes et de Lunel-Viel, les restes de bucardes et d'amandes de mer se trouvent en quantités exceptionnelles. Ailleurs, ils ne sont jamais aussi nombreux, à l'image du vernis fauve et des coquilles Saint-Jacques. Pour autant, l'utilisation de "valves-épaves" dans des décors de sols de petites dimensions ne peut être exclue pour certains exemplaires. À Lattes, un groupe de quelques valves, toutes disposées face externe vers le haut, a été dégagé à la surface du sol d'une des pièces de la maison 3503 (pièce 10, SL35399). Il était composé d'une valve de coquille Saint-Jacques, probablement une valve droite de *Pecten jacobeus* d'après les clichés, entourée de valves de *Donax* sp. et, selon les archéologues, "de fragments de coques polis" (US 35362).[507] Une autre pratique pourrait toutefois mieux éclairer la nature des valves épaves retrouvées en petite quantité sur les sites archéologiques : elle donne aux coquilles le statut d'objet.

"L'objet"

L'hypothèse de la "valve-objet" a été développée par V. Forest et Y. Manniez, à partir d'assemblages conchyliologiques découverts sur des sites méditerranéens. Elle s'appuie sur trois arguments que nos observations viennent aujourd'hui renforcer[508].

Tout d'abord, dans la région languedocienne, les valves de vernis fauve, *Callista chione*, et de coquille Saint-Jacques de Méditerranée, *Pecten jacobeus*, se rencontrent comme objets funéraires. Elles sont parfois associées, la valve de coquille Saint-Jacques servant de réceptacle à celle de vernis fauve comme dans plusieurs tombes de la nécropole des Clapiès à Villeneuve-lès-Béziers (Hérault).[509] Les valves de bucardes, *Acanthocardia* sp., et d'amandes de mer, *Glycymeris* sp., apparaissent aussi parmi le mobilier qui accompagne le défunt. V. Forest a identifié une valve d'amande violacée, *Glycymeris violacescens*, dans une sépulture de la nécropole des Champs Traversains à Saint-Vit (Doubs) et une valve de bucarde sur le site de la nécropole de Saint-Michel à Montpellier (Hérault).[510] Ces deux exemples sont anecdotiques par rapport aux apparitions du vernis fauve et des coquilles Saint-Jacques. Néanmoins, la valve de bucarde de Montpellier avait été initialement attribuée par les archéologues à un pectinidé, ce qui nous laisse

[497] Garcia 1990, 307.
[498] Brien-Poitevin 1992b.
[499] De Chazelles 1996 ; Belarte & Py 2004.
[500] Fr. Brien-Poitevin mentionne aussi un sol fait de coquilles et de graviers blancs mélangés, mais elle ne précise pas s'il s'agit de valves d'amandes et/ou de bucardes (Brien-Poitevin 1992b ; De Chazelles 1996).
[501] Brien-Poitevin 1992b.
[502] Belarte & Py 2004.
[503] Belarte & Py 2004.
[504] Heidet 1995.
[505] *Pompei : pitture e mosaici*, Istituto della Enciclopedia italiana, Rome. Par exemple : Regio VI, Parte II, Volume V, Casa degli Scienziati o Gran Lupanare, 454-455 et Casa del Fauno, 105 et 107 ; Regio VI, Parte III, Volume VI, 129 et 132 à 134, Casa del Bracciale d'oro ; Regio VII, Parte II, Volume VII, Casa del Granduca, 57-60 ; Regio IX, Parte II, Volume IX, Casa di Marcus Lucretius, 286-287.
[506] Belarte & Py 2004.
[507] Belarte & Py 2004.
[508] Manniez 1999 ; Forest 2005c ; Bardot 2009 ; Bardot & Forest 2009 ; Bardot-Cambot & Forest (à paraître a).
[509] Manniez 1999.
[510] Forest 1999a.

supposer des confusions dans la documentation archéologique d'autres sites[511].

Ensuite, des petits assemblages de valves épaves sont retrouvés dans les habitats, parallèlement aux restes alimentaires. Nous l'avons noté à Villevieille pour les amandes de mer et les bucardes[512] et V. Forest l'a mis en évidence à Carcassonne/Troubadours pour le vernis fauve et la coquille Saint-Jacques de Méditerranée ; il qualifie alors les restes de ces espèces de "tessons" en référence aux morceaux de pièces céramiques parce qu'il considère que ces coquilles sont aussi des objets utilitaires.[513]

Enfin, l'exemple de Meaux/PME prouve que ces valves ne sont pas de simples accompagnateurs accidentels des lots destinés à la consommation. La valve de *Pecten jacobeus* qui se trouvait à plus de 750 km de son bassin d'origine, la Méditerranée, n'a pu être apportée qu'intentionnellement puisque les huîtres consommées sur le site viennent de l'Atlantique ou de la Manche.[514]

Le rôle de ces valves épaves n'est pas encore clairement établi, mais leurs fonctions étaient certainement très diverses. Il a parfois laissé quelques traces sur les valves de coquille Saint-Jacques, sous la forme d'une usure ou d'une cassure et/ou d'une petite perforation. Cependant, nous n'avons pas encore trouvé les clés qui permettraient de les interpréter. (fig. 85)

L'association de valves épaves et d'objets en céramique dans les tombes languedociennes a conduit Cl. Raynaud à identifier des cuillères ou des récipients.[515] Sans exclure cette solution, Y. Manniez propose une seconde interprétation : les valves emboîtées de vernis fauve et de coquille Saint-Jacques de Méditerranée auraient fait fonction de lampes.[516] Dans un article qu'il consacre aux dépôts de luminaires dans les sépultures romaines tardives de cette région, il rappelle que des lampes à huile étaient placées près des morts pour qu'elles brûlent en l'honneur des dieux Mânes et, qu'outre ce rôle de maintien de la lumière, elles avaient un rôle apotropaïque. Un fabricant de lampes d'Afrique du Nord inscrivait ainsi sur ses produits la formule suivante : "Achetez un bon gardien, à la fois contre les ténèbres et contre l'esprit malin".[517] D'après Y. Manniez, la valve de vernis aurait fait office de réservoir et celle de coquille Saint-Jacques de support et de préhension. Cette proposition a été en partie guidée par une observation de Fr. Brien-Poitevin qui, pour la nécropole des Clapiès à Villeneuve-lès-Béziers, décrivait "l'aspect carbonaté "des vernis fauves - les valves ressemblaient à "une masse de chaux plus ou moins compacte" - et "l'aspect plutôt nacré" des coquilles Saint-Jacques. Selon elle, ces modifications seraient la conséquence d'un contact prolongé des valves avec une source de chaleur.[518] Mais nous ne sommes pas convaincue par cette interprétation : la description donnée par Fr. Brien-Poitevin est proche de celle que nous avons faite pour certains exemplaires d'huître plate. Or leur état semble lié à la nature du contexte sédimentologique et non à une élévation brutale de la température de la matière-coquille.[519]

Si on ne peut pas écarter la possibilité de lampes pour les spécimens découverts superposés en contexte funéraire, elle est en revanche difficile à retenir pour les valves de vernis fauve retrouvées isolées sur les sites d'habitat. En effet, les valves ne peuvent vraisemblablement pas être utilisées seules à cette fin. Le moindre mouvement, qu'implique notamment le déplacement de la valve, risque de laisser couler du liquide bouillant sur les mains de celui qui la porte. De plus, lorsqu'une valve est posée sur sa face externe bombée, elle s'incline : il est alors impossible de garder l'huile à l'intérieur. Enfin, les quelques exemplaires que nous avons recensés et ceux, plus nombreux, qui ont été examinés par V. Forest ne sont pas noircis, ce qu'on pourrait supposer suite à la combustion de la mèche imbibée d'huile. Pour les valves d'amandes de mer et de bucardes, un rôle de lampe est exclu ; l'huile s'échapperait en effet par leur sommet qui est régulièrement percé. Un passage de la mèche par ce trou est également peu probable, car son pourtour ne montre jamais d'altération suggérant la proximité immédiate d'une flamme.

Une épigramme de Martial nous a interpellée, car il évoque des coquilles utilisées comme polissoirs :
Leuis ab aequorea cortex Mareotica concha
Fiat : inoffensa curret harundo uia.
"Polissez le papyrus égyptien avec un coquillage de mer, et le roseau courra dessus sans obstacle".[520]
Des valves à la surface lisse et assez grandes pour assurer une bonne prise en main paraissent effectivement convenir à cet usage. Celles de vernis fauve et d'amandes de mer auraient été parfaitement indiquées. Toutefois, nous n'avons pas enregistré de traces d'usure artificielle sur leur face externe ou sur leurs bords. Plus généralement, un statut de "valve-outils", bien que connu pour des périodes plus anciennes, est sans doute à écarter.[521] Finalement, quel que soit le rôle de ces valves, un point semble acquis : elles ne sont pas abîmées par leur usage. Nous rejoignons ainsi la conclusion de V. Forest qui, malgré l'examen de nombreux spécimens, n'a pas non plus repéré de marques sur les valves. Il faut donc envisager une utilisation qui n'altére ni la valve, ni la matière-coquille : peut-être comme petit récipient. Pour l'instant, cette hypothèse ne trouve d'appuis que pour le vernis fauve.

Ainsi, à supposer que les valves de cette espèce étaient destinées à recevoir un contenu, celui-ci n'était

[511] Majurel *et al.* 1970-1973.
[512] Bardot-Cambot & Forest (à paraître a).
[513] Forest 2005c ; Bardot & Forest 2009.
[514] cf. 3.8.
[515] Cette proposition de Cl. Raynaud a été rapportée par Y. Manniez dans Manniez 1999, 126 et note 531.
[516] Manniez 1999 et 2005.
[517] Manniez 2005. Citation de l'auteur reprise à Cabrol & Leclercq 1907, 736.
[518] Propos rapportés par Y. Manniez dans Manniez 1999 et 2005.
[519] D'après ses observations, V. Forest retient la même explication.
[520] Martial, *Epigrammes*, 14.209.
[521] Gruet 1993 ; Gruet *et al.* 1999.

probablement pas un liquide pour les raisons que nous avons données précédemment à propos de l'huile. Il faut donc envisager un produit plus solide, qui risque moins d'être renversé. Son utilisation n'oblige pas qu'il soit disponible en grandes quantités puisque une valve de vernis fauve ne dépasse guère 110 mm de diamètre. On peut exclure des pigments, car ils auraient certainement coloré la nacre interne. La présence de valves de vernis fauve dans les habitats plaide pour un produit à usage domestique. Une découverte réalisée sur le site de la nécropole du Haut-Empire à Saint-Paul-Trois-Châteaux/Valladas (Drôme) va également dans ce sens et implique plus spécialement les pratiques alimentaires. En effet, une assiette déposée en offrande dans une tombe (tombe 45) contenait une valve de vernis fauve et des restes osseux ; présentée comme une valve de pectinidé, nous avons revu l'identification d'après la photographie qui illustre la description. Dans une seconde tombe (tombe 164), il est aussi question de "deux valves de pectinidé" qui accompagnaient sur une assiette "une demie vertèbre et un côte d'un capriné, un jarret postérieur d'un suidé [...], et un fragment de radius d'un suidé".[522] L'erreur d'identification relevée pour la tombe 45 nous incite à faire glisser ces deux valves du côté du vernis fauve.

Pour résumé, nous pourrions rechercher un produit solide comestible qui servirait en petite quantité dans l'alimentation. Un condiment est celui qui répond le mieux à cette définition. Un passage d'Horace, dans les *Satires*, a retenu notre attention : "Je ne souhaite qu'une table à trois pieds, une *concha salis puri*, et une toge, même grossière, qui me défende du froid".[523] Le mot *concha* pourrait désigner un petit vase contenant du sel[524] ; notons que Columelle évoque une *concha* métallique utilisée pour transvaser l'huile (*conchae ferrae, quibus depletur oleum*).[525] Parmi la vaisselle d'argent qui compose le trésor de Chaourse figure peut-être une salière (200-270 p.C.). C'est ainsi que Fr. Baratte et K. Painter interprètent une petite coupe peu profonde, 4 cm de hauteur, et d'une quinzaine de centimètres de diamètre.[526] Sur l'extérieur, 29 cannelures se déploient depuis le fond imitant ainsi les reliefs côtelés des valves de certains bivalves.[527] Cette observation rappelle qu'une coquille pouvait également faire office de récipient : celle de *cocleae* d'après Pline l'Ancien[528] et de *κοχλίαι* selon Oribase.[529] On ne peut donc pas écarter que des coquilles ait pu servir de salière : la *concha salis* d'Horace. Du reste, les récits de plusieurs auteurs latins pourraient expliquer que du sel soit déposé en offrande auprès du défunt : il aurait un rôle de protection. Ainsi, Horace rappelle qu'on "mène avec peu de chose une vie heureuse lorsqu'on voit briller sur une table modeste la salière patrimoniale, lorsque la crainte ou une basse convoitise ne viennent point alourdir le sommeil (*Viuitur paruo bene, cui paternum splendet in mensa tenui salinum nec leuis somnos timor aut cupido sordibus aufert*)".[530] Et Perse écrit : "Mais tu as sur le domaine paternel une récolte de blé moyenne, tu as une salière propre et sans tare - qu'as-tu à craindre ? - et un modeste plat qui assure le culte du foyer (*Sed rure paterno est tibi far modicum, purum et sine labe salinum : Quid metuas? cultrixque foci secura patella est*)".[531] En outre, à en croire Stace, Valère Maxime et Tite-Live, le sel intervient dans le culte qui est rendu aux dieux. Stace raconte que "souvent, au milieu de ces magnifiques offrandes, les dieux ont agréé une motte de gazon [la note du traducteur précise "en guise d'autel"], une poignée de farine et le contenu d'une modique salière (*sed saepe deis hos inter honores caespes et exiguo placuerunt farra salino*)".[532] Valère Maxime dit à propos de C. Fabricius et Q. Aemilius Papus, "qu'ils furent les premiers de la cité à leur époque à avoir des objets d'argent. Ils ont en effet tous les deux possédé pour les sacrifices une coupelle et une salière, mais il y eut d'autant plus de somptuosité chez Fabricius qu'il a voulu avoir sur sa coupelle une anse en corne pour la tenir (*In C- uero Fabricii et Q- Aemilii Papi prin cipum saeculi sui domibus argentum fuisse confitear oportet: uterque enim patellam deorum et salinum habuit, sed eo lautius Fabricius, quod patellam suam corneo pediculo sustineri uoluit*)".[533] Enfin, voici ce que rapporte Tite-Live : "en fait d'argent, que ceux qui ont siégé sur une chaise curule apportent les ornements de leur cheval et deux livres en poids, afin de pouvoir posséder une salière et une coupe pour le culte divin ; pour tous les autres sénateurs, une livre d'argent seulement (*argenti qui curuli sella sederunt equi ornamenta et libras pondo, ut salinum patellamque deorum causa habere possint ; ceteri senatores libram argenti tantum ; aeris signati quina milia in singulos patres familiae relinquamus*).[534] Valère Maxime et Tite-Live évoquent chacun deux objets : la salière, *salinum*, et la coupe ou coupelle, *patella*,[535] ce que rappellent peut-être les valves de vernis fauve et de coquille Saint-Jacques déposées l'une dans l'autre dans les tombes de la nécropole des Clapiès à Villeneuve-lès-Béziers.[536] Ce rapprochement entre la *patella* de la littérature antique, dont Valère Maxime nous

[522] Bel 2002, 137-138 et fig. 136.

[523] Horace, *Satires*, 1.3.14. (traduction par Ch.-M. Leconte de Lisle, 1911)

[524] Hilgers 1969.

[525] Columelle, *De l'agriculture*, 12.52.8.

[526] Baratte & Painter 1989, 134.

[527] Les trésors de Rethel et de Graincourt-lès-Havrincourt comptent également des coupes côtelées en argent mais elles sont de grandes dimensions, entre 31 et 43 cm de diamètre. Elles sont interprétées comme des bassins d'ablution (Baratte & Painter 1989, 149 ; 169-170. Voir aussi Martin-Kilcher 1984). Leur forme reprend très nettement celle d'une valve côtelée de bivalve. Des cannelures rayonnent depuis l'apex qui est matérialisé par une pointe en avancée sur l'intérieur de la vasque.

[528] Pline l'Ancien évoque des *cocleae* de forme ronde "qui sont à part et dont on se sert pour mesurer l'huile (*extra haec sunt rotundae in oleario usu cocleae*)". Pline l'Ancien, *Histoire naturelle*, 9.147-148.

[529] Oribase rapporte que parmi les *κοχλίαι* "un est de forme ronde et on l'emploie pour transvaser l'huile (*τὸ δὲ στρογγύλον, ᾧ τοὔλαιον ἀναχέουσιν*)". Oribase, *Des aliments*, 2.55.85.

[530] Horace, *Odes*, 2.16.10.

[531] Perse, *Satires*, 3.24-26.

[532] Stace, *Silves*, 1.4.130.

[533] Valère Maxime, *Actions et paroles mémorables*, 4.4.3. (traduction par R. Combès, 1997)

[534] Tite-Live, *Histoire romaine*, 26.36.

[535] Sur les récipients désignés par *salinum* et *concha,* voir l'ouvrage de W. Hilgers (Hilgers 1969).

[536] Manniez 1999 et 2005.

dit qu'elle peut avoir une anse, et la valve archéologique d'une coquille Saint-Jacques pourrait éclairer sous un autre angle une découverte que nous avons déjà eu l'occasion d'évoquer.[537] Sur le site du sanctuaire de Ménestreau (Nièvre), dans une fosse vôtive comblée à la fin du IVe siècle p.C., a été retrouvée une coquille en argent.[538] Elle est dédicacée à un dieu encore inconnu du panthéon gallo-romain : "Au dieu Grinovantis, Vitellius Mansuetus a accompli son vœu de bon gré comme de juste (*Deo/Grinovanti Vittelli/us Mansuetus/V(otum) s(oluit) l(ibens m(erito))*". Elle se présente comme une petite vasque de 13,8 cm de hauteur rythmée par 15 côtes rayonnant depuis une zone rétrécie qui est encadrée de deux extensions triangulaires supportant la fixation d'une anse. Cette description convient parfaitement à une valve creuse de pectinidé avec ses deux oreilles et plus particulièrement à la valve droite d'une coquille Saint-Jacques. L'espèce méditerranéenne, *Pecten jacobeus*, retrouvée dans les tombes de Narbonnaise, possède d'ailleurs de 15 à 18 côtes. La taille du coquillage est même respectée : elle correspond à celle d'un individu plutôt grand, sans toutefois dépasser les 15 cm de hauteur donnée comme maximale pour l'espèce.[539]

Jusque récemment, les valves "objets" apparaissaient comme les marqueurs d'une pratique que les données conchyliologiques semblaient réserver aux sites du pourtour du Golfe du Lion. Les découvertes de coquilles Saint-Jacques, d'amandes de mer et de bucardes sur des sites de l'intérieur des terres, comme à Meaux/PME,[540] à Sens, à Vertault et à Alise-Sainte-Reine,[541] tendent désormais à montrer qu'elle dépasse les frontières de la Narbonnaise méditerranéenne. Le comblement de la fosse FS 20679 de Bordeaux/Auditorium en fournit en outre une première illustration sur la façade atlantique.[542] Le lot de coquilles qui a été retrouvé dans son comblement (IVe siècle p.C.) comptait des valves de vernis de fauve, *Callista chione*, de coquilles Saint-Jacques d'Atlantique, *Pecten maximus*, de bucarde de Norvège, *Laevicardium crassum*, de praire commune, *Venus verrucosa*, et de mactres, *Mactra* sp. (fig. 171) À l'exception du vernis fauve, les autres espèces diffèrent de celles qui composent traditionnellement l'assemblage des valves épaves dans le midi méditerranéen, ce que les disponibilités locales pourraient expliquer. Le type de coquillage reste néanmoins le même : la coquille Saint-Jacques d'Atlantique, pour la coquille Saint-Jacques de Méditerranée, et la bucarde de Norvège que sa morphologie rapproche aussi bien des bucardes du genre *Acanthocardia* que des amandes de mer. La sélection des mêmes types de coquillages, quelle que soit la zone géographique exploitée, est un argument supplémentaire en faveur de l'utilisation des valves épaves en tant qu'objet : elles ne sont pas recherchées pour l'animal qu'elles enveloppent, mais vraisemblablement pour leur forme qui doit répondre à leur usage. La présence, dans cette fosse, des valves de praire commune et de mactres aux côtés des autres espèces pourrait indiquer qu'elles ont eu un rôle comparable. Dans cette perspective, la nature de certaines valves découvertes sur d'autres sites atlantiques mériterait certainement d'être réexaminée, ainsi à Bordeaux/Cité Judiciaire[543] et à Aulnay[544] par exemple.

fig. 171 : valves épaves de la fosse FS20679 de Bordeaux/Auditorium (vues externes). À gauche, valve droite (en haut) et valve gauche (en bas) de *Pecten maximus*, coquille Saint-Jacques d'Atlantique. Au centre, valve droite et bord ventral de *Callista chione*, vernis fauve, et valve gauche de *Venus verrucosa*, praire commune. À droite, valves droites de *Laevicardium crassum*, bucarde de Norvège.

Les restes de trois autres taxons, bien qu'anecdotiques et peu fréquents sur les sites archéologiques, ont attiré notre attention : ceux de cypréidés, - les porcelaines -, d'astrée, *Bolma rugosa*, et de ranellidés - les tritons.

Les porcelaines

La consommation des porcelaines est exclue. En effet, l'identification de *Cypraea pantherina*, qui est vraisemblablement la seule espèce présente, implique une collecte en Mer Rouge et donc un transport sur des milliers de kilomètres pour atteindre les terres de Gaule. Or des animaux vivants, et par conséquent consommables, n'y survivraient pas : assurément, seules des coquilles vides de chair ont été acheminées. Comme les valves épaves décrites précédemment, il faut sans doute attribuer aux coquilles des porcelaines un statut "d'objet". En revanche, leur rôle n'est sûrement pas utilitaire, ce que suggèrent l'absence de marques, d'usure par exemple, et leur conformation ; contrairement aux valves de bivalve, elles ne sont pas adaptées pour recevoir et conserver un contenu. On peut donc supposer que ces coquilles étaient recherchées pour elles-mêmes, à des fins que nous allons maintenant tenter d'éclairer.

L'hypothèse d'objets de collection ou de souvenirs de voyage aurait pu être retenue si ces coquilles n'étaient pas retrouvées fréquemment en contexte funéraire. Elles sont

537 Bardot 2004a.
538 Bonneau 1993 ; Bonneau 1996 ; Deyts 1998.
539 Poutiers 1987, 460.
540 Bardot (inédit b).
541 Pour ces trois sites, voir Bardot 2003.
542 Bardot 2009.
543 Caillat 1995a.
544 Lignereux & Peters 1997.

simplement déposées aux côtés du défunt,[545] fixées à une aumonière ou contenues à l'intérieur,[546] utilisées comme élément de parure[547] ou suspendues à la ceinture par une chaînette.[548] Leur fonction a donné lieu à de nombreuses interprétations. En effet, s'il semble admis qu'elles étaient recherchées pour leurs vertus prophylactiques,[549] l'importance qu'il faut donner à leur ressemblance avec la vulve féminine a amené des discussions parfois vives, comme le rapporte notamment E.D. Gobert en 1951.[550] Pour certains auteurs, il faut regarder la porcelaine "comme un gage de la fertilité des femmes".[551] À ce titre, elle serait placée "dans des tombes avec l'intention d'y introduire un principe vitalisant et de conserver l'existence du mort, d'assurer non seulement sa vie mais sa résurrection".[552] Les défenseurs de cette hypothèse s'appuient sur la présence plus fréquente de ce coquillage dans les tombes féminines et de jeunes enfants. Pour d'autres, on ne peut pas faire abstraction de la découverte de coquilles dans des tombes d'homme : la porcelaine serait déposée "dans un dessein de protection générale"[553] en tant que "charme contre le mauvais œil par sa ressemblance, lorsqu'on la regarde horizontalement, avec un œil mi-clos, les indentations de l'ouverture représentant les cils".[554] À Nîmes/Jean Jaurès, une porcelaine appartenait à un lot de plusieurs objets, sans doute placés dans un sac en matériau périssable : un broyeur, des petits récipients en

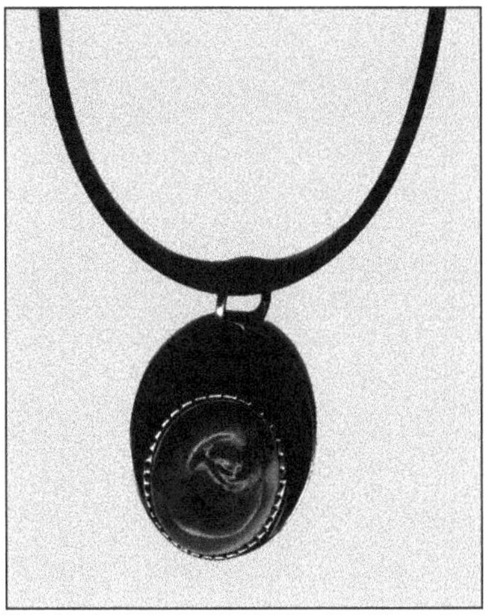

fig. 172 : opercule de *Bolma rugosa*, astrée, ou œil de Sainte-Lucie, monté en pendentif. Souvenir du village de Motovun en Istrie.

céramique, une fiole en verre, une pyxide en os, un agitateur en verre, trois coquilles de rocher épineux, *Bolinus brandaris*, une amulette en cristal de roche et une fibule à tête de Méduse. Pour les archéologues, cette association fait penser à une trousse de guérisseur ou de préparateur en pharmacie ; l'ossuaire renfermait les restes d'un homme adulte.[555]

Probablement, les cypréidés que nous avons répertoriées hors contexte funéraire sont-elles également des témoignages de l'intérêt porté à ces coquilles aux vertus protectrices. Les découvertes d'Alise-Sainte-Reine et de Strasbourg/Koenigshoffen renforcent cette hypothèse ; rappelons qu'elles sont chacune en relation avec un lieu de culte, "une aire sacrée" à Alise-Sainte-Reine et un *mithraeum* à Strasbourg.

L'astrée, *Bolma rugosa*

L'astrée, ou turbo, n'agrémente que localement les étals des pêcheurs, principalement dans la région marseillaise.[556] Elle est en revanche mieux connue pour son opercule appelé Œil de Sainte-Lucie, auquel on prête des vertus protectrices et de prospérité en rapport avec la légende de la Sainte du même nom.[557] C'est cet opercule qui est retrouvé sur les sites archéologiques recensés et non la coquille. Celle-ci est épaisse et solide : il est donc peu probable qu'elle se désagrège lors de l'évolution post-dépositionnelle. Nous serions alors tentée d'envisager la collecte des seuls opercules rejetés après la mort de l'animal. Mais pour quel usage ? À notre connaissance, seule une découverte peut nous renseigner ; elle a été réalisée au milieu du siècle dernier sur le site gallo-romain de Saint-Loup (Haute-Garonne). "Dans une petite pièce qui paraît dépendre d'un bâtiment d'habitation, a été faite une trouvaille remarquable : sur le sol bétonné (?) ont été retrouvées, malheureusement brisées, des plaques d'ivoire sculptées qui appartenaient primitivement à la décoration d'un coffret ; les trous de fixation sont encore visibles et certains clous de bronze encore en place. [...] Ces débris d'ivoire gisaient sur le sol en compagnie d'un grand nombre d'opercules d'un coquillage marin du genre *turbo* et de petits quartz roulés et arrondis sans doute considérés comme des perles".[558] Aucun indice ne permet de déterminer assurément la fonction de ces opercules. Néanmoins, quelques hypothèses peuvent être formulées. Ainsi, les observateurs ne mentionnent aucune perforation. Ils n'appartiennent donc probablement pas à une parure qui aurait été contenue dans le coffret, tout comme les petits quartz dont seule la forme rappelle celle des perles. Etaient-ils alors conservés à l'intérieur à titre de souvenirs ou de collection ? Si cette possibilité ne peut

[545] Voir par exemple, Nîmes/Jean Jaurès dans le Gard (Forest 2009) et Saint-Paul-Trois-Châteaux/Valladas dans la Drôme (Bel 2002, 137-138).
[546] Voir par exemple, Villevenard dans la Marne (Salin 1959, 75 ; Reese 1991, n°134, 179), Rixheim et Geispolsheim dans le Haut-Rhin (Salin 1959, 75 ; Zehner 1998, 267).
[547] Voir par exemple, Villevenard dans la Marne (Salin 1959, 75 ; Reese 1991, n°134, 179), Rixheim et Geispolsheim dans le Haut-Rhin (Salin 1959, 75 ; Zehner 1998, 267).
[548] Voir par exemple, Beaucaire-sur-Baïse/La Turraque dans le Gers (Larrieu *et al.* 1985), Kunheim dans le Haut-Rhin (Zehner 1998, 227) et Dampierre-sur-le-Doubs dans le Doubs (Lerat 1968).
[549] Gobert 1951 ; Salin 1959 ; Reese 1991 ; Lennartz 2004 .
[550] Gobert 1951.
[551] Gobert 1951, 19.
[552] Gobert 1951, 19.
[553] Gobert 1951, 20. À ce sujet voir également Lennartz 2004.
[554] Gobert 1951, 16. À ce sujet voir également Lennartz 2004.

[555] Célié & Darde (éd.) 2007, 82-83.
[556] Gaillard 1987, 561 ; 617 ; 628.
[557] À la fin du IIIe siècle p.C., Lucie, riche sicilienne, se serait elle-même arraché les yeux pour les envoyer à son prétendant qu'elle se refusait à épouser. Puis, ils auraient été miraculeusement remis en place (Duchet-Suchaux & Pastoureau 1994). En Espagne, l'opercule est une protection contre les troubles oculaires et traditionnellement les pêcheurs méditerranéens lui prêtent des vertus protectrices et de prospérité.
[558] Labrousse 1947.

pas être écartée, leur association avec des placages d'ivoire suggère plutôt qu'ils participaient à l'ornementation du coffret. Bien qu'unique pour l'instant, cet exemple suffit à envisager l'utilisation décorative des opercules d'astrée. Aujourd'hui encore, ces petites pièces nacrées et chatoyantes trouvent de nombreux amateurs ; elles sont en effet couramment vendues montées en bague, pendentif et autres bijoux.[559] (fig. 172)

Les tritons

Les découvertes archéologiques de restes de tritons rendent plus concrets les témoignages des auteurs anciens - ceux qui évoquent les *conchae* ou *κοχλίαί* dans lesquels on souffle[560] - et également les images transmises par l'iconographie - celles des tritons soufflant dans l'extrémité apicale d'une longue coquille enroulée en hélice. Ainsi, la coquille retrouvée à Lunel-Viel[561] et au moins une de Narbonne/Port la Nautique ont certainement été utilisées comme trompe, leur apex coupé faisant fonction d'embouchure. Il faut peut-être leur associer "les cornes de brume réalisées dans de gros escargots marins" signalées à Ambonne.[562] De tels vestiges sont nombreux en Italie : D.S. Reese a inventorié 52 coquilles de tritons à Pompéi, neuf à Herculanum et une à Boscoreale. La plupart des exemplaires ont leur apex manquant et parfois cette partie est habillée par une embouchure faite de pièces de bronze.[563] Selon A. Ciarallo, ces coquilles étaient surtout utilisées par les marins comme instrument d'appel.[564] Les découvertes de Narbonne en sont peut-être l'indice : le site de Port la Nautique est en effet identifié comme une zone portuaire antique.[565] Au milieu du XIXe siècle, cette pratique perdurait encore. Elle attire en effet l'attention de J. G. Jeffreys qui écrit : "The Sicilian fishermen use the shell as a trumpet [...]. Vérany tells us that at Nice the shell of *T. nodiferus*, with a hole at the top, serves as a trumpet for the fishermen".[566] Aujourd'hui, G. Lindner fait un témoignage proche : "Les pêcheurs de Méditerranée s'en servent encore à titre de corne d'appel, après avoir percé un trou dans la spire ; le son émis en soufflant est étouffé mais porte loin (il ressemble au braiement d'un âne)".[567] A. Goyeau fournit un autre témoignage actuel de cette pratique : en Guadeloupe, la coquille de *Charonia variegata* est utilisée comme "instrument de musique à la période du carnaval. La partie apicale (extrémité pointue) est coupée, poncée pour être adaptée aux lèvres du musicien qui peut moduler le son en fermant plus ou moins, de la main, l'ouverture de la coquille".[568]

Les autres coquillages

Le caractère anecdotique et ponctuel des autres coquillages rencontrés n'est pas en faveur d'une utilisation alimentaire de leur chair ou d'un usage particulier de leur coquille. Certains, vivants ou sous la forme d'épaves, ont pu être ramassés accidentellement et mêlés aux coquillages destinés à la consommation. Probablement, des coquilles d'animaux morts servaient-elles aussi de support de fixation aux huîtres. Rappelons en effet, que bon nombre de valves gauches sont encore fixées sur celles d'autres bivalves ou sur des coquilles de gastéropodes. Les empreintes de ces valves ou coquilles "supports", repérées à plusieurs reprises sur le talon des valves gauches d'huîtres, montrent qu'elles ont pu se décrocher. Les anomies, *Anomia* sp., seront venues fixées sur la coquille d'autres espèces : parfois, leur byssus calcifié adhère encore à la surface externe de valves d'huître. À notre connaissance, ce bivalve n'est pas consommé aujourd'hui ; lorsqu'il est pris par les dragues, il est rejeté.[569] Enfin, nous n'excluons pas que des restes correspondent à des rebus d'activités particulières, comme à Lattes, où G. Piquès a reconnu des déchets liés à une récupération de sel par un filtrage du sable.[570]

3.3. La consommation des coquillages

Le protocole d'étude que nous avons suivi, en s'appuyant d'abord sur le conchylioreste archéologique avant de considérer l'animal originel,[571] nous a permis d'identifier les restes de plusieurs espèces comme des résidus issus de l'alimentation.[572] La consommation des coquillages peut donc être maintenant abordée. La liste suivante rappelle les bivalves et les gastéropodes sûrement consommés en Gaule romaine (signe "+") et ceux sur lesquels nous n'avons, pour l'instant, que des soupçons (signe "?")

Coquillages bivalves :

l'huître plate d'Europe, *Ostrea edulis*	+
les moules, *Mytilus* sp.	+
le peigne glabre, *Proteopecten glaber*	+
le peigne variable, *Chlamys varia*	+
le peigne operculaire, *Aequipecten opercularis*	+
la palourde croisée d'Europe, *Ruditapes decussatus*	+
les coques, *Cerastoderma* sp.	+
le flion tronqué, *Donax trunculus*	+
le lavignon poivré, *Scrobicularia plana*	+
les couteaux, *Solen* sp. et *Ensis* sp.	?
la pinne marine, *Pinna* sp.	?

Coquillages gastéropodes :

les patelles, *Patella* sp.	+
le rocher épineux, *Bolinus brandaris*	+
le rocher fascié, *Hexaplex trunculus*	+
le cérithe commun, *Cerithium vulgatum*	?
les troquidés	?

[559] Gaillard 1987, 628.
[560] Pline l'Ancien, *Histoire naturelle*, 9.130. ; Apulée, *Métamorphoses*, 4.31. ; Oribase, *Des aliments*, 2.58.83.
[561] Brien-Poitevin 1990.
[562] Lugand 2001, 161.
[563] Reese 2002b, 293-295.
[564] Ciarallo & De Carolis 1999, 67.
[565] Gayraud 1981 ; Sanchez & Jezegou (éd.) 2011.
[566] Jeffreys 1867, 302-303.
[567] Lindner 2004, 46-48.
[568] Données d'Observations pour la Reconnaissance et l'Identification de la Faune et de la Flore subaquatiques. Goyeau Alain, Oms Robert, Prouzet Anne, in : DORIS, 14/7/2012 : Charonia variegata (Lamarck, 1816), http://doris.ffessm.fr/fiche2.asp?fiche_numero=774
[569] Poutiers 1987, 390.
[570] Piquès 2005.
[571] Ce protocole a été décrit précédemment : cf. 1.5.
[572] cf. 3.2.

Au menu en Gaule romaine

Des coquillages marins ont été mangés tout au long de la période étudiée, entre le IIe siècle a.C. et le VIe siècle p.C. Toutefois, ce n'est qu'au Ier siècle a.c. qu'ils commencent à marquer plus franchement les habitudes alimentaires ; leurs restes se font alors beaucoup plus fréquents sur les sites archéologiques. Dans un premier temps, cette évolution ne concerne que les sites riverains des côtes qui concentrent les découvertes de conchyliorestes. Il faut en effet attendre le Ier siècle p.C. pour que les coquillages s'affichent au menu des populations les plus éloignées de la mer. Mais cette histoire est celle "des coquillages" et non celle de chacun d'eux, car les scénarios diffèrent selon les espèces.

L'huître plate d'Europe

Les données conchyliologiques viennent confirmer ce que la littérature archéologique laissait jusqu'à présent soupçonner : l'huître plate d'Europe est sans aucun doute le coquillage le plus largement consommé en Gaule à l'époque romaine. Cette primauté s'exprime non seulement par l'abondance et la fréquence des restes, mais également par la dispersion géographique et chronologique des découvertes.

Les études de conchyliorestes pour les périodes protohistoriques sont encore trop éparses pour inscrire la consommation romaine des huîtres dans un cadre historique large. Il semble néanmoins qu'elle prenne de l'ampleur à partir du IIe siècle a.C. Elle est alors restreinte aux sites côtiers. Selon V. Carpentier, la fin de l'âge du Fer verrait ainsi "l'accroissement très net des occurrences de l'huître plate" sur les sites d'habitat armoricains.[573] La même observation a été plusieurs fois soulignée par Fr. Brien-Poitevin dans la région méditerranéenne, spécialement sur des sites provençaux,[574] par exemple à Saint-Mitre-Les-Remparts/Saint Blaise[575] et à Martigues/L'île[576] ; en Languedoc, la consommation des huîtres paraît se développer un peu plus tardivement, comme à Lattes dans les années 80/70 a.C.[577] Un peu avant le changement d'ère, l'intérêt pour l'huître s'affirme beaucoup plus nettement. Mais il est encore limité aux zones littorales. Il prend véritablement son plein essor au Ier siècle p.C. en s'exportant désormais loin dans les terres. Les assemblages témoignent ensuite d'une consommation ininterrompue, qui se poursuit bien au-delà de notre champ d'exploration, du Moyen Age jusqu'à nos jours.[578]

Si l'huître plate apparaît comme l'espèce emblématique de la consommation romaine des coquillages, elle ne doit pas masquer la place de plus d'une dizaine d'autres bivalves et gastéropodes dans les pratiques alimentaires de cette époque. Ces coquillages, que nous allons maintenant aborder, ont un point commun : contrairement à l'huître plate, ils n'étaient visiblement consommés que dans les régions les plus proches des côtes. Sur les sites de l'intérieur des terres, leurs restes sont en effet trop anecdotiques dans les assemblages pour envisager leur consommation. Nous leur attribuons alors le statut "d'accompagnateurs accidentels" des lots d'huîtres.[579]

Le peigne glabre

Le peigne glabre est le marqueur fort de cette consommation que la tradition archéologique a longtemps gommé, certainement parce que les huîtres étaient les premières à s'imposer au regard des observateurs. En 2002, V. Forest, à partir de ses propres travaux et de ceux menés auparavant par Fr. Brien-Poitevin, est le premier à consacrer un article complet à cette espèce.[580] Nos résultats viennent conforter et compléter ses conclusions. Le peigne glabre est très apprécié en Gaule romaine, pour preuve les grandes quantités de résidus alimentaires retrouvés sur les sites archéologiques. Il n'est cependant consommé qu'à proximité de son bassin d'origine, la Méditerranée, dans un rayon d'une centaine de kilomètres autour du Golfe du Lion.

Dans cette région, son histoire suit longtemps celle de l'huître. Au Néolithique, le peigne glabre peut être ponctuellement abondant, comme sur le site vérazien de Lespignan/Camp Redoun (Hérault),[581] mais il est plus souvent très discret, voire absent, comme à Filiès 1/Lattes,[582] à Saint-Gély-du-Fesc/Les Vautes,[583] à Nîmes/Mas Neuf et à Nîmes/Mas de Vignoles IX.[584] V. Forest note qu'il en est de même "sur les sites d'habitat autour de l'étang d'Or (Hérault) appartenant au premier millénaire avant J.-C.".[585] Entre le IVe et le VIe siècles a.C., l'espèce n'est guère plus fréquente, par exemple à Martigues/L'île[586], à Lançon-de-Provence/Coudouneu[587] et à Lattes[588] où les premiers restes ne se manifestent que vers 325 a.C. Finalement, le peigne glabre ne semble pas s'imposer avant le milieu du Ier siècle a.C. sur le plateau des fruits de mer. Au cours des siècles suivants, il s'y maintient toujours en bonne place. Pour nous, l'histoire du peigne glabre s'arrête au VIe siècle p.C., mais il reste présent jusqu'au XIIe siècle avant de disparaître des séries archéoconchyliologiques de la fin du Moyen Age et des temps modernes.[589]

573 Carpentier 2007, 62.
574 Ce point a été souligné plusieurs fois par Fr. Brien-Poitevin. Voir : Brien-Poitevin 1992a, 1993 et 1996.
575 Brien-Poitevin 1994.
576 Brien-Poitevin 1988.
577 Cette impression n'a pas encore été confirmée par une synthèse des rares résultats, souvent fragmentaires, obtenus pour l'âge du Fer en Languedoc.
578 Voir notamment : Gruet & Prigent 1986a ; Gruet 1998a, 1998b ; Dupont 2005a ; Forest & Belarbi 2006 ; Rodet-Belarbi & Forest 2009. Bardot 2012.

579 cf. 3.2. pour les différentes interprétations que nous donnons à ce statut.
580 Forest 2002a.
581 Forest (inédit g).
582 Forest 1999d ; Mendoza 2002.
583 Carrère & Forest 2003.
584 Forest 2005a.
585 Forest 2002a d'après Py 1990b.
586 Brien-Poitevin 1988.
587 Verdin *et al.* 1997.
588 Brien-Poitevin 1992b.
589 Forest 2002a.

Aujourd'hui, l'espèce est rarement retrouvée vivante sur les côtes françaises.[590] À la fin du XIXe siècle, elle était déjà décrite comme "peu abondante à Port-Vendres, Banyuls et Collioure, et autrefois abondante à Cette, elle semble avoir disparu aujourd'hui de cette localité".[591]

Les moules

La moule, ou plutôt les moules pour rappeler la distinction entre la moule de Méditerranée, *Mytilus galloprovincialis*, et la moule commune, *Mytilus edulis*, sont le troisième pilier de la consommation des coquillages par les populations des régions côtières, comme en témoignent leurs fréquentes apparitions et leurs nombreux restes. En Méditerranée, la consommation des moules semble s'épuiser sur les sites localisés à plus de 70 km de la mer. Sur la façade atlantique, les données conchyliologiques sont encore peu fournies, mais cette limite est sans doute repoussée plus loin à l'intérieur des terres, au moins jusqu'à 120 km.

L'intérêt pour les moules ne s'exprime fortement qu'au cours des IIe et Ier siècles a.C. Cette tendance ne rompt pas avec les siècles précédents. Pendant l'âge du Fer, les restes de *Mytilus* sp. se trouvent en effet en grand nombre. Plusieurs études réalisées par Fr. Brien-Poitevin en rendent compte : entre le milieu du Ve et le milieu du IIIe siècle a.C. à Martigues/L'île, plus d'un millier de restes ont sans doute été mis au jour[592], et au Ve siècle a.C., à Saint-Mitre-Les-Remparts/Saint-Blaise, plus de 1800 "exemplaires" ont été découverts[593]. À Ifs et Fleury-sur-Orne, V. Carpentier remarque également que jusqu'à la Conquête romaine, "le spectre [...] consacre de manière significative l'importance de la moule".[594] Il précise que cette observation vient confirmer celles réalisées sur d'autres habitats laténiens de la plaine de Caen, notamment sur le site voisin de Mondeville, pour lequel P. Méniel a noté la présence d'amas de coquilles de moules,[595] et sur le site de Cormelles-le-Royal.[596] À partir du Ier siècle et jusqu'à la fin de l'Antiquité, les moules sont moins fréquemment consommées, même si de gros lots arrivent encore ponctuellement sur certains sites. Ces premiers siècles de notre ère pourraient être une parenthèse dans l'histoire de la représentation de ce bivalve. En effet, comme en témoignent plusieurs observateurs, il semble à nouveau très présent dès le VIIIe siècle p.C.[597] et tout au long du Moyen Age. V. Carpentier signale ainsi qu'au haut Moyen Age à Cormelles-le-Royal/Chemin de Grentheville (Calvados), la moule est largement majoritaire.[598] De son côté, M. Tessier observe de nombreux restes sur plusieurs sites du sud de la Loire-Atlantique : aux Moutiers-en-Retz, "un fossé avec des coquilles (surtout des moules) et des tessons médiévaux", à Saint-Brévin, "au bourg, deux énormes tas de coquilles de moules, datés par un denier de 1307 et à la Guerche, un épais tapis de coquilles de moules", à Saint-Michel, des moules dans des structures fossoyées remplies de coquilles avec, parmi le mobilier, "des céramiques médiévales" et à La Plaine, des moules dans "une fosse avec des coquilles et un vase de facture carolingienne".[599] Enfin, C. Dupont dénombre au moins 400 valves au prieuré de Saint-Vivien (Charente-Maritime).[600]

Les coques

À ce trio de tête s'ajoutent plusieurs autres espèces, bivalves pour la plupart. Parmi elles se trouvent les coques (de l'espèce *Cerastoderma glaucum* pour les unes et *Cerastodarma edule* pour les autres), appréciées aussi bien sur la façade atlantique que dans la région méditerranéenne. Elles apparaissent en arrière-plan, dans le cadre d'une consommation qui semble occasionnelle. Elles partagent avec les moules une forte manifestation aux IIe et Ier siècles a.C. Cette tendance pourrait avoir une origine plus ancienne. Au début du Ve siècle a.C. à Martigues/L'île, Fr. Brien-Poitevin souligne l'importance des coques[601] et aux IVe et IIIe siècles a.C., à Lattes, ces bivalves associés aux moules "représentent de 55 à 75% de la totalité des coquillages".[602]

La palourde croisée d'Europe et le peigne variable

Le plateau romain s'agrémente, en outre, de la palourde croisée d'Europe, *Ruditapes decussatus*, et du peigne variable, *Chlamys varia*, surtout à partir du changement d'ère ; leurs restes deviennent alors plus fréquents et plus abondants dans les assemblages. Leur consommation, jusque là perçue au travers d'études ponctuelles, apparaît désormais plus nettement. Celle-ci pose toutefois de nouvelles questions. En effet, les deux espèces vivent tant en Méditerranée qu'en Atlantique. Pourtant, seuls les assemblages atlantiques livrent des restes suffisamment nombreux pour argumenter en faveur d'une origine alimentaire. Sur les sites du pourtour du Golfe du Lion, les restes sont anecdotiques et même quasiment absents pour le peigne variable, bien que les deux espèces ne dédaignent pas les lagunes, comme par exemple l'étang de Thau.[603] Dans cette région, nous nous attendions également à identifier la consommation de la clovisse, *Venerupis aurea* (la palourde jaune), qui fait la réputation des pêches méditerranéennes du XVIIIe siècle jusqu'à nos jours.[604] Mais ses restes, comme ceux de la palourde croisée d'Europe, sont extrêmement rares dans les assemblages, ce qui est d'autant plus surprenant que la

[590] Granier & Penez 1984. Le peigne glabre serait toujours présent dans l'étang de Thau par quelques exemplaires (Communication orale de V. Forest).
[591] Bucquoy *et al*. 1887-1898, 90.
[592] Brien-Poitevin 1988 et 1996.
[593] Brien-Poitevin 1994.
[594] Carpentier 2007, 62.
[595] Méniel 1998, 70.
[596] Carpentier *et al*. 2002.
[597] Pour cette période, des tapis de moules ont été observés sur des sites du pourtour de l'étang de Thau. Communication orale d'I. Bermond et de Chr. Pellecuer à V. Forest.

[598] Carpentier 2007, 67.
[599] M. Tissier à V. Forest, renseignements écrits.
[600] Dupont 2005a.
[601] Brien-Poitevin 1992a.
[602] Brien-Poitevin 1992b, 126.
[603] Poutiers 1978 ; Giovannoni 1995.
[604] Bouillet 1857 ; Mouton & Rives 1999.

clovisse est présente dans les quelques séries archéoconchyliologiques des temps modernes à Montpellier.[605] L'absence du peigne variable et des palourdes (*Ruditapes decussatus* et *Venerupis aurea*) sur le plateau méditerranéen des coquillages est donc une énigme qui reste à résoudre. Nous gardons néanmoins en mémoire l'hypothèse de motifs culturels (interdits, dégoûts). Ainsi, des bucardes à tubercules vivantes sont assez abondamment rejetées par les tempêtes sur les plages du Golfe d'Aigues-Mortes. Elles ne sont ni ramassées ni consommées actuellement, comme apparemment à l'époque romaine, où pourtant leurs valves sont nombreuses sur les sites mais en tant qu'épaves.

Le flion tronqué, le peigne operculaire et le lavignon poivré

Trois autres espèces parfaitement ubiquistes conduisent aux mêmes interrogations : le flion tronqué, *Donax trunculus*, le peigne operculaire, *Aequipecten opercularis*, et le lavignon poivré, *Scrobicularia plana*, dont les restes n'apparaissent que sur l'une des deux façades. Le flion tronqué et le peigne operculaire figurent uniquement au menu méditerranéen. Inversement, le lavignon poivré n'est, semble-t-il, consommé que sur les sites atlantiques. Dans chaque région, la consommation de ces coquillages est loin d'être aussi fréquente que celle des espèces précitées. En revanche, lorsqu'elle est identifiée, elle se manifeste par des restes très abondants. De plus, pour le lavignon poivré et le flion tronqué, la majorité des sites concernés se trouvent dans une zone géographique étroite : entre les estuaires de la Gironde et de la Sèvre niortaise, pour le premier, et le long de la côte entre Narbonne et Arles avec une concentration dans la région aigues-mortaise, pour le second. À ce stade de notre enquête, nous pouvons seulement constater cette diversité des pratiques alimentaires à l'échelle d'une même façade maritime, sans pouvoir encore en proposer une interprétation satisfaisante. Toutefois, elle pourrait être en partie dictée par les disponibilités locales. Les estuaires charentais sont en effet bien connus pour leur richesse en lavignons poivrés[606] ; en 1900, A. Locard indique que cette espèce vit enfoncée "sous la vase des estuaires qui subissent l'influence des marées ; c'est en effet surtout sur les côtes du sud-ouest qu'on le rencontre".[607] Il existe en outre dans la région du Golfe d'Aigues-Mortes une tradition ancienne de pêche au flion tronqué,[608] qui y est décrit comme "extrêmement commun" par plusieurs auteurs.[609] L'attachement particulier du flion tronqué à cet endroit de la côte languedocienne se manifeste encore aujourd'hui sur la carte des restaurateurs aigues-mortais qui en font une spécialité fameuse. À l'époque romaine, il s'exprimait peut-être déjà dans les habitudes alimentaires des populations riveraines. Le flion tronqué semble apparaître assez précocement dans le menu romain, comme à Lattes dès les années 100/75 a.C.

Nos données sur le lavignon poivré, *Scrobicularia plana*, et sur le peigne operculaire, *Aequipecten opercularis*, sont encore trop peu fournies pour aborder leur consommation sous un angle chronologique. Nous ferons toutefois remarquer que leurs restes deviennent plus fréquents seulement à partir du début du Ier siècle p.C.

Les patelles et les rochers

Chez les gastéropodes, les patelles, du genre *Patella*, le rocher épineux, *Bolinus brandaris*, et le rocher fascié, *Hexaplex trunculus*, ont eu la faveur des consommateurs romains ; ce sont en effet les seuls fréquents sur les sites archéologiques. La consommation des patelles est commune aux sites atlantiques et méditerranéens. Celle des rochers, en revanche, est limitée par le bassin où ils vivent : la Méditerranée. Pour chaque espèce, elle se traduit par de fortes concentrations de coquilles réparties différemment selon les régions. Sur le pourtour du Golfe du Lion, la consommation des rochers épineux se cantonnerait plutôt aux abords du Golfe d'Aigues-Mortes. Au contraire, les rochers fasciés et les patelles seraient plus spécialement appréciés sur la côte provençale. Cette variation régionale doit probablement être mise en relation avec la nature des côtes qui ne rendraient pas accessibles les mêmes espèces en Provence et en Languedoc. En effet, les patelles se rencontrent en abondance uniquement sur des substrats rocheux,[610] que ne craint pas non plus le rocher fascié[611] : ils agrémenteraient donc moins le plateau de la région languedocienne dont les rivages sont principalement sableux.[612] À l'inverse, le rocher épineux semble fuir les côtes rocheuses[613] et se retrouverait donc plus facilement sur les tables des sites languedociens.

En l'état des résultats acquis pour ces gastéropodes, la consommation du rocher épineux ne semble guère débuter avant le début du Ier siècle p.C. Au contraire, celle des patelles deviendrait moins fréquente à partir de la fin de ce siècle, sauf en Provence où elle se traduit encore à la fin de l'Antiquité par des assemblages très importants, par exemple à Hyères/Olbia.[614]

Les autres coquillages

Quelques autres coquillages complètent probablement le menu gallo-romain : les couteaux du genre *Solen* et *Ensis* et les pinnes marines du genre *Pinna* chez les bivalves, le cérithe commun, *Cerithium vulgatum*, et les troquidés chez les gastéropodes. Leur consommation paraît, pour l'instant, très ponctuelle et les modalités de leur

[605] Communication orale de V. Forest.
[606] Société des Amis de Talmont 1999. Voir également deux articles sur le peuplement malacologique de cette région : Gruet & Sauriau 1994 ; Gruet *et al.* 1992.
[607] Locard 1900, 69.
[608] Pour le XVIIIe siècle, voir Duhamel Du Monceau, 1776, vol. 5, section III, 499.
[609] Poutiers 1978, 340 ; Granier & Penez 1984, notice 111.

[610] Gaillard 1987, 608 ; Quéro & Vayne 1998, 78-79.
[611] Quéro & Vayne, 1998, 83.
[612] Bodéré & Pourinet 2001.
[613] Quéro & Vayne, 1998, 82.
[614] Brien-Poitevin 2006.

apparition sur le plateau de fruits de mer ne sont pas encore clairement établies. Nous soulignerons seulement que la consommation du cérithe commun, qui est principalement méditerranéen, semble restreinte à cette région. En outre, elle pourrait marquer plus nettement les mœurs alimentaires des sites installés à proximité de l'étang de Berre. En Méditerranée, les pinnes marines et les troquidés seraient également plus fréquents au menu de la côte provençale qu'à celui de la côte languedocienne. Enfin, seul le site de Barzan/Le Fâ, sur la côte charentaise, a peut-être livré des résidus alimentaires de couteaux, alors que ce coquillage vit actuellement en abondance, par exemple, dans les eaux de l'anse d'Aigues-Mortes.

Les plateaux de coquillages

Le tableau que nous avons dressé de la consommation des coquillages en Gaule à l'époque romaine permet de composer trois grands types de plateaux de coquillages, liés chacun à une zone géographique particulière, comme le laissait déjà supposer l'analyse des assemblages conchyliologiques.

Autour de la Méditerranée, la part belle est donnée à l'huître plate d'Europe, *Ostrea edulis*, et au peigne glabre, *Proteopecten glaber*. Les moules, *Mytilus* sp., prennent la troisième place. Quatre autres espèces se manifestent irrégulièrement par des concentrations sur certains sites tandis qu'ils sont absents dans d'autres. Il s'agit de deux bivalves, le flion tronqué, *Donax trunculus*, et le peigne operculaire, *Aequipecten opercularis*, et de trois gastéropodes : les patelles, *Patella* sp., et les rochers, épineux, *Bolinus brandaris*, et fascié, *Hexaplex trunculus*. Le peigne operculaire abonde seulement à Alignan/Le Valat, où il semble intervenir ponctuellement dans la consommation, suite à un arrivage particulier de cette espèce.[615] Le flion tronqué et le rocher épineux garnissent plutôt les tables nîmoises et des sites de l'est de l'Hérault, au contraire des patelles et du rocher fascié qui marquent davantage le menu provençal, notamment celui des habitants d'Hyères/Olbia.[616] Les coques, du genre *Cerastoderma*, apparaissent en arrière-plan ; elles sont fréquemment retrouvées, pourtant leur consommation semble très occasionnelle. Enfin, de façon beaucoup plus ponctuelle, le cérithe commun, *Cerithium vulgatum*, et les troquidés seraient à la carte de certains sites du pourtour de l'étang de Berre, comme aux Pennes-Mirabeau/La Cloche.[617] Ils seraient également appréciés à Hyères/Olbia,[618] tout comme les pinnes marines, *Pinna* sp. qui livrent, sur ce site, les seuls restes éventuellement issus de l'alimentation.

Ce plateau méditerranéen de coquillages peut être comparé à celui qui se dessine au fil des études pour la façade atlantique. Nous retrouvons l'huître plate d'Europe, *Ostrea edulis*. Les moules, *Mytilus* sp., les coques, *Cerastoderma* sp., et les patelles, *Patella* sp., l'accompagnent selon des mêmes modalités qu'en Méditerranée. Le peigne variable, *Chlamys varia*, est le pectinidé du menu. Il remplace le peigne glabre, *Proteopecten glaber*, et le peigne operculaire, *Aequipecten opercularis*, qui sont absents. À ses côtés, apparaissent la palourde croisée d'Europe, *Ruditapes decussatus*, et parfois le lavignon poivré, *Scrobicularia plana*. Le flion tronqué, *Donax trunculus*, ne semble pas consommé. De même, les rochers, *Bolinus brandaris* et *Hexaplex trunculus*, sont absents. Exceptionnellement, les couteaux, *Solen* sp. et *Ensis* sp., pourraient compléter le plateau.

Il est encore un peu tôt pour affirmer que la composition de ces plateaux de coquillages change au cours de la période romaine. Nous n'avons pas encore bien pu démêler les fils de la datation et des particularismes des sites qui sont multiples (géographie, sociologie, organisation spatiale). Une tendance générale semble toutefois se dessiner : la consommation de l'huître plate, du peigne glabre et du rocher épineux prendrait son essor un peu avant le changement d'ère, contrairement à celle des moules, des coques et des patelles qui se raréfierait par rapport aux siècles précédents.

La variété des plateaux méditerranéen et atlantique disparaît sur les sites de l'intérieur des terres, c'est-à-dire au-delà d'une frontière encore un peu floue que nous situons à environ 100 km de la côte en Méditerranée et un peu plus loin en Atlantique, à au moins 200 km. L'huître plate est alors la seule espèce au menu. Il faut cependant nuancer cette proposition, car les conchyliorestes ne témoignent que de la consommation des animaux arrivés avec leur coquille. Il serait donc plus exact de dire que l'huître plate est le seul coquillage vivant consommé sur les sites continentaux, où elle arrive en nombre à partir du début du Ier siècle p.C. Cette consommation centrée uniquement sur l'huître plate n'est certainement pas l'expression d'un goût exclusif pour cette espèce. Sinon, on concevrait mal l'absence d'autres coquillages très appréciés à l'époque, notamment le peigne glabre qui semble jouir d'un grand succès dans la région méditerranéenne. L'huître plate serait en fait plus résistante au transport, ce qui permettrait de l'acheminer vivante, et donc propre à la consommation, sur de longues distances, jusque sur les sites les plus éloignés des côtes. Au contraire, les autres coquillages se corrompraient rapidement une fois sortis de leur environnement : ils ne pourraient donc être consommés qu'à proximité de leur lieu de collecte, comme encore les moules et les palourdes au début du XVIIIe siècle. En effet, à en croire Fr. le Masson du Parc,[619] les moules du bassin d'Arcachon n'étaient consommées que par les riverains du bassin et les palourdes étaient apportées "en

[615] Forest (inédit c).
[616] Brien-Poitevin 2006.
[617] Brien-Poitevin 1993.
[618] Brien-Poitevin 2006.

[619] François Le Masson Du Parc était Commissaire ordinaire de la Marine, Inspecteur général des pêches et du poisson de mer. Dans les années 1720, il a été chargé, par ordre du roi Louis XV, de visiter tous les ports de pêche du littoral atlantique afin de préparer un *Traité général des pêches*. Celui-ci s'inscrivait dans un vaste projet éditorial entrepris par l'Académie des Sciences : *la Description des Arts et Métiers*.

grande quantité à Bordeaux, outre ce qui s'en renverse dans les campagnes voisines de la baye".[620] Cette hypothèse est confortée par les informations que nous avons trouvées sur les durées de conservation des coquillages. D'après le Comité National de la Conchyliculture (C.N.C.), "Les huîtres sont résistantes : elles peuvent se conserver dans un endroit frais (entre 5 et 10°C) pendant une bonne dizaine de jours à compter de la date de conditionnement" ; cette recommandation concerne aussi bien les huîtres creuses, qui sont les plus largement consommées aujourd'hui, que les huîtres plates.[621] Le *Thermoguide* édité par le Ministère de l'Agriculture, des Pêcheries et de l'Alimentation du Québec indique même jusqu'à trois semaines à une température de 4°C,[622] ce qui correspond au temps de conservation donné par P. Korringa : il indique que l'huître plate peut vivre 24 jours hors de l'eau.[623] En 1861, une remarque de V. Coste confirme la grande résistance de cette espèce.[624] Il indique en effet que "les huîtres sont apportées par des navires sur lesquels on les charge en *vrac*, et où elles peuvent rester ainsi pendant huit à dix jours, sans qu'elles s'altèrent".[625] À la même époque, V. Meunier rapporte une anecdote tout aussi explicite : "le hasard nous a appris, il y a peu d'années, que la difficulté de conserver ces mollusques hors de l'eau n'est pas, en certaines circonstances, du moins, aussi grande qu'on le croit généralement. M. Hamon rapporte, en effet, qu'allant pendant un été très chaud de Cancale à Rochefort, il laissa à Nantes une manne d'huîtres qu'il avait entamée. Dix-sept jours après, repassant par cette dernière ville, il retrouva ses huîtres vives, fraîches et saines, quoiqu'elles eussent passé ce temps hors de l'eau dans un panier".[626] En comparaison, les moules, les coques, les palourdes et les peignes paraissent bien fragiles :

	Source : C.N.C.	**Source : *Thermoguide***
moules	Elles se consomment dans les 48 h après l'achat.	Durée de conservation : 2 à 3 jours.
coques	Elles se conservent de 24 à 48 heures.	
palourdes	Elles se consomment quelques jours à compter de la date de conditionnement.	Durée de conservation : 3 à 4 jours.
pétoncles	La conservation du peigne operculaire, *Aequipecten opercularis*, est particulièrement délicate. Selon J.-Cl. Quéro et J.-J. Vayne, "l'animal meurt rapidement et sa qualité se dégrade très vite, ce qui est un obstacle majeur à la valorisation de cette espèce".[627]	Durée de conservation : 1 à 2 jours.

[620] Le Masson du Parc 1727, 25.
[621] Site en ligne du Comité National de la Conchyliculture : http://www.coquillages.com
[622] Site en ligne du Ministère de l'Agriculture, des Pêcheries et de l'Alimentation du Québec : http://www.mapaq.gouv.qc.ca
[623] Korringa 1952, 277.
[624] V. Coste parle assurément de l'huître plate, *Ostrea edulis*, (et non de l'huître creuse, *Crassostrea gigas*), car elle est à cette époque la seule espèce d'huître présente sur les côtes françaises.
[625] Coste 1861, 112.
[626] Meunier 1871, 264.
[627] Quéro & Vayne 1998, 106.

Des coquillages sur la table

À quelle(s) occasion(s) ?

La nature des repas au cours desquels les coquillages étaient proposés n'est pas clairement établie. En effet, il est encore difficile d'associer un lot de coquilles aux actes qui l'ont produit : est-il l'image d'une consommation courante réduite à un seul contexte de découverte ou trahit-il un évènement particulier ? Cette question a été en partie élucidée sur le site de Nîmes/Assas par V. Forest, pour qui "les assemblages ne sont pas un mélange d'un peu de tout comme pourrait être constitué un dépôt domestique accumulatif sur le long terme. Au contraire, [...] ils apparaissent comme le produits d'actes alimentaires précis", organisés dans le cadre d'une activité de restauration.[628] De notre côté, nous pouvons proposer quelques pistes de réflexion, concernant les restes des coquillages découverts sur le site de Lyon/Cybèle.[629] La fouille qui y a été menée en 2002 par A. Desbat a mis au jour une série de fosses comblées au tout début du Ier siècle p.C. Trois étaient remplies de nombreux restes d'animaux vertébrés et de mollusques. L'une a livré près de 370 valves d'huître plate. Leur étude nous a permis de distinguer deux lots de coquilles ; l'un est assurément méditerranéen, l'autre probablement atlantique.[630] Les deux autres fosses contenaient surtout des restes de mammifères et d'oiseaux. Parmi eux, se trouvaient des restes de porcs en abondance, et aussi ceux d'autres espèces domestiques (mouton et chèvre, bœuf, poule). V. Forest, qui a réalisé l'étude archéozoologique, indique qu'il ne s'agit pas ici d'un spectre faunique original.[631] En revanche, il précise que le choix s'est porté sur de très jeunes animaux, notamment des veaux et des chevreaux. De plus, certaines pièces ont été privilégiées comme les pieds des porcs, et peut-être la tête des veaux et l'épaule des agneaux. Ces viandes domestiques étaient accompagnées de celles d'animaux sauvages très diverses. Des petites espèces ont été préférées aux grands sangliers et chevreuils, par exemple le lièvre et le gibier à plume dont la palette est très large : "perdrix rouge et grise, canards comme le colvert et la sarcelle d'hiver, oies sauvages éventuellement, tétras lyre appelé aussi petit coq de bruyère, pigeon ramier, pigeon biset et colombin, grives, merles, étourneaux et autres plus petits passereaux".[632] Plusieurs poissons, identifiés par G. Piquès, complètent la liste des animaux consommés à Lyon/Cybèle. Ils proviennent de plusieurs endroits. La mer a fourni la plie commune, le maquereau, le muge ou le mulet. Le saumon de l'Atlantique pourrait aussi avoir été pêché en mer, à moins qu'il ne vienne de la Loire voisine. Enfin, les rivières locales ont fourni la perche.

Au terme de son étude, V. Forest interprète ces produits carnés comme des mets de circonstance. S'ils n'ont pas,

[628] Forest 2006a.
[629] Bardot (inédit a).
[630] cf. 3.8.
[631] Forest 1999b et 2005b.
[632] Forest 2005b.

selon lui, "l'apparence prestigieuse que procurent de grands animaux sauvages comme le cerf", ils révèlent "une autre forme de richesse, celle qui permet de disposer de mets discrets mais raffinés que sont les viandes de très jeunes animaux ou de préparations spéciales, et une variété de goût offerte par la diversité des espèces sauvages (oiseaux et lièvre)".[633] Des produits ont également été apportés de loin : ce sont les poissons et les huîtres venus de la mer. Celles-ci participaient à la finesse du menu par leur origine "exotique", mais surtout par leur double provenance maritime, que les gourmets de Lyon/Cybèle savaient distinguer et apprécier à l'instar de Montanus mis en scène par Juvénal. L'homme, qui avait connu le luxe impérial, reconnaissait à la première bouchée l'origine des *ostreae* qu'il mangeait, de Circéies (au sud-est de Rome), du Lucrin (au nord du Golfe de Naples) ou de *Rutupiae* (dans le Kent en Angleterre) (*Nouerat ille luxuriam imperii ueterem noctesque Neronis iam medias aliamque famem, cum pulmo Falerno arderet. Nulli maior fuit usus edendi tempestate mea : Circeis nata forent an Lucrinum ad saxum Rutupinoue edita fundo ostrea callebat primo deprendere morsu*).[634] Ausone ne s'y trompait pas non plus. Entre toutes les *ostreae*, il préférait celles de Bordeaux : "leur chair est grasse, blanche, très tendre et à l'exquise douceur de leur suc se mêle un goût, légèrement salé, de saveur marine (*ista et opimi visceris, et nivei, dulcique tenerrima succo miscent aequorum, tenui sale tincta, saporem*)". Celles de Marseille et de Narbonne lui plaisaient moins.[635] En 1882, G. Bélèze comparait encore la qualité des huîtres en fonction de leur provenance : "Les meilleures huîtres de France sont celles de Cancale, d'Etretat, de Dieppe, de Courseulle, de Granville, de Saint-Vaast, de Dunkerque, qui toutes sont récoltées sur le littoral de la Manche, et les huîtres de Marennes, qui viennent de la côte de l'Océan. On sert aussi sur nos tables beaucoup d'huîtres d'Ostende : ces dernières sont petites, à barbillon vert, elles sont grasses et un peu fades. Les huîtres de la Manche sont blondes et savoureuses ; leur grosseur est moyenne, à l'exception des huîtres *pied de cheval*, qui sont énormes, mais peu estimées. Sur les côtes de la Méditerranée on récolte une huître particulière, dite *huître cuiller* ; elle ne vaut pas les huîtres du Nord".[636]

Toutes ces observations, auxquelles s'ajoutent la qualité des céramiques, verres et autres mobiliers,[637] convergent finalement vers la même conclusion : les déchets culinaires découverts dans les fosses du site de Lyon/Cybèle ont été produits à la suite d'un ou plusieurs banquets. Nous ne savons pas quelle(s) occasions(s) a réuni les convives. En revanche, le menu témoigne certainement de leur situation sociale. Il est à la hauteur de celui offert aux pontifes et aux vestales "le jour où Lentulus fut consacré comme flamine de Mars [69 a.C.[638]]". Selon Macrobe, "La maison fut décorée, des lits d'ivoire furent préparés dans les salles du festin. Dans deux salles prirent place les pontifes, Quintus Catulus, Marcus Emilius Lépidus, Decimus Silanus, Caius César, ... roi des sacrifices, Publius Scévola, Sextus ..., Quintus Cornélius, Publius Volumnius, Publius Albinovanus et Lucius Julius César, l'augure chargé de la consécration inaugurale ; dans la troisième salle s'installèrent les vestales, Popilia, Perpennia, Licinia, Arruntia ainsi que l'épouse du flamine, Publicia, et Sempronia, belle-mère de Lentulus. Le repas de cette vingtaine d'invités fut composé comme suit : *ante coenam echinos, ostreas crudas quantum uellent, peloridas, sphondylos, turdum asparagos subtus, gallinam altilem, patinam ostrearum peloridum, balanos nigros, balanos albos : iterum sphondylos, glycomaridas, urticas, ficedulas, lumbos capraginos aprugnos, altilia ex farina inuoluta, ficedulas, murices et purpuras. In coena sumina, sinciput aprugnum, patinam piscium, patinam suminis, anates, querquedulas elixas, lepores, altilia assa, amulum, panes Picentes*".[639] Dans ce menu, plusieurs noms peuvent être rapprochés de grands types d'animaux : ceux-là mêmes qui ont été consommés à Lyon/Cybèle. (fig. 173)

Animaux consommés à Lyon/Cybèle	**Mets qui composaient le menu du banquet de Lentulus**
Mammifères	
mouton/chèvre, chevreuil, porc, sanglier (?), bœuf, lièvre	*capraginus, sumen, aprugnus, lepus*
Oiseaux	
poule, perdrix rouge et grise, canards, oies, tétras lyre, pigeons, grives, merles, étourneaux, moineaux	*gallina, ficedula, altilis, anas, querquedula*
Poissons	
perche, saumon atlantique, maquereau, plie commune, muges ou mulets	*patina piscium*
Coquillages	
Huître plate	*ostrea*
Autres fruits de mer	
	echinus *balanus* *peloris, glycomaris* *murex, purpura* (?) *sphondylus, urtica*

fig. 173 : animaux consommés à Lyon/Cybèle avec en regard les mets qui composaient le menu du banquet de Lentulus (Macrobe, *Saturnales*, 3.9.10.).

L'exemple archéologique de Lyon/Cybèle, relayé par le témoignage littéraire de Macrobe, montre que des coquillages - ce sont des huîtres à Lyon - ont été servis au cours d'événements culinaires fastueux. Ils étaient alors considérés comme des mets délicats et affichaient la situation sociale de ceux qui les mangeaient. Un discours de Cicéron le rappelle : il accuse en effet Pison, ancien consul, d'ignorer les raffinements de son rang (*Nihil apud hunc lautum, nihil elegans, nihil exquisitum*), en proposant à sa table "non des coquillages et des poissons, mais des morceaux de viande un peu rance (*exstructa mensa non conchyliis aut piscibus, sed multa carne subrancida*)".[640] Cependant, cette "consommation de prestige" ne doit pas être élargie aux 320 autres sites qui ont livré des conchyliorestes marins, car aucun indice probant, archéologique et/ou conchyliologique, ne nous autorise, pour l'instant, à l'envisager ailleurs qu'à Lyon/Cybèle. Il nous faut donc rechercher d'autres

[633] Forest 2005b.
[634] Juvénal, *Satires*, 4. 137.
[635] Ausone, *Lettres*, 9.
[636] Bélèze 1882, 903.
[637] A. Desbat, communication orale à V. Forest.
[638] Dunbabin 2003, 74.
[639] Macrobe, *Saturnales*, 3.9.10.
[640] Cicéron, *Contre Pison*, 27.

occasions pour la consommation des coquillages en Gaule romaine.

Les coquillages étaient peut-être plus souvent un aliment de fête, à la manière dont ils garnissent aujourd'hui les tables françaises au moment de célébrer le Nouvel An. Ausone raconte qu'il a acquis ses connaissances sur les *ostreae* lors des discussions qui animaient les repas où il était invité : "Ces connaissances, je ne les ai pas cherchées parmi le peuple, dans les tavernes, dans les réunions des parasites de Plaute ; mais comme souvent aux jours de fête, j'ai traité quelques amis, qui à leur tour m'appelaient à leur table, soit aux solennités du jour natal, soit au repas des noces, ou à celui du lendemain sacré pour les pères, j'ai entendu là plus d'un bon juge, et je n'ai point oublié leurs nombreux éloges (*Haec non per vulgum mihi cognita, perque popinas, aut parasitorum collegia Plautinorum ; sed, festos quia saepa dies partim ipse meorum excolui, inque vicem conviva vocatus adivi, natalis si forte fuit solemnis amico, conjugioque dapes, aut sacra repotia patrum, audivi : meminique bonos laudare frequenter*)".[641] Le plateau de coquillages était-il le plat des bonnes tables dressées occasionnellement en famille ou entre amis ? Il faisait en tout cas le plaisir des bons vivants. À la fin du IIe siècle p.C., un certain Caius Domitius Primus fit graver sur son tombeau d'Ostie cette épitaphe en vers : *D(is) M(anibus) / C(aii) Domiti Primi. / Hoc ego su<m> in tumulo Primus notissi/mus ille. Vixi Lucrinis, potabi saepe Fa/lernum, balnia vina Venus / mecum senuere per annos. Hec* (!) *ego si potui / sit mihi terra lebis et tamen ad Ma/nes foenix me serbat in ara qui me/cum properat se reparare sibi. / L(oco) d(ato) fun*[e]*ri C(aii) Domiti Primi a tribus Messis Hermerote, Pia et Pio*. "Aux dieux Mânes de Caius Domitius Primus. Moi, je suis le très célèbre Primus, couché dans ce tombeau, qui a vécu en mangeant des huîtres du lac Lucrin, et en buvant souvent du (vin de) Falerne. Le vin, les bains, les amours ont accompagné mes années jusqu'à la vieillesse. S'il est vrai que j'ai vécu ainsi, que la terre me soit légère ! Cependant que le Phénix me conserve dans l'autel funéraire au séjour des Mânes, qu'il se hâte de se régénérer avec moi. Lieu de sépulture de Caius Domitius Primus, donné par les trois *Messi*, Hermeros, Pia et Pius".[642]

Les termes "*ostreae Lucrini*" n'apparaissent pas dans le texte latin. Pourtant, les traductions mentionnent toujours les "huîtres du Lucrin". Elles sont en effet sous-entendues par le mot "*Lucrina*". Cette formulation est assez fréquente dans les textes, par exemple chez Martial[643] et Pline l'Ancien.[644] Le lac Lucrin était si connu pour ces huîtres qu'il leur avait donné son nom, comme nous parlons aujourd'hui des "Marennes Oléron" pour désigner les huîtres produites sur les côtes charentaises, entre la Seudre et l'Île d'Oléron.

Enfin, nous n'excluons pas une consommation des coquillages au cours des repas qui rythmaient la vie quotidienne, notamment par les populations des régions côtières. La proximité des lieux de collecte leur offrait en effet un approvisionnement régulier favorisé par un accès rapide à la mer. La distribution géographique des découvertes de conchyliorestes, qui sont davantage concentrées sur les côtes, par exemple autour des lagunes languedociennes et provençales, rappelle peut-être la place plus importante laissée aux coquillages dans les habitudes alimentaires des populations littorales. Pour autant, nous n'avons pas la preuve qu'ils étaient mangés chaque jour. Un passage du *Rudens* de Plaute semble néanmoins décrire une consommation quotidienne :

Ex urbe ad mare huc prodimus pabulatum :
Pro exercitu gymnastico et palaestrico hoc habemus,
Echinos, lopadas, ostreas, balanos captamus, conchas,
Marinam urticam, musculos, plagusias striatas.
Post id piscatum hamatilem et saxatilem adgredimur.
Cibum captamus e mari, si eventus non venit,
Neque quicquam captumst piscium, salsi lautique pure
Domum redimus clanculum, dormimus incenati.
Atque ut nunc valide fluctuat mare, nulla nobis spes est.
Nisi quid concharum capsimus, incenati sumus profecto.

"Nous venons de la ville chercher en mer la pâture. Notre gymnastique à nous, nos exercices de palestre, c'est de prendre des *echini, lopadae, ostreae, balani captamus, conchae, marina urtica, musculi, plagusiae striatae*. Ensuite, nous essayons de la pêche à la ligne et de celle des rochers. La mer nous fournit la nourriture que nous pouvons prendre. S'il n'arrive pas bonne chance, et si nous n'avons pas pris de poisson, nous revenons salés et baignés, purs et nets, à la maison, et nous nous couchons sans souper. À voir comme la mer est houleuse, nous n'avons pas grande espérance ; à moins de ramasser des coquillages, nous ne mangerons pas ce soir".[645]

Ce passage nous a rappelé une remarque de Fr. Le Masson du Parc au début du XVIIIe siècle. Il pourrait décrire les mêmes pratiques que Plaute dans l'Antiquité : " quant aux moules, la qualité n'en est pas autrement bonne, cependant les riverains du bassin [d'Arcachon] s'en servent pour leur nourriture, et elles leur sont d'un grand secours pendant tout l'hyver, et même durant l'été".[646]

Pour résumer, les données conchyliologiques permettent très rarement de déterminer la nature des repas qui ont produit les déchets retrouvés aujourd'hui sur les sites archéologiques. Toutefois, plusieurs indices nous suggèrent que les coquillages étaient consommés suivant diverses modalités : au cours de banquets donnés par les gourmets de la haute société romaine, à l'occasion des repas de fête, en famille ou entre amis, et de façon plus courante à la table journalière des habitants des sites côtiers.

---

641 Ausone, *Lettres*, 9.
642 CIL XIV 914 = CLE 1318. Cébeillac-Gervasoni *et al.* 2006, notice 92.2, 310-312. Voir également, Tchernia 1997, 1249 et Tchernia & Brun 1999, 16 (avec une autre datation: IVe siècle p.C.), et Schmidt 2003, 10-11.
643 Martial, *Epigrammes*, 6.11. et 12.14.
644 Pline l'Ancien, *Histoire naturelle*, 9.169.
645 Plaute, *Rudens*, 295-305.
646 Le Masson du Parc 1727, 25.

À quel prix ?

Pline l'Ancien rend les coquillages responsables de la dévastation des mœurs et précise que "de toute la nature, la mer est l'élément qui coûte le plus cher au ventre de l'homme (*cum populatio morum atque luxuria non aliunde maior quam e concharum genere proueniat ? Iam quidem ex tota rerum natura damnosissimum uentri mare est*)".[647] Selon Pétrone, "les *conchylia* arrachés aux rivages du Lucrin viennent faire le prix des repas, et renouvellent l'appétit aux dépens de la bourse (*atque Lucrinis eruta litoribus uendunt conchylia cenas, ut renouent per damna famem*)".[648] Enfin, d'après Ausone, les *ostreae* sont "connues par les festins des nobles et les dépenses des dissipateurs (*Ostrea, nobilium coenis sumptuque nepotum cognita*)".[649] Ces témoignages, repris dans les ouvrages dédiés à la cuisine et à l'alimentation antiques,[650] ont accrédité l'idée que les fruits de mer, et les huîtres spécialement, étaient des produits chers, accessibles seulement à la haute société romaine.[651] Mais les très nombreuses découvertes archéologiques de conchyliorestes marins, qu'illustrent les 321 sites que nous avons déjà inventoriés, relativise le coût supposé élevé des coquillages : sinon, comme le souligne Fr. Brien-Poitevin, "le moindre petit site de Gaule aurait été habité par l'élite financière du monde romain".[652] Cette remarque vaut particulièrement pour les sites côtiers. Ainsi, les apparitions de l'huître plate, *Ostrea edulis*, et du peigne glabre, *Proteopecten glaber*, en Languedoc sont vraisemblablement trop fréquentes pour décrire à chaque fois des mets chers.

À notre connaissance, l'édit de Dioclétien est le seul document qui mentionne un prix pour les coquillages à l'époque romaine.[653] Ce décret impérial rédigé en 301 p.C. visait à lutter contre la montée des prix en fixant les tarifs maximums applicables à un certain nombre de produits, ainsi la viande, les légumes, les céréales, les poissons et les coquillages : "Il nous plaît donc que ces prix, désignés dans le bref document annexé, soient observés par tout notre territoire [...]. Entre vendeurs et acheteurs dont l'habitude est d'aller dans les ports ou de parcourir les provinces pérégrines, cette loi commune devra être la modération ; qu'ils sachent, en temps d'indispensable cherté, ne pas transgresser les prix fixés pour chaque chose[654] (*placet igitur ea pretia, quae subditi brevis scriptum designat, ita totius orbis nostri observantia contineri* [...] *inter venditores autem emptoresque, quibus consuetudo est adire portus et peregrinas obire provincias, haec communis actus debebit esse moderatio, ut, cum et ipsis sciant in caritatis necessitate statuta rebus pretia non posse transcendi*)".[655]

L'édit de Dioclétien est très souvent utilisé dans la littérature archéologique lorsqu'il s'agit d'évoquer le coût des aliments et de définir la valeur des uns par rapport à celle des autres. J. André écrit ainsi que "l'oursin, *echinus*, mets de choix recherchés de tout temps [...] étaient particulièrement apprécié. [...] Cependant, il se vendait à moitié prix des huîtres".[656] À partir de la même source, Fr. Brien-Poitevin indique que "les huîtres sont chères".[657] Et M. Schneider et S. Lepetz qualifient les huîtres de "produit de luxe par excellence", pour preuve "la centaine d'huîtres valait 100 deniers soit l'équivalent de 2,5 kg de porc".[658] Pourtant, l'exploitation des données contenues dans l'édit nous semble extrêmement délicate sans avoir préalablement exposé plusieurs points. A. Chastagnol le rappelle clairement : "l'édit fournit une masse d'informations des plus intéressantes, mais il n'est pas sans poser de graves questions pour l'interprétation des données qu'il révèle".[659]

Tout d'abord, les noms latins des aliments méritent d'être manipulés avec précaution. Une identification zoologique trop rapide est à bannir surtout si elle a n'a pas été préalablement confrontée aux données archéologiques.[660] Ensuite, l'édit de Dioclétien, qui est précisément daté, répondait à la situation économique de l'Empire au tout début du IIIe siècle p.C. : il faut donc se garder d'en déduire des généralités pour toute l'époque romaine.[661] Enfin, nous ne savons pas s'il a été strictement appliqué. Le cas échéant, les prix énoncés sont des prix maximum et non ceux effectivement affichés sur les étals. Ces derniers pouvaient par ailleurs varier en fonction des régions, sans toutefois dépasser les prix maximum : "un très grand nombre de provinces se prévalent du bonheur de connaître les bas prix qu'elles ont souhaités", ce sont, précise le texte, "les régions où s'observe l'abondance".[662] Mais alors, comment utiliser les données transmises par l'édit de Dioclétien pour notre enquête ?

Pour ce qui nous concerne, un seul nom semble désigner des coquillages, celui d'"*ostriae*".[663] Il est bien fait mention de "*sphonduli marini*"[664] mais aucun indice ne permet de reconnaître les animaux ainsi nommés ; dans la liste, ils ne sont pas cités dans la foulée des *ostriae* mais, plus loin, entre les *echini salsi*, traduits par "oursins salés",[665] et les "*sardae sive sardinae*" que les traducteurs rapprochent des sardines.[666] L'identification des *ostriae* avec les huîtres est, dans l'absolu, peu sûre.[667] Néanmoins, ce coquillage était sans doute plus visé que les autres par le décret, si l'on retient l'ampleur attestée

[647] Pline l'Anien, *Histoire naturelle*, 9.104.
[648] Pétrone, *Satyricon*, 119.
[649] Ausone, *Lettres*, 9.
[650] André 1981 ; Tchernia & Brun 1999 ; Blanc & Nercessian 1994.
[651] À ce sujet voir Fleury 2007.
[652] Brien-Poitevin 1996, 318.
[653] *Edit de Dioclétien*, 5.6. Lauffer 1971 ; Giacchero 1974.
[654] Traduction par J. Imbert (Imbert 1957).
[655] Texte latin issu de Lauffer 1971. Cette référence est celle que nous avons toujours utilisée par la suite.

[656] André 1981, 104.
[657] Brien-Poitevin 1996.
[658] Schneider & Lepetz 2007, 11 et note 2.
[659] Chastagnol 1994, 374.
[660] Bardot 2010.
[661] À ce propos, voir notamment Corbier 1985.
[662] Passage du préambule de l'édit de Dioclétien cité dans Chastagnol 1994, 374.
[663] *Edit de Dioclétien*, 5.6.
[664] *Edit de Dioclétien*, 5.10.
[665] *Edit de Dioclétien*, 5.9. Traduction par P. Fleury (Fleury 2007).
[666] *Edit de Dioclétien*, 5.12. Traduction par J. Imbert (Imbert 1957) et P. Fleury (Fleury 2007).
[667] Bardot 2010.

archéologiquement de sa consommation à l'époque et, de fait, la spéculation dont il a dû être l'objet. Il s'agit vraisemblablement d'animaux vendus vivants avec leur coquille, car le nom des produits proposés sous une autre forme est suivi d'une épithète, par exemple "*salsi*" pour les *echini*, ce qui n'est pas le cas du nom "*ostriae*".[668]

Le prix maximum de 100 deniers est associé à une centaine d'*ostriae*, ce qui revient à un denier l'unité (*ostriae n. centum * centum*).[669] Mais ce n'est pas tant le prix lui-même qui nous intéresse que le repère qu'il donne par rapport aux autres produits cités dans l'édit ; ce dernier apparaît en effet comme une table mathématique permettant de mesurer la valeur relative des aliments entre eux. Cet exercice est néanmoins rendu difficile à cause de deux interrogations auxquelles le texte ne répond pas. D'une part, il ne précise pas comment les prix maximum ont été établis. Or, ceux-ci ne peuvent être comparés que s'ils ont été tous fixés selon le même protocole. D'autre part, nous ne pouvons être certaine que le ou les rédacteurs avaient bien à l'esprit la valeur des aliments telle que la population la percevait. Toute analyse comparative est donc suspendue à deux postulats que nous faisons nôtres. Selon le premier, les sommes annoncées sont toutes dans la même proportionnalité vis-à-vis du prix moyen pratiqué par les marchands. Selon le second, nous considérons qu'elles rendent compte de la valeur courante des aliments.

Ce cadre de réflexion établi, nous pouvons comparer la somme de 100 deniers à celle réclamée pour un produit de consommation sans doute ordinaire : les œufs que nous supposons de poule. Cette volaille est en effet largement répandue dans l'alimentation, et donc en élevage, d'après les études archéozoologiques sur les ossements animaux.[670] Le prix des œufs ne doit pas excéder quatre deniers les quatre (*ova n. [q]uattuor * [q]uattuor*), soit un rapport de un pour un.[671] Une *ostria* vaut donc un œuf. Toutefois, cette égalité ne parle guère au consommateur d'aujourd'hui. Aussi, nous sommes-nous posée la question suivante : qu'en est-il présentement de la valeur des huîtres creuses, qui sont les huîtres les plus largement consommées, par rapport à celle des œufs, qui sont toujours un produit habituel de l'alimentation ? Après enquête, le prix moyen d'une huître creuse se révèle plus élevé que celui d'un œuf. Dans les supermarchés, huit douzaines d'huîtres n°2, c'est-à-dire une centaine d'un calibre moyen, valent jusqu'à 45 euros. Mais nous les avons plus souvent trouvées autour de 40 euros, soit 40 centimes l'unité. Quant aux œufs, les plus chers sont ceux issus de l'agriculture biologique, jusqu'à 50 centimes l'unité. Mais il faut généralement compter 25 à 30 centimes en moyenne pour une marque d'enseigne. Le prix de l'*ostria* romaine est donc plus faible que celui de l'huître creuse actuelle par rapport à l'œuf.

[668] *Edit de Dioclétien*, 5.9.
[669] *Edit de Dioclétien*, 5.6.
[670] Communication orale de V. Forest.
[671] *Edit de Dioclétien*, 6.43.

Nous avons testé la comparaison avec deux autres produits cités dans l'édit. (fig. 174) Ils sont précisément nommés. Le premier est également marin. Il s'agit du poisson frais "à écailles" appelé "*piscis aspratilis marini*"[672] pour le distinguer du poisson salé, "*piscis salsi*".[673] Son prix est de 24 deniers la livre (327, 35g) (*piscis aspratilis marini Ital. po. unum * uiginti quattuor*).[674] Le second est d'origine animale, mais il n'est pas issu de la mer : la viande de porc à 12 deniers la livre (*carnis porcinae Ital. po. unum * duodecim*).[675] Pour chacun, nous disposons d'équivalents qualitatifs actuels et leur circulation est *a priori* similaire entre les deux périodes selon les données de l'archéozoologie.[676] Dans l'édit, le prix du poisson ramené au kilo, soit 73 deniers, correspond aux trois quarts du prix des *ostriae*. Or au moment de notre enquête, au printemps 2010, des espèces communes en poissonnerie, comme le cabillaud, étaient affichées à près de 15 euros le kilo,[677] ce qui revient au tiers du prix des huîtres creuses. Une seconde fois, l'*ostria* de l'époque romaine est relativement moins onéreuse que l'huître creuse d'aujourd'hui. Nous arrivons à la même conclusion avec la viande de porc, dont le prix est passé du tiers de celui des *ostriae* au sixième de celui des huîtres creuses.

	100 *ostriae* ou huîtres	**1kg de porc**		**1 kg de poisson**		**100 oeufs**	
édit de Dioclétien (prix max.)	100 deniers	36 deniers	36%	73 deniers	73%	100 deniers	100%
aujourd'hui (prix moyens)	40 euros	6 euros	15%	15 euros	37,5%	entre 25 et 30 euros	63 à 75%

fig. 174 : rapports entre le prix de quelques aliments, dans l'édit de Dioclétien et aujourd'hui.

Il ressort finalement de cet exercice comparatif, que la valeur des *ostriae* - des huîtres probablement - était plus proche de celles du poisson, du porc et des œufs à l'époque romaine, que ne l'est la valeur des huîtres creuses par rapport aux mêmes produits de nos jours. La question est donc maintenant de savoir si, dans ses conditions, les huîtres peuvent être considérées comme un produit de luxe cher à l'époque romaine. Aujourd'hui, beaucoup diront des huîtres creuses qu'elles ne se sont pas "données". Toutefois, leur prix est loin d'atteindre celui de la truffe noire du Périgord qui est vendue en moyenne 600 euros le kilo au marché de gros[678] et celui du caviar d'Aquitaine qui approche 1500 euros le kilo.[679] Les huîtres romaines ne semblent donc pas s'apparenter à ce type de mets très coûteux, puisque leur valeur relative est plus faible qu'actuellement. Par ailleurs, si l'on retient le prix des œufs comme un repère invariable entre les deux périodes, du fait de leur large diffusion et du commun de leur présence, les huîtres coûteraient dans l'absolu moins chères à l'époque romaine, ce qui rejoint l'impression d'un produit qui n'est pas exceptionnel.

[672] *Edit de Dioclétien*, 5.1.
[673] *Edit de Dioclétien*, 5.5.
[674] *Edit de Dioclétien*, 5.1.
[675] *Edit de Dioclétien*, 4.1.
[676] Communication orale de V. Forest.
[677] Observations personnelles.
[678] http://www.terresdetruffes.com
[679] http://www.caviar-sturia.com

Mais comment interpréter alors l'impression de luxe qui transparaît à travers les témoignages transmis par les textes anciens ? Selon Ph. Fleury, qui s'est interrogé de la même façon sur le prix du poisson dans un article sur les *Nourritures de la mer dans l'antiquité romaine*, "ce qui fait le "luxe" ce n'est pas le produit en lui-même, c'est la rareté de l'objet précis qui est en cause (pièce énorme) et la distance entre le lieu de pêche et lieu de consommation ": "Le poisson est un objet sur lequel s'exerce le luxe".[680] Nous pouvons certainement associer à cette réflexion l'exemple des huîtres apportées à Lyon/Cybèle.[681] Le prix des coquillages, et des huîtres en particulier, sans être initialement prohibitif, a pu ainsi varier en fonction des qualités extrinsèques du produit, par exemple sa taille, son goût, sa préparation ou encore sa provenance et la durée de son transport plus ou moins longue selon la localisation des sites de consommation. Un passage d'Ausone s'éclaire alors. Il dit en effet des *musculi* : "C'est un mets délicieux, goûté des nobles, et un aliment de peu de dépense au foyer des pauvres (*Gratus deliciis nobilium cibus, et sumpti modicus pauperibus focis*)".[682] La présence de coquillages sur un site archéologique ne s'associe donc pas automatiquement à des consommateurs aisés. Seules l'étude précise des conchyliorestes et leur mise en contexte autorisent à une identification sociale des consommateurs.

En quelles quantités ?

"Au vu des grandes quantités de coquilles retrouvées sur les sites archéologiques, les Romains devaient manger beaucoup de coquillages" : voici une affirmation que nous avons souvent entendue au cours des rencontres qui ont ponctué notre recherche. V. Forest y a apporté quelques nuances lors de son étude des coquilles issues de la fouille des thermes de Barzan/Le Fâ.[683] Sur cette partie du site, il estime que 100 000 valves d'huître plate ont été déplacées par les archéologues. Certes, cette quantité peut apparaître énorme, autant par le nombre de pièces que par le volume de mobilier archéologique qu'elles représentent. Cependant, il ne faut pas se laisser abuser par cet encombrement volumique et visuel des conchyliorestes. La coquille des huîtres, comme celle de tous les bivalves, est composée de deux valves : un homme qui mange 12 huîtres produit 24 valves. Le nombre d'animaux consommés n'est donc pas à la mesure de l'image renvoyée par les assemblages. Ainsi, les 100 000 valves de Barzan/Le Fâ ont pu être abandonnées en un an par 80 personnes qui auraient mangé chacune une douzaine d'huîtres par semaine.

Cette première réflexion menée par V. Forest sur les quantités de coquillages consommés soutient finalement une question plus qu'une affirmation : quelle consommation représentent tous les restes retrouvés sur les sites archéologiques ? Tenter une réponse est périlleux, car cela implique une bonne dose de subjectivité : en effet, nous ne savons pas combien de coquillages un consommateur romain mangeait habituellement en un repas et selon quelle fréquence. Dans ce domaine, on ne peut guère se référer à une norme qui aurait traversé les siècles, car elle a varié de beaucoup depuis l'Antiquité. L'exemple de l'huître est éloquent. Aujourd'hui, un hôte prévoit généralement entre six et huit huîtres par personne, jusqu'à douze pour les plus gourmands des convives. Ces quantités sont sans comparaison avec celles décrites au XVIIIe siècle dans l'Encyclopédie de Diderot et d'Alembert. À cette époque, "il n'est pas rare de trouver des personnes qui avalent cent, et même cent cinquante huîtres à peine mâchées : ce qui ne sert que de prélude à un dîner très copieux, et qui leur réussit à merveille".[684] Un siècle plus tard, J.-A. Brillat-Savarin regrette "ces déjeuners d'huîtres [...] où on les avalait par milliers"[685] ; il "se souvient qu'autrefois un festin de quelque apparat commençait ordinairement par des huîtres, et qu'il se trouvait toujours un bon nombre de convives qui ne s'arrêtaient pas sans avoir avalé une grosse (douze douzaines, cent quarante-quatre [soit 288 valves])".[686] Pour l'époque romaine, nous n'avons pas trouvé de tels témoignages. Il faudrait pour cela que nous connaissions le nombre de personnes à l'origine des coquilles, ce que l'archéologie ne permet pas de déterminer, et que les restes découverts lors des fouilles correspondent aux poubelles immédiates d'actes alimentaires ponctuels. Mais les assemblages sont plus souvent la somme de plusieurs lots mêlés accumulés sur le long terme, parfois triés et régulièrement déplacés dans le cadre de la gestion des déchets.[687] De plus, toutes les coquilles n'ont pas forcément été rejetées suite à un repas ; elles ont pu être abandonnées à l'occasion d'une activité de préparation de la chair, dont la première étape aurait consisté en son extraction hors des coquilles.

Nous sommes loin également de cerner toutes les manières d'accommoder les coquillages dans l'Antiquité, même si nous verrons que quelques pistes semblent se dessiner.[688] Or les quantités consommées peuvent changer en fonction des préparations et selon la place donnée aux coquillages dans le repas : plat unique de nos jours sous la forme d'un plateau, d'une entrée à la manière du XVIIIe siècle ou d'un plat principal comme en général les moules aujourd'hui. Lors de notre enquête auprès des restaurateurs, nous avons pu constater que sur les plateaux individuels actuels de fruits de mer se trouvent souvent six huîtres. Elles s'accompagnent d'autres coquillages, servis en quantité équivalente : par exemple cinq ou six palourdes, le même nombre de rochers épineux du coté de Port-Camargue (dits localement "escargots de mer") remplacés par des buccins vers La Rochelle (mieux connus sur les cartes sous l'appellation "bulots") et quelques grandes moules de Méditerranée à l'approche de Bouzigues. Ces

[680] Fleury 2007, 321 ; 322.
[681] cf. *supra*.
[682] Ausone, *Lettres*, 7.
[683] Forest 2003a.

[684] Diderot & d'Alembert 1765, vol. 8, 343.
[685] Brillat-Savarin 1848, 164.
[686] Brillat-Savarin 1848, 65-66.
[687] cf. 3.5.
[688] cf. 3.4.

quantités ne s'appliquent toutefois qu'aux coquillages, crus ou cuits, proposés froids en plateau. Ainsi, les flions (les tellines) en Méditerranée et les petites moules en Atlantique, qui sont plus généralement mangés cuits et chauds en plat principal, se retrouvent par plusieurs dizaines dans l'assiette.

Nous pensons avoir repéré les restes d'actes ponctuels de consommation sur trois sites. Ils sont quasiment contemporains en trois points opposés de la Gaule : à Barzan/Le Fâ autour de 40-70 p.C., à Nîmes/Assas en 60-70 p.C. et à Lyon/Cybèle vers 20-30 p.C. À Barzan/Le Fâ, les restes étaient saisis dans le comblement d'une tranchée de fondation de mur (US 26822).[689] Des peignes variables, *Chlamys varia*, et des palourdes croisées d'Europe, *Ruditapes decussatus*, étaient mélangés dans un premier dépôt. Des huîtres plates, *Ostrea edulis*, en constituaient un second, jeté un peu à l'écart du premier. Les nombres de coquilles pour chaque espèce étaient extrêmement proches ; nous en avons compté 114 peignes, 106 palourdes et 95 huîtres. À Nîmes/Assas, les restes ont été abandonnés dans un puits (PT 3095) qui a reçu le contenu de deux poubelles.[690] Dans l'une (US 3062), V. Forest a calculé une cinquantaine de coquilles d'huître plate autant de flion tronqué, *Donax trunculus*, et légèrement moins de rocher épineux, *Bolinus brandaris*. S'y ajoutent en outre quelque 240 peignes glabres, *Proteopecten glaber*. Le contenu de l'autre poubelle est moins important, mais il diffère surtout du précédent par sa composition (US 3149) ; les espèces sont les mêmes, mais elles ne sont pas présentes dans les mêmes proportions et n'ont pas la même origine d'après les morphologies des valves de peigne glabre et des coquilles de rocher épineux. Les coquilles de peigne glabre sont toujours les plus nombreuses, environ 70. Elles laissent en revanche davantage de place au rocher épineux qui est représenté par un peu plus de 40 coquilles. Au contraire, les coquilles d'huître plate sont quasiment absentes et celles de flion tronqué n'atteignent pas la vingtaine. Enfin, à Lyon/Cybèle, nous estimons que près de 200 huîtres plates ont été rejetées dans une fosse (H.2.7.).[691]

À Barzan/Le Fâ, le rejet en deux endroits des palourdes et des peignes variables d'une part, et des huîtres d'autre part est difficile à interpréter. Deux scénarios principaux pourraient l'expliquer. Selon le premier, les lots sont le produit de deux évènements culinaires. Le nombre d'huîtres par personne n'est donc pas obligatoirement le même que celui des palourdes et des peignes. Selon le second scénario, les lots font suite à un seul repas, au cours duquel ils seront intervenus selon des modalités différentes, par exemple à deux moments successifs, avec des préparations différentes. Chaque consommateur est potentiellement à l'origine du même nombre de coquilles. Les huîtres, les palourdes et les peignes étant en quantité presque égale, il pourrait se dessiner le même équilibre que sur le plateau de fruits mer actuel avec, pour chaque personne autant d'huîtres que de palourdes et de peignes.

[689] Bardot-Cambot 2011.
[690] Forest 2006a.
[691] Bardot (inédit a).

Sur la base de six coquillages par espèce, la consommation d'une quinzaine de personnes serait à l'origine du contenu de cette poubelle.

Dans l'US 3062 de Nîmes/Assas, nous retrouvons en partie l'équilibre de composition relevé à Barzan avec des huîtres plates, des rochers épineux et des flions tronqués en quantités proches. Huit personnes ont pu manger chacune cinq ou six exemplaires des trois espèces. En revanche, elles auront été plus gourmandes de peignes glabres, avec une trentaine de coquillages par assiette. L'US 3149 ne révèle pas le même type de menu avec des quantités plus diverses et la quasi-absence d'une espèce, l'huître plate. Si nous gardons le repère de six coquillages par personne : les cinq huîtres ont pu faire l'affaire d'un seul homme, la quarantaine de rochers épineux de sept et les 70 peignes glabres d'une douzaine. Quant à la vingtaine de flions tronqués, elle pouvait satisfaire une personne car ces coquillages sont petits et fournissent donc peu de chair ; aujourd'hui, ils sont d'ailleurs servis à l'assiette. Les contenus différents de ces deux poubelles, qui, selon V. Forest,[692] ont été formés et rejetés dans un laps de temps assez court, font peut-être intervenir un facteur que nous n'avons pas encore impliqué dans l'analyse des quantités consommées, à savoir l'inégalité des arrivages. On imagine en effet que tel ou tel coquillage sera d'autant plus abondant à la vente et donc dans l'assiette du consommateur qu'il aura été l'objet d'une bonne pêche.

À Lyon/Cybèle, seules des huîtres plates ont été mangées et leurs coquilles rejetées dans la fosse H.2.7. Nous avons vu précédemment que cette espèce a certainement été proposée sur la table d'un repas fastueux.[693] Les conditions exactes de son déroulement ne sont pas connues. Mais elles pourraient rappeler celles qui entouraient le banquet donné lors de la consécration de Lentulus comme flamine de Mars, dont le menu a déjà pu être rapproché de celui servi à Cybèle. Macrobe, qui rapporte l'évènement,[694] énumère ainsi les noms d'une vingtaine de convives, ce qui reviendrait à Lyon à une dizaine d'huîtres par personne. Nous pouvons ainsi compléter notre première restitution du repas de Lyon/Cybèle : il se composait de mets nombreux, variés et de diverses provenances offerts peut-être en petites quantités, à la manière des "menus découvertes" sur les cartes actuelles des chefs étoilés.

Si nous regardons finalement le contenu de ces quatre poubelles, les quantités de coquilles qui y ont été abandonnées sont loin d'atteindre celles qui devaient être rejetées au XVIIIe siècle, où les huîtres pouvaient être "avalées par milliers"[695] ; il s'agit de quelques centaines, entre environ 200 à Lyon et 500 à Nîmes. Nous nous orientons donc vers l'action davantage mesurée de plusieurs consommateurs, comme nous le faisons généralement de nos jours. Il serait toutefois trop rapide,

[692] Forest 2006a.
[693] cf. *supra*.
[694] Macrobe, *Saturnales*, 3.9.10.
[695] Brillat-Savarin 1848, 164.

à partir de seulement trois sites, d'exclure l'hypothèse d'actes de "gloutonnerie" à l'époque romaine, d'autant qu'à en croire Sénèque, les *ostreae* sont "des délicatesses obligeant à manger quand on n'a plus faim, grand attrait pour les gloutons qui se bourrent au-delà de leur capacité (cela va s'avaler facilement et remonter de même) (*nec enim cibi sed oblectamenta sunt ad edendum saturos cogentia, quod gratissimum est edacibus et se ultraquam capiunt farcientibus, facile descensura, facile reditura*)".[696]

3.4. Les manieres romaines d'apprêter la chair

On ne saurait définir la consommation romaine des coquillages sans aborder à présent les manières de les cuisiner. Cet aspect a inspiré de nombreux auteurs : parmi eux, J. André qui a écrit *L'alimentation et la cuisine à Rome* en 1981, N. Blanc et A. Nercessian qui ont consacré un ouvrage à *La cuisine romaine antique* en 1994 et P. Fleury qui a publié un article sur *Les nourritures de la mer dans l'antiquité romaine* en 2007. Les sources littéraires sont celles qui ont été le plus largement exploitées, avec au premier rang les recettes de *L'art culinaire* d'Apicius. Elles vont être reprises dans ce chapitre, mais en leur associant un autre ingrédient : les données obtenues par l'observation des coquilles archéologiques.

Récupérer et accommoder la chair crue

Pour récupérer la chair crue que constituent les parties molles de l'animal, l'opérateur doit créer une faille dans la cuirasse calcaire qui protège le mollusque. Il s'agit alors d'ouvrir mécaniquement la coquille en la forçant avec un outil. D'après Fr. Brien-Poitevin, un second procédé aurait été largement utilisé pour l'ouverture des huîtres à l'époque romaine.[697] Il consisterait à mettre les coquillages en contact ou à proximité d'une source de chaleur pour qu'ils entrouvrent leurs valves, rendant ainsi la chair crue accessible. Toutefois, les observations que nous avons menées sont peu favorables à cette hypothèse.

Tout d'abord, ce procédé, même appliqué brièvement, ne laisse pas la chair crue intacte. Nous avons tenté l'expérience à partir d'une douzaine d'huîtres plates, que nous avons plongées dans de l'eau bouillante ou mises au contact direct d'une flamme. Il a suffi de moins d'une minute pour que leur muscle commence à se relâcher et qu'elles puissent être ouvertes à la main. Cependant, la chair avait déjà commencé à cuire : elle avait pris une couleur laiteuse, comme celle du blanc d'un œuf qui commence juste à chauffer. Sa texture s'était aussi déjà un peu modifiée par un léger durcissement. Enfin, l'eau qui baigne la chair à l'intérieur de la coquille, et qui lui donne beaucoup de son goût de mer, s'était échappée dans le bain bouillant ou s'était évaporée pour les spécimens mis sur le feu.

Ensuite, selon Fr. Brien-Poitevin, cette manière d'ouvrir les huîtres serait à l'origine de la transformation de la matière-coquille en une poudre crayeuse, que l'auteur nomme "carbonatation".[698] Or comme nous l'avons déjà indiqué dans le chapitre 3.1., cette altération est plus certainement liée à la nature du contexte sédimentologique qu'à une élévation brutale de la température. D'ailleurs, sur le site de Barzan/Le Fâ, les valves d'huître plate qui servaient de radier à la sole d'argile de deux foyers (FY 26646 et FY 26478) n'ont pas révélé une telle modification de leur matière-coquille.[699] Pourtant, elles ont sans doute été chauffées par la chaleur qui émanait de la sole qu'elles supportaient. En outre, nous avons vu que l'animal bâille très rapidement lorsqu'il est exposé à une température élevée. Il est donc peu probable qu'un court laps de temps suffise à modifier aussi profondément la matière qui compose la coquille. D'ailleurs, les huîtres plates sur lesquelles nous avons testé ce procédé d'ouverture ne présentaient aucune altération particulière de leur matière-coquille, constat qu'a également réalisé M. Schneider lors d'une expérimentation similaire.[700]

Finalement, une ouverture thermique des coquilles ne nous paraît guère adaptée pour une récupération de la chair crue. De plus, l'archéoconchyliologie n'en fournit actuellement aucune preuve. Au contraire, l'ouverture mécanique des coquilles ne fait pas de doute, au moins pour l'huître plate.

L'ouverture mécanique des coquilles

L'huître plate d'Europe

L'ouverture mécanique des coquilles d'huître plate est assurée. Y. Gruet et V. Forest l'ont montré dans leurs études respectives, notamment celles du mobilier conchyliologique de Limoges/Bibliothèque multimédia[701] et de Barzan/Le Fâ[702] ; elles fournissent chacune une interprétation des marques observées sur les valves et une restitution des gestes pratiqués par le ou les opérateurs en charge de l'ouverture. Nous allons maintenant soumettre nos propres observations aux mêmes analyses.

L'utilisation d'un outil est certainement à l'origine des marques que nous avons rangées dans les types "barzanais" et "lyonnais",[703] comme le suggèrent la franchise des stries, la profondeur des rainures et la régularité des encoches. De plus, ces marques étant situées pour une partie sur la face interne des valves, cet

[696] Sénèque, *Lettre à Lucilius*, 17.108.15.

[697] Brien-Poitevin 1993, 289. L'auteur s'appuie sur l'étude d'assemblages des sites d'Aix-en-Provence/Parking Pasteur (051), d'Eyguières/Saint-Pierre (035/2), de Loupian/Prés-Bas (165), de Martigues/L'Ile (084), de Lunel-Viel (Hérault) (166) et de Villetelle/*Ambrussum* (193).

[698] Brien-Poitevin 1992a, 54 ; 1993, 289.

[699] Bardot-Cambot 2011.

[700] "Nous avons nous-même tenté une expérimentation, en chauffant à l'eau bouillante, ou en plaçant à la flamme, des valves d'*Ostrea edulis* sauvages collectées sur les côtes de la Manche. Ces modes d'ouverture n'ont pas laissé de traces sur les coquilles." (Schneider 2002, 107)

[701] Gruet (inédit c).

[702] Forest 2003a.

[703] cf. 2.4.

outil a sans aucun doute été employé lors d'un enchaînement de gestes destinés à accéder à la chair. Chez l'huître plate d'Europe, *Ostrea edulis*, le muscle qui maintient la coquille solidement fermée est légèrement décalé postérieurement et situé à mi-hauteur des valves. Il peut développer une force de pointe allant jusqu'à 12 kg/cm^2.[704] L'outil choisi doit donc être résistant pour pénétrer la zone de contact entre les valves, fin pour ensuite se glisser dans l'interstice créé, relativement long pour atteindre le muscle et tranchant pour le couper. Une lame métallique semble alors particulièrement appropriée pour effectuer ces opérations. Mais que faire alors de la grande majorité des valves qui ne sont pas marquées ? L'absence de trace n'indique pas obligatoirement que la coquille n'a pas été ouverte et la chair extraite. Simplement, il est probable que les marques observées soient des "accidents" d'ouverture liés à une difficulté rencontrée par l'opérateur au gré de sa compétence : résistance vigoureuse de l'animal, peine à distinguer la zone ventrale de contact entre les deux valves ou encore forte densité de la matière-coquille. Bien que peu fréquents, ces "accidents" sont néanmoins assez nombreux pour nous permettre de les interpréter en termes théoriques.

Ainsi, quel que soit le type, la localisation des différentes marques indique que la lame est introduite entre les valves depuis le bord ventral. (fig. 175) Cet angle d'attaque est différent de celui habituellement choisi pour l'ouverture des huîtres creuses japonaises, *Crassostrea gigas*, qui sont les plus largement consommées de nos jours. Elles sont en effet ouvertes par la partie médiane du bord postérieur alors que la valve gauche, qui est creuse, est calée dans la paume de la main, l'apex opposé aux doigts. Cette orientation s'explique par le décalage nettement postérieur du muscle adducteur qui peut même être quasiment accolé à la zone de contact entre les valves. (fig. 176) Ainsi, le muscle étant rapidement sectionné, le risque d'abîmer la chair ou de la polluer avec des fragments de matière-coquille décrochés au passage de la lame est réduit. En outre, l'ouverture des huîtres plates, telle qu'elle est pratiquée en France aujourd'hui, ne semble pas non plus avoir été adoptée ; la même conclusion a été formulée par V. Forest pour les huîtres de Barzan/Le Fâ.[705] La coquille est dans ce cas placée l'apex orienté vers les doigts et la valve gauche dans le creux de la main. Puis, le tranchant de la lame est inséré par l'apex jusqu'à couper la charnière et ensuite le muscle adducteur. (fig. 177) Ce procédé n'est pas agressif pour la coquille. Il ne peut donc pas être totalement exclu pour des coquilles antiques qui seraient intactes. Cependant, l'opération n'est pas infaillible et nous supposons qu'elle aurait occasionnellement laissé des marques à la surface de la matière-coquille : par exemple une altération dorsale des extrémités antérieures et postérieures des valves ou encore un éraflement de la nacre interne. Mais, pour l'instant, aucune des observations réalisées ne coïncide avec un tel mode d'ouverture.Il faut se déplacer jusqu'en Croatie pour reconnaître la manière romaine dans une pratique actuelle. Et plus précisément en Istrie, sur le bord du canal de Leme où nous nous sommes rendue. Ce bras de mer situé sur la côte ouest, au nord de Rovinj, entre dans les terres sur près de 11 km. La pisciculture et l'élevage des moules et des huîtres plates en occupent toute la moitié intérieure. Les restaurants installés aux abords ont orienté leur carte vers les produits de la mer et les huîtres plates locales sont évidemment au menu. Or les valves présentent les mêmes marques que celles observées sur les exemplaires archéologiques : encoche ventrale, stries ou encore des altérations de la surface de la matière-coquille. (fig. 178) Nous avons donc demandé aux restaurateurs de nous montrer leur technique habituelle d'ouverture des huîtres. (fig. 179) Le coquillage est installé dans la largeur de la main, c'est-à-dire la région dorsale opposée à l'opérateur et bloquée dans la pliure entre le pouce et l'index ; cette position semble la plus adaptée, car elle permet d'optimiser la pression sur la matière-coquille lors de l'insertion de la lame alors que d'autres positions obligeraient l'opérateur à plier le poignet et lui enlèveraient de la force dans le mouvement. La pointe d'un couteau est ensuite insérée entre les bords ventraux des valves. L'abord ventral trouve donc encore des adeptes, faisant sans doute de l'actuelle méthode "istrienne" un rappel des antiques gestes réalisés par les opérateurs de Gaule.

Mais laquelle des deux valves, gauche ou droite, était en position inférieure, c'est-à-dire au contact de la paume ? En 1690, dans le *Dictionnaire universel, contenant generalement tous les mots françois tant vieux que modernes, & les Termes de toutes les sciences et des arts*, on lit à la définition du mot "ecailler": "A Rouen on ouvre, on écaille les huiftres par le dos"[706]. Le "dos" désigne certainement la valve qui se présente la première à la lame de l'opérateur: celle mise en position supérieure. La valve droite, qui est plane comme la ligne d'un dos, est la plus probable. Elle s'oppose à la valve gauche qui est davantage bombée - à la manière d'un ventre - lorsque celle-ci est regardée depuis sa face externe. La valve gauche était donc au contact de la paume. Aujourd'hui, il en est presque toujours ainsi. Mais peut-être était-ce moins systématique à l'époque romaine ? Comme leur nom l'indique, les huîtres plates présentent des valves très planes ; la gauche n'est que légèrement plus creuse. La valve droite peut donc être mise aussi facilement en position inférieure que la valve gauche. D'ailleurs, c'est ce que font régulièrement les restaurateurs du canal de Leme. (fig. 180)

À partir des types "barzanais" et lyonnais", nous pouvons définir deux manières distinctes pour sectionner le muscle et désolidariser les valves. La première, "barzanaise" a été restituée par V. Forest.[707] La lame d'un couteau est insérée entre les deux valves sur la partie postérieure des bords ventraux, créant ainsi les encoches. (fig. 35 : 1g et 1d ; fig. 181a : 1) Dans le même temps, les bords de la lame entaillent la matière-coquille en créant des stries

[704] http://www.snv.jussieu.fr/bmedia/ATP/dis-hui.htm
[705] Forest 2003a.

[706] Furetière 1690.
[707] Forest 2003a, 487-488.

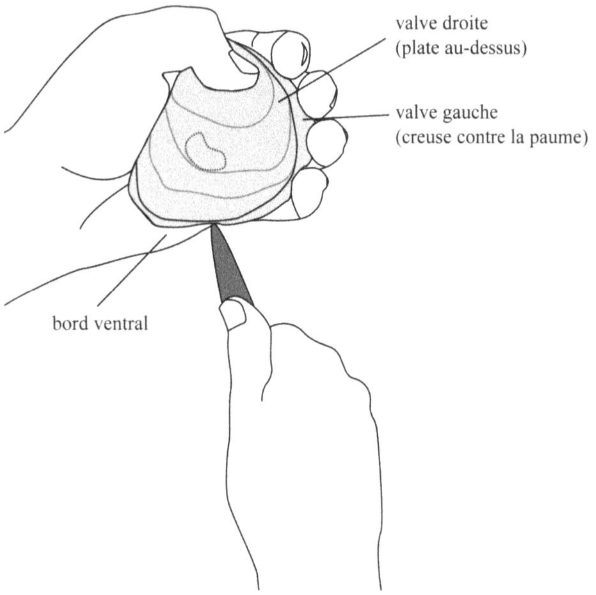

fig. 175 : technique romaine d'ouverture de l'huître plate.

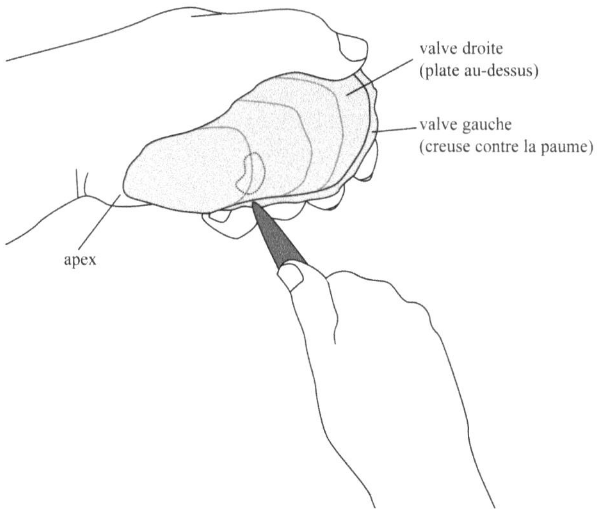

fig. 176 : technique actuelle d'ouverture de l'huître creuse.

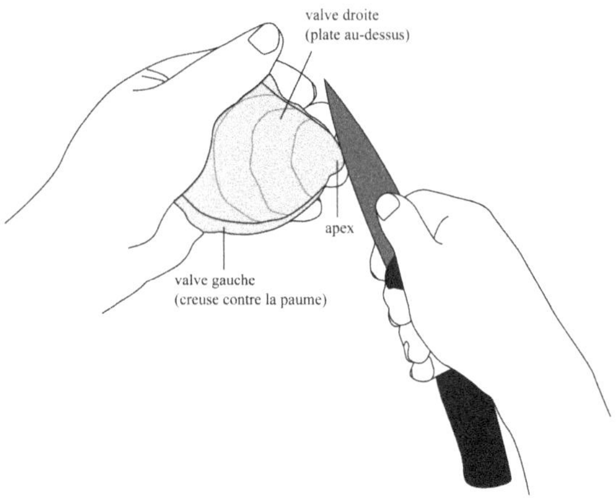

fig. 177 : technique actuelle d'ouverture de l'huître plate.

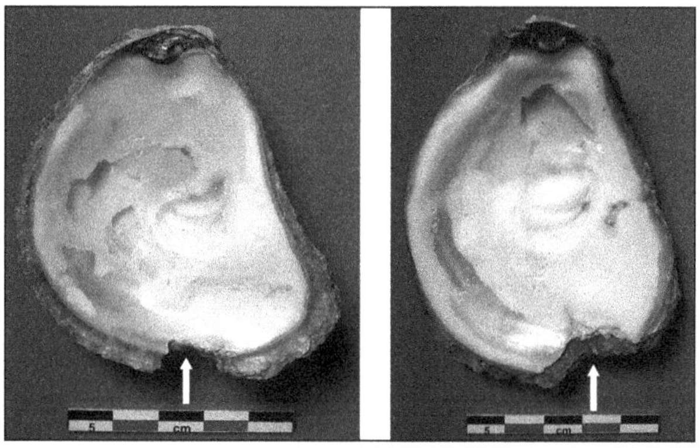

fig. 178 : encoche, strie et éraflement sur la face interne de deux valves d'huître plate actuelles. Coquillages ouverts par le personnel du restaurant "le Viking" au bord du canal de Leme (Istrie, Croatie).

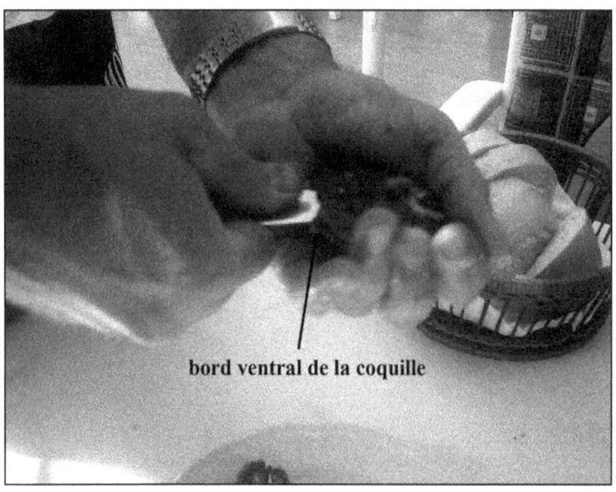

fig. 179 : technique romaine d'ouverture d'huître plate encore pratiquée aujourd'hui par le personnel du restaurant "le Viking" au bord du canal de Leme (Istrie, Croatie).

fig. 180 : en haut, valves droites d'huîtres plates ouvertes "à la romaine" par le personnel du restaurant "le Viking" au bord du canal de Leme (Istrie, Croatie). Mises en position inférieures lors de l'ouverture, elles servaient de réceptacles à la chair. En bas, huître plate que nous avons ouverte et présentée selon les mêmes procédés (à gauche la valve gauche et à droite la valve droite en présentoir à la chair).

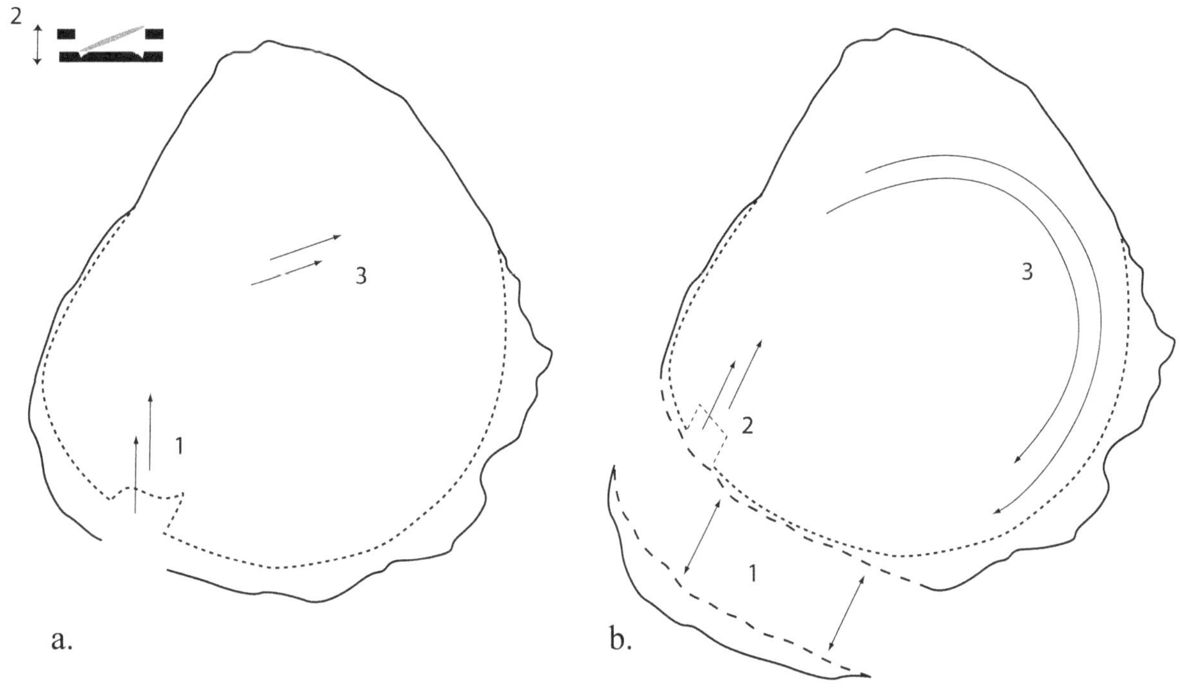

fig. 181 : restitution des gestes pratiqués pour l'ouverture romaine de l'huître plate.
a. la manière "barzanaise" ; b. la manière "lyonnaise".

(fig. 35 : 2g, 2d, 3g et 3d) dans le prolongement des encoches. Encoches et stries seront d'autant plus marquées que l'opérateur aura fait levier sur la valve gauche d'un côté, puis de l'autre. (fig. 181a : 2) Lors de son passage, le plat de la lame altère aussi la surface des reliefs internes des deux valves. (fig. 35 : 4g et 4d). En pivotant légèrement pour sectionner le muscle, la lame peut heurter par sa pointe la partie moyenne du bord antérieur. (fig. 365 : 5g ; fig. 181a : 3) Nous avons mis en pratique cet enchaînement : il s'est avéré efficace pour ouvrir les coquilles d'huîtres plates actuelles. Il a toutefois été nécessaire d'ajouter une toute première étape : nous avons dû débarrasser le bord ventral des coquilles des écailles de périostracum qui masquaient la zone de contact entre les deux valves. Pour la seconde manière, "lyonnaise", que nous avons initialement reconnue à Lyon/Cybèle,[708] l'opérateur brise la valve gauche dans sa partie ventrale postérieure. (fig. 37 : 1g ; fig. 181b : 1) Le bord ventral de la valve droite n'est pas endommagé, car il est en retrait par rapport à celui de la valve gauche, plus longue que la valve droite dans une coquille entière. Mais, comme à Narbonne/Général de Gaulle,[709] la cassure peut aussi être réalisée depuis la face externe de la valve gauche qui est alors placée vers le haut. Pour ce site, la forte épaisseur de la paroi des valves explique certainement cette variante. L'opérateur, pour briser efficacement la matière-coquille, préfère une surface dure à la paume de la main qui est peu stable pour amortir un choc. Par souci de stabilité, il met la valve droite, plane, contre le support. Une fois la cassure faite, il installe la coquille dans la largeur de sa main. Ensuite, profitant de la faille ainsi créée, l'opérateur insère la lame d'un couteau entre les deux valves dans la partie postéro-ventrale de la coquille. (fig. 181b : 2) Par un mouvement de levier, la lame s'appuie sur la valve gauche brisée. Moins épaisse, la valve droite cède à l'entrée de la lame ; une encoche est formée. (fig. 37 : 1d) Plus libre, la lame pénètre alors dans la coquille en longeant le bord postérieur. Sur son passage, elle entaille les deux valves. (fig. 37 : 2g, 2d et 4d) Enfin, l'opérateur fait pivoter la lame afin de sectionner le muscle adducteur. (fig. 181b : 3) La pointe heurte le bord antérieur, le longe et le raye. (fig. 37 : 5g et 5d) Durant la rotation, la face en position inférieure de la lame a forcé le passage de la zone de contact entre les valves en éraflant la nacre interne. (fig. 37 : 3g et 3d)

Au regard des marques observées et des gestes que nous avons pu reconstituer, les manières "barzanaise" et "lyonnaise" pourraient n'en faire qu'une. La seconde serait une variante plus brutale de la première. Les marques qu'elle laisse apparaissent comme les déclinaisons accentuées de celles produites par la manière "barzanaise ": la cassure se substitue à l'encoche, la strie postérieure s'étire en longueur et la rainure courbe antérieure remplace la butée. La manière "lyonnaise" répondrait alors à une difficulté d'ouverture dont il faut peut-être chercher l'explication dans la morphologie des huîtres. Ainsi, elle a été définie sur le site de Lyon/Cybèle pour des coquilles très aplaties, tendance traduite ventralement par une large surface de contact entre les deux valves.[710] À Narbonne/Général de Gaulle, elle concernait des exemplaires dont la matière-coquille était particulièrement épaisse et dense.[711] Dans les deux cas, le problème principal de l'opérateur était donc avant tout de créer une brèche dans la coquille afin de faciliter l'entrée

[708] Bardot (inédit a).
[709] Bardot 2006c.
[710] Bardot (inédit a).
[711] Bardot 2006c.

de la lame. L'importance du facteur morphologique doit cependant être nuancée. En effet, à Lyon/Cybèle, des coquilles aux caractères proches de celles de Narbonne/Général de Gaulle étaient mêlées à celles très plates, or leurs valves ne présentaient que les stigmates ténus de la manière "barzanaise". Et sur le site de Barzan/Le Fâ, les deux procédés ont été identifiés pour des coquilles similaires.[712] Le savoir-faire des opérateurs est donc plus sûrement en cause : certains très exercés ne laissent aucune trace comme à Loupiac/Saint-Romain,[713] d'autres moins expérimentés signent leur travail de quelques coups de lame comme à Constantine/Lançon-de-Provence[714] et quelques-uns malhabiles endommagent gravement la matière-coquille par des cassures et des entailles comme à Narbonne/Général de Gaulle[715] et à Lyon/Cybèle.[716] Cette interprétation va du reste dans le sens de celle formulée par V. Forest pour un lot du site de Barzan/Le Fâ : les huîtres, de même morphologie, ouvertes soit discrètement soit violemment, avaient permis de suggérer que deux opérateurs "de compétences inégales" étaient intervenus.[717] Notons enfin qu'à Bordeaux/Auditorium, certains lots ont été produits par plusieurs opérateurs, trahis par leur habileté plus ou moins grande, tandis que d'autres sont composés de coquilles ouvertes probablement par la même main : les marques qui sont similaires traduisent en effet un seul geste répété à l'identique par une seule personne.[718]

À l'issue de ces descriptions, surgit une nouvelle interrogation : quel couteau employait-on à l'époque romaine ? Aujourd'hui, un modèle principal est proposé dans le commerce pour ouvrir les huîtres. Sa lame est pointue et symétrique par rapport à son axe médian, c'est-à-dire celui qui relie sa base et sa pointe. Elle est à double tranchant et dispose d'une garde - il s'agit d'une pièce métallique perpendiculaire à la lame - qui évite de se blesser si la main glisse le long de la coquille. La lame est large, 18 mm à sa base, pour celui que nous possédons. Sa longueur varie selon les modèles, entre 50 mm pour le nôtre et jusqu'à près de 80 mm pour celui utilisé par les restaurateurs du canal de Leme. Ce couteau est certainement le plus utilisé par les consommateurs. (fig. 182) Toutefois, il n'a pas la faveur de tous les amateurs avertis et des écaillers, qui lui préfèrent souvent des modèles sans garde. Trois formes, très différentes les unes des autres, ressortent de notre enquête auprès des commerçants et des couteliers. La première est celle des lancettes : ce sont des couteaux droits avec une lame étroite, rappelant celle des dagues, qui mesure environ 60 mm de longueur. (fig. 182) Les deux autres formes ont des lames asymétriques. L'une se rapproche du profil des couteaux que nous utilisons pour la cuisine, appelés "couteaux d'office". (fig. 182) La seconde est dite "crapaud" : la lame est large et pointue avec un dos légèrement convexe et un tranchant davantage anguleux. (fig. 182) Ces couteaux sont actuellement vendus sous le nom de "couteaux à huîtres" pour répondre précisément à cet usage. Mais il semble que d'autres modèles soient tout aussi efficaces, sans qu'ils aient été initialement conçus pour ouvrir les huîtres. A. Rouyé, ostréiculteur retraité à La Tremblade (Charente-Maritime), se sert en effet d'un canif. Cet instrument, qui se ferme, a en outre l'intérêt de se glisser dans la poche en toute sécurité et d'être ainsi toujours à portée de main.[719] En 1828, L. Clerc rapporte en outre qu'un "couteau ordinaire est l'instrument dont on se sert communément pour ouvrir les huîtres".[720] D'ailleurs, V. Forest nous a confié qu'il a ouvert des huîtres creuses avec un couteau habituel de cuisine "d'office" à lame longue et pointue, après avoir suivi les conseils d'un écailler de brasserie. Cet aperçu des pratiques actuelles nous permet de conclure sur deux points. Tout d'abord, il ne semble pas qu'une forme précise de lame détermine la réussite de l'ouverture des coquilles, au vu de la diversité des modèles utilisés par les consommateurs occasionnels et les professionnels de l'écaillerie. Ensuite, il n'est pas obligatoire d'avoir un "couteau à huîtres" pour pouvoir ouvrir les coquilles ; un canif ou un simple couteau de cuisine fait parfaitement l'affaire. La seule condition est peut-être que la lame soit suffisamment solide pour ne pas plier au moment de forcer le passage entre les deux valves. Nous ne chercherons donc pas "le couteau" qui servait à ouvrir les huîtres à l'époque romaine en Gaule, car, comme aujourd'hui, plusieurs modèles ont pu être utilisés.

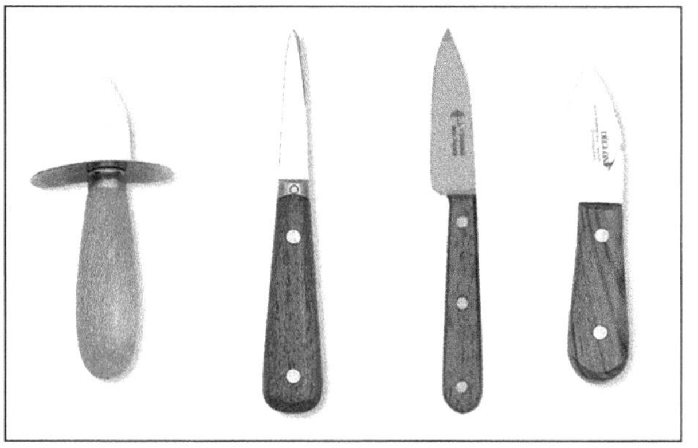

fig. 182 : couteaux utilisés aujourd'hui pour l'ouverture des huîtres. De gauche à droite : couteau à garde, couteau "lancette", couteau de type "couteau d'office", couteau "crapaud".

Néanmoins, nous pouvons restituer au moins deux formes de lame à partir des types de marques que nous avons établis, "lyonnais" pour l'un, "barzanais" pour l'autre. Une lame assez longue est vraisemblablement à l'origine du premier type. Nous en suivons l'avancée le long du bord postérieur de la valve gauche jusqu'à la limite parfois de l'aire ligamentaire ; la strie correspondante permet d'estimer la longueur de la lame à au moins 60 mm. (fig. 38) Les encoches enregistrées sur le bord ventral des valves sont larges d'une dizaine de

[712] Bardot-Cambot 2011.
[713] Bardot 2004c.
[714] Bardot 2004b.
[715] Bardot 2006c.
[716] Bardot (inédit a).
[717] Forest 2003a.
[718] Bardot 2009.

[719] Nous remercions chaleureusement A. Rouyé pour les informations qu'il nous a très aimablement données sur l'histoire de l'ostréiculture charentaise. Cette documentation est en partie hébergée sur son site internet personnel : http://perso.orange.fr/forum17/page7.htm
[720] Clerc 1828, 41.

millimètres : cette dimension traduit probablement la largeur de la lame au maximum de son insertion entre les valves. La lame est pointue comme le suggèrent la profondeur et l'étroitesse de la rainure courbe qui suit le pourtour des bords antérieur et ventral de la valve gauche. (fig. 38) Les enfoncements en pointe que nous avons observés sur une valve de Lyon/Cybèle sont un indice supplémentaire, car ils ont sans doute été produits par les butées de l'extrémité de la lame dans la matière-coquille. (fig. 38) Leurs dessins indiqueraient alors une forme plutôt symétrique dans la ligne des couteaux lancettes actuels. (fig. 182) La lame à l'origine des marques "barzanaises" devait être plus courte, car elle n'a guère laissé de trace au-delà de l'empreinte adductrice, en direction de l'aire ligamentaire ; la plupart des marques se concentrent en effet dans la moitié ventrale des valves. Nous supposons qu'il en existait de plusieurs largeurs : à Barzan/Le Fâ par exemple, V. Forest mentionne un modèle à 11,5 mm de large et un autre plus petit à 9,5 et nous avons mesuré de grandes encoches, jusqu'à 15 mm.[721] Au contraire des enfoncements décrits précédemment pour le type "lyonnais", ceux enregistrés à Narbonne/Kennedy,[722] par exemple, décrivent la pointe d'une lame arrondie et non aiguë, (fig. 36) comme l'a établi V. Forest sur le site de Barzan/Le Fâ.[723] Un outil des opérateurs barzanais ressemblait peut-être à un objet découvert sur le site même, dans le comblement d'un puits (PT 20700). En effet, parmi le mobilier métallique, une lame en fer a attiré notre attention (US 20762) par sa petite taille - 40 mm de longueur et 15 de largeur - et par sa pointe arrondie ; celle-ci se développe dans le prolongement du tranchant qui est rectiligne et parallèle au dos. (fig. 183) Or au moment de comparer la forme de cette lame avec les marques présentes sur les coquilles, nous avons noté que les bords de la pointe venaient s'accoler parfaitement à ceux des plus grandes encoches repérées pour ce site. (fig. 184) De plus, le talon de la lame, percé d'un trou, évoquait un couteau pliant dont A. Rouyé nous avait vanté l'aspect pratique. Mais un tel outil convenait-il pour l'ouverture des huîtres ? Pour le savoir, il fallait pouvoir le tester. Nous avons donc fait appel à un taillandier, P. Lavaux, pour restituer un couteau auquel la petite lame de Barzan pouvait correspondre.[724] Après avoir trouvé les solutions techniques qui répondaient aux caractéristiques de la lame, P. Lavaux a pu proposer le couteau photographié en figure 185. Celui-ci mesure 125 mm de longueur lorsqu'il est déplié ; notre couteau à garde n'est pas beaucoup plus grand, 140 mm. Nous l'avons utilisé sur une douzaine d'huîtres plates actuelles, en respectant l'abord ventral qui définit la technique romaine : nous avons réussi à ouvrir toutes les coquilles en laissant sur les valves des spécimens les plus résistants une large encoche et des stries comme sur les valves archéologiques. (fig. 186)

fig. 183 : lame de couteau découverte dans le comblement du puits PT 20700 sur le site de Barzan/Le Fâ.

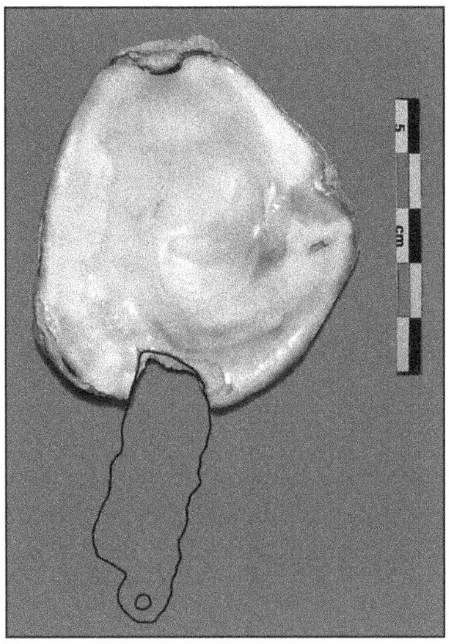

fig. 184 : site de Barzan/Le Fâ : correspondance entre la forme d'une encoche sur le bord ventral d'une valve droite d'huître plate d'Europe, *Ostrea edulis*, et le profil de la lame de couteau découverte sur le même site (PT 20700).

Néanmoins, nous avons parfois peiné à atteindre le muscle ; la lame aurait mérité entre cinq et dix millimètres supplémentaires en longueur. Les valves gauches mesuraient autour de 70/75 mm de hauteur : pour des exemplaires archéologiques de cette taille, une lame d'une cinquantaine de millimètres nous semble donc davantage adaptée. Ce gabarit est celui des couteaux à garde qui sont les plus largement commercialisés aujourd'hui. Un modèle romain proche du couteau barzanais a été retrouvé à Trèves. Il n'est pas pliant, mais sa lame a la même forme. D'après le cliché et la description que le musée régional rhénan de Trèves

[721] Forest 2003a.
[722] Bardot (inédit e).
[723] Forest 2003a.
[724] P. Lavaud est maître taillandier à Allassac (Corrèze). Nous le remercions vivement de nous avoir accueillie au Manoir des Tours, son atelier, et d'avoir accepté de participer activement à ce projet de restitution.

fig. 185 : proposition de restitution par P. Lavaud à partir de la lame découverte dans le comblement du puits PT 20700 sur le site de Barzan/Le Fâ.

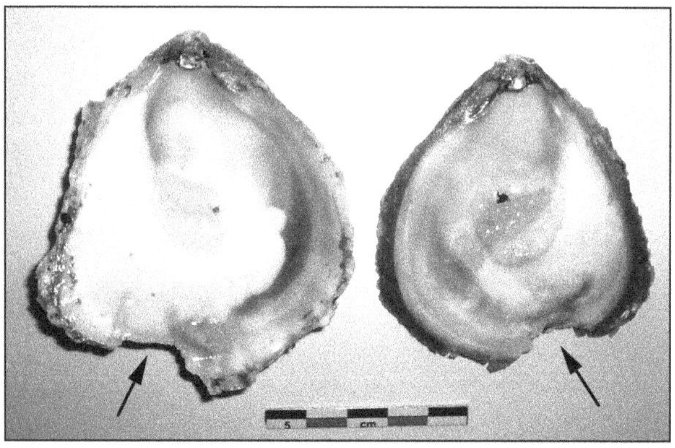

fig. 186 : coquille d'huître plate d'Europe, *Ostrea edulis*, ouverte avec la couteau restitué par P. Lavaud à partir de la lame découverte dans le comblement du puits PT 20700 sur le site de Barzan/Le Fâ. La valve gauche (à gauche) et la valve droite (à droite) montrent des marques similaires à celles observées sur les valves archéologiques.

fig. 187 : couteau découvert à Trèves et interprété comme un couteau à huîtres. Cliché Rheinisches Landesmuseum Trier.

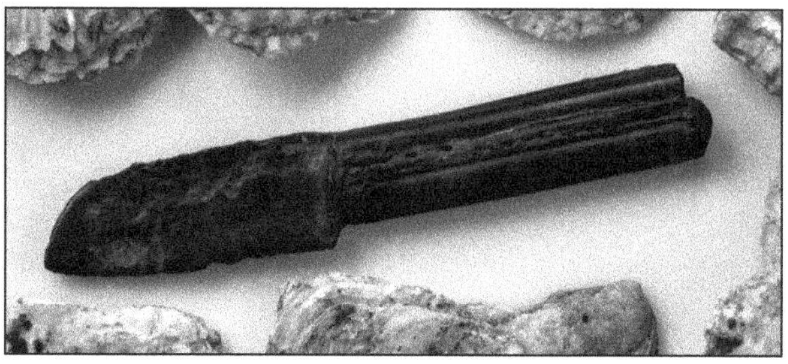

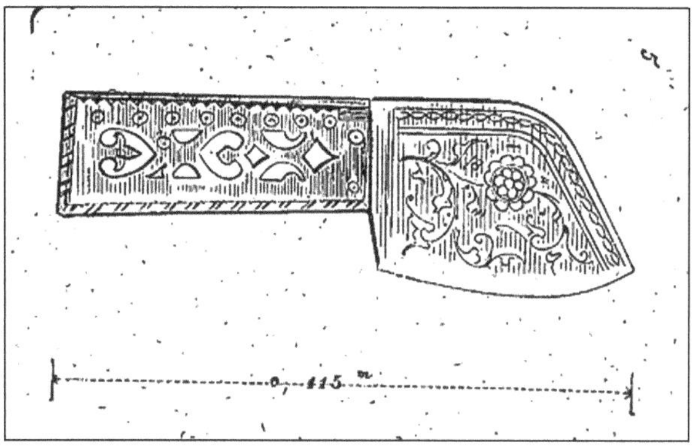

fig. 188 : couteau à huîtres du XVe siècle. Dessin issu de Viollet-le-Duc 1874.

(Rheinisches Landesmuseum Trier)[725] nous a transmis, il est plus grand que celui de Barzan : 180 mm de long, dont une lame longue d'environ 70 mm pour une largeur de 25 mm. (fig. 187) Les archéologues supposent qu'il a servi à ouvrir des huîtres, mais nous ne connaissons pas les arguments qui soutiennent cette hypothèse. Nous avons trouvé plusieurs rappels des couteaux romains de Barzan et de Trèves à des périodes plus récentes. Ainsi, selon E. Viollet-le-Duc, dans son *Dictionnaire raisonné du mobilier français de l'époque carolingienne à la Renaissance*, il se fabriquait au XVe siècle un couteau pliant spécialement conçu pour l'ouverture des huîtres : "Pendant le Moyen Age, on fabriquait des couteaux spéciaux pour ouvrir les huîtres. Voici [fig. 188] un de ces couteaux dont la lame se ferme dans le manche ajouré, en soulevant le ressort posé au dos".[726] La forme de sa lame et sa taille font écho au petit couteau pliant de Barzan/Le Fâ : il mesure en effet 115 mm de long pour une lame d'environ 40 mm de longueur. (fig. 188) À la fin du XIXe siècle, l'auteur anonyme d'un *Manuel de cuisine* recommande, pour ouvrir les huîtres, "de tenir dans sa main droite un couteau à lame courte et ronde".[727] Et dans les mêmes années, G. Belèze insiste : "le procédé le plus simple, malgré tous les instruments qu'on a inventés à cet usage, consiste à se servir d'un petit couteau court et arrondi.[728] De nos jours, le couteau "crapaud" renvoie toujours l'image des formes qui l'ont précédé. (fig. 182)

Les autres coquillages[729]

Fr. Brien-Poitevin suggère que les oreilles manquantes de certains peignes glabres[730] ont été brisées intentionnellement dans l'Antiquité pour accéder à la chair. Un coup brutal porté sur les oreilles permettrait de dégager un espace entre les valves. À cet endroit, un instrument tranchant serait inséré dans la coquille jusqu'au muscle adducteur qui pourrait alors être sectionné.[731] Toutefois, cette technique d'ouverture ne nous convainc pas. En effet, il n'est pas certain qu'elle laisse les autres parties de la coquille intactes et qu'elle crée une faille suffisante pour y faire entrer une lame de couteau par exemple. Comme nous l'avons déjà indiqué, la cassure des oreilles serait plutôt liée à la fragilité de leur attache à la valve qui les ferait rompre sous la pression exercée par la masse sédimentaire au cours de la période d'ensevelissement.[732] En revanche, l'ouverture des coquilles par l'un des bords de la coquille n'est pas exclue pour certains exemplaires : l'encoche qui se trouve ponctuellement sur le pourtour des valves marquerait le passage d'un outil entre elles. Ainsi, pour une valve droite de Puissalicon/Les Jurières-Basses, qui présente une perforation en plus de l'encoche, nous retiendrons l'interprétation de V. Forest : l'outil aurait pénétré plus loin que prévu et percé la valve qui se trouvait probablement en position supérieure.[733] Il s'agit peut-être de la lame d'un couteau, mais les marques observées ne permettent pas d'être plus précis.

Parmi les autres espèces bivalves, seules les moules pourraient parfois porter la trace d'une ouverture mécanique sur leurs valves. Cette observation a été initialement formulée par Fr. Brien-Poitevin sur plusieurs sites méditerranéens.[734] Et nous ne l'excluons pas à Narbonne/Port la Nautique où les coquilles semblent avoir été brisées par un coup franc porté dans leur zone postéro-ventrale.[735] Ce procédé permettait peut-être d'obtenir une cassure nette et donc d'éviter l'éclatement de la matière-coquille, les bris de coquilles, lorsqu'ils se mêlent à la chair, étant peu agréables au moment de la consommation. L'utilisation d'un outil pour ouvrir les coquilles d'autres bivalves comme les palourdes croisées d'Europe, les coques et les peignes variables ne doit pas non plus être écartée. Mais l'examen des restes n'en fournit pas la preuve.

Chez les gastéropodes, les patelles pouvaient être décoquillées sans mal en s'aidant de la pointe d'un couteau. En effet, seule la surface du substrat sur lequel elles sont fixées les isole des dangers extérieurs. Une fois décrochées, elles sont donc vulnérables, leurs parties molles étant exposées sans protection. Pour les autres gastéropodes, en forme d'escargot comme le rocher épineux, il était extrêmement difficile de retirer leur corps de leur vivant sans casser la coquille. En effet, l'animal, qui se sent agressé, se rétracte profondément dans sa coquille en se protégeant derrière son opercule. L'utilisation d'une pique est alors inefficace, nous en avons fait l'expérience : à l'intérieur de la coquille, elle se heurte à l'enroulement de la columelle et si, par chance, on atteint l'opercule, celui-ci est trop dur pour être percé. Il ne faut pas non plus chercher à passer entre le bord de l'opercule et la paroi de la coquille ; l'animal est si fermement contracté qu'il remplit tout le volume sans laisser d'espace libre par lequel insérer même la pointe de la pique. La seule solution pour l'opérateur est alors de briser la coquille pour en retirer la chair. Cependant, l'observation des conchyliorestes n'a pas révélé de cassures qui pourraient correspondre à un geste humain sur des animaux vivants.

[725] Collectif 1983, 219. Merci beaucoup à S. Faust du Rheinisches Landesmuseum Trier pour toutes les informations et clichés qu'elle nous a très aimablement fait parvenir.
[726] Viollet-le-Duc 1874, 80-81.
[727] Anonyme 1881, 302.
[728] Bélèze 1882, 903.
[729] Pour les autres coquillages consommés en Gaule romaine, nous ne pouvons pas, pour l'instant, proposer d'étude aussi précise que pour l'huître plate sur laquelle nous avons le plus longuement travaillé. À défaut d'expérimentation suivie, nous présentons les premiers résultats des observations menées par d'autres chercheurs que nous alimentons de nos propres réflexions.
[730] cf. 2.4.
[731] Brien-Poitevin 1989 ; 1990 ; 1991 ; 1992a ; 1992b.
[732] cf. 3.1.
[733] Forest 2002a.
[734] Voir notamment Brien-Poitevin 1992a ; 1992b ; 1993.
[735] Bardot 2011c.

Le devenir de la chair crue

Le cru … tout simplement

Les marques d'ouverture enregistrées sur les valves archéologiques d'huître plate, de peigne glabre et de moules montrent que les parties molles de ces animaux étaient retirées de leur vivant. Une consommation de la chair crue peut donc être envisagée, au moins pour ces trois bivalves. Nous ne l'écartons pas non plus pour certains gastéropodes. L'examen des coquilles archéologiques n'en fournit pas d'indice. En revanche, Oribase dit des *κολούλια* et des *κορύφια*, que nous classons parmi les gastéropodes à coquille spiralée,[736] que ce sont "de tous les animaux de leur genre, c'est-à-dire des *στρομβοειδῆ*, ceux dont l'usage alimentaire est le plus convenable, qu'elles soient crues (*ὠμός*) ou préparées (*σκευαστός*)".[737]

Nous avons distingué deux types de composition pour les assemblages d'huître plate. Dans certains lots, les valves gauches et les valves droites sont en quantités proches. Leurs dimensions et leurs formes respectives indiquent qu'elles peuvent s'apparier. Simultanément, des coquilles sont exhumées entières, c'est-à-dire avec leurs deux valves jointes.[738] Celles-ci présentent régulièrement des marques laissées par le passage d'une lame de couteau indiquant que la chair a bien été récupérée. Cet aspect a rarement été consigné par les observateurs du XIXe siècle qui se sont arrêtés à la description de coquilles entières et fermées, par exemple à Autun/La Forge.[739] La plupart en ont déduit que les huîtres n'avaient pas été ouvertes et, donc, qu'elles n'avaient pas été consommées. Les données conchyliologiques donnent désormais un éclairage nouveau à ces découvertes anciennes. Selon l'hypothèse développée par V. Forest pour le site de Barzan/Le Fâ, ces huîtres, retrouvées entières et valves jointes dans les fouilles, ont été simplement entrouvertes par les opérateurs romains. L'espace libéré entre les valves permettait de gober la chair sans que les valves ne soient désolidarisées. Les coquilles étaient ensuite jetées telles quelles.[740] En 1828, A. Martin rappelle "qu'à Bruxelles, à Anvers, à Gand, à Bruges et à Lilles, on mange l'huître plate d'Ostende avec des tartines de pain de ménage beurées ; on la sert dans ses deux écailles, ouverte et non détachée".[741] Récemment, nous nous sommes vu servir des huîtres creuses de cette façon : les coquilles, disposées sur un plateau, étaient ouvertes, mais les deux valves reposaient toujours l'une sur l'autre : le ligament articulaire, qui n'était pas rompu, maintenait les valves liées. Il nous a suffi d'écarter un peu les valves, sans les séparer, pour extraire la chair à l'aide d'une petite fourchette à trois dents ou de la pointe d'un couteau.

Dans d'autres lots, la représentation largement majoritaire d'une seule valve[742] implique que la valve gauche et la valve droite ont été dissociées : l'une devait servir de présentoir à la chair tandis que l'autre était rejetée. En se référant à l'usage actuel, nous serions tentée d'attribuer ce rôle à la valve gauche. Mais si cette pratique est parfaitement justifiée pour l'huître creuse, *Crassostrea gigas*, qui est la plus souvent au menu actuellement, elle l'est moins pour l'huître plate qui, rappelons-le, est la seule espèce d'huître consommée à l'époque romaine. En effet, les huîtres creuses ont une valve gauche très concave : en y laissant la chair, qui est très aqueuse, elle peut presque être bue. Au contraire, la valve gauche des huîtres plates est faiblement déprimée. La valve droite peut donc tout aussi bien accueillir la chair. C'est d'ailleurs ce que nous avons pu constater chez les restaurateurs istriens du canal de Leme qui proposent des huîtres servies sur leur valve droite. (fig. 180) Ce procédé permet par ailleurs d'évacuer le surplus d'eau et de préserver ainsi la consistance beaucoup plus charnue des tissus de l'huître plate. Nous supposons finalement que certains assemblages, en majorité de valves gauches ou de valves droites, ont été produits soit par l'opérateur en charge de l'ouverture soit par le/les consommateurs. Cependant, notre méconnaissance des habitudes romaines de présentation de la chair ne permet pas d'associer un type de dépôt à une activité. Sur le site de Narbonne/Port la Nautique, nous pouvons toutefois avancer une hypothèse pour un lot (ensemble A). Celui-ci était composé presque uniquement de valves gauches fixées les unes aux autres par leur talon. Or cet agencement "dos à dos" des coquilles rendait impossible le maintien de la chair dans ces valves. Le lot pourrait donc correspondre à la poubelle d'un écailler, qui aurait eu pour seule solution d'utiliser les valves droites en présentoir.[743]

Les auteurs anciens que nous avons consultés sont peu loquaces sur la consommation de la chair crue des coquillages. Oribase évoque uniquement celle des *κολούλια* et des *κορύφια*[744]. Pline l'Ancien[745] et Macrobe[746] sont les seuls à parler d'*ostreae* crues (*crudae*).[747] Quant aux recettes rassemblées au IVe siècle p.C. et attribuées au Moyen Age à Apicius, elles ne livrent aucune mention claire.[748] Certaines préparations - des sauces selon les traducteurs - semblent s'apparenter à des assaisonnements de la chair crue, comme de nos jours le jus de citron ou le vinaigre de vin rouge mêlé d'échalotes émincées qui sont proposés avec les

736 Bardot 2010.
737 Oribase, *Des aliments*, 2.58.79.
738 cf. 2.4.
739 Vuillemot 1966 ; Rebourg 1987.
740 Forest 2003a.
741 Martin 1828, 25.

742 cf. 2.4.
743 Bardot 2011c.
744 Oribase, *Des aliments*, 2.58.79.
745 Pline l'Ancien, *Histoire naturelle*, 32.65.
746 Macrobe, *Saturnales*, 3.9.10.
747 cf. Bardot 2010 pour notre analyse du nom *ostrea*.
748 Il faut séparer le personnage, Marcus Gavius Apicius, qui vivait à l'époque de Tibère, et le traité de cuisine qui lui a été postérieurement attribué : *De re coquinaria* (*L'art culinaire*). Selon B. Laurioux, il n'y a pas lieu de supposer que ce recueil de la fin du IVe siècle ait quelque chose à voir avec un hypothétique livre composé par Apicius. Il comprend certainement des recettes d'âges différents. Si certaines rappellent le souvenir du gastronome, il n'est probablement pas l'auteur de toutes (Laurioux 1994).

huîtres.[749] Mais dans les énoncés, aucun terme, à l'image du mot *crudus* relevé précédemment, ne garantit cette interprétation :

Cuminatum in ostrea et concilia : Piper, ligusticum, petroselinum, mentam siccam, folium, malabatrum, cuminum plusculum, mel, acetum et liquamen.

"Sauce au cumin pour les *ostreae* et les *concilia* : Poivre, livèche, persil, menthe sèche, feuille de nard, malobathre, un peu plus de cumin, miel, vinaigre et *garum*".[750]

In ostreis : Piper, ligusticum, oui uitellum, acetum, liquamen, oleum et uinum. Si uolueris, et mel addes.

"Pour les *ostreae* : poivre, livèche, jaune d'oeuf, vinaigre, *garum*, huile et vin. Si vous le désirez, ajoutez aussi du miel".[751]

In omne genus conciliorum : Piper, ligusticum, petroselinum, mentam siccam, cuminum plusculum, mel, liquamen. Si uoles, folium et malabatrum addes.

"Pour tous les genres de *concilia* : poivre, livèche, persil, menthe sèche, un peu plus de cumin, miel et *garum*. Si vous le désirez, ajoutez de la feuille de nard et du malobathre".[752]

Le peu de place accordé à la consommation de la chair crue dans les textes antiques nous surprend aujourd'hui. En France en effet, de nombreux coquillages sont mangés crus, par exemple les moules, les coques, les amandes de mer et surtout les huîtres qui, contrairement aux espèces précédentes, ne font guère l'objet d'autres traitements. Le "triomphe de l'huître crue", pour reprendre les mots de P. Rambourg, est en réalité assez récent, du début du XIXe siècle.[753] Dans les réceptaires[754] du XIVe et du XVe siècles - le *Ménagier de Paris* (1393),[755] le *Viandier de Guillaume de Tirel dit Taillevent*[756] et le *Recueil de Riom* (1466)[757] pour les plus connus - les huîtres apparaissent toujours cuites. Cette tendance se poursuit à la Renaissance. En 1542, le *Livre fort excellent de cuysine* propose un choix de quatre recettes pour les huîtres.[758] Or toutes font intervenir une cuisson. À cette époque, les huîtres crues sont perçues comme une "viande" qui se digère mal. Dans son ouvrage consacré à *La Nature & diversité des poissons*, P. Belon du Mans remarque ainsi que "La louenge des Oestres en médecine n'est pas de mesmes es cuictes comme es crues : car mangees crues, elles ont la chaire glutineuse & molle, laquelle (come dit Galien) engendre humeurs salées, moins nourrissante, & laschant plus le ventre, & par ce, moins utile a l'estomach".[759] Au début du XVIIe siècle dans *Le Thresor de santé, ou mesnage de la vie humaine*, elles sont toujours considérées comme "difficiles à digérer [...] si on les avale crues avec leur eau".[760] Il faut attendre la fin du XVIIe siècle et surtout le XVIIIe siècle, pour que le discours négatif qui entoure la consommation des huîtres crues évolue finalement en leur faveur. Désormais, "les cuites sont plus difficiles à digérer que les crues ; parce que la coction les durcit, & les prive d'un suc salé qu'elles contiennent naturellement, & qui ne contribue pas peu à leur digestion dans l'estomac".[761] Les huîtres crues s'affichent alors plus nettement dans les habitudes alimentaires, par exemple au cours des grands déjeuners d'huîtres décrits dans l'Encyclopédie de Diderot et d'Alembert[762] et représentés en 1735 sur un tableau de J.-F. de Troy : des hommes mangent des huîtres crues qu'un opérateur ouvre à la table. Les huîtres cuisinées continuent toutefois d'être très appréciées, selon des recettes extrêmement variées. V. La Chapelle présente ainsi près de 50 recettes dans son *Cuisinier Moderne*[763] et F. Marin en expose 21 dans *La Suite des Dons de Comus*.[764] Avec le XIXe siècle, les ouvrages culinaires mettent en avant l'huître crue. Cependant, toutes les tailles ne sont pas bonnes à manger : les grosses huîtres sont peu appréciées. Elles ont en effet "une saveur très forte" comme le regrette l'auteur anonyme du *Manuel de cuisine* paru en 1881.[765] Au même moment, dans son livre intitulé *La bonne cuisine française*, E. Dumont remarque que "la très grosse ou pied-de-cheval est surtout employée pour cuire ou mariner"[766] tandis que "les huîtres les plus estimées [crues] sont la ronde, la parisienne, l'ostende, etc."[767] Pour celles-ci, un membre de l'Académie royale de médecine fulmine : "Anathème, cent fois anathème aux barbares qui les font cuire, fussent-ils d'ailleurs les plus renommés entre les gastronomes".[768] Et à J. Favre de confirmer en 1905 dans son *Dictionnaire universel de la cuisine* : "Ce serait un attentat contre le bon goût que de vouloir la manger cuite, ce qui est du domaine de la cuisine barbare".[769] Cette spécifié française est perçue comme telle par les étrangers. Elle amuse ainsi M. F. K. Fisher, l'auteur américain de la *Biographie sentimentale de l'huître* en 1941 : "Au fond de tous les cœurs gaulois, ou presque, est tapie la conviction inébranlable qu'une huître chauffée devient infâme [...]. Il n'y a qu'une façon, et une seulement, de déguster la portugaise et l'huître européenne plus rare (Ostrea edulis), pense un Français ... [...] Il faut l'avaler d'un coup, mais pas trop vite, puis il faut aspirer à même la coquille sa bonne eau salée qui rappelle, plus que n'importe quel autre aliment du monde, l'odeur des flaques au creux des rochers à marée basse".[770]

[749] L'une de ces préparations a été reprise et testée par N. Blanc et A. Nercessian (Blanc & Nercessian 1994).
[750] Apicius, *L'art culinaire*, 1.15.1.
[751] Apicius, *L'art culinaire*, 9.6.
[752] Apicius, *L'art culinaire*, 9.7.
[753] P. Rambourg est l'auteur d'un article intitulé *Entre le cuit et le cru : la cuisine de l'huître, en France, de la fin du Moyen Age au XXe siècle* (Rambourg 2007). Dans cet aperçu historique de la cuisine de l'huître, l'auteur arguemente à partir d'un corpus de plusieurs ouvrages que nous avons repris et complété pour établir notre base documentaire.
[754] Un réceptaire est un recueil de recettes de cuisine.
[755] Anonyme 1393.
[756] Tirel (s.d.).
[757] Anonyme 1466.
[758] Anonyme 1542 cité dans Rambourg 2007, 212.
[759] Belon du Mans 1555, 417-418.
[760] Anonyme 1607, 184 cité dans Rambourg 2007, 218.
[761] Lémery 1705, 440-441 cité dans Rambourg 2007, 217-218. Voir aussi De Courchamps 1853.
[762] Diderot & d'Alembert 1765, vol. 8, 343.
[763] La Chapelle 1742.
[764] Marin 1742.
[765] Anonyme 1881, 302
[766] La même précison se trouve dans Francoeur 1833, 60.
[767] Dumont 1877, 398.
[768] Aulagnier 1839, 35.
[769] Favre 1905, 1151.
[770] Fisher 1995, 106-107 (éd. originale : 1941) cité dans Collectif 1997, 53 et Rambourg 2007, 211.

Cette brève histoire de l'huître crue nous incite finalement à réinterroger les coquilles marines retrouvées sur les sites archéologiques d'époque romaine. "L'huître consommée crue ": "c'était la mode des Anciens, c'est-à-dire des Romains".[771] Voici une affirmation qu'il faut probablement nuancer, au vu des craintes inspirées par le "cru" jusqu'au début du XVIIIe siècle. Du reste, la consommation de la chair crue était peut-être déterminée par la taille des coquillages : si comme au XIXe siècle, les grosses huîtres n'étaient pas appréciées crues à l'époque romaine, il faut envisager pour elles un autre mode de préparation.

Les préparations "hors coquille"

Une alternative à la consommation de la chair crue consiste en son utilisation hors de la coquille : dans un plat cuit ou préparée en saumure ou comme ingrédient dans une sauce. Chez les bivalves, la chair pouvait être extraite en entrouvrant simplement les valves, comme nous l'avons décrit pour des coquilles d'huître plate retrouvées entières avec leurs deux valves jointes.

- Le cuit

Deux recettes de l'*Art culinaire* d'Apicius semblent décrire une utilisation de la chair dans un plat cuit : la *Patinam ex lacte* et la *Patina de piscibus*.

Patinam ex lacte : Nucleos infundes et sicca eos - echinos recentes impraeparatos habebis - accipies patinam, et in eam compones singula infra scripta : mediana maluarum et betarum et porros maturos, apios, holus molle, haec uiridia elixa, pullum carptum ex iure coctum, cerebella elixa, lucanicas, oua dura per medium incisa. Mittes longaones porcinos ex iure Terentino farsos, coctos, concisos, iecinera pullorum, pulpas piscis aselli fricti, urticas marinas, pulpas ostreorum, caseos recentes. Alternis compones, nucleos et piper integrum asparges. Ius tale perfundes: piper, ligusticum, apii semen, silfi. Coques. At ubi cocta fuerit, lactem colas, cui cruda oua commisces, ut unum corpus fiat, et super illa omnia perfundes. Cum cocta fuerit, ‹addes› echinos recentiores, piper asparges et inferes.

"*Patina* au lait : faites tremper des pignons de pin et séchez les - ayez des oursins frais non préparés - ; prenez un plat où vous disposerez les ingrédients suivants : des côtes de mauves et de bettes, des poireaux de grosse taille, des céleris, du chou tendre, le tout vert et cuit à l'eau, un poulet découpé et cuit dans son jus, des cervelles bouillies, des saucisses de Lucanie et des œufs durs coupés par le milieu. Mettez des cervelas de porc farcis à la sauce de Térentius, cuits et coupés en tranches, des foies de poulets, de la chair de merlus frits, des orties de mer, la chair d'*ostreae* ["des huîtres ébarbées" dans la traduction de J. André (1974)] et des fromages frais. Disposez en couches que vous parsèmerez de pignons et de poivre en grains. Arrosez d'une sauce préparée avec du poivre, de la livèche, de la graine de céleri et du *silphium*. Faites cuire ; après cuisson, filtrez du lait auquel vous aurez mêlé des œufs crus de façon à faire un ensemble homogène que vous verserez sur le tout. Quand le mets aura cuit, garnissez-le d'oursins frais, poivrez et servez".[772]

Patina de piscibus : denticem, auratam et mugilem : Accipies pisces, curatos subassabis, postea eos in pulpas carpes, deinde ostrea curabis. Adicies in mortarium piperis scripulos VI, suffundes liquamen, fricabis. Postea adicies liquaminis ciatum unum, uini ciatum unum, mittes in caccabum et olei unc III et ostrea. Oenogarum facies feruere. Cum ferbuerit, patinam perungis et in ‹eams› pulpam supra scriptam mittes et [in] condituram de ostreis. Facies ut fereat. Cum ferbuerit, franges oua XI, infundes super ostrea. Cum strinxerint, piper asparges et inferes.

"*Patina* de denté, de daurade et de mulet : prenez les poissons, nettoyez-les et grillez les légèrement, puis détachez les chairs en morceaux. Apprêtez ensuite des *ostreae*. Mettez dans un mortier six scrupules de poivre, mouillez de *garum* et triturez. Ajoutez alors un cyathe de *garum* et un de vin, mettez dans une casserole avec trois onces d'huile et les huîtres. Portez ce *garum* au vin à ébullition. Quand il aura bouilli, graissez un plat et versez-y la chair des poissons susdite et la sauce des huîtres. Faites bouillir. Après ébullition, cassez onze œufs sur les huîtres. Quand ils seront pris, saupoudrez de poivre et servez".[773]

Le vocabulaire utilisé décrit clairement des plats cuits. Le verbe *coquere*, qui signifie "cuire ou faire cuire",[774] apparaît dans la première recette. Et le verbe *fervere*, qui se définit par "être bouillonnant ou bouillir",[775] est répété plusieurs fois dans la seconde. Il se rapproche ainsi du verbe *ἕψω*, traduit par "faire cuire, faire bouillir",[776] employé par Oribase pour parler de la cuisson de plusieurs coquillages[777] : des bivalves, comme les *γλυκυμαρίδες*,[778] les *μύακες*,[779] les *τελλίναι*,[780] les *κτένες*,[781] et les *πίνναι*,[782] et des gastéropodes, comme les *κήρυκες*[783] et les *λεπάδες*.[784]

La *Patinam ex lacte*[785] se fait avec la chair d'*ostreae*, la *pulpa*.[786] Nous le supposons également pour la *Patina de piscibus*, car une étape de la préparation consiste à "s'occuper" des *ostreae*,[787] d'après l'emploi du verbe *curare*[788] ; il s'agit peut-être d'ouvrir les coquilles et d'en extraire la chair crue. Ce moment est décrit par Oribase à

[771] Collectif 1997, 50.

[772] Apicius, *L'art culinaire*, 4.2.13.
[773] Apicius, *L'art culinaire*, 4.2.31.
[774] Gaffiot 1934 ; Glare 1996.
[775] Gaffiot 1934 ; Glare 1996.
[776] Bailly 2000.
[777] cf. Bardot 2010 pour notre analyse des noms cités ci-après.
[778] Oribase, *Des aliments*, 2.58.53.
[779] Oribase, *Des aliments*, 2.58.91.
[780] Oribase, *Des aliments*, 2.58.118.
[781] Oribase, *Des aliments*, 2.58.64.
[782] Oribase, *Des aliments*, 2.58.103.
[783] Oribase, *Des aliments*, 2.58.72.
[784] Oribase, *Des aliments*, 2.58.89.
[785] Apicius, *L'art culinaire*, 4.2.13.
[786] Gaffiot 1934 ; Glare 1996.
[787] Apicius, *L'art culinaire*, 4.2.31.
[788] Gaffiot 1934 ; Glare 1996.

propos des πίνναι qui sont sorties de leur coquille puis cuits dans de l'eau avec de la moutarde (*καὶ τῶν ἐξ ὕδατος ἀνεζεσμένων μετὰ νάπυος ἔξω τῶν κογχυλιωδῶν φύσεως ἡ χρῆσις*).[789] De même, les σωλῆνες sont préparés après les avoir ouverts (*σκευάζονται δ' ἀνοιγόμεναι*).[790]

Il ne faut certainement pas négliger cette préparation de la chair crue dans notre recherche des pratiques culinaires antiques car, si elle nous est peu familière aujourd'hui, elle a figuré pendant longtemps dans les livres de cuisine. Plusieurs recettes rappellent celles d'Apicius. Au XIVe siècle, dans le *Ménagier de Paris*[791] et le *Viandier de Guillaume de Tirel dit Taillevent*,[792] les huîtres sont cuisinées en civet. Comme le résume P. Rambourg, la chair des huîtres est d'abord échaudée, passée dans un bouillon, puis revenue dans de l'huile avec des oignons avant d'être servie dans une sauce épicée et acide liée au pain.[793] La même préparation se fait pour les moules et les "hannons (ou hanons)",[794] qui "suivant Belon, est le nom rouennais du coquillage dit *pétoncle*".[795] Au milieu du XVIe siècle, les huîtres en civet sont toujours référencées dans le *Livre fort excellent de cuysine*,[796] et un siècle plus tard, elles sont en "ragoust" dans *Le cuisinier françois* de La Varenne : "Prenez les bien fraisches, faites les ouvrir. [...] Estan tirées hors de l'escaille, ostez en bien le gravier, & les mettez dans un plat avec leur eau, & les fricassez avec beurre frais, oygnon, persil bien aché, capres, & peu de chapelure de pain ; estant bien cuites, servez".[797] En 1705, les moules sont aussi en "Ragoût à la sauce blanche" dans *Le cuisinier roïal et bourgeois* de Fr. Massialot : "Tirez les Moules de leurs coquilles, & les passez à la poële avec beurre blanc, thim, & autres fines herbes hachées bien menu : assaisonnez de sel, poivre & muscade ; & l'eau des Moules étant consommée, mettez-y des jaunes d'œufs avec du versjus, ou jus de citron ; & garnissez des coquilles, & de pain frit".[798] Des recettes très proches se trouvent jusqu'au début du XXe siècle.[799]

Aux "civés" et "ragouts" s'ajoutent en outre des huîtres frites, parfois dans une pâte en "baignets", comme dans *Le cuisinier françois* de La Varenne en 1651,[800] ou sans préparation particulière, comme dans *La bonne cuisine française* d'E. Dumont en 1877.[801] Les grosses huîtres, qui ne sont pas aimées crues,[802] sont spécialement concernées par ces recettes : "Prenez de préférence de grosses huîtres ; ouvrez et détachez avec soin ; laissez égoutter sur un torchon ; farinez et faites bien rissoler des deux côtés dans du beurre, de l'huile ou de la graisse bien chaude".[803] Elles sont également recherchées pour servir de "garniture" : "Prenez des huîtres dites pieds-de-cheval ou, à leur défaut, les plus grosses que vous pourrez trouver. Détachez-les avec soin, et mettez-les dans leur eau sur feu doux ; quand elles commencent à se raffermir, retirez du feu".[804] Ces préparations sont donc autant de "pistes culinaires" à suivre pour l'époque romaine, surtout lorsque les assemblages archéologiques livrent des valves de grandes tailles.

- Saumure et sauce

La taille des coquilles est une donnée conchyliologique qui nous a fait envisager un autre traitement de la chair crue : la mise en saumure. Il nous a été initialement suggéré par un lot de grandes coquilles découvert sur le site de Narbonne/Port la Nautique (ensemble B).[805] Isolé, l'argument de la taille n'est pas très évocateur. Mais associé à une pratique très en vogue au XVIIIe siècle, il autorise cette hypothèse. Ainsi, en Normandie, "près de la moitié de la pêche de Granville, réalisée sur les bancs situés au nord de la ville, était constituée de grosses huîtres que l'on décoquillait" et dont la chair étaient ensuite saumurée.[806] Un mémoire anonyme daté de 1795 sur la pêche à Granville donne la recette de cette préparation : "[...] au moyen d'une bonne saumure faite d'un pot de sel par millier, des oignons, écorce de citron, poivre mignonnette et quelques feuilles de lauriers. On doit préparer une espèce de bonne eau ou court bouillon dans lequel il ne doit entrer que ce qu'il faut d'eau pour fondre le sel et cuire tous ces ingrédients avant que [les huîtres] sentent la chaleur. Cela se reconnaît à la blancheur qu'elles contractent. Il ne faut pas négliger de les mouvoir pour faire passer celles du dessus au fond où la chaleur est plus forte, sans quoi elles ne seraient pas assez cuites et les autres les seraient trop et seraient dures". Les huîtres sont laissées à refroidir dans le mélange puis elles sont mises dans "de petits barils dans lesquels on introduit un peu de saumure et de vinaigre blanc".[807] Un demi-siècle plus tard, cette recette figure encore dans *La bonne cuisine française* d'E. Dumont, sous le nom "d'Huîtres marinées" : "Choisir de préférence de grosses huîtres dites pieds-de-cheval ; les ouvrir et les détacher avec soin ; les mettre avec leur jus sur feu doux ; prendre garde qu'elles ne bouillent pas. Lorsqu'elles sont bien raffermies et cuites, les ôter de la cuisson ; les mettre dans un petit baril ou un vase pouvant fermer hermétiquement ; ajouter à la cuisson une assez grande quantité de saumure pour que les huîtres baignent complètement ; faites jeter un ou deux bouillons et versez

[789] Oribase, *Des aliments*, 2.58.103. cf. Bardot 2010 pour notre analyse du nom πίνναι.
[790] Oribase, *Des aliments*, 2.58.106. cf. Bardot 2010 pour notre analyse du nom σωλῆνες.
[791] Anonyme 1393, 174.
[792] Tirel (s.d.), 248.
[793] Rambourg 1997, 212.
[794] Anonyme 1393, 204 ; Tirel (s.d.), 32.
[795] Anonyme 1393, 204, note 4. cf. Belon du Mans 1555, 413-414.
[796] Anonyme 1542 cité dans Rambourg 2007, 212.
[797] La Varenne 1651, 184. Pour une recette proche, voir De Bonnefons 1655.
[798] Massialot 1705, 305.
[799] cf. La Chapelle 1742 ; Marin 1742 ; De Courchamps 1853 ; Mozard 1867 ; Bélèze 1882 ; De Bonnechère 1900 ; Richardin 1906.
[800] La Varenne 1651, 184-185. Voir aussi De Bonnefons 1655 et plus tard Bélèze 1882.
[801] Dumont 1877. Egalement dans De Courchamps 1853 et plus tard dans Collectif 1927.
[802] cf. *supra*.
[803] Dumont 1877, 399.
[804] Dumont 1877, 398. Voir aussi Gouffé 1867 et Collectif 1927.
[805] Bardot 2011c.
[806] Collectif 1997, 17.
[807] Cité dans De la Morandière 1958b, 36 et repris dans Rambourg 2007, 214.

sur les huîtres. Laisser refroidir … Clore le baril ou le vase hermétiquement".[808] Le même traitement de la chair crue est rappelé par M. de Courchamps, qui publie en 1853 le *Dictionnaire général de la cuisine française* : "les faire macérer dans une saumure composée d'acide et de sel. Cet assaisonnement, qui les conserve bien, les durcit moins que la cuisson".[809]

Ces recettes pourraient avoir une origine plus ancienne, pour les huîtres et aussi pour des pectinidés, dont le peigne glabre est le représentant le plus abondamment consommé en Gaule à l'époque romaine. Oribase oppose en effet les *κτένες* frais (*νηροί*) aux *κτένες* vieux (*παλαιοὶ*),[810] ce qui pourrait désigner une préparation conservatrice de la chair. Un autre passage va dans le sens d'une saumure : "Salés, ils ne relâchent pas le ventre et conservent leur goût sucré naturel, malgré leur séjour dans l'eau salée, mais ils poussent aux urines (*Καὶ οἱ ταριχευόμενοι δὲ κοιλίαν οὐ ταράσσουσι, τηροῦσι δὲ τὴν φυσικὴν γλυκύτητα ἐν ἅλμῃ μένοντες· οὐρητικοὶ δ' εἰσίν*)".[811] Ce type de préparation est peut-être aussi évoqué par Pétrone lorsqu'il raconte la dispute de deux esclaves : "Trimalcion voulant trancher leur différend, ni l'un ni l'autre n'accepta l'arrêt de leur juge, mais chacun frappa de son bâton la cruche de son adversaire. Stupéfaits de l'insolence de ces ivrognes, nous jetâmes les yeux sur le spectacle qu'offrait leur bataille, et nous vîmes s'échapper de la panse des amphores des *ostreae* et des *pectines*, qu'un esclave recueillit sur un plat et nous servit à la ronde. (*Cum ergo Trimalchio ius inter litigantes diceret, neuter sententiam tulit decernentis, sed alterius amphoram fuste percussit. Consternati nos insolentia ebriorum intentauimus oculos in proeliantes, notauimusque ostrea pectinesque e gastris labentia, quae collecta puer lance circumtulit*)".[812] Pétrone semble décrire un récipient, dans lequel on aurait apporté des *ostreae*, peut-être des huîtres, et d'autres coquillages, probablement des pectinidés. Rien n'indique qu'il s'agit de chair décoquillée macérée dans une préparation. Néanmoins, le terme même d'*amphora* suggère la présence d'un liquide ; le traducteur l'a d'ailleurs bien retranscrit en utilisant le mot "cruche".[813] En outre, si le verbe *labor* (*labi, lapsus sum*) est ici traduit par "s'échapper", il prend parfois le sens de "couler" ou de "s'écouler"[814] ; Lucrèce et Virgile l'emploient par exemple au sujet des fleuves.[815] Il donnerait ainsi l'image d'un liquide - une saumure ? - qui, avec la chair marinée des coquillages, se répandrait hors de la panse cassée des amphores. La même manière d'apprêter la chair crue pourrait concerner les *σωλῆνες (ταριχηροὶ)*,[816] et les *χημαὶ* (*Αὗται ταριχευθεῖσαι*).[817] Mais nous ne sommes pas certaine qu'il s'agisse ici d'une saumure, car, contrairement aux *κτένες*, Oribase ne fait pas clairement mention d'eau additionnée de sel. Du sel sec pouvait être aussi utilisé, comme il se faisait au milieu du XVIIe siècle pour les huîtres. N. de Bonnefons indique que "[les huîtres] que l'on confit pour garder, au sortir de leur écaille, seront mises par lits dans un pot de terre ou baril, & par dessus chaque lit on les poudrera de sel & d'un peu de poivre, quelques fueïlles de laurier, de la canelle en baston, & du fenouil vert en graine".[818] Cette recette rappelle les conseils d'Apicius pour faire durer les *ostreae* pendant longtemps : *Ostrea ut diu durent*. Le vinaigre remplace le sel : "lavez-les au vinaigre ou bien lavez au vinaigre un vase poissé où vous les placerez (*Lauas ab aceto, aut ex aceto uasculum pictum laua, et ostrea compone*)".[819] L'état des coquillages ainsi conservés n'est pas précisé, cependant il s'agit probablement de chair décoquillée, sinon on comprendrait mal l'utilisation du vinaigre auquel le calcaire des coquilles ne résisterait pas.
Enfin, nous n'excluons pas un dernier usage de la chair crue dans des sauces de poissons (*garum*). En effet, à en croire Pline l'Ancien, il se faisait de l'*allec* avec des *ostreae* (*Sic allex peruenit ad ostreas, echinos, urticas maris, mullorum iocinera*).[820] Cette pratique a peu de chance d'être prouvée par l'archéoconchyliologie, car, contrairement à la chair des poissons, dont les arêtes sont parfois conservées dans les contenants destinés au transport des sauces, celle des coquillages ne laisse aucune trace. Il faut toutefois envisager la possibilité de très petits éclats de coquille qui se seraient mêlés à la chair mal écalée, ce qu'un tamisage très fin serait le seul à pouvoir révéler.

Les préparations "en coquille"

Aujourd'hui, une recette contente souvent les consommateurs qui ne sont pas amateurs de chair crue. Les huîtres creuses, qui sont les principales concernées, sont ouvertes en laissant la chair dans la valve creuse (gauche) ; la valve plate (droite) n'est pas conservée. Elles sont ensuite assaisonnées et rapidement passées au four. Pour l'époque romaine, cette pratique se manifeste peut-être par l'exclusivité de l'une des deux valves dans certains assemblages d'huître plate. Néanmoins, l'utilisation d'une seule valve pour la cuisson de la chair semble assez récente. Nous n'en avons pas trouvé de témoignage avant 1905, dans le *Dictionnaire universel de la cuisine* de J. Favre : "Détachez l'huître de sa coquille en la laissant dans la plus grande moitié, l'ébarber, mettre un jus de citron, des fines herbes, un peu de beurre dessus et mettre cinq minutes dans un four très chaud".[821] Auparavant, les coquilles était gardées entières, comme le sont de nombreux exemplaires découverts sur les sites

[808] Dumont 1877, 399-400.
[809] De Courchamps 1853, 281.
[810] Oribase, *Des aliments*, 2.58.62. cf. Bardot 2010 pour notre analyse du nom *κτένες*.
[811] Oribase, *Des aliments*, 2.58.67.
[812] Pétrone, *Satyricon*, 70.
[813] Traduction d'A. Ernout 1999.
[814] Glare 1996.
[815] Lucrèce, *De la nature*, 2.360. ; Virgile, *Géorgiques*, 4.360.
[816] Oribase, *Des aliments*, 2.58.109. cf. Bardot 2010 pour notre analyse du nom *σωλῆνες*.
[817] Oribase, *Des aliments*, 2.58.125. cf. Bardot 2010 pour notre analyse du nom *χημαὶ*.
[818] De Bonnefons 1655, 367-368. Une recette similaire se trouve dans La Varenne 1651.
[819] Apicius, *L'art culinaire*, 1.9.2.
[820] Pline l'Ancien, *Histoire Naturelle*, 31.93.
[821] Favre 1905, 1152.

antiques. Au milieu du XVIIe siècle, N. de Bonnefons, alors valet de chambre de Louis XIV, écrit : "On les fait cuire aussi dans leur coquille après les en avoir détachées & retournées : pour ce faire, on les mettra sur le gril, avec bien peu de feu par dessous, crainte que l'écaille ne pette, & dans chaque coquille, un petit morceau de beurre & un peu de poivre. [...] elles seront meilleures dans le four que sur les charbons, à cause qu'elles prennent une couleur rissolées par-dessus".[822] N. Delamare fait mention de la même recette en 1719[823] et Menon en donne une version proche dans *La cuisine bourgeoise* en 1746 : "Vous les ouvrez et mettez dans du beurre fondu, un peu de poivre, de la chapelure de pain, faites les cuires sur le gril et la pelle rouge par-dessus".[824]

Cuire la chair en coquille fermée

La cuisson des coquillages dans leur coquille, sans ouverture mécanique préalable, est une pratique mentionnée par Pline l'Ancien. Il signale en effet que "Cuites dans leurs écailles, toutes fermées comme on les a trouvées, [les *ostreae*] sont merveilleusement bonnes pour les catarrhes (*Cocta in conchis suis, uti clusa invenerint, mire destillationibus prosunt*)".[825] Deux types de cuisson sont susceptibles d'avoir été utilisés. Le premier consistait à déposer les coquillages dans un récipient chauffé. Le second les mettait au contact direct d'une source de chaleur.

*À la manière de l'***embractum** *de* **Baiae**

Oribase mentionne des *χῆμαι* cuites dans un plat (*καὶ λοπάδι*), sans toutefois préciser la manière de les cuisiner.[826] Deux recettes d'Apicius nous en donne peut-être une idée :

Embractum Baianum : ostreas minutas, spondylos, urticas in caccabum mittes, nucleos tostos concisos, rutam, apium, piper, coriandum, cuminum, passum, liquamen, careotam, oleum.

"*Embractum* de Baïes : Mettez dans une cocotte de petites *ostreae*, des spondyles, des orties de mer, des pignons grillés et hachés, de la rue, du céleri, du poivre, de la coriandre, du cumin, du vin paillé, du *garum*, des dattes caryotes et de l'huile".[827]

In metulis : Liquamen, porrum concisum, cuminum, passum, satureiam, uinum. Mixtum facies auqtius et ibi mitulos coques.

"Pour les *metuli* : *garum*, poireau émincé, cumin, vin paillé, sarriette et vin. On étend d'eau le mélange et on y fait cuire les *mituli*".[828]

Ces deux préparations sont assurément cuites. La première mobilise un *caccabus*,[829] que les céramologues rapprochent d'un récipient de cuisson, une marmite.[830] Et le verbe *coquere*, cuire, figure dans le texte de la seconde. Mais contrairement aux *patinae*,[831] aucune précision dans le déroulement de la recette ne suggère que la chair doit être décoquillée. Il pourrait donc s'agir de coquillages cuits dans leur coquille. La recette des *metuli* rappelle d'ailleurs une observation d'Ausone sur les *musculi* : "Elle est enfermée dans les cavités d'une double écaille, qui, lorsqu'elle est échauffée par les vapeurs de l'eau bouillante, laisse voir une chair blanche comme le lait (*Nam testae duplicis conditur in specu, quae ferventis aquae fota vaporibus, carnem lacteoli visceris indicat*)".[832]

Les *metuli* et les *musculi* peuvent être rapprochés des mytilidés, et plus spécialement des moules.[833] Le mode de préparation donné par Apicius et évoqué par Ausone rappelle la recette des "moules marinières" bien connue aujourd'hui. Celle-ci apparaissait déjà souvent dans les livres de cuisine du XIXe siècle. Voici les conseils donnés en 1867 par J. Gouffé ; ils sont communs aux "moules à la poulette" et aux "moules marinières ": "Grattez parfaitement les coquilles au couteau, puis lavez jusqu'à ce qu'il ne reste plus aucune partie de sable. Mettez une litre de moules dans le plat à sauter. Ajoutez : 100 grammes d'oignons [...], 20 grammes de persil branche, 2 prises de poivre, 4 décilitres de vin blanc. Couvrez le plat avec le couvercle. Sautez les moules. Observez bien le moment où elles s'ouvrent ; c'est ce qui indique qu'elles sont cuites".[834] Cette recette s'inscrit dans une tradition plus ancienne de préparation des moules. Au milieu du XVIIe siècle, N. de Bonnefons conseille ainsi de "bien ratisser toute la roche qui y tient, puis le bien laver & mettre par bouillir dans l'eau, le sel & le persil, après les retirer de dedans ce bouillon, oster une coquille de chacune, & les ranger sur le pain mitonné, puis prendre de leur bouillon, & destremper quelques jaunes d'œufs avec, les mettre cuire dans la poesle avec fort peu de persil haché bien menu & verser ce bouillon sur les mousles".[835]

Pour l'*embractum de Baiae*, Apicius recommande de petites *ostraea* (*minutae*). Cette précision nous amène à nous interroger, sur le sens du mot *ostreae* qui n'est pas fixé.[836] Deux interprétations, au moins, sont possibles. La première retient l'identification de l'huître plate.[837] Dans ce cas, l'utilisation de petites huîtres était certainement plus adaptée à une cuisson dans un récipient, surtout lorsqu'il s'agissait d'en mélanger le contenu. Ce choix pouvait être aussi dicté par la qualité de leur chair, jugée meilleure que celle d'individus plus gros pour cette recette. Au XIXe siècle, le critère de la taille est ainsi

---

[822] De Bonnefons 1655, 365.
[823] Delamare 1719, 30.
[824] Texte de la réédition de 1815 : Menon 1815, 185.
[825] Pline l'Ancien, *Histoire naturelle*, 32.65.
[826] Oribase, *Des aliments*, 2.58.127. cf. Bardot 2010 pour notre analyse du nom *χῆμαι*.
[827] Apicius, *L'art culinaire*, 9.14.
[828] Apicius, *L'art culinaire*, 9.9.
[829] Apicius, *L'art culinaire*, 9.14.
[830] Bats 1988, 69.
[831] cf. *supra*.
[832] Ausone, *Lettres*, 7.
[833] Bardot 2010.
[834] Gouffé 1867, 236-237. Voir également De Courchamps 1853, Mozard 1867, Dumont 1877.
[835] De Bonnefons 1655, 368-369. La même recette figure dans La Varenne 1651.
[836] Bardot 2010.
[837] Bardot 2010.

avancé pour une préparation à base de moules : "vous les choisirez petites autant que possible ; les petites sont toujours les plus délicates".[838] Toutefois, l'archéologie ne fournit guère d'assemblages d'huîtres plates susceptibles de convenir, sauf peut-être sur le site de Barzan/Le Fâ où l'attention de V. Forest a été attirée par de très petites coquilles (US 20702), repérée dans une berme sous la route actuelle qui longe le chantier des thermes.[839] La seconde interprétation accorde au mot *ostreae* le sens général de "coquillages".[840] L'*embractum de Baiae* serait alors valable pour toutes les espèces de petite taille. Nous pensons notamment au flion tronqué et aux coques.

Cette manière de cuire les coquillages dans leur coquille valait aussi sûrement pour des gastéropodes en forme d'escargot, dont le corps est difficile à retirer de leur vivant.[841] Les rochers épineux, par exemple, devaient être préparés de sorte que leur corps se relâche afin d'être facilement saisi, ce que permet la cuisson à l'eau pratiquée de nos jours. Nous avons tout d'abord pensé que la coloration orangée de certaines coquilles du site de Villevieille pouvait en être la trace.[842] En effet, une cuisson à l'eau aurait pu favoriser la dispersion puis la fixation des substances purpurigènes à la surface de la coquille. Fr. Brien-Poitevin a proposé la même explication pour des exemplaires de Villetelle/*Ambrussum* et de Lunel-Viel pour lesquelles elle décrit des "traces de couleur marron orange".[843] Cependant, les observations que nous avons faites dernièrement à Murviel-lès-Montpellier (Hérault) rendent cette hypothèse caduque.[844] Ainsi, l'installation d'une colonie de bryozoaires sur une partie d'une coquille à la surface orangée montre que la coloration s'est formée du vivant de l'animal, dans son environnement marin, autrement dit avant toute intervention humaine. L'enquête se poursuit donc pour déterminer la nature de cette coloration, dont nous n'avons pas encore trouvé de mention, ni dans les inventaires régionaux de faune marine signalant cette espèce, ni dans les ouvrages abordant sa biologie.

Une fois la chair des gastéropodes cuite, il suffisait de l'éperonner avec l'extrémité d'un instrument fin et pointu pour l'extraire hors de la coquille. Martial mentionne le *cocleare* : celui-ci servait pour les *cocleae* qui sont des gastéropodes, terrestres ou marins selon les auteurs.[845] Il était aussi utilisé pour les œufs (*Coclearia. Sum cocleis habilis, sed nec minus utilis ouis. Numquid scis, potius cur cocleare uocer?*).[846] Le *cocleare* n'est pas décrit par Martial. Les spécialistes de la vaisselle de table associent cependant ce nom à une sorte de cuillère dont le manche effilé se termine par une pointe.[847] M. Feugère indique ainsi que les *coclearia* étaient "utilisés pour manger les oeufs et les coquillages, [ils] se rencontrent très fréquemment sur tous les sites gallo-romains : on en connaît en argent, mais les classes modestes se contentaient d'exemplaires étamés [...] ; quand le bronze était encore trop coûteux, on les taillait en os (type Béal A.XXV.1). Ces ustensiles sont très caractéristiques du Haut-Empire, la forme à cuilleron circulaire disparaissant dans le courant du IIIe s. au profit d'exemplaires piriformes".[848] Pour les œufs consommés crus ou légèrement cuits comme à la coque aujourd'hui, le cuilleron pouvait effectivement servir à recueillir le blanc et le jaune encore liquides après avoir percé la coquille avec l'extrémité pointue du manche. Cette étape est vraisemblablement décrite par Pétrone qui mentionne l'utilisation de *coclearia* pour percer (*pertundere*) des œufs (*Accipimus nos cochlearia non minus selibras pendentia, ouaque ex farina pingui figurata pertundimus*).[849] En revanche, on comprend mal comment ces cuillères pouvaient servir à manger des escargots terrestres et/ou marins. Certes, la pointe formée par le bout du manche permettait peut-être d'extraire la chair en la piquant. Mais, dans ce cas, quelle était l'utilité du cuilleron ? Nous ne connaissons pas dans les pratiques actuelles d'outil qui ressemble à des cuillères et destinées à un tel usage. Aujourd'hui, ce sont de petites piques métalliques, souvent à tête ronde, qui sont généralement utilisées ; elles sont connues sous l'appellation commerciale de "piques à bigorneaux". Un modèle romain est peut-être représenté sur une intaille datée du Ier siècle a.C.-Ier siècle p.C photographiée par N. Blanc et A. Nercessian dans leur ouvrage sur *La cuisine romaine antique*.[850] Une coquille en forme d'escargot montre une large ouverture prolongée par un canal siphonal étroit. Elle est composée de plusieurs tours de spire desquels partent des épines. La coquille d'un rocher épineux, *Bolinus brandaris*, pourrait répondre à cette description. Elle est accompagnée d'un objet fin et allongé, pointu à une extrémité et terminé à l'autre par un bouton.

Un autre moyen pour récupérer la chair cuite était de casser franchement la coquille ou de la comprimer jusqu'à ce qu'elle éclate, comme on le ferait pour une noix. Nous n'avons pas enregistré de marques qui puissent être associées à ce procédé. Néanmoins, V. Forest nous a récemment signalé un lot de rochers épineux à l'apex tronqué sur le site de Nîmes/Jean Jaurès.[851] D'après son observation, les coquilles ont été brisées intentionnellement. L'utilisation d'une pique en passant par l'ouverture paraît plus simple pour extraire la chair, cependant elle permet rarement de toute la retirer. Nous l'avons constaté : l'extrémité la plus profondément enroulée du corps de l'animal finit généralement par se casser et reste dans la coquille, car elle n'a pas la consistance caoutchouteuse des autres parties molles. En cassant la coquille, l'opérateur nîmois pouvait donc retirer l'intégralité de la chair, jusqu'à la partie qui nous

838 Gouffé 1867, 236.
839 Forest 2003a.
840 Bardot 2010.
841 cf. *supra*.
842 Bardot-Cambot & Forest (à paraître a).
843 Brien-Poitevin 1989, 1990 et 2007.
844 Barberan *et al*. (à paraître).
845 Bardot 2010.
846 Martial, *Epigrammes*, 14.121.
847 Riha & Stern 1982 ; Béal 1983 ; Baratte *et al*. 1990 ; Feugère 1992.
848 Feugère 1992, 308.
849 Pétrone, *Satyricon*, 33.
850 Blanc & Nercessian 1994, 172, fig. 214.
851 Communication orale de V. Forest. Etude en cours.

échappe très souvent aujourd'hui. Celle-ci pourrait correspondre au *μήκων* décrit par Aristote et Oribase. Selon Aristote, le *μήκων* est enroulé, il forme une *ἑλίκη*, et est logé au fond la coquille (*ἥ ἐστιν ἐν τῷ πυθμένι*).[852] Oribase ajoute qu'il est cassant et semblable au poisson (*καὶ μήκωνος· ἥδε γὰρ ψαφαρά ἐστιν, ἰχθυώδης*),[853] ce qui renvoie probablement à la nature de sa texture. En accord avec les traductions des écrits d'Aristote par P. Louis, cette partie est peut-être l'organe appelé actuellement "hépatopancréas", enroulé en tortillon, qui assure à la fois la fonction du foie et du pancréas.

Au contact direct d'une source de chaleur

Sur le site de Barzan/Le Fâ, une US (26822) a livré plusieurs dizaines de restes de peigne variable, *Chlamys varia*, (NMV=206), de palourde croisée d'Europe, *Ruditapes decussatus*, (NMV=208) et d'huître plate, *Ostrea edulis*, (NMV=181).[854] Les peignes variables et les palourdes formaient un lot distinct, à l'écart des huîtres. Un sédiment de même nature scellait les deux dépôts, indiquant un abandon vraisemblablement simultané. Toutefois, celui qui s'était infiltré entre les valves de peigne variable et de palourde était chargé de cendres, alors que celui qui avait pénétré entre les valves d'huître n'en montrait aucune trace. Il semble donc que les conditions de formation des deux lots aient été différentes : elles se rapportent peut-être au mode de préparation des coquillages. Dans les paragraphes précédents, plusieurs traitements de la chair ont été envisagés pour les huîtres. En revanche, les indices manquaient jusqu'à présent pour les peignes variables et les palourdes : ici, le contexte de découverte, associé aux données conchyliologiques, autorise une hypothèse.

Malgré la présence de cendres, la matière qui compose les valves n'est pas particulièrement altérée. Ceci suggère qu'elles n'ont pas été longtemps exposées à la chaleur. Sinon, elles auraient montré des stigmates visibles de chauffe : sur le même site, des valves d'huître retrouvées au contact de la sole d'un foyer (FY26488) avaient une couleur grise, presque argentée, et les lamelles superposées qui donnent son épaisseur à la matière-coquille se séparaient, comme si les valves s'effeuillaient. Le dépôt ne semble donc pas correspondre à la décharge d'un foyer, dans lequel des déchets de consommation auraient été jetés pour les faire disparaître. Il trahit plutôt un contact bref des valves avec un lit de charbon se consumant, le temps peut-être de cuire la chair qu'elles enfermaient. L'analyse des dénombrements confirme qu'elles appartenaient à des coquilles entières. En effet, 36 coquilles de peigne et 21 de palourde avaient encore leurs deux valves jointes dans le dépôt, et d'autres valves droites et gauches devaient s'apparier, car leurs nombres sont extrêmement proches pour les deux espèces : 114 gauches et 92 droites pour le peigne, et 102 gauches et 106 droites pour la palourde.

[852] Aristote, *Histoire des animaux*, 4.529a.4-10.
[853] Oribase, *Des aliments*, 2.58.72.
[854] Bardot-Cambot 2011.

Cet exemple archéologique concrétise probablement les dires d'Oribase qui emploie plusieurs fois le mot *ὀπτός* pour qualifier la cuisson de bivalves et de gastéropodes[855] : les *κτένες*[856], les *σωλῆνες*[857], les *πίνναι*[858] et les *χήμαι*[859] pour les uns, et les *κήρυκες*[860], les *κολούλια* et les *κορύφια* pour les autres.[861] A. Bailly traduit le verbe *ὀπτάω* par "faire rôtir ou griller", mais il peut aussi signifier "brûler, dessécher",[862] ce qui pourrait évoquer le contact direct des coquillages avec une source de chaleur. Une précision d'Oribase indique que ce mode de cuisson concernait des animaux dans leur coquille, notamment des pectinidés : il signale en effet que les *κτένες* "ont moins d'inconvénient quand on les fait griller dans leurs coquilles, alors, ils nourrissent mieux et relâchent moins le ventre (*Ὑποληπτέον δ' ἔλαττον ἔχειν τὸ ἄτοπον τούτους ἐν τοῖς ἑαυτῶν ὀστράκοις ὀπτωμένους, εὐτροφωτέρους καὶ ταρακτικοὺς ἧττω*)".[863] Cette pratique ne s'est pas perdue au fil du temps. Ainsi, au milieu du XIXe les huîtres "se servent aussi dans leurs coquille cuites sur le gril, feu dessous, et la pelle rouge par-dessus. Quand elles commencent à s'ouvrir seules, elles sont cuites ; elles s'appellent huîtres sautées".[864] Aujourd'hui, l'éclade charentaise (ou la musclade languedocienne ou provençale), avec des moules, en est certainement le meilleur exemple : "Sur le centre d'une planche, que l'on a préalablement trempée dans une bassine d'eau, disposez en croix les quatre premières moules, verticalement, les pointes se touchant [...]. Coincer, entre ces premières moules, quatre autres. Continuer de la même façon à placer les moules serrées les unes contre les autres la charnière au-dessus. Recouvrir le tout d'une bonne épaisseur d'aiguilles de pin et allumer. Dès que le feu est éteint, chasser les cendres en agitant un carton. Déguster les moules cuites dans leur eau".[865]

Pour conclure, il existait certainement à l'époque romaine de nombreuses manières d'accommoder la chair des coquillages, à l'image de celles encore largement répandues au XIXe siècle : elle pouvait être consommée crue sur une valve ou gobée à l'intérieur de la coquille entrouverte, elle pouvait être extraite pour être préparée en civet à la mode médiévale, saumurée, mise en sauce, ou rôtie sur une valve, et elle pouvait être cuite dans les coquilles dans un récipient ou directement sur les braises du foyer. Les données conchyliologiques permettent rarement de retenir une seule de ces recettes : ainsi, la plupart d'entre elles ont pu amener au rejet de coquilles entières, comme celles d'huître plate régulièrement retrouvées avec leurs deux valves jointes. La taille des coquilles doit néanmoins retenir l'attention des conchyliologues, car elle a longtemps orienté le devenir

[855] cf. Bardot 2010 pour notre analyse des noms énumérés ci-après.
[856] Oribase, *Des aliments*, 2.58.56-71.
[857] Oribase, *Des aliments*, 2.58.109.
[858] Oribase, *Des aliments*, 2.58.103.
[859] Oribase, *Des aliments*, 2.58.127.
[860] Oribase, *Des aliments*, 2.58.72.
[861] Oribase, *Des aliments*, 2.58.79.
[862] Bailly 2000.
[863] Oribase, *Des aliments*, 2.58.65. cf. Bardot 2010 pour notre analyse du nom *κτένες*.
[864] Mozard 1867, 146.
[865] Quéro & Vayne 1998, 99.

des plus grosses huîtres, "surtout employée pour cuire ou mariner".[866] Au contraire, Apicius recommande de petits coquillages, lorsqu'il s'agit de les cuire dans leur coquille.[867] Dans cette perspective, l'huître plate était peut-être le coquillage qui faisait l'objet des préparations les plus variées : sur les sites archéologiques antiques, elle est en effet l'espèce qui fournit la plus grande diversité de tailles, au contraire par exemple du peigne glabre dont les dimensions varient peu. Enfin, un dernier facteur intervenait probablement dans le choix d'une préparation crue, cuite ou marinée des coquillages, mais l'archéoconchyliologie ne permet pas de le mesurer : il s'agit de la fraîcheur. En 1651, La Varenne conseille dans *Le cuisinier françois* : "Faites [...] ouvrir [les huîtres], choisissez les meilleures, & les laissez dans leur écaille, pour les manger fraisches. À celle qui sont un peu altérées [...] mettez sur le gril".[868] "Prenez garde si elles ne sont point altérées, en les touchant, & en les frappant les unes contre les autres : car celles qui sonnent creux, & qui sont altérées, ne valent rien qu'à saler".[869]

De ces pratiques culinaires romaines, il nous reste aujourd'hui des milliers de déchets que l'archéologie révèle sous la forme de conchyliorestes, vestiges des coquilles vides abandonnées dans l'Antiquité. Avant d'être restituées par la fouille, ces coquilles ont suivi différents circuits auxquels nous consacrons le prochain chapitre.

3.5. La gestion du "dechet-coquille"

Après la récupération de la chair des coquillages pour la consommation, les coquilles devaient rester longtemps malodorantes à cause des effluves de l'eau marine dégradée et du pourrissement des parties molles encore adhérentes (la base du muscle adducteur de l'huître notamment). Elles constituaient en outre des volumes encombrants, dont l'accumulation s'imposait rapidement à la vue. Il ne fallait pas alors compter sur leur destruction progressive au cours du temps, comme le montre le bon état de conservation des restes archéologiques. Plusieurs moyens ont donc été mis en œuvre sur les sites romains pour se débarrasser de ces "déchet-coquilles".

Aujourd'hui, les restes de diverses espèces de coquillages sont ainsi découverts mêlés à d'autres détritus dans des espaces non bâtis. À Bordeaux/Auditorium par exemple, les déchets produits entre 40/50 p.C. et 120 p.C., ont été presque intégralement rejetés dans un secteur vide de toute construction,[870] selon une gestion de type "tas de fumier", comme l'ont qualifié N. Dieudonné-Glad et I. Rodet-Belarbi pour les restes osseux livrés par le site de Rom/La Petite Ouche.[871] À Narbonne, il s'agissait peut-être également d'évacuer une partie des déchets à l'écart des zones urbanisées et de les concentrer en un seul endroit pour en réduire les nuisances, car de gros dépotoirs sont signalés en périphérie nord de la ville antique : boulevard de 1848,[872] avenue de Razimbaud[873] et avenue de la Grande Armée.[874] Ils sont identifiés par M. Gayraud comme les rejets "d'une entreprise spécialisée dans l'exportation des huîtres".[875] Toutefois, les résultats obtenus par V. Forest pour le mobilier de l'avenue de la Grande Armée, auxquels nous associons nos premières observations des conchyliorestes du boulevard de 1848, ne vont pas pour l'instant dans ce sens : pour reprendre les mots de V. Forest, "nous serions enclin à reconnaître dans ces séquences de rejets, des accumulations de poubelles plus proches de la sphère privée proprement dite".[876] Celles-ci se seraient constituées au cours de la période augustéenne et dans le Ier siècle p.C. Or c'est à cette époque que la consommation des coquillages prend son essor. Il faut désormais gérer de grandes quantités de "déchets-coquilles". Il n'est donc pas exclu que des secteurs, éloignés du cœur urbain fréquenté, aient été destinés à les recevoir.

Parallèlement, des structures en creux ont servi de poubelles, notamment des fossés et des fosses dans lesquels les archéologues retrouvent souvent les restes de différents taxons. Les exemples ne manquent pas : à Bordeaux/Auditorium,[877] à Rom/La Petite Ouche,[878] à Montredon-des-Corbières/Sainte-Croix,[879] à Gardanne/Notre-Dame[880] ou encore à Agen/Ermitage.[881] Sur plusieurs sites, des coquilles ont également été rejetées dans des puits après leur abandon : à Saint-Didier-de-Formans/La Paillassière,[882] à Saint-Quentin/Villebois-Mareuil,[883] à Narbonne/Clos de la Lombarde,[884] à Villetelle/*Ambrussum*,[885] à Clermont-l'Hérault/Peyre Plantade,[886] à Nîmes/Assas[887] ou encore à Barzan/Fâ.[888] Sur ce dernier site, le puits (PT 25055) a été comblé assez rapidement au début du IIe siècle p.C. avec du mobilier divers (céramique, matériaux de construction, ostéorestes et conchyliorestes, ...) décrivant un remplissage globalement homogène. Cette uniformité n'est cependant qu'apparente, au moins en ce qui concerne les conchyliorestes dont l'étude a révélé un comblement finalement assez complexe. En effet, le puits a visiblement reçu plusieurs rejets successifs, issus de dépotoirs différemment composés. Nous avons ainsi identifié plus d'une dizaine de taxons. (fig. 189) Or certains n'apparaissent que dans les couches supérieures

---

[866] Dumont 1877, 398.
[867] Apicius, *L'art culinaire*, 9.14.
[868] La Varenne 1651, 185.
[869] La Varenne 1651, 184.
[870] Bardot 2009.
[871] Dieudonné-Glad & Rodet-Belarbi 2003.
[872] Solier 1964-1965a ; Gayraud 1981.
[873] Solier 1964-1965a.
[874] Dellong 2002, 333 ; Forest (inédit d).
[875] Gayraud 1981.
[876] Forest (inédit d).
[877] Bardot 2009.
[878] Bardot (inédit g).
[879] Forest 2003b.
[880] Brien-Poitevin 1991.
[881] Bardot (inédit c).
[882] Valentin-Smith 1888 cité dans Buisson 1990, 149.
[883] Pilloy 1914 cité dans Pichon 2002, 388.
[884] Forest 2004b ; Bardot 2011a.
[885] Forest 1998b.
[886] Forest (inédit b).
[887] Forest 2006a.
[888] Bardot-Cambot 2011.

du comblement, comme les solénidés dans les US 25384, 25397 et 25398-25410. Parallèlement, les restes de certaines espèces se concentrent dans une US, par exemple les valves de coque commune dans l'US 25999-26289. Notons également que l'huître plate et la moule commune livrent toujours les restes les plus abondants : mais si l'huître plate est généralement au premier rang, voire quasiment la seule présente dans l'US 26291, la moule commune la précède dans trois US (25384, 25999-26289 et 26293). Enfin, la taille des valves des deux espèces varie en fonction des US. (fig. 189) Les plus petites coquilles d'huître plate se trouvent plutôt dans le bas du comblement, sauf dans l'US 25999-26289 qui livre des exemplaires plus grands, à l'image de ceux qui composent les couches supérieures. Quant aux valves de moule commune, les plus grandes appartiennent à deux US proches en stratigraphie, US 25994-25412 et US 25995 et les plus petites sont regroupées dans les US 25996, 25997 et 25999-26289.

Toutefois, ces pratiques ne suffisent pas à définir la gestion des "déchets-coquilles" sur les sites romains de Gaule. En effet, des coquilles ont été régulièrement recyclées comme matériaux de construction. Contrairement aux contextes précédemment évoqués, où les assemblages conchyliologiques rappellent la variété des coquillages consommés à l'époque, une seule espèce est concernée par cet ultime statut des coquilles : l'huître plate d'Europe, *Ostrea edulis*. À plusieurs reprises, nous avons ainsi observé un découplage net entre la diversité spécifique qui règne dans ce que nous appellerons globalement "les poubelles" et l'unique présence de l'huître plate dans des US dites "construites". (fig. 190)
Parfois, quelques dizaines de valves seulement ont été mobilisées. Il s'agit alors de constituer le radier supportant la sole d'un foyer, par exemple à Martigues/L'île vers 150 a.C.[889] et à Barzan/Le Fâ[890] et à Bordeaux/Chapeau Rouge[891] au Ier siècle p.C. À Barzan/Le Fâ, nous avons pu observer plusieurs de ces radiers en place. Ils se présentent de deux manières. La première semble décrire une installation rapide du foyer : quelques pelletées de valves sont épandues sans ordre et sans respecter de limites nettes (US 26479). La seconde répond à des gestes plus précis. Les valves d'huîtres couvrent une surface bien délimitée. Elles ont été disposées les unes à côté des autres, en une seule couche, avec leur face externe vers le haut au contact de la sole (US 26634). (fig. 191) Ce mode de construction s'apparente alors à celui d'autres radiers de foyers dégagés sur le site, faits de tessons de céramique. À Martigues/L'île, les deux matériaux, des coquilles d'huîtres et des morceaux de poterie, ont été employés pour une même structure.
Plus souvent, les coquilles d'huîtres interviennent en grand nombre pour former des couches plus ou moins épaisses, aux fonctions diverses. Le site de Barzan/Le Fâ en donne un aperçu assez complet.[892] Les coquilles forment des sols extérieurs, par exemple celui d'une cour (US 25984-25796) et d'un autre espace découvert (US 26734). Elles font aussi office de recharges pour des surfaces de circulation, notamment à l'emplacement de portiques où la fragmentation des restes de certaines US (US 25306) témoigne d'un intense passage. Elles composent en outre des remblais. Certains sont interprétés comme des remblais de nivellement (US 25540, 26320 et 26443). D'autres ont servi de radier pour l'aménagement d'un niveau de sol (US 25289 et 25359). (fig. 192) Cette technique est connue ailleurs : à Rom/La Petite Ouche (US 529, 561, 566 et 767),[893] à Bordeaux/Chapeau Rouge (US 6634 et US 6449)[894] et à Poitiers/Hôtel Aubaret.[895] Elle est également utilisée pour l'assise des murs, comme à Bordeaux/Chapeau Rouge (US 5567),[896] et pour l'installation de niveaux de rue, comme à Autun/rue des Pierres[897] et à Bordeaux/Auditorium où le cailloutis d'une voie reposait directement sur une couche de coquilles d'huîtres ; à Bordeaux (US 20902), les coquilles étaient très écrasées, certainement à cause de la pression mécanique exercée par la circulation.[898] À Barzan/La Palisse, un épandage de coquilles d'huîtres a été dégagé sous le tracé d'une voie.[899] (fig. 193) Cette dernière n'occupait qu'une partie de la largeur de la couche, laissant sur un côté les coquilles à découvert. Des conchyliorestes ont été prélevés à la base de la voie (US 33040B) ; ils étaient dans un bon état de conservation. D'autres ont été ramassés au-delà de son emprise (US 33040A) ; ils étaient au contraire extrêmement fragmentés. Comblant ponctuellement de légères dépressions ou au contraire s'amincissant par endroits, l'épandage de coquilles a probablement servi à niveler les irrégularités des strates sous-jacentes. Mais il ne peut être relégué à cette seule destination ; tout en constituant la couche préparatoire du chantier de construction, il offrait un premier radier pour la fondation de la voie. Les valves du lot 33040B, recouvertes par un hérisson de gros blocs calcaires puis des petits galets, peuvent alors être considérées comme un élément constitutif de la voierie ; protégées ainsi du roulement des véhicules – attesté par les ornières de la voie sus-jacente –, elles sont restées presque intactes. Mais pourquoi étaler des coquilles sur une si grande étendue pour ne s'en servir de radier que sur une partie ? La fragmentation des valves du lot 33040A, laissées à découvert en bordure de la voie (US 33040A), autorise une hypothèse. En effet, seul un écrasement répété et intense peut être à l'origine d'une telle dégradation : ici, la couche devait correspondre à une surface de circulation. Nous avons donc envisagé le passage de

[889] Brien-Poitevin 1988.
[890] Bardot-Cambot 2011.
[891] Chuniaud & Sireix 2006.
[892] Bardot-Cambot 2011.
[893] Bardot (inédit g).
[894] Bardot 2006d.
[895] Bocquet *et al.* 1997.
[896] Chuniaud & Sireix 2006.
[897] Rebourg 1987.
[898] Bardot 2009.
[899] Bardot 2007a ; Tranoy *et al.* 2008.

	Nombre de conchyliorestes (bivalves : NMV et gastéropodes : NMC)		*Ostrea edulis* Taille	*Mytilus* Taille	Espèce la plus abondondante	Nb. de restes de coque	Solénidés prés. (1)/abs.
US 25382	Huître plate d'Europe Moule commune Palourde croisée d'Europe Coque commune Patelle	**86** **32** 6 1 8	+	pas de mesure	Huître plate	-	
US 25384	Huître plate d'Europe Moule commune Palourde croisée d'Europe Peigne variable Lavignon poivré Bucarde à tubercules Couteau droit d'Europe Couteau silique Autres solénidés Patelle	**33** **87** 1 1 5 1 2 4 8 28	pas de mesure	+	Moule commune	0	1
US25397	Huître plate d'Europe Moule commune Palourde croisée d'Europe Couteau droit d'Europe Autres solénidés Patelle	**89** **24** 6 1 1 14	+	pas de mesure	Huître plate	0	1
US 25398 - 25410	Huître plate d'Europe Moule commune Palourde croisée d'Europe Lavignon poivré Peigne variable Couteau droit d'Europe Couteau silique Patelle Bigorneau commun Buccin	**266** **64** 27 7 3 10 3 7 1 1	+	pas de mesure	Huître plate	0	1
US 25994 - 25412	Huître plate d'Europe Moule commune Palourde croisée d'Europe Lavignon poivré Coque commune	**483** **50** 4 2 1	+	++	Huître plate	-	
US 25995	Huître plate d'Europe Moule commune Palourde croisée d'Europe Lavignon poivré Praire commune Patelle	**333** **77** 8 1 1 12	+	++	Huître plate	0	
US 25996	Huître plate d'Europe Moule commune Palourde croisée d'Europe Lavignon poivré Coque commune Patelle Bigorneau commun Buccin	**367** **36** 2 2 6 8 2 1	-	-	Huître plate	-	
US 25997	Huître plate d'Europe Moule commune Coque commune Patelle	**125** **13** 1 2	-	-	Huître plate	-	
US 25999 - 26289	Huître plate d'Europe Moule commune Palourde croisée d'Europe Lavignon poivré Coque commune Peigne variable Coquille Saint-Jacques d'Atl. Patelle Nasse réticulée	**543** **687** 98 8 48 1 1 63 1	+	-	Moule commune	+	
US 26291	Huître plate d'Europe Moule commune Palourde croisée d'Europe Lavignon poivré Patelle	**320** 5 2 2 2	-	pas de mesure	Huître plate	0	
US 26292	Huître plate d'Europe Moule commune Palourde croisée d'Europe Peigne variable Patelle	**680** **80** 6 2 12	-	+	Huître plate	0	
US 26293	Huître plate d'Europe Moule commune Palourde croisée d'Europe Peigne variable Lavignon poivré Bucarde à papilles Coque commune Anomie Nasse réticulée Patelle	**176** **222** 8 5 2 1 19 1 3 8	-	+	Moule commune	-	

fig. 189 : Barzan/Le Fâ, détail du comblement du puits PT 25055.

		Nombre de conchyliorestes (NMV bivalves + NMC gastéropodes)	
Site	**Nature des US**	***Ostrea edulis***	**Autres taxons**
Barzan/Le Fâ	Comblement de PT 25055	3501	**1868**
	Comblement de tranchée de fondation de mur, US 26822	181	**416**
	Sol d'une cour SL 25984-25796	46	
	Sol d'un espace découvert US 26734	Il s'agit d'huîtres entières compactées liées par un sédiment sableux marron clair	
	Recharge de sol de portique US 25561	483	
	Recharge de sol de portique US 25587	173	
	Recharge de sol de portique US 25641	110	
	Recharge de sol de portique US 25441	203	2
	Recharge de sol de portique US 25306	514	24
	Radier de sole de foyer, US 26634	17	
	Radier de sole de foyer, US 26479	84	
	Remblai d'aménagement d'un niveau de sol US 25289	462	2
	Remblai d'aménagement d'un niveau de sol US 25359	543	
	Remblai de nivellement US 26443	78	
	Remblai de nivellement US 26320	114	
	Remblai de nivellement US 25540	371	
Barzan/La Palisse	Voie : radier (US 33040) préparatoire à l'aménagement du niveau de circulation	775	9
Bordeaux/Auditorium	Comblement de PT 10267	22	**77**
	Comblement de PT 11433	338	**156**
	Comblement de PT 10983	934	**173**
	Comblement de FO 10805	117	**436**
	Comblement de FO 10802	63	**60**
	Voie : radier (US 20902) préparatoire à l'aménagement du niveau de circulation	89	
Bordeaux/Chapeau Rouge	Remblais d'aménagement d'un niveau de sol (US 6634 et US 6449)	208	
Rom/La Petite Ouche	Comblement FS 9	68	**32**
	Comblement FS 18	71	**35**
	Comblement FS 21	18	**38**
	Comblement FS 40	275	**74**
	Radier de sol (US 529, 561, 566 et 767)	597	

fig. 190 : dénombrements des conchyliorestes d'huître plate d'Europe, *Ostrea edulis*, et des autres espèces pour quelques assemblages étudiés.

**fig. 191 : Barzan/Le Fâ, radier en coquilles d'huître plate, *Ostrea edulis*, (US 26634) de la sole du foyer FY 26646 (20-40 p.C.).
Cliché A. bouet.**

**fig. 192 : Barzan/Le Fâ, remblai d'aménagement d'un niveau de sol composé de coquilles d'huître plate d'Europe, *Ostrea edulis*.
(US 25359, 90-110 p.C.).**

piétons, dont le cheminement ne nécessitait pas un solide aménagement, contrairement à la voie elle-même, qui devait supporter de lourdes charges. Finalement, l'emprise de la couche de coquilles avait probablement été calculée pour répondre au fonctionnement de la future voie. D'un côté, elle accueillait la voirie et contribuait à réguler l'affaissement du terrain occasionné par le roulement des véhicules et, de l'autre, elle constituait un sol pour la circulation plus légère des piétons. Cet épandage de coquilles d'huître est donc un élément à part entière dans la construction et le fonctionnement de la voie.

fig. 193 : Barzan/La Palisse, épandage de coquilles d'huître plate d'Europe, *Ostrea edulis*, (US 33040) dégagé sous le tracé d'une voie (début du IIe siècle p.C.). Cliché L. Tranoy/E. Moizan.

Pour réaliser ces travaux, les constructeurs ont pu puiser dans des tas de coquilles d'huître plate produits par une consommation centrée sur cette espèce ou par une activité de récupération de la chair crue pour une préparation hors coquille. Cependant, nous n'excluons pas non plus que des coquilles d'huîtres aient été volontairement écartées du circuit suivi par les déchets des autres coquillages pour constituer des réserves de matériaux dans lesquelles les constructeurs pouvaient s'approvisionner. L'exclusivité de l'huître plate répondait alors un choix : celui d'exploiter les propriétés physico-chimiques des coquilles de cette espèce. En effet, à la différence des valves de moule, de peigne variable ou de coque, celles d'huître plate sont volumineuses et solides. Elles forment donc des couches denses et épaisses, efficaces pour niveler les espaces de travail, réguler l'affaissement du terrain et résister aux pressions mécaniques engendrées par le passage. Dans le même temps, leurs reliefs marqués et leurs bords effilés permettent une bonne accroche des niveaux supérieurs, qu'ils correspondent à un sol, au cailloutis d'une voie ou à la sole d'un foyer. Enfin, la perméabilité du calcaire qui compose la matière-coquille a une action drainante, ce qui n'a probablement pas été négligé pour l'aménagement des espaces extérieurs soumis aux intempéries. Cette propriété semble d'ailleurs avoir été observée par Virgile : "Au surplus, quels que soient les arbustes que tu plantes par les champs, couvre-les d'un bon fumier et n'oublie pas de les cacher sous une épaisse couche de terre ou d'y enfouir une pierre poreuse et de rugueux coquillages car les eaux s'infiltreront dans les intervalles, et l'air subtil y pénétrera, et les plants seront ranimés (*Quod superest, quaecumque premes uirgulta per agros sparge fimo pingui et multa memor occule terra ; aut lapidem bibulum aut squalentis infode conchas ; inter enim labentur aquae, tenuisque subibit halitus, atque animos tollent sata*)".[900]

Le témoignage de Virgile, que relaient Columelle[901] et Palladius,[902] ne trouve pas pour l'instant de manifestations archéologiques claires, sauf peut-être à Lunel-Viel. Sur ce site, Fr. Brien-Poitevin signale en effet la présence de "coquilles roulées" dans des "saignées agraires" rattachées à des plantations agricoles ou horticoles. Selon l'auteur, elles constituaient "une technique rudimentaire d'amendement par adjonction de calcaire dans le sol très argileux, dont on a pu éprouver le besoin d'accroître la perméabilité à l'eau et aux racines".[903] À Barzan/Le Fâ, une fine couche de "micro-coquillages pilés" a pu remplir la même fonction ; elle a été observée dans la partie basse du comblement de plusieurs petites fosses interprétées par A. Bouet comme des fosses de plantations.[904] L'emploi de coquilles en agriculture, et d'huîtres en particulier, est encore mentionné par G. Bélèze en 1882 : cet "engrais convient aux terres argileuses ou marécageuses [...]. On l'emploie avec succès pour la culture du froment, de l'orge et du seigle, pour les prairies naturelles, et aussi pour les pommes de terre".[905] Un an plus tard, J. Girardin et A. du Breuil précisent que "les coquilles d'huîtres, qu'on se procure si facilement dans beaucoup de localités, peuvent rendre les mêmes services que le falun et les sables calcaires. Répandus sur des terres fortes, humides et froides, elles facilitent l'extension des racines et fournissent, en outre, par leur décomposition, des matières salines et organiques qui activent la végétation".[906] Notons enfin que les milliards de coquilles d'huître plate amassées au Moyen Age sur le site de Chauds près de Saint-Michel-en-l'Herm (Vendée) servirent à amender les sols et à fabriquer de la chaux jusque dans les années 1970.[907]

---

900 Vigile, *Géorgiques*, 2.346.
901 Columelle, *De l'agriculture*, 3.15.
902 Palladius, *Traité d'agriculture*, 10.14.
903 Brien-Poitevin 2007.
904 Bouet (éd.) 2011.
905 Bélèze 1882, 614.
906 Girardin & Du Breuil 1883, 310.
907 Verger 1959, 2005 et 2009 ; Gruet & Prigent 1986a.

La fabrication de chaux à partir de coquilles d'huîtres ou d'autres coquillages n'est pas, à notre connaissance, attestée pour l'Antiquité. Et comme le précise Fr. Brien-Poitevin, la littérature de cette époque ne semble pas non plus en faire mention.[908] Ce procédé est toutefois connu anciennement dans plusieurs endroits du monde[909] ; il serait donc présomptueux de l'exclure définitivement. Un des exemples les plus connus est celui de la Martinique, où au début du XVIIe siècle, s'est mise en place une importante production de chaux, spécialement à partir des coquilles de lambi, *Strombus gigas*,[910] initialement pêchés vivants pour leur chair. Cette activité, qui s'est seulement arrêtée en 1999 avec le décès du dernier chaufournier de l'île, s'était développée avec l'installation coloniale. La chaux servait alors pour l'élaboration des mortiers et des enduits, pour la préparation d'engrais et également pour la fabrication du sucre : elle est en effet un ingrédient nécessaire à la "lessive" qui est une solution ajoutée aux mélasses (jus de canne cuit, en cours de cristallisation) pour les purger de leurs impuretés.[911]

Un dernier aspect de la gestion romaine des "déchets-coquilles" mérite d'être évoqué, même si les données récoltées sont encore trop peu nombreuses pour en cerner toutes les implications. Il est apparu à travers l'étude du mobilier conchyliologique de Villevielle.[912] Sur ce site, nous avons dénombré plus de 250 valves de flion tronqué, *Donax trunuculus* ; aucune n'a montré d'altération suggérant un caractère épave. Elles ont été retrouvées en plusieurs endroits, mais deux US (4853 et 4856) se singularisent par l'abondance (NMV = 132) et l'exclusivité des restes de cette espèce. Les deux lots ont été retrouvés dans le même secteur (zone 4, secteur 8), dans deux niveaux installés successivement dans les années 10 a.C.-10 p.C.

Comme les valves de flion tronqué découverts ailleurs sur le site, les valves intactes des US 4853 et 4856 correspondent probablement à des restes issus de l'alimentation. Toutefois, leur concentration dans ces deux US pourrait s'expliquer par un acte postérieur à une éventuelle consommation. Les valves sont en effet dissociées à la fois dans le temps et dans l'espace des restes alimentaires des autres espèces sûrement consommées à Villevielle : l'huître plate, *Ostrea edulis*, le peigne glabre, *Proetopecten glaber*, et le rocher épineux, *Bolinus brandaris*, dont les plus gros assemblages se trouvent plus tardivement (75-125 p.C.) et dans d'autres zones (zones 2 et 3). En outre, nous avons souligné l'infériorité du nombre des valves droites par rapport à celui des valves gauches et les tailles différentes des valves gauches et droites, ce qui ne répond pas au modèle de consommation actuelle qui produit des coquilles entières. Les découvertes effectuées sur le site de Lattes, au début des années 2000, lors des fouilles du quartier dit "30-35", nous ont fourni une piste.[913] Sur le sol d'une des pièces de la maison 3503 (pièce 10, SL 35399, US 35381), les archéologues ont mis au jour un décor, entièrement réalisé avec des valves de flion, *Donax* sp., qui représente un équidé.[914] Dans une autre pièce de la même maison, un tapis de valves figurait peut-être un poisson (pièce 5A, SL 35436, US 35441).[915] Les images d'un second équidé et d'un oiseau pourraient également avoir été repérées dans une autre maison (maison 3002, respectivement pièce 3A, SL 30204, US 30203 et pièce 1, SL 30047, US 30155).[916] Fr. Brien-Poitevin, qui a réalisé la première synthèse du mobilier conchyliologique de Lattes en 1992,[917] est décédée avant ces découvertes. Néanmoins, elle remarque la part extrêmement importante des restes de flion dans les assemblages de la "période de transition" : "Les *donax* démarrent rapidement vers -75 pour atteindre presque immédiatement près de 60% et se stabiliser à environ 50%. Le pourcentage du *donax* est alors 260 fois plus grand que le pourcentage de la moule et 927 fois plus grand que celui du *cerastoderma edule*".[918] Or comme le résument C. Belarte et M. Py, la période où les proportions de flion sont les plus fortes sur le site est précisément celle où des décors en question sont attestés, c'est-à-dire au Ier siècle a.C.[919] L'abondance des restes de flion à cette période ne serait donc pas uniquement l'expression d'un nouveau goût des consommateurs lattois pour ce coquillage : il traduirait plutôt le développement de l'utilisation des valves pour la confection de décors de sols. Les valves de flion tronqué conservées dans les US 4853 et 4856 de Villevieille sont peut-être les reliquats d'un de ces décors, qui aurait été bouleversé lors de réaménagements postérieurs. Outre leur datation qui les rapproche des ensembles lattois, les deux US se situent en effet dans un secteur où semble exister une tradition décorative, puisqu'une mosaïque a été dégagée dans un état postérieur (SL 4049). Cette continuité s'exprimerait alors à travers la nature de l'US 4853 qui a pu momentanément servir de sol de travail et de l'US 4856 qui montrait à sa surface des tessons à plat indiquant un niveau d'occupation.[920]

La gestion des "déchets-coquilles" est la dernière étape de l'exploitation des coquillages à connaître une intervention humaine antique. Elle clôt ainsi la lecture des conchyliorestes, en tant que vestiges archéologiques des animaux apportés vivants sur les sites de consommation. À ce scénario, nous en avons ajouté un second. En effet, en nous interrogeant d'abord sur la nature des restes

[908] Brien-Poitevin 1992b.
[909] Brien-Poitevin 1992b.
[910] Le lambi est un grand gastéropode qui peut atteindre 30 cm de longueur. Il se rencontre dans toute la zone Caraïbe, des Bermudes au Brésil, surtout dans les zones sableuses peu profondes. Données d'Observations pour la Reconnaissance et l'Identification de la Faune et de la Flore subaquatiques. Sabourin Nadine, GoyeauU Alain, Oms Robert, Ader Denis, in : DORIS, 7/4/2011 : Strombus gigas Linnaeus, 1758, http://doris.ffessm.fr/fiche2.asp?fiche_numero=380
[911] Verrand & Vidal 2004.
[912] Bardot-Cambot & Forest (à paraître a).
[913] Py (éd.) 2004, fig. 394, 309.
[914] Py (éd.) 2004, 308-312.
[915] Belarte et Py 2004, fig. 7, 389.
[916] Belarte et Py 2004, fig. 6, 389.
[917] Brien-Poitevin 1992b.
[918] Brien-Poitevin 1992b, 127.
[919] Belarte et Py 2004, 393 et fig. 13, 392.
[920] Informations transmises par M. Monteil et B. Houix, archéologues responsables de la fouille.

archéologiques, nous avons montré que l'homme a recherché les coquillages pour leur chair, mais aussi pour l'objet que constitue l'enveloppe protectrice du mollusque : sa coquille. Rappeler maintenant cette distinction pourrait paraître superflu, pourtant c'est elle qui nous permet de poursuivre l'enquête, en remontant un peu plus loin l'histoire des coquilles, jusqu'au moment de leur collecte dans l'environnement marin.

3.6. La collecte[921]

Les conchyliorestes retrouvés sur les sites archéologiques sont les indices qui nous permettent de remonter à la source, c'est-à-dire à l'endroit où la coquille épave ou l'animal vivant a été ramassé. Dans cette perspective, il faut constituer une base de données écologiques qui comprend les lieux de vie des différentes espèces de mollusques, ainsi que la façon dont la coquille se dégrade et se déplace dans les courants marins une fois l'animal mort. Ces connaissances sont laborieuses à acquérir, car elles sont disséminées au hasard des études spécialisées sur l'une ou l'autre des espèces. Certes les ouvrages généraux nous en donnent les grandes lignes. Mais, malheureusement, certains animaux ou certaines populations leurs échappent en s'installant là où on ne les attend pas, en marge des généralités qui sont connues pour l'espèce à laquelle ils appartiennent. De plus, les modifications des rivages survenues au cours des temps rendent délicates une restitution directe à partir des zones géographiques actuelles. La délimitation spatiale des habitats de chaque espèce est donc, en soi, une enquête que nous commençons seulement.

En même temps, il nous appartient de restituer la manière dont l'homme a collecté le mollusque. Les conchyliorestes sont la source archéologique que nous décryptons. Elle est confrontée secondairement aux témoignages ethnographiques. Ceux-ci sont antiques, transmis par les textes des auteurs grecs ou romains, dans la limite des interprétations que nous pouvons faire aujourd'hui de la nature zoologique des animaux qu'ils mentionnent. Le recours aux écrits plus récents est un complément indispensable. Les grandes enquêtes des XVIIIe, XIXe et XXe siècles[922] nous permettent de saisir des pratiques *a priori* encore peu modifiées par les nouvelles connaissances scientifiques et leurs applications techniques, autrement dit dont les limites de mise en œuvre sont les mêmes que celles que pouvaient atteindre les populations romaines. Elles montrent aussi comment les innovations de ces siècles ont abouti aux pratiques modernes, et incitent donc à tester leur faisabilité durant les périodes anciennes.

Ce n'est finalement qu'au terme de cette investigation que nous pourrons dresser une première carte des zones marines[923] qui ont été exploitées et esquisser la pêche romaine des coquillages à travers ceux qui la pratiquent. La géographie des lieux de collecte sera le dernier point que nous aborderons, car elle s'appuie sur les environnements qui auront été préalablement définis. Les témoignages ethnographiques, antiques et modernes, seront à nouveau sollicités. Ils gardent en effet en mémoire des lieux de pêche localisés, souvent abandonnés aujourd'hui, et offrent une image des ressources disponibles avant le développement des pratiques conchylicoles qui ont profondément bousculé le paysage marin au cours du siècle dernier.

Les coquilles épaves

La collecte des valves ou de coquilles "épaves", et celle peut-être focalisée sur les opercules d'astrées, ont dû être effectuées sur des zones d'échouage peu traumatisantes pour les coquilles. Les plages sableuses sont les plus probables. Les zones protégées dites "naturelles" qui ne sont pas nettoyées dans le cadre de l'accueil touristique nous donnent un aperçu de ce que devaient être les plages à l'époque romaine. (fig. 194) Il ne faut pas considérer cette activité comme simpliste, car elle nécessite une bonne connaissance des rivages. De nos jours, les plages languedociennes sont très inégalement approvisionnées en coquillages d'après nos observations qui recoupent celles de V. Forest. Certaines zones en sont presque dépourvues. Ailleurs, la composition conchyliologique des laisses se modifie au gré des houles et des courants marins locaux. De plus, les coquilles "épaves" de certains taxons sont rejetées uniquement en certaines portions de rivages, parfois étroites. L'altération des coquilles d'un même taxon, donc la qualité de "l'objet", est plus ou moins forte entre les différentes zones. C'est le cas du vernis fauve.[924]

fig. 194 : section non nettoyée de la plage sableuse de Gruissan (Aude) - août 2008.

Nous supposons donc qu'il existait des personnes dont au moins une activité consistait à parcourir le rivage à la recherche des valves désirées. Certains auteurs latins évoquent la fréquentation des grèves, Lucrèce par exemple : "La même variété paraît dans les coquillages

[921] Ce chapitre a donné lieu à un article partiellement complété depuis (Bardot 2012).

[922] Nous devrons ultérieurement nous intéresser aux témoignages des siècles précédents.

[923] Par zones marines, nous entendons l'espace marin qui a été parcouru.

[924] Communication orale de V. Forest.

qui colorent le sol, à l'endroit où la molle caresse du flot vient aplanir le sable altéré du golfe qu'il a creusé (*Concharumque genus parili ratione uidemus pingere telluris gremium, qua mollibus undis litoris incurui bibulam pauit aequor harenam*)".[925] Ovide suggère même le ramassage des coquilles épaves : "Et la pleine mer n'offre pas de minces coquillages ou de cailloux marbrés ; c'est sur le rivage toujours altéré qu'ils arrêtent les promeneurs (*Nec medius tenuis conchas pictosque lapillos pontus habet ; bibuli litoris illa mora est*)".[926] Et Suétone l'indique clairement lorsqu'il rapporte un épisode du règne de Caligula : dans son dessein d'envahir la Bretagne, il s'arrêta avec son armée sur les côtes de Gaule et lui ordonna de ramasser des coquillages (*conchas legerent*), puis il proclama une victoire imaginaire : "c'étaient, disait-il, les dépouilles de l'Océan (*spolia Oceani*) dont il fallait orner le Capitole et le palais des Césars".[927]

Les animaux vivants

Même si le ramassage d'animaux vivants peut être pratiqué sur les grèves après les fortes mers, moules et huîtres par exemple,[928] les très grandes quantités de coquillages retrouvées sur les sites archéologiques impliquent une collecte des animaux dans leurs milieux de vie, ou la pratique d'une conchyliculture dont nous discuterons de l'existence dans le chapitre suivant (3.7.).

Les bivalves

L'huître plate d'Europe

L'huître plate d'Europe, *Ostrea edulis*, est un bivalve assez ubiquiste. Quelques caractères écologiques dominants ressortent néanmoins des ouvrages qui évoquent la vie de cette espèce.[929] Ainsi, en Méditerranée, elle semble plutôt croître sur les fonds de zéro à quelques mètres des milieux plus ou moins fermés, souvent séparés de la mer ouverte. En Atlantique, elle vit surtout au bas de l'estran et au-dessous du niveau des basses mers par quelques mètres de fond. Mais elle se trouve également dans la partie supérieure de la zone circalittorale, à partir de 40 m de profondeur. Contrairement à l'huître creuse, *Crassostrea gigas*, qui l'a quasiment remplacée aujourd'hui en élevage, l'huître plate ne supporte pas les eaux de faible salinité ; "Il existe [...] des salinités optimales qu'on peut situer entre 32 ‰ et 37 ‰ pour *O. edulis*. Jusqu'à 25-27 ‰, la croissance de cette espèce reste bonne. Au dessous de 22 ‰ et au-dessus de 42 ‰, elle devient médiocre. [...] L'huître plate se trouve en grand danger lorsque la salinité tombe à 15 ‰ et au dessous".[930] Elle s'installe à proximité des estuaires, ou des embouchures de fleuves côtiers, mais à distance suffisante pour ne recevoir que la quantité d'eau douce nécessaire. Elle peut vivre dans des conditions estuariennes si celles-ci ne connaissent pas de fortes dessalures et de turbidité trop grande. La difficulté d'attribution d'un biotope strict à l'huître plate d'Europe nous oblige à sélectionner les particularités des vestiges susceptibles d'éclairer le lieu d'origine des animaux.

La forme de la coquille, et donc le mode de croissance, sont conditionnés par l'environnement.[931] Le bilan des observations que nous avons réalisées à ce jour sur les coquilles archéologiques nous conduit à deux modes de développement. Le premier, minoritaire, renvoie à des coquilles bien rondes appartenant semble-t-il à des individus qui ont crû sans contrainte, plutôt isolés. Les exemplaires de Meaux/PME[932] et de Sens/12, cours Tarbé, CT 25,[933] l'illustrent spécialement. En outre, ils ont peut-être grandi à la limite des basses mers, voir en zone subtidale. L'ornementation de la surface externe s'est en effet librement développée. Le second mode est le plus largement représenté. Il se traduit par des coquilles allongées, voire très allongées, régulièrement fixées les unes aux autres, qui révèlent une croissance des animaux au sein d'une population dense. Les reliefs externes des valves, quant à eux, sont généralement abrasés. Ils trahissent un milieu incessamment agité par les mouvements de l'eau : ceux liés aux marées et/ou au flux et reflux des vagues.

Ces descriptions évoquent pour nous les zones maritimes que parcouraient par exemple les pêcheurs du Bassin d'Arcachon (Gironde) jusqu'au début du siècle dernier, avant l'apparition des parcs ostréicoles. Certains exploitaient les zones de chenaux toujours en eau tandis que d'autres récoltaient les huîtres qui ponctuaient les vastes étendues découvertes à marée basse. Un siècle plus tôt, au début du XVIIIe siècle, Fr. Le Masson du Parc détaille les mêmes lieux : "Les huîtres se peschent à la mer sur des fonds durs, ou de rochers où elles croissent, se multiplient et se groupent les unes aux autres sur ces fonds, souvent de la hauteur de plusieurs pieds ... On en ramasse aussi beaucoup à pied sur les huîtrières voisines de la côte durant les basses mers et surtout celles des équinoxes parce qu'alors la marée découvre davantage.[934]

L'analyse de la faune associée décrit également deux grands types d'habitats. Tout d'abord, à Meaux/PME et Sens/12, cours Tarbé, CT 25, les agglomérats de tubes calcaires de vers du genre *Pomatoceros* observés sur les valves semblent confirmer que les huîtres ont grandi dans un milieu non ou peu soumis aux courants de marée, peut-être à la limite inférieure de l'étage médiolittoral.[935] À cet endroit, se côtoient des spongiaires du genre *Cliona*, les bivalves du genre *Anomia*, et certains crustacés cirripèdes du genre *Balanus*. Tous ces animaux, qui ne supportent pas les eaux dessalées, témoignent d'une forte influence marine. Cependant, en l'état de nos

[925] Lucrèce, *De la nature*, 2.3.74.
[926] Ovide, *Amours*, 2.11.13.
[927] Suétone, *Vies des douze Césars*, *Caligula*, 4.46.
[928] Gruet 1983.
[929] Borde & Borde 1938 ; Marteil 1960 ; Marteil 1974 ; Laurain 1971 ; Gruet 1983 ; Gruet 1998d ; Quéro & Vayne 1998 ; Pergent *et al.* 2007.
[930] Marteil 1974, 241 ; Quéro & Vayne 1998, 108.
[931] cf. 2.4. ; Laurain 1971.
[932] Bardot (inédit b).
[933] Bardot 2003.
[934] Le Masson du Parc 1740, cité dans Collectif 1997, 11.
[935] Bardot (inédit b) ; Bardot 2003.

observations, cet habitat ne s'exprime qu'à travers ces deux seuls exemples, rappelant ainsi les propos d'Oribase : "Les huîtres de haute mer sont rares et sans valeur, parce que le soleil ne jette pas ses regards sur elles (*Ὄστρεα τὰ πελάγια σπάνια καὶ ἀχρεῖα διὰ τὸ μὴ θεωρεῖσθαι ὑφ' ἡλίου·*)".[936] Celles-ci n'avaient pas non plus la primeur des consommateurs encore au début du XVIIIe siècle : "Les huîtres les plus estimées de celles que l'on pesche dans le bassin [d'Arcachon] sont celles qui se recueillent à la main, et qui restent découvertes toutes les marées ; [...] celles qui se peschent à la drague ne sont pas si délicates".[937] Le second type d'habitat est le plus largement représenté. Il permet la prolifération des vers polychètes du genre *Polydora* et l'apparition de colonies de bryozoaires : il est sans doute à faible profondeur, plus ou moins envasé et calme, avec une possible dessalure. Les auteurs antiques décrivent en Méditerranée des milieux équivalents, de type estuarien. Pline l'Ancien rappelle ainsi que les huîtres "aiment les eaux douces et les lieux où de nombreux cours d'eau se jettent dans la mer (*Gaudent dulcibus aquis et ubi plurumi influunt amnes*)".[938] Et Oribase précise que "L'huître aime à habiter dans les eaux mélangées d'eau douce qui font croître ses chairs, lesquelles donnent alors un jus sucré ; aussi les meilleures se trouvent-elles en Égypte, à l'embouchure du Nil (*[...] χαίρει γὰρ ἐπικιρνάμενον γλυκέσι κράσει γλυκυχύλους προσαύξων σάρκας· διὸ κάλλιστα κατὰ τὰς ἐκβολὰς τοῦ Νείλου ἐν Αἰγύπτῳ*)".[939]

fig. 195 : pêcheuses d'huîtres et leurs outils sur l'île d'Oléron (Charente-Maritime) au début du XXe siècle.

[936] Oribase, *Des aliments*, 2.58.95.
[937] Le Masson du Parc 1727, 25.
[938] Pline l'Ancien, *Histoire naturelle*, 32.59.
[939] Oribase, *Des aliments*, 2.58.95.

Enfin, comme la larve dérivante d'huître se colle définitivement sur un support que l'animal ne quittera plus, l'identification de celui-ci est un bon indicateur de biotope. Outre les huîtres elles-mêmes qui sont le support le plus commun, les trois coquillages les plus fréquents sont les moules, *Mytilus* sp., les coques, *Cerastoderma* sp. et le peigne glabre, *Proteopecten glaber*. Ces animaux dont nous préciserons les lieux de vie lors de leurs études respectives, nous permettront donc d'entrevoir l'origine spatiale de certains lots d'huîtres.

Les données archéozoologiques ne donnent guère d'indices sur les moyens mis en œuvre pour collecter les huîtres. On suppose donc qu'ils se rapprochaient de ceux mobilisés encore récemment par les pêcheurs. Ainsi, en Atlantique, les huîtres pouvaient être ramassées sur l'estran découvert à l'aide d'outils divers, notamment des râteaux et des griffes, comme le montrent des cartes postales du siècle dernier.[940] (fig. 195) Les perforations qui sont sur certaines valves archéologiques ont peut-être été laissées par de tels outils. En Méditerranée, un ramassage des huîtres "à la vue et à la main" "par les jours calmes" se pratiquait peut-être, comme encore au XIXe siècle dans le grau de la Vieille Nouvelle,[941] entre Port-la-Nouvelle et Gruissan (Aude).[942] L'exploitation des gisements des lagunes profondes, particulièrement celle de Thau, et des zones toujours immergées en Atlantique, nécessitait quant à elle une embarcation et des instruments suffisamment longs pour atteindre les huîtrières. L. Calvet au début du XXe siècle[943] et Fr. Le Masson du Parc et Duhamel du Monceau[944] au XVIIIe siècle permettent d'envisager des réponses techniques qui ont pu être développées déjà plus anciennement.

En Méditerranée, Duhamel du Monceau raconte la "Pêche que les Provençaux nomment salabre de fond". Il décrit le "salabre" comme "un sac de filet, de trois pieds de profondeur [≈ 90 cm], qui est monté sur une armure de fer de quinze à vingt pouces de diamètre [≈ 37,5 à 50 cm] : les extrémités courbes répondent à une traverse droite qui est dentée comme la roue d'une grosse horloge ; la partie ceintrée porte une douille qui reçoit un manche de douze à quinze pieds de longueur [≈ 3,6 à 4,5 m]. [...] Lorsque les pêcheurs veulent s'en servir, ils laissent aller leur salabre sur le fond. [...] On le traine lentement [...] et le sac se remplit de coquillages et de sable. Cette pêche qui se fait en mars, ne se pratique que sur les fonds de sable, et par des tems calmes".[945] Un siècle et demi plus tard, cette pêche était toujours pratiquée dans la région de l'étang de Thau. En effet, selon L. Calvet, "la pêche de l'Huître à la vue, et à l'aide d'un simple "salabre" ou épuisette [...] est le seul pratiqué sur les rochers et, par

[940] Société des Amis de Talmont 1999, 64.
[941] Le grau de la Vieille Nouvelle est l'espace marquant la communication entre l'étang de l'Ayrolle et la mer.
[942] Gourret 1897, 317.
[943] Calvet 1910.
[944] Après la mort de Fr. Le Masson du Parc, survenue en 1741, Duhamel du Monceau, alors inspecteur général de la Marine, poursuit la *Description des Arts et Métiers* entrepris par son prédécesseur. Il n'en publiera qu'une petite partie : le *Traité général des pêches et l'histoire des poissons*.
[945] Duhamel du Monceau 1776, vol. 5, section III, 500.

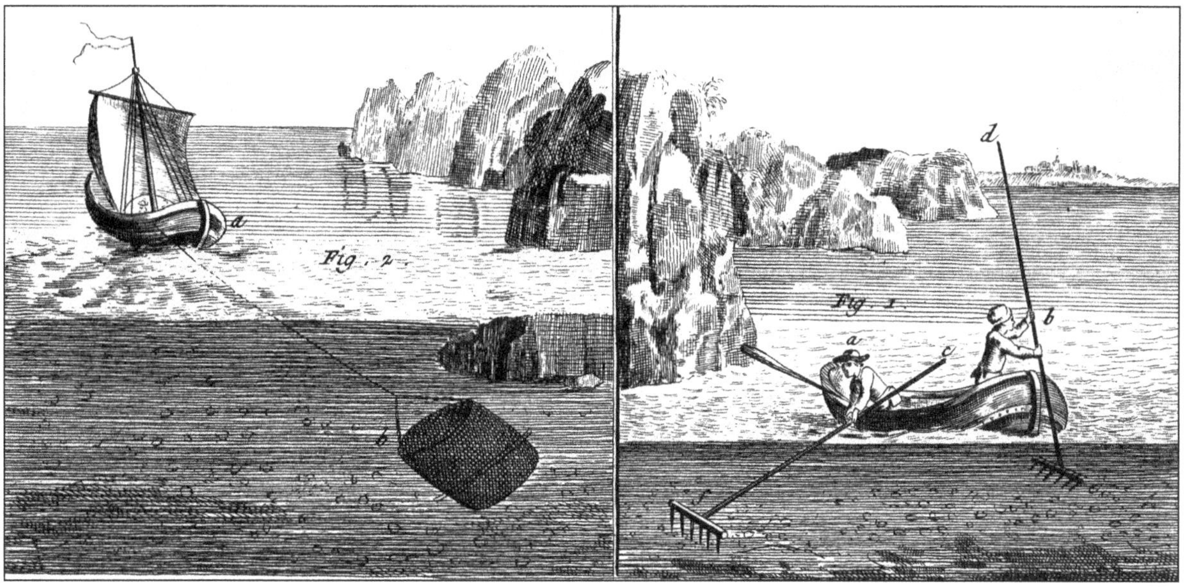

fig. 196 : "Pesche des Huîtres au Rateau [à droite] et à la Drague [à gauche]". Dessins issus de l'Encyclopédie Diderot et d'Alembert, *Pesches de Mer*, Planche III.

les temps calmes, il est toujours employé dans les fonds de faible profondeur et se montre relativement très productif".[946] Enfin, on ne peut exclure une pêche manuelle en apnée. En 1900, A. Locard raconte que dans "la Méditerranée, là où les plongeurs sont plus hardis et plus habiles que dans le Nord, c'est à la main que l'on procède à la pêche de l'huître sauvage. Aux îles Minorques, les pêcheurs montent sur des embarcations qui les conduisent jusque sur les bancs ; ils plongent hardiment parfois même à d'assez grandes profondeurs, et détachent l'huître du sol, à l'aide d'un marteau courbé, ou d'une sorte de ciseau qu'ils ont soin d'attacher à leur bras ; ils déposent leur cueillette soit dans un panier suspendu à l'autre bras, soit dans une large poche fixée à la ceinture".[947]

En Atlantique, lorsqu'il visite la "baye d'Arcasson", Fr. Le Masson du Parc signale la "pesche des huîtres dans les achenaux dont cette baye est entrecouppée": "la pesche qui s'en fait à la drague avec une pinasse[948] est montée de deux hommes qui la traînent en ramant [...] La drague pour les pescheurs de la baye d'Arcasson a le couteau[949] de deux pouces de largeur [≈ 5 cm] de trois pieds de long [≈ 90 cm], les mailles du sac sont formées de grosses cordes dont le fond est tenu étendu au moyen d'un bâton rond d'environ quatre pieds de long [≈ 120 cm] ; une pinasse fait la pesche avec une seul drague".[950] À la même époque, l'Encyclopédie de Diderot et d'Alembert expose une pratique similaire[951] (fig. 196) et Duhamel du Monceau fait une description proche : "Cette drague ou chausse est une espèce de filet, qu'on fait en entrelaçant des lanières de cuir de bœuf [...]. La chausse a ordinairement quatre pieds de long [≈ 120 cm], sur douze à quinze pouces de large [≈ 30 à 37 cm]. Sa hauteur est d'environ trois pieds et demi [≈ 105 cm]. L'embouchure est montée sur un châssis de fer, lequel raclant le banc, en détache les huîtres qui tombent dans la manche. Quelque fois on emporte deux cents huîtres d'un seul coup de drague".[952] En 1787, l'utilisation de ce type d'engins voit la prise de 4 800 000 huîtres pour le seul quartier de Tréguier et Paimpol.[953] Par la suite, les dragues se font progressivement plus grandes pour répondre à une demande croissante : en 1826, P.A. Lair décrit un modèle avec lequel on peut prendre jusqu'à 1100 huîtres à la fois. C'est ainsi qu'il en débarque "un nombre prodigieux à Granville et à Cancale"[954] : 78 millions d'huîtres sont pêchées en 1853 à Granville.[955] Mais quelques années plus tard, les rendements commencent à diminuer : les gisements s'épuisent et les huîtrières ne se renouvellent plus. En effet, si ces dragues sont sans nul doute efficaces, elles sont redoutables pour les fonds marins, qu'elles labourent lourdement.[956] Cet aperçu de l'histoire technique récente ne nous convainc pas de l'utilisation de tels engins à l'époque romaine, et ce, pour trois raisons. Tout d'abord, si les trous que nous avons relevés sur quelques valves archéologiques ont été faits lors de la collecte, l'outil utilisé devait être pourvu d'au moins une extrémité saillante capable de perforer la matière-coquille. Or ce n'est pas le cas des dragues qui sont armées d'une lame qui racle le fond. Ensuite, bien

[946] Calvet 1910, 49.
[947] Locard 1900, 156. Un peu plus tôt, L. Figuier et V. Meunier rapportaient déjà cette technique (Figuier 1866, 289 ; Meunier 1871, 266).
[948] La pinasse est une petite embarcation qui sert "à faire la pesche dans la baye d'Arcasson". Elle a "la forme d'une navette avec les bouts un peu relevés [...]. Elle est à plat fond [...]. Elle porte quelquefois un petit mat de 14 pieds de hauteur et une voile [...]". Le Masson du Parc 1727, 9.
[949] Partie inférieure du châssis métallique qui racle le fond.
[950] Le Masson du Parc 1727, 15.
[951] Diderot & d'Alembert 1755, vol. 5, 105 ; 1771, vol. 25, planche III, fig. 2.
[952] Duhamel du Monceau 1776, vol. 5, section II, 453.
[953] Levasseur 2001.
[954] Lair 1826, 3.
[955] De la Morandière 1958a, cité dans Collectif 1997, 26.
[956] Dès le XVIIIe siècle, plusieurs arrêtés ont été pris pour protéger les bancs. O. Levasseur en rappelle l'histoire (Levasseur 2001).

que notre enquête sur les découvertes d'huîtres commence seulement, les quantités rencontrées jusqu'alors ne laissent pas présager d'une exploitation aussi intensive des huîtrières : V. Forest estime que 25 à 50000 huîtres ont été transportées sur le site des thermes de Barzan/Le Fâ entre la fin du Ier siècle a.C. et la seconde moitié du IIème siècle p.C.,[957] ce qui est bien inférieur aux millions d'huîtres draguées en une seule année sur les côtes bretonnes et normandes jusqu'au début du XIXe siècle. Enfin, les outils utilisés par les pêcheurs romains n'ont vraisemblablement pas perturbé le renouvellement des huîtrières puisque la consommation des huîtres ne semble pas faiblir au cours de la période romaine et du Moyen Age. L'hypothèse d'instruments plus légers, d'une moindre emprise sur les bancs, est donc celle que nous privilégions pour l'instant. Ils se rapprochent peut-être davantage des râteaux également employés au XVIIIe siècle, par exemple à Isigny-sur-Mer (Calvados)[958] : "Deux hommes se mettent dans une petite chaloupe, avec chacun un râteau [dont] les dents sont assez près pour retenir les huîtres. De plus, il y a sur la tête du râteau le long du manche une petite planche large de quatre pouces [≈10 cm], pour retenir les huîtres quand le pêcheur redresse le râteau. [...] Le manche est une perche menue et pliante, longue de dix-huit à vingt pieds [≈ 5,40 à 6 m]".[959] (fig. 196) En 1910, L. Calvet recommande l'utilisation d'un outil proche pour préserver les huîtrières de l'étang de Thau. Il est à l'origine destiné à la pêche des clovisses, *Venerupis aurea*, et plus récemment des palourdes, *Ruditapes decussatus*[960] :

"L'arselière" [ou "râteau à Clovisses"] comprend un filet récolteur, ou sac, adapté à une armature en fer en forme de fer à cheval dont les deux branches sont réunies par une traverse horizontale, mesurant de 50 à 70 centimètres de longueur et garnie de dents en fer sur l'un de ses côtés ; la partie cintrée porte une douille dans laquelle est ajustée une perche longue de 6 à 7 mètres environ. Monté sur sa nacelle, le pêcheur gagne le lieu de pêche, et à l'aide de son ancre lui servant de plomb de sonde, tâte le fond sous-marin de manière à prendre place au-dessus d'une cadoule[961] ; par des tâtonnements aussi, il se renseigne sur la forme de cette dernière, et ne jette qu'ensuite son engin à l'eau [...]. Par l'effort combiné des mains et d'une épaule contre laquelle s'appuie le bout de la perche, le pêcheur racle le fond, et de manière que les matériaux arrachés ou soulevés tombent naturellement dans le sac récolteur. Après quelques minutes de cet exercice, pendant lesquelles l'engin aura parcouru quelques mètres à peine de longueur, l'engin est hissé à bord et le contenu de sac déversé dans l'embarcation [...]. Etant données les dimensions du râteau à Clovisses et la surface qu'il est possible à un homme d'explorer avec cet instrument dans une journée, il est facile de comprendre que les fâcheuses conséquences qui résulte de son usage soient d'une importance bien inférieure à celle qui résultent de l'emploi des arts traînants proprement dits".

V. Forest rappelle également qu'au début du XXe siècle, les pêcheurs professionnels de la région de Talmont (Charente-Maritime) exploitaient "les bancs naturels posés sur les affleurements rocheux, les "plataines", à l'aide d'un instrument de même principe mais plus élaboré (Musée municipal de Talmont). "La griffe est double et fonctionne comme une pince".[962]

Les peignes

Le peigne glabre, *Proteopecten glaber*, vit librement sur "des fonds rocheux, sableux et détritiques vaseux dans les régions abritées".[963] Il se trouve dans les eaux côtières mais également dans les lagunes,[964] ces dernières devant rester correctement irriguées en eau marine comme celle de Venise.[965] Nous l'avons aussi rencontré dans les baies abritées d'Istrie. Une remarque d'Aristote à propos des *κτένες*[966] du Golfe de Kalloni nous intéresse particulièrement, car elle fait mention d'un instrument de collecte (*ὄργανον*) : "Dans le détroit de Pyrrha [Golfe actuel de Kalloni au sud-ouest de l'île de Lesbos], les *κτένες* avaient, un temps, complètement disparu, non seulement à cause de l'instrument avec lequel on leur donnait la chasse, mais aussi à cause de la sécheresse (*Ἐν δὲ τῷ Πυρραίῳ ποτ´ εὐρίπῳ ἐξέλιπον οἱ κτένες οὐ μόνον διὰ τὸ ὄργανον ᾧ θηρεύοντες ἀνέξυον, ἀλλὰ καὶ διὰ τοὺς αὐχμούς*)".[967] Or nous ne savons toujours pas comment le peigne glabre était pêché dans l'Antiquité. Les perforations et encoches repérées sur certaines valves archéologiques ont fait supposer à V. Forest que cet outil pouvait être l'arselière décrite précédemment,[968] traditionnellement employée dans l'étang de Thau, et qui se retrouve aussi en Sicile.[969] Une autre citation d'Aristote pourrait décrire un outil de ce genre, auquel serait accroché un sac pour récolter les peignes : "il leur arrive souvent de sauter de l'engin dont on se sert pour les prendre (*ἐπεὶ καὶ ἐκ τοῦ ὀργάνου ᾧ θηρεύονται ἐξάλλονται πολλάκις*)".[970]

Les conditions de collecte du peigne operculaire, *Aequipecten opercularis*, se rapprochent peut-être de celles du peigne glabre : les rares apparitions de cette espèce sur les sites archéologiques méditerranéens pourraient être liées à de brusques poussées de populations aux côtés de son cousin.

Le peigne variable, *Chlamys varia*, se trouve le long des côtes jusqu'à une profondeur d'environ 80 m.[971] Il vit la plupart du temps fixé sur des substrats variés par des

957 Forest 2003a.
958 Diderot & d'Alembert, 1771, vol. 25, planche III, fig. 1.
959 Duhamel du Monceau 1776, vol. 5, section III, 504.
960 Calvet 1910, 44.
961 Les cadoules sont des buttes et aiguilles calcaires qui accidentent le fond de l'étang de Thau (Giovannoni 1995).

962 Forest 2003a.
963 Poutiers 1978, 183 ; Poutiers 1987, 459.
964 Quéro & Vayne 1998, 129.
965 Forest 2002a.
966 cf. Bardot 2010 pour notre analyse du nom *κτένες*.
967 Aristote, *Histoire des animaux*, 8.603a.20.
968 Forest 2002a
969 Mouton & Rives 1999, 26-27.
970 Aristote, *Histoire des animaux*, 4.528a.31-32.
971 Dalmon 1935 ; Letaconnoux & Audouin 1956 ; Quéro & Vayne 1998.

filaments de byssus comme les moules. Sur la façade atlantique, cette espèce a pu être simplement ramassée sur les étendues découvertes lors des grandes marées comme au début du XVIIIe siècle dans le Bassin d'Arcachon : Fr. Le Masson du Parc évoque "la pesche à pied des pétoncles sur les fonds de vases".[972] D'après la définition de l'Encyclopédie de Diderot et D'Alembert, le mot "pétoncle" sert à désigner des pectinidés. L'un d'entre eux a la capacité de "former des fils comme la moule [qui] ne servent qu'à fixer le coquillage à tout corps qui est voisin [...].Tous ses fils partent, comme ceux des moules, d'un tronc commun ; ils sortent de la coquille dans les pétoncles qui n'ont qu'une oreille un peu au-dessous de cette oreille".[973] Cette description convient parfaitement à *Chlamys varia* . Encore actuellement à La Rochelle, "on peut en pêcher à basse mer de vives-eaux".[974]

Les moules

Les moules se trouvent à de faibles profondeurs, depuis la limite des hautes mers jusqu'à 6-9 m.[975] En Méditerranée, *Mytilus galloprovincialis* pénètre largement dans les eaux saumâtres des lagunes côtières où elle forme fréquemment des communautés monospécifiques très denses.[976]

Aucun indice archéologique ne nous est apparu encore déterminant pour identifier une zone privilégiée de collecte. Néanmoins, Ausone semble indiquer la pratique la plus simple pour capturer les *musculi*, qui peuvent être rapprochées du genre *Mytilus*[977] : "On ne va pas chercher [le *musculus*] au sein d'une mer orageuse, en bravant des périls qui en doubleraient le prix ; mais au bord des eaux, quand la vague s'est retirée, on le recueille sur le rivage, parmi les algues dont il a la couleur (*Non hic navifrago quaeritur aequore, ut crescat pretium grande periculis : sed primore vado, post refugum mare, algoso legitur litore concolor*)".[978] En écho, Fr. Le Masson du Parc décrit la facilité qu'il y a encore au XVIIIe siècle à se procurer des moules sur la côte Atlantique. Un simple ramassage pédestre à marée basse suffit "sur tous les fonds de la baye d'Arcachon"[979] ou sur les substrats durs découverts de la côte normande, par exemple entre Honfleur et Granville, à Langrune "dont la côte est couverte" de moules[980] ; "femmes et enfants les détachent [des rochers] avec une espèce de couteau qu'on nomme étiquette".[981] En 1900, A. Locard formule la même remarque : "comme elle vit [la moule] à une faible profondeur, sa pêche est toujours facile".[982] Toutefois, au moins à la fin du XVIIIe, on faisait "usage du râteau pour prendre les moules : c'est un instrument de fer garni de dents longues et creuses, emmanché de perches proportionnées à la profondeur du fond où l'on pêche".[983] Et au XIXe siècle en Méditerranée, les eaux peu profondes des lagunes languedociennes étaient parcourues par des "nacelles" et des "bettes". Ces petites barques à faible tirant d'eau et à fond plat, propulsées à la voile, tiraient une sorte de drague appelée "diabolo" qui captait les moules posées sur les fonds.[984]

Les coques

Les coques se développent enfouies dans les sédiments meubles. En Atlantique, la coque commune, *Cerastoderma edule*, est particulièrement abondante à faible profondeur dans des zones de baies ou d'estran largement découvert.[985] Au XVIIIe siècle, "les sourdons [autre nom encore utilisé aujourd'hui pour désigner les coques],[986] se recueillent à la main [...] ; ils se trouvent en grattant le terrain et la superficie"[987] ; "on connaît qu'il y a des coques à un endroit [...] parce qu'on entend leurs coquilles, qui sont à peine couvertes de sable, craquer sous les pieds".[988] De même, au début du XXe siècle, les pêcheuses de coques des grèves de la Baie de Cancale, les "vasouses", ou de la Baie du Mont Saint-Michel, les "coquetières", sillonnaient les étendues mises à nu à marée basse et retournaient la vase à la recherche des animaux. Cette zone est encore exploitée aujourd'hui par des professionnels et/ou des amateurs au moyen de râteaux, de pelles et de fourches.[989] L'espèce voisine, *Cerastoderma glaucum*, est en Méditerranée une habituée des eaux saumâtres confinées ou renouvelées des lagunes littorales et des estuaires.[990] À la fin du XIXe siècle, femmes et enfants se livrent à la pêche des coques dans la plupart des lagunes qui avoisinent la ville de Gruissan (Aude), notamment dans les étangs du Grazel, de Gruissan et d'Ayrolle : "Ce ramassage dure presque toute l'année, chaque fois que les eaux sont basses ou que ces étangs se dessèchent ou se vident partiellement par suite d'un fort coup de nord-ouest. Dans ces conditions, en effet, les femmes, ayant peu d'eau jusqu'à la taille, peuvent se livrer à la recherche des bisourdes [les coques] soit en palpant les algues, soit à la vue en scrutant le fond".[991] Actuellement, les coques font encore l'objet d'une pêche artisanale au râteau ou à la main.

Les coques forment souvent "des colonies assez populeuses", pour reprendre les mots d'A. Locard au tout début du XXe siècle.[992] Ces bancs sont toutefois très instables, apparaissant et disparaissant brutalement suivant le succès plus ou moins grand du recrutement,

[972] Le Masson du Parc 1727, 40.
[973] Diderot & d'Alembert 1765, vol. 12, 467.
[974] Quéro & Vayne 1998, 104. Cette assertion nous a été confirmée par P.-G. Sauriau, (CNRS - Ifremer, Station marine de L'Houmeau) que nous remercions.
[975] Quéro & Vayne 1998, 98.
[976] Poutiers 1987, 445.
[977] cf. Bardot 2010.
[978] Ausone, *Lettres*, 7.
[979] Le Masson du Parc 1727, 25.
[980] Le Masson du Parc 1740, cité dans Collectif 1997, 11.
[981] Duhamel Du Monceau, 1776, vol. 5, section III, 495.
[982] Locard 1900, 88.
[983] Jaubert 1773, 395.
[984] Giovannoni 1995.
[985] Poutiers 1987, 407 ; Quéro & Vayne 1998, 112.
[986] Quéro & Vayne 1998, 112.
[987] Le Masson du Parc 1727, 25.
[988] Duhamel Du Monceau 1776, vol. 5, section III, 501.
[989] Quéro & Vayne 1998, 114 ; Letablier (éd.) 2003.
[990] Poutiers 1987, 405 ; Quéro & Vayne 1998, 112.
[991] Gourret 1897, 317.
[992] Locard 1900, 79 ; Quéro & Vayne 1998, 114.

c'est-à-dire de l'arrivée des larves sur les lieux du premier enfouissement.[993] L'apparition ponctuelle mais en abondance des restes de coques sur les sites archéologiques trouve peut-être ici une explication.

fig. 197 : "la pesche des coutoirs ou clovisses à la hoüe" au XVIIIe siècle. Dessin issu de Le Masson du Parc 1727.

Le flion tronqué

En Méditerranée, le flion tronqué, *Donax trunculus*, vit en vastes colonies, enfoncé dans les bancs de sables fins qui s'étendent à faible profondeur près de la côte.[994] Il préfère les sables propres des milieux agités bien oxygénés, spécialement ceux qui bordent les nombreux lidos lagunaires du côté de la mer.[995] La taille des valves archéologiques, qui ne sont jamais très grandes, suggère qu'elles appartenaient à de jeunes adultes. Or, d'après J.-Cl. Quéro et J.-J. Vayne, ceux-ci apparaissent vers le haut de la plage ; le niveau des basses eaux où se développent les individus les plus agés, et donc les plus gros, n'a vraisemblablement pas été exploité.[996]

Actuellement, la pêche artisanale du flion sur la côte languedocienne, pour obtenir les "tellines" commerciales, ne laisse aucune trace sur les valves qui sont indemnes, comme le sont les valves archéologiques. L'animal est capturé par un "tellinier". Immergé jusqu'à l'abdomen, ce pêcheur, à l'aide d'un harnais, tire lentement et à reculons une drague qu'il manœuvre avec un manche. À la fin du XVIIIe siècle, Duhamel Du Monceau décrit cette technique à Aigues-Mortes, avec un râteau : "On fait à pied au bord de la mer, dans des endroits où il reste peu d'eau" la pêche aux "tonilles" à l'aide d'un "grand râteau de fer", le "tonillier", qui rappelle l'outil d'aujourd'hui.[997] Ce dragage ou ratissage permet d'obtenir plus rapidement un volume suffisant de ces petits coquillages, alors que le prélèvement manuel direct et aveugle dans le sable est plus aléatoire.

La palourde croisée d'Europe

L'absence d'altération sur les valves archéologiques de palourde croisée d'Europe, *Ruditapes decussatus*, suggère un mode de collecte doux pour cet animal qui s'enfouit dans les sédiments meubles. Il vit sur "l'estran vers le niveau des basses mers des marées de coefficient moyen [...] dans des zones côtières particulièrement bien abritées (embouchures, baies, rias, etc.) [...]. Les gisements peuvent présenter d'exceptionnelles densités dans les lagunes saumâtres communiquant avec la mer (bassin d'Arcachon, lagunes méditerranéennes)".[998] La description que Fr. Le Masson du Parc dresse de l'exploitation du rivage atlantique découvert à marée basse concerne directement la palourde : "La pesche des coutoirs qui sont le même coquillage que les clovisses[999] des côtes de Provence se fait avec une espèce de besche ou plutôt de houë semblable à celle dont on se sert pour travailler les vignes, les maïs, et le millet. Ce sont ordinairement les femmes qui les pêchent".[1000] (fig. 197) Aujourd'hui, ce mode de pêche est un de ceux encore autorisés en France.[1001]

Les couteaux, le lavignon poivré et les pinnes marines

Ces coquillages, dont nous supposons qu'ils ont pu être pris vivants, nous font maintenant aborder des collectes plus ponctuelles.

Les couteaux vivent enfoncés dans les sédiments meubles essentiellement sableux de l'étage infralittoral. Aujourd'hui en Atlantique, les couteaux sont le plus souvent pêchés sur l'estran découvert. Ils sont capturés à la main à l'aide d'une bêche ou d'un crochet après que l'on ait repéré les trous laissés par le passage des siphons. Le crochet a vraisemblablement une origine ancienne, car A. Locard mentionne en 1900 "l'usage d'un long fil de fer recourbé que l'on introduit dans le trou, jusqu'au fond, de manière à passer le crochet sous la coquille, on n'a plus alors qu'à retirer le tout".[1002] Cette technique qui mobilise peu de moyens était également employée au début du XVIIIe siècle : Fr. Le Masson du Parc écrit qu'on "connoit aisément les fonds dans lesquels il y a des couteaux ou dilles, par deux petits trous contigus qui les indiquent [...] ; en passant la baguette de fer [faite en manière de tirreboure et dont le bout a la forme d'un ain ou hameçon] dans l'un des trous on trouve le coquillage que l'on traverse d'un bout à l'autre sans endommager la coquille qui est ouverte des deux bouts".[1003] Les trous qui

[993] Quéro & Vayne 1998, 114.
[994] Poutiers 1978, 340.
[995] Poutiers 1978, 340 ; Quéro & Vayne 1998, 142.
[996] Quéro & Vayne 1998, 142.
[997] Duhamel Du Monceau, 1776, vol. 5, section III, 499.

[998] Quéro & Vayne 1998, 122.
[999] Comme la palourde croisée d'Europe est de forme proche de la clovisse, *Venerupis aurea*, mais plus grande, il est vraisemblable que le terme de "coutoir" la désigne.
[1000] Le Masson du Parc 1727, 25.
[1001] Quéro & Vayne 1998, 122.
[1002] Locard 1900, 63.
[1003] Le Masson du Parc 1727, 25. Pour la même époque, voir aussi la description similaire de Duhamel Du Monceau (Duhamel Du Monceau, 1776, vol. 5, section III, 501).

marquent le passage des siphons ont peut-être aussi servi de repères aux pêcheurs de couteaux de l'Antiquité - les *Σωληνισταὶ* d'Athénée[1004] - et un instrument semblable au crochet actuel a pu être utilisé. Rappelons qu'Aristote décrit des coquillages qui "s'enfoncent plus profondément quand ils sentent le fer (*σιδηρος*) approcher".[1005]

Le lavignon poivré, *Scrobicularia plana*, fouit "dans les fonds détritiques sablo-vaseux, argileux ou vaseux des milieux côtiers riches en matière organique essentiellement (baies abritées, estuaires, lagunes)".[1006] La collecte de ces coquillages implique une technique de ramassage non agressive pour la coquille qui est très fragile. Sur les rives saintongeaises de la Gironde, ils sont donc traditionnellement pris à la main, après bêchage de la vase ferme ou ratissage de celle-ci grâce "à une sorte de rateau sommaire, au corps en bois avec cinq ou six dents en fortes tiges de fer, parfois muni d'un manche court".[1007]

Les pinnes marines, *Pinna* sp., se trouvent dans l'étage circalittoral, mais aussi à de plus faibles profondeurs, jusque dans la vase des ports près du littoral.[1008] Ces animaux vivent généralement avec l'extrémité antérieure enfoncée dans des fonds meubles de vases, de graviers vaseux ou de sables, fixés par de longs filaments byssaux à des petites pierres ou des fragments de coquilles.[1009] Au XVIIIe siècle, dans l'Encyclopédie de Diderot et D'Alembert, le chevalier L. de Jeaucourt décrit l'engin dont on se sert alors en Provence pour les pêcher : "On les pêche à Toulon, à 15, 20, 30 piés d'eau [entre ≈ 4, 5 et 9 m], et plus quelque fois, avec un instrument appelé crampe ; c'est une espèce de fourche de fer, dont les fourchons ne sont pas disposés à l'ordinaire ; ils sont perpendiculaires au manche ; ils ont chacun environ 8 pouces de longueur [≈ 20 cm], et laissent entre eux une ouverture de 6 pouces [≈ 15 cm], dans l'endroit où ils sont les plus écartés. On proportionne la longueur du manche de la fourche ou crampe, à la profondeur où l'on veut aller chercher les pinnes ; on les saisit, on les détache, on les enlève avec cet instrument".[1010]

Les gastéropodes

Les patelles

Les patelles, *Patella* sp., nous conduisent à un substrat que nous avons peu évoqué jusqu'à présent : les rochers. Ces animaux sont solidement fixés sur la pierre par leur pied musculeux dans la zone de battement des marées. Chaque individu exploite une petite surface dont ils broutent les formations végétales.[1011] Ils se ramassent simplement à l'aide d'un outil, par exemple une lame de couteau, qui est immiscé entre la coquille et le rocher, et qui laisse parfois une encoche sur le bord de la coquille comme nous l'avons vu sur certains spécimens archéologiques.

Les rochers

Les coquilles archéologiques des rochers sont muettes sur les zones marines méditerranéennes qui ont été exploitées, à l'exception d'un indice écologique. Le rocher fascié, *Hexaplex trunculus*, apprécie en effet "les fonds vaseux et rocheux" alors que le rocher épineux, *Bolinus brandaris*, se plaît dans "les fonds de vase ou de sable".[1012] Sur les côtes rocheuses d'Istrie, nous avons nous-même rencontré le rocher fascié vivant dès 2 à 3 m de profondeur, alors que le rocher épineux, attesté par des valves épaves, était absent. Cette observation rejoint les localisations indiquées par J.-Cl. Quéro et J.-J. Vayne : le premier est dans "l'étage infralittoral", le second dans "l'étage circalittoral".[1013]

Au tout début du XXe siècle, A. Locard mentionne deux techniques de pêche pour le rocher épineux qui se rencontre "à une profondeur variant de cinq à quinze à brasses [entre ≈ 9 et 27 m] ": "les pêcheurs en ramassent souvent de grandes quantités avec leurs filets où le Murex s'accroche par ses épines. Aux environs de Marseille, on le pêche souvent au girellier, sorte de nasse ronde et plate au centre supérieur de laquelle est pratiquée une petite ouverture par laquelle s'introduit le Mollusque attiré par quelques morceaux de morue, de hareng, des têtes de thon, etc, que l'on dispose préalablement comme appât".[1014] La pêche aux filets dans lesquels les rochers épineux s'empêtrent est encore pratiquée de nos jours ; dite localement à la "radasse" , elle consiste à faire traîner un vieux filet sur les fonds marins.[1015] Le piégeage des rochers grâce à un appât n'a pas non plus disparu, par exemple dans le lac de Bizerte en Tunisie, comme l'a observé Chr. Macheboeuf[1016]. L'outil est différent, mais le principe est le même. Les pêcheurs immergent un filet attaché à un cercle métallique d'environ 30 cm de diamètre qui forme une ouverture, à la manière d'une épuisette. Des appâts sont accrochés sur quatre cordes d'environ 20 cm nouées en quatre points du cercle et attachées entre elles au-dessus de l'ouverture. Cette description rejoint celle de Pline l'Ancien : on "prend les pourpres en jetant au large des espèces de nasses minuscules et tissées peu serrées (*Capiuntur autem purpurae paruulis rarisque textu ueluti nassis in alto iactis. Inest his esca*)"[1017] À ce jour, nous ne connaissons qu'un seul témoignage archéologique qui pourrait rendre plus concrets les propos de Pline : en 1981, à l'occasion de la fouille de l'épave romaine de Comacchio,

---

[1004] Athénée, *Banquet des Sophistes*, 90e.
[1005] Aristote, *Histoire des animaux*, 4.535a. 15-16.
[1006] Poutiers 1987, 479.
[1007] Société des Amis de Talmont 1999, 64.
[1008] Poutiers 1978, 141 ; Poutiers 1987, 471-473 ; Lindner 2004, 70.
[1009] Poutiers 1978, 141 ; Poutiers 1987, 469.
[1010] Diderot & d'Alembert, 1765, vol. 12, 642.
[1011] Gaillard 1987, 608 ; Quéro & Vayne 1998, 78-79.
[1012] Quéro & Vayne, 1998, 82-83.
[1013] Quéro & Vayne, 1998, 82-83.
[1014] Locard 1900, 35.
[1015] Quéro & Vayne, 1998, 82.
[1016] Macheboeuf 2005a.
[1017] Pline l'Ancien, *Histoire naturelle*, 9.132. L'équivalence entre les *purpurae* et les muricidés est assurée parce que Pline affirme que les *purpurae* servent à teindre les étoffes, la pourpre étant préparée à partir d'une sécrétion de la glande hypobranchiale des muricidés. cf. Bardot 2010.

légèrement au sud de l'actuel delta du Pô en Italie, un lot de coquilles de rocher épineux a été retrouvé prisonnier d'un instrument fait en filet.[1018]

Zones de pêches et pêcheurs

La diversité des informations fournies par les taxons abordés à partir des conchyliorestes permet de dessiner une première esquisse des zones du rivage marin que les populations antiques ont pu exploiter. (fig. 198)

Une contrainte essentielle sépare les façades maritimes atlantique et méditerranéenne : le phénomène des marées qui caractérise la première et conditionne fortement les modes de prélèvement. Dans ce domaine marin, il permet de recueillir de nombreux coquillages à la faveur du découvrement des plages lors des basses marées. La partie du littoral alternativement couverte et découverte située entre les plus hautes et les plus basses mers, l'estran, semble ainsi très fréquentée. De nombreuses espèces de bivalves sont concernées, qu'elles s'enfoncent dans les sédiments comme la palourde croisée d'Europe et les coques, ou qu'elles se fixent sur un substrat comme les moules, le peigne variable et l'huître plate d'Europe. Les patelles apparaissent être les seuls coquillages qui sont récoltés de la même façon sur les deux façades, comme peut-être les animaux vivants rejetés vivants lors de fortes houles pour une consommation très ponctuelle. Enfin, la pénétration des zones constamment en eau semble attachée plus spécialement au littoral méditerranéen. Le pêcheur reste cependant dans des eaux calmes. Le flion tronqué se rencontre dans les quelques mètres des plages à faible déclinaison et accessibles à pied. Le peigne glabre, et accessoirement le peigne operculaire, peuvent être attrapés plus profondément, mais dans le biotope particulier que sont les lagunes, où les huîtres plates et les moules les accompagnent. La description d'un lot d'huîtres de type "stentina" par V. Forest sur le site de Villetelle/*Ambrussum*[1019] renvoie à un biotope rare en Méditerranée, décrit au XXe siècle : les lônes marines du Grau-du-Roi (Gard)[1020] qui réunissent ces deux aspects. Seule la capture des rochers peut éventuellement s'éloigner du trait de côte. Mais, dans ce cas-là, l'homme n'agit plus. Les animaux viennent seuls s'emprisonner dans le piège qui leur a été tendu en aveugle.

La pêche semble inexistante dans les plus grands fonds. En effet, aucun indice ne permet de supposer que les huîtres plates aient été ramassées au large que ce soit en Méditerranée ou en Atlantique. De plus, deux espèces dont les coquilles sont appréciées, comme en témoignent le ramassage de valves épaves, ne sont pas prises vivantes : le vernis fauve et les coquilles Saint-Jacques. Le premier, dont le domaine va "de l'étage infralittoral, et jusque vers 200 m de profondeur",[1021] se concentre probablement trop loin de la rive pour autoriser une pêche facile. En 1900, A. Locard disait d'ailleurs de cette espèce dont "la chair est assez bonne" : "malheureusement elle se plaît trop souvent à d'assez grandes profondeurs d'où il est assez difficile de la ramener".[1022] Aujourd'hui, le vernis fauve est ramassé "en Méditerranée en plongée sous-marine".[1023] Les coquilles Saint-Jacques vivent aussi à de plus grandes profondeurs, à partir de 10 m.[1024] Toutefois, *Pecten jacobeus* a été observée à seulement 4 m "dans la partie la plus marine du grau de Port-Leucate" dans l'étang de Salses-Leucate.[1025] Cette observation, plutôt exceptionnelle, pourrait au mieux expliquer une série archéologique qui serait à découvrir. Le tableau que nous avons dressé montre une exploitation circonscrite aux zones maritimes proches du rivage. Elle reste en quelque sorte dans les limites de ce qu'une plongée en apnée peut rapporter ; le recours à l'instrument ne servirait qu'à rendre le geste plus efficace. Finalement, les capacités des habitants de la Gaule romaine pour la pêche des coquillages semblent ni plus ni moins poussées que celles que résume l'Abbé Jaubert à la fin du XVIIIe siècle : "Les pêcheurs vont à la recherche des coquillages de mer, de cinq manières différentes ; à savoir, à la main, au rateau, à la drague, au filet et en plongeant".[1026] Cette simplicité des pratiques transparaît dans l'évocation du ramassage des moules par Ausone que nous n'hésitons pas à répéter : "On ne va pas chercher [le *musculus*] au sein d'une mer orageuse, en bravant des périls qui en doubleraient le prix ; mais au bord des eaux, quand la vague s'est retirée, on le recueille sur le rivage, parmi les algues dont il a la couleur (*Non hic navifrago quaeritur aequore, Ut crescat pretium grande periculis : Sed primore vado, post refugum mare, Algoso legitur litore concolor*)".[1027] Ces vers suggèrent également une sûreté des conditions du ramassage dans des eaux calmes et peu profondes comme celles qui font la qualité des *ostreae* de Bordeaux (*Ostrea Baianis certantia, quae Medulorum Dulcibus in stagnis reflui maris aestus opima*).[1028] Ausone utilise en effet le terme de *stagnum*. Celui-ci semble avoir été oublié, au moins dans la traduction française d'E.-F. Corpet[1029] ("Ces rivales des huîtres de Baïes, ces huîtres que les vagues du reflux des mers engraissent dans les douces eaux des Médules") ou déformé, comme dans la version anglaise de H. G. Evelyn-White[1030] (Oysters rivalling those of Baiae, which the surge of ebbing sea fattens in the rush marshes [marais] of Médoc). Or *stagnum* se définit comme "une étendue d'eau stagnante",[1031] ce qui renvoie aux indications de vie de certains coquillages qui aiment les lieux "abrités".

[1018] Berti (éd.) 1990, 60.
[1019] Forest 1998b.
[1020] Ces dépressions côtières ont été détruites lors de la construction des bassins de la marina de Port-Camargue.
[1021] Poutiers 1978, 421.
[1022] Locard 1900, 70.
[1023] Quéro & Vayne 1998, 148.
[1024] Quéro & Vayne 1998, 100-101.
[1025] Clanzig 1987, 210.
[1026] Jaubert 1773, 395.
[1027] Ausone, *Lettres*, 7.
[1028] Ausone, *Lettres*, 7.
[1029] Traduction par E.-F. Corpet, 1843.
[1030] Traduction anglaise par H.G. Evelyn-White, 1961.
[1031] Glare 1996.

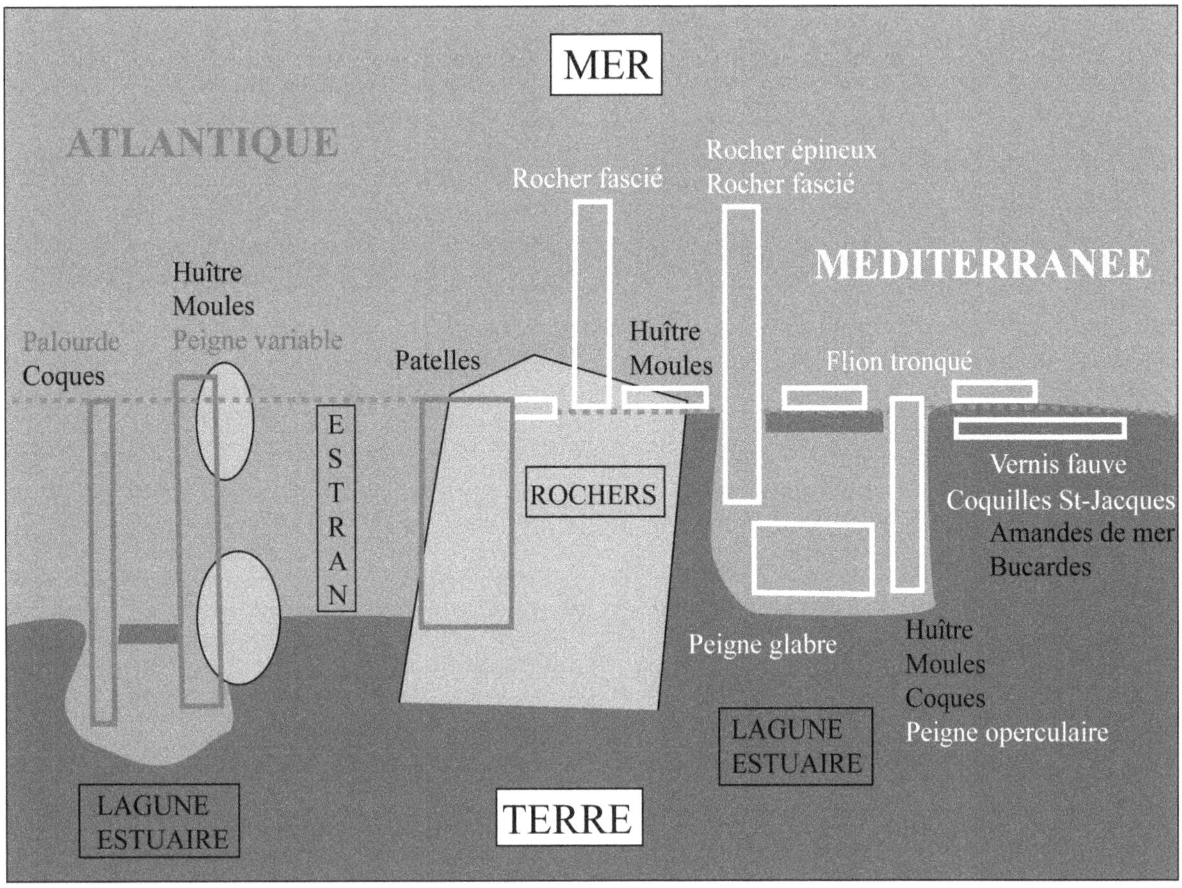

fig. 198 : schématisation des zones maritimes exploitées à l'époque romaine en Gaule.

Cette gestion de zones facilement accessibles et sans trop de dangers rappelle l'ambiance des travaux agricoles. Plaute décrit de pauvres "pêcheurs de coquillages, pêcheurs d'hameçon" (*Salvete, fure maritimi, conchitae, atque hamiotae, Famelica hominum natio ; quid agitis ? ut peritis ?*),[1032] très sobrement équipés "d'hameçons" et de "roseaux", qui affirment ceci : "chaque jour nous venons de la ville jusqu'ici chercher en mer notre pâture ; c'est ce qui nous sert d'exercice et de palestre" (*Hisce hami atque haec harundines sunt nobis quaestu et cultu. Ex urbe ad mare huc prodimus pabulatum ; Pro exercitu gymnastico et palaestrico hoc habemus*).[1033] Ainsi, cette pêche apparaît davantage comme une collecte, un ramassage de "fruits de mer". Cette perception agricole de l'activité a pu d'ailleurs persister dans les esprits lorsque l'élevage des coquillages a été appelé "culture".[1034]

Nous ne sommes pas en mesure de replacer précisément la pêche romaine des coquillages dans l'histoire de l'exploitation humaine de la mer. Néanmoins, quelques pistes de recherche ont été ébauchées par V. Forest, dont les travaux couvrent un large cadre chronologique, de la préhistoire récente à l'époque moderne ; elles sont aujourd'hui renforcées par nos propres observations.

Au cours de l'âge du Fer et jusqu'à la fin du Ier siècle a.C., les assemblages conchyliologiques sont surtout marqués par des espèces facilement accessibles par une pêche à pied le long du rivage ; les moules et les coques livrent alors leurs restes les plus nombreux. Cette tendance ne rompt pas avec les périodes antérieures, au cours desquelles les pêcheurs se seraient contentés de ramasser ce qui était immédiatement accessible. Au cours du Néolithique final, le site de Lespignan/Camp Redoun (Hérault) a ainsi révélé en abondance des outils sur valves de moules et des valves épaves de coques.[1035] V. Forest y a également dénombré plusieurs centaines de valves de peigne glabre appartenant à de très jeunes animaux sûrement consommés. Or comme pour le flion tronqué,[1036] il suppose un étagement bathymétrique des individus suivant leur âge. Les plus jeunes peignes glabres croîtraient près du rivage, à portée de main, avant de migrer plus au large en grandissant ; c'est pourquoi les adultes auraient échappés à une collecte manuelle directe. "Autrement dit, les pêcheurs ne se seraient pas avancés très en avant dans le milieu marin, notamment en employant des instruments de pêche",[1037] du genre de l'arselière précedemment évoquée. V. Forest précise d'ailleurs qu'il n'a pas observé de trou suggérant le

[1032] Plaute, *Rudens*, 311.
[1033] Plaute, *Rudens*, 294-296.
[1034] Cet amalgame peut être rapproché de la gestion des étangs littoraux du Roussillon par les villages limitrophes durant le Bas Moyen Age (C. Puig, communication orale) et la gestion des pêcheries fixes de poissons de Basse-Normandie durant le XVIIIe siècle par des cultivateurs (C. Billard, communication orale).

[1035] Forest (inédit g).
[1036] cf. *supra*.
[1037] Forest (inédit g).

passage d'une dent d'un tel engin. Cette marque fait semble-t-il son apparition seulement avec les assemblages d'époque romaine, qui, à notre connaissance, n'ont encore jamais livré de valves aussi petites qu'à Lespignan/Camp Redoun. Les pêcheurs romains de peignes glabres pourraient donc s'être éloignés un peu plus du trait de côte que leurs prédécesseurs, en élargissant l'éventail des techniques déjà connues. Cette avancée dans la mer coïncide probablement avec la multiplication des découvertes de cette espèce un peu avant le changement d'ère. La même hypothèse vaut pour l'huître plate et le rocher épineux qui se font aussi beaucoup plus fréquents et abondants à partir de cette époque, et pour lesquels nous envisageons une pêche à l'aide d'outils montés sur des embarcations. Selon V. Forest, il est possible que "les contacts entre les populations autochtones et les méditerranéens orientaux" soient à l'origine de cette nouvelle exploitation de la mer, dont nous soupçonnons qu'elle était déjà maîtrisée par les Grecs comme le suggère le témoignage d'Aristote[1038] ; les Romains, qui auraient appris de leurs échanges avec les Grecs, "auraient seulement démultiplié l'échelle des pratiques".[1039]

Géographie des lieux de collecte

Les coquilles épaves

Nous avons déjà proposé les plages sableuses des côtes de la Méditerranée et de la façade atlantique comme des endroits privilégiés pour la recherche des valves épaves, car elles sont les moins agressives pour la coquille. Il est cependant difficile de définir plus précisément des lieux de ramassage car les zones d'échouage fluctuent, à la fois dans l'espace et dans le temps, sous l'influence des houles et des courants marins locaux[1040]. Au fil des études conchyliologiques, des rapprochements commencent néanmoins à s'établir entre certains sites méditerranéens, à partir des taxons qui y sont représentés : s'ils ne permettent pas de cibler un lieu précis pour la collecte des valves épaves, ils orientent vers des sections du rivage.

(?) : identification incertaine		*Callista chione*	*Acanthocardia* sp.	*Glycymeris* sp.	*Pecten jacobeus*	*Mactra* sp.	*Chamelea gallina*
Villevieille	*restes*	5	37	56	1	8	3
Nîmes/Assas	*valves*	1	8	20		2	1
Nîmes/Z.A.C des Halles	*?*	1 (?)	4	1			
Nîmes/Arènes	*valves*	7	7	4	1		
Villetelle/Ambrussum (Quartier du Sablas)	*exemplaires*	4 (?)	8	11			5
Lunel-Viel (Quartier central)	*restes*		70	455	17		
Lattes	*individus*	73 (?)	291	567	76		12
Clermont-l'Hérault/Peyre Plantade	*restes*	8	25	22	8		
Aspiran/Soumaltre	*restes*	11	6	2	3		
Puissalicon/Les Jurières-Basses	*valves*	1	1				
Narbonne/Clos de la Lombarde	*valves*	7	3	1	3		
Sallèles-d'Aude	*restes*	32	15	9	6		
Carcassonne/Troubadours	*valves*	14	1		5		
Saint-Pont-de-Mauchiens/Sept-Fons	*restes*	13	2	1	16		
Alignan/Le Valat	*restes*	20		2	15		
Paulhan/L'Ermitage	*restes*	14	5	5	8		
Balaruc-les-Bains/Rive bleue	*valves*		1		18		

fig. 199 : dénombrements de valves épaves pour plusieurs sites languedociens.

[1038] cf. *supra* ; Aristote, *Histoire des animaux*, 4.528a.31-32.
[1039] Forest 2002a.
[1040] cf. *supra*.

Nous avons enregistré la composition des assemblages de valves épaves pour 17 sites de l'Aude, de l'Hérault et du Gard. Trois grands types d'association se dessinent. (fig. 199) La première se définit par la supériorité numérique des vernis fauves et des coquilles Saint-Jacques et la deuxième par celle des vernis fauves et des bucardes. L'une et l'autre marquent principalement les sites de l'Aude et de l'Hérault jusqu'à l'étang de Thau. Nous supposons donc que les lieux de ramassage des valves épaves se situent sur la section correspondante du rivage. La troisième association donne la primeur aux bucardes et aux amandes de mer et voit l'apparition des mactres et de la vénus poule qui sont absentes dans les associations précédentes. Elle apparaît principalement sur les sites localisés à la limite du Gard et de l'Hérault (Lattes, Villevieille, Lunel-Viel, Villetelle/*Ambrussum*) et à Nîmes. Par ailleurs, le vernis fauve y est rare par rapport aux sites languedociens plus occidentaux. Or actuellement la mer rejette peu de valves de vernis fauve sur les plages sableuses de la partie est du Golfe d'Aigues-Mortes,[1041] qui sont les plus proches. Celles-ci peuvent donc être proposées comme lieu de collecte des valves épaves retrouvées sur les sites voisins.

Les coquillages "fruits de mer"

L'huître plate d'Europe

L'abondance des restes d'huître plate d'Europe découverts sur les sites archéologiques riverains de l'Atlantique et de la Méditerranée montre que cette espèce a été collectée dans les deux domaines marins. Mais le caractère ubiquiste d'*Ostrea edulis* ne permet pas de préciser les sections du littoral qui auraient pu être privilégiées. Ce coquillage s'accommode en effet de substrats variés : J.-M. Poutiers précise par exemple que "les zones à substrat solide étant relativement rares dans la région [du Golfe d'Aigues-Mortes], il est fréquent que cette espèce se fixe sur d'autres coquilles, et notamment sur celles de petits Gastéropodes".[1042]

En revanche, Ausone par son évocation du *stagnum* nous donne peut-être l'image d'un type de lieu parcouru par les pêcheurs, celle d'une "étendue d'eau stagnante".[1043] Elle apparaît également à travers les *stagna* que mentionnent Virgile, Ovide, Tite Live ou encore Pline le Jeune.[1044] Dans la *Guerre d'Afrique*, un récit de César rappelle le caractère marin des *stagna* dont l'eau est salée (*stagnum salinarum*) et précise leur configuration : "il était séparé de la mer par une bande de terre qui n'excédait pas quinze cents pas (*Erat stagnum salinarum inter quod et mare angustiae quaedam non amplius mille*)".[1045] Les *stagna* de Gaule répondaient sans doute à la même définition. Ainsi, lorsque Pline l'Ancien décrit la côte de la province de Narbonnaise, il cite des *stagna* le long de la côte aujourd'hui languedocienne (*Narbo Martius,*

[1041] Poutiers 1978 et observations personnelles.
[1042] Poutiers 1978, 208.
[1043] cf. *supra*.
[1044] Virgile, *Enéide*, 10.764. ; Ovide, *Métamorphoses*, 1.38. ; Tite-Live, *Histoire romaine*, 26.48.4 ; Pline le Jeune, *Lettres*, 9.33.2.
[1045] César, *Guerre d'Afrique*, 80.

Decumanorum colonia, XII M pass. À mari distans. Flumina : Arauris, Liria. Oppida de cetero rara, praejacentibus stagnis).[1046] Le *Stagnum Latera*[1047] est probablement l'un d'entre eux ; M. Ambert et L. Chabal l'interprètent comme le prolongement occidental de l'actuel étang de Mauguio, qui est une lagune.[1048] Un autre *stagnum*, que Pline l'Ancien nomme *Stagnum Mastramela*, se situerait au-delà du Rhône.[1049] Cet emploi de *stagnum* se perpétue au XVIe siècle dans une représentation du rivage languedocien dressée par le géographe Abraham Ortelius. Les lagunes entre le Golfe d'Aigues-Mortes et Narbonne sont dessinées sous forme d'une véritable mer intérieure et désignés par le terme de *stagna*,[1050] qui renverrait à la perception que les Romains en auraient eu. Enfin, au début du XVIIIe siècle, une description de Fr. Le Masson du Parc montre que l'idée du *stagnum* est toujours vivante sur la façade atlantique : "La baye d'Arcasson qui a trois passes ou entrées à la mer et qu'on peut regarder comme un lac d'eau salée [...]".[1051] Comment ne pas penser alors aux lagunes en Méditerranée et au Bassin d'Arcachon en Atlantique pour la collecte des huîtres à l'époque romaine ?

Les concentrations des découvertes archéologiques autour des lagunes languedociennes et provençales témoignent vraisemblablement de l'exploitation des *stagna* qui jalonnaient le pourtour du Golfe du Lion. (fig. 10) La pêche des huîtres y était encore pratiquée au siècle dernier. Nous l'avons vu en Languedoc à propos de l'étang de Thau.[1052] En Provence, l'étang de Berre devait également offrir de très nombreuses ressources aux pêcheurs romains, comme il le fit jusqu'au début des années 1960. Voici ce que rapporte Y. Rosaire : "Dans l'étang, il suffisait de se baisser pour prendre du produit et on ne se cassait pas la tête à faire des heures et des heures ! C'était facile. Il y avait de tout : des palourdes, des moules, des clovisses, des oursins, des huîtres bien sûr et en quantités incroyables. [...] Un jour, aux Trois Frères à la Mède, on est tombé sur un plateau d'huîtres, il y en avait tellement qu'on ne pouvait pas remonter la drague. [...] En une heure, on a remonté une tonne"[1053]. Dans l'Antiquité, Strabon signalait déjà la présence d'une étendue d'eau salée riche en coquillages dans cette région (*Ὑπέρκειται δὲ τῶν ἐκβολῶν τοῦ Ῥοδανοῦ λιμνοθάλαττα, καλοῦσι δὲ στομαλίμνην, ὀστράκια δ' ἔχει πάμπολλα καὶ ἄλλως εὐοψεῖ*).[1054] Cependant, on ne peut assurément la rapprocher du *Stagnum Mastramela* de Pline l'Ancien ni de l'étang actuel de Berre.

La lagune semi-fermée que constitue aujourd'hui le Bassin d'Arcachon est un lieu de collecte fortement soupçonné en Atlantique. Son aspect a certes évolué depuis 2000 ans, mais il est probable que sa configuration antique correspondait déjà au *stagnum* des auteurs anciens. En effet, à la lecture des travaux de géologues et d'océanographes, ses orientations physionomiques et écologiques commençaient alors à se fixer : il se forme "à l'abri de la houle dans un environnement dominé par les courants de marée" pendant que "le cordon littoral du Cap Ferret se construit".[1055] Deux arguments plaident en outre pour son exploitation dès l'époque romaine : la tradition de pêche des huîtres plates à cet endroit[1056] et surtout les résultats des études conchyliologiques pour les sites de Bordeaux/Chapeau Rouge[1057] et de Bordeaux/Auditorium.[1058] La localisation de ces deux sites bordelais aurait pu orienter la définition d'une zone d'approvisionnement vers la côte aquitaine, limitée au nord par l'embouchure de la Gironde et au sud par celle de l'Adour. Mais elle est directement ouverte sur l'océan et exposée aux fortes houles. La définition du *stagnum* ne lui convient donc pas même si, à l'époque romaine, elle devait être plus découpée qu'elle ne l'est actuellement,[1059] formant probablement par endroit de petites enclaves abritées. Aujourd'hui, les seules larges interruptions sur ce long cordon littoral sont l'estuaire de la Gironde et le Bassin d'Arcachon. Or la comparaison des lots d'huîtres des sites bordelais à ceux du site de Barzan, auquel correspond sans doute une collecte dans la partie marine de l'estuaire de la Gironde, permet de privilégier une collecte dans le Bassin d'Arcachon. Les assemblages s'opposent en effet sur plusieurs points. Tout d'abord, plusieurs exemplaires de Bordeaux/Auditorium répondent à la forme dite "Pied de Cheval", que nous n'avons jamais repérée à Barzan. Ensuite, la faune associée aux coquilles n'est pas identique dans sa composition. À Barzan, elle est peu diversifiée, représentée pour l'essentiel par des galeries de vers du genre *Polydora*. Elles sont présentes à Bordeaux dans des proportions bien moins grandes qu'à Barzan où, très souvent, 90% des valves sont atteintes. Surtout, les vers du genre *Pomatoceros* ont proliféré sur les coquilles de plusieurs lots de Bordeaux/Auditorium alors qu'ils sont presque absents à Barzan. Cette opposition entre les lots d'huîtres des sites de Bordeaux et de Barzan est renforcée par plusieurs observations sur les espèces de mollusques qui les accompagnent. Le lavignon poivré, *Scrobicularia plana*, espèce caractéristique des fonds détritiques vaseux estuariens, qui a été retrouvé à Barzan, est absent à Bordeaux. La taille des peignes variables, *Chlamys varia*, est globalement plus grande à Bordeaux qu'à Barzan. Enfin, nous avons enregistré une forme différente des coquilles de palourde croisée d'Europe. Le contour des

---

1046 Pline l'Ancien, *Histoire naturelle*, 3.5.4. (traduction par E. Littré, 1855)

1047 Pline l'Ancien, *Histoire naturelle*, 9.8.29.

1048 Ambert & Chabal 1992. Dans sa description de la côte de la province de Narbonnaise, Pline l'Ancien mentionne, au-delà de Narbonne, des *stagna* qui bordent le rivage.

1049 Pline l'Ancien, *Histoire naturelle*, 3.5.4. (traduction par E. Littré, 1855)

1050 Cette carte illustre le premier atlas géographique connu sous le titre de *Theatrum orbis terrarum*. Elle peut être consultée librement sur le site internet de la BNF. Elle est reproduite dans Bardot 2012, 154.

1051 Le Masson du Parc 1727, 9. Sur la question de l'identification du *stagnum* d'Ausone avec le Bassin d'Arcachon, voir Bardot 2006d.

1052 cf. *supra* ; Calvet 1910.

1053 Témoignage d'Y. Rosaire, pêcheur de l'étang de Berre. Consultable en ligne : http://www.etangdeberre.org

1054 Strabon, *Géographie*, 4.1.8.

1055 Féniès & Lericolais 2005 ; Féniès 1984.

1056 Le Masson du Parc 1727, 25.

1057 Bardot 2006d.

1058 Bardot 2009.

1059 Le trait de côte rectiligne actuel est récent. Il s'est mis en place lors du "Petit Age Glaciaire" entre 1450 et 1850 (Thierry 2002).

valves est très ovale à Bordeaux tandis qu'il affiche la forme anguleuse typique de l'espèce à Barzan. Toutes ces observations conchyliologiques convergent ainsi vers deux lieux de collecte différents pour l'approvisionnement des sites de Bordeaux et de Barzan, probablement le Bassin d'Arcachon pour les premiers et l'estuaire de la Gironde pour le second.

En Atlantique, un autre lieu renvoie aujourd'hui l'image du *stagnum* : le Golfe du Morbihan que le Conservatoire du littoral définit aujourd'hui comme un "mer intérieure". À la fin du XIXe siècle, la pêche des huîtres sur les gisements des rivières d'Auray et du Bono[1060] était encore très florissante. Les chroniques de la *Revue maritime*, qui font état des huîtrières du quartier maritime d'Auray, rapportent qu'elles sont "prospères et demeurent des foyers de reproduction précieux pour l'avenir".[1061]

Par ailleurs, l'analyse de la morphologie des coquilles et de la faune qui leur est associée a permis de dégager un type d'habitat principal pour les huîtres ; nous l'avons défini comme "de faible profondeur, plus ou moins envasé et calme, avec une possible dessalure" et rapproché des milieux de type estuarien que décrivent les auteurs antiques.[1062] Les estuaires, dans leur partie marine, pourraient donc être d'autres lieux de collecte pour les huîtres romaines. Strabon les désignent plusieurs fois par le terme *λιμνοθαλάττη*.[1063] Or Aristote mentionne les *λιμνόστρεα*[1064] et Ausone les *limicolae ostreae*[1065] : ces coquillages seraient-ils alors les huîtres qui vivent dans les zones estuariennes ? Celles-ci étaient encore très fréquentées par les pêcheurs au XVIIIe siècle et jusqu'au début du XXe siècle. Nous n'en citerons que quelques exemples, parmi les plus célèbres à cette époque.

Ils concernent tout d'abord les côtes charentaises qui comptent pas moins de quatre fleuves accédant à l'océan par autant d'estuaires. Le plus au sud est celui de la Gironde : sur sa rive saintongeaise, on récoltait des huîtres plates à la hauteur de Suzac, Meschers et Talmont.[1066] Fort probablement, les huîtres retrouvées sur le site archéologique de Barzan ont-elles été collectées à cet endroit[1067]. Vient ensuite l'estuaire de la Seudre, qui a fait la réputation des fameuses "Marennes-Oléron",[1068] puis celui de la Charente - "tout le monde connaît ceux [les bancs d'Huîtres] de Rochefort"[1069] - et celui de la Sèvre Niortaise. Celle-ci traverse la baie de l'Aiguillon qui abritait anciennement un gisement d'huîtres plates, selon Duhamel du Monceau.[1070]

Dans les Côtes-d'Armor, les estuaires du Trieux et du Tréguier sont particulièrement exploités.[1071] En 1726, Fr. Le Masson Du Parc jugent notamment que "les huîtres de Tréguier sont très délicates et estimées même autant que les huîtres anglaises, on les pesche depuis septembre dans la rivière par le travers de la pointe Saint-Yves jusqu'à Saint-Laurent. On pesche aussi des huîtres à l'entrée de la rivière".[1072]

Enfin, en Normandie, "les pêcheurs de Briqueville et de Regneville s'adonnent particulièrement à draguer les huîtres" de l'estuaire de la Sienne.[1073] La pêche y est attestée depuis le XVIIe siècle, "quand les équipages de Regnéville qui pratiquent le dragage de l'huître sur les bancs du Senéquet, de la Costaise, du Ronquet ou du trou à Giron protestent contre l'impôt levé sur la ressource par le trésor royal".[1074] Au XVIIIe siècle, quelques gisements sont également exploités dans l'embouchure de la Seine.[1075]

La prédilection des pêcheurs romains pour les environnements "protégés" plaide enfin pour un troisième grand type de lieux de collecte. En effet, aux lagunes, golfes et estuaires, il faut sans doute ajouter les baies, rades et anses abritées qui entrecoupent les côtes rocheuses de Provence et celles de la façade nord-atlantique et de la Manche. Ainsi, la baie de Bourgneuf, protégée par l'île de Noirmoutier, et la baie de l'Aiguillon ont vraisemblablement été prospectée au moins depuis le Moyen Age pour la collecte des huîtres plates comme le suggèrent les découvertes archéologiques synthétisées par F. Verger dans cette région, en particulier à Beauvoir-sur-Mer (Vendée), Bourgneuf-en-Retz (Loire-Atlantique) et Saint-Michel-en-l'Herm (Vendée).[1076] Au XIXe siècle, la ria de Crac'h qui s'ouvre sur le baie de Quiberon, isolée des houles du large par la presqu'île du même nom, compte des gisements huîtriers de "situation excellente"[1077]. La pêche se fait également sur les bancs de l'Ile-Tudy dans l'anse de Bénodet en face de Quimper, dans la rade de Brest "à l'entrée des rivières de Chateaulin et Landerneau", dans celle de Morlaix et dans les baies de Saint-Brieux et du Mont Saint-Michel.[1078] En 1938, L. Lambert rappelle que celle-ci abrita "pendant de longues années le plus importants de tous : cet immense gisement s'étendait bien au-delà de la baie proprement dite, c'est-à-dire jusqu'aux îles Chausey à l'Ouest et à l'entrée du Havre de Saint-Germain au Nord".[1079] C'est à Cancale et Granville que les activités de pêche sont les

---

[1060] La rivière d'Auray est en fait une ria (ou aber en breton), c'est-à-dire la partie aval d'une vallée encaissée qui se remplit et se vide partiellement aux rythmes des marées. L'eau de mer remonte jusqu'au Loc'h, nom du cours d'eau situé en amont. Celle du Bono est également une ria, affluent de l'Auray.

[1061] *Revue maritime* 1898, tome 137, 172-174. Voir également : *Revue maritime* 1897, tome 134, 222-224 ; 1897, tome 135, 461-462.

[1062] cf. *supra*.

[1063] Cette question a été abordée par P. Counillon à partir de plusieurs passages de Strabon : *Géographie*, 3.4.6. ; 4.1.8. ; 4.2.1. et 5.1.5. (Counillon 2008).

[1064] Aristote, *Histoire des animaux*, 4.528a.23 et 29-30 ; *Génération des animaux*, 3.763a.28-33. cf. Bardot 2010.

[1065] Ausone, *Lettres*, 7. cf. Bardot 2010.

[1066] Sauzeau 2003.

[1067] Forest 2003a.

[1068] Société des Amis de Talmont 1999, 64.

[1069] Figuier 1867-1869, 272.

[1070] Duhamel Du Monceau, 1776, vol. 5, 626.

[1071] Levasseur 2001.

[1072] Arch.nat. Mar.C^{5}20, f°129 v°- citées dans Levasseur 2001.

[1073] Duhamel Du Monceau, 1776, vol. 5, 611.

[1074] Collectif 1997, 33.

[1075] Lambert 1938, 467.

[1076] Verger 2009.

[1077] *Revue maritime* 1897, tome 134, 222.

[1078] Binet 1999.

[1079] Lambert 1938, 466.

plus intenses : Fr. Le Masson du Parc rapporte que "lors des vives eaux des équinoxes, il descend à la coste des milliers de personnes qui en viennent ramasser sur les fonds et détacher des roches".[1080] On citera enfin les huîtres plates de la baie du Grand Vey dont les rochers "ont constitué autrefois une huîtrière naturelle. Des gisements, très prospères vers 1830, occupaient une étendue de terrain considérable sur un plateau de roches et de sables vaseux appelé "Guinehaut", distant de 1500 mètres du rivage, courant parallèlement à la côte sur une étendue de 2000 mètres environ et sur une largeur de 1500 mètres [...]. Ce banc était une source de richesse pour la population du littoral (Isigny et Grancamp) ; la pêche s'y pratiquait à pied : 1000 à 1200 personnes descendaient sur Guinehaut aux grandes marées, et un pêcheur habile rapportait facilement 300 à 400 huîtres par marée".[1081]

La documentation rassemblée met finalement en avant six pôles de collecte principaux pour la pêche des huîtres entre le XVIIIe siècle et le début du XXe siècle : les lagunes languedociennes et provençales, le Bassin d'Arcachon, les côtes charentaises, celles de la région des Pays-de-la-Loire, de Bretagne et de Basse-Normandie. À l'époque romaine, ces lieux étaient déjà sans doute exploités. Un témoignage antique conforte cette hypothèse : celui d'Ausone lorsqu'il compare la qualité des *ostreae* selon leur provenance.[1082] Il mentionne ainsi :
- en Méditerranée : les huîtres de Narbonne (*portum quae Narbo ad Veneris nutrit*) et de Marseille (*Proxima sint quaevis, sed longe proxima multoex intervallo : quae Massiliensia*).
- sur la façade atlantique et de la Manche : les huîtres de Bordeaux (*Sed mihi prae cunctis ditissima, quae Medulorum educat oceanus, quae Burdigalensia nomen usque ad Caesarus tulit admiratio mensas, non laudata minus, nostri quam gloria vini*), des Santons (*Santonico quae tecta salo*), des Pictons (*Et quae Pictonici legit accola litoris*) et d'Armorique (*Sunt et Aremorici qui laudent ostrea ponti*).

En l'état actuel de nos connaissances, il ne semble pas que le rivage aquitain, en Atlantique, et la côte d'Azur, en Méditerranée, soient des lieux de collecte privilégiés à l'époque romaine. Ausone ne fait pas mention de ces régions et, pour l'instant, les découvertes enregistrées ne laissent pas présager de concentrations aussi intenses que sur le pourtour du Golfe du Lion. De même, nous n'avons pas trouvé la trace d'une tradition de pêche intensive des huîtres sur ces sections du littoral français dans les enquêtes des XVIIIe et XIXe siècles qui ont été utilisées pour cet exposé.

[1080] Fr. Le Masson du Parc, enquête menée entre 1723 et 1732, citée dans Binet 1999, 18, note 11.

[1081] *Revue maritime* 1897, tome 135, 225.

[1082] Ausone, *Lettres*, 9. Dans ce passage, *ostreae* désigne probablement les huîtres. cf. Bardot 2010.

Les autres coquillages

Tant à l'époque romaine qu'aux siècles derniers, les autres coquillages rencontrés sont loin d'avoir fait l'objet d'observations aussi nombreuses, sans doute parce que leur exploitation n'a jamais été aussi importante et destructrice que celle de l'huître plate. Toutefois, au hasard des textes anciens et de la documentation moderne, des informations anecdotiques en première lecture viennent finalement s'associer aux données archéologiques pour esquisser des pistes de recherche.

Les concentrations de découvertes archéologiques de peigne glabre, *Proteopecten glaber*, autour des lagunes languedociennes et provençales font de ces sections du littoral méditerranéen des lieux de collecte très probables pour cette espèce. (fig. 54) D'ailleurs, d'après J.-M. Poutier et S. Clanzig, le peigne glabre apprécie particulièrement "les étangs littoraux sub-marins".[1083] Il a très fortement régressé dans les lagunes languedociennes au cours du dernier siècle, probablement à cause de leur fermeture d'après l'hypothèse de V. Forest.[1084] En 1987, S. Clanzig rapporte ainsi qu'il a observé "sur le littoral (près de Narbonne-Plage) une station où la densité de cette espèce atteignait jusqu'à 18 individus de 50 à 60 mm de diamètre au mètre carré [...] sur des fonds de 5 m de profondeur, en mode totalement abrité, dans une eau d'origine marine sans apport d'eau douce".[1085] Le peigne glabre survit néanmoins toujours dans l'étang de Thau où il pullule brusquement en de rares années.[1086]

Les autres coquillages ne sont pas ou peu transportés à l'époque romaine. Leur apparition sur les sites archéologiques est donc restreinte à la proximité des côtes où ils vivent. Dans cette perspective, des lieux de collecte privilégiés peuvent être proposés pour quelques espèces.

En Méditerranée, l'apparition des patelles, *Patella* sp., et du rocher fascié, *Hexaplex trunculus*, trahit la nature du substrat exploité par les pêcheurs, à savoir les côtes rocheuses de Provence. Au contraire, la zone de collecte du rocher épineux, *Bolinus brandaris*, est plus certainement languedocienne puisqu'il est davantage attaché aux fonds sablo-vaseux. En 1900, A. Locard remarque que "cette espèce est très commune sur toutes nos côtes de la Méditerranée et plus particulièrement dans la partie ouest ; elle vit sur les fonds sablonneux".[1087] Le Golfe d'Aigues-Mortes, entre Sète et la Petite Camargue,[1088] pourrait avoir été spécialement exploité, comme le suggère l'abondance des coquilles sur les sites nîmois et de l'est de l'Hérault. (fig. 200) Dans cette région se concentrent aussi les restes les plus abondants de flion tronqué, *Donax trunculus*, ce qui nous fait supposer le même lieu de collecte. La grande anse qui relie La Grande Motte, à l'ouest, à la pointe de

[1083] Poutiers 1978, 183 ; Clanzig 1987, 214.

[1084] Forest 2002a.

[1085] Clanzig 1987, 213.

[1086] Propos d'E. Bernard dans Forest 2002a, 112.

[1087] Locard 1900, 35.

[1088] Poutiers 1978.

l'Espiguette, à l'est, était peut-être une zone de pêche privilégiée. Le rocher épineux y trouvait un biotope lagunaire favorable et le flion tronqué pouvait proliférer sur la façade maritime des lidos lagunaires sableux. De nos jours, cette zone abrite encore des gisements de rochers épineux, commercialisés sous le nom d'escargots de mer, et de flions tronqués, les fameuses "tellines" actuellement récoltées sur les fonds de sable des plages gardoises du Boucanet (entre La Grande Motte et le Grau-du-Roi) et de l'Espiguette.[1089]

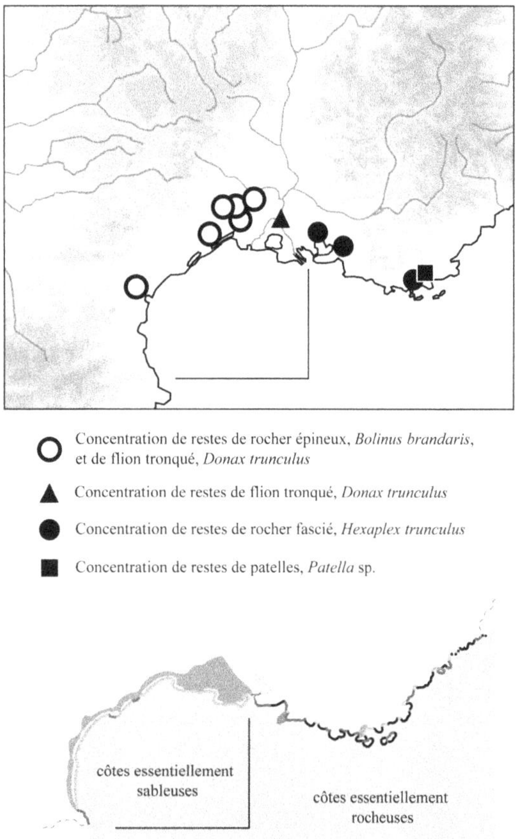

Typologie des côtes de France - Extrait de l'Atlas permanent de la Mer et du Littoral n°5 : Littoral français 2000, p. 4
CNRS - Géolittomer - LETG UMR 6554/infomer

fig. 200 : distribution géographique des concentrations de patelles, *Patella* sp., de rocher épineux, *Bolinus brandaris*, de rocher fascié, *Hexplex trunculus*, et de flion tronqué, *Donax trunculus*, au regard de la nature des côtes.

Enfin, l'unique concentration de restes de pinnes marines, *Pinna* sp., sur le site provençal d'Hyères/Olbia répond parfaitement à une remarque du chevalier L. de Jeaucourt dans l'Encyclopédie de Diderot et D'Alembert : "On ramasse une grande quantité de pinnes sur les côtes de Provence".[1090]

En Atlantique, il semble qu'on puisse envisager une pêche charentaise du lavignon poivré, *Scrobicularia plana*, au vu de la distribution géographique de ses restes. Celle-ci pourrait illustrer une remarque d'A. Locard, que nous avons déjà citée : cette espèce vit enfoncée "sous la vase des estuaires qui subissent l'influence des marées ; c'est en effet surtout sur les côtes du sud-ouest qu'on le rencontre".[1091]

Carte des lieux de collecte : première esquisse

Au terme de cet exposé sur la géographie des lieux de collecte des coquillages, il reste difficile de dresser une carte des sections côtières exploitées à l'époque romaine. En effet, notre méconnaissance de la configuration antique du littoral et un corpus d'études encore peu fourni pour la façade atlantique ne permettent pas d'être aussi complet que nous le souhaiterions. Les résultats présentés dépendent donc de nouvelles découvertes de conchyliorestes marins et des avancées des études paléoenvironnementales. Néanmoins, ils autorisent déjà quelques pistes de reflexions.

Puisque la majorité des espèces ne sont pas ou peu transportées, la carte des lieux de collecte pourrait en partie se superposer à celle des découvertes de coquillages sur les côtes. Pour les espèces les plus étroitement attachées à un substrat, des sections du rivage peuvent être privilégiées, par exemple les côtes de Méditerranée orientale pour les patelles inféodées aux rochers, les lagunes languedociennes et provençales pour le peigne glabre, les régions estuariennes pour les lavignons poivrés habitués des vases et le Golfe d'Aigues-Mortes pour le rocher épineux et le flion tronqué qui y abondent encore aujourd'hui.

Pour les espèces les plus ubiquistes, les façades atlantique et méditerranéenne offraient aux pêcheurs romains près de 5500 km de côtes à parcourir. Autant dire que de nombreux endroits ont dû être exploités. Toutefois, certains ont pu faire l'objet d'une pêche particulièrement intense. Ausone dresse ainsi la liste de ceux qui, selon lui, livraient les meilleures huîtres. Il ne les localise pas précisément - ce sont les huîtres de Bordeaux, de Narbonne ou encore de Marseille[1092] - mais les images renvoyées par le *stagnum* et la *λιμνοθαλάττη* permettent de cibler des grands types de lieux, notamment les lagunes méditerranéennes et le Bassin d'Arcachon, les baies abritées et les estuaires, qui sont encore privilégiés pour la pêche et pour l'installation des activités conchylicoles.

Aujourd'hui, cet élevage des coquillages, et plus spécialement celui de l'huître, est traditionnellement admis pour l'époque romaine. Pourtant, la question même de son existence n'a jamais été clairement posée. Le chapitre qui suit lui est donc consacré.

[1089] Abbes 1991.
[1090] Diderot & d'Alembert, 1765, vol. 12, 641.
[1091] Locard 1900, 69.
[1092] cf. *supra* ; Ausone, *Lettres*, 9.

3.7. Peut-on parler de conchyliculture à l'époque romaine ?[1093]

La conchyliculture à l'époque romaine a été le sujet de nombreux commentaires. C'est ainsi qu'un paragraphe est réservé à "La pêche et l'ostréiculture" dans des monographies sur les grandes agglomérations antiques, par exemple celle sur *Narbonne antique des origines à la fin du IIIe siècle* par M. Gayraud[1094] et celle sur *Béziers et son territoire dans l'Antiquité* par M. Clavel.[1095] Les auteurs s'appuient sur trois types majeurs d'arguments : les témoignages transmis par les textes anciens, les fameux vases en verre représentant des *ostriaria* installées aux environs de Baïes et de Pouzzoles, dans le Golfe de Naples,[1096] et le grand nombre de coquilles retrouvées au cours des fouilles archéologiques, particulièrement sur les sites côtiers. Cependant, ils ne définissent jamais le terme d'ostréiculture, c'est-à-dire l'enchaînement des gestes techniques que ce mot recouvre. Or de création moderne, il renvoie à une activité précise dont chaque étape aurait dû être confrontée aux sources historiques pour être considérée comme existante en période romaine. En conséquence, les interprétations sur le fonctionnement des *ostriaria* ne reposent pas sur une solide connaissance de la pratique de l'ostréiculture des XIXe et XXe siècles. En ce qui concerne les coquilles archéologiques, nous rappellerons simplement le propos de notre introduction : les coquilles ont été interprétées sans avoir été précisément étudiées.

Finalement, nous n'avons pas trouvé de réponse claire à la question de l'existence d'une ou de conchylicultures à l'époque romaine. V. Forest avait déjà proposé quelques pistes de réflexion à l'occasion de l'étude du mobilier conchyliologique issu de la fouille des thermes de Barzan/Le Fâ.[1097] Depuis, les échantillons étudiés se sont multipliés. Nous nous proposons donc de reprendre l'enquête. L'élevage de l'huître, l'ostréiculture, est celui qui nous occupera en premier, car nous avons montré que ce coquillage est le plus largement consommé dans tout le monde romain occidental. Dans le dictionnaire *Petit Robert*, l'élevage est défini comme "l'art de faire naître [les animaux domestiques ou utiles], de veiller à leur développement, leur entretien, leur reproduction".[1098] L'huître s'inscrit dans la catégorie des animaux utiles, comme le ver à soie ou les abeilles, ce qui implique pour l'éleveur de fournir au consommateur un produit répondant à certaines exigences de qualité. L'ostréiculture telle que nous la connaissons de nos jours répond à cette définition en maîtrisant les outils pratiques et les connaissances théoriques qui soutiennent leur mise en œuvre. Nous ferons donc un rappel assez précis des étapes régies par cette "culture" pour rendre compte de leurs implications sur les animaux. Ensuite, nous en rechercherons les indices sur les conchyliorestes archéologiques puisqu'ils sont les vestiges des coquillages manipulés anciennement par l'homme. L'ostréiculture n'est pas la seule conchyliculture pratiquée de nos jours. La mytiliculture, qui est l'élevage des moules, est la deuxième que nous aborderons selon le même principe. Enfin, nous tenterons d'éclairer l'objet de cette enquête sous un autre angle : en nous interrogeant sur la nécessité que les populations antiques auraient ressentie à élever des coquillages.

De l'ostréiculture

Les étapes de l'ostréiculture actuelle

L'ostréiculture actuelle s'occupe principalement de l'huître creuse, *Crassostrea gigas*. L'huître plate, *Ostrea edulis*, qui est l'espèce indigène des côtes européennes, est plus rarement élevée. La vie de l'huître cultivée comprend de grandes étapes : le captage, le détroquage, la croissance et l'affinage. Elles ont été décrites dans de nombreux ouvrages. Nous utiliserons principalement celui de L. Marteil[1099] et aussi le fascicule de vulgarisation dédié aux "Huîtres" de J.-Cl. Quéro et J.-Y. Vayne.[1100]

Le "captage" marque le début de la "culture" qui va durer de trois à quatre ans. Il consiste à capturer le naissain, c'est-à-dire les très jeunes huîtres libérées par les géniteurs des gisements naturels ou des élevages. Pour cela des collecteurs sont présentés aux larves. Nous avons vu que les supports sont de toutes natures : fascines, tuiles chaulées, coupelles plastiques en lamelles enfilées sur des tubes ou tubes seuls, valves de moules.[1101] (fig. 201)

Au bout de 6 à 18 mois selon les techniques propres à chaque bassin de production, les jeunes huîtres sont décrochées de leur support. C'est le "détroquage".[1102] Il permet de disposer librement les animaux pour les faire croître dans le meilleur environnement possible ; on dit que les huîtres sont mises à "pousser". La phase de détroquage est supprimée lorsque le captage a été réalisé avec des valves de moules. Les huîtres sont alors directement "éparées" dans des parcs, c'est-à-dire épandues sur le sol.[1103]

[1093] Ce chapitre a servi de cadre à un article à paraître (Bardot-Cambot & Forest (à paraître b)). Il a bénéficié de relectures, en particulier d'Y. Gruet.
[1094] Gayraud 1981.
[1095] Clavel 1970.
[1096] Ces vases en verre ont fait l'objet de nombreux travaux et discussions ; nous renvoyons aux références citées par J. Kolendo et M. Guérin-Beauvois (Kolendo 1976 ; Guérin-Beauvois 1997). Ils semblent avoir été produits en Italie, dans un centre de fabrication localisé à Pouzzoles même (Guérin-Beauvois 1997, 717). Par commodité, nous parlerons donc des "vases en verre de Pouzzoles" dans la suite de l'exposé.
[1097] Forest 2003a.
[1098] Rey & Rey-Debove (éd.) 1986.
[1099] Marteil 1979.
[1100] Quéro & Vayne 2008.
[1101] cf. 1.5. ; Marteil 1979 ; Quéro & Vayne 1998.
[1102] Le détroquage peut aussi désigner la "séparation des huîtres collées les unes aux autres" dans les protocoles récents d'élevage de l'huître creuse (Collectif 1997, 44).
[1103] Marteil 1979 ; Quéro & Vayne 1998 ; Quéro & Vayne 2008.

fig. 201 : en haut à gauche, "fascines des huîtrières de Saint-Brieux" et "rameau d'une fascine". (Dessin issu de Figuier 1867-1869). En haut à droite, naissain d'huître fixé à la surface d'une tuile chaulée. En bas, captage du naissain d'huîtres sur des coupelles en plastique. Village ostréicole du Canon, Lège-Cap-Ferret (Bassin d'Arcachon, Gironde)

L. Marteil et plus récemment J.-Cl. Quéro et J.-Y. Vayne citent trois grandes méthodes utilisées pour assurer une bonne "croissance" des huîtres[1104] :
- "l'élevage sur sol" émergeant ou en eau profonde. Comme son nom l'indique, il consiste à déposer les huîtres à même le sol. Au cours de leur croissance, elles sont régulièrement hersées ou draguées pour éviter l'envasement.
- "l'élevage en surélévation". Il est pratiqué sur "des terrains émergeants au moment des basses mers ; les huîtres sont déposées dans des casiers à fond grillagé, des poches, etc., le tout reposant sur des supports ou tables qui les maintiennent exhaussés de quelques décimètres".
- "l'élevage en suspension". Avec cette méthode, "les huîtres sont constamment immergées comme dans la culture en eau profonde, mais elles ne reposent pas sur le sol ; elles sont réunies dans des casiers ou des poches, collées à des barres ou à des cordes, etc., elles-mêmes suspendues [...] par des engins flottants ou des installations fixes dominant la mer".

Grâce à l'une ou l'autre de ces méthodes, les huîtres se développent sans la contrainte de l'espace ; elles profitent en effet de ce qu'elles ne sont pas serrées les unes aux autres, comme dans une huîtrière naturelle, pour acquérir progressivement une forme régulière, presque ronde chez *Ostrea edulis*, allongée chez *Crassostrea gigas*.

Lorsque l'huître a atteint une taille commerciale, elle subit "l'affinage". Il a pour but d'en augmenter la qualité et donc la valeur marchande. "L'engraissement" est la première étape. Elle est obligatoire. Les huîtres sont "semées", c'est-à-dire placées en petit nombre dans des eaux riches en nutriments, parfois dans des parcs nommés "claires" dans la région de Marennes en Charente-Maritime : les huîtres creuses "fines de claires" sont par exemple engraissées sur une surface où la densité maximale est de 20 individus au mètre carré. Elles accumulent alors librement des réserves alimentaires qui

[1104] Marteil 1979, 47-78 ; Quéro & Vayne 2008, 12-17.

améliorent leurs vertus gustatives.[1105] Le "verdissement" complète parfois la phase d'engraissement. L'aspect de la chair est parfait en lui donnant une jolie teinte verte. Ce phénomène naturel repose sur la concentration dans les branchies d'un pigment, la marennine, produit par une diatomée, la navicule bleue, pendant sa sénescence.[1106]

Lecture des conchyliorestes archéologiques

Qu'en est-il pour les huîtres consommées en Gaule romaine ? Nous allons tenter de retrouver chacune des étapes exposées précédemment à partir de l'examen des restes d'huître plate retrouvés sur les sites archéologiques.

Le captage ? Le détroquage ?

La phase de "captage" peut être enregistrée par le point de fixation de l'huître sur son support, c'est-à-dire le talon des valves gauches. Cette zone révélera la surface et la forme d'un objet fabriqué par l'homme, comme une tuile, ou transporté depuis la terre vers le lieu de captage, comme un morceau de bois. Sur les valves archéologiques que nous avons observées, il s'agit presque toujours de valves ou de coquilles d'autres mollusques. (fig. 31) Aucun indice probant ne permet donc d'évoquer avec certitude une intervention humaine sur la collecte du naissain. En particulier, l'abondance d'huîtres accolées comme à Narbonne/Port la Nautique[1107] ou à Barzan/Le Fâ[1108] plaident pour une collecte d'adultes dans des huîtrières naturelles.[1109] Certes les Romains ont pu épandre des coquilles comme, de nos jours, des valves de moules. Mais le témoignage de Pline l'Ancien, qui résume ce que nous savons des connaissances transmises de cette époque, n'est guère favorable à cette hypothèse. En effet, ses contemporains ne connaissent pas le mécanisme de reproduction des huîtres. Ils croient qu'elles naissent "de la vase en putréfaction ou de l'écume autour des vaisseaux longtemps stationnaires et des pieux fichés dans la mer, principalement autour du bois (*ut ostrea, putrescente limo aut spuma circa nauigia diutius stantia defixosque palos et lignum maxime*)".[1110] Ils s'approchent néanmoins de la solution en remarquant ce qui les fait naître : "On a récemment découvert dans les *ostriaria* que les huîtres épanchent un liquide prolifique semblable au lait (*Nuper conpertum in ostreariis umorem iis fetificum lactis modo effluere*)".[1111]

Pourtant, pour de nombreux auteurs actuels, le captage du naissain est bien une pratique "imaginée par les anciens Romains" avec, pour preuve, les *ostriaria* figurées sur les vases de Pouzzoles.[1112] Ces derniers appartiennent à une série de neuf flacons (entre 10 et 20 cm de hauteur) en forme d'ampoule, pour la plupart postérieurs au IIIe siècle p.C.[1113] Les uns développent un décor de lignes et de courbes incisées, les autres des scènes plus complexes gravées en frise tout autour de la panse. Parmi ceux-ci, trois illustrent le rivage des alentours de Baïes[1114] : un vase a été découvert dans des catacombes des faubourgs de Rome (Musée National de Varsovie), un autre provient d'Ampurias (chez Doña Catalina Albert, dans le village de La Escala) et le troisième a été trouvé dans une tombe de Populonia, près de Florence (Corning Museum of Glass de New York).[1115] Tous les trois ont été dessinés anciennement[1116] ; les relevés ont été rassemblés par J. Kolendo.[1117] Nous doutons cependant de leur fiabilité car le dessin du vase de Populonia nous est apparu très différent de celui présenté en photographie par N. Blanc et A. Nercessian.[1118] Aussi pour cet exemplaire, nous avons préféré travailler à partir du cliché plutôt qu'à partir du dessin.[1119]

Sur chacun des vases, un espace est consacré à la représentation d'une installation légendée "*ostriaria*". Des lignes horizontales et verticales s'entrecroisent pour former un quadrillage plus ou moins grand, de huit cases réparties sur deux rangées pour l'exemplaire de Populonia, de 12 cases réparties sur trois rangées pour celui de Rome et de 16 cases réparties sur deux rangées pour celui d'Ampurias. Aux intersections des lignes, des segments plus courts sont orientés obliquement. Sur les vases d'Ampurias et de Populonia, une pointe, dont l'intérieur est treillissé, est accolée contre le côté droit du quadrillage. La même extension apparaît probablement sur l'exemplaire de Rome, mais le mauvais état du vase dans cette partie ne permet pas une lecture aussi précise. Sur chacune des trois représentations, des lignes verticales disposées à intervalles réguliers partent de la limite inférieure du quadrillage. Elles sont alternativement continues et interrompues par un ou plusieurs motifs grossièrement circulaires. Sur le vase de Rome, un seul est placé sur la ligne. Sur les vases de Populonia et d'Ampurias, respectivement deux et trois de ces motifs se superposent de manière à ce que le dernier soit à l'extrémité inférieure de la ligne. Les relevés des exemplaires de Rome et d'Ampurias ne montrent pas de traitement différent entre des lignes continues et celles qui portent les motifs circulaires. En revanche, sur la photographie de l'exemplaire de Populonia, elles sont nettement distinguées. Les premières correspondent à des traits pleins comme ceux qui forment le quadrillage et les courts segments obliques de la partie supérieure, alors que les secondes sont faites de deux filets parallèles.

[1105] Marteil 1979, 79-80 ; Quéro & Vayne 2008, 18-19 ; 24.
[1106] Marteil 1976, 218-228.
[1107] Bardot 2011 c.
[1108] Bardot-Cambot 2011.
[1109] cf. 2.4.
[1110] Pline l'Ancien, *Histoire Naturelle,* 9. 160.
[1111] Pline l'Ancien, *Histoire Naturelle,* 9. 160.
[1112] Coste 1861, 97-100 ; Kolendo 1976, 98.
[1113] Guérin-Beauvois 1997, 716.
[1114] D'après l'étude de M. Guérin-Beauvois et les travaux des auteurs antérieurs (cf. Guérin-Beauvois 1997).
[1115] Guérin-Beauvois 1997.
[1116] Dubois 1907 ; García y Bellido 1957.
[1117] Kolendo 1976.
[1118] Blanc & Nercessian 1994. Voir également Tchernia & Brun 1999.
[1119] Des photographies illustrent le vase de Rome dans l'article de J. Kolendo mais leur qualité ne permet pas de les exploiter (Kolendo 1976, 148-150).

J. Kolendo voit dans ces dessins la représentation d'une construction en bois en partie émergée, proposition à laquelle nous adhérons.[1120] Des structures verticales, identifiées comme des pieux, sont vraisemblablement plantées dans le fond de la mer. Leurs extrémités supérieures paraissent dépasser du niveau marin. Elles sont reliées entre elles, peut-être par des traverses. Celles-ci semblent servir d'accroches à des éléments verticaux que le dessinateur a traités différemment du reste de l'installation, probablement pour signaler un matériau plus léger ; il pourrait s'agir de cordes. Un témoignage d'Ausone étaye cette interprétation. Il mentionne en effet les *ostreae* qui pendent flottantes aux *pilae* de Baïes (*Uel quae Baianis pendent fluitantia pilis*)".[1121] Pour l'instant, nous n'avons pas trouvé les clés qui nous permettraient d'interpréter l'espace treillissé localisé à droite de l'installation. Ni V. Coste ni J. Kolendo ne le mentionnent.

Le passage d'Ausone a fait dire à ces deux auteurs que les motifs circulaires figuraient des huîtres fixées sur des cordes.[1122] Toutefois, plusieurs arguments s'opposent à cette hypothèse. Tout d'abord, les mots employés par Ausone ne font pas allusion à un système de fixation mais de suspension. De plus, aucun détail ne permet de reconnaître des huîtres. Enfin, il est peu probable que des structures aient été pensées pour la fixation puis le développement des larves. Le lieu de leur installation impliquait en effet la proximité d'un gisement d'huîtres adultes au statut reconnu de géniteurs. Or, comme nous l'avons déjà souligné, les textes anciens trahissent une méconnaissance des mécanismes de reproduction des huîtres à l'époque romaine.

En l'état actuel de nos travaux, l'observation du talon des valves gauches d'huître nous a fait envisager un captage du naissain dans un seul site antique, celui de Loron en Istrie (Croatie), sur la côte orientale de la mer Adriatique.[1123] Bien qu'extérieur au monde exploré pour notre recherche, ce site s'impose comme une référence comparative incontournable lorsqu'il s'agit de poser la question de l'ostréiculture romaine. En effet, le talon des valves gauches a révélé l'empreinte d'un support de fixation encore non observé : le bois. Il s'agit de concavités hémicylindriques plus ou moins profondes, qui reproduisent symétriquement la courbure de branches. De plus, la surface de la matière-coquille montre dans ces cavités des nervures ou des bourrelets longitudinaux accompagnés parfois de fins plis transversaux, qui correspondent à l'impression en négatif d'une écorce. (fig. 202) R. Petit et A. Ducousso,[1124] à qui nous avons montré les huîtres, ont identifié l'empreinte de jeunes branches, ce que leur largeur, entre 15 et 75 mm, laissait en effet supposer. Ils soupçonnent en outre le châtaignier, *Castanea sativa*, d'avoir produit de telles empreintes, car les dessins de son écorce sont particulièrement proches de ceux observés sur le talon des valves gauches, contrairement par exemple à la plupart des chênes, *Quercus* sp., dont l'écorce est fortement crevassée. Les huîtres de Loron auraient-elles été collectées sur des branches de châtaignier disposées à cette fin ? L'affirmer est difficile, car elle implique des alternatives que les données conchyliologiques ne permettent pas d'écarter définitivement. L'hypothèse d'une cimentation naturelle du naissain sur une architecture de bois ou sur les branches tombantes d'un arbre qui aurait grandi près du rivage a été envisagée. Elle se heurte cependant à plusieurs arguments. Dans le premier cas, la petite taille des branches ne convient pas à une structure lourde, un ponton par exemple ; D. Diderot et J. d'Alembert rappelent d'ailleurs que "tout le bois jeune est moins fort que le bois plus âgé".[1125] Il semblerait en outre que des pièces de bois équarries et écorcées soient plus adaptées à la construction que des branchages laissés bruts, comme le précise J.-A. Borgnis dans son "Traité élémentaire de construction appliqué à l'architecture civile".[1126] Dans le second cas, celui des branches tombantes, nous avons logiquement déduit que l'arbre concerné devait être adepte des contextes humides. Or, le châtaignier, qui a vraisemblablement laissé l'empreinte de son écorce sur plusieurs valves, n'apprécie que les sols secs et fuit les zones marécageuses.[1127] Dans de telles conditions, il est peu probable que ses branches aient été naturellement immergées. En revanche, du bois mort a pu être charrié par un cours d'eau se jetant dans la mer et offrant ainsi un support de fixation aux larves.

Ce sont les pratiques ostréicoles des siècles derniers qui pourraient véritablement faire supposer une intervention humaine. Le captage du naissain sur du bois de châtaignier est en effet un procédé ancien. Ainsi, jusqu'aux années 1960 en France et en Charente-Maritime notamment, des piquets constitués par des branches de châtaignier ou de noisetier non écorcées étaient enfoncées verticalement dans le fond de la mer.[1128] Les mêmes branchages étaient aussi employés sous forme de fagots que l'on tenait surélevés à environ 50 cm des fonds producteurs en les faisant reposer sur des cadres ou en les lestant avec une pierre.[1129] Grâce à sa surface légèrement en relief, l'écorce offrait aux larves des points d'accroche, mais leur assurait surtout une fixation durable. Très riche en tanins,[1130] l'écorce du châtaignier est en effet quasiment imputrescible ; elle

[1120] Kolendo 1976.
[1121] Ausone, *Lettres*, 9.
[1122] Coste 1961, 98 ; Kolendo 1976, 155.
[1123] Bardot (à paraître) ; Bardot 2011b.
[1124] Un grand merci à R. Petit et A. Ducousso pour leur accueil et les informations qu'ils nous ont très aimablement fournies (généticiens, spécialistes en biologie et physiologie végétale à l'INRA, UMR 1202, Biogeco, Cestas-Pierroton).

[1125] Diderot & d'Alembert 1752, vol. 2, 301.
[1126] Borgnis 1823, 75.
[1127] Rameau *et al*. 1989, 403.
[1128] Marteil 1979, 24.
[1129] Marteil 1979, 24.
[1130] Les tanins sont des combinaisons complexes de glucose et d'acide gallique. On les trouve aussi dans l'écorce de chêne et dans les noix de galle. Ils sont bien connus pour leur utilisation en tannerie, car ils servent à rendre les peaux imputrescibles. (Abécédaire de Chimie Organique, G. Gomez : http://webpeda.ac-montpellier.fr/wspc/ABCDORGA/organiqu.htm

fig. 202 : valves gauches d'huître plate d'Europe présentant l'empreinte d'une branche et de son écorce sur leur talon. En bas à gauche, une de ces valves disposée sur une branche. Site de Loron (Istrie, Croatie).

risque donc peu de se décoller et d'emmener avec elle les jeunes huîtres. Enfin, le bois de châtaignier est connu pour sa dureté, ce qui lui confère une certaine résistance aux attaques des tarets, *Teredo* sp.[1131] Il est ainsi proche du bois de chêne qui sert, comme celui de châtaignier, aux bouchots utilisés pour l'élevage des moules.[1132] Le bois a aussi largement été employé en Italie. Au XIXe siècle, dans le lac Fusaro, au nord de Naples, des pierres étaient disposées en tas sur son fond et étaient recouvertes d'huîtres adultes apportées de Tarente. Ces bancs reconstitués étaient circonscrits par des pieux destinés à recueillir les larves. Et afin de multiplier la récolte, d'autres pieux "distribués par longues files étaient reliés par une corde à laquelle on suspendait des fagots de même bois".[1133] Plus près de Loron, à une vingtaine de kilomètres au sud, des collecteurs en bois étaient encore utilisés récemment sur l'un des plus anciens lieux d'élevage d'*Ostrea edulis* en Croatie ; le canal de Leme, que nous avons déjà mentionné à propos des huîtres plates ouvertes à la romaine par les restaurateurs locaux. E. Šošić, un des derniers ostréiculteurs des lieux que nous avons rencontré, se rappelle en effet qu'il y a une trentaine d'années, des branches de jeunes arbres avec leurs rameaux servaient à la fixation du naissain.[1134]

Au terme de l'étude des huîtres de Loron, nous n'avons pas pu établir avec certitude l'origine des empreintes relevées sur les talons des valves gauches. Si elles peuvent trahir une phase de "captage", c'est en revanche sûrement de manière plus empirique, suite à l'observation du phénomène dans la nature, que les huîtres ont été recueillies. Du reste, les Romains auraient plus cherché à "faire naître" les huîtres du bois qu'à l'offrir aux larves pour qu'elles s'y fixent. Rappelons ainsi les propos de Pline l'Ancien qui dit des *ostreae* qu'elles naissent "de la vase en putréfaction ou de l'écume autour des vaisseaux longtemps stationnaires et des pieux fichés dans la mer, principalement autour du bois (*ut ostrea, putrescente limo aut spuma circa nauigia diutius stantia defixosque palos et lignum maxime*)".[1135] Aristote l'avait exprimé plus tôt pour la céramique : "une flotte avait croisé autour de Rhodes et des tessons avaient été jetés dans la mer : au bout d'un certain temps, un dépôt de vase les ayant recouverts, on y trouva des *όστρεα* (*οἷον περὶ Ῥόδον παραβαλόντος ναυτικοῦ στόλου καὶ ἐκβληθέντων κεραμίων εἰς τὴν θάλατταν, χρόνου γενομένου καὶ βορβόρου περὶ αὐτὰ συναλισθέντος ὄστρεα εὑρίσκοντ´ ἐν αὐτοῖς*)".[1136] Nous n'avons pas observé sur les valves d'huître plate que nous avons étudiées l'empreinte d'une surface lisse, plane ou à courbure régulière, qui pourrait suggérer l'utilisation de ce type de matériau[1137]. Des tuiles pourraient néanmoins être évoquées par Cicéron[1138] : "*sollertiamque eam posse vel in tegulis proseminare ostreas*".[1139] Une nouvelle fois, la formulation - *in tegulis proseminare* -, ne donne pas aux tuiles le rôle d'un support sur lequel les jeunes huîtres viennent se fixer : elles sont plutôt ce qui les engendre. Parallèlement, l'empirisme du geste transparaît dans l'emploi du mot *sollertia*, traduit par "industrie" dans le sens littéraire "d'adresse, habileté, savoir-faire, ingéniosité".[1140] Cicéron fait peut-être référence à Sergius Orata[1141], dont Valère Maxime rapportera plus tard que "l'éloigner du lac Lucrin ne le privera pas d'huîtres, car, si on lui défend d'en prendre là, il saura bien en trouver sur les tuiles (*Oratam remotum a lacu cariturum ostreis : namque ea, si inde petere non licuisset, in tegulis reperturum*)".[1142]

Aucun indice ne vient finalement suggérer que la fixation des huîtres dans la nature ait été reproduite par l'homme en toute connaissance des mécanismes de reproduction et qu'elle ait ainsi donné lieu à la construction d'installations dédiées à l'améliorer. Cette volonté ne naît vraisemblablement qu'au XIXe siècle avec les premiers pas de l'ostréiculture moderne.

La croissance ? L'affinage ?

L'étape qui voit "croître" les huîtres ne trouve pas non plus d'indices sur les coquilles archéologiques mises au jour en Gaule. En effet, nous avons rarement rencontré la forme presque parfaitement ronde des belons actuelles ; celles qui s'en approchent le plus, par exemple à Meaux/PME,[1143] ont pu croître isolées et couchées sur le fond de la mer. Généralement, les coquilles sont étirées voire très étirées, ce qui évoque plutôt des animaux qui ont grandi serrés les uns contre les autres, au sein d'huîtrières naturelles densément peuplées. La présence d'exemplaires déformés dans plusieurs assemblages indique en outre que le développement spatial des individus a été perturbé par des facteurs extérieurs, comme la concurrence des autres huîtres dans un banc ou comme les anfractuosités et les saillies des rochers qui les portent.

[1131] Marteil 1979, 107. Les tarets sont des bivalves recouverts en partie par un long tube calcaire. Les genres de la famille des térédinidés creusent de profondes cavités dans le bois, atteignant 30 cm et plus, qu'ils tapissent de leur tube (Arrecgros-Dejean 1966).

[1132] Marteil 1979, 107 et suiv.

[1133] Coste 1861, 90.

[1134] L'histoire de cette pratique a été détaillée par Z. Filić, M. Hrs-Brenko et I. Ivančić (Filić *et al.* 1987). Les collecteurs en bois ont été interdits récemment dans le cadre de la protection du patrimoine naturel du canal de Leme. Ils sont aujourd'hui remplacés par des panneaux en plastique.

[1135] Pline l'Ancien, *Histoire Naturelle,* 9. 160.

[1136] Aristote, *Génération des animaux*, 3.763a.28-33.

[1137] D. Bernal Casasola a récemment publié la photographie d'une valve gauche fixée sur un petit morceau d'amphore (site de la c/ San Nicolás 3-5 de Algeciras, Espagne) (Bernal 2011, 153). Elle illustrerait l'usage par les Romains de collecteurs pour la fixation des jeunes huîtres. Toutefois, ce support céramique a été reconnu seulement une fois dans l'assemblage, qui est composé de plus de 1200 restes. Il est en outre très usé, comme s'il avait été roulé longtemps par les courants sur le fond de la mer. Aussi nous nous demandons s'il ne correspond pas plutôt à un débris sur lequel une huître se serait fixée naturellement.

[1138] Cicéron, *Hortensius*, fr. 69 (œuvre perdue). Propos rapporté plus tard par Nonius Marcellus : *De compendiosa doctrina*, 319.

[1139] "Son savoir-faire lui permettait même de faire naître les huîtres sur les tuiles". Traduction par Y. Peurière (Peurière 2003) reprise par E. Botte (Botte 2009).

[1140] Gaffiot 1934 ; Glare 1996.

[1141] Peurière 2003 cité dans Botte 2009, 56.

[1142] Valère Maxime, *Actions et paroles mémorables*, 9.1.1. Dans sa traduction de 1935, P. Constant traduit le mot *tegulae* par "le toit des maisons", mais il pourrait plus simplement désigner les tuiles.

[1143] Bardot (inédit b).

Pourtant, les Romains agissaient bel et bien sur les huîtres, car Pline l'Ancien nous dit "qu'on jugea que cela valait la peine d'en aller chercher à l'extrémité de l'Italie, à Brindes, et, pour qu'il n'y eût pas de rivalité entre les deux qualités, on s'avisa récemment d'apaiser la faim dont elles avaient souffert dans leur long voyage depuis Brindes en les nourrissant dans le lac Lucrin (*Postea visum tanti in extremam italiam petere brundisium ostreas, ac, ne lis esset inter duos sapores, nuper excogitatum famem longae aduectionis a brundisio compascere in lucrino*)".[1144] Mais quelle pratique l'auteur décrit-il ici ? Le terme latin qu'il emploie, *compascere*, a le sens de "faire paître", "nourrir", "apaiser la faim".[1145] Un traitement similaire est probablement sous-entendu par Cassiodore qui, vantant les *ostreae* d'Istrie, indique qu'elles ne demandent ni soin pour les nourrir ni précaution pour les prendre (*Si nec studium in nutriendis nec dubietas in capiendis probatur esse deliciis*).[1146] Un sens de réparation - les huîtres rassasiées dans le lac Lucrin - apparaît même chez Martial avec le mot *saturata* (*Ostrea tu sumis stagno saturata Lucrino*).[1147] Ces témoignages anciens ne semblent donc pas décrire l'acte de "faire croître", en contrôlant le développement de la jeune huître jusqu'à son stade adulte, mais celui de "nourrir". Nous n'avons trouvé qu'un auteur qui pourrait l'évoquer. Oribase, à propos des huîtres de Narbonne, signale en effet "qu'on les met dans des *καταβόλοι* comme des semences, et elles y grandissent (*εἰς καταβόλους τιθέντες ὡς σπέρματα καὶ αὔξεται*)",[1148] ce qui pourrait rappeler les jeunes huîtres "éparées" aujourd'hui dans les parcs. Toutefois, Ausone, contemporain d'Oribase, fait une autre description des activités qui se déroulaient à Narbonne : *portum quae Narbo ad Veneris nutrit*.[1149] Il utilise le verbe *nutrire* qui signifie "nourrir", "entretenir", "soigner", que l'on peut rapprocher du verbe *compascere* utilisé par Pline l'Ancien[1150] et du verbe *opimare* employé par Sidoine Apollinaire (*non opimata vivariis ostrea queant?*).[1151]

C'est sûrement dans ce but, "nourrir", que des *ostreae* "pendent flottantes aux *pilae* de Baïes (*Uel quae Baianis pendent fluitantia pilis*)".[1152] Le récit que V. Coste nous rapporte de son voyage près de Baïes, au lac Fusaro, au XIXe siècle, plaiderait alors pour un affinage après une collecte des huîtres sur des bancs naturels : "le produit de la pêche, renfermé et entassé dans des paniers en osiers de forme sphérique et à larges mailles, est provisoirement déposé, en attendant la vente, dans une réserve ou parc établi dans le lac même [...] et construit sur des pilotis qui supportent un plancher à claire-voie, armé de crochets auxquels on suspend les paniers".[1153] Cette description éclairerait ainsi la nature des motifs circulaires dessinés sur les vases en verre de Pouzzoles ; plus que des huîtres fixées sur des cordes, ils correspondraient à des contenants en suspension dans lesquels étaient enfermés les coquillages.

L. Clerc, en 1828, nous donne peut-être les raisons de ce mode opératoire : "L'huître pêchée sur un fond vaseux, est maigre, de mauvais goût et serait malsaine, si on la mangeait sur le champ. Celle de rocher a besoin de changer d'eau ; elle est assez agréable au goût, mais elle est maigre, coriace et par conséquent difficile à digérer. La première ne devient bonne à manger et la deuxième n'acquiert ce goût exquis qui la fait tant rechercher, qu'après avoir séjourné pendant quelques temps dans un parc".[1154] Il est rejoint par G. Belèze : "les [Parcs aux Huîtres] servent non seulement à conserver les huîtres, mais aussi à les améliorer. L'huître, quand elle sort de la mer, sent ordinairement la vase, est plus ou moins dure et d'assez mauvais goût. Pour lui donner les qualités qui la font rechercher comme aliment, on la fait séjourner plus ou moins longtemps dans un réservoir établi près du bord de la mer".[1155] Et à M.-N. Bouillet de préciser : "Les huîtres ne prennent une saveur délicate qu'après avoir été parquées [...] En restant quelques mois dans les parcs, les huîtres verdissent, et acquièrent une saveur un peu poivrée".[1156] La mise en parc conjugue alors l'affinage moderne avec un traitement qualitatif rendu nécessaire par l'origine sauvage de l'huître adulte. Ainsi, la fonction des *ostrearum vivaria* et des *καταβόλοι* évoqués par les auteurs antiques,[1157] et celle des *ostriaria* figurées sur les vases en verre de Pouzzoles[1158] relèverait peut-être d'un parcage des huîtres après leur cueillette sur des bancs naturels, afin d'en améliorer les qualités gustatives et visuelles.

Finalement, les mots de Pline l'Ancien sur les huîtres de Brindes dont on apaise la faim dans le lac Lucrin,[1159] trouvent un écho dans un rapport de Fr. Le Masson Du Parc. En 1724, il écrit : "Tous ceux qui sont les plus expérimentés dans le commerce de ce coquillage et qui par une expérience de plusieurs années ont éprouvé ce qui peut les améliorer conviennent tous unanimement que les huîtres qui ont reposé à Barfleur se conservent beaucoup mieux que celles qui ont passé debout de Granville ou Cancale à Dieppe, Rouen, ou ailleurs, par ce qu'elles ont été trop fatiguées dans le trajet, et qu'elles sentent trop le goût du coquillage dont elles se dégorgent dans les eaux des parcs ou réservoirs de Barfleur qui sont claires, pures et vives et qui salent plus qu'elles ne le sont sur leurs fonds naturels de la baye de Cancale".[1160] C'est peut-être le moyen que Sergius Orata avait inventé pour avoir "le plaisir de manger des *conchylia* plus frais" et qu'illustrent

[1144] Pline l'Ancien, *Histoire Naturelle*, 9.169.
[1145] Gaffiot 1934 ; Glare 1996. Ce verbe est employé dans le même sens dans : Pline l'Ancien, *Histoire Naturelle*, 32.61.
[1146] Cassiodore, *Variae*, 12.22.
[1147] Martial, *Epigrammes*, 3, 60. Gaffiot 1934 ; Glare 1996.
[1148] Oribase, *Des aliments*, 2.58.95.
[1149] Ausone, *Lettres*, 9.
[1150] cf. *supra*.
[1151] Sidoine Apollinaire, *Lettres*, 8.12.
[1152] Ausone, *Lettres*, 9.
[1153] Coste 1861, 97 ; Constantin 1862, 21 ; Figuier 1867-1869, 652-657 ; Brehm vers 1884, 270.

[1154] Clerc 1828, 29-30.
[1155] Bélèze 1882, 902.
[1156] Bouillet 1854, 822.
[1157] Pline l'Ancien, *Histoire Naturelle,* 9.168 ; Oribase, *Des aliments*, 2.58.95. ; Sidoine Apollinaire, *Lettres*, 8.12.
[1158] cf. *supra*.
[1159] Pline l'Ancien, *Histoire Naturelle*, 9.169.
[1160] Nous remercions C. Billard d'avoir attiré notre attention sur ce texte mentionné également dans Collectif 1997, 18.

les dessins sur les vases de Pouzzoles : "Il fit aussi bâtir à l'entrée du lac Lucrin jusqu'alors déserte des constructions spacieuses et élevées qui la rétrécissent, c'était pour avoir le plaisir de manger des *conchylia* plus frais (*Aedificiis etiam spatiosis et excelsis deserta ad id tempus ora Lucrini lacus pressit, quo recentiore usu conchyliorum frueretur*)".[1161]
En Gaule, seuls les textes anciens semblent pour l'instant témoigner de l'existence d'*ostriaria*, que nous supposons désormais correspondre à des structures d'affinage des huîtres pêchées sur les gisements naturels. C'est ainsi que Sidoine Apollinaire et Oribase associent clairement des installations à Bordeaux et à Narbonne. Elles sont respectivement désignées par les termes "*vivarium*" (*attrahere Burdegalam, non potestates, non amicitiæ, non opimata vivariis ostrea queant ?*),[1162] et "*καταβόλος*" (*εἰς καταβόλους τιθέντες ὡς σπέρματα καὶ αὔξεται*)".[1163] Les auteurs n'en font aucune description. Du reste, "*vivarium*" et "*καταβόλος*" sont toujours traduits par "parcs à huîtres", ce qui n'éclaire pas non plus les structures qu'ils désignent. Mais elles ressemblaient peut-être à celles qui jalonnaient encore les côtes françaises au début du XXe siècle, période à laquelle l'ostréiculture moderne n'avait pas encore totalement remplacé la pêche des huîtres sauvages. En 1910, L. Calvet les résume ainsi : "complet ou incomplet, l'élevage des Huîtres s'effectue dans des installations particulières dépendant du domaine maritime, auxquelles on donne le nom "de parcs ou de claires". Sous le nom de *parcs*, on désigne soit les parties du sol sur lesquelles arrivent normalement ou artificiellement l'eau de mer, soit les installations flottantes établies dans la domanialité maritime". Les premières "appartiennent toujours à la zone côtière et découvrent avec les marées [...]. Ce sont les *parcs* ou *viviers* de l'Océan et qui, dans les parties hautes des plages, prennent plutôt le nom de *claires* [...]". Les secondes, "les installations flottantes, ne peuvent exister au contraire que dans les eaux peu ou pas soumises aux marées, le sol au-dessus duquel elles sont disposées ne découvrant jamais : ce sont les parcs flottants de la Méditerranée".[1164] Dans cette description, L. Calvet oppose deux types de structures, conditionnés par les contraintes naturelles du domaine marin, atlantique ou méditerranéen, dans lequel ils sont implantés. Nous supposons que les installations romaines y répondaient également. Ainsi, les "parcs flottants de la Méditerranée", dont le nom suffit à rappeler les *ostriaria* en partie émergées du Golfe de Naples, renvoient peut-être l'image des *καταβόλοι* de Narbonne, et les "viviers de l'Océan" celle des *vivaria* de Bordeaux.

En 1947, il aurait été "prouvé l'existence "d'ostreon catabbloi", parcs destinés à l'élevage des huîtres [...], à trois cents mètres environ au droit [...] d'un petit cap Acropole à l'extrémité de la ville de Mèze, sur l'étang de Thau".[1165] Mais à défaut d'autre précision et en l'absence de renvoi à une bibliographie complémentaire, cette information est inutilisable. Nous nous contentons donc de garder à l'esprit les dessins des *ostriaria* sur les vases de Pouzzoles. Le nom "*καταβόλος*", décomposé en *κατα - βόλος,* pourrait d'ailleurs évoquer ce type de structures. A. Bailly donne en effet à l'adverbe "*κατα*" le sens premier de "de haut en bas" et définit "*βόλος*" par le "jet d'un filet", le "coup de filet", la "capture par le filet" ou le "filet lui-même".[1166] Cette étymologie rappellerait ainsi des lots d'huîtres, produits de la pêche, enfermés dans des contenants suspendus au bout d'un fil.

Sur la façade atlantique, nous n'avons trouvé aucune mention dans la littérature archéologique qui pourrait faire référence à la découverte de *vivaria* pour les huîtres. Beaucoup de ces structures ont sans doute été malmenées par les flux et reflux des vagues et par les mouvements de marées. Certaines ont peut-être également disparu sous l'effet de l'envasement. Mais l'archéologie réserve toujours des surprises et rien n'assure qu'elle n'en révèlera pas un jour. En attendant, nous pouvons proposer une image de ce qui pourrait apparaître aux archéologues : des sortes de claires. Les claires se présentent comme des bassins creusés dans le sol qui retiennent l'eau apportée par les marées. Elles sont plus ou moins vastes selon les bassins de production, cependant leurs règles de construction varient peu. Au début du XIXe siècle, L. Clerc en donne le principe : "On appelle parc, un réservoir d'eau salée de trois à quatre pieds de profondeur, qui communique avec la mer, à l'aide d'un conduit par lequel l'eau peut y entrer et en sortir ; et pour qu'elle soit toujours le plus limpide possible, on a soin de garnir l'enceinte des fosses d'une couche plus ou moins épaisse de petits galets et de sable. Un parc, pour être bien fait, doit en partant de la surface, aller en diminuant insensiblement en forme de glacis qui s'incline vers le centre. Les huîtres sont placées à un bord, de manière à éviter le contact de l'air, ou la main des voleurs, et à ne point prendre la vase qui touche le fond".[1167] Et en 1900, A. Locard apporte quelques précisons sur les claires qui s'étendaient alors le long des côtes bretonnes : "Elles mesurent de 4 à 5 mètres de long sur 30 à 40 centimètres de largeur. Elles sont presque toujours installées dans la partie la plus élevée de la concession, par conséquent dans la partie du terrain qui restera le plus longtemps à découvert au moment de la marée basse. La hauteur d'eau moyenne varie de 30 à 40 centimètres. On les entoure de cloisons en planches ou en clayonnage d'osier que l'on soutient avec des pieux enfoncés dans le sol, ou avec de la terre en buttes. Le fond est garni de gravier fin et de sable ; on a soin d'y laisser quelques plantes marines qui ne peuvent qu'assainir l'eau. On subdivise l'ensemble de la claire par des cloisons qui empêchent les vagues de se former et de disperser les Huîtres".[1168]

La localisation des *καταβόλοι* de Narbonne a intéressé les archéologues dès le début du XXe siècle. En 1906,

[1161] Valère Maxime, *Actions et paroles mémorables*, 9.1.1.
[1162] Sidoine Apollinaire, *Lettres*, 8.12.
[1163] Oribase, *Des aliments*, 2.58.95.
[1164] Calvet 1910, 81-82.
[1165] *Bulletin de la Société Archéologique de Béziers*, 1951, 4e série, XVII, 22.
[1166] Bailly 2000.
[1167] Clerc 1828, 30.
[1168] Locard 1900, 149.

F. Mouret voit dans le *portus Veneris* cité par Ausone (*portum quae Narbo ad Veneris nutrit*)[1169] l'étang de Vendres (Hérault) situé à une vingtaine de kilomètres à l'est de Narbonne, sur la rive gauche de l'Aude.[1170] Selon lui, "il ne peut s'agir ici que du village de Vendres, voisin de Narbonne, et non de Port-Vendres [dans les Pyrénées-Orientales, sur le site de l'ancien *portus Veneris*] qui est à plus de cent kilomètres de cette ville".[1171] Cette hypothèse a été reprise depuis par certains archéologues et écartée par d'autres, les premiers retenant l'argument géographique et le rapprochement des noms "Vendres" et "*Veneris*",[1172] les seconds soutenant l'identification de *portus Veneris* avec Port-Vendres.[1173] L'analyse étymologique donnée par E. Nègre ne plaide ni pour les uns ni pour les autres, car elle montre que le même nom, *portus Veneris*, est à l'origine des deux toponymes "Port-Vendres" et "Vendres". Mais alors que le premier devient *Porverens* (XIIIe siècle), *Portovenes* (1311-20) puis *Portvenre* (1375), le second apparaît sous *villa Veneris* (991), *via de Veneris* (avant 1100), *in termino de Veneris* (v. 1140), *de Venres* (1201), *camino Veneris* (1219), *de Venere* (1378) et enfin *Vendres* (1571).[1174]

Aucune découverte archéologique ne vient non plus étayer l'un ou l'autre avis. Pour F. Mouret et récemment M. Clavel, deux amphores "incrustées" de coquilles d'huîtres seraient pourtant la "confirmation éclatante de l'ostréiculture de l'étang de Vendres "; elles auraient été trouvées sur le site d'une *villa* plus connue sous le nom de Temple de Vénus et érigée en bordure de la lagune de Vendres.[1175] Toutefois, l'absence de toute précision sur le contexte de la découverte et le flou de la description rendent impossible l'exploitation de cette information. Du reste, si des coquilles ont bien été retrouvées fixées sur la paroi d'amphores (c'est ainsi que nous comprenons "incrustées", sans savoir s'il s'agit de la paroi interne ou externe), nous ne comprenons pas le lien qui a été ensuite établi avec l'ostréiculture. Les auteurs y ont peut-être vu une étape de captage, cependant nous avons vu par l'exemple de Loron que ce type d'observations n'en donne nullement la preuve.

D'autres sources témoignent en revanche du type d'environnements dans lesquels des *ostriaria* ont pu être installées : ainsi le Golfe de Naples en Italie. Les dessins figurés sur les vases de Pouzzoles et les récits des auteurs anciens désignent une même région, en retrait de la mer ouverte au fond d'une baie abritée : ils indiquent le rivage des antiques Baiae (Baïes) et Puteoli (Pouzzoles)[1176], le *Lucrinus*[1177] et l'*Avernus*.[1178] Le Lucrin était autrefois une lagune que Strabon décrit comme un *κόλπος* (un golfe) : "dans le sens de sa largeur, [le Lucrin] s'étend jusqu'à Baies, est séparé lui-même par une digue de la mer extérieure. Cette digue est longue de huit stades et a la largeur d'un chariot de grande voie [...] Les embarcations légères ont accès dans le Lucrin (*Ὁ δὲ Λοκρῖνος κόλπος πλατύνεται μέχρι Βαιῶν, χώματι εἰργόμενος ἀπὸ τῆς ἔξω θαλάττης ὀκτασταδίῳ τὸ μῆκος, πλάτος δὲ ἁμαξιτοῦ πλατείας* [...] *Εἴσπλουν δ᾽ ἔχει πλοίοις ἐλαφροῖς*)".[1179] Sa superficie a été considérablement réduite en 1538 après une éruption volcanique qui donna naissance au Monte Nuovo.[1180] L'Averne localisé au-delà du Lucrin, à environ 1 km de la côte, constituait à l'origine une étendue d'eau douce retenue dans un cratère volcanique formé entre 2500 et 1900 a.C. Pendant des centaines d'années, des transgressions marines épisodiques y font varier le taux de salinité sans toutefois modifier radicalement la nature du milieu.[1181] Mais en 37 a.C., Marcus Agrippa entreprend la construction d'un port de guerre, le *Portus Iulius*, dans cette région protégée des inclémences du temps. Il utilise le Lucrin comme avant-port et fait creuser un canal pour permettre le passage des navires vers l'Averne.[1182] Celui-ci s'ouvre alors aux eaux de la Méditerranée et devient une sorte de lagune par "alliance". Ce changement de statut a été repéré par F.W. Welter-Schultes et I. Richling suite à l'analyse malacologique d'une carotte réalisée en bordure de l'Averne ; il semble en effet que ce nouvel environnement ait été propice au développement d'espèces marines et saumâtres.[1183]

C'est une nouvelle fois l'atmosphère du *stagnum* qui transparaît dans ces lieux. Le lac Lucrin est d'ailleurs fréquemment défini comme un *stagnum* dans les textes[1184] et, selon M. Guérin-Beauvois, il pourrait être ainsi désigné sur un des vases de Pouzzoles.[1185] À l'époque romaine, les *ostriaria* pourraient donc avoir été préférentiellement installées dans des environnements "protégés". Ces conditions étaient encore privilégiées au début du XXe siècle. En 1900, A. Locard recommande en effet aux éleveurs de développer leur activité dans "des stations calmes, tranquilles, convenablement abritées".[1186] Il préconise également une faible profondeur, car celle parfois grande à laquelle vivent les coquillages "serait assez difficile à réaliser pratiquement, et présenterait de grandes difficultés pour la pêche".[1187] Il précise enfin qu'il convient "toujours d'installer les centres d'élevage dans des milieux tempérés par l'apport d'une certaine quantité d'eau douce", car ces eaux "atténuent dans une certaine proportion l'âcreté de l'eau de mer naturelle qui accompagne nécessairement les Mollusques, lorsqu'on les mange crus dans leur coquille, et que, d'autre part, ces eaux, à leur embouchure, sont toujours chargées d'une plus ou moins grande quantité de principes animaux ou végétaux tenus en suspension et qui doivent servir à l'alimentation des Mollusques installés dans leur

[1169] Ausone, *Lettres*, 9.
[1170] Mouret 1906. Voir également Mouret 1914-1915.
[1171] Mouret 1914-1915, 381. Voir également Mouret 1906, 478, note I.
[1172] Bérard 1927, 425 ; Clavel 1970 ; Dellong 2004.
[1173] Gayraud 1981, 542.
[1174] Nègre 1990, n°6126, 403.
[1175] Mouret 1906, 381, note I ; Clavel 1970, 326.
[1176] Guérin-Beauvois 1997.
[1177] Valère Maxime, *Actions et paroles mémorables*, 9.1.1. ; Martial, *Epigrammes*, 3.60. ; Pline l'Ancien, *Histoire naturelle*, 9.169.
[1178] Pline l'Ancien, *Histoire naturelle*, 32.61.
[1179] Strabon, *Géographie*, 5.4.6.
[1180] Welter-Schultes & Richling 2000; Pagano *et al.* 1982.
[1181] Welter-Schultes & Richling 2000.
[1182] Pagano *et al.* 1982.
[1183] Welter-Schultes & Richling 2000.
[1184] Horace, *Odes*, 2.15. ; Martial, *Epigrammes*, 3.60. ; 5.37.
[1185] Guérin-Beauvois 1997, 718.
[1186] Locard 1900, 281.
[1187] Locard 1900, 282.

voisinage. En effet, tous les coquillages élevés dans ces eaux sont incontestablement plus gros et plus gras que ceux qui séjournent continuellement dans les eaux pures de la mer",[1188] ce que les observateurs antiques avaient déjà remarqué. Rappelons les propos d'Oribase : les huîtres qu'on trouve en "haute mer sont rares et sans valeur, parce que le soleil ne jette pas ses regards sur elles. Elles ont en outre une petite taille (*Ὄστρεα τὰ πελάγια σπάνια καὶ ἀχρεῖα διὰ τὸ μὴ θεωρεῖσθαι ὑφ' ἡλίου·γίνεται δὲ καὶ μικρομεγέθη*)".[1189] "Les meilleures se rencontrent dans les endroits marécageux et dans la vase bourbeuse où il y a un mélange d'eau douce".[1190] Elles aiment en effet "à habiter dans les eaux mélangées d'eau douce qui font croître leurs chairs, lesquelles donnent alors un jus sucré (*χαίρει γὰρ ἐπικιρνάμενον γλυκέσι κράσει γλυκυχύλους προσαύξων σάρκας*)".[1191]

Pour éclairer la localisation des *καταβόλοι* de Narbonne, il faut donc se demander qui de Port-Vendres ou de l'étang de Vendres répondait le mieux aux conditions formulées par A. Locard et à la définition du *stagnum*, telle qu'elle se manifeste à travers les lieux d'installation des *ostriaria* italiennes. Port-Vendres se présente comme une petite baie étroite et pentue au pied des reliefs rocheux de la Côte Vermeille. Quant à l'étang de Vendres, il apparaissait encore sur les cartes de la fin du XVIIe siècle et du milieu du XVIIIe siècle comme une lagune, par exemple sur celles dressées par J.-B. Nolin en 1697 ou par J.-N Bellin en 1764.[1192] Sa configuration antique, et plus généralement celle du littoral narbonnais, est encore l'objet de nombreuses discussions chez les géologues, les géographes et les historiens.[1193] Une hypothèse fait aujourd'hui l'unanimité : l'existence, au cours de la protohistoire, d'une immense étendue d'eau lagunaire ou marine installée dans la basse vallée de l'Aude, d'où émergeait le massif de la Clape. Au nord, elle englobait l'étang de Capestang, au sud, celui de Bages et de Sigean et à l'est, ceux de Vendres, de La Matte et de Pissevache.[1194] Selon P. Ambert et M. Guy, l'absence de lido fermant le golfe narbonnais, entre les étangs de Lapalme et de Vendres, aurait perduré jusqu'au VIe siècle a.C. et peut-être plus tard jusqu'au IIIe siècle a.C.[1195] À l'époque romaine, le cordon littoral est fixé ; il limite alors un vaste système lagunaire.[1196] Ce paysage concorde parfaitement avec le témoignage, au Ier siècle p.C., du géographe latin Pomponius Mela. Il affirme en effet que l'*Atax* (l'Aude) se jette dans un grand *lacus* appelé *Rubresus*. Celui-ci communique avec la mer uniquement par un mince accès (*Lacus accipit eum, Rubresus nomine, spatiosus admodum, sed, qua mare admittit, tenuis aditu*).[1197] Cette description est celle d'une lagune en liaison restreinte avec la mer par un grau. Dans ce paysage, la physionomie de l'étang de Vendres ne se modifie profondément qu'à partir du Moyen Age.[1198] Au début du XIVe siècle, une série de crues importantes affectent le bras méridional du fleuve qui change de tracé en direction de l'est, vers l'étang de Vendres qui lui sert désormais de déversoir.[1199] Depuis, les atterrissements ont considérablement réduit sa superficie et sa profondeur ; plusieurs secteurs sont en partie comblés avec de très faibles niveaux d'eau.[1200]

Au terme de cette discussion, il nous semble que l'ancien système lagunaire narbonnais, qui incluait l'étang de Vendres, est un meilleur candidat que la petite baie de Port-Vendres en Roussillon pour la localisation des *καταβόλοι* mentionnés par Oribase.[1201] De nos jours en Méditerranée, les lagunes sont d'ailleurs toujours des lieux privilégiés pour les activités conchylicoles. La région de Vendres est ainsi avec celles de Thau et de Gruissan l'un des trois grands lieux de production de coquillages cités par la Section Régionale de Conchyliculture en Méditerranée sur la côte Languedocienne. Au contraire, sur le littoral roussillonnais, Port-Vendres n'est pas répertorié ; seule l'est la lagune de Salses-Leucate qui est située au nord de Perpignan.[1202]

Pour conclure, l'ostréiculture telle qu'elle est définie par les pratiques actuelles n'était pas menée par les Romains, car les phases de "captage", de "détroquage" et de "croissance" contrôlée n'ont pas été reconnues à partir du mobilier archéologique conchyliologique. À l'encontre du seul témoignage d'Oribase qui évoque une gestion de la croissance, toutes les observations orientent vers un ramassage des huîtres sur des bancs naturels. Une fois prélevés, ces animaux ont cependant pu être affinés pour en améliorer les qualités gustatives, dans des *vivaria* en Atlantique et dans des *καταβόλοι* en Méditerranée.

De la mytiliculture

L'autre conchyliculture largement développée aujourd'hui est la mytiliculture : l'élevage des moules qu'elles soient de l'espèce commune, *Mytilus edulis*, ou méditerranéenne, *Mytilus galloprovincialis*. En France, elle est traditionnellement attribuée à un Irlandais, P. Walton. Rescapé d'un naufrage dans la baie d'Aiguillon en 1235, il aurait entrepris, pour vivre, de capturer des oiseaux à l'aide d'un filet, "l'allouret", qui était tendu au-dessus du niveau de la pleine mer et maintenu par de

1188 Locard 1900, 284.
1189 Oribase, *Des aliments*, 2.58.95.
1190 Oribase, *Des aliments*, 2.58.97.
1191 Oribase, *Des aliments*, 2.58.95.
1192 Ces cartes sont en consultation libre sur le site internet de la BNF.
1193 Ces discussions ont été synthétisées par V. Ropiot dans une thèse intitulée *Peuplement et circulation dans les bassins fluviaux du Languedoc occidental, du Roussillon et de l'Ampourdan du IXe s. au début du IIe s. av. n. è.* (Ropiot 2007). Pour les principales références, voir : Verdeil 1970 ; Guy 1973 ; Gayraud 1981 ; Ambert 1987 ; Verdeil 1990 ; Ambert 1993 ; Ambert *et al.* 1995 ; Grau & Rescanières 2000 ; Larguier 2001 ; Rescanières 2002.
1194 Rescanières 2002 ; Ropiot 2007 et vol. 3, fig. 45.
1195 Solier (éd.) 1981 ; Ambert 1987.
1196 Ambert 1987 ; Rescanières 2002 ; Ropiot 2007.
1197 Pomponius Mela, *Description de la terre*, 2.5.6.
1198 Ambert 1987.
1199 Ambert 1993 ; Larguier 2001.
1200 Ropiot 2007. Voir également les conclusions du rapport "La surveillance FOGEM des zones humides côtières du Languedoc-Roussillon 2000-2005".
1201 Oribase, *Des aliments*, 2.58.95.
1202 Site internet de la Section Régionale Conchylicole de Méditerranée : http://www.srcm.fr/zonesproduction.html

grands piquets enfoncés dans la vase. Il se serait aperçu que sur ces piquets se fixaient des moules dont la croissance et la qualité étaient supérieures à celles des moules sauvages. Il aurait alors décidé d'élever ces coquillages en mettant en place des lignes de pieux plantés dans le fond de la mer : les premiers bouchots[1203]. Jusqu'en 1850, les bouchots étaient en forme de "V" ouverts à 45% environ dont les ailes s'étendaient sur 200 à 300 m. Après cette date, les bouchots en V furent interdits car cette disposition favorisait considérablement l'envasement des zones exploitées. Depuis cette époque, les lignes de pieux sont parallèles entre elles et perpendiculaires à la côte ou orientées dans le sens du courant pour rendre le captage du naissain plus efficace.

Les étapes de la mytiliculture actuelle

La mytiliculture débute comme l'ostréiculture par cette étape. Le naissain est collecté sur les pieux situés le plus au large : "les bouchots à naissain".[1204] Il s'y fixe à l'aide du byssus. Mais, lorsqu'elles grossissent, les moules tendent à former des paquets qui s'écartent du pieu et qui risquent d'être emportés par la mer ou de tomber sur le sol où ils seront perdus. Dans un deuxième temps, ces paquets sont donc récupérés et transférés sur des pieux libres situés généralement plus près de la côte : appelés "bouchots d'élevage", les moules y croissent. Celles plus petites restées sur le pieu continuent de se développer avant d'être, à leur tour, déplacées. Autrefois, les bouchots d'élevage étaient "clayonnés" ou "catinés". La première technique consistait à réunir les pieux par des fascines disposées horizontalement, la seconde à entourer le pieu de branches verticales. Les paquets de moules étaient mis dans des poches en filet et placés dans les interstices des clayonnages ou, dans le cas du "catinage", coincés entre le pieu et les branches. Aujourd'hui, les jeunes moules sont mises dans des filets tubulaires qui, une fois remplis, prennent l'aspect de boudins que l'on enroule autour des pieux : c'est le "boudinage".[1205] Vient enfin le moment de la récolte : les pieux sont "pêchés".

Lecture des conchyliorestes archéologiques

À ce jour, nous n'avons enregistré aucun indice probant qui plaide pour une mytiliculture romaine. Certes le captage du naissain aurait pu être pratiqué sans que nous en retrouvions la trace sur le conchylioreste puisque contrairement à l'huître, la moule ne se fixe pas au substrat par sa coquille. Néanmoins, nous avons observé des éléments de byssus solidement accrochés sur les restes d'autres coquilles, par exemple à Barzan/Le Fâ[1206] et à Bordeaux/Chapeau Rouge[1207] sur des valves d'huîtres et de coques[1208], ce qui suggère que les larves se sont fixées et ont grandi sans intervention humaine. Un aménagement du Ve siècle p.C. sur le site de Loupian/Bourbou installé sur la rive nord de l'étang de Thau (Hérault) a été interprété comme un bouchot, entre autres hypothèses.[1209] Une série de "quelque 70 traces de pieux et poteaux enfoncés dans le sable" qui "semblent s'organiser selon une demi-douzaine de lignes parallèles" était associée à un sol sur lequel reposaient de nombreuses valves intactes de moules. Toutefois, cette hypothèse est considérée par l'auteur comme "aléatoire parce qu'elle suppose une remontée significative de l'étang (min. 80 cm au dessus du 0 NGF)".[1210] Aucune des sources littéraires antiques que nous avons répertoriées n'évoque de structures en relation avec une éventuelle mytiliculture, ni simplement avec une activité d'affinage, contrairement aux huîtres. À l'opposé, le témoignage unique d'Ausone va dans le sens d'une simple cueillette : "On ne va pas chercher [le *musculus*] au sein d'une mer orageuse, en bravant des périls qui en doubleraient le prix ; mais au bord des eaux, quand la vague s'est retirée, on le recueille sur le rivage, parmi les algues dont il a la couleur (*Non hic navifrago quaeritur aequore, Ut crescat pretium grande periculis : Sed primore vado, post refugum mare, Algoso legitur litore concolor*)".[1211] La mytiliculture paraît finalement plus difficile à identifier que l'ostréiculture car les indices conchyliologiques sont peu loquaces sur ce sujet. Aucun texte antique n'en parle et toutes les observations réalisées à ce jour sur les conchyliorestes vont dans le sens d'une collecte des moules dans leur gisement naturel. Les propositions archéologiques d'identifications de "bouchots" ont l'intérêt de tenir l'attention éveillée sur ces structures. Mais elles demanderaient des approches fines combinant les études pointues des éléments fixes et des coquillages environnants.

L'élevage des coquillages à l'époque romaine : une nécessité ?

La ou les causes de la mise en œuvre des élevages et des cultures est un des évènements majeurs de l'histoire de l'humanité. Leur recherche anime la quête entre autres des archéozoologues. Pourquoi durant la période romaine, aurait-on décidé d'élever des coquillages ? "Ce fut Sergius Orata qui, le tout premier, créa des parcs à huîtres dans sa propriété de Baies, au temps de l'orateur L. Crassus, avant la guerre des Marses ; la gourmandise n'y fut pour rien, mais la cupidité : il tirait de gros revenus de ces sortes d'inventions (*Ostrearum uiuaria primus omnium Sergius Orata inuenit in Baiano aetate L. Crassi oratoris ante Marsicum bellum, nec gulae causa, sed auaritiae, magna uectigalia tali ex ingenio suo percipiens*)".[1212] À la lecture de Pline l'Ancien, il y avait de toute évidence une finalité économique dans les

[1203] Figuier 1867-1869, 731-738 ; Brehm vers 1884, 302-312 ; Marteil 1979, 105-107.
[1204] Marteil 1979, 107.
[1205] Marteil 1979, 111-112.
[1206] Bardot-Cambot 2011.
[1207] Bardot 2006d.
[1208] cf. 2.4.
[1209] Lugand 1997, 25-26.
[1210] Une observation similaire réalisée sur un bord de l'étang de Mauguio (Hérault) a été transmise à V. Forest par M. Guy auquel H. Prades a montré des pieux de bois dont la base était ceinturée d'amas de moules. Selon lui, il ne s'agissait pas des vestiges d'une structure permettant d'accéder à la mer, comme un ponton, mais bien de rangées de pieux dont il ne doutait pas qu'ils aient servi de bouchots. Nous n'en avons pas trouvé de trace écrite à ce jour.
[1211] Ausone, *Lettres*, 7.
[1212] Pline l'Ancien, *Histoire naturelle*, 9.168.

activités que développa Sergius Orata. Toutefois, nous l'avons vu, elles ne visaient vraisemblablement qu'à l'amélioration de la qualité des huîtres ; la "cupidité" ne le mena pas jusqu'à l'élevage. Or il existe une seconde expérience qui est celle de la création de l'ostréiculture moderne. En France jusqu'au début du XIXe siècle, les huîtres étaient pêchées sur les bancs naturels qui jalonnaient les côtes. Le commerce était alors essentiellement tourné vers la capitale et les grandes villes de l'ouest du pays. Mais quelques années plus tard, l'amélioration des moyens de transport allait changer le commerce de l'huître. Permettant un transport rapide des produits vers les régions les plus éloignées de la mer, il vint satisfaire un accroissement constant de la demande, notamment celui des villes en pleine explosion démographique. En réponse, l'exploitation des bancs s'intensifia. Des conflits éclatèrent même entre pêcheurs anglais et français : les premiers "draguaient de jour comme de nuit, ravageaient les bancs, sans se soucier [...] des règlements et admonestations de l'administration française". Dans ce contexte de pêche intensive, "78 millions d'huîtres [furent] pêchées par 173 bateaux" en 1853 sur les côtes granvillaises (Manche).[1213] Parallèlement, la multiplication des navires pêchant le poisson au chalut n'arrangea rien à l'état des huîtrières déjà fragilisées par un dragage trop poussé. Rapidement, le renouvellement des bancs ne fut plus assuré : dix ans après la grande pêche granvillaise de 1853, celle de 1862-1863 apporta seulement 4 millions d'huîtres. À la même époque, des épidémies auraient également contribué à cette destruction généralisée des huîtrières.[1214] En 1863, F. Fraiche résume : "L'industrie huîtrière avait toujours été en France abandonnée aux seules forces de la nature. Il en est résulté que nos gisements d'huîtres autrefois si nombreux et si abondants qui suffisaient aux besoins de la consommation, n'ont pu résister à l'exploitation abusive dont ils ont été l'objet".[1215] Dans ce contexte, l'élevage s'est imposé pour compenser la disparition des gisements naturels.

Selon ce scénario de forte consommation qui appauvrit les gisements naturels, trois espèces seulement auraient pu nécessiter un recours à la conchyliculture à l'époque romaine : les moules, *Mytilus* sp., l'huître plate, *Ostrea edulis*, et en Languedoc le peigne glabre, *Proteopecten glaber*. Pourtant la gourmandise romaine ne semble pas avoir menacé de disparition ces espèces. Les moules ne se sont jamais raréfiées jusqu'à nos jours. Le développement de leur élevage durant le XIXe et le XXe siècle est lié à une augmentation de la demande qui a été facilitée par l'accélération des transports. À l'époque romaine, cette consommation s'éloigne peu des côtes. Les gisements naturels devaient suffire à l'approvisionnement local. L'huître plate a vu ses gisements s'épuiser à partir du milieu du XIXe siècle quand l'homme a disposé de moyens techniques suffisamment puissants pour agir intensément et à large échelle sur les huîtrières naturelles. Néanmoins, cette explication n'est peut-être pas la seule. En effet dès la seconde moitié du XIXe siècle, les observateurs constatent que les bancs ne se renouvellent pas par défaut de naissain.[1216] "Une maladie dont les premiers signes se seraient fait sentir vers 1812-1816 et plus sûrement en 1855-1862" pourrait expliquer aussi le tarissement de cette source, en particulier en Basse Normandie.[1217] Enfin, le peigne glabre a peuplé les lagunes languedociennes durant toute la période romaine sans que l'intensité de sa consommation faiblisse. De plus, il est encore largement représenté dans les assemblages conchyliologiques du XIIe siècle. Il se raréfie à la fin du XIXe siècle probablement sous l'effet de la fermeture des étangs littoraux languedociens.[1218]

Il se dégage une impression que ces ressources ne peuvent se tarir sous la pression de la seule collecte humaine tant qu'elle est limitée à la fois par les capacités techniques des opérateurs et par le volume de la demande puisque les populations sont relativement peu nombreuses. Seules les espèces territorialisées sur des segments étroits de côtes rocheuses comme les patelles, *Patella* sp., ont pu disparaître, suite à des surexploitations. Toutefois, comme celles-ci étaient localisées, les secteurs dépeuplés devaient rapidement accueillir de nouvelles populations grâce aux migrations larvaires planctoniques.

Nous avons débuté notre recherche sur les sites archéologiques qui ont livré des coquilles avant de remonter à la source de leur collecte dans l'environnement marin. Après avoir essayé de définir les activités humaines qui se sont déroulées aux extrémités de ce parcours, un dernier aspect peut être traité : le commerce qui relie le consommateur au producteur. Il vient ainsi terminer notre enquête sur les coquillages en Gaule romaine.

3.8. Le commerce

La première partie de ce chapitre est consacrée au commerce des coquilles "sans chair", dont le ramassage, pour divers usages, constitue un aspect nouveau de l'exploitation de la mer révélé par l'archéoconchyliologie. Nous réservons la seconde aux produits alimentaires. Deux scénarios y seront successivement abordés. L'un concerne le commerce des animaux vivants dans leur coquille, l'autre celui de la chair décoquillée.

Les coquilles "sans chair"

Les données conchyliologiques les plus complètes concernent pour l'intant les valves de bucardes, *Acanthocardia* sp. et *Laevicardium* sp., d'amandes de mer, *Glycymeris* sp., de vernis fauve, *Callista chione*, et de coquilles Saint-Jacques, *Pecten* sp.[1219] Sur le pourtour

[1213] Collectif 1997, 25-26.
[1214] Collectif 1997, 26.
[1215] Fraiche 1863, cité dans Collectif, 1997, 27.
[1216] Figuier 1867-1869, 731.
[1217] Collectif 1997, 26.
[1218] Forest 2002a.
[1219] cf. 3.2.

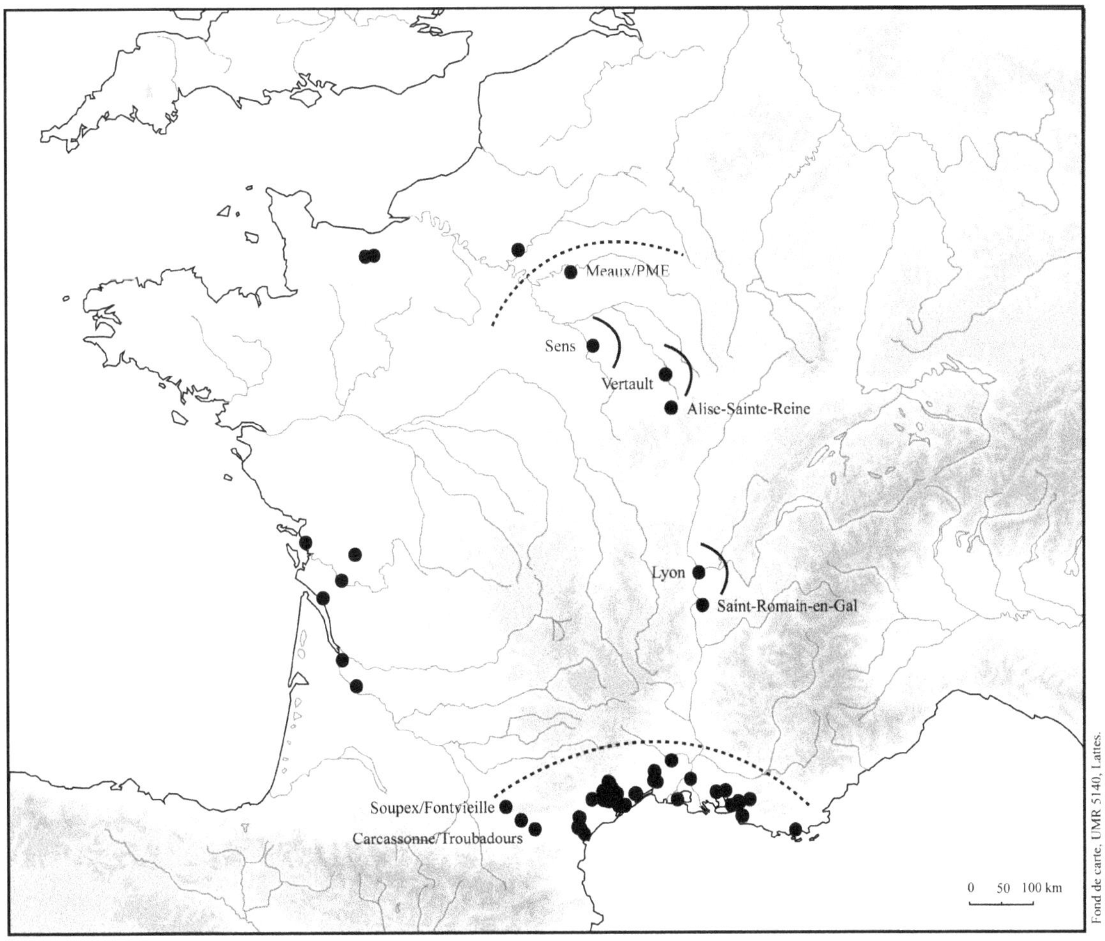

····· limite d'exportation des valves méditerranéennes
—— limite d'exportation des valves atlantiques

fig. 203 : découvertes de valves épaves sur les sites de Gaule romaine (amandes de mer, bucardes, vernis fauves et coquilles Saint-Jacques).

du Gofe du Lion, la régularité des découvertes, leur dispersion géographique et l'abondance des restes parfois retrouvés, comme à Lattes[1220] et à Lunel-Viel,[1221] témoignent d'un intense commerce. (fig. 203) Celui-ci s'exerce depuis les côtes, où les valves épaves sont ramassées sur les plages, jusqu'aux sites d'utilisation qui peuvent être distants d'une centaine de kilomètres, par exemple le petit habitat rural de Carcassonne/Troubadours[1222] et la *villa* de Soupex/Fontvieille.[1223] Parallèlement, un commerce de plus longue distance commence à se dessiner au fil des études archéonconchyliologiques réalisées sur les sites de l'intérieur des terres. Des valves épaves sont en effet retrouvées très loin des côtes. Parmi elles, se trouvent des valves de coquilles Saint-Jacques. Certaines appartiennent à l'espèce méditerranéenne, *Pecten jacobeus* : elles permettent de suivre l'exportation des produits méditerranéens à Saint-Romain-en-Gal, à Lyon, à Sens et à Meaux/PME à plus de 750 km de la Méditerranée. D'autres sont attribuées à *Pecten maximus* qui est strictement atlantique : elles témoignent d'une circulation des valves épaves depuis cette façade maritime jusqu'à Sens, Vertault et Lyon à près de 500 km des côtes de l'Atlantique.

Outre les valves épaves venues des plages méditerranéennes et atlantiques, les fouilles archéologiques révèlent les coquilles intactes (ou parfois aménagées par l'homme) d'un gastéropode exogène : *Cypraea pantherina*, la porcelaine panthère, originaire de la Mer Rouge. Plusieurs sites sont ainsi le terme d'un long circuit commercial qui unit le Moyen-Orient et l'Europe occidentale.[1224] Comme l'a souligné V. Forest dans un article récent[1225], ce trafic, spécialisé dans les seules porcelaines de cette espèce, montre une étonnante persistance puisqu'il est actif dès le premier âge du Fer, avant d'atteindre son plein essor durant la fin de l'Antiquité et le haut Moyen Age ; les découvertes abondent alors dans l'aire germanique, principalement en contexte funéraire.[1226] Cet aspect n'est pas l'objet de notre enquête. Il nous permet néanmoins d'ouvrir une nouvelle piste de recherche. La concentration des coquilles de porcelaine panthère dans cette partie de l'Europe coïncide en effet avec une autre carte que nous

1220 Brien-Poitevin 1992b.
1221 Brien-Poitevin 2007.
1222 Forest 2005c.
1223 Forest 2006c.

1224 Ce commerce des coquilles de porcelaine panthère révèle une exploitation de la Mer Rouge, dont il faudrait vérifier s'il en subsiste des traces archéologiques sur les sites riverains.
1225 Forest 2009.
1226 cf. 2.4.

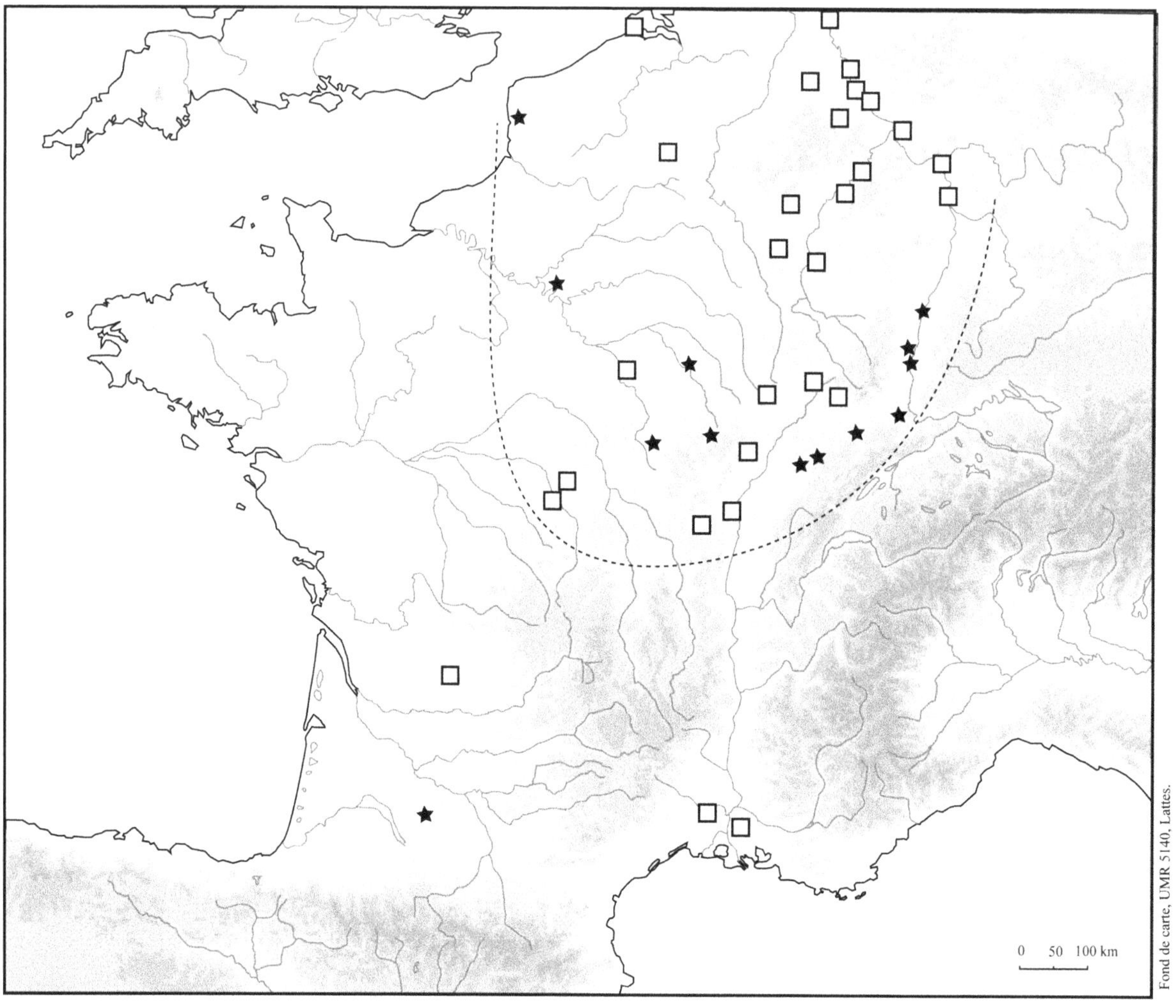

□ stèle(s) ou autel(s) d'époque romaine montrant une image sculptée de coquille

★ présence de *Cypraea* sp. (Ve - VIe siècles p.C., tout contexte)

fig. 204 : coquilles de porcelaines (*Cypraea* sp.) et images de coquilles sur les stèles et autels d'époque romaine.

avons établie au cours de nos travaux universitaires précédents, celle des images sculptées de coquille sur les autels et stèles d'époque romaine. Ces images, qui ornent la voûte des niches, semblent particulièrement fréquentes au cours des IIe et IIIe siècles p.C., au moins dans le cadre de la Bourgogne et de la Franche-Comté que nous avons exploré. Nous en avons dressé un premier inventaire à partir des recueils établis par E. Espérandieu.[1227] Or la plupart sont regroupées dans le quart nord-est de la Gaule et le long du *limes* rhénan, dans la même aire géographique qui sera un peu plus tard inondée de porcelaines. (fig. 204) La coquille, qu'elle se manifeste sous la forme d'une image ou d'une enveloppe minérale de *Cypraea pantherina* de Mer Rouge, paraît donc prendre une place particulière dans les pratiques culturelles des populations de cette région, qu'il reste à comprendre.

Les coquillages "fruits de mer"

Les animaux "en coquille"

Retrouver les étapes qui précédaient l'expédition des coquillages sera le point de départ de notre exploration du commerce des animaux "en coquille". Pour cela, nous interrogerons les sources archéologiques, iconographiques et ethnographiques du Moyen Age au début du XXe siècle, avant la mécanisation et l'arrivée du chemin de fer qui viennent bouleverser l'organisation des activités liées au commerce des coquillages. Puis, nous chercherons sur les conchyliorestes les indices des manipulations qui ont pu être opérées à l'époque romaine. Dans le même temps, la nature des espaces et des structures qui ont pu être mobilisés au cours du processus de commercialisation sera abordée. Nous tenterons ensuite de définir les axes de distribution des coquillages à partir de leurs lieux de pêche. Enfin, nous essaierons d'éclairer les modes de conditionnement et les solutions éventuelles de conservation mis en œuvre pour assurer la bonne expédition des animaux vivants.

[1227] Bardot 2004a.

La préparation des lots commercialisés

- Les huîtres

A. Rouyé décrit le nettoyage comme la première étape de la préparation des huîtres marchandes. Il indique qu'avant la généralisation des pompes, les huîtres, contenues dans des paniers, étaient portées jusqu'au "lavoir" ; il s'agissait d'un réservoir de quelques mètres carrés rempli d'eau de mer, d'une profondeur d'une cinquantaine de centimètres. Les paniers d'huîtres étaient d'abord posés à côté du lavoir où ils étaient arrosés à l'aide d'un outil à long manche terminé par une écope. Puis, ils étaient plongés à l'intérieur et brassés en les secouant vigoureusement. Les deux opérations étaient répétées jusqu'à ce que toutes les huîtres soient propres. Comme ce lavage n'était pas totalement efficace, les huîtres étaient déversées sur une table de triage et brossées une par une.[1228] Les "corps les plus durs qui, comme les tubes d'Annélides ou des fragments de coquille d'Huître, peuvent adhérer à cette surface" étaient arrachés avec "une sorte de couteau à lame courte mais forte et lourde".[1229] Deux corbeilles tressées, les "mannes", étaient posées sur le sol : l'une recevait les "huîtres prêtes", l'autre, les déchets.[1230]

Après avoir été lavées, les huîtres sont l'objet d'un "triage minutieux, suivant la taille,[1231] la régularité de la coquille et les tares que cette dernière peut présenter", comme le décrit L. Calvet au début du XXe siècle.[1232]

Traditionnellement, les animaux sont ensuite placés dans des casiers, eux-mêmes déposés dans des bassins remplis d'eau de mer décantée. Cette opération permet non seulement de stocker les huîtres jusqu'à leur expédition, mais également de leur faire rejeter les impuretés qu'elles pourraient contenir : c'est le "dégorgeage". Les huîtres ainsi stockées sont mises à sec journellement : elles s'habituent ainsi à ne pas être continuellement dans l'eau. Cette pratique, appelée le "trompage", les oblige à garder leurs valves bien fermées, ce qui les rend plus résistantes au transport.[1233]

Ces étapes étaient-elles suivies à l'époque romaine ? Pour ce qui concerne "le nettoyage", la plupart des assemblages archéologiques ne livrent aucune coquille épave d'huître et de rares vestiges d'autres espèces. Pourtant, la collecte de coquillages, aussi soigneuse et précise soit-elle, implique l'intrusion accidentelle de coquilles d'individus morts et de bris d'autres coquilles. Il faut donc certainement envisager l'existence d'un tri des huîtres qui élimine les éléments indésirables. Un soin particulier était semble-t-il apporté aux huîtres destinées aux sites les plus éloignés des côtes, car les lots y sont particulièrement "propres", comme nous avons pu l'observer en Bourgogne et en Franche-Comté[1234] ainsi qu'à Lyon/Cybèle.[1235] En revanche, des huîtres moins bien préparées arrivaient vraisemblablement sur certains sites localisés à proximité des côtes, par exemple à Bordeaux où nous avons identifié les résidus produits par une activité de nettoyage. Un lot de coquillages rejetés dans des latrines du site de Bordeaux/Chapeau Rouge était en effet composé de restes de moules rappelant des coquilles brisées d'animaux morts, de valves d'huîtres et de coques appartenant à de très jeunes individus sans grand intérêt alimentaire. Enfin et surtout, la présence de byssus de moule encore accroché sur la face interne de plusieurs valves indique qu'il n'y avait plus de chair au moment du ramassage des coquilles. Au contraire, des lots d'huîtres retrouvés ailleurs sur le site ne comptaient quasiment que des huîtres.[1236] Une US du site de Bordeaux/Auditorium (184/1) nous a amenée à la même conclusion, car elle n'a livré que des restes d'animaux morts, comme des brisures de coquilles de moules et des valves épaves de coques. Or ceux-ci étaient absents ou anecdotiques dans les autres assemblages.[1237] Ces résidus pourraient correspondre au nettoyage de lots d'huîtres "mal préparées" sur le lieu de consommation. Mais nous n'excluons pas non plus qu'ils témoignent d'une activité de nettoyage de lots "bruts" qui auraient été transportés tel quels avant d'être préparés pour être vendus aux consommateurs bordelais.

L'examen des coquilles ne nous a pas encore permis d'envisager le brossage des huîtres. En effet, leur surface est rarement indemne de la fixation d'autres bris de coquilles et d'autres constructions calcaires, comme celles de crustacés cirripèdes du genre *Balanus* ou de tubes calcaires de vers polychètes serpulidés du genre *Pomatoceros*.

"Le triage minutieux" des huîtres, tel qu'il est qualifié par L. Calvet,[1238] pourrait être enregistré par les dimensions et la morphologie des coquilles. La synthèse des données recueillies montre que des individus de toutes tailles et de toutes formes ont été consommés, sur les sites littoraux comme dans les régions les plus éloignées des côtes. Il pourrait s'agir d'un hasard de la collecte dans des populations différentes, à moins que les huîtres aient été sélectionnées en fonction de ces critères pour répondre à des préparations culinaires différentes.[1239] Quoi qu'il en soit, aucune norme de taille et de forme n'est fixée. Un souci d'homogénéisation de la forme des huîtres semble toutefois apparaître à travers plusieurs assemblages dont les coquilles sont toutes morphologiquement proches. Parallèlement, certains lots sont composés de coquillages dont la taille varie peu. Certes, ils peuvent venir de populations dont les individus

[1228] Informations d'A. Rouyé, site internet personnel : http://perso.orange.fr/forum17/page7.htm

[1229] Calvet 1910, 95.

[1230] Informations d'A. Rouyé, site internet personnel : http://perso.orange.fr/forum17/page7.htm

[1231] Depuis les années 1970-1980, les huîtres ne sont plus triées en fonction de leur taille mais en fonction de leur poids. Précision d'Y. Gruet.

[1232] Calvet 1910, 95.

[1233] Informations d'A. Rouyé, site internet personnel : http://perso.orange.fr/forum17/page7.htm ; Calvet 1910, 96-97 ; Marteil 1979, 129-130 ; Quéro & Vayne 2008, 22.

[1234] Bardot 2003.

[1235] Bardot (inédit a).

[1236] Bardot 2006d.

[1237] Bardot 2009.

[1238] Calvet 1910, 95.

[1239] cf. 3.4.

ont grandi simultanément. Cependant, il est plus probable que les Romains ont opéré un calibrage des coquilles, c'est-à-dire qu'ils ont composé des lots d'huîtres en fonction de leurs tailles à partir d'un vrac de collecte.

Le dégorgeage, le trompage et le stockage ne peuvent être déterminés par l'examen des conchyliorestes, car ils n'ont pas d'implication sur les coquilles : en effet, ils agissent seulement sur le corps mou de l'animal. Le dégorgeage parfait la chair qui sera consommée, le trompage renforce la capacité du coquillage à maintenir ses valves fermées pendant le transport et le stockage permet de préserver les animaux, et donc leurs qualités, en attendant leur expédition. Seuls les textes anciens et des structures bâties pourraient en fournir des indices. Mais, pour l'instant, nous n'avons pas trouvé de passage écrit qui en fasse mention et, à notre connaissance, aucune construction antique n'a encore pu être mise en relation avec de telles activités ; le cas échéant, il serait bien difficile de déterminer la nature des traitements opérés sur les huîtres, car, si on se réfère aux pratiques actuelles, une seule structure peut servir au dégorgeage, au trompage et au stockage. Toutefois, le stockage, au moins, a pu être pratiqué à l'époque romaine. À partir du Ier siècle p.C., l'abondance des lots pêchés et leur transport sur des sites très éloignés des côtes décrivent en effet une intensification du commerce des huîtres. Le stockage était peut-être alors une nécessité, imposée par une demande croissante en coquillages qu'il fallait satisfaire à tout moment, quelles que soient les conditions atmosphériques et de marée. Pour cela, il n'est pas exclu que des huîtres aient été mises en réserve dans des structures alimentées en eau marine installées sur le rivage, à l'image de celles utilisées jusqu'au XIXe siècle, avant le développement de l'ostréiculture moderne : "On les voit [les pêcheurs d'huîtres], à basse mer, accourir vers les gisements qui découvrent, en détacher les huîtres [...], les mettre ensuite en magasin dans des viviers spéciaux, où ils les conservent jusqu'au moment de la vente". Ces viviers sont "placés immédiatement sur le rivage [...]. Là, ces huîtres vivent comme sur les bancs naturels, s'y conservent blanches et continuent même à y grandir".[1240] Aujourd'hui, sur la façade atlantique, il s'agit de bassins maçonnés. Leur profondeur n'est pas très grande, entre 0,80 et 1m pour ceux que nous avons pu observer dans les ateliers arcachonnais. A. Rouyé indique qu'au début du XXe siècle, les "dégorgeoirs" trembladais (Charente-Maritime) possédaient un fond en briques pleines, jointoyées avec du mortier. Celles-ci reposaient sur un lit de sable de quelques centimètres d'épaisseur, lui-même déposé directement sur la vase. Les murs étaient faits des mêmes briques ou de cloisons de planches retenant de la vase tassée qui assurait l'étanchéité. Les bassins étaient remplis d'eau marine décantée issue d'une réserve, elle-même alimentée par les marées.[1241] À la même époque, L. Lambert décrit à Courseulles (Calvados) "des parcs de dépôt creusés dans le sol, à quelque distance de la mer, et alimentés au moyen de tuyaux. Le fond de ces parcs qui affectent la forme de longs rectangles, ainsi que leurs bords, en pente douce, sont constitués de terre recouverte de gros graviers ; les huîtres sont déposées sur les pentes mêmes des bords, la vase excrétée se rassemble au fond, dans une sorte de canal longitudinal".[1242] En Méditerranée, A. Locard signale en 1900, dans la région de Marseille, des "petits parcs ou bassins" appelés "réserves", la plupart du temps sommairement aménagés, qui servaient à entreposer des coquillages "en attendant le moment opportun de leur consommation".[1243] Dans les mêmes années, L. Calvet décrit les "réserves ou caisses-réserves" utilisées dans l'étang de Thau : "Ce sont de grandes caisses de bois, de dimensions variables, simulant pour la plupart une petite embarcation tronquée à l'arrière et parfois aussi à l'avant. Le fond de ces réserves, comme les faces latérales, sont à claire-voie ou à parois pleines mais perforées de très nombreux trous d'un centimètre de diamètre environ, de manière à permettre à l'eau de pénétrer à l'intérieur de la caisse dans les deux cas". Les huîtres "sont entassées dans ces réserves qui peuvent en contenir de 15 à 20.000 et même davantage, et immergées sur des emplacements de la domanialité maritime [...]. La stabulation dans ces conditions est toujours de courte durée et au fur et à mesure des besoins les huîtres sont dirigées sur la consommation ou sur les parcs de l'Océan. Il n'y a donc ni accroissement ni engraissement du Mollusque".[1244]

- Les autres coquillages

Comme pour les huîtres, la préparation des moules commence aujourd'hui par un nettoyage. Les moules sont lavées et brossées pour débarrasser la surface de leur coquille des organismes qui s'y sont accrochés, comme des crustacés cirripèdes du genre *Balanus*, des algues et des éléments de byssus laissés par des congénères.[1245] Puis, elles sont triées en fonction de leur taille et calibrées : la moule commune est commercialisée autour de 50 mm et la moule de Méditerranée entre 60 et 70 mm.[1246] Avant l'arrivée des "trieurs-laveurs" mécaniques, le lavage, le brossage et le tri étaient réalisés manuellement.[1247] Les moules sont ensuite mises en réserve pour pouvoir assurer des approvisionnements réguliers. En Atlantique, elles sont stockées dans des "arches" ou "réservoirs", "sorte de coffres à claires-voies, en bois ou en ciment, munis de pieds plus ou moins hauts selon l'endroit où ils se trouvent et accessibles à toutes les marées".[1248]

À l'époque romaine, les moules étaient peut-être nettoyées, car celles qui nous parviennent ne portent que très rarement des vestiges de byssus, dont nous avons constaté qu'il pouvait se conserver, ou ceux d'organismes vivants fixés sur les coquilles. Sur le site de Barzan/Le

[1240] Coste 1861, 112.
[1241] Site internet personnel d'A. Rouyé : http://perso.orange.fr/forum17/page7.htm
[1242] Lambert 1928.
[1243] Locard 1900, 152-153.
[1244] Calvet 1910, 91-92.
[1245] Marteil 1979, 115-116.
[1246] Quéro & Vayne 1998, 99.
[1247] Marteil 1979, 115-116.
[1248] Marteil 1979, 116.

Fâ, l'homogénéité dans la taille des coquilles de plusieurs assemblages permet en outre d'envisager un calibrage des moules. En revanche, nous ne disposons d'aucun indice sur une éventuelle mise en réserve des moules dans des bassins avant leur expédition

Les données conchyliologiques que nous avons rassemblées pour les autres espèces ne permettent guère de commentaires. Néanmoins, les mesures prises sur les valves de peigne glabre montrent que les jeunes individus, inférieurs à 45 mm de hauteur, sont presque absents des séries conchyliologiques d'époque romaine. Nous supposons pourtant qu'ils se trouvaient mêlés aux individus adultes avec lesquels ils cohabitaient. V. Forest l'a montré pour des périodes antérieures : sur le site de Lespignan/Camp Redoun (Hérault), au Néolithique final, les assemblages étaient composés pour majorité de très petites coquilles, autour de 35/40 mm de hauteur. Les pêcheurs romains pouvaient donc disposer de peignes glabres de petite taille, mais ils ne l'ont pas fait. Selon V. Forest, ils auraient "calibré leur collecte de manière à ne pas conserver les plus petits animaux. Ce choix, éventuellement lié à un critère de qualité dans la commercialisation de l'espèce au moins à l'époque romaine, laissait aussi les animaux atteindre une taille quasi définitive. Elle permettait à l'espèce de se reproduire même si les pêcheurs n'étaient pas forcément très conscients de la réalité biologique de cette pratique".[1249] Il nous semble encore un peu tôt pour en déduire l'existence d'une taille commerciale, en dessous de laquelle les peignes ne pourraient pas être vendus. Cette hypothèse mérite toutefois d'être proposée, surtout que la taille intervient certainement comme un critère sélectif pour d'autres espèces ; nous l'avons indiqué précédemment pour l'huître plate.

Espaces et structures de travail

Le produit de la pêche était probablement préparé non loin de son point d'arrivée sur le rivage, ce qui permettait d'alléger le transport en le limitant aux seuls lots apprêtés. Ainsi, les franges côtières des régions que nous soupçonnons correspondre à des pôles de collecte, par exemple les lagunes méditerranéennes, le Bassin d'Arcachon ou les embouchures des fleuves, ont certainement servi d'espace de travail aux opérateurs en charge de la commercialisation des coquillages. Au XIXe siècle, elles étaient encore occupées par les activités conchylicoles. En Méditerranée, V. Giovannoni rapporte qu'autour de l'étang de Thau, la manipulation des coquillages se faisait sur la plage étroite, située entre le village et l'étang ; elle était en effet interdite à l'intérieur des villages pour des raisons sanitaires évidentes.[1250] Sur la façade atlantique, des cartes postales de Cancale et de la pointe du Chapus en Charente-Maritime montrent le tri qui s'y faisait encore au début du siècle dernier. Au fil du temps, des ateliers, ou "mas" tels qu'ils sont appelés en Méditerranée, ont été construits le long des rivages, à l'écart des habitations. À Bouzigues, sur l'étang de Thau, ce furent tout d'abord des cabanes en roseaux, puis en planches et enfin en briques. En général, une large table est placée à l'intérieur pour la préparation des lots de coquillages. L'espace extérieur, devant la cabane, est utilisé pour le lavage. Il est au contact de l'étang par un appontement qui permet l'accostage des embarcations et le débarquement du produit de la pêche.[1251] (fig. 205) Sur la façade atlantique, les ateliers des ostréiculteurs arcachonnais sont aussi directement reliés à la lagune par des appontements qui servent à l'acheminement des huîtres depuis les embarcations qui s'y arriment. (fig. 206) Des épandages de coquilles sur les chemins qui bordent les zones de travail rappellent constamment la nature des activités qui s'y déroulent. (fig. 207)

Pour l'époque romaine, des structures légères installées sur la rive aménagée des anciennes lagunes, des estuaires et des baies abritées pourraient donc indiquer des espaces voués à la préparation des lots de coquillages fraîchement rapportés par les pêcheurs, surtout si elles sont associées à des épandages de coquilles. À notre connaissance, aucun site archéologique n'a pour l'instant été identifié comme un de ces ateliers ou "mas". Néanmoins, les découvertes faites récemment à Narbonne/Malard stimulent la réflexion. Les archéologues y ont en effet dégagé un vaste terre-plein édifié sur la lagune et interprété comme un débarcadère,[1252] à l'image de la configuration des espaces conchylicoles arcachonnais et des bords de l'étang de Thau. (fig. 205 et 206) En outre, la surface du terre-plein était en partie recouverte d'une couche fine et régulière de coquilles brisées. L'huître plate est l'espèce la plus abondamment représentée (NMV=418). Suivent ensuite les moules (NMV=81) et le peigne glabre (NMV=45), dans une moindre mesure. Enfin, les coques, la nasse réticulée, le cérithe commun, le bigorneau perceur et le tout petit cérithe réticulé apparaissent par quelques restes (entre un et cinq restes). Lors de l'étude des conchyliorestes en 2006, nous supposions que ces coquilles avaient été jetées volontairement pour renforcer un niveau de circulation, ce qui permettait d'expliquer la forte fragmentation des coquilles soumises à la pression mécanique exercée par le passage de véhicules ou de piétons.[1253] Cependant, les données conchyliologiques que nous avons rassemblées depuis nous poussent à revoir cette proposition. Certes, des coquilles peuvent servir de matériau, par exemple pour asseoir une voierie, pour construire un sol ou pour remblayer un espace ; nous l'avons vu à Barzan/Le Fâ et La Palisse,[1254] à Bordeaux/Chapeau Rouge[1255] et à Rom/La Petite Ouche.[1256] Mais les niveaux alors mis en place sont épais et solides, ce qui n'est pas le cas à Narbonne/Malard. De plus, ils sont toujours composés presque exclusivement de valves d'huître à cause de leurs propriétés physico-chimiques. Or à Malard, les valves de moules et de peigne glabre sont loin d'être en quantités

[1249] Forest (inédit g).
[1250] Giovannoni 1995.

[1251] Giovannoni 1995.
[1252] Chapon (éd.) *et al.* 2006.
[1253] Bardot 2006b.
[1254] Bardot 2007a ; Bardot-Cambot 2011 ; Tranoy *et al.* 2008.
[1255] Bardot 2006d.
[1256] Bardot (inédit g).

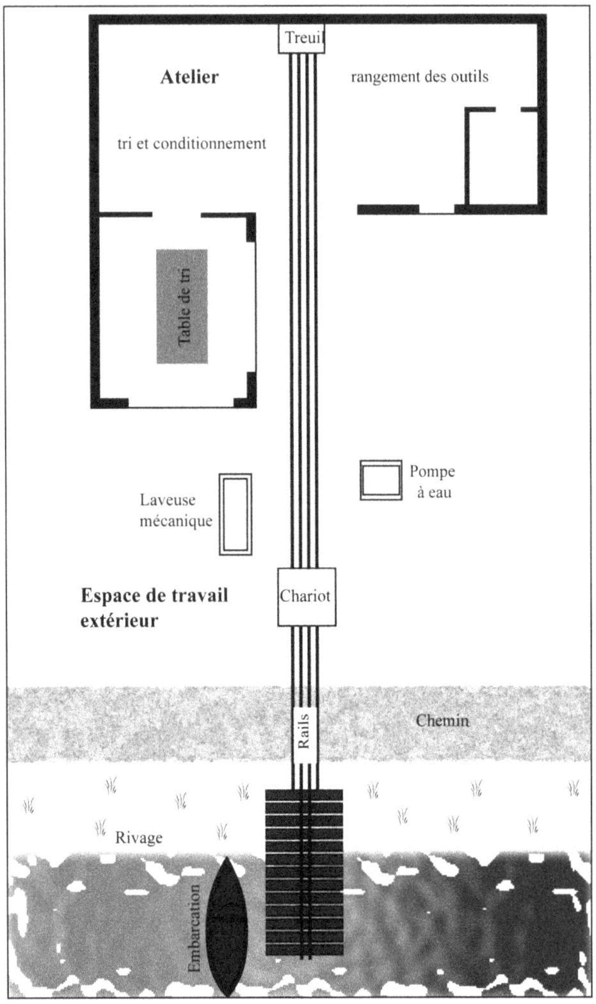

fig. 205 : plan d'un mas conchylicole sur l'étang de Thau. D'après Giovannoni 1995.

fig. 206 : atelier ostréicole sur le bassin d'Arcachon (Village du Canon, Lège-Cap Ferret, Gironde).

négligeables. Il est donc finalement peu probable que ces coquilles aient été abandonnées pour répondre à une fonction particulière. Elles pourraient plus simplement témoigner des activités humaines qui se sont déroulées à cet endroit. Dans cette perspective, nous n'excluons pas l'identification d'un espace de travail des coquillages, sur lequel se seraient progressivement déposés les débris des coquilles indésirables, issus du tri et du nettoyage du produit de la pêche. L'apparition des cérithes, nasses et bigorneaux serait ainsi justifiée puisque ces taxons interviennent généralement comme des accompagnateurs, souvent épaves, des coquillages collectés vivants pour l'alimentation. Dans le même temps, il n'est pas exclu que le piétinement des trieurs au travail ait contribué à la fragmentation des restes. Parmi les espèces présentes, l'huître plate, le peigne glabre et les moules ont pu être l'objet de préparations : outre l'abondance de leurs restes, ils sont les seules à être intensément exploités à des fins de consommation en période antique. Nous privilégions toutefois l'huître plate. En effet, l'observation du talon des valves gauches a montré plusieurs empreintes de moules et de peignes glabres. Elles indiquent que des restes de ces bivalves ont pu se décrocher ; peut-être au moment du nettoyage, ce qui expliquerait leur présence parmi les débris.

fig. 207 : épandage de coquilles sur un chemin : ateliers ostréicoles du Village du Canon (Lège-Cap Ferret, Gironde).

L'installation à Narbonne/Malard d'une activité liée à la commercialisation des huîtres pourrait être confortée par la présence d'un bassin exhumé dans un état antérieur (BS 1032), dont le mode de construction rappele celui de certains bassins des ateliers actuels, par exemple ceux qui servent au stockage des huîtres.[1257] Il apparaît comme isolé, sans lien avec d'autres structures. Il n'est pas creusé mais construit sur un niveau limoneux dont il est isolé par un fond de béton de tuileau. Il mesure 1,30 m sur 1,16 m le long des parements intérieurs. Les murets qui le délimitent mesurent 0,30 m de large et ils ont conservé, au maximum, 0,40 m d'élévation. Selon les archéologues, l'hypothèse d'une cuve liée à la viticulture ou à

[1257] cf. *supra*.

l'oléiculture est à écarter, car toutes les deux nécessitent des infrastructures importantes (pressoirs, chai). Ils sont également peu convaincus par une activité de salaison de poisson ou de fabrication du *garum*, car aucun reste de ces animaux n'a été retrouvé. Ils envisagent davantage "une installation de lavage en liaison avec une activité artisanale liée à la proximité du rivage". Les interprétations archéologiques et conchyliologiques semblent donc s'accorder : le bassin a pu servir au nettoyage des huîtres à l'image des lavoirs décrits par A. Rouyé. Au terme de ces quelques réflexions sur le site de Narbonne/Malard, nous souhaitons attirer l'attention des archéologues sur ce type de bassin isolé en bordure du rivage, et auquel il ne faut peut-être pas systématiquement prêter une fonction viticole, oléicole ou de transformation du poisson.

Une structure maçonnée (SB 1092) a ainsi été récemment mise au jour sur le site d'Antibes/Bas Lauvert, dans un contexte lagunaire semblable. Elle est installée dans l'espace intérieur d'un enclos fossoyé, occupé sur une courte période dans le dernier tiers du IIe siècle a.C.[1258] Elle se présente sous la forme de deux cuves juxtaposées. Celles-ci se rapprochent du bassin de Malard par le revêtement de béton de tuileau qui assure leur étanchéité et par leurs dimensions : l'une mesure 1,35 m x 1,25 m et l'autre 1,30 m x 1,20 m. Les murs, conservés sur environ 0,40 m de hauteur, ont également la même largeur, soit 0,30 m. Les cuves du Bas Lauvert diffèrent toutefois du bassin de Malard par la présence, au centre, d'une cupule de décantation. Comme le rappelle les archéologues, cet aménagement oriente souvent l'interprétation vers une installation vouée à la viticulture, à l'oléiculture ou à la salaison de poissons.[1259] Cependant, il pouvait être aussi nécessaire pour le dégorgeage des huîtres, la cupule permettant de recueillir la vase excrétée par les coquillages, à la manière "des parcs de dépôt" décrit au début du XXe siècle par L. Lambert.[1260] La fonction de la structure du Bas Lauvert et la nature des activités auxquelles elle était liée demeurent pour l'instant énigmatiques, car aucun autre indice ne permet de privilégier l'une ou l'autre interprétation. La fouille n'a livré ni pépins de raisins, ni ossements de poissons, ni restes de coquillages. L'étude céramologique ne fournit pas d'argument en faveur de l'une ou l'autre de ces productions et il manque, pour chacune, le matériel et les équipements qui leur sont généralement associés, par exemple des chais, des pressoirs, des broyeurs ou des outils de pêche.[1261]

[1258] Daveau *et al.* 2005-2006. Les archéologues ont mis au jour un puissant aménagement romain édifié dans la lagune au cours des deux premiers siècles de notre ère. Il s'agit d'une digue composée d'un robuste mur maçonné, d'une levée de terre de 2,50 m de large, associés à une ligne de pieux qui maintenait ses berges. Sur le fond de la lagune, un sol antique dallé de galets, de 40 m de large, a été reconnu sur plus de 200 m de long. La fonction exacte de cette "calade" immergée durant la période antique, reste à découvrir.

[1259] Daveau & Lang-Desvignes 2009.

[1260] Lambert 1928 ; cf. 3.8.

[1261] Daveau & Lang-Desvignes 2009.

Les axes de distribution : commerce à longue distance et commerce local

Jusqu'alors inexistant en Gaule, le commerce des coquillages sur de longues distances prend son essor au début du Ier siècle p.C.,[1262] certainement à la faveur de la réorganisation administrative et routière entreprise par Rome après la conquête[1263] ; en l'état actuel de notre recherche, le site de Lyon/Cybèle fournit le témoignage le plus précoce de cette incursion nouvelle des coquillages dans l'intérieur des terres, au cours des années 20-30 p.C.

Ce long commerce concerne uniquement l'huître plate, qui est la seule espèce capable d'atteindre, en vie, la table des populations éloignées de la mer, grâce à sa grande résistance au transport. Pour en définir les axes de distribution, depuis les façades atlantique et méditerranéenne qui ont été toutes les deux largement exploitées, nous nous sommes attachée à identifier l'origine des lots découverts sur les sites continentaux. Certes, l'huître plate est un bivalve parfaitement ubiquiste. Mais ses restes et les assemblages auxquels ils appartiennent peuvent fournir de solides indices, que nous allons énumérer.

Tout d'abord, l'origine des huîtres est donnée par les coquilles des mollusques qui les ont accompagnées. Plusieurs d'entre eux sont en effet inféodés à l'un ou l'autre domaine marin, par exemple le peigne glabre, *Proteopecten glaber*, qui est strictement méditerranéen, et la telline épaisse, *Arcopagia crassa*, qui est proprement atlantique ; nous considérons qu'il en était de même dans l'Antiquité. D'autres sont ubiquistes, mais leurs restes ne sont fréquents et/ou abondants que sur les sites archéologiques de l'une des deux façades et parfois même dans une zone assez restreinte. Sur la façade atlantique, il s'agit de la palourde croisée d'Europe, *Ruditapes decussatus*, du peigne variable, *Chlamys varia*, et du lavignon poivré, *Scrobicularia plana*, qui marquent surtout les sites localisés aux abords des côtes charentaises. Aux abords de la Méditerranée, ce sont le peigne operculaire, *Aequipecten opercularis*, et le flion tronqué, *Donax trunculus*, ce dernier se limitant principalement aux sites nîmois et de l'est de l'Hérault. La disponibilité plus ou moins grande des ressources dans l'environnement exploité est une explication possible à cette distribution géographique. La palourde croisée d'Europe, le peigne variable, le lavignon poivré, le peigne operculaire et le flion tronqué pourraient donc spécialement accompagner les huîtres pêchées aux endroits où ces espèces abondent ; elles sont ainsi un autre indice sur la provenance des lots commercialisés. Enfin, deux autres genres de mollusque, celui des moules, *Mytilus*, et celui des coques, *Cerastoderma*, peuvent aussi participer à la définition géographique des lots d'huîtres auxquelles ils seraient associés. En effet, *Mytilus edulis* et *Cerastoderma edule* se trouvent de préférence sur les sites côtiers de la façade atlantique. Inversement, *Mytilus galloprovincialis* et *Cerastoderma glaucum* sont pour

[1262] cf. 2.3. et fig. 9.

[1263] Voir Desbat (éd.) 2005 et Forest 2005b dans le même ouvrage.

l'instant restreintes aux sites du pourtour méditerranéen. De plus, ces deux combinaisons ne se rencontrent pas avec les mêmes espèces. La première côtoie la palourde croisée d'Europe, le peigne variable et le lavignon poivré qui est une formule atlantique. La seconde, au contraire, s'associe à des espèces strictement méditerranéennes, comme le peigne glabre et les rochers. (fig. 207)

Ces coquillages se manifestent de plusieurs façons dans les assemblages d'huître plate. Ils peuvent apparaître sous la forme de coquilles sur lesquelles les huîtres se sont fixées pour se développer ; ce sont alors des indices indiscutables. Ils sont aussi des marqueurs forts lorsque, dans les zones côtières, ils appartiennent au plateau des coquillages consommés, ou quand, dans les régions les plus à l'intérieur des terres, ils ont été mêlés accidentellement aux huîtres et peut-être oubliés lors du tri qui visait à les écarter. Les valves "objets", ramassées à l'état d'épaves sur les plages, sont en revanche moins fiables, car elles peuvent répondre à un scénario indépendant de celui des coquillages alimentaires.

Ensuite, la forme des coquilles d'huître plate peut parfois ressembler à une série connue sur l'une ou l'autre des deux façades maritimes. Nous avons ainsi rapproché le profil morphologique de l'ensemble B de Lyon/Cybèle de celui des assemblages contemporains des sites de Narbonne/Malard et de Dourbie/Saint-Bézard à Aspiran, situés à proximité immédiate de la côte méditerranéenne. De même, des huîtres morphologiquement très proches ont été transportées au IIIe siècle p.C. à Besançon/Collège Lumière (US 1193) et à la même époque à Rom/La Petite Ouche, à une centaine de kilomètres de la côte atlantique.[1264]

Enfin, un autre caractère morphologique pourrait aider à définir la provenance des huîtres, à savoir la taille de l'empreinte musculaire. En effet, d'après les mesures que nous avons effectuées, il apparaît que tous les sites côtiers qui livrent des coquilles avec de grandes empreintes musculaires sont atlantiques. Inversement, tous ceux qui livrent des coquilles avec de petites empreintes musculaires sont méditerranéens.[1265] La taille de l'empreinte musculaire pourrait donc être un critère discriminant entre les coquilles atlantiques et méditerranéennes, sans que nous puissions pour l'instant l'expliquer. (fig. 207) Nous formulerons toutefois une première hypothèse. Un phénomène sépare en effet les deux domaines marins : celui des marées qui caractérise l'Atlantique. Sur cette façade, les huîtres sont constamment soumises au flux et reflux engendrés par les mouvements de marées. Elles peuvent être aussi découvertes de longs moments pendant lesquels elles doivent maintenir leur coquille solidement fermée. Ces efforts, que n'ont pas à produire les huîtres de Méditerranée, pourraient se traduire par un développement musculaire plus important, auquel correspondrait une zone d'insertion plus grande.

[1264] cf. 2.4. et fig. 29.
[1265] cf. 2.4. et fig. 26.

Plusieurs outils conchyliologiques permettent donc de contourner le caractère ubiquiste de l'huître plate, lorsqu'on recherche l'origine des coquilles. L'étude que nous avons menée à Lyon/Cybèle illustre particulièrement bien leur utilisation et les résultats auxquels ils permettent d'aboutir.[1266] Pour rappel, l'assemblage qui est arrivé sur notre table de travail était composé d'une très large majorité de valves d'huître plate, *Ostrea edulis*, accompagnées de quelques restes de plusieurs autres espèces : le peigne glabre, *Proteopecten glaber*, le peigne variable, *Chlamys varia*, la palourde croisée d'Europe, *Ruditapes decussatus*, le lavignon poivré, *Scrobicularia plana*, les coques de l'espèce commune, *Cersatoderma edule*, et glauque, *Cerastoderma glaucum*, les moules, dont certaines de l'espèce méditerranéenne, *Mytilus galloprovincialis*, le rocher épineux, *Bolinus brandaris*, et le rocher fascié, *Hexaplex trunculus*.

L'examen de la morphologie des valves d'huître plate a permis de déterminer qu'elles appartenaient initialement à deux ensembles de coquilles, que nous avons baptisés A et B. Les huîtres de l'ensemble B sont sans aucun doute méditerranéennes, car plusieurs valves gauches étaient fixées sur une valve de peigne glabre, *Proteopecten glaber*, qui est inféodé à la Méditerranée. La petite taille des empreintes musculaires est en accord avec cette origine. De plus, la morphologie des coquilles ressemble à celle des spécimens contemporains découverts près de la côte méditerranéenne à Narbonne/Malard et à Aspiran Dourbie/Saint-Bézard. Le peigne glabre, la coque glauque, la moule de Méditerranée, le rocher épineux et le rocher fascié sont une association méditerranéenne : ils auront probablement accompagné les huîtres de cet ensemble. Inversement, le peigne variable, la palourde croisée d'Europe, le lavignon poivré et la coque commune sont une combinaison atlantique. Ils sont peut-être venus avec les huîtres de l'ensemble A, dont l'origine atlantique est suggérée par la grande taille des empreintes musculaires.

Nous pouvons finalement proposer une origine pour les huîtres de 73 sites. 21 d'entre eux ont vu l'arrivée d'huîtres atlantiques et 51 celle d'huîtres méditerranéennes ; des huîtres des deux domaines marins ont été transportées jusqu'à Lyon/Cybèle. (fig. 207) Plusieurs mentions, pour lesquelles nous avons retenu l'identification du peigne glabre, *Proteopecten glaber*, et des rochers, *Bolinus brandaris* ou *Hexaplex trunculus*, permettent en outre de compléter la liste des lots méditerranéens. (fig. 208) Nous y ajoutons également les données que nous avons recueillies à l'occasion de la préparation de l'exposition intitulée "La voie de Rome" et qui couvrent un large quart sud-ouest de la Gaule.[1267] Nous avons déjà discuté de l'identification du peigne glabre, *Proteopecten glaber*, sur une dizaine de sites de Haute-Garonne.[1268] (fig. 208) Quelques mentions semblent en outre évoquer une provenance atlantique,

[1266] Bardot (inédit a).
[1267] Bardot *et al.* 2008.
[1268] cf. 2.4.

	Support de fixation : espèce endémique	Peigne operculaire	Flion tronqué	Rocher fascié	Rocher épineux	Peigne glabre	Moule e : edulis g : gallopr.	Coque e : edule g : glaucum	Huître plate d'Europe	Palourde croisée d'E.	Peigne variable	Lavignon poivré	Empreinte musculaire G : grande P : petite	Liens morph.
Agen/Ermitage									x	x	x			
Aulnay							x	e	x	x	x			
Aytré/Bongraine								e	x	x	x	x		
Barzan/Le Fâ		x					e	e	x	x	x	x	G	
Barzan/La Palisse								e	x	x	x		G	
Besançon/Collège Lumière	**Origine atlantique**								x				G	*
Besançon/Refuge									x				G	
Bordeaux/Auditorium							e	e	x	x	x		G	
Bordeaux/Chapeau Rouge							e	e	x	x	x		G	
Bordeaux/Cité Judiciaire							x	x	x	x	x			
Bordeaux/Grands-Hommes							x	x	x	x	x			
Epiais Rhus/La Poulaine								x	x	x				
Fleury-sur-Orne							x	x	x		x			
Ifs							x	x	x		x			
Loupiac/Saint-Romain									x		x		G	
Meaux/PME	*Arcopagia crassa*						e		x				G	**
Pont-de-Metz/La Ferme aux Mouches 2							x	e	x					
Rom/La Petite Ouche							e	e	x	x	x	x	G	*
Saintes/Ma Maison							x	x	x	x	x	x		
Sens/Espace du Thau									x				G	
Sens/Tarbé(12, cours)									x				G	**
Lyon/Cybèle	*Proteopecten glaber ; Mytilus galloprovincialis*			x	x	x	g	e et g	x	x	x	x	G + P	
Alignan/Le Valat	*Proteopecten glaber*	x			x	x	x		x					
Alise-Sainte-Reine/Alésia						x		x	x					
Arles/Cabassole						x	x		x					
Arles/Esplanade				x		x	x	x	x					
Arles/Tour du Valat						x	x	x	x	x				
Aspiran/Soumaltre		x				x	x	x	x					
Balaruc-les-Bains/Pasteur		x				x	x	x	x	x				
Béziers/Saint-Jean-d'Aureilhan						x			x					
Bram	*Proteopecten glaber*				x	x	x	x	x					
Carcassonne/Troubadours						x			x					
Chassey-les-Montbozon						x			x					
Clermont-l'Hérault/Peyre Plantade	*Proteopecten glaber*					x	x	x	x					
Eyguières/Saint-Pierre				x		x	x	x	x					
Gardanne/Notre-Dame				x		x			x	x				
Gignac-la-Nerthe/La Pousaraque						x	x		x	x				
Hyères/Olbia			x	x	x	x	x	x	x	x				
Lançon-de-Provence/Constantine	*Proteopecten glaber*					x	x	g	x				P	
Lattes			x		x	x	x	x	x	x				
Les Pennes-Mirabeau/La Cloche				x		x	x	x	x					
Loupian/Près-Bas					x	x	x	x	x					
Lunel-Viel	**Origine méditerranéenne**		x		x	x	x	x	x	x				
Lyon/Célestins				x		x			x					
Lyon/ Trion				x	x	x		x	x	x				
Montagnac/Lieussac						x	x		x					
Narbonne/Clos de la Lombarde	*Proteopecten glaber*		x	x	x	x	g	x	x	x			P	
Narbonne/Général de Gaulle					x	x	g		x	x				
Narbonne/Grande Armée	*Proteopecten glaber*				x	x	x		x					
Narbonne/Hôtel-Dieu						x	x	x	x					
Narbonne/Kennedy					x	x			x				P	
Narbonne/Malard	*Proteopecten glaber*					x	x	g	x				P	
Narbonne/Port-La-Nautique	*Proteopecten glaber ; Mytilus galloprovincialis*				x	x	g	g	x				P	
Nîmes/Arènes	*Proteopecten glaber*		x	x	x	x	x	x	x					
Nîmes/Assas	*Proteopecten glaber ; Bolinus brandaris*		x	x	x	x	x	x	x	x				
Nîmes/Carsalade	*Proteopecten glaber*		x		x	x		x	x					
Nîmes/Z.A.C. des Halles			x		x	x	x	x	x					
Paulhan/A75-Ermitage	*Proteopecten glaber*					x	x		x					
Pezenas/L'Auribelle-Basse			x		x	x	x		x					
Pont-Saint-Esprit/Mas Conil						x		x	x					
Puissalicon/Les Jurières-Basses						x	x		x					
Quarante/Souloumiac						x	x	x	x					
Saint-Mitre-Les-Remparts/Les Clapières						x	x	x	x	x				
Saint-Mitre-Les-Remparts/Saint-Blaise						x	x		x					
Saint-Pont-de-Mauchiens/Sept-Fons						x	x	x	x					
Saint-Romain-en-Gal					x	x		g	x					
Saint-Romain-en-Jalionas						x			x					
Sallèles-d'Aude					x	x	x	x	x					
Sens/Ancien Archevêché						x			x					
Soupex/Fontvieille	*Proteopecten glaber*				x	x	x	x	x					
Vaison-la-Romaine/Maison du Dauphin						x	x		x					
Villetelle/Ambrussum	*Proteopecten glaber*	x	x	x	x	x	x	x	x					
Villevieille	*Proteopecten glaber*		x		x	x	x	x	x				P	

fig. 207 : l'origine des huîtres.

		Peigne glabre	Rochers
Digne		x	
Gruissan/Ile-Saint-Martin		x	
Montredon-des-Corbières/Sainte-Croix		x	x
Narbonne	Armissan	x	
	Lakanal	x	
	Suffren	x	
Vinasson/Saint-Félix		x	
Flavin/Mas-Marcou		x	
Aix-En-Provence/Parking Pasteur		x	
Chateauneuf-les-Martigues/Les Fourques		x	
Eyguières/Roquemartine		x	
Fos-sur-Mer/Centre aéré		x	
Lambesc	Cavalon	x	
	Grand Verger	x	
Marseille/Bon-Jésus		x	
Rognac/Le Bosquet		x	
Velaux/Vallat des Vignes		x	
Vitrolles	Jardin du Théâtre de Verdure	x	
	Villa du Griffon	x	
Ambonne		x	
Aumes/Bourgaraou-Bas 2		x	
Bouzigues/Mas d'Argent		x	
Florensac	Font de Mingaud	x	
	Pouchette	x	
Frontignan	Mas de Bernadou	x	
	Peyrade	x	
Pinet/Castelle		x	
Poussan/Clachs		x	
Saint-Thibery/Nadaihan		x	
Villeveyrac/Marcouine		x	
Lyon/Colonel Chambonnet (Rue du)		x	
Castres/ Domaine de Gourjade 1		x	x
Lautrec/La Coffe		x	
Montgey		x	
Rabastens		x	
Rivières/Lacourtade		x	
Orange	Pourtoules (Cours)	x	
	La Brunette	x	x
Rasteau/Saint-Martin			x
Vaison-la-Romaine/ Maison de la Tonnelle		x	
Haute-Garonne	Auterive	x	
	Auzielle	x	
	Bourg-Saint-Bernard	x	
	Cambiac	x	
	Castanet-Tolosan	x	
	Marquefave	x	
	Quint-Fonsegrives	x	
	Saint-Félix-Lauragais	x	
	Verfeil	x	
	Toulouse/Ancely	x	x
	Montmaurin	x	x

fig. 208 : assemblages supposés méditerranéens.

Assemblages atlantiques		Palourdes	Coques	Patelles	Peigne variable (?)	Moules	
Gironde	Soulac-sur-Mer			x		x	Sion 1994, 302
	La Réole				x ?		Sion 1994, 263
	Cissac-Médoc			x			Sion 1994, 239
	Vayres				x ?		Sion 1994, 215
	Biganos	x	x	x	x ?		Observation personnelle
Vendée	Le Bernard	x ?	x	x		x	Provost *et al.* 1996, 77
Charente-Maritime	Muron	x ?					Maurin 1999, 202
	Saint-Agnant	x ?				x	Maurin 1999, 242
Deux-Sèvres	Aiffres	x ?				x	Hiernard & Simon-Hiernard 1996, 92
	Airvault	x ?			x ?		Hiernard & Simon-Hiernard 1996,95
	Loubillé	x ?					Hiernard & Simon-Hiernard 1996, 188
	Niort				x ?	x	Hiernard & Simon-Hiernard 1996, 244
Corrèze	Saint-Eloy-des-Tuileries	x ?					Lintz 1992, 120
Lot-et-Garonne	Le Mas-d'Agenais	x ?	x			x	Fages 1995, 224
Landes	Moliets-et-Maa		x				Boyrie-Fénié 1994, 106

fig. 209 : assemblages supposés atlantiques.

non seulement à cause de la localisation côtière de certains sites, mais aussi parce qu'elles signalent la découverte de "pétoncles" et de "palourdes". Or, le terme "pétoncle" désigne vraisemblablement le peigne variable et celui de "palourde", la palourde croisée d'Europe, qui sont deux espèces attachées spécialement aux sites de la façade atlantique. (fig. 209)

Nous avons montré que les données fournies par l'étude des conchyliorestes suffisent souvent pour orienter l'origine des huîtres. Néanmoins, nous avons déjà commencé à chercher des outils supplémentaires, qui pourraient être utilisés lorsque les indices conchyliologiques font défaut. L'un d'eux consiste en l'analyse isotopique des coquilles.

Celle-ci a été expérimentée pour la première fois sur des valves archéologiques par Fr. Strauch et G.E Thüry en 1985,[1269] avant d'être reprise récemment par M. Schneider et S. Lepetz qui lui ont consacré un article en 2007.[1270] Elle vise à mesurer la teneur en oxygène-18 ($\delta\ ^{18}O$) et en carbone-13 ($\delta\ ^{13}C$) des coquilles. L'un et l'autre sont puisés dans l'eau de mer par l'animal qui les intègre ainsi à la matière-coquille qu'il produit. Selon les

[1269] Stauch & Thüry 1985.

[1270] Schneider & Lepetz 2007. Cet article synthétise les résultats du DEA soutenu en 2003 par M. Schneider (Schneider 2003).

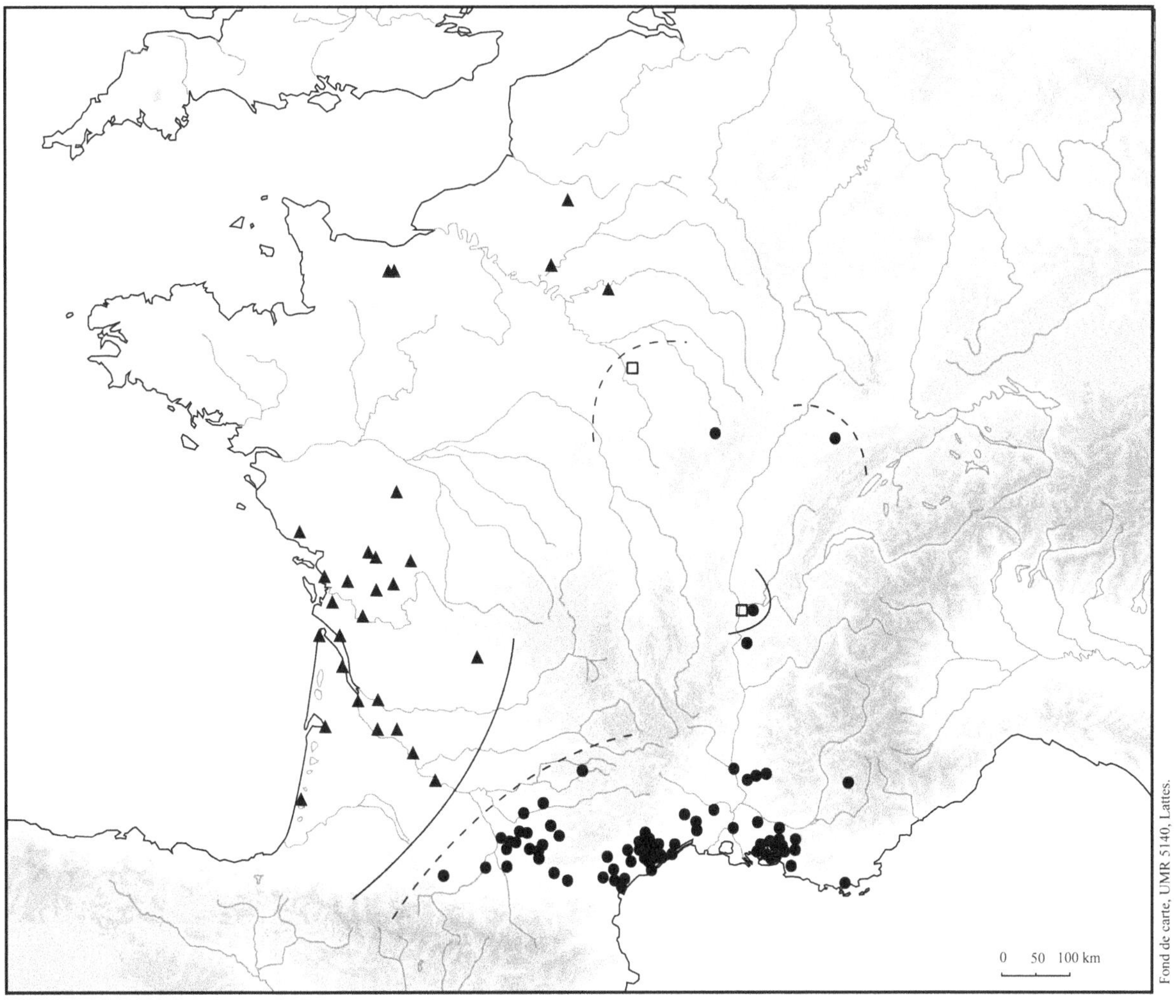

● lot méditerranéen ▲ lot atlantique □ lots issus des deux domaines marins

fig. 210 : distribution géographique des découvertes d'huîtres en fonction de l'origine des lots.

auteurs, ils sont en concentrations différentes dans l'océan Atlantique et dans la mer Méditerranée. Ils devraient donc permettre de déterminer la provenance des huîtres. Toutefois, à l'issue des premiers résultats, obtenus pour des spécimens actuels des deux domaines marins et archéologiques du site du Vieil-Evreux (Eure), l'expérience ne semble pas avoir été renouvelée. Elle mériterait certainement d'être à nouveau menée, grâce à une collaboration étroite entre archéoconchyliologues, biologistes et chimistes. Mais c'est un autre type d'investigation qui a suscité notre intérêt.

En 2005, l'Association de Recherche Paléoécologique en Archéologie (ARPA) a mis au point une méthode de traitement des coquilles pour en extraire les grains de pollen et les spores qui, arrivés dans l'eau de mer par le vent ou l'eau des fleuves côtiers, se sont trouvés piégés dans les interstices de la matière-coquille. Les tests effectués par J. Argant dans le cadre de l'étude palynologique du site de Barzan/Le Fâ confirment la lisibilité de ce mécanisme d'absorption pour les coquilles archéologiques. Appliqués à plusieurs valves de moule, ils ont en effet permis d'obtenir 56 grains de pollens appartenant à 19 taxons différents.[1271] Or selon J. Argant, ceux-ci sont le reflet d'une partie de la pluie pollinique contemporaine de la vie de l'animal. Les huîtres pourraient donc enregistrer dans leur matière-coquille des caractères polliniques discriminants entre le domaine méditerranéen et atlantique. Dans cette perspective de recherche, nous avons entamé en 2009 une collaboration avec J. Argant qui a réalisé l'analyse d'un échantillon provenant de notre référentiel.[1272] (annexe 3) Nous avons sélectionné quelques valves de Lyon/Cybèle, en distinguant les exemplaires de l'ensemble B, sûrement méditerranéens, de ceux de l'ensemble A, probablement atlantiques. Deux spectres polliniques ont ainsi été établis. Ils n'ont pas pu être associés à un domaine marin en particulier. En revanche, des différences sont apparues entre les deux ensembles. Elles concernent la concentration des pollens qui est plus forte pour les coquilles de l'ensemble A que pour celles de l'ensemble B, soit 15 grains par gramme pour les premières contre 7 grains par gramme pour les secondes. Le spectre pollinique obtenu pour les coquilles de l'ensemble A est

[1271] Argant 2011.
[1272] Nous adressons à J. Argant nos sincères remerciements pour cette étude qui, nous l'espérons, ouvrira la marche à beaucoup d'autres.

également plus diversifié avec 21 taxons, alors que celui correspondant aux coquilles de l'ensemble B n'en compte que 13. Les coquilles des deux lots contiennent des hyphes de champignons semblables suggérant que les huîtres ont grandi dans des biotopes comparables. L'analyse des pollens emprisonnés dans la matière-coquille pourrait donc constituer un outil complémentaire à ceux utilisés en archéoconchyliologie, mais il reste à le tester plus précisément. Nous proposerons prochainement son application à des coquilles issues de sites côtiers atlantiques et méditerranéens pour tenter d'identifier d'éventuels caractères discriminants, qu'ils se trouvent dans des taxons particuliers ou dans la composition des spectres polliniques.
Pour l'heure, les données conchyliologiques nous permettent déjà de dresser une première carte de la distribution géographique des lots d'huîtres en fonction de leur origine. (fig. 210) Elle montre que des lots d'origine méditerranéenne jalonnent la vallée du Rhône, par exemple à Arles, à Pont-Saint-Esprit, à Saint-Romain-en-Gal et à Lyon. Chassey-lès-Montbozon, au nord-est, et Sens, au nord-ouest, sont les sites les plus éloignés de la Méditerranée, à environ 600 km. Des huîtres de Méditerranée ont aussi été transportées jusqu'à Toulouse, vers le massif central jusqu'à Flavin et vers les Pyrénées jusqu'à Montmaurin. En direction des Alpes, Digne est pour l'instant le point le plus oriental. Des huîtres collectées en Atlantique sont arrivées à Lyon, à près de 500 km de cette façade maritime. Elles se trouvent également le long de la Seine et de ses affluents, jusqu'à Sens. Plusieurs découvertes se succèdent enfin sur les bords de la Garonne ; aucune n'est localisée au-delà d'Agen. À partir de Lyon et jusqu'à Sens, les huîtres atlantiques et méditerranéennes se côtoient dans la même aire géographique. Au contraire, elles se partagent nettement le sud-ouest de la Gaule, sans aucune zone de recouvrement, en l'état de la documentation.

Au moins deux grands axes commencent ainsi à se dessiner pour le commerce des huîtres. Le premier est l'axe rhodanien que relaie ensuite celui dessiné par le cours de la Sâone. Il devait être une voie privilégiée pour la remontée des produits méditerranéens et leur redistribution dans les régions périphériques, ce qu'illustrent peut-être les huîtres découvertes à Sens/Ancien Archevêché, à Alise-Sainte-Reine et à Chassey-lès-Montbozon. Le second est l'axe aquitain qui relie la Méditerranée à l'Atlantique. Il sert au transport de lots issus des deux domaines marins. Leurs aires de répartition respectives s'affrontent nettement de part et d'autre d'une limite localisée à équidistance des deux façades ; les données archéoconchyliologiques actuellement disponibles nous permettent de la fixer entre Agen et Toulouse. Il est encore trop tôt pour faire clairement apparaître d'autres axes transversaux, reliant notamment la façade atlantique aux régions les plus orientales de la Gaule. L'arrivée d'huîtres atlantiques à Lyon/Cybèle nous incite toutefois à regarder en direction des côtes charentaises et girondines qui sont géographiquement les plus proches. De même, le rapprochement morphologique que nous avons établi entre les coquilles de Meaux/PME et celles du lot CT 25 de Sens/12, cours Tarbé pourrait être un premier indice en faveur d'un axe qui suivrait la Seine depuis les côtes de la Manche.

L'emprise des zones d'influence commerciale atlantiques et méditerranéennes, et les rapports entre elles restent donc à préciser. Notons pour l'instant que si elles s'interpénètrent dans la région séquano-rhodanienne, elles semblent au contraire territorialisées dans le sud-ouest de la Gaule. Cette observation ouvre une nouvelle piste de recherche sur l'administration du commerce des coquillages à longue distance, qui pourrait ne pas partout répondre aux mêmes modalités.

Le commerce local qui s'opère dans les régions côtières est un autre point pour lequel notre enquête n'en est qu'à ses débuts, le nombre d'études archéoconchyliologiques menées à cette échelle étant encore souvent insuffisant pour permettre de l'aborder. Deux zones sont actuellement en cours d'exploration.

La première se situe sur la façade atlantique, autour de deux lieux de collecte certainement exploités à l'époque romaine : le Bassin d'Arcachon et l'estuaire de la Gironde. Leurs zones d'influence commerciale sont vraisemblablement différentes, la Gironde marquant peut-être la limite entre elles, comme le suggère l'étude des conchyliorestes découverts à Barzan, sur la rive droite de l'estuaire, et à Bordeaux sur les sites de Chapeau Rouge et de l'Auditorium. Le Bassin d'Arcachon serait ainsi au départ d'un axe qui alimente Bordeaux, tandis qu'aucun lien conchyliologique n'a pour l'instant été établi avec l'estuaire de la Gironde.[1273] Nous supposons que ce dernier desservait davantage les régions localisées sur sa rive droite ; une systématisation des études archéoconchyliologiques en terre santonne, et à Saintes notamment où de nombreux dépôts ont été signalés,[1274] permettrait sans aucun doute d'éclairer cette question.

La seconde zone est méditerranéenne, à la limite du Gard et de l'Hérault. La comparaison des principaux assemblages languedociens, sans tenir compte de la datation,[1275] montre que les sites de Nîmes et de l'est de l'Hérault (Villevieille, Lunel-Viel, Villetelle/*Ambrussum*) sont plus riches en restes de rocher épineux, *Bolinus brandaris*, et de flion tronqué, *Donax trunculus* que les sites de la moyenne vallée de l'Hérault (par exemple Alignan/Le Valat, Aspiran/Soumaltre et Paulhan/A75-Ermitage) ou de l'Aude centrale (comme Sallèles-d'Aude). (fig. 200) Leur concentration dans cette région s'explique probablement par un approvisionnement commun dans un environnement favorable à la prolifération du rocher épineux et du flion tronqué, que nous supposons correspondre à la grande anse aigues-mortaise, entre La Grande Motte et la pointe de l'Espiguette.[1276] L'environnement proche de Lattes, qui

[1273] cf. 3.6.

[1274] Maurin 1978 ; Lauranceau 1988.

[1275] L'échantillon d'études n'est pas encore suffisamment grand en Narbonnaise languedocienne pour une approche du facteur chronologique.

[1276] cf. 3.6.

s'étend plus à l'ouest, pourrait être également retenu car il présente un profil similaire. Néanmoins, les sites de Villevielle et Nîmes, qui sont à des opposés géographiques par rapport à la grande anse aigues-mortaise, étaient drainés chacun par un petit fleuve côtier, respectivement le Vidourle et le Vistre, qui venaient se perdre dans les étangs vers Aigues-Mortes. Deux axes de commerce local, plus ou moins obliques par rapport à la grande *Via Domitia* orientée est-ouest, pouvaient ainsi les remonter à partir de la côte. L'un, le long du Vidourle, gagnait Villevielle au nord-ouest, par Villetelle/*Ambrussum*, en irrigant latéralement Lunel-Viel. L'autre partait au nord-est, vers Nîmes, en suivant la direction du Vistre. (fig. 211)

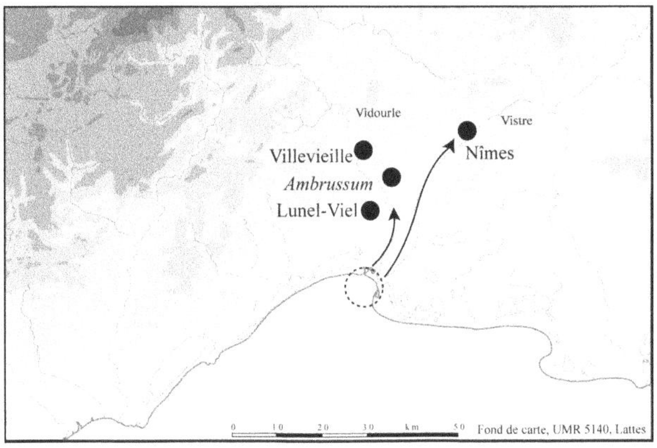

fig. 211 : deux axes possibles du commerce local depuis la grande anse aigues-mortaise.

Transport, conditionnement et conservation

Le commerce des coquillages alimentaires a intéressé, voir intrigué, des générations d'archéologues et d'historiens. Un aspect, surtout, est au centre des discussions : comment à l'époque romaine, sans les appareils réfrigérants et les moyens de transport actuels, les coquillages pouvaient-ils arriver vivants, et donc comestibles, sur des sites éloignés des côtes ? L'huître plate, qui est la seule espèce expédiée sur de longues distances, est la principale visée par cette question.

- Les huîtres

Depuis le XIXe siècle, une solution a été largement diffusée par la littérature archéologique, pour élucider le "secret antique"[1277] de l'exportation des huîtres vivantes. Elle a été proposée en 1885 par A. Locard, pour qui les huîtres voyageaient probablement dans de l'eau de mer.[1278] Depuis, elle a été reprise dans de nombreuses publications ; leurs auteurs envisagent des "récipients" ou des "baquets" dans lesquels les huîtres étaient immergées.[1279] Mais cette hypothèse est avancée sans qu'aucun argument ne vienne jamais l'étayer. Quelques remarques méritent donc d'être énoncées.

Au cours de notre enquête, nous avons envisagé les deux solutions de transport alors existantes : par voie de terre et par voie d'eau. Nous n'avons pas trouvé d'indice en faveur de la première ; le commerce de poissons vivants dans des tonneaux, chargés sur des charrettes, est bien attesté encore au début du XIXe siècle, mais il s'agit toujours d'animaux d'eau douce, et non de produits de la mer.[1280] La seconde solution, par voie d'eau, nous semble être une meilleure alternative. Le transport des huîtres dans de l'eau de mer, sur des bateaux, était en effet pratiqué au début du XVIIe siècle à partir des côtes de Bretagne. Dubuisson-Aubenay en témoigne en 1636 dans son *Itinéraire de Bretagne* : " [à Cancale, les huîtres] que l'on garde vives et en écaille sont mises en un bateau plein d'eau salée, au fond, où elles vivent, se nourrissent et se conservent jusqu'aux lieux où on les mène, qui est à Caen, Rouen et à Paris même".[1281] Nous ne pouvons donc pas exclure que des huîtres aient été ainsi acheminées sur les fleuves et les rivières de Gaule, d'autant que ce procédé était déjà utilisé pour le poisson pêché en mer. À la fin des années 1950 en Italie, à la suite des travaux de construction de l'aéroport international Leonardo da Vinci à Fiumicino, plusieurs embarcations ont été mises au jour dans la zone portuaire d'Ostie aménagée par Claude au Ier siècle p.C. Parmi elles, figurait une barque de pêche (Fiumicino 5), datée du IIe siècle p.C. Elle était équipée d'un vivier central dont le fond était percé pour permettre l'entrée de l'eau de mer ; le poisson était ainsi conservé vivant.[1282] Nous n'avons pas connaissance de telles découvertes sur les côtes françaises pour l'époque romaine. En revanche, le même système est connu depuis peu sur la Saône, à Lyon, pour la fin du XVe et le début du XVIe siècle. Entre 2002 et 2004, l'opération d'archéologie préventive engagée dans le cadre des travaux de construction d'un parc de stationnement souterrain (parking Saint-Georges), a révélé sept barques-viviers échouées dans le lit de la rivière. Toutes présentent un compartiment central perforé sur le fond et les bords, ce qui permettait la circulation de l'eau.[1283] Ces deux exemples, l'un antique, l'autre moderne, montrent qu'à des périodes différentes des embarcations ont été pensées de la même façon pour répondre au même usage. Les bateaux d'huîtres décrits par Dubuisson-Aubenay en 1636 pourraient donc avoir existé plus anciennement. Néanmoins, nous ne savons pas si ce type de transport était le plus efficace pour garder les huîtres en vie. En 1821, on lit en effet dans le *Dictionnaire des sciences naturelles* : "Il y a quelques années, on avait eu l'idée de ne plus envoyer les huîtres à sec, mais dans un bateau plein d'eau de mer [...] : l'essai n'a pas réussi ; car une aussi petite quantité d'eau contenant tant d'animaux, ne pouvant être renouvelée, s'est bientôt putréfiée, comme le fait en général aisément l'eau de mer, et a causé la mort d'un si grand nombre d'huîtres que la police a été forcée de les submerger".[1284] Ce témoignage suggère en outre une utilisation marginale des bateaux-viviers ; d'ailleurs

---

[1277] Expression de M. Labrousse, dans Labrousse 1959, 71.
[1278] Locard 1885, 283.
[1279] Jefferson Loane 1937, 32 ; Labrousse 1959, 71 ; Rebourg 1987, 166 ; Schneider & Lepetz 2007, 14.

[1280] Collectif 1821a, 194. À propos des méthodes actuelles de transport des poissons d'eau douce vivants, voir Berka 1986.
[1281] Dubuisson-Aubenay 1636, 38.
[1282] Gianfrotta 1999.
[1283] Ayala 2007.
[1284] Collectif 1821b, 14-15.

nous n'avons pas trouvé d'autre évocation de cette pratique. Au contraire, le transport des huîtres "à sec" apparaît comme le plus répandu. Il faut donc certainement l'envisager pour l'époque romaine. Une question s'impose alors : comment les huîtres étaient-elles conditionnées ?

En 1900, A. Locard cite plusieurs types de contenant pour les huîtres : des paniers en osier, de simples caisses ou "des tonneaux où l'huître s'arrime mieux". Au milieu du XIXe siècle, les "barils qui arrivent sur les marchés sont ordinairement cylindro-coniques [...] : leur contenance habituelle est de 1 cent [une centaine]".[1285] Il existait en revanche plusieurs formes et grandeurs de paniers, définies en fonction de leur contenance. "De cinq cents à mille huîtres, on utilisait les paniers coniques appelés mannequins".[1286] Pour les plus petites quantités, "on employait le panier (trente kilos) ou le demi-panier (quinze kilos)".[1287] Ceux qui contenaient 25 douzaines d'huîtres, ou 300, étaient connus sous le nom de "bourriches" ou de "cloyères".[1288] Aux XVIIIe et XIXe siècles, des paniers d'huîtres apparaissent sur plusieurs tableaux et gravures ; ils ont tous deux anses et la même forme arrondie. (fig. 212)[1289] Selon A. Rouyé, dans les années 1950, les huîtres creuses étaient encore majoritairement emballées dans des paniers d'osier. En fonction de la grosseur des huîtres, les "gros paniers" en contenaient entre 200 et 700, et les "demi-paniers" entre 120 et 350. Quant aux huîtres plates, elles étaient conditionnées par 100 dans des "paniers de 100".[1290]

À notre connaissance, ni l'archéologie, ni les sources iconographiques et littéraires ne permettent de déterminer, avec certitude, la nature des contenants utilisés pour conditionner les huîtres à l'époque romaine. Toutefois, nous pouvons probablement écarter les amphores qui, déjà pesantes à vide (en moyenne entre 18 et 20 kilos[1291]), étaient loin d'alléger la manutention de ces lourds coquillages. De plus, si leur ouverture était assez large pour laisser passer la coquille d'une huître, leur conformation n'était guère adaptée pour un remplissage rapide, et encore moins pour en récupérer le contenu. Des vanneries et des tonneaux, comme ceux encore utilisés récemment, étaient plus adaptés. Malheureusement, ces objets sont rarement conservés dans les fouilles archéologiques, à cause des matières périssables qui les composent. Deux découvertes ont néanmoins attiré notre attention. La première a été faite à Chartres, dans un puits de la Place de la République. Des coquilles entières étaient concentrées en un dépôt compact et parfaitement circonscrit dont les limites nettes, soulignées par des "traces ligneuses noirâtres", semblaient correspondre aux négatifs des parois d'un contenant disparu.[1292] La seconde fait intervenir une description proche : à Besançon/Parc de la Banque de France, dans une pièce interprétée comme un cellier, L. Lerat a observé "un amas de six douzaines d'huîtres qui paraissaient avoir conservé la forme de leur emballage (un carré de 50 cm de côté et de 15 cm de haut)".[1293] Sur ces deux sites, les coquilles ont certainement été abandonnées dans le récipient périssable qui les enfermait. Mais celui-ci ne peut être sûrement interprété comme le contenant employé initialement pour le conditionnement des huîtres ; il pouvait tout aussi bien servir à leur présentation sur l'étal du marchand ou à leur entreposage chez le consommateur.

fig. 212 : *Les Trieuses d'huîtres*, par O. Guet, 1827. (Huile sur toile, Musée du Vieux Granville). Cliché Musée du Vieux Granville.

Ces exemples archéologiques autorisent cependant le rappel de plusieurs documents figurés montrant, dans une ambiance marine, des vanneries débordantes de diverses denrées. Certaines sont clairement remplies de produits de la mer : elles sont semblables à celles que nous avons citées précédemment pour le conditionnement des huîtres aux XVIIIe et XIXe siècles. Un panier à deux anses contenant des poissons se retrouve par exemple sur une oenochoé en bronze de la collection Dierichs (Kassel), sur un gobelet en argent d'*Apulum* (Alba lulia, Roumanie) et sur un plat en argent de Graincourt-lès-Havrincourt (Pas-de-Calais).[1294] Si nous ne sommes pas sûre de la nature des récipients qui servaient au transport des huîtres, l'édit de Dioclétien donne peut-être une idée du nombre de coquillages qu'ils pouvaient contenir, au moins au IIIe siècle p.C. Rappelons en effet, qu'il fixe le prix maximum de 100 deniers pour 100 *ostriae*, ce qui pourrait indiquer un conditionnement par centaine.[1295] Le cas échéant, cette norme de commercialisation se retrouve jusqu'au XXe siècle, puisque, comme dit précédemment, les huîtres plates étaient encore

[1285] Guillaumin (éd.) 1861, 144.
[1286] Legué-Dupont 2004, 111. Voir aussi Figuier 1866.
[1287] Legué-Dupont 2004, 111.
[1288] Lair 1826 ; Francoeur 1833 ; Lachatre 1865 ; Locard 1900.
[1289] En plus de la figure 212, voir par exemple : *Huistres à l'écaille*, eau forte par E. Bouchardon, 1738 (reproduction dans Collectif 1997) ; *Les mangeurs d'huîtres à Dieppe*, gravure de Gabrieli d'après Bénard, 1783 (Fonds ancien et local de la ville de Dieppe - Reproduction dans Collectif 1997) ; *Le triage des huîtres*, dessin dans Gréhan 1837.
[1290] Informations d'A. Rouyé, site internet personnel : http://perso.orange.fr/forum17/page7.htm
[1291] Communication orale de C. Sanchez.

[1292] Schneider & Lepetz 2007, 13.
[1293] Lerat 1985, 27.
[1294] Ces objets sont décrits dans : Baratte & Painter 1989, 140 ; Baratte 1994.
[1295] *Edit de Dioclétien*, 5.6. (cf. 3.3.).

récemment emballées par 100 dans des barils ou dans des paniers.

Le transport des huîtres "à sec", dans des barils ou dans des paniers, pouvait s'opérer aussi bien par voie de terre que par voie d'eau. Bien que nous n'en ayons aucune mention, les procédés en usage en France avant le développement du chemin de fer nous en donnent peut-être une image pour l'époque romaine. Au milieu du XIXe siècle, L. Figuier fournit sur ce sujet une description précise : dans la baie d'Aiguillon "les femmes s'emparent de la marchandise, la transportent d'abord dans les grottes creusées au bas de la falaise, où l'on a coutume de remiser les instruments de travail et les matériaux de construction. Elles l'arrangent, après l'avoir préalablement nettoyée, dans des mannequins et des paniers, chargent ces paniers et ces mannequins sur des chevaux ou sur des charrettes. [...] Elles vont ainsi à la Rochelle, à Rochefort, Surgères, Saint-Jean-d'Angély, Angoulême, Niort, Poitiers, Tours, Angers, Saumur, etc. Cent quarante chevaux environ, et quatre-vingt-dix charrettes, faisant ensemble, dans ces diverses villes, plus de trente-trois mille voyages, sont employés annuellement à ce service. S'il s'agit au contraire d'une exportation à de plus grandes distances ou sur une plus grande échelle, quarante ou cinquante barques venues de Bordeaux, des îles de Ré et d'Oléron, des Sables d'Olonne, et faisant ensemble sept cent cinquante voyages par an, distribuent la récolte dans des contrées où les chevaux n'apportent point les approvisionnements".[1296] Le transport par bateau apparaît ainsi comme l'alternative rapide à un acheminement par voie de terre, lorsque la distance à parcourir est trop longue pour assurer la bonne conservation des huîtres. D'après la notice sur les "Huîtres" dans le *Dictionnaire des sciences naturelles* de 1821, il est aussi le moyen le moins onéreux, surtout l'hiver quand le temps rend les routes difficilement praticables aux véhicules : " comme ce mode est fort coûteux, pendant l'hiver, on voit arriver les huîtres à Paris dans d'assez grands bateaux qui viennent de Saint-Vaast par la Somme : c'est alors qu'elles sont à si bon marché à Paris".[1297]

Pour l'époque romaine, il est généralement admis que le transport des huîtres "à sec" ne pouvait permettre leur acheminement sur de longues distances sans moyen particulier de conservation, non seulement au cours de leur voyage mais aussi à leur arrivée sur les sites de consommation. Des viviers ont donc été imaginés à l'intérieur des terres : les huîtres y auraient été entreposées en attendant d'être consommées ou de poursuivre plus loin leur transport.[1298] Cette théorie trouve sa source dans plusieurs découvertes faites au XIXe siècle, notamment à Saintes, Clermont-Ferrand, Avranches, Jarnac et Poitiers. Nous avons retrouvé les descriptions dressées par les observateurs de l'époque :

- Saintes : en 1833, Chaudruc de Crazannes, dans une lettre adressée à M. de Caumont, mentionne "plusieurs dépôts d'huîtres découverts sur le sol de l'antique *Mediolanum Santonum* (Saintes) ; ces huîtres sont entières, leurs valves n'offrent aucune décomposition ni altération sensibles de substance [...] Dans presque tous les individus, les deux valves sont encore unies par leur ligament ou charnière ; elles sont placées par couches régulières et horizontales, quelques fois seules ; d'autres fois associées à des lits de cendre, de charbon et d'os calcinés, de même étendue et de même forme, mais de telle sorte qu'elles les dominent toujours et leur sont superposées. [...] L'épaisseur moyenne de ces dépôts d'huîtres est de six à douze pouces".[1299]
- Clermont-Ferrand/Cathédrale : "Dans les fouilles faites, en novembre et décembre 1843, [...] sur le point culminant de la ville de Clermont, on a mis à découvert, [...] sur une surface de 110 à 120 mètres, une couche d'huîtres, de 15 à 20 centimètres d'épaisseur. [...] Le terrain qui supporte immédiatement les huîtres est un tuf composé de débris volcaniques, le même que celui sur lequel repose la plus grande partie de la ville de Clermont. [...] Les huîtres sont déposées sur le tuf sans ordre, c'est-à-dire qu'elles sont placées horizontalement ou sur le côté, et très souvent la charnière en bas ou en haut. [...] Les huîtres sont tellement adhérentes, et la plus grande partie tellement fracturées par l'effet de la pression du terrain qu'elles supportent, qu'il est difficile de distinguer si elles étaient toutes fermées au moment où elles ont été déposées pour former cette couche ; néanmoins lorsqu'on enlève avec soin un bloc assez gros, il est facile de s'apercevoir que pour la plupart elles n'ont pas été ouvertes. [...] Immédiatement au-dessus des huîtres et faisant en quelque sorte partie de la même couche, existe une épaisseur de 5 à 6 centimètres d'ossements de bœuf, de mouton et de sanglier [...]. Les ossements et les huîtres ont été recouverts d'abord par une épaisseur de 50 centimètres de terres jectisses, et ce qui en fait surtout une curiosité à nos yeux, c'est que cette dernière couche supporte un béton bien évidemment romain, ou fait à l'imitation des Romains, dans le deuxième ou le troisième siècle. [...] On évalue à 35 ou 40 tombereaux la quantité de coquilles enlevées des fondements".[1300]
- Avranches : "Il s'agit d'une couche horizontale de coquilles d'huîtres, sous laquelle se trouvait une couche de terre noire, et encore au-dessous une autre couche aussi parfaitement horizontale d'un mastic, ciment ou autre matière blanche, de 3 centimètres d'épaisseur ou environ, le tout au milieu de nombreux débris romains. La couche d'huîtres a 65 centimètres d'épaisseur, et s'étend sous un très grand jardin et sous un ancien cimetière".[1301]
- Jarnac : "Deux tranchées perpendiculaires l'une à l'autre ont fait apparaître, en l'entamant, une couche d'huîtres, dont il n'est pas possible de reconnaître

[1296] Figuier 1866, 331.

[1297] Collectif 1821b, 14

[1298] Voir notamment : Lièvre 1883 ; Barbier 1886-1888 ; Clouet 1953 ; Labrousse 1959 ; Ferdière 1988 ; Schneider & Lepetz 2007.

[1299] Chaudruc de Crazannes 1833, 390-391.

[1300] Bouillet 1843, 668-672. Cette découverte a été reprise plusieurs fois par la suite mais avec moins de détails dans sa description : *Bulletin de la Société des Antiquaires de l'Ouest* 1844, 95-96 ; Comité historique des arts et monuments, 1844-1845, 73-76 ; Mathieu 1857, 194-204.

[1301] *Bulletin de la Société des Antiquaires de l'Ouest* 1844, 95.

l'étendue, mais qui n'a pas moins de vingt mètres dans un sens et de huit ou dix dans l'autre, soit une superficie d'environ deux cents mètres carrés. Il y a ça et là des vides dans cette assise, qui, d'autre part, se compose rarement de plus de quatre ou cinq paires de coquilles. Tous les sujets sont adultes. Les deux valves ont presque toujours conservé leur rapport naturel, comme si elles étaient encore réunies par leur ligament. [...] Mêlés aux coquilles et parfois au-dessous, on trouve des tuileaux et des morceaux de poteries. Le tout repose sur environ trente centimètres de terres argileuses rapportées, au-dessous desquelles sont les alluvions anciennes, composées de deux mètres de sables et de trois mètres de graviers".[1302]

- Poitiers : "En 1830, on a découvert au bas de la rue du Chat-Rouge, à Poitiers, plusieurs larges couches d'huîtres superposées, au milieu de nombreux débris évidemment romains. Les huîtres étaient entières et avaient été posées à plat avec soin l'une à côté de l'autre".[1303] "Sur l'emplacement compris dans l'angle droit formé par la rue des Trois-Cheminées et celle de l'Etude [...] à trois mètres et plus au-dessous du sol on a rencontré une quantité énorme d'huîtres formant une sorte de banc d'une épaisseur moyenne de quarante centimètres et dont la superficie en serait pas moindre de cinquante à soixante mètres carrés. [...] Les huîtres qui le composent sont entières, adultes et de la plus forte dimension. [...] Les valves de chaque mollusque adhérent comme si l'animal était encore vivant. [Elles reposaient] sur un béton très dur, coulé directement sur un lit de cailloux pilonnés avec soin. [...] Entre la couche d'huîtres et cette épaisse cuirasse de béton, on a trouvé un résidu de cinq à six centimètres provenant de la décomposition lente et séculaire des huîtres et de leur test".[1304]

Ces couches d'huîtres, dont la plupart ont leur coquille entière et fermée, ont conduit à diverses interprétations. À Saintes, Chaudruc de Crazannes suggère qu'elles correspondent à un procédé de construction pour les bâtiments de la ville. Les faits exposés ne sont pas suffisamment précis pour retenir cette hypothèse, mais elle reste recevable pour les dépôts que l'auteur décrit comme uniquement composés de coquilles. En effet, nous avons montré que des coquilles d'huîtres ont été utilisées en remblai, en radier ou en guise de sol sur plusieurs sites voisins, par exemple à Barzan/Le Fâ et La Palisse[1305], à Rom/La Petite Ouche[1306] et à Bordeaux/Chapeau Rouge.[1307] Chaudruc de Crazannes se heurte en revanche à l'état des coquilles, dont "les deux valves sont encore unies". Les explications qu'il avance ne semblent d'ailleurs guère le convaincre : les huîtres auraient été "extraites immédiatement de la mer et vivantes pour être employées (à assez grand frais) à ce singulier usage", à moins qu'elles aient "antérieurement appartenu à quelque banc ou rocher coquillier que l'Océan, dans sa retraite, a abandonné sur une partie du littoral peu éloigné de cette ville".[1308] À Clermont-Ferrand, l'abbé Croizet envisage "la conservation d'une couche de viandes dépecées et salées que l'on avait placée sur des coquilles ; que ces viandes, soit par leur très grande quantité et le manque de sel dans une partie de la couche, soit par un autre accident ou évènement quelconque, se corrompirent ; que, pour éviter tout danger, on les couvrit de terres et de pierres ; que l'on jeta sur ces terres de la chaux qui a formé le béton".[1309] Nous ne discuterons pas de cette proposition, que nous laissons à l'appréciation de chacun ; elle fut, déjà en son temps, rapidement réfutée, notamment par A.F. Lièvre[1310] et A. Barbier.[1311] J.-B. Bouillet donne une autre raison à la présence des coquilles entières découvertes à Clermont-Ferrand. Selon lui, elles auraient été déposées vivantes en prévision d'un repas, mais un évènement serait venu l'empêcher laissant les huîtres dans la disposition où elles ont été exhumées.[1312] Cette notion de mise en réserve se retrouve chez P.-P. Mathieu : "ces bivalves étaient-ils conservés, là, dans un vivier d'eau douce, qu'on aurait convertie en eau de mer, au moyen de balles de sel ?"[1313] M. Dubois se demande également : "Ne seraient-ce point des silos à huîtres qui auraient été découverts ainsi à Poitiers et à Saintes ?"[1314]

En 1883, un article d'A.F. Lièvre dans la *Revue archéologique*, intitulé *Les huîtres nourries en eau douce dans l'ancienne Aquitaine*, semble définitivement fixer l'interprétation de ces couches de coquilles d'huîtres : "À Avranche on a fait une constatation d'une grande importance pour la solution du problème [...]. Evidemment, les huîtres étaient dans un bassin étanche, et la couche de terre noire gisant au fond semble annoncer un mélange de matières organiques provenant vraisemblablement de la décomposition de ces animaux. À Jarnac le fond du réservoir consistait en un simple lit d'argile, qui, après abandon de l'établissement, a dû être assez vite délayé, percé et en partie entraîné par les eaux pluviales à travers les couches de graviers sous-jacentes, mais dont il reste cependant sur plusieurs points des traces reconnaissables. Ces réservoirs [auxquels A.F. Lièvre associe également le site de Clermont-Ferrand] paraissent donc avoir été destinés à nourrir ou tout au moins à conserver les huîtres".[1315] La théorie d'A.F. Lièvre séduit A. Barbier qui l'étend aux découvertes faites à Poitiers : les dépôts d'huîtres ne sont autres que "des viviers artificiels destinés à assurer la conservation de milliers de coquillages. On a retrouvé le contenant et le contenu, le bassin et les huîtres ; il ne manque que le liquide salé, évaporé depuis de long siècles".[1316] À Sénas, à l'autre extrémité de la France, L. Méry en était certain bien avant : "Des restes de grands bassins près de Sénas, nous rappellent ces magnifiques viviers que

[1302] Lièvre 1883, 103-104.
[1303] Dubois 1841, 112.
[1304] Barbier 1886-1888, 468-473.
[1305] Bardot-Cambot 2011 ; Tranoy *et al.* 2008.
[1306] Bardot (inédit g).
[1307] Bardot 2006d.
[1308] Chaudruc de Crazannes 1833, 394.
[1309] Comité historique des arts et monuments, 1844-1845, 76.
[1310] Lièvre 1883.
[1311] Barbier 1886-1888.
[1312] Bouillet 1843.
[1313] Mathieu 1857, 194-195.
[1314] Dubois 1841, note 1, 112.
[1315] Lièvre 1883, 105.
[1316] Barbier 1886-1888, 470.

l'épicurisme des anciens inventa pour les exquises recherches d'une table splendide. Dans ces viviers, la gastronomie romaine faisait parquer de savoureuses huîtres. Des dépôts de leurs écailles y gisent encore entassés".[1317]

L'idée des viviers à huîtres s'ancre au fil du temps dans les travaux des historiens et des archéologues. En 1969, à Poitiers, de nouvelles couches d'huîtres sont dégagées : "Seule une excavation, rue de la Trinité, a laissé apparaître à l'angle des fondations de grand appareil, avec socle mouluré, le long desquels se rencontraient, sur une assez grande surface, des dépôts d'huîtres avec leurs opercules, donc non ouvertes. Il semble s'agir d'un de ces viviers dont l'un fut découvert, il y a plus d'un siècle, rue Riffault, à l'angle de la rue Mgr.-Augouard".[1318] Au début des années 1950, les lits de coquilles mis au jour anciennement à Saintes intéressent à nouveau. M. Clouet en déduit l'existence de "bassins bordés de petits murs de 7 à 8 mètres de long sur 5 à 6 mètres de large, avec un fond d'argile ou de mortier, où les huîtres apportées de la côte étaient empilées dans une eau plus ou moins saumâtre, plus ou moins douce, et continuaient à vivre comme en font foi les très nombreuses coquilles retrouvées non ouvertes".[1319] Sur plusieurs sites, des bassins sont désormais identifiés comme des viviers, à cause des coquilles retrouvées à l'intérieur. C'est l'hypothèse proposée par M. Labrousse à la *villa* de Montmaurin (Haute-Garonne) : "De part et d'autre de la cour qu'encadre en fer-à-cheval le corps des bâtiments en hauteur, deux séries de trois petits bassins symétriques, aux parois revêtues de ciment hydraulique, ont livré une grande quantité de coquilles d'huîtres. Leurs dimensions sont trop exiguës pour des pièces d'usage ou même de décharge. Peut-être étaient-ce là des réservoirs alimentés d'eau douce ou d'eau de mer artificielle et aménagés pour la conservation des huîtres apportées de la Méditerranée".[1320] La même interprétation est avancée à Massiac/La Rochette-Félines, à Narbonne/Pech-Redon et à Sète/rue des Mouettes. Enfin, en 2007, M. Schneider et S. Lepetz indiquent "qu'il serait intéressant de faire un inventaire raisonné [de ces viviers], en tenant compte de leur contexte afin de différencier les viviers à fonction commerciale des réserves particulières des clients".[1321]

Mais au terme de ce long développement, plusieurs points méritent d'être discutés. L'existence de viviers à l'intérieur des terres apparaît en effet suspendue à la transmission d'une documentation ancienne, dont le contenu, validé depuis des décennies, n'a jamais été vérifié ni critiqué. Or, à la lecture des descriptions faites à l'époque, on s'aperçoit qu'elles ne permettent jamais d'identifier une construction de type bassin. À Clermont-Ferrand, les coquilles reposent vraisemblablement sur le substrat. À Saintes et à Poitiers, à l'emplacement de la rue du Chat-Rouge, il n'est fait mention d'aucune structure particulière dans laquelle les huîtres seraient contenues. À Jarnac, les coquillages auraient été entreposés dans un "réservoir", ce dont nous ne sommes pas persuadée par la démonstration d'A.F. Lièvre : seul le fond en mauvais état aurait été repéré, les intempéries l'ayant progressivement dissout jusqu'à le faire disparaître. Enfin, les observateurs signalent "un mastic, ciment ou autre matière blanche" à Avranches et "un béton très dur" à Poitiers, sur le site des rues des Trois-Cheminées et de l'Etude. Cependant, ils ne leur associent aucun mur pour les délimiter : ils ont peut-être simplement dégagé des niveaux de sol. Finalement, les lits d'huîtres décrits durant le XIXe siècle correspondent probablement à de gros dépotoirs, ou éventuellement à l'emploi secondaire des "déchets-coquilles" dans le cadre de travaux de construction, comme nous l'avons montré par exemple à Barzan/Le Fâ et La Palisse.

Depuis les premières découvertes au XIXe siècle, la présence de coquilles entières et fermées vient systématiquement appuyer la théorie des viviers, car elle serait la preuve que des huîtres vivantes y ont été déposées. Toutefois, ce raisonnement est aujourd'hui remis en cause par l'examen attentif des conchyliorestes des sites que nous avons étudiés. Des coquilles nous sont en effet régulièrement parvenues avec leurs deux valves jointes, et parfois en abondance comme à Barzan/Le Fâ et La Palisse.[1322] Or la face interne des valves porte souvent des marques d'ouverture indiquant l'extraction des parties molles des animaux. Ceux-ci étaient donc bien morts et leur chair consommée lorsque leur coquille a été abandonnée. Il est donc un peu rapide, sans étude archéoconchyliologique, d'orienter l'interprétation de bassins à partir de coquilles qui seraient retrouvées entières à l'intérieur. Ainsi, à Massiac/La Rochette-Félines,[1323] à Narbonne/Pech-Redon,[1324] à Sète/rue des Mouettes[1325] et à la *villa* de Montmaurin,[1326] dont les "viviers" sont fréquemment cités en référence, les coquilles pourraient plus relever du comblement des bassins que de leur utilisation.

En 1883, A.F. Lièvre en est certain : "le fait est que ces viviers subsistent et nous ne voyons pas quelle autre explication il pourrait comporter".[1327] Pourtant, il s'interroge sur la nature de l'eau utilisée pour conserver les huîtres. Il exclut rapidement le transport d'eau de mer, ce qui nous semble également peu probable, car cette solution aurait obligé à l'acheminement régulier de milliers de litres pour assurer le remplissage des bassins et leur renouvellement. Nous doutons surtout que les qualités de l'eau de mer puissent rester intactes au cours du voyage. Or la survie des huîtres serait compromise dans une eau dégradée. A.F. Lièvre propose donc d'entreposer les huîtres dans de l'eau douce, rappelant que cette espèce aime à s'installer à proximité des

[1317] Méry 1836, 161.
[1318] Eygun 1969, 282.
[1319] Clouet 1953 cité dans Labrousse 1959, 72 et Schneider & Lepetz 2007, 14.
[1320] Labrousse 1959, 72-73. Pour la localisation des bassins, voir Fouet 1954 : plan hors texte entre les pages 400 et 401, n° 5, 6, 7, 30, 31 et 32.
[1321] Schneider & Lepetz 2007, 14.
[1322] Bardot-Cambot 2011 ; Bardot 2007a.
[1323] Vinatié 1966 ; Vinatié 1969 cités dans Provost 1996, 120-121.
[1324] Guiraud 1987 cité dans Dellong 2002, 514.
[1325] Pellecuer 1983 cité dans Lugand 2001, 371.
[1326] Labrousse 1959.
[1327] Lièvre 1883, 107.

embouchures des fleuves côtiers. Pour autant, il n'est pas certain qu'elle supporte une immersion prolongée dans de l'eau qui serait strictement douce. D'ailleurs, nous avons déjà précisé que l'huître plate est en grand danger lorsque la salinité tombe à 15 ‰ et au dessous.[1328] En 1817, le *Nouveau dictionnaire d'histoire naturelle* rapporte ainsi plusieurs épisodes malheureux de la pêche française et anglaise : "Autant l'eau de la mer est salubre aux huîtres, autant l'eau de rivière leur est funeste. Bomare assure que les huîtres aiment l'eau douce. S'il eût consulté l'homme le plus ignorant de Courseulles, il lui eût répondu, que l'eau douce leur était mortelle. La pluie même leur est nuisible. L'expérience a malheureusement trop appris aux habitants de cet endroit, que dès que la Seule pénètre dans leurs parcs, elle y occasionne les plus grands dommages ; l'huître enfle et meurt en peu de jours. Il est tel débordement qui a causé aux Coursellais pour deux cent mille francs de perte. C'est ainsi que les Anglais, en 1774, transportèrent inutilement, pendant trois années de suite, des milliers d'huîtres dans la baie placée entre l'île de Wigth et la rivière Southampton. L'eau douce les fit périr".[1329] A. Locard est aussi affirmatif : "Les Mollusques marins, brusquement transportés dans l'eau douce, périssent très rapidement".[1330] L'eau douce semble d'autant plus néfaste que les animaux y sont plongés après le temps de mise à sec qui les sépare de la vente. En 1910, L. Calvet condamne ainsi la pratique de certains marchands qui "rafraîchissent" les huîtres en les arrosant ou en les trempant dans des baquets. Il cite J. Baylac, auteur d'une *Etude sur la nocivité des huîtres* : "Cherchant à imiter la pratique dangereuse du rafraîchissement, fort en usage chez les marchands au détail, j'ai conservé des Huîtres à une température de 16 degrés pendant trois jours et, le deuxième jour, je les avais mises pendant une heure dans l'eau de la Garonne faiblement salée ; j'ai alors obtenu une toxicité extrêmement élevée, 4 centimètres cubes par kilogramme de poids. Le rafraîchissement a donc pour résultat d'accroître dans des proportions très sensibles la toxicité des liquides d'Huîtres. L'immersion dans l'eau pendant quelques heures d'Huîtres ayant déjà subi un commencement d'altération ou ayant tout au moins perdu de leur vitalité, rend plus rapide et plus complète leur décomposition".[1331] A.F. Lièvre et encore dernièrement M. Schneider et S. Lepetz proposent une troisième alternative à l'eau de mer et à l'eau douce pour l'alimentation des supposés viviers à huîtres romains : l'eau douce artificiellement salée.[1332] Des expériences ont bien été tentées dans ce sens, mais elles sont récentes, de la fin du XIXe siècle, et ne semblent pas avoir eu de suite. G. Bélèze rapporte ainsi en 1882 que les huîtres sont gardées en vie dans de l'eau de rivière fréquemment changée, dans laquelle "on a fait dissoudre du sel marin raffiné, dans la proportion que contient l'eau de mer".[1333] Quelques années plus tard, E. Perrier établit la formule d'une solution saline qui permettrait de maintenir les huîtres en vie "assez longtemps pour parer aux besoins de la consommation".[1334] Pour résumer, nous pouvons sûrement écarter le transport d'eau de mer, probablement exclure la conservation des huîtres vivantes dans de l'eau douce et douter de l'utilisation d'eau douce artificiellement salée. L'hypothèse de viviers à huîtres construits à l'intérieur des terres paraît donc difficile à retenir à l'heure actuelle.

Nous devons enfin nous interroger sur la nécessité d'un système de viviers relais. Comme nous l'avons déjà indiqué, les huîtres sont des coquillages très résistants : ils se conservent plus d'une vingtaine de jours hors de l'eau, jusqu'à 24 selon P. Korringa.[1335] Or G.E. Thüry et Fr. Strauch estiment qu'un attelage pouvait parcourir 40 à 50 km par jour,[1336] ce qui correspond au rendement moyen des voitures qui parcouraient les routes françaises au début du XIXe siècle. En 1837, A. Gréhan indique en effet que le transport des huîtres de Courseulles à Paris, à environ 250 km, s'effectue en six à sept jours, soit une moyenne de 36 à 42 km par jour.[1337] À ce rythme, les voitures romaines pouvaient rejoindre Lyon et Sens, qui sont les points les plus éloignés que nous avons identifiés, sans compromettre la conservation des huîtres : Lyon, à 500 km de la façade atlantique, en moins d'une quinzaine de jours, et Sens, à 600 km de la Méditerranée, en à peine trois jours de plus. En l'absence de routes praticables par la roue, les attelages cédaient certainement la place à des animaux de bât, des équidés notamment, comme encore aux XVIe et XVIIe siècles : P. Belon mentionne des "chevaux chargés d'écailles"[1338] et N. Delamare d'huîtres "venues à Paris à la somme".[1339] Le pas des animaux se calquant sur celui de l'homme, une distance d'une trentaine de kilomètres pouvait être parcourue par jour.[1340] C'est un peu moins qu'au moyen d'un attelage, mais suffisamment rapide pour rejoindre des sites lointains dans la limite des 24 jours indiqués par P. Korringa.[1341] Des viviers relais n'étaient donc pas utiles pour assurer la survie des huîtres. Nous n'avons d'ailleurs trouvé aucune mention d'un tel système, ni dans la littérature antique, ni dans les sources ethnographiques plus récentes.

Ces dernières indiquent en revanche quelques précautions à prendre pour optimiser la conservation des animaux vivants. La première était certainement déjà connue des Romains : elle consiste à limiter le transport aux périodes froides de l'année pour éviter que les huîtres ne meurent trop rapidement. A. Gréhan rappelle ainsi qu'elles "peuvent être transportées et conserver leur bonne qualité pendant quinze ou vingt jours, surtout par un temps froid".[1342] En 1719, N. Delamare précise même que ce

[1328] Marteil 1974 ; Quéro & Vayne 1998.
[1329] Collectif 1817b, 405. Voir aussi Clerc 1828, 32.
[1330] Locard 1900, 284.
[1331] Baylac 1907, 260 cité dans Calvet 1910, 77.
[1332] Lièvre 1883, 107 ; Schneider & Lepetz 2007, 14.
[1333] Bélèze 1882, 1382.
[1334] Perrier 1890, 1079.
[1335] cf. 3.3. Korringa 1952.
[1336] Thüry & Strauch 1984.
[1337] Gréhan 1837, 145.
[1338] Belon du Mans 1555, 417.
[1339] Delamare 1719, 124.
[1340] Selon A.E.P. Gasparin, qui écrit en 1848, un cheval de bât peut parcourir 28 kilomètres par jour avec une charge de 150 kilos. Il précise "qu'il est moins propre que l'âne et le mulet à ce genre de service". (Gasparin 1848, 72)
[1341] cf. 3.3. Korringa 1952.
[1342] Gréhan 1837, 145.

"commerce cesse pendant les chaleurs"[1343] ; la règle des mois en R était alors rigoureusement respectée. Une autre précaution résidait peut-être dans l'emballage des huîtres. On lit en effet dans le *Dictionnaire des sciences naturelles* de 1821, qu'il était "avantageux de les envelopper de fucus ou de plantes marines pour éviter l'action desséchante de l'air".[1344] Enfin, d'après L. Clerc qui écrit en 1828, "Le meilleur moyen que nous ayons aujourd'hui de conserver les huîtres et de les faire parvenir fraîches à des distances très éloignées, c'est de les empêcher de perdre leur eau. Pour y parvenir, on les entasse avec soin horizontalement les unes sur les autres dans des paniers que l'on bâche et dans lesquels elles sont tellement pressées, qu'elles ne peuvent pas ouvrir leurs valves".[1345] Cette opération était déjà décrite en 1655 par N. de Bonnefons : "Pour conserver plusieurs jours des huîtres dans leur écaille, il ne faudra que mettre quelque chose de pesant dessus pour les empêcher de s'ouvrir et de perdre leur eau".[1346] De là viendrait, selon A. Locard, "l'origine de cette énorme pierre, que nos marchands au détail ne manquent pas de mettre sur les bourriches entamées".[1347]

Nous ne connaissons rien des personnes en charge du transport des huîtres dans l'Antiquité, hormis le caractère probablement saisonnier de leur activité. Un des plus anciens témoignages de ce métier remonte à 1350, dans une ordonnance rendue par le roi de France Jean II qui évoque des marchands forains appelés "chasse-marées".[1348] Ce nom désigne les voituriers qui achètent "la marée" aux pêcheurs, c'est-à-dire les produits de la mer, puis qui la portent dans les villes de l'intérieur des terres où ils la vendent.[1349] Au XIXe siècle, les huîtres ainsi acheminées sont nommées "huîtres de chasse".[1350] Elles sont chargées sur de longues voitures composées d'un attelage de quatre chevaux attelés par paires et d'une charrette aux ridelles d'osier légèrement incurvées en forme de berceau monté sur deux roues hautes. Finalement, c'est peut-être N. Delamare qui, au début du XVIIIe siècle, nous permet d'approcher d'un peu plus près les différents acteurs du commerce des huîtres "en coquille" à l'époque romaine : les huîtres sont alors "achetées des pêcheurs par ceux qui s'attachent particulièrement à ce commerce. Ceux-ci les font venir à Paris par la rivière en bateau, ou par terre en charettes, en fourgons, ou à la somme ; le détail s'en fait ensuite par des particuliers qui les crient dans les rues, les débitent dans les maisons où ils sont appelés, les ouvrent, et les détachent des écailles en les livrant".[1351]

[1343] Delamare 1719, 124.
[1344] Collectif 1821b, 14.
[1345] Clerc 1828, 39.
[1346] De Bonnefons 1655, 367.
[1347] Locard 1900, 157.
[1348] Jal 1848, 460.
[1349] Robinet 1779, 530.
[1350] Collectif 1814, 227.
[1351] Delamare 1719, 124.

- Les autres coquillages

Nous n'avons guère trouvé d'informations qui puissent éclairer les conditions antiques du commerce des autres coquillages. Quelques possibilités de conditionnement peuvent néanmoins être proposées pour les bivalves, par exemple une solution en sacs ou en petits tonneaux. L'utilisation de ces types de contenants pour les coquillages semble en effet avoir une origine ancienne : en 1727, Fr. le Masson du Parc mentionne les palourdes, qu'il appelle "coutoirs",[1352] transportées "en sacs et en barils".[1353] Des vanneries doivent également être envisagées, notamment pour le peigne glabre qui figure peut-être sur le plat en argent de Graincourt-lès-Havrincourt (Pas-de-Calais).[1354] Ainsi, parmi les nombreuses représentations marines de la frise qui borde le plat, une dizaine montre des vanneries, dont un type a déjà été évoqué, celui d'un grand panier à deux anses. Il apparaît trois fois sans grande modification, hormis dans la disposition des anses. Un produit remplit chaque panier. Ce sont des poissons pour deux d'entre eux. Le contenu du troisième est différent. Il se présente sous la forme de petits dessins grossièrement circulaires et rythmés de plusieurs lignes. Les mêmes motifs apparaissent plus nettement à un autre endroit de la frise, cette fois-ci dans une sorte de corbeille. Ils rappellent des bivalves à la coquille côtelée, comme celle des cardiidés et des pectinidés. Ces derniers sont toutefois les plus probables, car les données archéoconchyliologiques les décrivent comme les plus abondamment pêchés, avec au premier plan le peigne glabre ; chez les cardiidés, la collecte est occasionnelle et concerne seulement les petites coques.

La chair décoquillée

Les indices archéoconchyliologiques

Les pratiques culinaires antiques, décrites dans le chapitre 3.4., nous font fortement soupçonner l'utilisation de chair décoquillée dans la cuisine romaine. Il n'est donc pas exclu qu'elle ait été ainsi commercialisée, en parallèle des coquillages en coquille. Cette hypothèse vaut particulièrement pour la chair des huîtres qui fut l'objet d'un intense commerce du Moyen Age au début du XIXe siècle. Sur la façade atlantique, il reste encore plusieurs témoignages archéologiques de cette pratique, sous la forme d'amas de coquilles, produits au fil du temps par les opérateurs en charge de l'extraction de la chair. Le site vendéen de Chauds près de Saint-Michel-en-l'Herm en est l'exemple le plus connu pour le Moyen Age. Il montrait encore au début du XXe siècle trois buttes, dont la longueur cumulée atteignait 800 m ; leur volume est estimé entre 200 000 et 600 000 m^3, soit plusieurs milliards de coquilles. Il ne reste aujourd'hui de ces énormes amas que quelques vestiges suite à leur exploitation industrielle jusque dans les années 1970.[1355]

[1352] cf. 3.6.
[1353] Le Masson du Parc 1727, 25.
[1354] Baratte & Painter 1989 ; Baratte 1994.
[1355] cf. 3.5.

Décrites dès 1572 par H. Lancelot Voysin de La Popelinière,[1356] les buttes de Chauds ont donné lieu à une bibliographie extrêmement abondante, dont G. Godard a fait la synthèse en 1995 : il a compté 120 livres, mémoires, articles, notes et notices, soit près de 480 pages traitant de ce sujet.[1357] Les querelles scientifiques furent nombreuses, certains voyant dans ces buttes des dépôts naturels, d'autres des rejets anthropiques. Cette dernière interprétation, qui fut défendue pour la première fois en 1862 par A. de Quatrefages,[1358] est aujourd'hui définitivement admise.[1359] D'autres amas, qui seraient également médiévaux, ont été repérés à Bourgneuf-en-Retz (Loire-Atlantique)[1360] et à Beauvoir-sur-Mer (Vendée) où les coquilles s'étendent sur plusieurs centaines de mètres de long, 30 m de large et jusqu'à 2 m de haut.[1361] À chaque fois, les coquilles appartiennent pour l'immense majorité à l'huître plate d'Europe, *Ostrea edulis*. Sur le terrain, tous les observateurs sont frappés par la présence de très nombreuses coquilles entières ; d'après F. Verger, elles auraient leurs valves jointes quatre fois sur cinq à Saint-Michel-en-l'Herm.[1362] Les résultats conchyliologiques obtenus pour ce site illustrent cette tendance : Y. Gruet et D. Prigent estiment la proportion des coquilles entières entre 22 et 40 %, tout en précisant que "le chiffre réel doit être supérieur car lors du prélèvement des valves ont été disloquées en limite de l'échantillon".[1363] L'observation des valves a en outre révélé des traces indiquant l'ouverture mécanique des huîtres ; l'abord ventral de la coquille pratiqué à l'époque romaine aura perduré au moins jusqu'au Moyen Age, car des encoches ou des ébréchures sur le bord ventral des valves figurent parmi les marques décrites.[1364] La chair était donc vraisemblablement extraite en entrouvrant simplement les valves, comme nous l'avons déjà envisagé à partir de l'étude du mobilier conchyliologique antique. Plusieurs siècles après la formation des buttes de coquilles de Saint-Michel-en-l'Herm, de Bourgneuf-en-Retz et de Beauvoir-sur-Mer, c'est aussi "une véritable montagne d'écailles" qui, d'après Durègne de Launaguet, s'était formée à La Teste au XVIe siècle, en bordure du Bassin d'Arcachon.[1365] Enfin, au début du XIXe siècle, l'abondance des huîtres décoquillées à Granville (Manche) était telle que leurs coquilles formaient devant le port un imposant dépôt, appelé le talard, de 2 à 3 m de haut sur 300 m de long et presque autant de large.[1366] D. Binet rappelle aussi qu'il existe toujours dans le havre de Regnéville (Manche) des amas de coquilles d'huîtres issues du tri qui se faisait au débarquement.[1367]

Nous avons cherché pour l'époque romaine des amas qui pourraient rappeler ceux décrits précédemment, et témoigner ainsi de la commercialisation de la chair décoquillée. Quelques sites ont attiré notre attention. Le premier est corse, sur la côte orientale de l'île, non loin d'Aléria. Il a été signalé dès 1862 par H. Aucapitaine : dans la partie nord-est de l'étang de Diane (qui est une lagune), à la hauteur du petit delta de l'Arena, se trouve une île, appelée île des Pêcheurs ou île de Diane, formée entièrement de coquilles d'huîtres.[1368] Ce monticule, de 350 m de circonférence et qui atteint 25 m de haut,[1369] doit probablement son insularité actuelle au recul de la ligne de rivage, qui l'aura progressivement isolé dans les eaux de la lagune. Une documentation précise sur l'histoire de la configuration de l'étang de Diane nous manque cependant pour valider cette explication. L'accumulation des coquilles est traditionnellement datée de l'époque romaine, mais nous n'avons pas trouvé d'argument archéologique qui le confirme[1370] : "du temps des Romains, disent les pêcheurs, on déposait en cet endroit les coquilles dont le mollusque salé et préparé était envoyé sur le continent".[1371] En l'absence d'étude conchyliologique, il est aussi impossible de confirmer l'identification de l'île des Pêcheurs comme le dépotoir d'une activité de décoquillage. Outre la datation, plusieurs points doivent être éclaircis, par exemple l'état des coquilles - sont-elles entières ? - et celui des valves - portent-elles des marques d'ouverture ? Plusieurs observateurs rapportent en outre que des coquilles sont percées, mais sans donner plus de détail descriptif.[1372].

Deux autres découvertes, signalées sur la côte landaise, mériteraient également d'être examinées. Il s'agit d'au moins deux amas de coquilles repérés sur les communes de Moliets-et-Maa et de Vielle-Saint-Girons. L'amas de Moliets-et-Maa est le seul à avoir fait l'objet d'une notice, par R. Arambourou dans le bulletin de 1958 de la Société de Borda : "à un kilomètre, au sud du bourg, s'élève un petit tertre d'une soixantaine de mètres de long du nord au sud et d'une quarantaine seulement d'est en ouest. Limité au nord et à l'est par le ruisseau de Laprade qu'il domine de 6 m environ, son rebord ouest n'est qu'à 2 m. 50 au-dessus du chemin qui le sépare des dunes littorales. Vers le sud, une longue pente très douce efface presque toute dénivellation. [...] Une reconnaissance sommaire fit apparaître sous la mousse et l'humus de la zone ouest deux niveaux archéologiques distincts formés de coquillages, de cendres et de tessons de poteries. [...] Les couches supérieures ont livré, parmi d'épaisses accumulations de coques et d'huîtres, une dent de bovidé, une défense de sanglier et quelques fragments d'os non identifiables. Les couches inférieures ont donné beaucoup moins de coquillages, mais de nombreuses arêtes et écailles de poissons et quelques os d'oiseaux".[1373] Selon R. Arambourou, les tessons de céramique retrouvés

[1356] Cité dans Godard 1995, 193 et Verger 2009, 98.
[1357] Godard 1995.
[1358] De Quatrefages 1862 cité dans Verger 2009, 99.
[1359] Voir notamment Verger 1959, 2005 et 2009 ; Gruet & Prigent 1986a ; Godard 1995.
[1360] Gruet & Prigent (inédit) ; Tessier 1994 ; Verger 2005 ; Verger 2009.
[1361] Verger 2009.
[1362] Verger 2009.
[1363] Gruet & Prigent 1986a.
[1364] Gruet & Prigent 1986a ; Verger 2009.
[1365] Durègne de Launaguet 1929 cité dans Verger 2009, 101.
[1366] De la Morandière 1958a, cité dans Verger 2009, 101-102 ; Collectif 1997.
[1367] Binet 1999, 18.
[1368] Aucapitaine 1862.
[1369] Aucapitaine 1862 ; D'Archiac 1864.
[1370] D. Istria (CNRS UMR LISA 6240, Corte) s'interroge également sur la datation de cet amas. Communication orale à C. Sanchez.
[1371] Aucapitaine 1862 ; Massi 2006 ; Verger 2009.
[1372] Massi 2006 et communication orale de D. Istria à C. Sanchez.
[1373] Arambourou 1958, 3-5.

indiquent que cet amas s'est formé au plus tôt au cours du IIe siècle p.C. En 2004, une série de datations au carbonne 14 a été réalisée sur des coquilles issues des deux sites.[1374] À Moliets-et-Maa, les résultats obtenus sont en accord avec la chronologie proposée par R. Arambourou : 20-190 p.C. Le dépôt de Vielle-Saint-Girons pourrait être plus ancien, entre 320 et 60 a.C.[1375] La nature des amas reste évidemment à déterminer par une intervention archéologique et archéoconchyliologique. Néanmoins, les gros volumes de coquilles décrits par A. Rambourou et que nous a confirmé M. Mazarico suggèrent déjà une intense exploitation des coquillages marins dans cette région, aujourd'hui séparée de l'océan par un large cordon dunaire. D'ailleurs, la localisation géographique des découvertes n'est certainement pas anodine. Les communes de Moliets-et-Maa et de Vielle-Saint-Girons se trouvent en effet aux abords de l'étang de Léon, qui pourrait correspondre aux vestiges d'un ancien système lagunaire, dont nous avons vu qu'il était un environnement privilégié pour la collecte des coquillages à l'époque romaine. L'étang de Léon présente ainsi une caractéristique originale par rapport aux autres plans d'eau du littoral aquitain : il a conservé un débouché direct sur l'océan, par le courant d'Huchet.[1376] Au regard de la carte de Cassini, sa superficie s'est considérablement réduite depuis le XVIIIe siècle. Elle a en outre été divisée par deux depuis le début du XIXe siècle, passant de 7 km^2 à 3,4 km^2.[1377]

Parmi les sites inventoriés pour cette recherche, le site de Barzan (Le Fâ et La Palisse), localisé sur la rive droite de l'estuaire de la Gironde, est celui qui fournit actuellement les indices les plus solides en faveur d'une activité de commercialisation de la chair des huîtres à l'époque romaine. Nous ne connaissons pas réellement l'état originel de toutes les coquilles abandonnées sur le site. Toutefois, beaucoup étaient vraisemblablement entières et souvent fermées, comme le montre l'abondance des coquilles ainsi retrouvées et le grand nombre de valves gauches et droites concrétionnées, indiquant qu'elles étaient appariées et jointes au moment de leur dépôt. Les traces de couteau identifiées sur la face interne des valves assurent que les huîtres ont été ouvertes. La chair était extraite des coquilles, sans que les valves ne soient désolidarisées. Les coquilles étaient ensuite rejetées avec leurs deux valves restées réunies par le ligament articulaire, dont Y. Gruet affirme qu'il ne se casse pas facilement.[1378] En reproduisant ces opérations, Y. Gruet et D. Prigent ont constaté que la moitié des coquilles pouvaient garder leurs valves jointes après être tombées à terre.[1379]

Pour V. Forest, qui a traité le mobilier issu de la fouille des thermes de Barzan, la chair devait être gobée ou prélevée à l'intérieur de la coquille simplement entrouverte. Il propose donc deux origines pour les coquilles : soit une consommation sur place d'animaux frais, soit une récupération de la chair pour une préparation hors coquille. Dans ce cas, il envisage une exportation "sous forme séchée, fumée, ou en saumure". Toutefois, au moment de son étude en 2003, la quantité de restes déplacés par les fouilleurs ne semblait pas assez grande pour résulter assurément d'une telle activité : en effet, comme nous l'avons déjà vu, la consommation de 12 huîtres renouvelée chaque semaine par 80 personnes pendant un an aurait pu produire les 100 000 valves recensées.[1380]

Depuis l'étude de V. Forest, deux découvertes, ou redécouvertes, nous autorisent à réinterroger les coquilles d'huîtres découvertes à Barzan. Elles sont toutes les deux datées de la première moitié du IIe siècle p.C. Dans le secteur 33, situé en avant de la façade des thermes, A. Bouet avait enlevé, lors du décapage de la zone, une couche de coquilles d'huîtres filant à l'est sous la route actuelle (US 20702). Elle couvrait une surface de 230 m^2 pour une épaisseur variant de 20 à 40 cm.[1381] Aucun échantillon n'avait alors été prélevé, mais V. Forest avait pu observer dans la berme, sous la route actuelle, la présence de coquilles entières et/ou de valves concrétionnées. Ces dernières années, ce sont en outre plus de 1000 m^2 de coquilles d'huîtres qui ont été dégagés ou repérés par l'équipe de L. Tranoy dans la zone dite de "La Grande Avenue" (Barzan/La Palisse, US 33040).[1382] L'épaisseur de l'épandage est variable, de 10 à 20 cm et jusqu'à 30 cm.[1383] Si nous retenons une épaisseur moyenne de 30 cm pour l'US 20702 et de 15 cm pour l'US 33040, le volume de coquilles abandonnées dans les deux zones pourrait largement dépasser 200 m^3 sachant que les deux couches se poursuivent au-delà des zones fouillées. D'après les prélèvements effectués dans l'US 33040, nous estimons que 10 000 coquilles équivalent à un volume d'environ 1 m^3, ce qui signifie qu'au moins deux millions de coquilles ont été rejetées à Barzan dans la première moitié du IIe siècle p.C. Sans atteindre les milliards de coquilles des buttes médiévales de Saint-Michel-en-l'Herm, ce chiffre permet d'envisager une commercialisation de la chair décoquillée pour expliquer les couches de coquilles 33040 et 20702.

Une autre observation conduit à la même conclusion. La formation des US 33040 et 20702 diffère de celles des amas de coquilles évoqués précédemment pour le Moyen Age. Les buttes de Saint-Michel-en-l'Herm, par exemple,

[1374] Ces datations ont été réalisées à l'initiative de l'association Mémoire en Marensin sous la direction de J.-P. Tastet, professeur honoraire de géologie à l'Université de Bordeaux I.

[1375] Communication orale de M. Mazarico. Voir également : http://www.archeolandes.com/forum/viewtopic.php?pid=1202

[1376] Information : Réserve naturelle du courant d'Huchet (http://www.reservenaturelle-couranthuchet.org).

[1377] Cette diminution, observée sur l'ensemble des plans d'eau aquitains, s'explique par des phénomènes d'envasement, dus aux apports de sédiments charriés par les ruisseaux en amont et à l'accumulation de matière organique provenant de la végétation aquatique. Information : Réserve naturelle du courant d'Huchet (http://www.reservenaturelle-couranthuchet.org).

[1378] Gruet (inédit c).

[1379] Gruet & Prigent 1986a.

[1380] Forest 2003a.

[1381] Bouet 2003, 80.

[1382] cf. 3.5.

[1383] Tranoy & Moizan (éd.) *et al.* 2007, 47-50 ; Tranoy *et al.* 2008 ; Tranoy & Moizan (éd.) *et al.* 2009, fig. 6, 23, 24 et p. 47.

sont vraisemblablement des dépotoirs primaires, c'est-à-dire que leur composition n'a pas vu d'autre étape que le rejet des coquilles après la récupération de la chair. Les deux épandages barzanais témoignent quant à eux d'une ultime utilisation des coquilles : l'US 33040 sert de couche préparatoire à l'installation d'un niveau de rue et l'US 20702, qu'A. Bouet nous a décrite comme uniforme, pourrait correspondre à l'aménagement de la surface d'un espace extérieur. Pour réaliser ces travaux, les constructeurs ont donc dû puiser dans un ou plusieurs tas de déchets existants. Or il est peu probable qu'une consommation régulière, même sur plusieurs mois, ait pu rendre disponible autant de coquilles. En effet, sur la base d'une consommation hebdomadaire de 80 personnes mangeant chacune 12 huîtres, il aurait fallu 40 ans pour produire une telle quantité de déchets. Au contraire, des centaines d'huîtres pouvaient être quotidiennement décoquillées et ainsi rapidement former de volumineux amas de coquilles dans lesquels les constructeurs pouvaient ensuite s'approvisionner. C'est ainsi qu'en 1830, les coquilles du talard de Granville furent utilisées en remblais pour agrandir la ville ; trois hectares furent alors gagnés sur la mer.[1384]

La récupération et la préparation de la chair en vue de sa commercialisation n'avaient probablement pas lieu sur le site même, mais à proximité immédiate du rivage où le produit de la pêche fraîchement débarqué pouvait être immédiatement traité, sans avoir à opérer de lourdes manipulations de transport. Du reste, une telle activité, si elle avait été pratiquée au sein même de l'agglomération, aurait engendré bien des nuisances à ceux qui la fréquentaient en exposant à leur vue des déchets encombrants et longtemps malodorants. Au XVIIIe et au XIXe siècle, les huîtres étaient d'ailleurs préparées au port dès le retour des pêcheurs. Fr. le Masson du Parc rapporte ainsi que "les huîtres qui se pêchent dans la baie de Cancale sont de trois sortes de qualité : les grosses, les moyennes et les petites. [...] Les moyennes sont les huîtres en pierre ou en écaille que l'on charge dans les petits bâtiments pour les porter à Dieppe, à Paris, à Rouen et dans les autres ports de Normandie [...]. Les premières et les dernières se vendent à l'arrivée pour être huîtrées ou écalées sur le champ [...]", opération qu'illustre un siècle plus tard un tableau d'O. Guet : sur une plage, un groupe de femmes s'affaire autour d'un tas d'huîtres, les unes remplissent un panier avec des coquillages en coquille, tandis qu'une autre ouvre des huîtres dont la chair est recueillie dans une sorte de baquet. (fig. 212)

Comme le souligne la mention de Fr. le Masson du Parc, la taille des huîtres orientait peut-être déjà à l'époque romaine leur mode de commercialisation. Nous le pressentions déjà au moment d'aborder les manières d'apprêter la chair crue, par exemple à Narbonne/Port la Nautique où les plus gros exemplaires ont peut-être été décoquillés et les autres consommés frais.[1385] À Barzan, les huîtres ne sont jamais grandes. En revanche, V. Forest précise que les coquilles de l'US 20702 étaient toutes beaucoup plus petites que dans les autres échantillons qu'il a traités, ce qui pourrait renforcer l'hypothèse d'une récupération de la chair crue pour une préparation hors coquille.[1386] Dans le quartier dit des "habitats" qui s'étend à l'ouest des thermes, les coquilles d'une douzaine d'US ont pu suivre le même scénario. Elles se singularisent en effet par leur petite taille, qui rappelle le format des exemplaires observés par V. Forest dans l'US 20702. Dix US appartiennent en outre à des contextes chronologiques contemporains, de la première moitié du IIe siècle p.C. ; les deux autres sont un peu plus anciennes, de la fin du Ier siècle p.C. Nos soupçons se portent spécialement sur six US localisées immédiatement au sud-ouest du secteur 33 où l'US 20702 a été dégagée. À cet endroit (zones 1 et 5), les coquilles ont servi à la mise en place de remblais et de recharges de sols ; il n'est donc pas impossible qu'elles proviennent des mêmes tas de déchets.

Préparation et conditionnement de la chair

Le mode de préparation le plus simple pour la chair décoquillée était de la laisser telle quelle, en enlevant seulement les bris des coquilles qui auraient pu s'y mêler au moment de l'ouverture. Les pratiques actuelles rendent difficilement concevable cette solution. Pourtant, plusieurs auteurs l'attestent, au moins depuis le milieu du XVIe siècle ; elle permettait d'alléger le chargement tout en multipliant les quantités transportées. En 1555, P. Belon du Mans écrit que "Les Oestres qu'on apporte vers Paris, venants de l'Océan, sont grandes. Les paysans sont coutumiers de les ouvrir sur le bord de la mer, et envoient seulement la chair de dedans, afin de ne trop charger les chevaux des écailles".[1387] Des sacs de toile sont alors employés pour contenir la chair, par exemple à La Teste, au bord du Bassin d'Arcachon : selon Durègne de Launaguet, les pêcheurs d'huîtres, une fois revenus au port, "triaient les plus faciles à transporter et mettaient dans des sacs de toile la chair des mollusques lorsque les coquilles étaient trop pesantes".[1388] Au XVIIe siècle, la chair décoquillée est aussi acheminée dans des paniers de paille, ce qui surprend l'anglais M. Lister en voyage à Paris en 1698 : "On a une manière d'apporter les huîtres fraîches à Paris dont nous n'usons jamais, que je sache. C'est de les tirer de l'écaille, d'en jeter l'eau et de les mettre dans des paniers de paille : elles arrivent ainsi bonnes à être mises en étuvées et à être employées à d'autres goûts".[1389] Cette pratique perdure au XVIIIe siècle ; les huîtres sont alors appelées "huîtres au panier"[1390] ou huîtres "huîtrées".[1391] En 1655, N. de Bonnefons donne quelques conseils avant de les cuisiner : les huîtres "que l'on vend dans des paniers peuvent aussi estre apprestez en toutes les façons que celles que l'on

[1384] Carnet de route du Mont Saint-Michel au Cap de la Hague : émission télévisée "Thalassa"diffusée le 24 avril 2009 sur la chaîne FR3.

[1385] cf. 3.4. ; Bardot 2001c.

[1386] Forest 2003a.

[1387] Belon du Mans 1555, 417.

[1388] Durègne de Launaguet 1929 cité dans Verger 2009, 101.

[1389] Société des bibliophiles françois 1873, 143.

[1390] Menon 1746, 185-186.

[1391] Delamare 1719, 124.

tire toutes vives de l'écaille, mais il les faut bien laver & délimoner auparavant, puis les laisser tremper dans de l'eau & du sel l'espace de demie heure".[1392]

Si nous pouvons envisager l'exportation d'huîtres "huîtrées" à l'époque romaine, leur commerce devait se limiter aux régions côtières, car elles n'auraient pas supporté un grand voyage. D'ailleurs, les récits rapportés précédemment pour des périodes plus récentes ne décrivent pas un transport sur de longues distances : jusqu'à Paris à quelques 200 km de la côte la plus proche et jusqu'à Bordeaux à 70 km de La Teste sur le Bassin d'Arcachon. Au-delà, la chair nécessitait une préparation conservatrice ; nous en avons déjà proposé quelques recettes.[1393] Elle pouvait être cuite en saumure ; au début du XIXe siècle, "les huîtres sont ainsi envoyées dans des lieux fort éloignés de la mer, empilées les unes sur les autres, sans coquilles, et dans des petits barils".[1394] Elles sont alors "des hors-d'œuvres dignes des meilleurs tables", où elles arrivent dans "des petits tonnelets"[1395] ou dans des "vases pouvant fermer hermétiquement".[1396] Les huîtres décoquillées pouvaient être aussi salées au sel sec et commercialisées en "pots de terre ou en barils", comme il se faisait au milieu du XVIIe siècle[1397] ; "lorsque vous voudrez vous en servir, faites les dessaler dedans l'eau tiède".[1398]

Contrairement aux coquillages en coquilles, dont nous pouvons suivre la distribution grâce aux indices que constituent leurs coquilles, les axes d'exportation de la chair, débarrassée de son enveloppe minérale, ne peuvent être définis par l'archéoconchyliologie, à moins que nous réussissions à identifier les contenants qui permettaient son transport. Plusieurs types de conditionnements apparaissent dans les témoignages précités. La chair expédiée fraîche, sans préparation, est mise dans des sacs de toile ou des paniers, tandis que des récipients plus petits sont utilisés pour contenir la chair salée et conservée en saumure : il est fait mention de "petits barils", de "petits tonnelets", de "pots de terre" et de "vases". Pour l'époque romaine, les sources littéraires que nous avons interrogées restent silencieuses sur l'emploi éventuel de sacs, de paniers et de petits barils. Ces solutions ne doivent pas pour autant être écartées ; elles seront toutefois difficiles à prouver par l'archéologie, car les matières périssables qui composent ces objets se conservent rarement jusqu'à nous. Apicius et Pétrone, dont nous avons montré qu'ils font certainement allusion à de la chair décoquillée,[1399] indiquent en revanche des récipients en céramique. Apicius recommande ainsi l'utilisation d'un vase poissé : "*Ostrea ut diu durent. Lauas ab aceto, aut ex aceto uasculum pictum laua, et ostrea compone* (Pour conserver les huîtres : lavez les huîtres au vinaigre ou bien lavez au vinaigre un vase poissé où vous les placerez)".[1400] Cette traduction ne le fait pas apparaître[1401], mais le mot *uasculum* décrit généralement un petit vase[1402] : *uas*, *uasis*, signifiant "vase ou pot" et le suffixe *-culum* "petit".[1403] Ces remarques permettent d'attirer l'attention des céramologues sur des vases poissés, de petite ou moyenne contenance et pouvant être fermés par un bouchon. Un passage du *Satyricon* de Pétrone pourrait donner quelques informations supplémentaires sur les formes à privilégier : "*Cum ergo Trimalchio ius inter litigantes diceret, neuter sententiam tulit decernentis, sed alterius amphoram fuste percussit. Consternati nos insolentia ebriorum intentauimus oculos in proeliantes, notauimusque ostrea pectinesque e gastris labentia, quae collecta puer lance circumtulit*".[1404] Le terme *gastrum* se rapporte vraisemblablement au mot *amphora* employé juste avant. Pétrone paraît donc décrire un récipient ventru (*gaster*, *gasteris* : ventre) et pourvu d'anses (*amphora*, *amphorae* : amphore).[1405]

E. Botte a récemment réinterprété une marque peinte sur des amphores de Cumes (Dressel 21-22, type 3 de la typologie de l'auteur) indiquant *CET*, avec le *E* et le *T* ligaturés.[1406] L'inscription, qui était jusqu'à présent lu *CE*, était traduite par "cerises" - *ce(rasa)* -, en référence aux *tituli picti* portant *Mal*, développé en *Mal (um)* ou *Mal(a)*, des pommes. Mais, à partir de cette nouvelle lecture - *CET* -, l'auteur propose un autre développement, en *cetus*, qui indiquerait, d'après E. de Saint-Denis, "une bête marine de grande taille", "un grand poisson".[1407] Pour E. Botte, il faut donc sans doute envisager un contenu à base de produits de la mer pour les amphores portant l'inscription *Mal(um) Cum(anum)*. Il rapproche alors *MAL* du grec *μαλακία*, à l'origine des noms actuels de "malacologie" et de "mollusque". La nature de ces animaux reste toutefois à définir. L'hypothèse de coquillages est séduisante, mais elle est contredite par la lecture des textes antiques. En effet, si les coquillages bivalves et gastéropodes sont aujourd'hui appelés des mollusques, et qu'ils sont classés par les systématiciens dans l'embranchement du même nom, les auteurs de l'Antiquité les rangent parmi les *ὀστρακόδερμα* (équivalent latin : *testae*) : *μαλακία* (équivalent latin : *mollia*) était semble-t-il reservés aux céphalopodes,[1408] qui pourraient donc mieux répondre au contenu des amphores marquées de l'inscription *MAL*. Les

[1392] De Bonnefons 1655, 367.
[1393] cf. 3.4.
[1394] Collectif 1821b, 15.
[1395] Francoeur 1833, 60.
[1396] Dumont 1877, 399-400.
[1397] De Bonnefons 1655, 367-368.
[1398] La Varenne 1651, 274. N. de Bonnefons donne le même conseil quelques années plus tard (De Bonnefons 1655, 368).
[1399] cf. 3.4.

[1400] Apicius, *L'art culinaire*, 1.9.2.
[1401] Traduction de J. André, 1974.
[1402] Voir l'emploi de *uasculum* par Apulée, *Métamorphoses*, 9.41.3., Quintilien, *Institutions oratoires*, 1.2.28., 7.10.9. et Caton, *De l'agriculture*, 111.
[1403] Glare 1996.
[1404] Pétrone, *Satyricon*, 70. "Trimalcion voulant trancher leur différend, ni l'un ni l'autre n'accepta l'arrêt de leur juge, mais chacun frappa de son bâton la cruche de son adversaire. Stupéfaits de l'insolence de ces ivrognes, nous jetâmes les yeux sur le spectacle qu'offrait leur bataille, et nous vîmes s'échapper de la panse des amphores des *ostreae* et des *pectines*, qu'un esclave recueillit sur un plat et nous servit à la ronde". (traduction par A. Ernout, 1999)
[1405] Glare 1996.
[1406] Botte 2007, 2008 et 2009.
[1407] De Saint-Denis 1947, 20.
[1408] Bardot 2010.

céphalopodes comptent par exemple le genre des seiches, *Sepia* sp., et des encornets, *Loligo* sp.

Le commerce des coquillages en Gaule romaine concerne finalement des produits très différents : les coquilles "sans chair", qui ont parcouru parfois de très longs trajets pour répondre à leurs usages, et les "fruits de mer" destinés à l'alimentation. Ceux-là sont décoquillés dans une préparation conservatrice ou laissés vivants dans leur coquille. Ils sont alors acheminés sur des distances plus ou moins grandes, en fonction de leur résistance au transport qui varie selon les espèces. L'huître plate, *Ostrea edulis*, est ainsi la plus largement diffusée. Les autres sont liées davantage à un trafic régional, comme le peigne glabre, *Proteopecten glaber*, aux abords du Golfe du Lion, voire local, comme le flion tronqué, *Donax trunculus*, et le rocher épineux, *Bolinus brandaris*, dans le cas de l'approvisionnement des sites de l'est de l'Hérault et de la cité de Nîmes. Mais le commerce des coquillages en coquille ne s'exprime pas uniquement par la distance à la mer. Chez l'huître plate spécialement, des calibrages très nets associés quelquefois à un nettoyage des lots visant à éliminer les éléments indésirables ont été mis en évidence. Ces gestes décrivent l'activité de mareyeurs définis aujourd'hui par le Ministère de l'Agriculture comme "les premiers acheteurs des produits de la pêche maritime en vue de leur commercialisation pour la consommation humaine".

CONCLUSION

Au terme de cette enquête sur les coquillages marins en Gaule romaine, plus de 300 découvertes de coquilles ont été inventoriées et des données conchyliologiques ont été rassemblées pour près de 70 taxons, de l'huître plate d'Europe, *Ostrea edulis*, qui est l'espèce la plus fréquente et la plus abondante, à des bivalves et à des gastéropodes plus discrets, voire anecdotiques, comme le spondyle pied d'âne, *Spondylus gaederopus*, et le buccin ondé (le bulot), *Buccinum undatum*. Les informations recueillies sont le fruit d'observations ponctuelles, souvent anciennes, et de recherches récentes consacrées aux conchyliorestes. Depuis une vingtaine d'années en effet, les simples mentions de présences de coquillages sur les sites archéologiques cèdent progressivement la place à des travaux spécialisés de mieux en mieux documentés. Les études que nous avons menées sur des sites côtiers et de l'intérieur des terres ont augmenté la somme des résultats déjà obtenus. Elles ont aussi sous-tendu l'élaboration d'un protocole de travail qui est à la fois une solution technique pour les archéologues et un répertoire d'outils adaptés à l'étude du mobilier archéologique que constituent les vestiges de coquilles marines. C'est ainsi que chaque stade de son déroulement a été conçu pour aider à la définition des activités humaines qui ont régi l'exploitation romaine des coquillages. Cette approche nous a permis de proposer une restitution historique autonome à partir des seuls conchyliorestes.

Les hypothèses interprétatives que nous avons synthétisées donnent une vision du passé qui respecte le parcours des coquilles, de leur abandon sur les sites à leur collecte dans l'environnement marin. Nous avons tout d'abord considéré la coquille comme un vestige archéologique et non comme l'enveloppe du mollusque originel. Certains conchyliorestes se sont alors révélés d'une nature inattendue. En effet, les fouilles ne livrent pas seulement des restes issus de l'alimentation, comme un raisonnement rapide le laisserait supposer, elles exhument aussi des coquilles qui étaient vides de chair à leur arrivée sur les sites. Certaines montrent les signes d'une abrasion naturelle indiquant leur état d'épave. D'autres sont originaires de régions trop lointaines pour avoir appartenu à un animal transporté vivant, comme la porcelaine panthère, *Cypraea pantherina*, apportée de Mer Rouge. Ces coquilles, par leur fréquence, leur nombre et leur diffusion, attestent d'un intense commerce, parfois de très longue distance, et indiquent une fréquentation active des plages, dont l'ampleur n'était guère appréciée jusqu'à présent. Nous ne connaissons pas toujours avec précision les usages qui ont déterminé leur ramassage, mais ils étaient certainement très divers. Nous retiendrons la valeur symbolique forte que constitue la superposition géographique dans le nord-est de la Gaule des découvertes de porcelaines panthères et des images de coquilles en contexte funéraire. En outre, le rôle utilitaire de certaines valves apparaît désormais plus nettement. Il concerne spécialement les valves de vernis fauve, *Callista chione*, employées peut-être comme petits récipients dans la vie quotidienne, et dans l'au-delà, car elles sont aussi déposées comme objets funéraires dans les tombes languedociennes où une valve plus grande de coquille Saint-Jacques de Méditerranée, *Pecten jacobeus*, leur sert parfois de réceptacle.

Les coquilles "objets" nous font ainsi approcher le domaine des constructions mentales, si difficiles à saisir. Que voulait signifier le vivant lorsqu'il posait à côté du défunt une porcelaine arrivée de très loin, ou une valve de vernis fauve dont il pouvait se servir tous les jours ? Que représentait pour lui l'image de la coquille sculptée sur une stèle ? La régionalisation de ces manifestations montre la complexité des pratiques humaines en matière de rites et de traditions culturelles. En les associant à d'autres marqueurs, nous pourrions mieux cerner à la fois les mécanismes et les causes de ces attitudes, et en délimiter la diffusion dans des groupes sociaux et/ou ethniques.

L'alimentation est bien entendu l'autre grand trait de l'exploitation romaine des coquillages que l'archéoconchyliologie permet d'éclairer. Les conchyliorestes qui en sont issus correspondent à des déchets, dont nous savons maintenant qu'ils ont pu être utilisés secondairement pour servir de matériaux de construction et pour éventuellement composer des décors de sols. Ils appartiennent à une quinzaine de taxons, dont la consommation se précise en même temps que le corpus des données s'étoffe. Elle semble ainsi prendre son essor un peu avant le changement d'ère. L'hypothèse d'une démultiplication des techniques de collecte, qui aurait permis d'agrandir l'espace marin exploité, est celle que nous privilégions pour l'instant pour expliquer ce changement dans les mœurs alimentaires. En avançant plus loin dans la mer que leurs prédécesseurs, les pêcheurs n'étaient plus alors tributaires d'un ramassage le long du rivage, qui limitait leur collecte aux animaux très immédiatement accessibles : ils avaient à disposition des ressources plus variées et plus grandes, dont les consommateurs bénéficiaient à leur tour. À partir du début du Ier siècle p.C., la consommation des coquillages se libère en outre du cadre strict des régions côtières auxquelles elle était auparavant restreinte. Elle se développe en effet sur les sites de l'intérieur des terres, probablement à la faveur d'une nouvelle organisation administrative et routière qui facilite l'acheminement rapide et à grande échelle des marchandises.

L'huître plate d'Europe, *Ostrea edulis*, qui se distingue par sa forte résistance au transport, est la seule espèce expédiée vivante sur de longues distances pour être consommée. Son commerce se fait depuis la façade atlantique et les côtes de la Méditerranée, dans des conditions de conservation sans doute moins complexes que celles qui ont été parfois imaginées. Des précautions de température et de conditionnement étaient obligatoires, sans qu'il faille supposer l'existence d'un système de viviers relais pour lequel nous n'avons trouvé ni argument sanitaire ni preuve archéologique, malgré une riche tradition archéologique de réflexions sur le sujet. Dans le sud-ouest de la Gaule, le commerce des huîtres atlantiques et celui des huîtres méditerranéennes s'affrontent le long de l'axe aquitain, sans espace d'approvisionnement commun. Les raisons de cette régionalisation sont une réflexion qu'il reste à mener par une comparaison avec le commerce d'autres produits transportés sur cet axe. Dans la région séquano-rhodanienne au contraire, les zones d'influence commerciale entre les deux domaines marins semblent s'interpénétrer. Cette tendance doit être maintenant précisée, tant dans l'espace que dans le temps, par des études conchyliologiques plus nombreuses, notamment sur des sites périphériques.

Aux abords des côtes, l'éventail des coquillages consommés est plus large. Sa composition varie en fonction des façades maritimes, pour des raisons en partie écologiques. Le peigne glabre, *Proteopecten glaber*, qui vit uniquement en Méditerranée, est ainsi absent des sites atlantiques, tandis qu'il est un marqueur fort de la consommation sur les sites du pourtour du Golfe du Lion. L'absence d'espèces ubiquistes sur l'une des deux façades maritimes s'explique en revanche difficilement. Le cas le plus surprenant est celui du peigne variable, *Chlamys varia*, et de la palourde croisée d'Europe, *Ruditapes decussatus*, habitués du menu atlantique, mais qui ne se trouvent pas au menu méditerranéen. Pourtant les palourdes sont traditionnellement prisées en Méditerranée depuis le XVIIIe siècle, principalement la palourde jaune, ou clovisse, *Venerupis aurea*, qui n'est pas non plus consommée à l'époque romaine. Il faut peut-être envisager des raisons davantage culturelles, par exemple de l'ordre du goût ou des interdits. Ici, réside le substrat d'une nouvelle réflexion qui touche non plus seulement à l'histoire des activités humaines mais aussi à celle des mentalités.

Simultanément, une diversité des pratiques régionales de consommation apparaît au fil des découvertes. Sur la façade atlantique, le corpus des données nécessite d'être complété pour pouvoir les apprécier, car il est encore trop peu fourni. En Méditerranée, les données sont plus nombreuses. Elles indiquent que les mœurs alimentaires languedociennes divergent des habitudes provençales, peut-être à cause de la nature différente des côtes qui influerait sur les espèces pêchées ; c'est pourquoi le rocher épineux, qui apprécie les fonds de sable ou de vase, marquerait plus fortement les assemblages languedociens, au contraire des patelles, *Patella* sp., et du rocher fascié, *Hexaplex trunculus*, qui se trouveraient plus fréquemment dans les assemblages provençaux car les fonds durs de rochers leur conviennent mieux. Mais une nouvelle fois, il ne faut pas écarter l'implication d'autres facteurs, que nous n'arrivons pas à saisir pour l'instant. Ces divergences attendent donc d'être plus précisément cernées en les enrichissant par des travaux sur l'est du littoral provençal et le sud du littoral catalan, quasi inexistants actuellement, et en poursuivant les études régionales entamées par Fr. Brien-Poitevin et continuées par V. Forest. Enfin, la particularité qui unit les sites nîmois et de l'est de Hérault, à savoir la consommation en abondance du rocher épineux, *Bolinus brandaris*, et du flion tronqué, *Donax trunculus*, laisse apercevoir une diversité des pratiques également à l'échelle plus petite d'une région comme le Languedoc. Elle incite ainsi à réfléchir à une éventuelle partition du commerce local des coquillages selon des axes que seules des recherches micro-régionales permettront d'établir. Nous en pressentons déjà certains sur la façade atlantique, l'un depuis le Bassin d'Arcachon vers Bordeaux, l'autre depuis la partie marine de l'estuaire de la Gironde vers les sites charentais.

Le contexte social et économique qui entoure la consommation des coquillages n'est que partiellement élucidé. Toutefois, il ne faut plus certainement envisager les coquillages, et les huîtres en particulier, comme des mets réservés uniquement à la haute société romaine. Cette "consommation de luxe", que décrivent les auteurs anciens, existe certes. Cependant, elle ne doit pas cacher celle qui marque occasionnellement les repas de fêtes et les rendez-vous entre gastronomes, et celle sûrement plus courante des populations littorales, pour lesquelles les fruits de mer étaient des produits familiers rapidement accessibles. Les coquillages n'avaient donc pas en soi une valeur luxueuse. Ils l'acquéraient dans des conditions particulières qui pouvaient alors en augmenter le prix. Sur certaines tables, cela se traduisait peut-être par des huîtres affinées et non simplement pêchées, par un approvisionnement depuis un endroit réputé pour la qualité de ces coquillages (par exemple, leur goût ou leur taille) ou par la diversité des produits et de leur préparation dans le menu. Par exemple les huîtres apportées à Lyon/Cybèle, pour un évènement semble-t-il fastueux, avaient été parfaitement nettoyées, calibrées et surtout sélectionnées en fonction de leur origine géographique ; un lot venait de Méditerranée et l'autre probablement d'Atlantique, ce que les fins palais auront su reconnaître.

Nous ne savons pas avec certitude comment la chair des coquillages était consommée. En revanche, il est certain que des huîtres ont été ouvertes alors qu'elles étaient vivantes, car les stigmates du mode opératoire d'ouverture ont été identifiés sur certaines valves. Les manières d'apprêter ensuite la chair étaient très variées. La consommation de la chair crue n'était pas forcément privilégiée, comme les pratiques actuelles l'ont fait supposer. En effet, la chair pouvait être cuite en coquille ou décoquillée dans un plat à l'image des recettes encore enregistrées dans les livres de cuisine au XIXe siècle. Un autre usage de la chair des coquillages, que nous ne connaissons plus en France aujourd'hui, était certainement répandu dans l'Antiquité. Il concerne principalement les huîtres, dont la chair décoquillée pouvait être immergée dans une préparation conservatrice, une saumure par exemple, avant d'être commercialisée dans des contenants qu'il reste à identifier. Les volumineux dépôts de coquilles recyclées en composant des remblais sur le site de Barzan pourraient bien être les vestiges de cette activité.

La limite du champ marin exploité par les pêcheurs est un autre aspect saisi par les données archéoconchyliologiques. En effet, les espèces rencontrées, par leur lieu de vie, leur mode de locomotion, leur aire de répartition, la morphologie de leur coquille et la faune qui leur est associée, ont permis de délimiter les zones maritimes parcourues et de dépeindre les modes de collecte mis en œuvre. Elles décrivent, en parallèle des indices écologiques extraits des textes de l'Antiquité, des eaux sûres, calmes et peu profondes, ce qui répond à la définition du terme latin *stagnum*. La pêche qui y est pratiquée s'apparente aux activités des travaux agricoles, auxquelles les mots "collecte" et "ramassage" conviennent bien. Aussi, pour les populations littorales, nous proposons d'ajouter aux fameux *ager*, *saltus* et *silva* terrestres, une quatrième sphère d'exploitation, le *stagnum* marin.

Le dernier acquis important concerne l'ostréiculture, car en l'état actuel des connaissances, rien ne permet d'affirmer que cet élevage, dans son acception moderne, était maîtrisé et donc pratiqué par les Romains. Les individus adultes étaient simplement prélevés sur les bancs naturels et sans doute améliorés gustativement en les déposant dans des bassins ou en les suspendant dans l'eau, comme pourraient le montrer les fameux vases de Pouzzoles. Au contraire, le mareyage existe bel et bien. La découverte de lots d'huîtres nettoyés et calibrés en est un sérieux indice. Aucun élément clair ne permet, de même, de supposer l'existence d'une mytiliculture romaine. Les observations archéologiques de rangées de pieux sont trop hypothétiques pour compenser la faiblesse des indices conchyliologiques. Les moules ne semblent pas non plus faire l'objet d'un traitement particulier visant à améliorer leurs qualités, ce que la littérature antique n'évoque d'ailleurs pas, contrairement aux huîtres. Parallèlement, la culture des mollusques n'apparaît pas comme une nécessité qu'il aurait fallu développer pour pallier le tarissement des gisements naturels, à l'instar de l'ostréiculture moderne qui débute dans la seconde moitié du XIXe siècle. En effet, l'immensité du territoire marin et la migration facile des mollusques au stade larvaire rendaient inépuisables le réservoir marin pour des populations humaines à la technicité somme toute encore trop rudimentaire pour profondément l'altérer.

Finalement, par l'intermédiaire des coquillages, pêchés, transportés et mangés, il semble que nous puissions approcher l'homme antique d'une manière presque familière. Les goûts et les pratiques culinaires appartiennent ainsi au champ plus vaste de l'alimentation, lui-même engagé dans le mouvement général suivi par la société romaine. Il nous reste donc à mieux comprendre comment ils s'y insèrent. Une partie de la réponse réside certainement dans une définition plus précise des contextes sociaux-économiques de consommation, pour appliquer le fameux "Dis-moi ce que tu manges, je te dirais qui tu es" de J.-A. Brillat-Savarin[1409]. Nous apercevons également l'organisation des circuits de commercialisation, par exemple à travers les procédés utilisés pour la conservation des denrées périssables et le tracé des axes commerciaux, qu'ils soient de longue distance ou micro-régionaux. Les volumes acheminés et les voies privilégiées, notamment en fonction des distances à parcourir, sont un aspect encore flou du commerce des coquillages qui pourrait être clarifié en comparant avec d'autres produits la portée des charges et les chemins empruntés. En même temps, nous touchons du doigt les composants de la société romaine par la succession des activités humaines qui manipulent et transforment les coquillages : celles du ramasseur de coquilles, du pêcheur de coquillages, du mareyeur ou encore de l'écailler en charge de l'extraction industrielle de la chair pour une mise en conserve. Il nous faut maintenant déterminer comment ces catégories d'individus s'intégraient dans la structure sociale romaine, entre le misérable pêcheur décrit par Plaute et le magnifique Sergius Orata. Parallèlement, s'ouvrent une fenêtre sur l'histoire des techniques et une réflexion sur leur instrumentalisation qui ne va pas à l'époque romaine jusqu'à la maîtrise de l'élevage et donc à la mise en œuvre d'une culture. Ainsi, l'utilisation d'un mot moderne, "l'ostréiculture", pour évoquer les pratiques romaines, a fait attribuer des connaissances actuelles à des populations anciennes et fait croire qu'elles maîtrisaient une technique moderne.

Si l'histoire romaine des coquillages s'est longtemps construite sans l'examen des vestiges qu'elle a laissés, ce travail aura permis de montrer qu'il faut désormais compter sur l'archéoconchyliologie pour restituer les activités humaines du passé. Il témoigne également de la diversité des types d'informations que l'étude des conchyliorestes peut apporter à la connaissance du monde gallo-romain : de la définition précise de l'exploitation des coquillages, à l'approche plus large de la technicité antique, des pratiques culturelles et de l'organisation du commerce. Cette première synthèse appelle donc une suite, pour laquelle les pistes de recherche ne manquent pas, et les données non plus, car si la moisson a été riche, le gisement est loin d'être épuisé.

La démarche archéoconchyliologique que nous avons suivie se révèle clairement comme une manière de participer à l'enquête historique. Autrement dit, elle ne se contente pas de décrire et d'analyser le mobilier conchyliologique : elle confère aux coquillages le statut de marqueurs historiques, au même titre que, par exemple, la céramique, les structures archéologiques ou les textes anciens.

[1409] Brillat-Savarin 1848, 9.

ANNEXE 1 : POSITIONNEMENT DES BRANCHES DU PIED À COULISSE AUTOUR DES VALVES DE BIVALVES ET DES COQUILLES DE GASTÉROPODES

Les valves des bivalves

Trois principes ont été arrêtés pour mesurer les valves de bivalves. Tout d'abord, l'espace compris entre la branche mobile, la branche fixe, le bras gradué et son parallèle virtuel est un rectangle dans lequel on inscrit les valves. Ensuite, le point le plus haut de l'apex est en contact avec l'un de ces "côtés". Enfin, les valves sont placées différemment selon leur forme pour traduire au plus près leur développement :

- pour les valves les plus équilatérales, comme celles des coques, *Cerastoderma* sp., du peigne variable, *Chlamys varia*, et du peigne glabre, *Proteopecten glaber*, nous décidons que l'axe (a) reliant l'apex au milieu du bord ventral est parallèle au bras gradué pour la mesure de H et à la branche fixe pour celle du DAP.
- pour les valves les plus inéquilatérales, par exemple celles des moules, *Mytilus* sp., de la palourde croisée d'Europe, *Ruditapes decussatus*, et du flion tronqué, *Donax trunculus*, nous profitons de la ligne décrite par le bord ventral pour les premières, de celle formée par la charnière pour la deuxième et de celle suivie par le bord antéro-dorsal pour le troisième. Pour les moules, l'axe formé par l'apex (a) et le bord ventral est parallèle au bras gradué pour la mesure de H. Pour la palourde croisée d'Europe et le flion tronqué, l'axe (a) formé respectivement par l'apex et la charnière, et par l'apex et le bord antéro-dorsal est parallèle à la branche fixe pour la mesure du DAP.
- pour l'huître plate d'Europe, *Ostrea edulis,* l'axe (a) qui relie l'apex au centre de l'empreinte musculaire est parallèle au bras gradué pour la mesure de H et à la branche fixe pour celle du DAP.

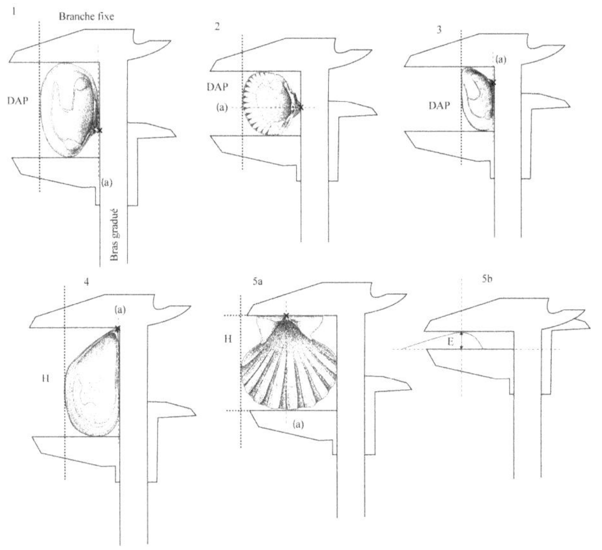

1. la palourde croisée d'Europe, *Ruditapes decussatus*, 2. les coques, *Cerastoderma* sp., 3. le flion tronqué, *Donax trunculus*, 4. les moules, *Mytilus* sp., 5a et 5b. le peigne glabre, *Proteopecten glaber*.

H : hauteur ; DAP : diamètre antéro-postérieur ; E : épaisseur.

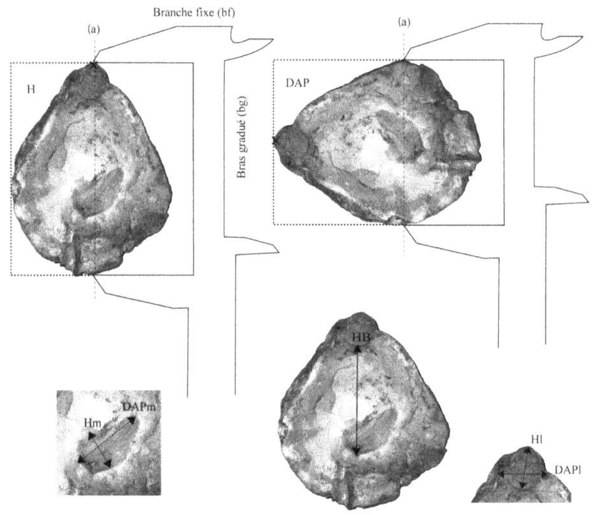

L'huître plate

H : hauteur ; DAP : diamètre antéro-postérieur ; HB : hauteur biologique ; Hm : hauteur de l'empreinte musculaire ; DAPm : diamètre antéro-postérieur de l'empreinte musculaire ; Hl : hauteur de l'aire ligamentaire ; DAPl : diamètre antéro-postérieur de l'aire ligamentaire

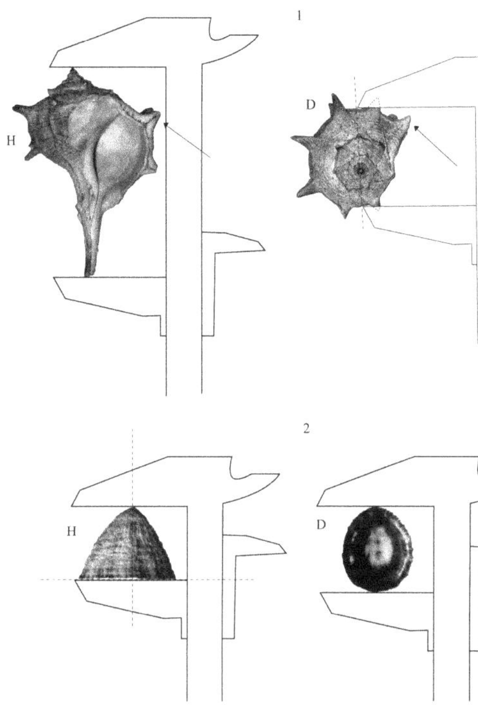

Les coquilles des gastéropodes

1. le rocher épineux, *Bolinus brandaris*
2. les patelles, *Patella* sp.

H : hauteur ; D : diamètre

ANNEXE 2 : INVENTAIRE DES SITES DE DECOUVERTE DE CONCHYLIORESTES MARINS

Les sites de découverte sont inventoriés sous la forme de notices individuelles classées par ordre alphabétique de département, puis par localité et enfin par lieu-dit si celui-ci est connu. Les sites de la façade atlantique sont placés en dernier.

Les notices commencent toutes par un numéro, de 1 à 189, qui correspond à celui de la localité. Lorsque plusieurs découvertes ont été réalisées dans la même localité, elles sont ensuite numérotées de 1 à n.

Dans le cas de simples mentions, l'information est reproduite telle que nous avons pu la lire.

Les études "spécialisées" et les inventaires de conchyliorestes dans les études centrées sur les ostéorestes sont indiqués par une étoile (*). Leurs auteurs ont enregistré les données conchyliologiques sous la forme de tableaux et/ou de descriptions. Nous avons synthétisé ces résultats dans le chapitre 2 et dans les figures qui lui sont associées. Nous invitons donc le lecteur à s'y reporter ou à consulter les études concernées.

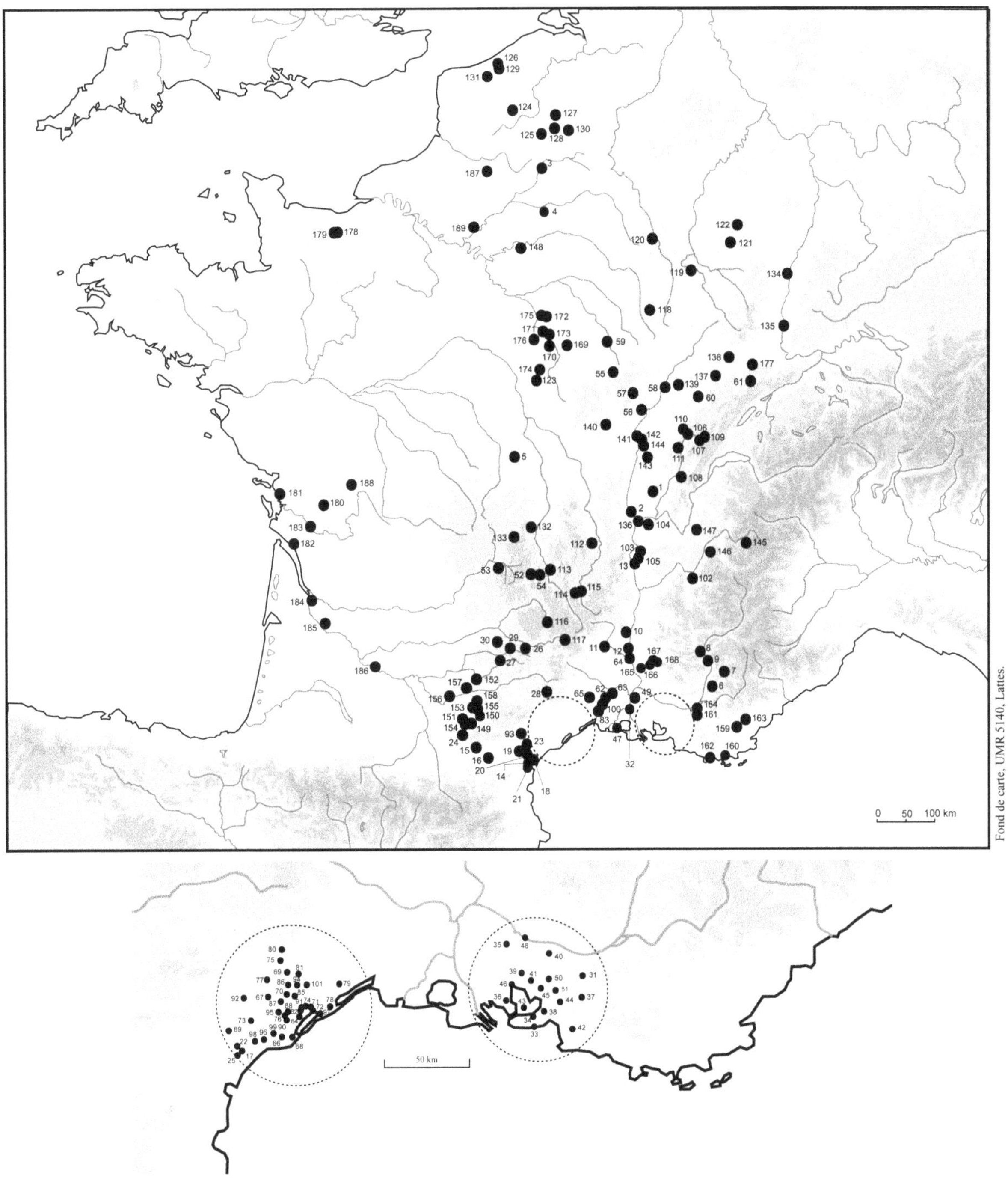

Carte des localités recensées

Ain

001 - Saint-André-sur-Vieux-Jonc
La Vernée
"Plusieurs coquilles d'huîtres de petite pièce" ont été découvertes.
Sirand, A. (1846) : *Courses archéologiques et historiques dans le département de l'Ain*, vol. 1, Bourg-en-Bresse, 114 ; Sirand, A. (1856) : *Les communes du département de l'Ain*, Bourg-en-Bresse ; Buisson, A. (1990) : *Carte archéologique de la Gaule, L'Ain (01)*, Paris, 156.

002 - Saint-Didier-de-Formans
La Paillassière
Près des "ruines d'une *villa*", "on a également trouvé un puits ayant servi de dépotoir d'où l'on a sorti des coquilles d'huîtres, deux monnaies, une bague en cuivre, des tuiles".
Valentin-Smith, M. (1888) : *Fouilles dans la vallée du Formans (Ain), en 1862 : documents pour servir à l'histoire de la campagne de Jules César contre les Helvètes*, Lyon ; Buisson, A. (1990) : *Carte archéologique de la Gaule, L'Ain (01)*, Paris, 149.

Aisne

003 - Saint-Quentin
Villebois-Mareuil (19, rue de)
"Beaucoup d'écailles d'huîtres" ont été sorties du fond d'un puits (prof. 26 m). Le comblement est daté du IIe siècle p.C.
Pilloy, J. (1894) : "Une construction monumentale à Saint-Quentin au IIe siècle", *Bulletin Archéologique du Comité des Travaux Historiques et Scientifiques*, 70-84 ; Pichon, B. (2002) : *Carte archéologique de la Gaule, L'Aisne (02)*, Paris, 388.

004 - Soisson
1. Castrum
"On a observé, sous la muraille [du *castrum* de l'Antiquité tardive], les vestiges de l'occupation du Haut-Empire, matérialisés par deux fondations de mur, un sol en craie damée et un niveau d'incendie, comportant des cendres, des *tegulae* et de nombreuses coquilles d'huîtres". [...] "À 5 m de la muraille, on a découvert un petit monument qui était resté en place, noyé dans un remblai, et qui servait de fondation au mur le plus septentrional. [...] Autour B. Ancien a noté la présence d'un « niveau de destruction et d'incendie, contenant des *tegulae*, des *imbrices*, des ossements d'animaux, des coquilles d'huîtres, des tessons de céramique sigillée, des épingles d'os et une statuette d'ivoire de Vénus".
Ancien, B., A. Barbet, J. Debord et M. Tuffreau-Libre (1979) : *Soissons ville romaine*, Catalogue d'exposition Soissons, Musée Municipal Saint-Léger, 20 juin-10 novembre 1979, Soissons ; Pichon, B. (2002) : *Carte archéologique de la Gaule, L'Aisne (02)*, Paris, 458.
2. Jean Mermoz (Boulevard)
Il est fait mention "de nombreux tessons du Haut-Empire, de nombreux os sciés (trace d'une activité artisanale), de coquilles d'huîtres et d'une clé en forme de T".
Ancien, B. (1979) : "Soissons, ville romaine", *Bulletin de la Société Archéologique de Soissons*, 16, 4e série, 33-154 ; Ancien, B. et M. Tuffreau-Libre (1980) : *Soissons gallo-romain : découvertes anciennes et récentes*, Soissons ; Pichon, B. (2002) : *Carte archéologique de la Gaule, L'Aisne (02)*, Paris, 436.

Allier

005 - Le Brethon
Busserette
Des "huîtres" ont été signalées.
Bulletin de la Société d'émulation du Bourbonnais (1966-1967), 53 ; Corrocher, J. (1989) : *Carte archéologique de la Gaule, L'Allier (03)*, Paris, 82.

Alpes-de-Haute-Provence

006 - Le Castelet
Taillas
Un labour a "révélé divers débris et une canalisation antiques sur une surface d'environ 3200 m^2. [...] Dans la canalisation, ou parmi les débris de surface observés alentour, ont été recueillis : des matériaux de construction [...], du matériel céramique [...] et du mobilier divers", notamment "des coquillages".
Moulin, R. (1962) : "Villas gallo-romaines dans la vallée de l'Asse", *Annales de Haute-Provence*, 231-232, 164-167 ; Bérard, G. (1997) : *Carte archéologique de la Gaule, Les Alpes de Haute-Provence (04)*, Paris, 125.

007 - Digne
Casino
Fr. Brien-Poitevin mentionne la présence de restes d'huître plate d'Europe, *Ostrea edulis*, et de peigne glabre, *Proteopecten glaber*.
Brien-Poitevin, Fr. (1992) : "Huîtres et coquillages marins dans le midi de la Gaule", *Les Dossiers d'Archéologie*, Hors série, 3, 50-57 ; Brien-Poitevin, Fr. (1996) : "Consommation des coquillages marins en Provence à l'époque romaine", in : Gateau 1996, 137-142 et *Revue Archéologique de Narbonnaise*, 29, 313-320.

008 - Mison
Les Combettes
"St. Bleu a observé [...] une importante zone de concentration de matériel antique (superficie : 2ha) correspondant, selon lui, à un vaste domaine rural. Ont été recueillis ou observés [...] des déchets alimentaires (os de bovidés, coquille Saint-Jacques)".
Bleu, St. (1995) : *Commune de Mison. Contribution à la carte archéologique des Alpes-de-Hautes-Provence (Canton de Sisteron)*, Rapport de prospection, S.R.A. P.A.C.A., Aix-en-Provence ; Bérard, G. (1997) : *Carte archéologique de la Gaule, Les Alpes de Haute-Provence (04)*, Paris, 299.

009 - Sisteron
Saint-Domnin
À l'emplacement d'une "petite *villa*"a été découvert un "bassin en béton de tuileau (1,38 x 0,67 m), à usage agricole, sans doute, doté au centre d'une petite dépression rectangulaire en pierre aux parois évasées vers le haut [...]. Des fragments de tuiles et de céramiques (type non précisé) ainsi que de nombreuses coquilles d'huîtres ont été recueillis".
Therminarias, A. (1956) : "Fouilles archéologiques à Saint-Domnin (Sisteron)", *Annales de Basses-Alpes*, 207, 115-124 ; Bérard, G. (1997) : *Carte archéologique de la Gaule, Les Alpes de Haute-Provence (04)*, Paris, 471.

Ardèche

010 - Alba-la-Romaine
Le Buis d'Aps
Le site concentre "de nombreux fragments de tubulures et de grosses briques. Il comporte aussi des morceaux de verre, un fragment de bracelet en verre bleu, des os, des fragments d'huîtres, des clous, des scories de fer et des silex". "Si l'habitat perdure du Ier au Ve siècle, la forte densité de claire B luisante situe entre le IIe et le Ve siècle la principale phase d'occupation de cette *villa*".
Delarbre, Fr. (1958) : *Alba Augusta Helviorum*, Le Teil ; Dupraz, J., S. Chaussignand, N. Cossalter, C. Fraisse, L. Maillot et P. Rigaud (1993) : *La ville antique d'Alba*, Rapport de synthèse, S.R.A. Rhône-Alpes, Lyon ; Dupraz, J. (2001) : *Carte archéologique de la Gaule, L'Ardèche (07)*, Paris, 186.

011 - Berrias-et-Casteljau
Vieux Casteljau
Un mobilier très abondant, allant du IIe siècle a.C. au IVe siècle p.C., a été recueilli. Dans l'inventaire figurent "des coquillages marins". "Il s'agit sans doute de constructions à vocation artisanale ou agricole".
Boudon, J. (1971) : *Fouilles de sauvetage de Casteljau, 15 juillet-22 août 1971*, Rapport préliminaire, S.R.A. Rhône-Alpes, Lyon ; Lhomme, G. (1971) : "Fouille du dolmen des Granges et surveillance des travaux du village de Casteljau (07)", *Bulletin de l'Association Régionale pour le Développement des Recherches de Paléontologie et de Préhistoire et des Amis du Muséum de Lyon*, 50-52 ; Dupraz, J. (2001) : *Carte archéologique de la Gaule, L'Ardèche (07)*, Paris, 214.

012 - Bourg-Saint-Andéol
Pied Bouchard
Des "coquillages" ont été découverts.
Saulnier, S. (1989) : *La moyenne vallée du Rhône du Bas Empire au haut Moyen Âge*, Mémoire de DEA, Université de Provence, Aix-en-Provence ; Dupraz, J. (2001) : *Carte archéologique de la Gaule, L'Ardèche (07)*, Paris, 219.

013 - Limony
Brèze
Une *villa* isolée, construite au cours du IIe siècle p.C. et occupée au moins jusqu'au IVe siècle p.C., a été dégagée à 300 m de l'agglomération antique. Déjà au XIXe siècle, des structures avaient été repérées. "Coquilles et huîtres"avaient alors été signalées.
Dupraz, J. (2001) : *Carte archéologique de la Gaule, L'Ardèche (07)*, Paris, 285.

014 - Bages

1. Foun-Dominigo

"Sur une plate-forme, en surélévation de plus de 2 m, que soutenaient des murs en petit appareil, fut mise au jour la partie urbaine d'une *villa*, occupée du début de l'Empire romain à la fin de l'Antiquité". "Aménagé sur un éperon dominant les rives de l'étang, cet habitat devait posséder un ou plusieurs débarcadères". Des "déchets d'huîtres" ont été ramassés.

Castaings M. (1970) : *Sur les vestiges gallo-romains observés à Bages d'Aude*, Montpellier ; Sanchez, C. et E. Dellong (1997) : *Prospection archéologique diachronique du "sud narbonnais", prospection inventaire des communes de Montredon-les-Corbières,Bages, Narbonne,Vinassan, Gruissan, Armissan*, S.R.A. Languedoc-Roussillon, Montpellier ; Dellong, E. (2002) : *Carte archéologique de la Gaule, Narbonne et les Narbonnais (11/1)*, Paris, 525.

2. La Table

Des affleurements rocheux laissent entrevoir les traces d'une carrière. "Sur les parcelles périphériques, on trouve [...] de nombreuses coquilles d'huîtres et de moules, suggérant un dépotoir domestique".

Dellong, E. (1995) : *Prospection archéologique de la commune de Bages : contribution à l'histoire antique de Narbonne (Aude)*, Mémoire de Maîtrise, Université de Toulouse le Mirail, Toulouse ; Dellong, E. (1999) : *L'Homme et le littoral narbonnais de l'Antiquité au début du Moyen Âge (VIe s. av. J.-C. - VIe s. apr. J.-C.*, Mémoire de D.E.A., Université de Toulouse le Mirail, Toulouse ; Sanchez, C. et E. Dellong (1997) : *Prospection archéologique diachronique du "sud narbonnais", prospection inventaire des communes de Montredon-les-Corbières,Bages, Narbonne,Vinassan, Gruissan, Armissan*, S.R.A. Languedoc-Roussillon, Montpellier ; Dellong, E. (2002) : *Carte archéologique de la Gaule, Narbonne et les Narbonnais (11/1)*, Paris, 528.

015 - Bram*

Des coquilles ont été découvertes "dans un espace compris entre deux îlots de constructions" de l'agglomération antique. Certaines US constituent "les surfaces de circulation et les rehaussements d'une rue". D'autres sont liées "à un espace bâti en bordure de rue". Le mobilier conchyliologique, étudié par V. Forest, va du début du Ier siècle p.C. au IIIe siècle p.C.

Forest, V. (1998) : "Etudes des restes fauniques", in : Passelac 1998 ; Passelac, M. (1998) : *Bram (Aude)*, Rapport intermédiaire, S.R.A. Languedoc-Roussillon, Montpellier.

016 - Carcassonne*

Troubadours

Le mobilier conchyliologique, daté du IVe-Ve siècle p.C., est issu de la fouille d'un habitat rural isolé qui est identifié comme une ferme. Il a fait l'objet d'une étude par V. Forest.

Forest, V. (2005) : "Etude archéozoologique. Ostéologie, conchyliologie", in : Guillaume (éd.) 2005. Guillaume, M. (éd.) (2005) : *Troubadours- Carcassonne (Aude)*, Document final de synthèse, S.R.A. Languedoc-Roussillon, Montpellier.

017 - Fleury

Saint-Geniès

M. et R. Sabrié ont vu dans une vigne "de très nombreux coquillages". Ce site pourrait correspondre à une *villa* occupée entre le Ier siècle p.C. et le IVe siècle p.C.

Sabrié, M. et R. Sabrié (1993) : *Saint Géniès (commune de Fleury)*, Notice, S.R.A. Languedoc-Roussillon, Montpellier ; Dellong, E. (2002) : *Carte archéologique de la Gaule, Narbonne et les Narbonnais (11/1)*, Paris, 535.

018 - Gruissan*

Ile-Saint-Martin

À "l'emplacement probable d'une installation portuaire antique", "un dépotoir d'huîtres" a été mis au jour ; il est daté du IVe - Ve siècle p.C. La description du mobilier conchyliologique a été réalisée par l'équipe de recherche et a été intégrée dans un article général sur le site.

Sanchez, C., E. Dellong, J. Guerre, F. Loppe et D. Moulis (2000a) : "L'exploitation des ressources naturelles maritimes", in : Sanchez *et al.* 2000b, 344-348 ; Sanchez, C., E. Dellong, J. Guerre, F. Loppe et D. Moulis (2000b) : "Un établissement littoral antique, L'île Saint-Martin à Gruissan (Aude)", *Revue Archéologique de Narbonnaise*, 33, 309-349.

019 - Montredon-des-Corbières*

Sainte-Croix

Le site de Sainte-Croix est constitué d'une fosse peu profonde (0, 40 m) et de grandes dimensions (9 m du nord au sud et 6 m d'est en ouest) creusée dans le substrat argileux. Cette fosse s'inscrit vraisemblablement dans un contexte d'habitat ; elle pourrait avoir eu deux fonctions successives, une première de carrière d'argile et une seconde de dépotoir. De très nombreux conchyliorestes ont été retrouvés dans le comblement de la fosse. Les archéologues signalent des "moules, pectens, coques, murex" mais l'étude conchyliologique, réalisée par V. Forest, n'a porté que sur les restes de moules. Le comblement de la fosse est daté des années 140-120 a.C.

Forest, V. avec la collaboration de M. Cheylan (2003) : "Etude archéozoologique", in : Courrent (éd.) 2003, 43-64 ; Courrent, M. (éd.) (2003) : *Une fosse de la seconde moitié du IIe s. av. n. e. Montredon-Corbières. Lieu-dit : Sainte-Croix, Les Combes (Aude)*, Document final de synthèse, Montpellier.

020 - Narbonne

1. 1848 (Boulevard de)*

- Un "dépotoir a été localisé en 1964 sur le côté Nord du Boulevard de 1848 à 20 m de distance de l'Avenue de l'Hérault [Ancienne avenue de Lattre de Tassigny d'après M. Gayraud]. Une excavation ouverte par une pelleteuse mécanique sur une surface de 250 m^2 environ a permis d'observer que le gisement, constitué par deux amas contigus de déchets débordant cette superficie, comprenait principalement des écailles d'huîtres disposées en lits successifs et homogènes. Ces strates en nombre et en épaisseur variables (5 à 20 cm) alternaient sur une hauteur atteignant par endroits plus de 1,50 m avec des couches de terres moins épaisses [...]". "La terre contenait de nombreux fragments de vases de la Graufesenque qui datent la trouvaille du Ier siècle p.C.". Il semble que d'autres dépôts aient été observés dans les environs. Ansi, parmi les "divers objets provenant de terres apportées dans le jardin de M. Ribéro qui les y a recueilli : de nombreuses huîtres non ouvertes, une assiette intacte, un vase, un couvercle, un rasoir (fin du Ier siècle p.C.)".

Enjalran (Abbé) (1963) : "Vestiges gallo-romains à Narbonne. Boulevard de 1848", *Bulletin du Comité Archéologique de Narbonne*, 27, 53 ; Solier, Y. (1964-1965) : "Dépôt d'huîtres au Boulevard de 1848", *Bulletin du Comité Archéologique de Narbonne*, 28, 73-76 ; Gayraud, M. (1981) : Narbonne antique des origines à la fin du IIIe siècle, *Revue archéologique de Narbonnaise*, Suppl. 8, Paris.

- Plus récemment, un diagnostic réalisé au 40, boulevard de 1848/18-20, rue Malte-Brun, a livré des coquilles marines. Dans le sondage 2 "les couches 2 et 2bis, épaisses d'une vingtaine de centimètres, pourraient correspondre à un petit remblai antique dans la mesure où elles contenaient quelque éléments de construction (fragments de briques et de tuiles) ainsi que quelques coquilles d'huîtres". Dans le sondage 3, "la couche 4 est elle presque exclusivement constituée de coquilles d'huîtres et dans une moindre mesure de pectens. Il n'y a pas de mobilier associé".

De Labriffe, P.-A. (1999) : *Narbonne (Aude). 40, bd. 1848/18-20 rue Malte-Brun*, Rapport de diagnostic, S.R.A. Languedoc-Roussillon, Montpellier.

- Des conchyliorestes ont été mis au jour en 2007 et 2008 lors du diagnostic puis de la fouille réalisés à l'emplacement de la Résidence Roca. Nous en ferons prochainement l'étude. Le mobilier conchyliologique est daté du IIe siècle p.C.

2. Armissan (Route d')

Des coquilles ont été signalées en deux endroits :

- Propriété Varsovie : "quelques coquilles d'huîtres et de pectens".
- Vigne Delprat : "des amas d'huîtres".

Rouzaud, H. (1912) : *Cahier manuscrit*, III, 02.11.1912, f.95, Bibiothèque municipale, Narbonne ; Rouzaud, H. (1916) : *Cahier manuscrit*, V, 15.11.1916, f.47, Bibiothèque municipale, Narbonne ; Dellong, E. (2002) : *Carte archéologique de la Gaule, Narbonne et les Narbonnais (11/1)*, Paris, 388 ; 390.

3. Grande Armée (Avenue de la)*

- À proximité de l'avenue de la Grande Armée, rue d'Auvergne, des "tombes avaient été creusées dans un vaste dépotoir qui couvrait presque toute la zone ; il renfermait des rejets domestiques ainsi que d'épaisses couches de coquillages (pectens, huîtres). L'abondant mobilier céramique retrouvé date sa formation de l'époque augustéenne et sa durée se prolonge jusque dans la deuxième moitié du Ier siècle p.C".

Renseignements de R. Sabrié cités dans Dellong, E. (2002) : *Carte archéologique de la Gaule, Narbonne et les Narbonnais (11/1)*, Paris, 333.

- En 2008, un diagnostic réalisé sur le même site a livré de nombreux conchyliorestes étudiés par V. Forest. "Ils sont issus d'unités stratigraphiques (US) identifiées comme des niveaux de "dépotoirs". D'après les données chrono-stratigraphiques, ceux-ci auraient été installés durant les IVe et Ve siècles p.C. à partir de dépotoirs constitués au cours de la période augustéenne [...] L'analyse céramologique montre que les éléments ajoutés à ceux de cette période sont peu nombreux".

Forest, V. (inédit) : *Etude archéozoologique diagnostique : ostéologie, conchyliologie Avenue de la Grande Armée - Narbonne (Aude)*, Rapport dactylographié.

4. Général de Gaulle (Boulevard du)*

Des conchyliorestes ont été découverts dans le niveau de destruction d'une *domus*. Ils sont datés de 50-30 a.C. Nous en avons fait l'étude.

Bardot, A. (2006): "Etude archéoconchyliologique", in : Guillaume (éd.) *et al*. 2006, 30-33 ; Guillaume, M. (éd.), A. Bardot, R. Sabrié et C. Sanchez (2006) : *Immeuble Bd Général de Gaulle à Narbonne (Aude), Nouvelles données sur la ville césarienne*, Rapport de diagnostic archéologique, I.N.R.A.P. Méditerranée, S.R.A. Languedoc-Roussillon, Montpellier.

5. Gare S.N.C.F.

Il est fait mention de "coquilles d'huîtres, de moules, de clovisses".

Rouzaud, H. (1910) : *Cahier manuscrit*, I, 29.05.1910, f.276-277, Bibiothèque municipale, Narbonne ; Dellong, E. (2002) : *Carte archéologique de la Gaule, Narbonne et les Narbonnais (11/1)*, Paris, 324.

6. Gustave Fabre (Rue)

"Quelques huîtres" furent observées lors de "travaux de creusement".

Rouzaud, H. (1909) : *Cahier manuscrit*, I, 19.04.1909, f.176, Bibiothèque municipale, Narbonne ; Rouzaud, H. (1909) : *Cahier manuscrit*, I, 02.05.1909, f.177-178, Bibiothèque municipale, Narbonne ; Dellong, E. (2002) : *Carte archéologique de la Gaule, Narbonne et les Narbonnais (11/1)*, Paris, 420.

7. Hôtel-Dieu*

Le remplissage (US2237) d'un puits (PT2336) a livré des restes des coquillages marins. Il est daté du premier quart du Ve siècle p.C. Le mobilier a fait l'objet d'un inventaire et de quelques observations par A. Gardeisen.

Gardeisen, A. (1996-1997) : "La faune du puits PT 2336 : traitement des animaux à vocation bouchère dans la ville de Narbonne au Ve siècle de notre ère", in : Ginouvez (éd.) *et al* 1996-1997, 171-180 ; Ginouvez, O. (éd.), M. Amandry, V. Belbenoit, G. Durand, M. Feugère, D. Foy, A. Gadeisen, Y. Manniez, C. Pradiès et A. Richier, (1996-1997) : "Les fouilles de l'Hôtel-Dieu de Narbonne", *Bulletin de la Commission Archéologique et Littéraire de Narbonne*, 47-48, 115-186.

8. Kennedy (Avenue)*

Une couche de conchyliorestes d'une vingtaine de centimètres d'épaisseur a été repérée. Un prélèvement a été effectué à la hauteur de la rue Fabre d'Eglantine. Nous avons réalisé un premier examen des conchyliorestes, dont l'étude doit être bientôt poursuivie.

Bardot, A. (inédit) : *Premières observations sur le mobilier conchyliologique. Site de l'Avenue Kennedy/Narbonne (Aude)*, Rapport dactylographié.

9. Lakanal (Rue)

"Au cours du creusement d'un puits", à 1, 50 m de profondeur, sont apparues "des couches d'ordures ménagères des temps gallo-romains avec des huîtres" et à 4, 50 m de profondeur "des coquilles de pectens".

Rouzaud, H. (1920) : *Cahier manuscrit*, V, 26.07.1920, f.276, Bibiothèque municipale, Narbonne ; Rouzaud, H. (1920) : *Cahier manuscrit*, V, 04.09.1920, f.278, Bibiothèque municipale, Narbonne ; Rouzaud, H. (1921) : *Cahier manuscrit*, V, 17.08.1921, f.302, Bibiothèque municipale, Narbonne ; Dellong, E. (2002) : *Carte archéologique de la Gaule, Narbonne et les Narbonnais (11/1)*, Paris, 355.

10. Clos de la Lombarde*

Le mobilier conchyliologique a été mis au jour à l'emplacement d'une maison romaine (maison III) située en périphérie nord de la ville antique. Les coquilles ont été collectées au cours de plusieurs opérations archéologiques. Elles appartiennent à des contextes datés de 30 a.C. à 425 p.C. Elles ont fait l'objet d'une étude par V. Forest, dont nous avons ensuite poursuivi le travail. La plupart des conchyliorestes que nous avons traités sont issus de la fouille d'un puits (pièce L, puits III). Les couches supérieures sont liées à son comblement rapide après l'abandon de la maison durant le milieu du IIIe siècle p.C. et les couches inférieures à sa dernière période d'utilisation à la fin du IIe siècle p.C. ou au début du IIIe siècle p.C

Forest, V. (2004) : "Etude archéozoologique", in : Sabrié & Sabrié (éd.) 2004, 268-314 ; Sabrié M. et R. Sabrié (éd.) (2004) : *Le Clos de la Lombarde à Narbonne. Espaces publics et privés du secteur nord-est*, Montagnac ; Bardot A. (2011) : "Etude archéoconchyliologique", in : Sabrié & Sabrié (éd.) 2011, 311-320 ; Sabrié M. et R. Sabrié (éd.) (2011) : *La Maison au Grand Triclinium du Clos de la Lombarde à Narbonne*, Montagnac.

11. Malard (Boulevard de)*

Un épandage de coquilles (US 1003) a été dégagé. Le site est interprété comme un débarcadère à usage artisanal, en fonction au début du Ier siècle p.C. Nous avons réalisé l'étude des conchyliorestes.

Bardot, A. (2006): "Etude archéoconchyliologique", in : Chapon (éd.) *et al*. 2006, 70-74 ; Chapon, Ph. (éd.), A. Bardot, V. Canut, P. Ecard, V. Martinez-Ferreras et C. Sanchez (2006) : *Boulevard de Malard, une vaste zone d'aménagement antique en limite d'un système fluvio-lagunaire à Narbonne (Aude)*, Rapport final d'opération, I.N.R.A.P. Méditerranée, S.R.A. de Languedoc-Roussillon, Montpellier.

12. Nautiquards (Rue des)

"Des recharges de remblais (dont une chargée de valves d'huîtres)" pourraient témoigner "d'une remblayage antique des abords du plan d'eau" au cours du Ier siècle p.C.

Cerruti, M.-C., J. Pétiniot et J. Pinneau (2004) : *Annuaire des opérations de terrain en milieu urbain 2003*, Tours, n°151.

13. Pech-Redon

À l'emplacement d'une *villa*, "une sorte de bassin (interprété comme vivier) peu profond (épais. moy. : 15 cm ; larg. 0,60 cm ; fond cimenté)" a été dégagé. Il était "rempli de coquilles de moules, huîtres, patelles etc., certaines avec leurs valves encore en connexion".

Guiraud, R. (1987) : "La villa gallo-romaine de Pech-Redon Commune de Narbonne (Aude)", *Archéologie en Languedoc*, 1-3, 39-55 ; Dellong, E. (2002) : *Carte archéologique de la Gaule, Narbonne et les Narbonnais (11/1)*, Paris, 517.

14. Port la Nautique*

- Au début du XXe siècle, H. Rouzaud décrit des "amas considérables [...] d'huîtres de la grosse et excellente variété dite Pied de Cheval dont les coquilles ont été séparées et laissées sur place. [...] Enfin d'abondants débris de la moule commune".

Rouzaud, H. (1914-1915) : *Bulletin du Comité Archéologique de Narbonne*, 13 ; Gayraud, M. (1981) : Narbonne antique des origines à la fin du IIIe siècle, *Revue archéologique de Narbonnaise*, Suppl. 8, Paris ; Dellong, E. (2002) : *Carte archéologique de la Gaule, Narbonne et les Narbonnais (11/1)*, Paris, 496-497 ; Falguéra, J.-M. (2003) : "Le contexte portuaire antique de Narbo Martius. De la fin du 1er siècle avant notre ère jusqu'au 1er siècle après", *Bulletin de la Société Scientifique de l'Aude*, 103, 39-44 ; Dellong, E. (2004) : "Pêche et ressources maritimes d'après le mobilier découvert en 2003", in : Association Narbonnaise de Travaux et d'Etudes Archéologiques Subaquatiques 2004, 110-119 ; - Association Narbonnaise de Travaux et d'Etudes Archéologiques Subaquatiques (2004) : *Rapport de sondage, Narbonne, Port la Nautique*, Narbonne.

- Entre 1999 et 2003, le site a été l'objet de plusieurs opérations d'archéologie subaquatique. Elles ont permis de repérer les vestiges d'une construction immergée construite en blocs de grand appareil et reliée au rivage par un ponton de bois. La suceuse utilisée par les plongeurs pour sonder les niveaux antiques a remonté de nombreux conchyliorestes. Un échantillon de « 6 caisses de 3 kg chacune » a ainsi été prélevé. Le mobilier conchyliologique, que nous avons étudié, est daté de la fin du Ier siècle p.C.

Bardot, A. (2011) : "Une zone de préparation des coquillages marins à Port la Nautique (Narbonne/Aude)", in : Sanchez & Jezegou (éd.) 2011, 213-226 ; Sanchez C. et M.-P. Jezegou (éd.) (2011) : *Espaces littoraux et zones portuaires de Narbonne et sa région dans l'Antiquité*, Monographie d'Archéologie Méditerranéenne, 28, Lattes.

15. Razimbaud (Avenue de)

"C'est à peine, si furtivement, nous avons pu observer dans les parois d'une grande fosse ouverte par une pelle mécanique la présence d'une couche d'huîtres remarquablement homogène, épaisse de vingt centimètres environ. Mais nous n'avons aucune stratification comparable à celle du Boulevard de 1848". Cet amas remonterait au Ier siècle p.C.

Solier, Y. (1964-1965) : "Dépôt d'huîtres au Boulevard de 1848", *Bulletin du Comité Archéologique de Narbonne*, 28, 73-76.

16. Rouquette (Chemin de)

"Les débris d'amphores, les coquilles d'huîtres et les fragments de poteries sigillées paraissent rares".

Rouzaud, H. (1912) : *Cahier manuscrit*, III, 03.10.1912, f.78, Bibiothèque municipale, Narbonne ; Dellong, E. (2002) : *Carte archéologique de la Gaule, Narbonne et les Narbonnais (11/1)*, Paris, 385.

17. Suffren (Rue)

Des coquilles sont signalées en deux endroits :

- "aux abords de la rue Suffren", "dans les terres situées à côté ou au-dessous [des fondements d'habitations]" : "quelques coquilles d'huîtres et pectens".
- "jardin Auriol", "dans un puits" : "un dépôt d'ordures ménagères" avec "des coquilles d'huîtres et de pectens".

Rouzaud, H. (1917) : *Cahier manuscrit*, V, 17.06.1917, f.76, Bibiothèque municipale, Narbonne ; Rouzaud, H. (1921) : *Cahier manuscrit*, V, 19.06.1921, f.297, Bibiothèque municipale, Narbonne ; Dellong, E. (2002) : *Carte archéologique de la Gaule, Narbonne et les Narbonnais (11/1)*, Paris, 392-393.

021 - Peyriac-de-Mer

1. Les Cabanels

"Le site des Cabanels, à proximité de l'*oppidum* du Moulin, repéré et prospecté à plusieurs reprises par H. Fabre consiste en un amoncellement bien circonscrit de *tegulae* tardives, coquillages, ossements, céramiques [...]". "La nature des vestiges observés suggère la présence d'un petit établissement agricole à occupation longue".

Dellong, E. (2002) : *Carte archéologique de la Gaule, Narbonne et les Narbonnais (11/1)*, Paris, 567.

2. Le Moulin

"Des coquillages" ont été découverts dans la "Fouille 24 – Habitat" et dans la "Fouille 26 – Dépotoir, remise ?". Le site est occupé du IVe siècle a.C. au IIe siècle a.C.

Solier, Y. (1964-1965) : "L'oppidum du Moulin (Peyriac-de-Mer)", *Bulletin de la Société Scientifique de l'Aude*, 65, 149-159 ; Dellong, E. (2002) : *Carte archéologique de la Gaule, Narbonne et les Narbonnais (11/1)*, Paris, 560.

022 - Salles-d'Aude

Les Caunettes

"Des coquillages" sont mentionnés dans une "structure fossoyée". Le site est occupé de la première moitié du IIIe siècle a.C. au milieu du IIe siècle a.C.

Gaillard, A. (1997) : *Salles d'Aude (Aude)*. Evaluation préventive en vue de la réalisation d'une voie communale, S.R.A. Languedoc-Roussillon, Montpellier ; Dellong, E. (2002) : *Carte archéologique de la Gaule, Narbonne et les Narbonnais (11/1)*, Paris, 590.

023 - Sallèles-d'Aude*

Le mobilier conchyliologique provient de la fouille d'un atelier de potiers actifs du Ier siècle p.C. au IIIe siècle p.C. Il a été étudié par V. Forest.

Forest, V. (inédit) : *Inventaire conchyliologique - Atelier de potiers (Sallèles-d'Aude, Aude)*, Rapport dactylographié.

024 - Soupex*

Fontvieille

Le site, qui est identifié comme une *villa*, a livré des conchyliorestes. Ils sont issus de niveaux datés de 50-200 p.C. et de 100-500 p.C. Leur étude a été réalisée par V. Forest.

Forest, V. (2006) : "Etude archéozoologique diagnostique", in : Guillaume (éd.) 2006 ; Guillaume, M. (éd.) (2006) : *Fontvieille - Soupex (Aude)*, Rapport final d'opération, S.R.A. Languedoc-Roussillon, Montpellier.

025 - Vinassan

Saint-Félix

"Des coquilles (pecten, huître)" ont été observées.

Barthès, P. (1998) : *Révision et inventaire archéologique par entretiens oraux, commune de Cavanac, Massif de la Clape, Haute vallée de l'Aude, Cellule carte archéologique*, S.R.A. Languedoc-Roussillon, Montpellier ; Dellong, E. (2002) : *Carte archéologique de la Gaule, Narbonne et les Narbonnais (11/1)*, Paris, 618.

Aveyron

026 - Buzeins

Un bâtiment "contenait des monnaies du Ier siècle, 4 lampes, des valves d'huîtres, de nombreux fonds de vases sigillés et des clous en abondance".

Albenque, A. (1947) : *Inventaire de l'archéologie gallo-romaine du département de l'Aveyron*, Rodez, 49 ; 50.

027 - Flavin

Mas-Marcou

À l'emplacement d'une *villa*, dans des "bassins en béton (26 et 27)", "une immense quantité de valves d'huîtres, d'escargots et de coquillages (clovisses, coquilles de Saint-Jacques ...)" a été retrouvée.

De la Blanchère (1868-1873) : "La première huître dans le Rouergue", *Mémoires de la Société des Lettres, Sciences et Arts de l'Aveyron*, 10, 215-230 ; Albenque, A. (1947) : *Inventaire de l'archéologie gallo-romaine du département de l'Aveyron*, Rodez, 61-65.

028 - La Couvertoirade

Le Puech

"Des coquillages et des valves d'huîtres" sont signalés dans les "vestiges d'un habitat".

Blanchet, A. (1944) : *Carte archéologique de la Gaule romaine, Carte et texte complet du département de l'Aveyron*, Paris, 4 ; Albenque, A. (1947) : *Inventaire de l'archéologie gallo-romaine du département de l'Aveyron*, Rodez, 71.

029 - Montrozier

Argentelle

Sur le site d'une *villa*, il a été noté une "quantité de valves d'huîtres".

Blanchet, A. (1944) : *Carte archéologique de la Gaule romaine, Carte et texte complet du département de l'Aveyron*, Paris, 17 ; Albenque, A. (1947) : *Inventaire de l'archéologie gallo-romaine du département de l'Aveyron*, Rodez, 92-95

030 - Salles-la-Source

"Des valves d'huîtres" ont été repérées parmi les vestiges d'un "habitat".

Blanchet, A. (1944) : *Carte archéologique de la Gaule romaine, Carte et texte complet du département de l'Aveyron*, Paris, 28 ; Albenque, A. (1947) : *Inventaire de l'archéologie gallo-romaine du département de l'Aveyron*, Rodez, 144.

Bouches-du-Rhône

031 - Aix-en-Provence

1. Parc de stationnement Signoret

Dans les niveaux de récupération des matériaux de bâtiments agricoles et artisanaux établis au Haut- Empire, "des fosses sont creusées, peut-être dans l'intention de récupérer d'autres matériaux. Ces tranchées et ces fosses sont rebouchées avec de la terre et différents rebuts : céramiques, pierres, coquilles d'huîtres [...]". "Ce sont plusieurs centaines de coquilles qui ont été collectées". Elles ont été abandonnées au cours du Ve - VIe siècle p.C.

Rivet, L. (1992) : "Un quartier artisanal d'époque romaine à Aix-en-Provence. Bilan de la fouille de sauvetage du parking Signoret en 1991", *Revue Archéologique de Narbonnaise*, 25, 325-396 ; Mocci, Fl. et N. Nin (2006) : *Carte archéologique de la Gaule, Aix-en-Provence, Pays d'Aix, Val de Durance (13/4)*, Paris, 434.

2. Parking Pasteur*

Le site est identifié comme une *domus*. Le mobilier conchyliologique a été étudié par Fr. Brien-Poitevin. Il couvre le Ier et le IIe siècles p.C.

Brien-Poitevin, Fr. (1992) : "Huîtres et coquillages marins dans le midi de la Gaule", *Les Dossiers d'Archéologie*, Hors série, 3, 50-57 ; Brien-Poitevin, Fr. (1993) : "Etudes conchyliologiques de quelques sites, l'étang de Berre et la vallée de l'Arc", in : Leveau & Provansal 1993, 285-30 ; Leveau, Ph. et M. Provansal (1993) : *Archéologie et environnement de la Sainte-Victoire aux Alpilles*, Travaux du Centre Camille Jullian, 14, Aix-en-Provence.

3. Thermes

Un égout de l'établissement thermal a livré "des limons très cendreux, chargés de déchets domestiques (huîtres en particulier [...]". Le mobilier conchyliologique peut être rattaché au Ve-VIe siècle p.C.

Mocci, Fl. et N. Nin (2006) : *Carte archéologique de la Gaule, Aix-en-Provence, Pays d'Aix, Val de Durance (13/4)*, Paris, 418.

032 - Arles

1. Cabassole*

Les conchyliorestes ont fait l'objet d'une étude par V. Forest. Ils appartiennent à des contextes tardifs, entre le Ve et le VIIe siècle p.C.

Forest, V. (2004) : "Etude archéozoologique", in : Landuré *et al.* 2004, 241-267 ; Landuré, C. et M. Pasqualini (éd.), avec la collaboration de A. Guilcher (2004) : *Delta du Rhône. Camargue antique, médiévale et moderne*, Bulletin Archéologique de Provence, Suppl. 2, Aix-en-Provence.

2. La Capelière*
L'étude du mobilier conchyliologique a été confiée à V. Forest. Les US concernées sont datées des années 25 a.C. - 25 p.C.
Forest, V. (2004) : "Etude archéozoologique", in : Landuré *et al.* 2004, 241-267 ; Landuré, C. et M. Pasqualini (éd.), avec la collaboration de A. Guilcher (2004) : *Delta du Rhône. Camargue antique, médiévale et moderne*, Bulletin Archéologique de Provence, Suppl. 2, Aix-en-Provence.
3. Esplanade*
Des conchyliorestes marins ont été mis au jour dans un dépotoir daté du Ve-VIe siècle p.C. Ils ont fait l'objet d'une étude par Fr. Brien-Poitevin.
Brien-Poitevin, Fr. (1991) : "Etude conchyliologique", in : Congés & Leguilloux 1991, 230-232 ; Congès, G. et M. Leguilloux (1991) : "Un dépotoir de l'Antiquité tardive dans le quartier de l'Esplanade à Arles", *Revue Archéologique de Narbonnaise*, 24, 201-234.
4. Tour du Valat*
Le site est interprété comme une installation liée à une économie pastorale. Le mobilier conchyliologique, étudié par V. Forest, est issu d'un dépotoir. Il a été rattaché au Ier siècle a.C.
Forest, V. (2004) : "Etude archéozoologique", in : Pasqualini *et al.* 2004, 302-306 ; Pasqualini, M., P. Excoffon et Cl. Vella (2004) : "Le Grand Parc, un habitat du Ier s. avant notre ère en Camargue, Domaine de la Tour du Valat (Arles, Bouches-du-Rhône)", *Documents d'archéologie Méridionale*, 27, 251-313.

033 - Carry-le-Rouet
Le Colombier
Lors de "repérages anciens", "des coquillages" ont été recueillis.
De Gérin-Ricard, H. (1904) : *"Incarus positio* (Carry)", *Revue de Provence*, 69, 139-142 ; Benoît, F. (1936) : *Forma Orbis Romani. Carte archéologique de Gaule romaine, V, Département des Bouches-du-Rhône*, Paris, 49 ; Gateau, F. avec la collaboration de Fr. Trément et Fl. Verdin (1996) : *Carte archéologique de la Gaule, L'Etang de Berre (13/1)*, Paris, 156.

034 - Chateauneuf-les-Martigues
Les Fourques
Sur le site d'un *oppidum*, "de nombreuses coquilles d'escargots, de moules, de peignes, de patelles, d'huîtres, de coques et de palourdes" ont été retrouvées dans "un dépotoir" constitué à la fin du IIe ou au début du Ier siècle a.C.
Gourvest, J. (1958) : "L'occupation du sol en Provence occidentale préromaine à l'époque barbare, essai d'étude chronologique et géographique de l'habitat rural antique", in : *Actes du 83e Congrès National des Sociétés Savantes (Aix-en-Provence, 1958)*, Paris, 39-45 ; Gateau, F. avec la collaboration de Fr. Trément et Fl. Verdin (1996) : *Carte archéologique de la Gaule, L'Etang de Berre (13/1)*, Paris, 163.

035 - Eyguières
1. Roquemartine
À l'emplacement d'une *villa*, "des coquilles d'huîtres et de pectens" ont été repérées.
Pelletier, J.-P. et M. Poguet (1989) : *Rapport de prospections archéologiques sur la commune d'Eyguières (Bouches du Rhône)*, Direction des Antiquités, Aix-en-Provence ; Gateau, F. et M. Gazenbeek (1999) : *Carte archéologique de la Gaule, Les Alpilles et la Montagnette (13/2)*, Paris, 158.
2. Saint-Pierre*
Des conchyliorestes ont été découverts lors des fouilles des thermes de la *villa*. Ils appartiennent à des contextes de la fin du IVe au VIe siècle p.C. Leur étude a été réalisée par Fr. Brien-Poitevin.
Brien-Poitevin, Fr. (1993) : "Etude conchyliologique", in : Pelletier & Poguet 1993, 239-240 ; Pelletier, J.-P. et M. Poguet (1993) : "Des prospections à la fouille : recherche à Eyguières (B.-d.-R.)", *Revue Archéologique de Narbonnaise*, 26, 181-246 ; Brien-Poitevin, Fr. (2000) : "La malacofaune marine consommée sur le site archéologique de Saint-Pierre d'Eyguière", in : Leveau & Saquet 2000, 335-338 ; Leveau, Ph. et J.-P. Saquet (2000) : *Milieu et Sociétés dans la Vallée des Baux*, Revue Archéologique de Narbonnaise, Suppl. 31, Paris.
3. Vallon des Glauges
Il a été noté la présence "de coquillages".
Pelletier, J.-P. et M. Poguet (1989) : *Rapport de prospections archéologiques sur la commune d'Eyguières (Bouches du Rhône)*, Direction des Antiquités, Aix-en-Provence ; Gateau, F. et M. Gazenbeek (1999) : *Carte archéologique de la Gaule, Les Alpilles et la Montagnette (13/2)*, Paris, 142.

036 - Fos-sur-Mer
1. Le Carrelet
À l'emplacement d'un " habitat", "des coquillages" ont été observés. Ils ont été abandonnés au Ve-VIe siècle p.C.
Coye, N. et J.-Ph. Lagrue (1988) : *Carte archéologique de Fos-sur-Mer (Bouches-du-Rhône)*, Laboratoire d'Anthropologie et de Préhistoire de Méditerranée Occidentale, Aix-en-Provence ; Gateau, F. avec la collaboration de Fr. Trément et Fl. Verdin (1996) : *Carte archéologique de la Gaule, L'Etang de Berre (13/1)*, Paris, 176.
2. Centre aéré
Sur ce site, occupé du Ier siècle a.C. au Ve siècle p.C., "de nombreux coquillages (palourdes, huîtres, moules, pectens)" ont été signalés.
Coye, N. et J.-Ph. Lagrue (1988) : *Carte archéologique de Fos-sur-Mer (Bouches-du-Rhône)*, Laboratoire d'Anthropologie et de Préhistoire de Méditerranée Occidentale, Aix-en-Provence ; Gateau, F. avec la collaboration de Fr. Trément et Fl. Verdin (1996) : *Carte archéologique de la Gaule, L'Etang de Berre (13/1)*, Paris, 174.
3. Pichotty
"Des coquillages" sont mentionnés à l'emplacement d'un "habitat". Ils appartiennent à des contextes du Ier siècle p.C. et de l'Antiquité tardive.
Coye, N. et J.-Ph. Lagrue (1988) : *Carte archéologique de Fos-sur-Mer (Bouches-du-Rhône)*, Laboratoire d'Anthropologie et de Préhistoire de Méditerranée Occidentale, Aix-en-Provence ; Gateau, F. avec la collaboration de Fr. Trément et Fl. Verdin (1996) : *Carte archéologique de la Gaule, L'Etang de Berre (13/1)*, Paris, 178.
4. La Roque d'Odor
"Des coquillages de dix espèces différentes" ont été enregistrés à l'emplacement d'un "habitat". Ils appartiennent à des contextes du IIe-Ier siècle p.C. et de la fin de l'Antiquité tardive.
Gateau, F. avec la collaboration de Fr. Trément et Fl. Verdin (1996) : *Carte archéologique de la Gaule, L'Etang de Berre (13/1)*, Paris, 170.

037 - Gardanne*
Notre-Dame
Des conchyliorestes marins participaient au comblement d'une vaste fosse dépotoir comblée au début du VIe siècle p.C. Ils ont été étudiés par Fr. Brien-Poitevin
Brien-Poitevin, Fr. (1991) : "Les coquillages marins", in : Pelletier *et al.*1991, 344 ; Pelletier, J.-P., L. Poussel, Y. et J. Rigoir, L. Vallauri et D. Foy (1991) : "Poterie, métallurgie et verrerie au début du VIe s. à Gardanne (B.-du-Rh.)", *Documents d'Archéologie Méridionale*, 14, 277-350.

038 - Gignac-la-Nerthe
1. La Pousaraque*
Les sondages effectués sur le site d'un habitat rural ont permis de recueillir de nombreux conchyliorestes marins. Le mobilier, qui est daté de l'Antiquité tardive, a été étudié par Fr. Brien-Poitevin.
Brien-Poitevin, Fr. (1997) : "Etude conchyliologique", in : Gateau 1997, 31 ; Gateau, F. (1997) : "L'établissement rural de la Pousaraque (Gignac-la-Nerthe, Bouches-du-Rhône), Oléiculture en Basse Provence", *Revue Archéologique de Narbonnaise*, 30, 5-31.
2. La Viguière
"Des coquillages" sont mentionnés à l'emplacement d'un "habitat".
Gateau, F. (1994) : *La chaîne de la Nerthe et son piémont nord (Bouches-du-Rhône). Archéologie de l'espace rural du premier âge du Fer au Moyen Âge, Inventaire*, Thèse de Doctorat, Université de Provence, Aix-en-Provence ; Gateau, F. avec la collaboration de Fr. Trément et Fl. Verdin (1996) : *Carte archéologique de la Gaule, L'Etang de Berre (13/1)*, Paris, 193.

039 - Istres
1. Citis (Etang de)
"Des coquillages" sont signalés. Le site est occupé au Ier-IIe siècle p.C. et au Ve-VIe siècle p.C.
Trément, Fr. (1994) : *Histoire de l'occupation du sol et évolution des paysages dans le secteur des étangs de Saint-Blaise (Bouches-du-Rhône), essai d'archéologie du paysage*, Thèse de doctorat, Université de Provence, Aix-en-Provence ; Gateau, F. avec la collaboration de Fr. Trément et Fl. Verdin (1996) : *Carte archéologique de la Gaule, L'Etang de Berre (13/1)*, Paris, 203.
2. Saint-Martin
"Des coquillages" ont été observés.
Trément, Fr. (1994) : *Histoire de l'occupation du sol et évolution des paysages dans le secteur des étangs de Saint-Blaise (Bouches-du-Rhône), essai d'archéologie du paysage*, Thèse de doctorat, Université de Provence, Aix-en-Provence ; Gateau, F. avec la collaboration de Fr.

Trément et Fl. Verdin (1996) : *Carte archéologique de la Gaule, L'Etang de Berre (13/1)*, Paris, 202.

3. Saint-Michel

Parmi les vestiges de "l'agglomération antique" apparaissent "des coquillages". Ils appartiennent à des contextes de la fin du IVe siècle p.C. au début du VIIe siècle p.C.

Trément, Fr. (1994) : *Histoire de l'occupation du sol et évolution des paysages dans le secteur des étangs de Saint-Blaise (Bouches-du-Rhône), essai d'archéologie du paysage*, Thèse de doctorat, Université de Provence, Aix-en-Provence ; Gateau, F. avec la collaboration de Fr. Trément et Fl. Verdin (1996) : *Carte archéologique de la Gaule, L'Etang de Berre (13/1)*, Paris, 200.

4. Saint-Verran

Il est fait mention de "coquillages".

Trément, Fr. (1994) : *Histoire de l'occupation du sol et évolution des paysages dans le secteur des étangs de Saint-Blaise (Bouches-du-Rhône), essai d'archéologie du paysage*, Thèse de doctorat, Université de Provence, Aix-en-Provence ; Gateau, F. avec la collaboration de Fr. Trément et Fl. Verdin (1996) : *Carte archéologique de la Gaule, L'Etang de Berre (13/1)*, Paris, 202.

5. Toti

"Des coquillages" sont signalés sur le site d'un "habitat de faible hauteur" occupé au Ve siècle p.C.

Trément, Fr. (1994) : *Histoire de l'occupation du sol et évolution des paysages dans le secteur des étangs de Saint-Blaise (Bouches-du-Rhône), essai d'archéologie du paysage*, Thèse de doctorat, Université de Provence, Aix-en-Provence ; Gateau, F. avec la collaboration de Fr. Trément et Fl. Verdin (1996) : *Carte archéologique de la Gaule, L'Etang de Berre (13/1)*, Paris, 202.

040 - Lambesc

1. Cavalon

À l'emplacement d'une *villa*, "des dépôts fauniques tels que des coquilles d'huîtres, des coquilles Saint-Jacques" ont été observés. Le site est occupé dès le Haut-Empire puis entre les IVe et VIe siècles p.C.

Bringer, G. (2000) : *Commune de Lambesc, Bouches-du-Rhône*, Rapport de prospection-inventaire, S.R.A. P.A.C.A., Aix-en-Provence, vol. 3, 43; Mocci, Fl. et N. Nin (2006) : *Carte archéologique de la Gaule, Aix-en-Provence, Pays d'Aix, Val de Durance (13/4)*, Paris, 580.

2. Grand Verger

"Des coquilles d'huîtres et des coquilles Saint-Jacques" sont signalées sur le site d'un "important établissement gallo-romain dont l'organisation est fondée sur l'exploitation agricole".

Bringer, G. (2000) : *Commune de Lambesc, Bouches-du-Rhône*, Rapport de prospection-inventaire, S.R.A. P.A.C.A., Aix-en-Provence, vol. 1, 3; Mocci, Fl. et N. Nin (2006) : *Carte archéologique de la Gaule, Aix-en-Provence, Pays d'Aix, Val de Durance (13/4)*, Paris, 572.

041 - Lançon-de-Provence*

Constantine

Plusieurs centaines de conchyliorestes marins ont été recueillis ; nous en avons fait l'étude. 98% correspondent à des remblais dégagés au sud du sanctuaire ; ils ont été mis en place au cours du Ve-VIe siècle p.C. Les 2% restants appartiennent à la première phase d'occupation du site, vers 200-1 a.C.

Bardot, A. (2004) : "Etude conchyliologique", in : Verdin (éd.) *et al.* 2004, 85-106 ; Verdin, F. (éd.), A. Bardot, L. Chabot et Ph. Columeau (2004) : *Oppidum de Constantine - Lançon-de-Provence - 13*, Rapport de fouille annuelle programmée, 4e campagne, S.R.A. P.A.C.A., Aix-en-Provence ; Bardot, A. (2007) : "Etude archéoconchyliologique", in : Verdin (éd.) *et al.* 2007, 186-201 ; Verdin, Fl. (éd.), A. Bardot, Ph. Columeau, V. Dumas, G. Duperron, J. Genechesi, R. Golosetti et E. Martin-Kobierzyki (2007) : *Oppidum de Constantine - Lançon-de-Provence - 13*, Rapport de fouille annuelle programmée, S.R.A. de P.A.C.A., Aix-en-Provence.

042 - Marseille

1. Archipel de Riou

F. Benoît mentionne, pour le Ier siècle a.C., "une amphore italique (Dressel IB) remplie de valves inférieures d'huîtres (spondylus gaederopus), écaillées pour être conservées dans la saumure".

Benoît, F. (1962) : "Nouvelles épaves de Provence", *Gallia*, 20, 147-176.

2. Bon-Jésus

Fr. Brien-Poitevin signale la présence de conchyliorestes marins dans des niveaux du Ve siècle p.C. : 49,84% de "proteopecten" et 44,79% "d'ostrea". " [...] certaines valves d'huîtres sont ouvertes à cru par un instrument tranchant appliqué sur le bord ventral de la valve". "On ne relève que quelques rares cas d'ouverture à l'aide d'un couteau pointu en creusant l'épaisseur de la valve selon la technique habituelle des habitants de l'étang de Thau en Languedoc".

L'auteur note aussi que dans "la couche augustéenne de l'îlot du Bon Jésus [...] Les seuls coquillages retrouvés sont des coques (*cerastoderma edule*)".

Brien-Poitevin, Fr. (1996) : "Consommation des coquillages marins en Provence à l'époque romaine", in : Gateau 1996, 137-142 et *Revue Archéologique de Narbonnaise*, 29, 313-320 ; Gateau, F. avec la collaboration de Fr. Trément et Fl. Verdin (1996) : *Carte archéologique de la Gaule, L'Etang de Berre (13/1)*, Paris ; Brien-Poitevin, Fr. (2006) : "Les coquillages marins", in : Bats (éd.) 2006, 451-455 ; Bats, M. (éd.) (2006) : *Olbia de Provence (Hyères, Var) à l'époque romaine (Ier s. av. J.-C. - VIIe s. ap. J.-C.)*, Etudes massaliètes, 9, Aix-en-Provence.

3. Général de Gaulle (Place du)*

L'étude des conchyliorestes découverts sur le site a été réalisée par N. Weydert et Fr. Brien-Poitevin. Le mobilier est daté de l'Antiquité tardive.

Weydert, N. et Fr. Brien-Poitevin (2001) : "Les coquillages", in : Bouiron 2001, 286-292 ; Bouiron, M. (2001) : *Marseille, du Lacydon au faubourg Sainte-Catherine. Les fouilles de la place du Général de Gaulle*, Documents d'Archéologie Française, 87, Paris.

4. Ile Planier 5

"À 150 m O., de l'île, à -25/40m sur fond de sable, épave d'amphores italiques, de différents types, la plupart brisées : amphores à col court, à panse plus moins ovoïde (Dressel 10), dont deux exemplaires entiers contenaient des coquilles d'amandes de mer ou grosses clovisses en conserve (pitaria chione, lutraria et surtout pectunculus pilosus), coquilles abondantes en Méditerranée à l'époque antique. [...] Pattes d'une ancre en fer avec incrustations de coquilles de pectunculus pilosus". Les vestiges sont datés du Ier siècle p.C.

Benoît, F. (1962) : "Nouvelles épaves de Provence", *Gallia*, 20, 147-176 ; Etienne, R. et Fr. Mayet (2002) : *Salaisons et sauces de poisson hispaniques*, Paris.

5. Ile Planier 7

"À 45 m de la pointe N.O. de l'île, à -48/50m, sur le fond de sable, épave occupant un espace de 7x8m. [...] Le contexte des amphores révèle une provenance hispanique et une datation du IVe-Ve siècle, deux contenant de la poix ; amphores punico-romaines (haut 1m), à panse renflée vers le bas, col très bas et anses soudées à la lèvre (Almagro 50), ayant sans doute contenu de la saumure de poisson, comme les amphores de l'anse Gerbal à Port Vendres. Certaines de ces amphores contenaient des coquilles de pectunculus pilosus".

Benoît, F. (1962) : "Nouvelles épaves de Provence", *Gallia*, 20, 147-176 ; Etienne, R. et Fr. Mayet (2002) : *Salaisons et sauces de poisson hispaniques*, Paris.

6. Théâtre

Sous le "béton de l'orchestre dans la partie nord-ouest", lors du creusement d'une tranchée, F. Benoît observe : "De +2,70 à +2,50, la coupe du terrain a fait apparaître un comblement par des sables marins mélangés à des éléments oligocènes de la colline, avec cailloux, débris d'urgonien et bois carbonisés. Les éléments marins comprennent, à l'exception d'un chama, coquillage d'eau vive, une faunule d'eau saumâtre abondante sur la plage, caractéristique du Lacydon à l'époque hellénistique et romaine, où domine le cardium edule, ayant encore ses deux valves (loripes lacteus, gibbula Adansoni, calliostoma striata) ; cette faunule est mélangée à des déchets de cuisine (ostrea, tapes aureus et decussatus etc.) (Identifications de P. Mars) [...] De 2,50 à 2,30, le comblement de sable marin et de débris d'urgonien se poursuit avec coquillages d'eau saumâtre et huîtres [...] Le sondage, poussé jusqu'à -1,75 sous le sol de l'orchestre a montré que la partie de ces secteurs a été remaniée au Bas-Empire : deux anses d'amphores étrusques ..., dans un milieu de sable de plage et de coquillages marins à valves soudées d'eau saumâtre (cardium edule) montrant qu'il ne s'agit pas de déchets de cuisine".

Benoît, F. (1966) : "Topographie antique de Marseille : le théâtre et le mur de crinas", *Gallia*, 24, 1-20.

043 - Martigues

1. L'île*

Occupé dès le Ve siècle a.C., le site a livré de nombreux conchyliorestes ; plusieurs lots appartiennent aux IIe et Ier siècles a.C. Le mobilier a donné lieu à une étude menée par Fr. Brien-Poitevin (1988). D'autres travaux de l'auteur y font également référence. Les principaux résultats ont en outre été synthétisés par J. Chaussée-Laprée.

Brien-Poitevin, Fr. (1988) : "Les activités vivrières", *Dossiers d'Archéologie*, 128, 92-97 ; Brien-Poitevin, Fr. (1992) : "Huîtres et coquillages marins dans le midi de la Gaule", *Les Dossiers d'Archéologie*, Hors série, 3, 50-57 ; Brien-Poitevin, Fr. (1993) : "Etudes conchyliologiques de quelques sites, l'étang de Berre et la vallée de l'Arc", in : Leveau & Provansal 1993, 285-30 ; Leveau, Ph. et M. Provansal (1993) : *Archéologie et environnement de la Sainte-Victoire aux Alpilles*, Travaux du Centre Camille Jullian, 14, Aix-en-Provence ; Brien-Poitevin, Fr. (1996) : "Consommation des coquillages marins en Provence à l'époque romaine", in : Gateau 1996, 137-142 et *Revue Archéologique de Narbonnaise*, 29, 313-320 ; Gateau, F. avec la collaboration de Fr. Trément et Fl. Verdin (1996) : *Carte archéologique de la Gaule, L'Etang de Berre (13/1)*, Paris ; Chausserie-Laprée, J. (2005) : *Martigues, terre gauloise. Entre Celtique et Méditerranée*, Martigues.

2. Mas de Courtine

"Des coquillages" sont mentionnés.

Trément, Fr. (1994) : *Histoire de l'occupation du sol et évolution des paysages dans le secteur des étangs de Saint-Blaise (Bouches-du-Rhône), essai d'archéologie du paysage*, Thèse de doctorat, Université de Provence, Aix-en-Provence ; Gateau, F. avec la collaboration de Fr. Trément et Fl. Verdin (1996) : *Carte archéologique de la Gaule, L'Etang de Berre (13/1)*, Paris, 223.

044 - Les Pennes-Mirabeau*

La Cloche

La fouille du site a livré plus d'un millier de conchyliorestes marins. Tous sont associés à un niveau de destruction daté du milieu du Ier siècle a.C. Ils ont été étudiés par Fr. Brien-Poitevin.

Brien-Poitevin, Fr. (1993) : "Etudes conchyliologiques de quelques sites, l'étang de Berre et la vallée de l'Arc", in : Leveau & Provansal 1993, 285-30 ; Leveau, Ph. et M. Provansal (1993) : *Archéologie et environnement de la Sainte-Victoire aux Alpilles*, Travaux du Centre Camille Jullian, 14, Aix-en-Provence ; Chabot, L. (2004) : *L'oppidum de la Cloche (Les Pennes-Mirabeau, Bouches-du-Rhône)*, Montagnac.

045 - Rognac

1. Le Bosquet

"Des coquillages (moules, pétoncles, huîtres)" ont été recueillis dans un dépotoir lié à l'activité d'une *villa* occupée du Ier siècle p.C. au IIIe siècle p.C.

Gateau, F. avec la collaboration de Fr. Trément et Fl. Verdin (1996) : *Carte archéologique de la Gaule, L'Etang de Berre (13/1)*, Paris, 276.

2. La Canourgue

De "nombreux coquillages" ont été observés à l'emplacement d'une *villa* localisée à 300 m de l'étang de Berre, sur le flanc d'un petit plateau dominant le rivage. Le site est occupé du Ier siècle a.C., ou du début du Ier siècle p.C., à la fin du IIIe siècle p.C.

Gateau, F. avec la collaboration de Fr. Trément et Fl. Verdin (1996) : *Carte archéologique de la Gaule, L'Etang de Berre (13/1)*, Paris, 276.

3. Castellas

Fr. Brien-Poitevin signale la présence de nombreux conchyliorestes marins dans des fosses creusées dans des "cases" datées du Ier siècle a.C. Parmi les restes identifiés : des valves de coques, de nombreuses valves de moules et "une très grande quantité de cérithes : *cerithium vulgatum* Brug. et *bittium reticulatum*. Une seule case, la 3, en contenait 363 exemplaires, le nombre total est de 427 exemplaires, soit 36,90% de la totalité". D'après Fr. Brien-Poitevin, il est peu probable que les cérithes aient été consommés car "très durs". Ces coquillages vivent dans les algues (laminaires) : "Il faut donc envisager la possibilité d'algues récupérées le long du rivage, algues qui auraient totalement disparu mais dont on aurait la trace en négatif par les coquillages qui y vivent en symbiose." "[...] plus d'un cinquième des moules a une cassure très nette au tiers ou à la moitié et en biais, coupure faite par un instrument tranchant." Les valves de moules et de coques sont décrites comme épaisses. Selon l'auteur, ce critère indique "une arrivée d'eau douce proche du lieu de ramassage, [...] L'étang de Vaïne, peu salé à cause du débit du Vallat, semble être, logiquement, le biotope utilisé pour l'approvisionnement de l'oppidum".

Brien-Poitevin, Fr. (1992) : "Huîtres et coquillages marins dans le midi de la Gaule", *Les Dossiers d'Archéologie*, Hors série, 3, 50-57 ; Brien-Poitevin, Fr. (1993) : "Etudes conchyliologiques de quelques sites, l'étang de Berre et la vallée de l'Arc", in : Leveau & Provansal 1993, 285-30 ; Leveau, Ph. et M. Provansal (1993) : *Archéologie et environnement de la Sainte-Victoire aux Alpilles*, Travaux du Centre Camille Jullian, 14, Aix-en-Provence.

046 - Saint-Mitre-Les-Remparts

1. Castillon

"Des coquillages" ont été repérés à l'emplacement d'un "établissement rural".

Trément, Fr. (1994) : *Histoire de l'occupation du sol et évolution des paysages dans le secteur des étangs de Saint-Blaise (Bouches-du-Rhône), essai d'archéologie du paysage*, Thèse de doctorat, Université de Provence, Aix-en-Provence ; Gateau, F. avec la collaboration de Fr. Trément et Fl. Verdin (1996) : *Carte archéologique de la Gaule, L'Etang de Berre (13/1)*, Paris, 306.

2. Les Clapières*

Deux sondages ont permis "d'explorer un dépotoir de la fin de l'Antiquité [Ve - VIe siècle p.C.]". Il a livré un important mobilier conchyliologique étudié par Fr. Brien-Poitevin.

Trément, Fr. et Fr. Brien-Poitevin (1989) : "Les Clapières, dépotoir de la fin de l'Antiquité (Saint-Mitre-les-Remparts)", *Notes d'information et de liaison*, P.A.C.A., 6, 114-116.

3. Courtine

"Des coquillages" sont signalés à l'emplacement d'un "établissement rural".

Trément, Fr. (1994) : *Histoire de l'occupation du sol et évolution des paysages dans le secteur des étangs de Saint-Blaise (Bouches-du-Rhône), essai d'archéologie du paysage*, Thèse de doctorat, Université de Provence, Aix-en-Provence ; Gateau, F. avec la collaboration de Fr. Trément et Fl. Verdin (1996) : *Carte archéologique de la Gaule, L'Etang de Berre (13/1)*, Paris, 310.

4. Les Fourques

Sur un "petit site de hauteur", occupé du IIe - Ier siècle a.C. au Ier siècle p.C., "des coquillages" ont été retrouvés.

Trément, Fr. (1994) : *Histoire de l'occupation du sol et évolution des paysages dans le secteur des étangs de Saint-Blaise (Bouches-du-Rhône), essai d'archéologie du paysage*, Thèse de doctorat, Université de Provence, Aix-en-Provence ; Gateau, F. avec la collaboration de Fr. Trément et Fl. Verdin (1996) : *Carte archéologique de la Gaule, L'Etang de Berre (13/1)*, Paris, 309.

5. Lèbre (Plateau du)

"Des coquillages" ont été observés à l'emplacement d'un "habitat rural".

Trément, Fr. (1994) : *Histoire de l'occupation du sol et évolution des paysages dans le secteur des étangs de Saint-Blaise (Bouches-du-Rhône), essai d'archéologie du paysage*, Thèse de doctorat, Université de Provence, Aix-en-Provence ; Gateau, F. avec la collaboration de Fr. Trément et Fl. Verdin (1996) : *Carte archéologique de la Gaule, L'Etang de Berre (13/1)*, Paris, 311.

6. Mauvegeanne (Vallon de)

"Des coquillages" ont été repérés.

Trément, Fr. (1994) : *Histoire de l'occupation du sol et évolution des paysages dans le secteur des étangs de Saint-Blaise (Bouches-du-Rhône), essai d'archéologie du paysage*, Thèse de doctorat, Université de Provence, Aix-en-Provence ; Gateau, F. avec la collaboration de Fr. Trément et Fl. Verdin (1996) : *Carte archéologique de la Gaule, L'Etang de Berre (13/1)*, Paris, 312 ; 313.

7. Plan d'Aren

Parmi le mobilier recueilli sur le site, sont mentionnés "des coquillages".

Trément, Fr. (1994) : *Histoire de l'occupation du sol et évolution des paysages dans le secteur des étangs de Saint-Blaise (Bouches-du-Rhône), essai d'archéologie du paysage*, Thèse de doctorat, Université de Provence, Aix-en-Provence ; Gateau, F. avec la collaboration de Fr. Trément et Fl. Verdin (1996) : *Carte archéologique de la Gaule, L'Etang de Berre (13/1)*, Paris, 306.

8. Saint-Blaise*

La fouille de l'*oppidum* a livré de très nombreux conchyliorestes. Le mobilier du IIe siècle a.C., a fait l'objet d'un inventaire par Ph. Columeau. Celui des Ve et VIe siècles p.C. a été étudié par Fr. Brien-Poitevin ; il appartient à des contextes variés, tels des niveaux de sol et de rue, et des comblements de fosses.

Columeau, Ph. (1979) : "La faune", in : Bouloumié 1979, 182-189 ; Bouloumié, B. (1979) : Recherches stratigraphiques sur l'oppidum de Saint-Blaise, *Revue archéologique SITES*, Hors série, 15 ; * Brien-Poitevin, Fr. (1994) : "Les coquillages", in : Démians d'Archimbaud (éd.) 1994, 229-241 ; Démians d'Archimbaud, G. (éd.) (1994) : *L'oppidum de Saint-Blaise du Ve au VIIe s. (Bouches-du-Rhône)*, Documents d'Archéologie Française, 45, Paris.

9. Varage

"Des coquillages" sont signalés sur le site d'un "établissement rural", occupé de la fin du Ier siècle a.C. au IIe - IIIe siècle p.C.

Trément, Fr. (1994) : *Histoire de l'occupation du sol et évolution des paysages dans le secteur des étangs de Saint-Blaise (Bouches-du-Rhône), essai d'archéologie du paysage*, Thèse de doctorat, Université de Provence, Aix-en-Provence ; Gateau, F. avec la collaboration de Fr. Trément et Fl. Verdin (1996) : *Carte archéologique de la Gaule, L'Etang de Berre (13/1)*, Paris, 308

047 - Saintes-Maries-de-la-Mer
1. Le Carrelet*
Le mobilier conchyliologique, daté du IVe-VIe siècle p.C., a donné lieu à une étude par V. Forest.
Forest, V. (2004) : "Etude archéozoologique", in : Landuré *et al.* 2004, 241-267 ; Landuré, C. et M. Pasqualini (éd.), avec la collaboration de A. Guilcher (2004) : *Delta du Rhône. Camargue antique, médiévale et moderne*, Bulletin Archéologique de Provence, Suppl. 2, Aix-en-Provence.
2. Les Combettes*
V. Forest a réalisé l'étude du mobilier conchyliologique. Celui-ci a été découvert dans des contextes du VIe-VIIe siècle p.C.
Forest, V. (2004) : "Etude archéozoologique", in : Landuré *et al.* 2004, 241-267 ; Landuré, C. et M. Pasqualini (éd.), avec la collaboration de A. Guilcher (2004) : *Delta du Rhône. Camargue antique, médiévale et moderne*, Bulletin Archéologique de Provence, Suppl. 2, Aix-en-Provence.
3. Ile de Mornès*
L'étude du mobilier conchyliologique mis au jour sur le site a été menée par V. Forest. Les conchyliorestes sont issus de niveaux datés du Ier siècle a.C.
Forest, V. (2004) : "Etude archéozoologique", in : Landuré *et al.* 2004, 241-267 ; Landuré, C. et M. Pasqualini (éd.), avec la collaboration de A. Guilcher (2004) : *Delta du Rhône. Camargue antique, médiévale et moderne*, Bulletin Archéologique de Provence, Suppl. 2, Aix-en-Provence.

048 - Sénas
Au début du XIXe siècle, L. Méry rapporte que "des restes de grands bassins près de Sénas, nous rappellent ces magnifiques viviers que l'épicurisme des anciens inventa pour les exquises recherches d'une table splendide. Dans ces viviers, la gastronomie romaine faisait parquer de savoureuses huîtres. Des dépôts de leurs écailles y gisent encore entassés".
Méry, L. (1836) : *Histoire de Provence*, tome 2, Marseille, 161.

049 - Tarascon
Le Pied de Bouquet
Sur un site d'habitat occupé au Haut-Empire, "on a trouvé des restes de faunes : [...] quelques coquillages marins (huîtres, bucardes, etc, ...)".
Broise, P. (1990) : "Le site antique du Pas de Bousquet à Tarascon (Bouches-du-Rhône) d'après les fouilles et les prospections effectuées de 1960 à 1970", *Bulletin de la Société Archéologique de Provence*, 19, 21-62 ; Gateau, F. et M. Gazenbeek (1999) : *Carte archéologique de la Gaule, Les Alpilles et la Montagnette (13/2)*, Paris, 408.

050 - Velaux
1. Les Fauconnières
"Un coquillage (un fragment de moule)" a été découvert sur le site, dans un contexte du IIe-Ier siècle a.C.
Gateau, F. avec la collaboration de Fr. Trément et Fl. Verdin (1996) : *Carte archéologique de la Gaule, L'Etang de Berre (13/1)*, Paris, 329.
2. Sainte-Propice
"Des coquillages" sont signalés dans un niveau du Haut-Empire.
Villa, J.-P. (1973) : *Carte archéologique de la commune de Velaux*, Mémoire de Maîtrise, Université de Provence, Aix-en-Provence ; Gateau, F. avec la collaboration de Fr. Trément et Fl. Verdin (1996) : *Carte archéologique de la Gaule, L'Etang de Berre (13/1)*, Paris, 330.
3. Vallat des Vignes
"Un niveau (épais. 0,15/0,19 m) contenait un grand nombre de coquillages (huîtres, pectens)".
Villa, J.-P. (1973) : *Carte archéologique de la commune de Velaux*, Mémoire de Maîtrise, Université de Provence, Aix-en-Provence ; Gateau, F. avec la collaboration de Fr. Trément et Fl. Verdin (1996) : *Carte archéologique de la Gaule, L'Etang de Berre (13/1)*, Paris, 327.

051 - Vitrolle
1. Jardin du Théâtre de Verdure
Selon, Fr. Brien-Poitevin "on a retrouvé des huîtres et des peignes" sur le site d'un habitat rural occupé durant l'Antiquité tardive.
Brien-Poitevin, Fr. (1992) : "Huîtres et coquillages marins dans le midi de la Gaule", *Les Dossiers d'Archéologie*, Hors série, 3, 50-57 ; Brien-Poitevin, Fr. (1993) : "Etudes conchyliologiques de quelques sites, l'étang de Berre et la vallée de l'Arc", in : Leveau & Provansal 1993, 285-30 ; Leveau, Ph. et M. Provansal (1993) : *Archéologie et environnement de la Sainte-Victoire aux Alpilles*, Travaux du Centre Camille Jullian, 14, Aix-en-Provence ; Brien-Poitevin, Fr. (1996) : "Consommation des coquillages marins en Provence à l'époque romaine", in : Gateau 1996, 137-142 et *Revue Archéologique de Narbonnaise*, 29, 313-320 ; Gateau, F. avec la collaboration de Fr. Trément et Fl. Verdin (1996) : *Carte archéologique de la Gaule, L'Etang de Berre (13/1)*, Paris, 336.
2. *Villa* du Griffon
Sur le site de cette *villa*, occupée au cours de l'Antiquité tardive, Fr. Brien-Poitevin signale la présence de conchyliorestes marins, notamment des peignes glabres, *Proteopecten glaber*, et des huîtres plates d'Europe, *Ostrea edulis*.
Brien-Poitevin, Fr. (1992) : "Huîtres et coquillages marins dans le midi de la Gaule", *Les Dossiers d'Archéologie*, Hors série, 3, 50-57.

Cantal

052 - Auriac-l'Eglise
"Des coquilles d'huîtres et des tessons" ont été observés.
Vinatié, A. (1973) : "Contribution à l'étude de l'occupation gallo-romaine dans la région de Massiac", *Revue de Haute Auvergne*, 43, 489-520 ; Provost, M. (1996) : *Carte archéologique de la Gaule, Le Cantal (15)*, Paris, 73.

053 - Le Monteil
Chastel-Marlhac
Les observateurs signalent des "huîtres et des moules" à " l'angle d'une construction romaine". Les conchyliorestes sont datés de la deuxième moitié du IIe siècle p.C.
Provost, M. (1996) : *Carte archéologique de la Gaule, Le Cantal (15)*, Paris, 135.

054 - Massiac
La Rochette-Félines
Sur le site d'une *villa*, "des coquilles d'huîtres" ont été découvertes dans une structure en creux décrite comme "un bac à huîtres".
Vinatié, A. (1966) : "L'établissement gallo-romain de "La Rochette-Félines" à Massiac", *Revue de Haute Auvergne*, 40, 213-230 ; Vinatié, A. (1969) : "La villa gallo-romaine de "La Rochette-Félines" à Massiac (fin)", *Revue de Haute Auvergne*, 41, 560-566 ; Provost, M. (1996) : *Carte archéologique de la Gaule, Le Cantal (15)*, Paris, 120 ; 121.

Côte-d'Or

055 - Alise-Sainte-Reine*
Un dépotoir, situé à l'emplacement d'une aire sacrée, a livré des éléments d'artisanat, de construction ainsi que des coquillages. Ces rejets pourraient être liés aux zones d'habitat situées à proximité. Le mobilier conchyliologique, que nous avons étudié, est daté de la première moitié du Ier siècle p.C.
Bardot, A. (2003) : *Les coquillages en Gaule romaine. Etude régionale : les sites de Bourgogne et Franche-Comté. Provenances et usages*, Mémoire de Maîtrise, Université de Franche-Comté, Besançon, vol. 2, 4-6.

056 - Nuits-Saint-Georges*
Les Bolards
Des coquilles ont été découvertes dans un quartier d'habitat situé au sud de la voie principale qui desservait la ville antique. Deux contextes, au moins, sont datés du IIe siècle p.C. L'étude d'une dizaine de conchyliorestes a été intégrée à notre recherche de Maîtrise.
Bardot, A. (2003) : *Les coquillages en Gaule romaine. Etude régionale : les sites de Bourgogne et Franche-Comté. Provenances et usages*, Mémoire de Maîtrise, Université de Franche-Comté, Besançon, vol. 2, 7 ; 8.

057 - Mâlain
"Les fouilles de *Mediolanum* ont bien produit des coquillages mais, à l'exception de quelques-uns, ils n'ont pas été inventoriés et restent entreposés dans les cartons (plusieurs centaines !) du dépôt de fouille". Communication écrite de L. Roussel.
Bardot, A. (2004) : *Les coquillages en Gaule romaine. Etude régionale ; les régions Bourgogne et Franche-Comté. Approche socio-économique, artistique et culturelle*, Mémoire de D.E.A., Université de Franche-Comté, Besançon, vol. 1, 142.

058 - Mirebeau
"45 fragments de coquillages ont été découverts sur le site du camp de la VIIIe légion". Communication écrite de R. Goguey.
Goguey, R. et M. Reddé (1995) : *Le camp légionnaire de Mirebeau*, Mayence, 35 ; Bardot, A. (2004) : *Les coquillages en Gaule romaine. Etude régionale ; les régions Bourgogne et Franche-Comté. Approche socio-économique, artistique et culturelle*, Mémoire de D.E.A., Université de Franche-Comté, Besançon, vol. 1, 142.

059 – Vertault*
Un assemblage de conchyliorestes a été étudié pour notre Maîtrise. Il était composé de plusieurs lots, probablement issus de contextes différents, comme le suggèrent les quelques signalements enregistrés dans les comptes-rendus de fouilles :
- en 1913," une écaille d'huître"
- en 1920, "trois écailles d'huîtres"
- en 1922, "une huître" dans le puits n°6 "une huître" dans le puits n°9 et "une huître et une moule" dans le puits n°11
- en 1923, "une coquille d'huître et un oursin"
- en 1924, "des moules et un coquillage d'huître"
- en 1926, " une huître".
Bardot, A. (2003) : *Les coquillages en Gaule romaine. Etude régionale : les sites de Bourgogne et Franche-Comté. Provenances et usages*, Mémoire de Maîtrise, Université de Franche-Comté, Besançon, vol. 2, 9 ; 10.

Doubs

060 - Besançon
1. Inconnu*
Une trentaine de coquilles, dont la provenance n'est plus connue, sont conservées au Musée des Beaux-Arts et d'Archéologie de Besançon. Nous en avons fait l'examen à l'occasion de notre Maîtrise. Parmi les conchyliorestes se trouve un fragment de coquille de porcelaine, probablement de l'espèce *Cypraea pantherina* originaire de Mer Rouge.
Bardot, A. (2003) : *Les coquillages en Gaule romaine. Etude régionale : les sites de Bourgogne et Franche-Comté. Provenances et usages*, Mémoire de Maîtrise, Université de Franche-Comté, Besançon, vol. 2, 49 ; 50.
2. Collège Lumière*
Le mobilier conchyliologique a été découvert sur le site d'une vaste et luxueuse *domus* qui prend toute son envergure à la fin du IIe siècle p.C. avant sa destruction au cours d'un incendie certainement au milieu du IIIe siècle p.C. Les US sont liées à un niveau de démolition et au comblement d'une structure de type "basin" creusée dans une pièce ornée d'une mosaïque.
Bardot, A. (2007) : "Etude archéoconchyliologique", in : Munier (éd.) 2007, vol. 3, 337-343 ; Munier, C. (éd.) (2007) : *Au Collège Lumière à Besançon (Doubs)*, Document final d'opération, I.N.R.A.P. Grand Est-Sud, S.R.A. Franche-Comté, Besançon.
3. Kursaal*
"De nombreuses coquilles d'huîtres" sont signalées sur "une partie d'un riche bâtiment" occupé aux époques flavienne et antonine. Quelques conchyliorestes, conservés au Musée des Beaux-Arts et d'Archéologie de Besançon, ont été étudiés dans le cadre de notre Maîtrise.
Gaillard de Sémainville, H. (1982) : "Circonscription de Franche-Comté", *Gallia*, 40, 373-388 ; Joan, L. (2003) : *Carte archéologique de la Gaule, Le Doubs et du Territoire de Belfort (25 et 90)*, Paris, 221 ; Bardot, A. (2003) : *Les coquillages en Gaule romaine. Etude régionale : les sites de Bourgogne et Franche-Comté. Provenances et usages*, Mémoire de Maîtrise, Université de Franche-Comté, Besançon, vol. 2, 56 ; 57.
4. Mégevand (Rue)*
Au Musée des Beaux-Arts et d'Archéologie de Besançon, nous avons inventorié une valve droite d'huître plate d'Europe, *Ostrea edulis*.
Bardot, A. (2003) : *Les coquillages en Gaule romaine. Etude régionale : les sites de Bourgogne et Franche-Comté. Provenances et usages*, Mémoire de Maîtrise, Université de Franche-Comté, Besançon, vol. 2, 58 ; 59.
5. Moncey (Rue)
Des "amas de coquilles d'huîtres" ont été signalés.
Joan, L. (2003) : *Carte archéologique de la Gaule, Le Doubs et du Territoire de Belfort (25 et 90)*, Paris, 179.
6. Musée*
Quelques coquilles ont été découvertes. Nous les avons étudiées pour notre Maîtrise.
Bardot, A. (2003) : *Les coquillages en Gaule romaine. Etude régionale : les sites de Bourgogne et Franche-Comté. Provenances et usages*, Mémoire de Maîtrise, Université de Franche-Comté, Besançon, vol. 2, 60 ; 61.
7. Parc de la Banque de France
Un ensemble de structures a été mis au jour, dont une pièce interprétée comme un cellier. Cette pièce conservait en place une partie de son mobilier, daté de la fin du Ier ou début du IIe siècle p.C. Sur le sol en terre battue étaient déposés une amphore à huile (d'un type de la seconde moitié du premier siècle), un grand mortier, des fragments de cruches et une lampe de type "bougeoir". À proximité de l'amphore se trouvait "un amas de six douzaines d'huîtres qui paraissaient avoir conservé la forme de leur emballage (un carré de 50 cm de côté et de 15 cm de haut".
Lerat, L. (1985) : *Dans Besançon gallo-romain. Fouilles sous l'ancien parc de la Banque de France*, Annales Littéraires de l'Université de Besançon, 318, Paris ; Bardot, A. (2003) : *Les coquillages en Gaule romaine. Etude régionale : les sites de Bourgogne et Franche-Comté. Provenances et usages*, Mémoire de Maîtrise, Université de Franche-Comté, Besançon, vol. 2, 54; Joan, L. (2003) : *Carte archéologique de la Gaule, Le Doubs et du Territoire de Belfort (25 et 90)*, Paris, 226.
8. Parking de la Mairie*
Nous avons identifié une valve droite d'huître plate d'Europe, *Ostrea edulis*. Elle a été découverte dans un contexte daté des années 20-65 p.C.
Bardot, A. (2003) : *Les coquillages en Gaule romaine. Etude régionale : les sites de Bourgogne et Franche-Comté. Provenances et usages*, Mémoire de Maîtrise, Université de Franche-Comté, Besançon, vol. 2, 62 ; 63.
9. Refuge*
Un petit lot de conchyliorestes a été mis au jour. Nous en avons fait l'étude.
Bardot, A. (inédit) : *Etude archéoconchyliologique. Le site du Refuge/Besançon (Doubs)*, Rapport dactylographié.
10. Saint-Pierre (Place)*
Deux valves droites d'huître plate d'Europe, *Ostrea edulis*, ont été retrouvées. Nous les avons inventoriées dans notre mémoire de Maîtrise.
Bardot, A. (2003) : *Les coquillages en Gaule romaine. Etude régionale : les sites de Bourgogne et Franche-Comté. Provenances et usages*, Mémoire de Maîtrise, Université de Franche-Comté, Besançon, vol. 2, 64 ; 65.

061 - Mathay
Champs des Isles
Quatre valves d'huîtres ont été découvertes dans des fosses dépotoirs. Communication écrite de J.-P. Mazimann.
Bardot, A. (2003) : *Les coquillages en Gaule romaine. Etude régionale : les sites de Bourgogne et Franche-Comté. Provenances et usages*, Mémoire de Maîtrise, Université de Franche-Comté, Besançon, vol. 2, 66 ; 67.

Gard

062 - Nages-et-Solorgues*
Oppidum des Castels
Fr. Brien-Poitevin signale, au Ier siècle a.C., la présence de valves de moules "même si la quantité y fut assez faible du fait de la rareté des fleuves à proximité". Ph. Columeau a réalisé un inventaire du mobilier conchyliologique : "coquillages : 84 ex.".
Columeau, Ph. (1978) : "Etude de la faune", in : Py 1978, 342-355 ; Py, M. (1978) : *L'oppidum des Castels à Nages, Gard*, Gallia, Suppl. 35, Paris ; Columeau, Ph. (1978) : "La faune de la Vaunage pendant l'âge du Fer", *Revue Archéologique de Narbonnaise*, 11, 215-242 ; Brien-Poitevin, Fr. (1992) : "Huîtres et coquillages marins dans le midi de la Gaule", *Les Dossiers d'Archéologie*, Hors série, 3, 50-57

063 - Nîmes
1. Arènes (Boulevard des)*
Les conchyliorestes, étudiés par V. Forest, proviennent des "abords immédiats d'un aménagement destiné à l'évacuation des eaux de ruissellement à travers le rempart augustéen". Le mobilier conchyliologique couvre une large période : il est daté de la fin du Ier siècle a.C. à la fin du IIe siècle p.C. et de la fin du IVe-Ve siècle p.C.
Forest, V. (inédit) : *Etude archéozoologique : ostéologie, conchyliologie. Les Arènes - Nîmes (Gard)*, Rapport dactylographié.
2. Assas (Place d')*
Des coquilles ont été rejetées dans une "structure en creux qualifiée hypothétiquement de puits, PT 3095", dont le comblement est daté des années 60-70 p.C. Le mobilier conchyliologique a fait l'objet d'une étude par V. Forest.

Forest, V. avec la collaboration de Fr. Brien-Poitevin (2006) : "Etudes archéozoologiques : ostéologie et conchyliologie du puits PT 3095 comblé entre 60-70 ap. J.-C.", in : Conche (éd.) 2006, vol. 1, 123-141 ; vol. 2, 5-9 ; Conche, Fr. (éd.) (2006) : *Place d'Assas à Nîmes (Gard)*, Document final de synthèse, I.N.R.A.P. Méditerranée, S.R.A. Languedoc-Roussillon, Montpellier.

3. Carsalade*

Parmi une série de constructions liées à la production du vin, une vaste fosse (FS 5108), comblée à l'époque tibérienne, a livré plusieurs restes de coquillages marins. V. Forest en a fait l'étude.

Forest, V. (2003) : "Etude archéozoologique", in : Barberan 2003, 428-430 ; - Barberan, S. avec la collaboration de V. Forest et L. Vidal (2003) : "Un lot de céramique d'époque tibérienne découvert sur le site de Carsalade (Nîmes, Gard)", in : *Société Française d'Etude de la Céramique Antique en Gaule, Actes du Congrès de Saint-Romain-en-Gal (2003)*, 407-433.

4. Casernette (Rue de la)

Dans un contexte de dépotoir, furent découverts des "déchets culinaires peu nombreux mais classiques (coquillages, crocs de porcs ou de sangliers)".

Bauquier, H. (1941) : "Documents gallo-romains recueillis rue de la Casernette", *Bulletin de l'Académie de Nîmes*, Séance du 23.05.1941 ; Fiches, J.-L. et A. Veyrac (1996) : *Carte archéologique de la Gaule, Nîmes (30/1)*, Paris, 319.

5. Mas Vignoles IX*

Quelques conchyliorestes ont été découverts dans des contextes chronologiques qui s'échelonnent de 150 a.C. à 350 p.C. Ils ont été étudiés par V. Forest.

Forest, V. (2005) : "Etude archéozoologique. Ostéologie, conchyliologie" in : Séjalon *et al.* 2005, 48-51 ; Séjalon, P., V. Bel, P. Chevillot, V. Forest et C. Georjon (2005) : *Mas de Vignoles XI à Nîmes (Gard)*, Rapport final d'opération, S.R.A Languedoc-Roussillon, Montpellier.

6. Tour Magne

"Selon Fr. Germer-Durand, derrière la guinguette du Mont-Cavalier, une vigne dite des coquilles livrait non seulement des coquilles d'huîtres et autres coquillages marins, mais encore des débris de vases et de nombreux cailloux de fronde".

Germer-Durand, F. (1874) : "Découvertes archéologiques faites à Nîmes et dans le Gard", *Revue des Sociétés savantes des Départements*, II, 20 ; Fiches, J.-L. et A. Veyrac (1996) : *Carte archéologique de la Gaule, Nîmes (30/1)*, Paris, 178.

7. Z.A.C. des Halles*

La fouille de la *domus* A a permis la mise au jour de dizaines de conchyliorestes étudiées par Fr. Brien-Poitevin. Le mobilier conchyliolgique se répartit entre les trois états définis par les archéologues : augustéen, flavien et sévérien.

Brien-Poitevin, Fr. (1993) : "Les coquillages marins", in : Monteil (éd.) 1993, 264-266 ; Monteil, M. (éd.) (1993) : *Les fouilles de la Z.A.C. des Halles à Nîmes (Gard)*, Bulletin de l'Ecole Antique de Nîmes, Suppl. 1., Nîmes.

064 - Pont-Saint-Esprit*

Mas Conil

Le mobilier conchyliologique provient de six ensembles dégagés lors de la fouille d'une *villa* romaine. Il a fait l'objet d'une étude par V. Forest.

Forest, V. (inédit) : *Etude conchyliologique, Mas Conil (Pont Saint Esprit, Gard)*, Rapport dactylographié.

065 - Villevieille*

Les coquilles marines, que nous avons étudiées avec V. Forest, ont été découvertes dans des structures de natures diverses, par exemple un passage d'échelle, des portions de voies et deux maisons mitoyennes. Les assemblages couvrent une large fenêtre chronologique, de 125 a.C. à 200 p.C.

Bardot-Cambot, A. et V. Forest (à paraître a) : "Coquillages et coquilles du site de Villevieille", in : Houix *et al.* (dir.) (à paraître) ; Houix, B., M. Monteil et Cl. Raynaud (à paraître) : *L'agglomération antique de Villevieille (Gard) et son territoire*. Support de publication non défini.

Hérault

066 - Agde

1. Inconnu

"Des huîtres" sont signalées dans une amphore.

Clavel, M. (1970) : *Béziers et son territoire dans l'Antiquité*, Paris, 444.

2. Pont

"Lors des travaux d'installation de la culée, rive gauche", "des huîtres, des moules et autres coquillages" ont été observés.

Lugand, M. (2001) : *Carte archéologique de la Gaule, Agde et le Bassin de Thau (34/2)*, Paris, 135.

067 - Alignan*

Le Valat

La fouille d'une fosse dépotoir et de trois silos a permis de recueillir des conchyliorestes marins. Le mobilier, daté entre le IVe et le VIe siècle p.C. a été étudié par V. Forest.

Forest, V. (inédit) : *Etude archéozoologique. Le Valat - Alignan (Hérault). IVe-VIe siècle apr. J.-C.*, Rapport dactylographié.

068 - Ambonne

"La cueillette des coquillages est attestée (prédominance d'oursins, tellines, coques, huîtres, moules, coquilles Saint-Jacques), de même que la pêche en mer ou sur les étangs [...] La navigation a laissé quelques artefacts : cornes de brume réalisées dans de gros escargots marins [...]".

Lugand, M. (2001) : *Carte archéologique de la Gaule, Agde et le Bassin de Thau (34/2)*, Paris, 161.

069 - Aspiran*

Soumaltre

Des conchyliorestes marins ont été découverts lors de la fouille de "structures en creux" sur le site d'un établissement rural. Ils appartiennent à des contextes de la fin du Ier siècle a.C. à 200 p.C. Leur étude a été menée par V. Forest.

Forest, V. et I. Belarbi (2002) : "Etude archéozoologique", in : Thernot *et al.* (éd.) 2002, 235-247 ; Thernot, R., V. Bel et St. Mauné (éd.) (2002) : *L'établissement rural de Soumaltre à Aspiran (Hérault)*, Document final de synthèse, S.R.A. Languedoc-Roussillon, Montpellier.

070 - Aumes

1. Bourgaraou-Bas 2

"Des coquillages (huîtres, moules, pectens)" sont signalés dans "une zone de dépotoirs, sans doute utilisée par les occupants du site voisin de Bourgaraou-Bas-1 [habitat rural]" au cours du Ier-IIe siècle p.C.

Mauné, St. (1992) : *Inventaire archéologique de la commune d'Aumes (Hérault)*, S.R.A. Languedoc-Roussillon, Montpellier ; Mauné, St. (1996) : *Les campagnes du Biterrois nord-oriental dans l'Antiquité, IIe s. av. - VIe s. ap. J.-C. Peuplement et occupation du sol, économie, pratiques culturelles et funéraires*, Thèse de Doctorat, Université de Franche-Comté, Besançon, vol. 2, 58 ; Lugand, M. (2001) : *Carte archéologique de la Gaule, Agde et le Bassin de Thau (34/2)*, Paris, 167.

2. Bourgaraou-Bas 3

"Des coquillages" ont été retrouvés "sur environ 900 m^{2}" à proximité des "fondations d'un mur en pierres liées au mortier". Ils ont été abandonnés entre le Ier siècle a.C. et le milieu du IIe siècle p.C.

Mauné, St. (1992) : *Inventaire archéologique de la commune d'Aumes (Hérault)*, S.R.A. Languedoc-Roussillon, Montpellier ; Mauné, St. (1996) : *Les campagnes du Biterrois nord-oriental dans l'Antiquité, IIe s. av. - VIe s. ap. J.-C. Peuplement et occupation du sol, économie, pratiques culturelles et funéraires*, Thèse de Doctorat, Université de Franche-Comté, Besançon, vol. 2, 58 ; 59 ; Lugand, M. (2001) : *Carte archéologique de la Gaule, Agde et le Bassin de Thau (34/2)*, Paris, 167.

3. Oppidum d'Aumes-Lico-Castel 2

"Dans le comblement d'une citerne", daté de la première moitié du VIe siècle p.C. "un dépotoir" a livré "des coquillages".

Mauné, St. (1992) : *Inventaire archéologique de la commune d'Aumes (Hérault)*, S.R.A. Languedoc-Roussillon, Montpellier ; Mauné, St. (1996) : *Les campagnes du Biterrois nord-oriental dans l'Antiquité, IIe s. av. - VIe s. ap. J.-C. Peuplement et occupation du sol, économie, pratiques culturelles et funéraires*, Thèse de Doctorat, Université de Franche-Comté, Besançon, vol. 1, 316-319, vol. 2, 38 ; Lugand, M. (2001) : *Carte archéologique de la Gaule, Agde et le Bassin de Thau (34/2)*, Paris, 172.

071 - Balaruc-les-Bains

1. Ecole maternelle

"Un niveau archéologique contenait de nombreux coquillages".

Lugand, M. (2001) : *Carte archéologique de la Gaule, Agde et le Bassin de Thau (34/2)*, Paris, 191.

2. Immeuble du Vendémiaire

Sur le site d'une *domus*, "un four culinaire et des fosses ont été comblés [au VIe siècle p.C] par des déchets culinaires", notamment "des coquillages".

Lugand, M. (2001) : *Carte archéologique de la Gaule, Agde et le Bassin de Thau (34/2)*, Paris, 182.

3. Montgolfier (Rue)*
Le mobilier conchyliologique est issu de deux dépotoirs flaviens, dont un très vaste a été dégagé sur près de 50 m^2, et de plusieurs structures en creux comblées au cours du Ve siècle p.C. et interprétées comme des silos. Nous avons fait un bref examen.
Bardot, A. (inédit) : *Le mobilier conchyliologique : premières observations. Balaruc-les-Bains (Hérault) - Rue Montgolfier. Ier siècle p.C. et Ve siècle p.C.*, Rapport dactylographié.
4. Parc de l'ancien établissement thermal
"De nombreux coquillages" ont été observés.
Lugand, M. (2001) : *Carte archéologique de la Gaule, Agde et le Bassin de Thau (34/2)*, Paris, 186.
5. Pasteur (4, rue)*
Un dépotoir lié au "comblement de fronts de carrier" au cours du Ve siècle p.C. a livré des conchyliorestes marins. Ceux-ci ont été étudiés par V. Forest.
Forest, V. (inédit) : *Etude archéozoologique : ostéologie, conchyliologie. Rive Bleue - Balaruc-les-Bains (Hérault)*, Rapport dactylographié

072 - Balaruc-le-Vieux
République (Rue de la)
Plusieurs observations ont été faites sur ce site :
- Dans "un dépotoir d'amphores gauloises » : « des coquillages".
- "plusieurs *dolia* dont le comblement était riche en coquillages".
- "une cavité [...] comblée de nombreux moellons calcaires, de fragments de *tegulae*, de céramique commune, avec de la faune et des coquillages. Il peut s'agir d'un silo ou d'une fosse de récupération d'un *dolium*".
Lugand, M. (1984) : *L'occupation antique des communes de Balaruc-le-Vieux, Bouzigues, Poussan et Montbazin*, Mémoire de Maîtrise, Université Paul Valéry, Montpellier ; Lugand, M. (1986) : "L'occupation antique de la commune de Balaruc-le-Vieux", *Bulletin de la Société d'Etudes Scientifiques de Sète*, 14-15, 15-44 ; Lugand, M. (2001) : *Carte archéologique de la Gaule, Agde et le Bassin de Thau (34/2)*, Paris, 210 ; 211.

073 - Béziers*
Saint-Jean-d'Aureilhan
Des conchyliorestes marins ont été collectés lors de la fouille d'une fosse comblée au Ve-VIe siècle p.C. Leur étude a été réalisée par V. Forest.
Forest, V. (1999) : "Etude conchyliologique des Mollusques marins", in : Jandot *et al.* (éd.) 1999, 69-78 ; Jandot, C., S. Barberan et S. Barbey (éd.) (1999) : *Saint Jean d'Aureilhan. Béziers (Hérault)*, Document final de synthèse, S.R.A. Languedoc-Roussillon, Montpellier.

074 - Bouzigues
Mas d'Argent
"La présence de coquillages (huîtres et pectens) illustre les habitudes alimentaires de ce site côtier" au Haut-Empire.
Bermond, I. (1992) : *Contribution à la carte archéologique du bassin de Thau*, Rapports de prospections, S.R.A. Languedoc-Roussillon, Montpellier ; Lugand, M. (2001) : *Carte archéologique de la Gaule, Agde et le Bassin de Thau (34/2)*, Paris, 218.

075 - Clermont-l'Hérault*
Peyre Plantade
Plusieurs zones du chantier archéologique ont livré des conchyliorestes marins. Les US concernées "se partagent entre comblements d'excavations (fosses, puits, caves, cuves), remblais et épandages". Elles couvrent une large fenêtre chronologique, de 100 a.C. à 600 p.C. Le mobilier a été étudié par V. Forest.
Forest, V. avec la collaboration de M. Cheylan (inédit) : *Etudes archéozoologiques : Ostéologie et conchyliologie. Site de Peyre Plantade – Clermont-l'Hérault (Hérault) (Ier s.av. J.-C. – VIe s. ap. J.-C.)*, Rapport dactylographié.

076 - Florensac
1. Estacarède
"Des coquillages" sont mentionnés parmi le mobilier retrouvé à l'emplacement d'un établissement rural occupé au cours des "trois premiers siècles de notre ère".
Lugand, M. (2001) : *Carte archéologique de la Gaule, Agde et le Bassin de Thau (34/2)*, Paris, 230.
2. Font de Mingaud
"En bordure de la *via Domitia*", un établissement rural a livré "des coquilles d'huîtres et de pectens". Elles étaient contenues dans "un petit dépotoir".
Houlès, N. (1993) : *Prospection au nord d'Agde, Contribution à la carte archéologique de la basse vallée de l'Hérault*, S.R.A. Languedoc-Roussillon, Montpellier ; Lugand, M. (2001) : *Carte archéologique de la Gaule, Agde et le Bassin de Thau (34/2)*, Paris, 226.
3. Pouchette
"La quasi-totalité du remplissage de la fosse contenait un nombre plus ou moins important de reliefs de repas avec de nombreuses coquilles d'escargots, de coquillages (huîtres, moules, pectens) [...]". Le comblement de cette fosse est daté entre la deuxième moitié du Ier siècle et le milieu du IIe siècle p.C.
Lugand, M. (2001) : *Carte archéologique de la Gaule, Agde et le Bassin de Thau (34/2)*, Paris, 225 ; Houlès, N. (1988) : *La Pouchette, Florensac*, Rapport de sauvetage urgent, S.R.A. Languedoc-Roussillon, Montpellier.

077 - Fontès*
Bardens
Le mobilier conchyliologique, étudié par V. Forest, est issu de quatre fossés comblés au VIe siècle p.C.
Forest, V. (1998) : "Etudes de faune en Biterrois (partie nord et nord-est)", in : Mauné 1998, 156-177 ; Mauné, St. (1998) : *Les campagnes de la cité de Béziers dans l'Antiquité (partie nord-orientale) (IIe s. av. J.-C. - VIe s. ap. J.-C.)*, Montagnac.

078 - Frontignan
1. Mas de Bernadou
À l'emplacement d'un "établissement agricole", occupé principalement entre la deuxième moitié du Ier siècle p.C. et la deuxième moitié du IIe siècle p.C., " le matériel halieutique (des hameçons), les restes de poissons (mâchoires de daurades) ainsi que les grandes quantités de coquilles marines (surtout des huîtres et des pectens mais aussi des moules et des murex) évoquent la pêche dans l'étang de Thau, dont le rivage se situe à moins de 800 m du site".
Lugand, M. (2001) : *Carte archéologique de la Gaule, Agde et le Bassin de Thau (34/2)*, Paris, 237.
2. Peyrade
"Des huîtres et des pectens" ont été découverts sur le site d'un "entrepôt lié au commerce du vin par les étangs lagunaires (?)". Les coquilles étaient contenues dans "le comblement d'une fosse, sans doute un puits à l'origine". Leur abandon se situe entre la fin du Ier siècle p.C. et le premier quart du IIe siècle p.C.
Lugand, M. (2001) : *Carte archéologique de la Gaule, Agde et le Bassin de Thau (34/2)*, Paris, 238 ; Pellecuer, Chr., M. Lugand et M. Compan (1981) : *La Peyrade, ancienne usine à gaz*, Rapport de sauvetage urgent, S.R.A. Languedoc-Roussillon, Montpellier.

079 - Lattes*
Les fouilles de la cité portuaire de Lattes ont livré de très nombreux conchyliorestes dans des contextes chronologiques qui s'échelonnent de 200 a.C. au IIe siècle p.C. Ces découvertes ont été systématiquement enregistrées par les archéologues et plusieurs études ont été réalisées. On retiendra principalement celle réalisée par Fr. Brien-Poitevin, car elle est vouée au seul mobilier conchyliologique.
De Chazelles, Cl.-A. et J.-C. Roux (1988) : "L'emploi des adobes dans l'aménagement de l'habitat, à Lattes, au IIIe s. av. n. è. : les sols et les banquettes", *Mélanges d'histoire et d'archéologie lattoise*, Lattara 1, 161-174 ; De Chazelles, Cl.-A. (1990) : "Histoire de l'îlot 3. Stratigraphie, architecture et aménagements. IIIe s. av. n. è. - Ier s. de n. è.", in : Py (éd.) 1990, 113-150 ; Py, M. (éd.) (1990a) : *Fouilles dans la ville antique de Lattes, les îlots 1, 3 et 4-nord du quartier Saint-Sauveur*, Lattara 3, Lattes ; Garcia, D. (1990) : "Urbanisme et architecture de la ville de Lattara aux IIIe-Ier s. av. n. è. Premières observations", in : Py (éd.) 1990, 303-316 ; Py, M. et J. Lopez (1990) : "Histoire de l'îlot 4 nord. Stratigraphie, architecture et aménagements (IIe s. avt-Ier s. apr. J.-C.)", in : Py (éd.) 1990, 211-246 ; Brien-Poitevin, Fr. (1992) : "Collecte, consommation et réutilisation des coquillages marins sur le site de Lattes", in : Py (éd.) 1992, 125-138 ; Py, M. (éd.) (1992) : *Recherche sur l'économie vivrière des Lattarenses*, Lattara 5, Lattes ; Garcia, D. (1994a) : "La zone 8 : un îlot longiligne du IIe s. av. n. è.", in : Garcia (éd.) 1994b, 145-154 ; Garcia, D. (éd.) (1994b) : *Exploration de la ville portuaire de Lattes, Les îlots 2, 4-sud, 5, 7-est, 7-ouest, 8, 9 et 16 du quartier Saint-Sauveur*, Lattara 7, Lattes ; Geniez, P. (2003) : "Fluctuations spatiales et chronologiques de la faune

malacologique identifiée sur le site de Saint-Sauveur, zone 123 (Lattes, Hérault)", in : Buxo *et al.* (éd.) 2003, 93-116 ; Buxo, R, Chabal, L. et A. Gardeisen (éd.) (2003) : *Recherches pluridisciplinaires sur un espace urbain du IVe siècle avant notre ère*, Lattara 16, Lattes ; Belarte, C. et M. Py (2004) : "Les décors de sol à base de coquillages du quartier 30-35 de Lattara", in : Py (éd.) 2004, 385-394 ; Py, M. (éd.) (2004) : *Le quartier 30-35 de la ville de Lattara (fin IIIe - Ier s. av. n. è.), regards sur la vie urbaine à la fin de la Protohistoire*, Lattara 17, Lattes ; Piquès, G. (2005) : "Les déchets d'une fabrication de sauce de poisson dans le comblement d'un puits gallo-romain et la question du sel à Lattes", Piquès & Buxo (éd.) 2005, 293-305 ; Piquès, G. et R. Buxo (éd.) (2005) : *Onze puits gallo-romains de Lattara (Ier s. av. n. è. - IIe s. de n. è.) : fouilles programmées 1986-2000*, Lattara 18, Lattes.

080 - Sallèles du Bosc
Pétout
Des "coquillages" ont été observés parmi des "structures artisanales" en fonction au Ier siècle p.C.
Maistre, E. (1968) : *Les citernes gallo-romaines de Pétout à Sallèles du Bosc*, Rapport de fouille dactylographié, S.R.A. Languedoc-Roussillon, Montpellier ; Schneider, L. et D. Garcia (1998) : *Carte archéologique de la Gaule, Le Lodève (34/1)*, Paris, 142.

081 - Le Pouget
Les Crozes-Est
Des "coquillages" sont mentionnés sur un site d'habitat occupé au Ve-VIe siècle p.C.
Mauné, St. (1996) : *Les campagnes du Biterrois nord-oriental dans l'Antiquité, IIe s. av. - VIe s. ap. J.-C. Peuplement et occupation du sol, économie, pratiques culturelles et funéraires*, Thèse de Doctorat, Université de Franche-Comté, Besançon ; Schneider, L. et D. Garcia (1998) : *Carte archéologique de la Gaule, Le Lodève (34/1)*, Paris, 209.

082 - Loupian
1. Bourbou
Le site est lié à l'activité d'un "atelier de potiers et d'entrepôt" au cours de l'Antiquité tardive. Autour "d'un foyer formé d'une brique *bipedalis* et bordé d'une couronne de blocs [...] se développe une zone de cendres et de déchets divers [...]", avec parmi eux "des fragments de coquilles de moules".
Pellecuer, Chr. (2000) : *La villa des Prés-Bas (Loupian, Hérault) dans son environnement. Contribution à l'étude de la villa et de l'économie domaniale dans le sud de la Gaule*, Thèse de Doctorat, Université de Provence, Aix-en-Provence ; Schneider, L. et D. Garcia (1998) : *Carte archéologique de la Gaule, Le Lodève (34/1)*, Paris, 261.
2. Près-Bas*
Le mobilier conchyliologique issu des fouilles de la *villa* a été étudié par Fr. Brien-Poitevin. Il provient d'US datées du Ier au Ve siècle p.C.
Brien-Poitevin, Fr. (2000) : "Collecte des coquillages et conchyliculture", in : Pellecuer 2000, vol. 2, 328-335 ; Pellecuer, Chr. (2000) : *La villa des Prés-Bas (Loupian, Hérault) dans son environnement. Contribution à l'étude de la villa et de l'économie domaniale dans le sud de la Gaule*, Thèse de Doctorat, Université de Provence, Aix-en-Provence.

083 - Lunel-Viel*
De nombreux vestiges de coquilles marines ont été découverts à l'occasion de la fouille de deux quartiers d'habitation. Ils ont donné lieu à deux études conchyliologiques réalisées par Fr. Brien-Poitevin.
- "Le quartier oust". Plus d'un quart des conchyliorestes appartient au secteur dit de " l'édifice public à contreforts". Certains proviennent de remblais mis en place dans la seconde moitié du Ier siècle p.C., d'autres, jetés dans des dépotoirs et des silos, sont liés à la dernière phase d'utilisation du bâtiment au IIIe siècle p.C. Les trois quarts restants sont issus de niveaux tardifs : des remblais du IVe-VIe siècle, un "éboulis" du milieu du IVe siècle p.C., un dépotoir et des silos du Ve siècle p.C.
Brien-Poitevin, Fr. (1990) : "Etude conchyliologique", in : Raynaud 1990, 309-314 ; Raynaud, Cl. (éd.) (1990) : *Le village gallo-romain et médiéval de Lunel-Viel. Les fouilles du quartier ouest*, Annales Littéraires de l'Université de Besançon, 422, Paris.
- "Le quartier central". Les conchyliorestes mis au jour dans ce quartier couvrent une large chronologie, de 50 p.C. à 500 p.C.
Brien-Poitevin, Fr. (2007) : "Exploitation des ressources marines", in : Raynaud (éd.) 2007, 79-82 ; 333 ; Raynaud, Cl. (éd.) (2007) : *Archéologie d'un village languedocien. Lunel-Viel (Hérault), du Ier au XVIIIe siècle*, Monographies d'Archéologie Méditerranéenne, 22, Lattes.

084 - Mèze
Yeuses
Dans le contexte d'une *villa*, occupée de la période républicaine au IVe siècle p.C., un "dépotoir" a livré "des coquillages".
Lugand, M. (2001) : *Carte archéologique de la Gaule, Agde et le Bassin de Thau (34/2)*, Paris, 288.

085 - Montagnac
1. Emile Combes (Place)
"Des coquillages" étaient contenus dans "un dépotoir domestique" constitué à la fin du IVe siècle p.C.
Lugand, M. (2001) : *Carte archéologique de la Gaule, Agde et le Bassin de Thau (34/2)*, Paris, 300.
2. Lieussac*
La fouille de la *villa* a mis au jour un dépotoir daté des années 230-250 p.C. Il contenait des coquilles marines que V. Forest a étudiées.
Forest, V. (2006) : "Consommation et approvisionnement culinaires dans la région de Béziers au IIIe s. : l'exemple de la *villa* de *Lieussac* (Montagnac, Hérault). La faune", in : Mauné & Genin (éd.) 2006, 216-222 ; Mauné, St. et M. Genin (éd.) (2006) : *Du Rhône aux Pyrénées : Aspects de la vie matérielle en Gaule Narbonnaise (fin du Ier s. av. J.-C. – VIe s. ap. J.-C.)*, Montagnac.
3. Puech-Redon
"De nombreuses coquilles de moules et d'huîtres" ont été retrouvées dans un "dépotoir" constitué entre la fin du Ier siècle a.C. et la seconde moitié du IIe siècle p.C.
Lugand, M. (2001) : *Carte archéologique de la Gaule, Agde et le Bassin de Thau (34/2)*, Paris,305.
4. Terrier
Parmi le mobilier du Haut-Empire qui composait un "dépotoir", figuraient "des coquilles d'huîtres".
Mauné, St. (1992) : *Inventaire archéologique de la commune de Montagnac (Hérault)*, S.R.A. Languedoc-Roussillon, Montpellier ; Mauné, St. (1992) : *L'occupation antique du Piscénois et du Montagnacois de la fin du deuxième Âge du Fer au début du Haut Moyen Âge*, Mémoire de Maîtrise, Université de Franche-Comté, Besançon ; Lugand, M. (2001) : *Carte archéologique de la Gaule, Agde et le Bassin de Thau (34/2)*, Paris, 299.

086 - Paulhan*
A75-Ermitage
Des conchyliorestes marins sont issus de la fouille "d'excavations de type fosses" comblées au Ve-VIe siècle p.C. V. Forest a réalisé leur étude.
Forest, V. avec les collaborations de S. Bailon, M. Cheylan et N. Desse-Berset (inédit) : *Etudes archéozoologiques. Ostéologie et conchyliologie. A75/Ermitage - Paulhan (Hérault)*, Rapport dactylographié.

087 - Pezenas*
L'Auribelle-Basse
Des coquilles marines étaient contenues dans le comblement d'une fosse. Cette dernière est interprétée comme un dépotoir domestique ayant recueilli des vestiges alimentaires dans les années 140-170 p.C.
Forest, V. (inédit) : *Premières remarques sur le matériel archéozoologique de la fosse 1159 du site de Pézenas/L'Auribelle*, Rapport dactylographié ; Forest, V. (2004) : " La faune", in : Mauné *et al.* 2004, 426-427 ; Mauné, St., S. Silvéréano, M. Feugère, J. Bussière, St. Raux, V. Forest, C. Sanchez et J. Lescure (2004) : "Les poubelles de Titus Iulius Paternus à l'Auribelle-Basse (Pézenas ; Hérault) : étude d'un dépotoir des années 140-170 ap. J.-C.", in : *Société Française d'Etude de la Céramique Antique en Gaule, Actes du Congrès de Vallauris (2004)*, 403-430.

088 - Pinet
Castelle
"Des coquillages (moules, huîtres, pectens)" figurent parmi les nombreux restes culinaires observés sur le site de cette *villa* occupée dans l'Antiquité tardive.
Lugand, M. (2001) : *Carte archéologique de la Gaule, Agde et le Bassin de Thau (34/2)*, Paris, 335.

089 - Poilhes
"Des monceaux de coquilles d'huîtres ont été retrouvés".
Bouscaras, A. (1951) : "Notes sur quelques gisements gallo-romains du Biterrois", *Bulletin de la Société Archéologique de Béziers*, 4e série, 17,

30-35 ; Clavel, M. (1970) : *Béziers et son territoire dans l'Antiquité*, Paris.

090 - Pomérols
Belbezé 2
"Des coquillages" ont été découverts dans "un dépotoir constitué au Ier-IIe siècle p.C.
Lugand, M. (2001) : *Carte archéologique de la Gaule, Agde et le Bassin de Thau (34/2)*, Paris, 340.

091 - Poussan
Clachs
"Des coquillages (moules, huîtres, pectens)" sont signalés sur le site d'une *villa* occupée au IVe-Ve siècle p.C.
Lugand, M. (2001) : *Carte archéologique de la Gaule, Agde et le Bassin de Thau (34/2)*, Paris, 349.

092 - Puissalicon
1. Canet
Il a été noté "des monceaux de coquilles d'huîtres». « Il s'agit essentiellement de coquilles d'huîtres de plusieurs variétés, des belons notamment. Les coquilles de moules sont nettement moins abondantes".
Clavel, M. (1970) : *Béziers et son territoire dans l'Antiquité*, Paris, 326.
2. Les Jurières-Basses*
La fouille de fosses et de fossés a permis de recueillir des conchyliorestes marins dans des contextes de la fin du IVe siècle p.C. au VIe siècle p.C. Le mobilier a été étudié par V. Forest.
Forest, V. (1998) : "Etudes de faune en Biterrois (partie nord et nord-est)", in : Mauné 1998, 156-177 ; Mauné, St. (1998) : *Les campagnes de la cité de Béziers dans l'Antiquité (partie nord-orientale) (IIe s. av. J.-C. - VIe s. ap. J.-C.)*, Montagnac.

093 - Quarante
Souloumiac
Le mobilier conchyliologique découvert sur le site a été étudié par V. Forest. Il est daté du IIe siècle p.C. (niveau de cailloutis) et du VIe-VIIe siècle p.C. (comblements de deux fosses).
Forest, V. (1996) : "Annexe : Etude de la faune", in : Bermond 1996 ; Bermond, I. (1996) : *Quarante, Souloumiac. Bâtiment et zone d'ensilage en périphérie d'un habitat gallo-romain et médiéval. Etudes archéologiques sur le tracé du gazoduc Artère du Midi, Vol. 9 : secteur du Nord-Bitterois*, S.R.A. Languedoc-Roussillon, Montpellier.

094 - Saint-Pons-de-Mauchiens*
Sept-Fons
La fouille "d'une fosse", comblée dans les dix premières années de notre ére, a livré des conchyliorestes marins. V. Forest a réalisé l'étude du mobilier.
Forest, V. (1998) : "Etudes de faune en Biterrois (partie nord et nord-est)", in : Mauné 1998, 156-177 ; Mauné, St. (1998) : *Les campagnes de la cité de Béziers dans l'Antiquité (partie nord-orientale) (IIe s. av. J.-C. - VIe s. ap. J.-C.)*, Montagnac.

095 - Saint-Thibery
1. Castans
"Des coquillages" sont mentionnés sur le site d'un petit établissement rural occupé au Haut-Empire.
Massal, E. (1974) : *Cessero, inventaire des sites et nomenclature des céramiques*, Rapport dactylographié, S.R.A. Languedoc-Roussillon, Montpellier ; Lugand, M. (2001) : *Carte archéologique de la Gaule, Agde et le Bassin de Thau (34/2)*, Paris, 360.
2. Figuerolles
"Des coquillages" sont signalés à l'emplacement d'une petite *villa*.
Massal, E. (1974) : *Cessero, inventaire des sites et nomenclature des céramiques*, Rapport dactylographié, S.R.A. Languedoc-Roussillon, Montpellier ; Lugand, M. (2001) : *Carte archéologique de la Gaule, Agde et le Bassin de Thau (34/2)*, Paris, 361.
3. Justice en Séverac
Des "coquillages" ont été repérés dans "une zone de dépotoir". Ils ont été abandonnés entre la période augustéenne et la seconde moitié du IIe siècle p.C., à proximité d'un bâtiment consacré "à la transformation et au stockage de denrées agricoles".
Massal, E. (1974) : *Cessero, inventaire des sites et nomenclature des céramiques*, Rapport dactylographié, S.R.A. Languedoc-Roussillon, Montpellier ; Lugand, M. (2001) : *Carte archéologique de la Gaule, Agde et le Bassin de Thau (34/2)*, Paris, 354.
4. Le Grés
Il a été noté la présence "de coquillages" sur le site d'un petit établissement rural.
Massal, E. (1974) : *Cessero, inventaire des sites et nomenclature des céramiques*, Rapport dactylographié, S.R.A. Languedoc-Roussillon, Montpellier ; Lugand, M. (2001) : *Carte archéologique de la Gaule, Agde et le Bassin de Thau (34/2)*, Paris, 359.
5. Nadaihan
"Des coquilles de pectens" ont été repérées dans une zone utilisée comme dépotoir au Ier-IIe siècle p.C.
Massal, E. (1974) : *Cessero, inventaire des sites et nomenclature des céramiques*, Rapport dactylographié, S.R.A. Languedoc-Roussillon, Montpellier ; Lugand, M. (2001) : *Carte archéologique de la Gaule, Agde et le Bassin de Thau (34/2)*, Paris, 357.

096 - Sauvian
La Domergue
"Des monceaux de coquilles d'huîtres" ont été décrits sur le site. Les archéologues y ont identifié trois groupes de vestiges : "un vaste établissement réunissant toutes les caractéristiques, dans le domaine tant résidentiel qu'agricole, d'une grande *villa* (une double production de vin et d'huile n'est pas à exclure), une piscine et un vaste établissement thermal et enfin de nombreuses structures agraires".
Clavel, M. (1970) : *Béziers et son territoire dans l'Antiquité*, Paris, 326 ; Ginouvez, O. (1995) : "Un vaste site rural d'époque romaine récemment fouillé sur le territoire de la cité de Béziers", in : Clavel-Lévêque & Plana-Mallart 1995, 169-173 ; Clavel-Lévêque, M. et R. Plana-Mallart (1995) : *Cité et territoire, Colloque européen de Béziers (1994)*, Annales littéraires de l'Université de Besançon, 565, Paris.

097 - Sète
Mouettes (Rue des)
Le site correspond a "un vaste établissement rural avec une série de bassins de grandes dimensions : bassins d'agrément ou série de viviers". Dans l'un des bassins, "au contact du fond, [dans] un dépôt noirâtre très charbonneux", "des valves de coquillages" ont été recueillies. Son comblement est daté, au plus tôt, au cours du IIIe - IVe siècle p.C.
Pellecuer, Chr. (1983) : "Archéologie gallo-romaine autour de l'étang de Thau, Essai de synthèse sur l'occupation antique des communes de Balaruc-les-Bains, de Frontignan et de Sète", *Bulletin de la Société d'Etudes Scientifiques de Sète*, 9-11, 5-36 ; Lugand, M. (2001) : *Carte archéologique de la Gaule, Agde et le Bassin de Thau (34/2)*, Paris, 371.

098 - Vendres
Pseudo-temple de Vénus
"Deux amphores incrustées de coquilles d'huîtres" sont mentionnées sur le site d'une *villa* qui domine l'étang de Vendres.
Mouret, F. (1906) : "Sulpice Sévère à Primuliac", *Bulletin de la Société Archéologique de Béziers*, 6, 3e série, 474-478 ; Mouret, F. (1914-1915) : "Le temple de Vénus près de Vendres et son emporium phocéen de Ville-Longue", *Bulletin de la Société Archéologique de Béziers*, 10, 3e série, 376-441 ; Clavel, M. (1970) : *Béziers et son territoire dans l'Antiquité*, Paris, 326.

099 - Vias
1. Grande Chaîne
"Des coquillages" ont été repérés.
Lugand, M. (2001) : *Carte archéologique de la Gaule, Agde et le Bassin de Thau (34/2)*, Paris, 379.
2. Saignée
"Des huîtres" ont été observées sur le site d'une *villa* occupée du IIIe siècle a.C. à la fin du Haut-Empire.
Lugand, M. (2001) : *Carte archéologique de la Gaule, Agde et le Bassin de Thau (34/2)*, Paris, 378.
3. Saint-Sernin
"Des coquillages" sont signalés "à l'emplacement de constructions romaines" datées de l'Antiquité tardive.
Lugand, M. (2001) : *Carte archéologique de la Gaule, Agde et le Bassin de Thau (34/2)*, Paris, 378.

100 - Villetelle*
Ambrussum
Des conchyliorestes marins ont été collectés lors des fouilles du quartier du Sablas (quartier bas). Ils appartiennent à des contextes datés de 50-30 a.C. à 230-240 p.C et vers 355-370 p.C. Ils ont fait l'objet d'un inventaire par Ph. Columeau et de deux études, l'une par Fr. Brien-Poitevin, l'autre par V. Forest.

Columeau, Ph. (1986) : "Etude de la faune du secteur IV", in : Fiches 1986, 125-128 ; Fiches, J.-L. (1986) : *Les maisons gallo-romaines d'Ambrussum (Villetelle-Hérault), La fouille du secteur IV, 1976-1980*, Documents d'Archéologie Française, 5, Paris ; Brien-Poitevin, Fr. (1989) : "Les coquillages marins", in : Fiches 1989, 206-209 ; Fiches, J.-L. (1989) : *L'oppidum d'Ambrussum et son territoire, Fouilles au quartier du Sablas, Villetelle, (Hérault) : 1979-1985*, Monographie du C.R.A., 2, Paris ; Forest, V. (1998) : "La récente découverte d'une installation de l'Antiquité tardive sur le site d'*Ambrussum*, Villetelle, Hérault. 2 - Etude des vestiges fauniques", *Revue Archéologique de Narbonnaise*, 31, 217-220.

101 - Villeveyrac
Marcouine
"De nombreuses coquilles d'huîtres et de pectens" ont été notées sur le site d'une *villa*.
Lugand, M. (2001) : *Carte archéologique de la Gaule, Agde et le Bassin de Thau (34/2)*, Paris, 384.

Isère

102 - Grenoble
Président Carnot (Rue du)
"Des coquilles d'huîtres" ont été observées.
Müller, H. (1930) : *Les origines de Grenoble*, Grenoble ; Pelletier, A., F. Dory, W. Meyer et J.-Cl. Michel (1994) : *Carte archéologique de la Gaule, L'Isère (38/1)*, Paris, 95.

103 - Saint-Romain-en-Gal*
Le mobilier conchyliologique découvert sur le site a été décrit par Cl. Olive et Y. Finet.
Olive, Cl. (1999) : "Etude des ossements animaux", in : Castella 1999, 137-152 ; Castella, D. (1999) : *La nécropole gallo-romaine d'Avenches "En Chaplix", Fouilles 1987 - 1992*, vol. 2, Cahier d'Archéologie Romande, 78, Lausanne ; Finet, Y. et Cl. Olive (2003) : "I molluschi marini nell'alimentazione della Gallia Transalpina", in : Negra & Zobele Lipparini 2003, 414-415 ; Negra, O. et G. Zobele Lipparini (2003) : *Dentro la conchiglia. I Molluschi alla conquista del mondo*, Catalogue d'exposition itinérante, Trente ; Finet, Y. et Cl. Olive (2005) : "I molluschi marini nell'alimentazione gallo-romana della Gallia Transalpina", *Prehistoria Alpina*, Suppl. 1, 107-114.

104 - Saint-Romain-de-Jalionas*
Fr. Brien-Poitevin a réalisé l'étude des conchyliorestes découverts sur le site. Ils sont rattachés au IVe-Ve siècle p.C.
Brien-Poitevin, Fr. (1995) : *Les coquillages de Saint-Romain-de-Jalionas*, Rapport dactylographié.

105 - Saint-Maurice-l'Exil
Sangenay
"Des cabanes, construites en terre [au Ier - IIe siècle p.C.], se présentaient comme des fosses rectangulaires (prof. 30 à 70 cm) couvertes de *tegulae* et munies d'une armature de poteaux de bois". Parmi le mobilier recueilli figurent des "coquilles d'huîtres".
Pelletier, A., F. Dory, W. Meyer et J.-Cl. Michel (1994) : *Carte archéologique de la Gaule, L'Isère (38/1)*, Paris, 117.

Jura

106 - Buvilly
Le Canton du Roi
"Des coquilles d'huîtres" ont été repérées.
Rothe, M.-P. (2001) : *Carte archéologique de la Gaule, Le Jura (39)*, Paris, 256 ; Bardot, A. (2003) : *Les coquillages en Gaule romaine. Etude régionale : les sites de Bourgogne et Franche-Comté. Provenances et usages*, Mémoire de Maîtrise, Université de Franche-Comté, Besançon, vol. 2, 70.

107 - Champagnole
Mont Rivel
Une "valve d'huître" a été découverte.
Leng, Fr. (1990) : *Mont Rivel : site gallo-romain en Franche-Comté*, Bourg-en-Bresse.

108 - Condes
Il a été noté la présence de "coquilles d'huîtres".
Rothe, M.-P. (2001) : *Carte archéologique de la Gaule, Le Jura (39)*, Paris, 320-322 ; Bardot, A. (2003) : *Les coquillages en Gaule romaine. Etude régionale : les sites de Bourgogne et Franche-Comté. Provenances et usages*, Mémoire de Maîtrise, Université de Franche-Comté, Besançon, vol. 2, 71.

109 - Equevillon
Dans une cave ont été observés des "restes de consummation". Parmi eux figure "une coquille d'huître plate".
Rothe, M.-P. (2001) : *Carte archéologique de la Gaule, Le Jura (39)*, Paris, 375 ; Bardot, A. (2003) : *Les coquillages en Gaule romaine. Etude régionale : les sites de Bourgogne et Franche-Comté. Provenances et usages*, Mémoire de Maîtrise, Université de Franche-Comté, Besançon, vol. 2, 72.

110 - Grozon
"Des ossements en grand nombre et d'autres débris de repas dans lesquels il faut noter des écailles d'huîtres et de moules" ont été observés "dans une pièce interprétée comme une cuisine".
Rothe, M.-P. (2001) : *Carte archéologique de la Gaule, Le Jura (39)*, Paris, 416 ; Bardot, A. (2003) : *Les coquillages en Gaule romaine. Etude régionale : les sites de Bourgogne et Franche-Comté. Provenances et usages*, Mémoire de Maîtrise, Université de Franche-Comté, Besançon, vol. 2, 73.

111 - Lons-le-Saunier
La Comédie
"Des coquilles d'huîtres" ont été mises au jour.
Mordefroid, J.-L (1990a) : *Lons-le-Saunier - 2000 ans déjà : la Comédie, fouilles 1989*, Lons-le-Saunier ; Mordefroid, J.-L. (1990b) : *Chantier Place de la Comédie, Lons-le-Saunier, Jura*, Rapport de fouilles 1989-1990, S.R.A. Franche-Comté, Besançon.

Loire

112 - Montbrizon
Clos Duchez
"Un ensemble de murs" et de "débris de bordures en béton d'*opus signinum* et de blocs de calcaire creusés en forme de rigole" étaient associés à de "très nombreuses coquilles d'huîtres". Ces vestiges sont interprétés comme un "bassin à huîtres".
Rochigneux, Th. (1888-1890) : "Notes sur quelques découvertes archéologiques récentes faites à Moind", *La Diana*, 5, 45-48 ; Lavendhomme, M.-O. (1997) : *Carte archéologique de la Gaule, Loire (42)*, Paris, 141.

Haute-Loire

113 - Brioude
Champanne (Rue de)
Le site a livré "des coquilles d'huîtres".
Provost, M. (1994) : *Carte archéologique de la Gaule, La Haute-Loire (43)*, Paris, 56.

114 - Espaly-Saint-Marcel
"Une quantité importante de coquilles d'huîtres" a été mise au jour.
Provost, M. (1994) : *Carte archéologique de la Gaule, La Haute-Loire (43)*, Paris, 70.

115 - Le-Puy-en-Velay
Martouret (Place du)
La découverte d'une "coquille Saint-Jacques" a été signalée.
Provost, M. (1994) : *Carte archéologique de la Gaule, La Haute-Loire (43)*, Paris, 88.

Lozère

116 - Javols
Il est fait mention "d'écailles d'huîtres".
Balmelle, M. (1937) : *Répertoire archéologique du département de la Lozère*, Montpellier ; Fabrié, D. (1989) : *Carte archéologique de la Gaule, La Lozère (48)*, Paris, 36.

117 - Lanuéjols
Chapelle Saint-Geniez
Le site a livré "des écailles d'huîtres".
Balmelle, M. (1937) : *Répertoire archéologique du département de la Lozère*, Montpellier ; Fabrié, D. (1989) : *Carte archéologique de la Gaule, La Lozère (48)*, Paris, 90.

Haute-Marne

118 - Viéville
Les haies de Buxières
"La couche de cendres qui recouvrait la totalité de cette construction" contenait des "coquilles d'huîtres".
Durand, A. (1894) : "Une construction gallo-romaine à Viéville", *Annales de la Société d'Histoire et d'Archéologie de Chaumont*, I, 5, 66-68 ; Durand, A. (1895) : "Fouilles de Viéville", *Annales de la Société d'Histoire et d'Archéologie de Chaumont*, I, 9, 145-146 ;

Thévenard, J.-J. (1996) : *Carte archéologique de la Gaule, La Haute-Marne (52)*, Paris, 315.

Meurthe-et-Moselle

119 - Toul
Pragneux
Un "dépotoir", constitué à la fin du Ier siècle p.C. ou au début du IIe siècle p.C., a livré "quelques coquilles d'huîtres".
Liéger, A. et R. Marguet (1979) : "Le site de Pragneux, découverte fortuite", *Etudes touloises*, 16, 15-18 ; Hamm, G. (2004) : *Carte archéologique de la Gaule, La Meurthe-et-Moselle (54)*, Paris, 380.

Meuse

120 - Lavoye
"Une coquille Saint-Jacques" a été découverte dans un contexte du IVe siècle p.C.
Ferdière, A. (1988) : *Les campagnes en Gaule romaine*, tome 2, Paris, 186.

Moselle

121 - Arraincourt
Confin des Thuilés
Des "coquilles d'huîtres" sont mentionnées à "l'emplacement d'une occupation romaine, probablement la partie résidentielle d'une *villa*".
Flotté, P. (2004) : *Carte archéologique de la Gaule, La Moselle (57/1)*, Paris, 237.

122 - Bening-Les-Saint-Avold
Heindenschloss
Des "coquilles d'huîtres" sont signalées sur le sol d'un espace "pouvant correspondre à la cuisine".
Flotté, P. (2004) : *Carte archéologique de la Gaule, La Moselle (57/1)*, Paris, 270.

Nièvre

123 - Entrains-sur-Nohain
Chantier Chambault
"On peut compléter cette liste d'animaux utilisés pour la cuisine par la découverte de coquilles d'huîtres dans une fosse du Chantier Chambault. Certaines valves isolées étaient anarchiquement mêlées à une terre légèrement brune et verdâtre, d'autres valves dans le fond de la fosse étaient réunies deux à deux comme si les coquillages n'avaient pas été ouverts. Il est difficile de penser que la fosse en question fût un vivier, car elle n'est ni maçonnée, ni au niveau de la nappe phréatique ; on peut donc conclure que les huîtres fermées sont arrivées avariées à Entrains et ont été jetées aussitôt dans la fosse dépotoir où les ont bientôt rejointes les valves isolées des huîtres consommés".
"58 valves inférieures et supérieures furent trouvées dans cette fosse. En outre, groupées dans le fond de cette fosse, 5 huîtres dont les deux valves étaient encore l'une sur l'autre".
Devauges, J.-B. (1988) : *Entrains Gallo-romain*, Clamecy ; Bigeard, H. (1996) : *Carte archéologique de la Gaule, La Nièvre (58)*, Paris, 149 ; Bardot, A. (2003) : *Les coquillages en Gaule romaine. Etude régionale : les sites de Bourgogne et Franche-Comté. Provenances et usages*, Mémoire de Maîtrise, Université de Franche-Comté, Besançon,vol. 2, 12.

Nord

124 - La Bassée
Mont Soret
"On mit au jour des fondations, des tuiles, des ossements calcinés, des coquilles d'huîtres".
Delmaire, R. (1996) : *Carte archéologique de la Gaule, Le Nord (59)*, Paris, 110.

125 - Blécourt
La Chapelle
"Une fosse dépotoir", comblée au Ier siècle p.C., a livré "des coquillages".
Demolon, A. et P. Demolon (1975) : *De l'Atrébatie romaine à la France carolingienne*, Douai ; Delmaire, R. (1996) : *Carte archéologique de la Gaule, Le Nord (59)*, Paris, 136.

126 - Bray-Dunes
La découverte de conchyliorestes marins, dans des contextes datés du IIe siècle a.C., est mentionnée sur deux sites liés à l'exploitation du sel :
- "Panne III" : "on y trouvait surtout des foyers de 3 à 30 cm d'épaisseur, des amas de coquillages (moules, cardium, mactres)" mais aussi du "matériel de sauniers".
- "Panne IV" : "quatre froyers, des amas de coquillages (cardium, moules)".
En outre, à 1 km du rivage, "un autre gisement gallo-romain a été découvert avec des fonds de cabanes à sol de terre battue, ossements d'animaux, coquillages".
Delmaire, R. (1996) : *Carte archéologique de la Gaule, Le Nord (59)*, Paris, 107 ; 150.

127 - Château-l'Abbaye
Couture du moulin
"Des écailles d'huîtres" participaient au comblement d'une cave.
Florin, B. et M. Schrevel (1979) : "Le site gallo-romain de Château-l'Abbaye : habitat et voirie", *Revue du Nord*, 61, 837-871 ; Delmaire, R. (1996) : *Carte archéologique de la Gaule, Le Nord (59)*, Paris, 180.

128 - Famas
1. Inconnu
"Des coquilles de moules et d'huîtres" ont été découvertes dans un puits.
Hénault, M. (1927) : "Bavay. Fouilles et découvertes (1925)", *Pro Nervia*, 3, 382-393 ; Delmaire, R. (1996) : *Carte archéologique de la Gaule, Le Nord (59)*, Paris, 225.
2. Cinq Muids
Il a été repéré "de nombreuses coquilles d'huîtres".
Delmaire, R. (1996) : *Carte archéologique de la Gaule, Le Nord (59)*, Paris, 229.

129 - Ghyvelde
Dans les dunes près de la frontière belge, un "gisement archéologique", daté du IIe siècle a.C., a révélé "des foyers de 10 cm d'épaisseur et des amas de coquillages."
Delmaire, R. (1996) : *Carte archéologique de la Gaule, Le Nord (59)*, Paris, 256.

130 - Houdain-les-Bavay
"Un dépotoir d'huîtres" a été observé.
Loridant, Fr. et L. Bloemendael (1990) : "Prospection autour de Bavay : premier bilan", *Revue du Nord Archéologie*, 72, 125-133 ; Delmaire, R. (1996) : *Carte archéologique de la Gaule, Le Nord (59)*, Paris, 281.

131 - Pitgam
Ont été observés : "des traces de sauniers avec chenets et des dépôts de coquillages (moules, huîtres, coques)".
Delmaire, R. (1996) : *Carte archéologique de la Gaule, Le Nord (59)*, Paris, 354.

Puy-de-Dôme

132 - Clermont-Ferrand
1. Bardoux (19, rue)
"Un dépotoir était composé d'huîtres non ouvertes".
Bouillet, J.-B. (1843) : "Huîtres apportées en Auvergne en grande quantité au IIe et au IIIe siècles", *Tablettes historiques de l'Auvergne*, 4, 668-672 ; Mathieu, P.-P. (1857) : *Des colonies et des voies romaines en Auvergne*, Cermont-Ferrand ; Provost, M. et Ch. Jouannet (1994) : *Carte archéologique de la Gaule, Clermont-Ferrand (63/1)*, Paris, 192.
2. Cathédrale
" Dans les fouilles faites, en novembre et décembre 1843, [...] sur le point culminant de la ville de Clermont, on a mis à découvert, [...] sur une surface de 110 à 120 mètres, une couche d'huîtres, de 15 à 20 centimètres d'épaisseur. [...] Le terrain qui supporte immédiatement les huîtres est un tuf composé de débris volcaniques, le même que celui sur lequel repose la plus grande partie de la ville de Clermont. [...] Les huîtres sont déposées sur le tuf sans ordre, c'est-à-dire qu'elles sont placées horizontalement ou sur le côté, et très souvent la charnière en bas ou en haut. [...] Les huîtres sont tellement adhérentes, et la plus grande partie tellement fracturées par l'effet de la pression du terrain qu'elles supportent, qu'il est difficile de distinguer si elles étaient toutes fermées au moment où elles ont été déposées pour former cette couche ; néanmoins lorsqu'on enlève avec soin un bloc assez gros, il est facile de s'apercevoir que pour la plupart elles n'ont pas été ouvertes. [...] Immédiatement au-dessus des huîtres et faisant en quelque sorte partie de la même couche, existe une épaisseur de 5 à 6 centimètres d'ossements de bœuf, de mouton et de sanglier [...]. Les ossements et les huîtres ont été recouverts d'abord par une épaisseur de 50 centimètres de terres jectisses, et ce qui en fait surtout une curiosité à nos yeux, c'est que cette dernière couche supporte un béton bien évidemment romain, ou fait à l'imitation des Romains, dans le deuxième ou le troisième siècle. [...] On évalue à 35 ou 40 tombereaux la quantité de coquilles enlevées des fondements".

Bouillet, J.-B. (1843) : "Huîtres apportées en Auvergne en grande quantité au IIe et au IIIe siècles", *Tablettes historiques de l'Auvergne*, 4, 668-672 ; *Bulletin de la Société des Antiquaires de l'Ouest* 1844, 95-96 ; Comité historique des arts et monuments, 1844-1845, 73-76 ; Mathieu, P.-P. (1857) : *Des colonies et des voies romaines en Auvergne*, Cermont-Ferrand ; Provost, M. et Ch. Jouannet (1994) : *Carte archéologique de la Gaule, Clermont-Ferrand (63/1)*, Paris, 158.

3. Grande Bretagne (47, avenue de)

Un mur "peut-être d'un égout voûté" a été repéré. Parmi le mobilier qui a été observé : "des huîtres".

Provost, M. et Ch. Jouannet (1994) : *Carte archéologique de la Gaule, Clermont-Ferrand (63/1)*, Paris, 154.

4. Jeanne d'Arc (2, rue)

Dans le comblement "d'un égout", daté du IIe siècle p.C., une "couche sableuse" contenait "diverses coquilles (d'huîtres, d'escargots, de planorbes)".

Provost, M. et Ch. Jouannet (1994) : *Carte archéologique de la Gaule, Clermont-Ferrand (63/1)*, Paris, 154.

133 - Rochefort-Montagne

Pont des Eaux

Ont été signalés : "des fragments de coquilles d'huîtres dans un ciment romain".

Comité historique des arts et monuments, 1844-1845, 76.

Bas-Rhin

134 - Strasbourg

1. l'Ail (10, rue de)

Un "niveau (épais. 0,10 à 0,60 m) constitué d'un magma brunâtre" contenait "une quantité de débris divers (coquilles d'huîtres, fragments de bois)". Il est interprété comme un dépotoir composé entre la fin du Ier et le dernier tiers du IIe siècle p.C.

Baudoux, J. (2002) : *Carte archéologique de la Gaule, Strasbourg (67/2)*, Paris, 319.

2. Comtes (Rue des)

"Des coquilles d'huîtres" sont signalées dans un contexte du Ier siècle p.C.

Forrer, R. (1927) : *Strasbourg-Argentorate préhistorique, Gallo-Romain et Mérovingien*, Strasbourg, I, 303 ; Baudoux, J. (2002) : *Carte archéologique de la Gaule, Strasbourg (67/2)*, Paris, 459.

3. Hannong (6 à 22, rue)

"Un niveau de dépotoir" a livré "des huîtres". Il est daté entre 120 et 160 p.C.

Baudoux, J. (2002) : *Carte archéologique de la Gaule, Strasbourg (67/2)*, Paris, 337.

4. Koenigshoffen

Une coquille de cypréidé (83 mm de longueur et 34 mm de largeur) a été découverte dans les vestiges d'un *mithraeum*, à l'occasion de la construction de l'église protestante Saint-Paul.

Salin, E. (1959) : *La civilisation mérovingienne d'après les sépultures, les textes et le laboratoire, vol. 4 "Les croyances"*, Paris, 74 ; Reese, D.S. (1991) : "The trade of indo-pacific shells into the Mediterranean basin and Europe", *Oxford journal of archaeology*, 10 (2), 156-196.

5. Nuée-Bleue (14, rue de la)

"Un riche mobilier gallo-romain [du Ier et IIe siècle p.C.] a été exhumé de la vase [...], notamment du mobilier d'habitat". "Des huîtres" figurent dans l'inventaire.

Baudoux, J. (2002) : *Carte archéologique de la Gaule, Strasbourg (67/2)*, Paris, 373.

6. Nuée-Bleue (25, rue de la)

Lors d'un sondage, "une fosse étayée par un cadre de bois composé d'un pieu d'angle et de planches horizontals" a été mise au jour. Son comblement est daté de la fin du Ier siècle p.C. Il a livré, entre autre mobilier, "des huîtres". Cette fosse est interprétée comme " une cave ou une fosse d'aisance avec des matières organiques tassées".

Baudoux, J. (2002) : *Carte archéologique de la Gaule, Strasbourg (67/2)*, Paris, 384.

7. Saint-Joseph (Rue)

"Des fosses à déchets romains" contenaient "des coquilles d'huîtres".

Baudoux, J. (2002) : *Carte archéologique de la Gaule, Strasbourg (67/2)*, Paris, 439.

Haut-Rhin

135 - Biesheim-Kunheim*

L'étude de mobilier archéozoologique issu de la fouille du site est confiée à Fr. Ginella, doctorante à l'Université de Bâle, Institut für prähistorische und naturwissenschaftliche Archäologie (IPNA). Communication orale de Jörg Schibler, Professeur d'Archéozoologie à l'Université de Bâle.

Rhône

136 - Lyon

1. Bellecordière (Rue)

Th. Argant indique la présence dans un remblai d'un test de *Bolinus brandaris*, rocher épineux (Ier siècle p.C.). Une couche charbonneuse aurait aussi livré "deux individus de petite taille" de *Pecten maximus*, coquille Saint-Jacques d'Atlantique (Ier siècle p.C.). En outre, "un unique individu" d'*Ostrea edulis*, huître plate d'Europe, appartenait au comblement d'un égout (début du IIIe siècle p.C.). Enfin, "un lot plus important [d'huîtres] a été mis au jour dans un remblai dépotoir" (fin du IVe siècle p.C.).

Argant, Th. (2001) : *L'alimentation d'origine animale à Lyon (des origines au XXe siècle)*, Thèse de Doctorat, Université Lumière Lyon II, Lyon.

2. Célestins (Place des)*

Les conchyliorestes découverts sur le site, dans des contextes de la seconde moitié du IIe siècle p.C. ou du début du IIIe siècle p.C., ont fait l'objet d'une étude par Fr. Brien-Poitevin.

Brien-Poitevin, Fr. (2000) : "Consommation de coquillages marins", in : Arlaud (éd.) *et al.* 2000, 96 ; - Arlaud, C. (éd.) avec la collaboration de J.-M. Lurol, S. Savay-Guerraz et A. Vérot-Bourrély (2000) : *Lyon, les dessous de la presqu'île. Bourse - République - Célestins - Terreaux*, Documents d'Archéologie en Rhône-Alpes, 20, Série lyonnaise, 8, Lyon.

3. Colonel Chambonnet (Rue du)

Th. Argant signale la présence, dans un contexte daté des années 50-70 p.C., d'une valve d'*Acanthocardia tuberculata*, bucarde à tubercules, de deux valves de *Proteopecten glaber*, peigne glabre, et de deux valves de *Glycymeris violacescens*, amande de mer.

Argant, Th. (2001) : *L'alimentation d'origine animale à Lyon (des origines au XXe siècle)*, Thèse de Doctorat, Université Lumière Lyon II, Lyon.

4. Cybèle*

Pour ce site, deux études ont été menées par V. Forest sur du mobilier conchyliologique daté du Ier siècle a.C. (lot B7 et lot F2). Nous avons également réalisé l'étude de conchyliorestes qui remplissaient une fosse comblée au tout début du Ier siècle p.C. (zone H, sondage 2, couche 7).

Bardot, A. (inédit) : *Etude archéoconchyliologique. Le site de Cybèle/Lyon (Rhône)*, Rapport dactylographié ; Forest, V. (inédit j) : *Etude archéozoologique. Lot F2 - Site de "Cybèle" - Lyon (Rhône) (40 av. J.-C. - 10 ap. J.-C.)*, Rapport dactylographié ; Forest, V. (1999) : "Etude archéozoologique du site de "Cybèle", Lyon (Rhône). La faune du sondage B7 (US 21 et 22)", in : Desbat (éd.) 1999 ; Desbat, A. (éd.) (1999) : *Recherches sur les débuts de la romanisation et sur le développement de Lyon aux premiers temps de la colonie (milieu IIe siècle av. J.C. / fin Ier siècle av. J.C.)*, PCR 1999-2001, Rapport intermédiaire, première année, S.R.A. Rhône-Alpes, Lyon ; Desbat, A. (éd.) (2005) : *Lugdunum, naissance d'une capitale*, Lyon.

5. Saint-Georges (Parking)*

Les conchyliorestes découverts sur le site ont été étudiés par V. Forest. L'unité stratigraphique concernée est datée du milieu du IIIe siècle p.C.

Forest, V. (inédit) : *Etude archéozoologique : ostéologie des oiseaux, conchyliologie. Parking Saint-Georges - Lyon (Rhône)*, Rapport dactylographié.

6. Trion (Quartier du)*

Les fouilles de A. Allmer et P. Dissard dans le quartier du Trion, occupé au Ier siècle p.C., livrèrent de nombreuses coquilles marines : "parmi les innombrables débris de toutes sortes recueillis dans le voisinage des tombes les plus anciennes, se trouvait un nombre considérable de coquillages [...]". L'étude des conchyliorestes fut menée par A. Locard, spécialiste de la faune malacologique fossile.

Locard, A. (1887-1888) : "Note sur une faunule malacologique gallo-romaine trouvée en 1885 dans la nécropole du Trion", in : Allmer & Dissard 1887-1888, 584-588 ; Allmer, A. et P. Dissard (1887-1888) : "Trion ; Antiquités découvertes en 1885,1886 et antérieurement au quartier de Lyon dit de Trion", Extrait des *Mémoire de l'Académie des Sciences, belles-lettres et arts de Lyon*, 25, vol. 2, Lyon.

Haute-Saône

137 - Chassey-lès-Montbozon*

Les fouilles de la *villa* ont livré plusieurs coquilles marines. Elles ont été découvertes « à l'intérieur de la pièce n°4 du grand bâtiment, parmi les vestiges de repas retrouvés dans la couche dépotoir (2-56) ». L'étude du mobilier conchyliologique, daté des années 120-200 p.C., a été confiée à J.-Y. Cretin.

Cretin, J.-Y. (1997) : "Malacologie", in : Barbet & Gandel 1997, 246 ; - Barbet, G. et P. Gandel (1997) : *Chassey-lès-Montbozon, un établissement rural gallo-romain*, Annales Littéraires de l'Université de

Franche-Comté, 627, Paris ; Bardot, A. (2003) : *Les coquillages en Gaule romaine. Etude régionale : les sites de Bourgogne et Franche-Comté. Provenances et usages*, Mémoire de Maîtrise, Université de Franche-Comté, Besançon,vol. 2, 68 ; 69.

138 - Lure
"Une coquille d'huître" a été retrouvée.
Faure-Brac, O. (2002) : *Carte archéologique de la Gaule, La Haute-Saône (70)*, Paris, 264.

139 - Mantoche
"On a trouvé dans le puits des ossements [...]. En plusieurs points, on a recueilli des coquilles d'huîtres, voisines de l'espèce dite portugaise".
Gasser, A. (1901) : "Recherches archéologiques sur le territoire de Mantoche", *Bulletin de la société grayloise d'émulation*, 4, 165-284 ; Bardot, A. (2004) : *Les coquillages en Gaule romaine. Etude régionale : les régions Bourgogne et Franche-Comté. Approche socio-économique, artistique et culturelle*, Mémoire de D.E.A., Université de Franche-Comté, Besançon, vol. 1, 142.

Saône-et-Loire

140 - Autun
1. Carion (Rue)
Des recharges de voirie, datées du IIIe siècle p.C., sont "exclusivement composées de coquilles d'huîtres".
Labaune, Y. (2003) : *Autun intra-muros : rue Carion, réfection des réseaux souterrains*, Service Municipal de l'Archéologie, Autun ; Cerruti, M.-C., J. Pétiniot et J. Pinneau (2004) : *Annuaire des opérations de terrain en milieu urbain 2003*, Tours, n°26.
2. La Forge*
Il est fait mention de « coquilles d'huîtres non consommées. L. moyenne 0,080. [...] Ces huîtres, dont la plupart n'ont jamais été ouvertes, proviennent d'un amas de coquilles de 0,30 à 0,40 m. d'épaisseur, situé à 2,50 m. au-dessous du niveau actuel du sol et daté de l'Antiquité grâce à des tessons de céramique commune (notamment un col d'amphorette en pâte beige-rose) [...]. Il s'agit de véritables viviers qui contenaient très temporairement les huîtres avant leur distribution sur le marché autunois. Les pertes devaient être importantes, comme en témoignent ces valves non ouvertes [...] ».
Un petit lot conservé au Musée Rolin d'Autun a été étudié dans le cadre de notre Maîtrise.
Vuillemot, G. (1966) : "Un dépôt d'huîtres à La Forge", *Mémoire de la Société Eduenne*, 51, fasc. 1, 58 ; Rebourg, A. (1987) : *Autun Augustodunum Capitale des Eduéens*, Catalogue d'exposition, Autun, Hôtel de Ville d'Autun, 16 mars-27 octobre 1985, Autun, 166 ; Rebourg, A. (1993) : *Carte archéologique de la Gaule, Autun (71/1)*, Paris, 103 ; Bardot, A. (2003) : *Les coquillages en Gaule romaine. Etude régionale : les sites de Bourgogne et Franche-Comté. Provenances et usages*, Mémoire de Maîtrise, Université de Franche-Comté, Besançon, vol. 2, 13-14.
3. Hôpital*
À l'emplacement d'un îlot d'habitations, des conchyliorestes formaient des remblais mis en place entre la fin du IIe siècle p.C. et le début du IIIe siècle p.C. Nous en avons fait l'étude.
Bardot, A. (2004) : "Etude archéoconchyliologique", in : Bet *et al.* 2004 ; Bet, Ph., St. Bleu, E. Belay, A. Delor et C. Dubuc (2004) : *Le site gallo-romain du nouvel hôpital d'Autun (Saône-et-Loire)*, Document final de synthèse, I.N.R.A.P. Grand Est-Sud, S.R.A. Bourgogne, Dijon.
4. Parking Leaderprice
Des coquilles "d'huîtres, de moules, de coquilles Saint-Jacques" sont mentionnées dans plusieurs US datées du IIe-IIIe siècle p.C.
Larcelet, A. (2000) : *Autun, rue de la Croix-Verte, parking Leader Price*, Document final de synthèse, S.R.A. Bourgogne, Dijon ; Bardot, A. (2004) : *Les coquillages en Gaule romaine. Etude régionale : les régions Bourgogne et Franche-Comté. Approche socio-économique, artistique et culturelle*, Mémoire de D.E.A., Université de Franche-Comté, Besançon, vol. 1, 142
5. Pierres (Rue des)
"Sous le cailloutis d'une voie, une couche d'huîtres non consommés" a été signalée.
Rebourg, A. (1987) : *Autun Augustodunum Capitale des Eduéens*, Catalogue d'exposition, Autun, Hôtel de Ville d'Autun, 16 mars-27 octobre 1985, Autun, 166 ; Rebourg, A. (1993) : *Carte archéologique de la Gaule, Autun (71/1)*, Paris, 103 ; Bardot, A. (2003) : *Les coquillages en Gaule romaine. Etude régionale : les sites de Bourgogne et Franche-Comté. Provenances et usages*, Mémoire de Maîtrise, Université de Franche-Comté, Besançon, vol. 2, 17.
6. Pont Saint-Antoche
"Un dépôt d'huîtres" a été observé.
Rebourg, A. (1987) : *Autun Augustodunum Capitale des Eduéens*, Catalogue d'exposition, Autun, Hôtel de Ville d'Autun, 16 mars-27 octobre 1985, Autun, 166 ; Rebourg, A. (1993) : *Carte archéologique de la Gaule, Autun (71/1)*, Paris, 103 ; Bardot, A. (2003) : *Les coquillages en Gaule romaine. Etude régionale : les sites de Bourgogne et Franche-Comté. Provenances et usages*, Mémoire de Maîtrise, Université de Franche-Comté, Besançon, vol. 2, 15.
7. Porte d'Arroux
"Un dépôt d'huîtres" a été repéré.
Rebourg, A. (1987) : *Autun Augustodunum Capitale des Eduéens*, Catalogue d'exposition, Autun, Hôtel de Ville d'Autun, 16 mars-27 octobre 1985, Autun, 166 ; Rebourg, A. (1993) : *Carte archéologique de la Gaule, Autun (71/1)*, Paris, 103 ; Bardot, A. (2003) : *Les coquillages en Gaule romaine. Etude régionale : les sites de Bourgogne et Franche-Comté. Provenances et usages*, Mémoire de Maîtrise, Université de Franche-Comté, Besançon, vol. 2, 16.

141 - Barizey
Les Trésors
" On découvrit une terre de remblai contenant des écailles d'huîtres".
Armand-Caillat, L. (1937) : *Le Chalonnais gallo-romaine. Répertoire des découvertes archéologiques faites dans l'arrondissement de Chalon*, Mémoires de la Société d'Histoire et d'Archéologie de Chalon, 27, 90 ; Bardot, A. (2004) : *Les coquillages en Gaule romaine. Etude régionale : les régions Bourgogne et Franche-Comté. Approche socio-économique, artistique et culturelle*, Mémoire de D.E.A., Université de Franche-Comté, Besançon, vol. 1, 143.

142 - Chalon-sur-Saône
Philibert Guide (Rue)
"J'ai fait une fouille de sauvetage à Chalon, rue Philibert Guide, quand on construisait la centrale téléphonique, en 1965 environ. Il y avait des coquilles d'huîtres, mais très peu". Communication écrite de B. Trémeau.
Bardot, A. (2004) : *Les coquillages en Gaule romaine. Etude régionale : les régions Bourgogne et Franche-Comté. Approche socio-économique, artistique et culturelle*, Mémoire de D.E.A., Université de Franche-Comté, Besançon, vol. 1, 143.

143 - Martailly-lès-Brancion
***Villa* de Stouvre**
"Des coquilles d'huîtres" ont été découvertes sur le site d'une *villa*. Communication écrite de B. Trémeau.
Bardot, A. (2004) : *Les coquillages en Gaule romaine. Etude régionale : les régions Bourgogne et Franche-Comté. Approche socio-économique, artistique et culturelle*, Mémoire de D.E.A., Université de Franche-Comté, Besançon, vol. 1, 143.

144 - Saint-Rémy
Vigne des Saules
Sur le site d'une *villa*, "des coquilles d'huîtres" ont été observées.
Alegoet, C. (1970) : "Les enduits peints de la Vigne de Saule", *Mémoires de la Société d'Histoire et d'Archéologie de Chalon*, 42, 29-31 ; Bardot, A. (2004) : *Les coquillages en Gaule romaine. Etude régionale : les régions Bourgogne et Franche-Comté. Approche socio-économique, artistique et culturelle*, Mémoire de D.E.A., Université de Franche-Comté, Besançon, vol. 1, 143.

Savoie

145 - Aime
Colline de Saint-Sigismond
"Un abondant materiel" a été ramassé, notamment "des coquillages".
Rémy, B. (1996) : *Carte archéologique de la Gaule, La Savoie (73)*, Paris, 94.

146 - Arbin
***Villa* de Mérande**
"Des coquillages" sont signalés à l'emplacement d'une *villa*.
Rémy, B. (1996) : *Carte archéologique de la Gaule, La Savoie (73)*, Paris, 120.

147 - La-Chapelle-du-Mont-Chat
"En contrebas du temple", dans un "contexte d'habitation", il a été observé "des coquillages (escargots, cônes, patelles)".
Rémy, B. (1996) : *Carte archéologique de la Gaule, La Savoie (73)*, Paris, 140.

Seine-et-Marne

148 - Meaux*

PME

Le mobilier conchyliologique, que nous avons étudié, comblait des fosses et composait des remblais. Il est daté de la fin du Ier siècle p.C. au début du IIIe siècle p.C.

Bardot, A. (inédit) : *Etude archéoconchyliologique. Le site de PME/Meaux (Seine-et-Marne)*, Rapport dactylographié.

Tarn

149 - Belleserre

Le Bosc

"Des coquilles d'huîtres" ont été observées dans "des aires charbonneuses".

Comité départemental d'archéologie du Tarn (1995) : *Carte archéologique de la Gaule, Le Tarn (81)*, Paris, 75.

150 - Castres

1. Camping

"Des huîtres et une coquille Saint-Jacques" ont été enregistrées parmi le mobilier mis au jour sur le site d'une *villa*, dans "un petit enclose".

Comité départemental d'archéologie du Tarn (1995) : *Carte archéologique de la Gaule, Le Tarn (81)*, Paris, 102.

2. Domaine de Gourjade 1

Des coquilles sont signalées en plusieurs endroits d'une "zone d'habitation considérée comme la *pars urbana* d'une *villa*" :

- Dans "une fosse subcirculaire" : un dépotoir avec des "huîtres". Période tibérienne.
- Dans "un basin" : un dépotoir avec "des coquillages". Destruction au Bas-Empire.
- Dans "un fosse" : "des coquillages (huîtres très nombreuses, moules, cardium, coquilles Saint-Jacques, palourdes, murex, pecten)". Comblement à la fin du Ier ou au début du IIe siècle p.C.

Séguier, J.-M. (1977-1979) : *Gourjade (Castres, Tarn)*, Rapport de fouille de sauvetage ; Séguier, J.-M. (1985) : "Un dépôt votif tibérien de la villa gallo-romaine de Gourjade (Castres-Tarn)", *Archéologie tarnanaise*, 2, 45-70 ; Comité départemental d'archéologie du Tarn (1995) : *Carte archéologique de la Gaule, Le Tarn (81)*, Paris, 98 ; 99.

3. Domaine de Gourjade 2

Dans "un secteur à vocation artisanale", qui a fonctionné du début du Ier siècle p.C. au IIIe siècle p.C., un "dépotoir" a livré "des coquillages".

Séguier, J.-M. (1977-1979) : *Gourjade (Castres, Tarn)*, Rapport de fouille de sauvetage ; Séguier, J.-M. (1985) : "Un dépôt votif tibérien de la villa gallo-romaine de Gourjade (Castres-Tarn)", *Archéologie tarnanaise*, 2, 45-70 ; Comité départemental d'archéologie du Tarn (1995) : *Carte archéologique de la Gaule, Le Tarn (81)*, Paris, 100.

151 - Cuq-Toulza

La Bouriette

Un "dépotoir" a livré "des coquillages".

Comité départemental d'archéologie du Tarn (1995) : *Carte archéologique de la Gaule, Le Tarn (81)*, Paris, 118.

152 - Le Garric

Lascombes

"Des coquilles d'huîtres" étaient contenues à l'intérieur d'une "fosse qui a pu avoir un usage de citerne".

Assié, A. (1994) : "Les thermes gallo-romains de Lascombes", *Archéologie tarnaise*, 9, 71-84 ; Comité départemental d'archéologie du Tarn (1995) : *Carte archéologique de la Gaule, Le Tarn (81)*, Paris, 126.

153 - Lautrec

La Coffe

Il a été noté la présence "de coquillages : huîtres, coquilles Saint-Jacques, etc".

Comité départemental d'archéologie du Tarn (1995) : *Carte archéologique de la Gaule, Le Tarn (81)*, Paris, 148.

154 - Montgey

"Des fruits de mer (huîtres et peignes)" sont signalés sur le site d'une *villa*.

Comité départemental d'archéologie du Tarn (1995) : *Carte archéologique de la Gaule, Le Tarn (81)*, Paris, 198.

155 - Montpinier

Raffel

"Des coquillages" ont été observés sur le site d'une *villa*, dans un contexte du Ier siècle p.C.

Comité départemental d'archéologie du Tarn (1995) : *Carte archéologique de la Gaule, Le Tarn (81)*, Paris, 199.

156 - Rabastens

"Des coquillages marins" et "principalement des huîtres plates et d'autres coquilles en petit nombre (cardiums, coquilles Saint-Jacques)" ont été repérés.

Comité départemental d'archéologie du Tarn (1995) : *Carte archéologique de la Gaule, Le Tarn (81)*, Paris, 226.

157 - Rivières

Lacourtade

"Des écailles d'huîtres et de coquilles Saint-Jacques" sont signalées à l'emplacement d'une *villa*.

Rivière, E. (Baron de) (1866-1867) : "Antiquités gallo-romaines et franques découvertes à Rivières", *Revue archéologique du Midi de la France*, 1, 179-183 ; Comité départemental d'archéologie du Tarn (1995) : *Carte archéologique de la Gaule, Le Tarn (81)*, Paris, 230.

158 - Vénès

Mousquetiès

Un "dépotoir" a livré "faunes et coquillages".

Comité départemental d'archéologie du Tarn (1995) : *Carte archéologique de la Gaule, Le Tarn (81)*, Paris, 248.

Var

159 - Le-Cannet-des-Maures

Sainte-Maïsse

Sur le site d'une *villa* occupée dans l'Antiquité tardive, "des huîtres" ont été découvertes dans le comblement d'un bassin.

Brun, J.-P. (1999) : *Carte archéologique de la Gaule, Le Var (83/1)*, Paris, 305.

160 - Hyères

1. Olbia*

Plusieurs milliers de conchyliorestes ont été découverts sur le site. Ils appartiennent à une fenêtre chronologique large, de près de 700 ans, de 40 a.C à 650 p.C. Leur étude a été réalisée par Fr. Brien-Poitevin.

Brien-Poitevin, Fr. (1989) : "Etudes préliminaires, les coquillages marins", in : Bats (éd.) 1989, 35-43 ; Bats, M. (éd.) (1989) : *Olbia de Provence*, Rapport de fouille triennal, S.R.A. P.A.C.A., Aix-en-Provence ; Treglia, J.-C. (2001) : "La pêche du pauvre : coquillages, poulpes, seiches ...", in : Bresciani *et al.* 2001, 21-23 ; Bresciani, M., D. Ollivier et J.-Cl. Treglia (2001) : *Moissonneurs des mers : les pêcheurs grecs et romains d'Obia*, Catalogue d'exposition, Hyères, Park Hotel, 7 juillet-30 septembre 2001, Hyères ; Brien-Poitevin, Fr. (2006) : "Les coquillages marins", in : Bats (éd.) 2006, 451-455 ; Bats, M. (éd.) (2006) : *Olbia de Provence (Hyères, Var) à l'époque romaine (Ier s. av. J.-C. - VIIe s. ap. J.-C.)*, Etudes massaliètes, 9, Aix-en-Provence.

2. Le Titan

Dans une épave, datée des années 50-45 a.C., des amphores (Dressel 12) contenaient "des arêtes de thonidés et pélamydes, ainsi que des gastéropodes ptéropodes". Elles étaient fermées par "un bouchon de liege" ou par "un opercule de terre cuite en forme de couvercle avec un tenon de préhension".

Benoît, F. (1958) : "Nouvelles épaves de Provence", *Gallia*, 16, 5-17 ; Etienne, R. et Fr. Mayet (2002) : *Salaisons et sauces de poisson hispaniques*, Paris.

161 - Rians

Les Toulons

À l'emplacement d'une *villa*, plusieurs "foyers en fosse", datés du début du IVe siècle p.C., ont été repérés. Dans la cendre qu'ils ont générée, "quantité de coquillages" ont été recueillis.

Brun, J.-P. (1999) : *Carte archéologique de la Gaule, Le Var (83/1)*, Paris, 602.

162 - Toulon

Bastide (Rue)

"Des coquillages" sont signalés dans une couche d'abandon remontant au VIe - VIIe siècle p.C.

Brun, J.-P. (1999) : *Carte archéologique de la Gaule, Le Var (83/1)*, Paris, 808.

163 - Trans-en-Provence
Notre-Dame-de-Vallauris
Sur le site d'une *villa*, "des écailles d'huîtres" participaient au comblement d'un bassin daté du Ier- IIe siècle p.C.
Brun, J.-P. (1999) : *Carte archéologique de la Gaule, Le Var (83/1)*, Paris, 843.

164 - Vinon-sur-Verdon
Pèbre
À l'emplacement d'une *villa*, "des coquillages, notamment des huîtres" ont été repérés.
Chaillan, M. (1919) : "Les fouilles de Pèbre (Var), découverte d'une mosaïque avec inscription et personnage", *Bulletin Archéologique du Comité des Travaux Historiques et Scientifiques*, 259-265 ; Brun, J.-P. (1999) : *Carte archéologique de la Gaule, Le Var (83/1)*, Paris, 864.

Vaucluse

165 - Orange
1. Pourtoules (Cours)
Fr. Brien-Poitevin mentionne des conchyliorestes marins :" 67,42% d'ostrea", 28,57% "de proteopecten".
Brien-Poitevin, Fr. (1992) : "Huîtres et coquillages marins dans le midi de la Gaule", *Les Dossiers d'Archéologie*, Hors série, 3, 50-57 ; Brien-Poitevin, Fr. (1996) : "Consommation des coquillages marins en Provence à l'époque romaine", in : Gateau 1996, 137-142 et *Revue Archéologique de Narbonnaise*, 29, 313-320 ; Gateau, F. avec la collaboration de Fr. Trément et Fl. Verdin (1996) : *Carte archéologique de la Gaule, L'Etang de Berre (13/1)*, Paris.
2. La Brunette
La fouille du comblement d'un bassin, appartenant peut-être à un nymphée, a révélé un remplissage exclusivement constitué de "coquilles de *murex*". Cette structure a été rattachée à la première occupation d'une vaste *domus* suburbaine, au début du Ier siècle p.C.
Brien-Poitevin, Fr. (1992) : "Huîtres et coquillages marins dans le midi de la Gaule", *Les Dossiers d'Archéologie*, Hors série, 3, 50-57 ; Mignon, J.-M., I. Doray, V. Faure et A. Bouet (1997) : "La domus suburbaine de "La Brunette" à Orange", *Revue Archéologique de Narbonnaise*, 30, 173-202.

166 - Rasteau
1. Les Prats Descaux
Sur une "zone de dépotoir" de l'Antiquité tardive, "de nombreuses coquilles d'huîtres" ont été retrouvées "dans un concentration de matériaux antiques mêlés de cendres et de debris".
Provost, M. et J.-C. Meffre (2003) : *Carte archéologique de la Gaule, Vaison-la-Romaine et ses campagnes (84/1)*, Paris, 444.
2. Saint-Martin
"De nombreuses coquilles (huîtres et murex)" ont été signalées.
Provost, M. et J.-C. Meffre (2003) : *Carte archéologique de la Gaule, Vaison-la-Romaine et ses campagnes (84/1)*, Paris, 444.

167 - Roaix
Le Plan
Il est fait mention "de nombre d'huîtres".
Provost, M. et J.-C. Meffre (2003) : *Carte archéologique de la Gaule, Vaison-la-Romaine et ses campagnes (84/1)*, Paris, 451.

168 - Vaison-la-Romaine
1. Le Colombier
Une fosse comblée dans le premier quart du Ier siècle p.C. a livré "3 fragments d'huîtres".
Provost, M. et J.-C. Meffre (2003) : *Carte archéologique de la Gaule, Vaison-la-Romaine et ses campagnes (84/1)*, Paris, 219.
2. Maison du Dauphin*
S. Gagnère a réalisé un inventaire du mobilier conchyliologique (daté du Ier siècle p.C.) découvert lors des fouilles de la *domus*.
Gagnère, S. (1979) : "Le matériel osseux", in : Gaudineau 1979, 75-80 ; Goudineau, C. (1979) : *Les fouilles de la Maison au Dauphin. Recherches sur la romanisation de Vaison-la-Romaine*, Gallia, Suppl. 37, Paris.
3. Maison du Prétoire
Sur le site d'une *domus*, J. Sautel décrit un bassin dans lequel il a ramassé de "nombreuses coquilles d'huîtres et coquillages (ostrea edulis, clamys glaber, cardium edulis)". Son comblement remonterait à l'époque flavienne.
Sautel, J. (1941) : *Vaison dans l'Antiquité. Histoire et description de la cité, travaux et recherches de 1927 à 1940*, Avignon ; Sautel, J. (1942) : *Vaison dans l'Antiquité. Catalogue des objets romains à Vaison et dans son territoire*, Avignon ; Provost, M. et J.-C. Meffre (2003) : *Carte archéologique de la Gaule, Vaison-la-Romaine et ses campagnes (84/1)*, Paris, 272.

Yonne

169 - La Chapelle Vaupelteigne
Des conchyliorestes sont mentionnés dans des niveaux du IVe siècle p.C. sur le site d'une *villa* :
- "Ce bassin devint par la suite un dépotoir dans lequel on jeta tous les déchets ménagers : os, coquilles d'huîtres et surtout tessons de poterie [...]".
- "Dans l'angle sud-est [de la *pars urbana*], un puits de forme tronconique (prof.3m) a été vidé en 1966-1967. Il contenait des tessons de céramique commune, une cruche entière (céramique grise lustrée datable du IVe siècle p.C.), [...] ainsi que de nombreux restes organiques (branches, noisettes, noix, coquilles d'huîtres, morceau de cuir)".
Duchâtel, J. (1971) : *Fouilles archéologiques. Etablissement gallo-romain des "Roches". La Chapelle Vaupelteigne. Yonne*, S.R.A. Bourgogne, Dijon ; Delor, J.-P. (2002) : *Carte archéologique de la Gaule, L'Yonne (89/1 et 89/2)*, Paris, 288 ; Bardot, A. (2004) : *Les coquillages en Gaule romaine. Etude régionale ; les régions Bourgogne et Franche-Comté. Approche socio-économique, artistique et culturelle*, Mémoire de D.E.A., Université de Franche-Comté, Besançon, vol. 1, 143.

170 - Charbuy
Etang du Barrault
"1 individu de l'espèce *Ostrea edulis*, huître plate d'Europe" a été inventorié.
Bardot, A. (2003) : *Les coquillages en Gaule romaine. Etude régionale : les sites de Bourgogne et Franche-Comté. Provenances et usages*, Mémoire de Maîtrise, Université de Franche-Comté, Besançon,vol. 2, 22 ; 23.

171 - Joigny
Saut de Mouton
"Deux valves d'huîtres" ont été signalées. Communication orale de M. de Cargouët.
Bardot, A. (2004) : *Les coquillages en Gaule romaine. Etude régionale ; les régions Bourgogne et Franche-Comté. Approche socio-économique, artistique et culturelle*, Mémoire de D.E.A., Université de Franche-Comté, Besançon, vol. 1, 143.

172 - Malay-le-Grand
"Tous les restes étudiés [du VIe-VIIe siècle p.C.] appartiennent à l'espèce *Ostrea edulis*, huître plate, huître de Belon. [...] Trois valves inférieures ont été mises en évidence dans le chenal VIe-VIIe siècle p.C. : deux dans la couche B1, une dans la couche B2".
Putelat, O. (2001) : *Le mobilier ostéologique des vallées de la Mardelle et de la Vanne (Yonne), du Ier au VIIIe siècle après J.-C.*, Mémoire pour l'obtention du diplôme de l'Ecole Pratique des Hautes Etudes, Université de Bourgogne, Dijon.

173 - Migennes*
Côte Mitière
De nombreuses coquilles ont été découvertes dans des niveaux datés de la fin du IIIe siècle p.C. ou du début du IVe siècle p.C. Nous en avons trouvé mention dans les rapports de fouilles :
- "Dans la plupart des sondages et surtout dans la galerie ont été trouvés des ossements d'animaux : bovins, ovins, porcins, bois de cerf et quelques coquilles d'huîtres".
- "Une vingtaine de coquilles d'huîtres".
- "Vers 65 cm de profondeur sous la surface actuelle, un sol de mortier de chaux et sable est repérable jusqu'au mur voisin. Il porte des ossements de petits animaux ou d'oiseaux et des coquilles d'huîtres. Une vingtaine de coquilles d'huîtres ont été trouvées dans la zone des fours et 6 autres disperses".
- "Une couche de silex est apparue à 90 cm de profondeur épaisse d'une dizaine de cm sur laquelle ont été trouvés une monnaie de Constantin, divers tessons de céramique type Chenet 323 ou céramique commune et des coquilles d'huîtres identiques à celles trouvées à l'intérieur de la pièce. [...] 15 huîtres".
Un petit lot de coquilles a été étudié dans le cadre de notre recherche de Maîtrise.
Tainturier, J.-L. (1983) : *Fouilles archéologiques à Migennes (89) "Dessous la Côte-Mitière"*, Rapport dactylographié, C.E.R.E.P., Sens ; Tainturier, J.-L. (1984) : *Fouilles archéologiques à Migennes (89) "Dessous la Côte-Mitière"*, Rapport dactylographié, C.E.R.E.P., Sens ;

Tainturier, J.-L. (1985) : *Fouilles archéologiques à Migennes (89) "Dessous la Côte-Mitière"*, Rapport dactylographié, C.E.R.E.P., Sens ; Tainturier, J.-L. (1987) : *Fouilles archéologiques à Migennes (89) "Dessous la Côte-Mitière"*, Rapport dactylographié, C.E.R.E.P., Sens ; Bardot, A. (2003) : *Les coquillages en Gaule romaine. Etude régionale : les sites de Bourgogne et Franche-Comté. Provenances et usages*, Mémoire de Maîtrise, Université de Franche-Comté, Besançon,vol. 2, 24 ; 25.

174 - Perreuse
Source du Loing
Un "établissement de bains assez considerable" a été repéré. "Une importante quantité de mobilier était associée à ces structures [notamment] [...] des coquilles d'huîtres".
Delor, J.-P. (2002) : *Carte archéologique de la Gaule, L'Yonne (89/1 et 89/2)*, Paris, 525.

175 - Sens
1. Ancien Archevêché*
Les conchyiorestes ramassés sur le site ont été étudiés lors de notre Maîtrise. Ils appartiennent à des contextes du IIIe siècle p.C.
Bardot, A. (2003) : *Les coquillages en Gaule romaine. Etude régionale : les sites de Bourgogne et Franche-Comté. Provenances et usages*, Mémoire de Maîtrise, Université de Franche-Comté, Besançon,vol. 2, 27-29.
2. Les Cordeliers*
Des coquilles marines ont été découvertes dans des niveaux datés de la fin du IIIe siècle p.C. à la fin du IVe siècle p.C. Nous en avons fait l'étude en Maîtrise.
Bardot, A. (2003) : *Les coquillages en Gaule romaine. Etude régionale : les sites de Bourgogne et Franche-Comté. Provenances et usages*, Mémoire de Maîtrise, Université de Franche-Comté, Besançon,vol. 2, 30 ; 31.
3. Espace du Thau*
Le mobilier conchyliologique, que nous avons étudié pour notre Maîtrise, a été découvert à l'emplacement d'un quartier suburbain à vocation artisanale dont l'activité principale semble avoir été la métallurgie. Il s'inscrit dans un contexte chronologique qui s'étend de la seconde moitié du Ier siéle p.C. à la fin du IIe siècle p.C.
Bardot, A. (2003) : *Les coquillages en Gaule romaine. Etude régionale : les sites de Bourgogne et Franche-Comté. Provenances et usages*, Mémoire de Maîtrise, Université de Franche-Comté, Besançon,vol. 2, 32-37.
4. Gennetier*
Nous avons réalisé l'étude du mobilier conchyliologique découvert sur le site dans le cadre de notre Maîtrise.
Bardot, A. (2003) : *Les coquillages en Gaule romaine. Etude régionale : les sites de Bourgogne et Franche-Comté. Provenances et usages*, Mémoire de Maîtrise, Université de Franche-Comté, Besançon,vol. 2, 38 ; 39.
5. Mail (4, boulevard du)*
Les conchyliorestes mis au jour sur le site ont été étudiés lors notre Maîtrise.
Bardot, A. (2003) : *Les coquillages en Gaule romaine. Etude régionale : les sites de Bourgogne et Franche-Comté. Provenances et usages*, Mémoire de Maîtrise, Université de Franche-Comté, Besançon,vol. 2, 40 ; 41.
6. Tarbé (9, cours)*
Nous avons fait l'étude des conchyliorestes découverts sur le site au cours de notre recherche de Maîtrise.
Bardot, A. (2003) : *Les coquillages en Gaule romaine. Etude régionale : les sites de Bourgogne et Franche-Comté. Provenances et usages*, Mémoire de Maîtrise, Université de Franche-Comté, Besançon,vol. 2, 46.
7. Tarbé (12, cours)*
Le mobilier conchyliologique recueilli sur le site a été traité à l'occasion de notre Maîtrise.
Bardot, A. (2003) : *Les coquillages en Gaule romaine. Etude régionale : les sites de Bourgogne et Franche-Comté. Provenances et usages*, Mémoire de Maîtrise, Université de Franche-Comté, Besançon,vol. 2, 42-44.
8. Tarbé (18, cours)
Des remblais du IIe siècle p.C. ont livré "plusieurs milliers de coquilles d'huîtres fermées et soigneusement empilées".
Devauges, J.-B. (1979) : "Informations archéologiques. Circonscription de Bourgogne. Yonne", *Gallia*, 37, 466 ; Delor, J.-P. (2002) : *Carte archéologique de la Gaule, L'Yonne (89/1 et 89/2)*, Paris, 688.
9. Vermiglio*
Quelques conchyliorestes ont été retrouvés sur le site. Ils ont été abandonnés entre 50 et 120 p.C. Nous en avons fait l'étude en Maîtrise.
Bardot, A. (2003) : *Les coquillages en Gaule romaine. Etude régionale : les sites de Bourgogne et Franche-Comté. Provenances et usages*, Mémoire de Maîtrise, Université de Franche-Comté, Besançon,vol. 2, 47 ; 48.

176 - Villefranche
Saint-Phal
"Des coquilles d'huîtres" ont été signalées.
Delor, J.-P. (2002) : *Carte archéologique de la Gaule, L'Yonne (89/1 et 89/2)*, Paris, 769.

Territoire de Belfort

177 - Bavilliers
"Des coquilles d'huîtres" ont été retrouvées. Communication écrite de L. Joan.
Bardot, A. (2003) : *Les coquillages en Gaule romaine. Etude régionale : les sites de Bourgogne et Franche-Comté. Provenances et usages*, Mémoire de Maîtrise, Université de Franche-Comté, Besançon,vol. 2, 40.

Calvados

178 - Ifs*
Le site, occupé de la Conquête au début du IIe siècle p.C., a livré de nombreux conchyliorestes. Ils ont fait l'objet d'une étude par V. Carpentier.
Carpentier, V. (2007) : "Images antiques, médiévales et modernes de la consommation des produits de la mer. Quelques données archéologiques récentes en Basse-Normandie", in : Ridel *et al.* (éd.) 2007, 57-75 ; Ridel, E., E. Barré et A. Zysberg (éd.) (2007) : *Les nourriture de la mer, de la criée à l'assiette, Actes du Colloque du Musée maritime de l'île de Tatihou (Saint-Vaast La Hougue, 2003)*, Histoire maritime, 4, Caen.

179 - Fleury-sur-Orne*
Le mobilier conchyliologique recueilli est daté du IIe-IIIe siècle p.C. Il a été étudié par V. Carpentier.
Carpentier, V. (2007) : "Images antiques, médiévales et modernes de la consommation des produits de la mer. Quelques données archéologiques récentes en Basse-Normandie", in : Ridel *et al.* (éd.) 2007, 57-75 ; Ridel, E., E. Barré et A. Zysberg (éd.) (2007) : *Les nourriture de la mer, de la criée à l'assiette, Actes du Colloque du Musée maritime de l'île de Tatihou (Saint-Vaast La Hougue, 2003)*, Histoire maritime, 4, Caen.

Charente-Maritime

180 - Aulnay*
Le mobilier conchyliologique découvert sur le site a été étudié par Y. Lignereux et J. Peters. Il est daté des années 20-30 p.C.
Lignereux, Y. et J. Peters avec la participation de Fr. Tassaux et P. Tronche (1997) : "Viandes, volailles et fruits de mer à la table des légions romaines d'Aunedonnacum, 20-30 après Jésus-Christ (Aulnay-de-Saintonge, Charente Maritime)", *Revue de Médecine Vétérinaire*, 148 (4), 277-298 ; (5), 399-412.

181 - Aytré*
Bongraine
Des conchyliorestes ont été mis au jour sur le site d'une *villa*. Ils appartiennent à une fenêtre chronologique large, entre le Ier siècle p.C. et le Ve siècle p.C. Leur étude a été réalisée par C. Dupont.
Dupont C. (2005) : *Etude malacologique : Coquillages, crustacés et escargots : composants des menus des habitants gallo-romains du site de la ZAC Bongraine d'Aytré (Charente-Maritime)*, in : Hanry (éd.) 2005, 231-260 ; Hanry, A. (éd.) (2005) : *La villa viticole de la ZAC Bongraine à Aytré (Charente-Maritime)*, Rapport final d'opération, S.R.A. Poitou-Charentes, Poitiers ; Hanry, A., S. Vacher et E. Capo (2006) : *Une villa gallo-romaine à Aytré*, Dépliant d'exposition, Aytré, Médiathèque, 10 avril-13 mai 2006, Poitiers.

182 - Barzan
1. Le Fâ*
Les conchyliorestes mis au jour sur le site se comptent par milliers. Découverts dans des contextes stratigraphiques extrêmement divers (remblais, sols, soles de foyers, radiers de préparation, comblement de puits ...), ils sont présents depuis le Ier siècle a.C. jusqu'au IIIe

siècle p.C. Le mobilier conchyliologique a été étudié par V. Forest et nous-même.

Forest, V. avec la collaboration d'A. Bardot (2003) : "Etude conchyliologique", in : Bouet (éd.) 2003a, 478-502 ; Bouet, A. (éd.) (2003) : *Thermae Gallicae, Les thermes de Barzan (Charente-Maritime) et les thermes des provinces gauloises*, Aquitania, Suppl. 11, Bordeaux ; Bardot, A. (2006) : "Etude archéoconchyliologique, résultats préliminaires et problématiques", in : Coadic (éd.) *et al.* 2006, 27-29 ; Coadic, S. (éd.), A. Bardot, Br. Ephrem, C. Sanchez et V. Geneviève (2006) : *Le Fâ, Fouilles du puits PT 25055*, Document final de synthèse, S.R.A. Poitou-Charentes, Poitiers ; Bardot, A. (2007) : "Le mobilier conchyliologique du puits PT 25055", in : Coadic (éd.) *et al.* 2007, 47-48 ; Coadic, S. (éd.), A. Bardot, Br. Ephrem, C. Sanchez et V. Geneviève (2007) : *Le Fâ, Fouilles du puits PT 25055*, Document final de synthèse, S.R.A. Poitou-Charentes, Poitiers ; Bardot-Cambot, A. avec la collaboration de V. Forest (2011) : "Les coquillages marins. Consommation, commercialisation et gestion des déchets", in : Bouet (éd.) 2011, 895-930 ; Bouet, A. (éd.) (2011) : *Un secteur d'habitation dans le quartier du sanctuaire du Moulin du Fâ à Barzan*, Aquitania, Suppl. 27, Bordeaux.

2. La Palisse*

Une étude préliminaire a été menée par V. Forest sur les conchyliorestes d'une trentaine d'US datées de la période augusto-tibérienne au IIIe siècle p.C. De notre côté, nous avons réalisé l'étude d'autres assemblages. L'un appartenait à une US rattachée au règne d'Auguste ou au début du Ier siècle p.C. et interprétée comme un sol ou un épandage de déchets. L'autre, très volumineux, correspondait à une épaisse couche de coquilles servant d'assise à une voie construite dans la première moitié du IIe siècle p.C.

Forest, V. (inédit) : "Etude archéoconchyliologique : préliminaires", in : Rodet-Belarbi (inédit) ; Rodet-Belarbi, I. avec la collaboration de V. Forest et N. Desse-Berset (inédit) : *Barzan. Etude de la faune. Sondages de la voie et ses alentours*, Rapport dactylographié ; Bardot, A. (2007) : "Etude archéoconchyliologique", in : Tranoy & Moizan (éd.) *et al.* 2007, 123-131 ; Tranoy, L., E. Moizan (éd.), A. Bardot, C. Batigne, J. Guitard, J.-P. Bost, I. Bertrand, M. Druez, V. Mathé et L. Gourio (2007) : *La Grande Avenue, Barzan (Charente-Maritime)*, Rapport de fouilles programmées, S.R.A. Poitou-Charentes, Poitiers ; Tranoy L., E. Moizan, C. Batigne Vallet, V. Mathé, M. Druez et A. Bardot (2008) : "La "Grande Avenue" à Barzan (17) : les acquis des premières campagnes de fouilles (2006-2008)", *Aquitania*, 24, 77-104.

183 - Saintes*

Ma Maison

Un inventaire du mobilier conchyliologique, daté du Ier siècle p.C., a été dressé par N. Lauranceau.

Lauranceau, N. (1988) : "Note sur l'alimentation carnée sur le site de Ma Maison", in : Maurin *et al.* 1988, 69-71 ; Maurin, L., Cl. Allag, J.-P. Darmon, N. Lauranceau, Cl. Namin, M. Sansilbano-Collillieux, J. et M.-H. Santrot, J.-L. Tilhard et Chr. Vernou (1988) : *Les fouilles de "Ma Maison", Etudes sur Saintes antiques*, Aquitania, Suppl. 3, Bordeaux.

Gironde

184 - Bordeaux

1. Auditorium*

Le mobilier conchyliologique, que nous avons étudié, couvre un laps de temps compris entre le changement d'ère et le IVe siècle p.C. Les conchyliorestes appartiennent à des contextes stratigraphiques de diverses natures, notamment des comblements de structures en creux (fosses et puits), la préparation d'un niveau de circulation et un épandage de détritus dans un espace non bâti.

Bardot A. (2009) : "Etude archéoconchyliologique", in : Chuniaud (éd.) 2009, vol. 2, 25-46 ; Chuniaud, Kr. (éd.) (2009) : *Aquitaine, Bordeaux, Auditorium. Un quartier urbain antique*, Rapport final d'opération, I.N.R.A.P. Grand Sud-Ouest, S.R.A. Aquitaine, Bordeaux.

2. Chapeau Rouge*

Nous avons réalisé l'étude du mobilier conchyliologique découvert sur le site. Les US concernées sont datées des années 50-30 a.C. à 20-40 p.C. Les plus précoces correspondent à des niveaux d'occupation et au comblement de latrines, les plus tardives à une couche de dépotoir et à des remblais mis en place lors de l'aménagement d'un niveau de sol.

Bardot, A. (2006d) : "Une question de goût : l'exploitation des coquillages marins à Bordeaux au début de la Romanisation", *Aquitania*, 22, 55-73.

3. Cité Judiciaire*

Les conchyliorestes étaient contenus dans des dépotoirs liés aux activités d'un atelier de tabletiers vers 270-280 p.C. P. Caillat en a fait un inventaire.

Caillat, P. (1995a) : "La malacofaune marine", in : Caillat 1995a, 17-18 ; Caillat, P. (1995b) : *La faune des tabletiers de la Cité Judiciaire à Bordeaux*, Document final de synthèse, I.N.R.A.P. Grand Sud-Ouest, S.R.A. Aquitaine, Bordeaux.

4. Grands-Hommes*

L'étude des conchyliorestes marins a été réalisée par P.-J. Labour. Le mobilier s'échelonne de la fin du Ier siècle a.C. au IIe siècle p.C.

Labour, P.-J. (1997) : "Remarques préliminaires sur la malacofaune de 21 échantillons provenant de la série Bordeaux G.H.II", in : Sireix (éd.) 1997, 141-143 ; Sireix, Chr. (éd.) (1997) : *Les fouilles de la place des Grands-Hommes à Bordeaux*, Pages d'Archéologie et d'Histoire Girondines, 3, Bordeaux.

185 - Loupiac*

Saint-Romain

Sur le site d'une *villa*, des conchyliorestes participaient au comblement d'une piscine. Ils sont datés du Ve-VIe siècle p.C. Nous en avons fait l'étude.

Bardot, A. (2004) : "Etude conchyliologique", in : Marian (éd.) *et al.* 2004, 89-104 ; Marian, J. (éd.), A. Bardot, M.-A. Boutin, A.-L. Brives et M. Contério (2004) : *Loupiac, Fouilles des thermes de la villa*, Document final de synthèse, S.R.A. Aquitaine, Bordeaux.

Lot-et-Garonne

186 - Agen*

Ermitage

Des coquilles marines étaient concentrées dans une fosse (zone 21, structure 83) dont le comblement est daté du Ier siècle p.C. Nous avons réalisé l'étude du mobilier.

Bardot, A. (inédit) : *Etude archéoconchyliologique. Le site de l'Ermitage/Agen (Lot-et-Garonne) Zone 21 - Structure 23 (Fosse)*, Rapport dactylographié.

Somme

187 - Pont-de-Metz*

La Ferme aux Mouches 2

Des coquillages ont été découverts parmi les vestiges d'une agglomération (fosses, fossés et caves) datés pour la plupart du IIe siècle p.C. Leurs restes ont été étudiés par C. Dupont et L. Blondiau.

Dupont, C. et L. Blondiau (2006) "Les coquillages marins du village antique de La Ferme aux Mouches 2 (Pont-de-Metz, Somme) : d'une ressource alimentaire au témoin d'un artisanat ?", *Revue du Nord*, 88, 173-179.

Deux-Sèvres

188 - Rom*

La Petite Ouche

Les conchyliorestes découverts sur le site appartiennent pour la plupart aux comblements de structures en creux, survenus à la fin du IIe siècle p.C. ou au début du IIIe siècle p.C. D'autres restes constituaient le radier préparatoire du sol d'un atelier de forge établi au IIe siècle p.C. Nous avons réalisé l'étude du mobilier.

Bardot, A. (inédit h) : *Etude archéoconchyliologique. Rom -"La Petite Ouche" (Deux-Sèvres)*, Rapport dactylographié.

Val-d'Oise

189 - Epiais Rhus*

La Poulaine

Le mobilier conchyliologique recueilli sur le site a été étudié par Ph. Deloge. Il est daté de la fin du IVe siècle p.C.

Deloge, Ph. (1986) : *Analyse de la population animale du site gallo-romain de "La Poulaine" (Val-d'Oise)*, Thèse de Doctorat, Université Paul Sabatier, Toulouse.

Annexe 3 : La conchyliopalynologie : coquilles d'huitres et pollen. Le cas des huitres gallo-romaines de Cybele (Lyon, Rhone)

Jacqueline Argant[1410]

1. Problématique. Matériel et méthode

Deux lots de coquilles d'huîtres trouvées sur le site de Cybèle à Lyon, étudiées par Anne Bardot-Cambot, sont datés de l'époque gallo-romaine. La provenance méditerranéenne des coquilles du lot B a pu être prouvée. D'où proviennent les huîtres du lot A ?

La conchyliopalynologie, méthode consistant à rechercher le pollen inclus dans la coquille des Mollusques a été mise au point en 2005 à l'A.R.P.A.[1411] par A. et J. Argant dans le cadre des recherches sur les paléoenvironnements. Le cas des coquilles de Cybèle est une occasion de tester cette méthode pour tenter de résoudre le problème posé ci-dessus, c'est-à-dire trouver par l'analyse pollinique un caractère discriminant entre Méditerranée et Atlantique et préciser ainsi l'origine des coquilles du lot A.

La coquille des Mollusques marins est constituée de trois couches formées à partir de la conchyoline, protéine sécrétée par le manteau et associée à du calcaire extrait de l'eau filtrée par les branchies de l'animal. La croissance se fait par dépôts successifs de carbonate de calcium disposé en prismes et en lamelles, selon un rythme saisonnier se traduisant par des stries d'accroissement. L'eau dans laquelle baignent les Mollusques contient de nombreuses particules, dont des grains de pollen provenant de la pluie pollinique contemporaine ou de la partie la plus superficielle des sédiments proches du lieu de vie des coquillages. Certains de ces grains de pollen se retrouvent dans la coquille. À la suite d'un décapage très poussé de la surface (brossage énergique sous courant d'eau puissant et passage à la cuve à ultra sons), ils apparaissent malgré tout après dissolution totale de la partie calcaire par l'acide chlorhydrique, au milieu de particules détritiques. Ils sont malheureusement souvent peu nombreux, mais offrent néanmoins le reflet de la pluie pollinique contemporaine – au sens large - de la vie de l'animal en donnant une image de la végétation dépassant largement le milieu local puisque le pollen est apporté par le vent et par les cours d'eau drainant le bassin hydrographique. Des tests effectués sur des coquilles d'huîtres actuelles de zones ostréicoles de l'Atlantique et de la côte d'Armor en Bretagne, ou sur des coquilles de moules du site antique de Barzan (Charente-Maritime) le confirment.[1412] (fig. 1)

Les principales étapes pour la préparation des coquilles :
- lavage, brossage puis nettoyage très poussé par ultrasons,
- décalcification totale par l'acide chlorhydrique,
- séparation par densité en liqueur dense (d=2) des argiles, pour concentrer le pollen.

fig. 1 : coquilles d'huîtres étudiées : Cybèle et, pour comparaison, trois lots d'huîtres actuelles provenant de la Manche et de l'Atlantique.

2. Résultats

La figure 2 donne le nombre de grains de pollen observé dans 20 μl du culot obtenu à l'issue de la préparation. On peut constater :
- la présence de matière organique et, en particulier de pollen, dans toutes les coquilles, en quantité variable. (fig. 3) Cependant la concentration pollinique estimée en nombre de grains par gramme de coquille est relativement homogène, le plus souvent de l'ordre de 7 ou 8 grains par gramme. La coquille de Cybèle-lot B fait exception avec 15 grains par gramme.
- l'imprécision des déterminations palynologiques qui ne peuvent que très rarement se faire à l'espèce, ni même au genre dans le cas des herbacées, limite considérablement la possibilité de trouver des caractères distinctifs entre les spectres.
- pour les coquilles actuelles :
  - *légère prédominance du pollen d'arbres, en particulier celui qui est disséminé par le vent (arbres anémophiles).
  - *même représentation de 5 taxons régulièrement présents : *Pinus, Quercus, Alnus, Betula, Corylus* (tous anémophiles).
  - *pas de taxons herbacés cultivés (ce qui est normal étant donné l'environnement connu des sites), mais expression d'arbres plantés (exemple : cèdre).
  - *pas de caractéristiques particulières, ni variations significatives entre les spectres.
- pour les coquilles de Cybèle :
  - *pas de différence significative entre les deux spectres qui ne sont pas très éloignés des résultats obtenus sur des coquilles actuelles, en particulier au niveau des taxons arboréens. Les coquilles du lot B sont toutefois plus diversifiées, et les seules à contenir du pollen d'*Abies*.
  - *par contre, parmi les microfossiles non polliniques, on note dans les deux lots de coquilles la présence de sporanges et surtout d'hyphes[1413] de champignons identiques. (fig. 4 et 5)

3. Conclusion

Dans l'état actuel de la question, la composition qualitative des spectres polliniques ne distingue pas clairement les lots A et B de Cybèle. Un indice permet cependant de supposer que les lots A et B ont tous deux la même origine locale : des hyphes de champignons identiques sont présents dans les coquilles des deux lots. Ceux-ci ne se trouvent pas dans les coquilles actuelles de l'Atlantique et de la Manche étudiées ici. Puisqu'on sait que le lot B provient de la Méditerranée, on pourrait donc penser qu'il en est de même pour le lot A. Mais nous n'avons pas la preuve dans cette étude de lien direct entre les spectres polliniques (sans indicateurs botaniques typiques) et l'origine géographique des huîtres et on ne peut écarter la possibilité de lieu de récolte naturelle ou d'élevage présentant des conditions de biotopes semblables en des lieux différents. Les champignons microscopiques sont parfois des parasites de végétaux ou révélateurs de certains évènements terrestres (changements hydrologiques ou trophiques telle la richesse en matières organiques, incendie) modifiant le milieu aquatique. Dans le domaine des champignons microscopiques, les déterminations restent souvent difficiles voire impossibles, et seule une étude systématique pourra peut-être à l'avenir permettre de progresser.

Réf. ARPA	Origine	Quantité traitée-Masse	Remarques
4823	**Cybèle lot A**	1 valve-130,7 g	
4824	**Cybèle lot B-Méditerranée**	1 valve-89,7 g	
4821	Manche-Jaudy A	102 g	Estuaire du Jaudy ; huîtres achetées chez l'ostréiculteur, à côté du lieu d'élevage
4822	Manche-Jaudy B	90,1 g	Estuaire du Jaudy ; coquilles ramassées sur la plage ; même lieu de vie que Jaudy A
3572	Atlantique-Marennes-Oléron	-	Huîtres achetées dans un grand magasin

[1410] LAMPEA-UMR 7269 CNRS, MMSH, 5 rue du Château de l'Horloge, 13094 Aix-en-Provence cedex 2
Mél : j.argant@wanadoo.fr

[1411] Association de Recherche Paléoécologique en Archéologie, UFR des Sciences de la Terre, Université Claude Bernard, Géode, 2 rue Raphaël Dubois, 69622 Villeurbanne cedex

[1412] Argant 2011.

[1413] Filaments constituant le mycélium.

La conchyliopalynologie, recherche novatrice, n'en est qu'à ses débuts et non encore utilisée systématiquement en archéologie. Elle nécessitera à l'avenir la constitution d'un référentiel par l'étude systématique, à grande échelle, de coquilles actuelles ainsi que de coquilles "archéologiques" bien datées et d'origine connue. Une telle étude devrait alors permettre de mieux caractériser géographiquement et chronologiquement des lieux de production ou de récolte, étape indispensable pour son utilisation systématique en archéologie.

	Gallo-romain		Actuel		
	Cybèle A	**Cybèle B**	Jaudy A	Jaudy B	Marennes
Origine	**?**	**Méditerranée**	Manche	Manche	Atlantique
Pinus	**19**	**6**	18	14	26
Abies	**5**				1
Conifère indéterminé			3		
Quercus	**13**	**8**	7	8	8
Alnus	**16**	**2**	3	2	1
Betula	**5**	**1**	2	2	1
Corylus	**10**	**4**	2	3	3
Fagus	**1**				
Cedrus			1	1	
Sambucus			1		
Hedera			1		
Juniperus				3	1
Carpinus				1	
Ilex					1
AP	**69**	**21**	**38**	**34**	**42**
NAP	**34**	**17**	**17**	**6**	**20**
Spores	**26**	**1**	**0**	**1**	**3**
POACEAE	**2**	**4**	4	2	8
Artemisia	**1**				
CHENOPODIACEAE	**7**	**2**	2	2	3
BRASSICACEAE	**1**				1
FABACEAE	**1**				
CICHORIOIDEAE	**1**	**3**	1		
ASTERACEAE				1	
Plantago	**1**	**1**	1	1	
APIACEAE	**1**		1		1
LAMIACEAE	**1**				
ERICACEAE		**1**			2
RANUNCULACEAE	**1**		1		
SAXIFRAGACEAE			1		
CYPERACEAE	**7**	**1**			1
Indéterminés	**10**	**5**	6		4
Spores monolètes	**6**			1	2
Polypodium	**2**				
Spores trilètes	**18**	**1**			1
TOTAL	**129**	**39**	55	41	65
Hyphes de champignons	**96**	**10**			
Sporanges (champignons)	**19**	**7**			
Hystrichosphères			1	1	1
Nombre de grains/gramme	**15**	**7**	**8**	**7**	-
Nombre de taxons	**21**	**13**	16	12	16

fig. 2 : analyse pollinique de coquilles d'huîtres de Cybèle, de la Manche et de l'Atlantique.

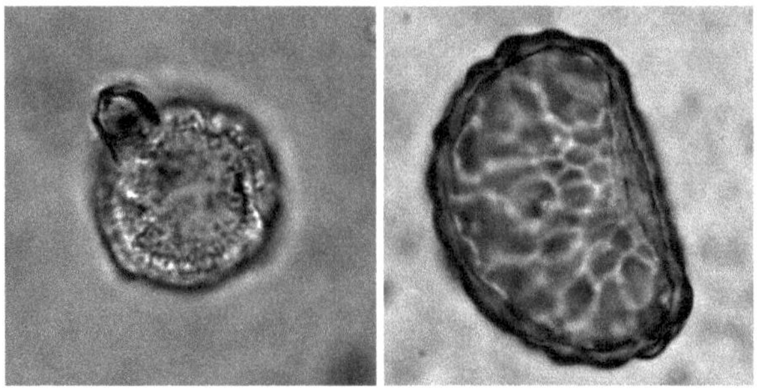

fig. 3 : exemple de grain de pollen de Ranunculaceae (à gauche) et de spore de *Polypodium* (à droite) bien conservés dans la coquille d'huître du lot A

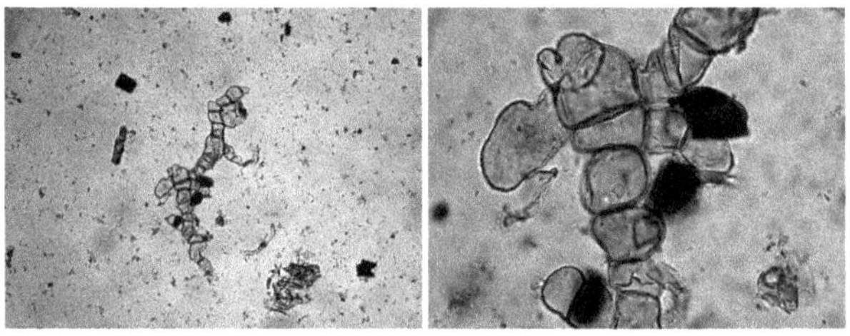

fig. 4 : Cybèle, coquille huître lot B. Hyphes de champignon.

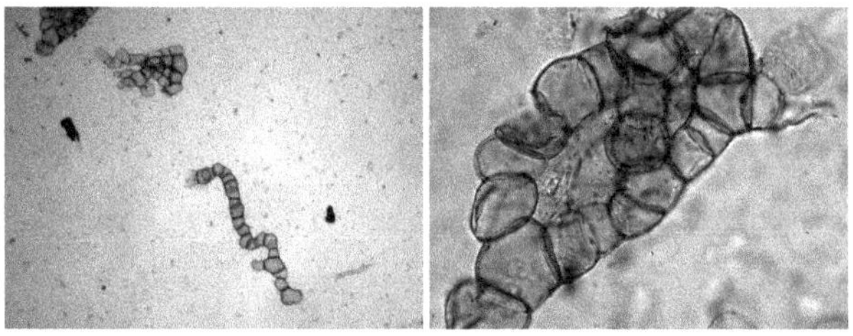

fig. 5 : Cybèle, coquille d'huître lot A. Hyphes de champignon.

BIBLIOGRAPHIE

- Apicius, *L'art culinaire*, texte établi, traduit et commenté par J. André, Les Belles Lettres, Paris, 1974.
- Apulée, *Les métamorphoses*, texte établi par D.S. Robertson et traduit par P. Vallette, Les Belles Lettres, Paris, 1958.
- Aristote, *Génération des animaux*, texte établi et traduit par P. Louis, Les Belles Lettres, Paris, 1961.
- Aristote, *Histoire des animaux*, tome 1, livres I à IV, texte établi et traduit par P. Louis, Les Belles Lettres, Paris, 1964.
- Athénée de Naucratis, *The Deipnosophists*, avec la traduction anglaise de C. B. Gulick, Harvard University Press, Cambridge, 1961.
- Ausine, *Ausonius*, avec la traduction anglaise de H. G. Evelyn White, Harvard University Press, Cambridge, 1961.
- Ausone, *Œuvres complètes d'Ausone*, tome 2, traduction nouvelle par E.-F. Corpet, C.L.F. Panckoucke, Paris, 1843.
- Cassiodore, *Variae*, texte traduit par S.J.B. Barnish, Liverpool University Press, Liverpool, 1992.
- Caton, *De l'agriculture*, texte établi et traduit par R. Goujard, Les Belles Lettres, Paris, 1975.
- César, *Guerre d'Afrique*, texte établi et traduit par A. Bouvet, Les Belles Lettres, Paris, 1997.
- Cicéron, *Discours*, tome 16, 1ère partie, *Contre L. Pison*, texte établi et traduit par P. Grimal, Les Belles Lettres, Paris, 1966.
- Columelle, *De l'agriculture*, texte établi et traduit par J.-Ch. Dumont, Les Belles Lettres, Paris, 1993.
- Horace, *Horace*, traduction nouvelle par Ch.-M. Leconte de l'Isle, A. Lemerre, Paris, 1911.
- Horace, *Odes et épodes*, texte établi et traduit par F. Villeneuve, Les Belles Lettres, Paris, 1959.
- Horace, *Satires*, texte établi et traduit par F. Villeneuve, Les Belles Lettres, Paris, 1958.
- Juvénal, *Satires*, texte établi et traduit par P. de Labriolle et Fr. Villeneuve, Les Belles Lettres, Paris, 1983.
- Lucrèce, *De la nature*, livres I à VI, texte établi et traduit par A. Ernout, Les Belles Lettres, Paris, 1959.
- Macrobe, *Les saturnales*, livres I à III, texte traduit par Ch. Guittard, Les Belles Lettres, Paris, 1997.
- Martial, *Épigrammes*, tome 2, 1ère partie, livres VIII à XII, texte établi et traduit par H. J. Izaac, Les Belles Lettres, Paris, 1961.
- Martial, *Stace, Martial, Manilius, Lucilius Junior, Rutilius, Gratius Faliscus Nemesianus et Calpurnius, Œuvres complètes*, texte traduit par Ch. Nisard, Firmin-Didot Frères, Paris, 1878.
- Nonius Marcellus, *De compendiosa doctrina*, Libros XX, vol. I, édité par W. M. Lindsay, Leipzig, 1903.
- Oribase, *Œuvres d'Oribase*, collationné sur les manuscrits, traduit pour la première fois en français avec une introduction, des notes, des tables et des planches par les docteurs U.C. Bussemaker et Ch. Daremberg, Imprimerie nationale, Paris, 1851.
- Ovide, *Les amours*, texte établi et traduit par H. Bornecque, Les Belles Lettres, Paris, 1961.
- Ovide, *Les métamorphoses*, tome 1, livres I à V, texte établi et traduit par G. Lafaye, Les Belles Lettres, Paris, 1994.
- Palladius, *Traité d'agriculture*, tome 1, livres I et II, texte établi, traduit et commenté par R. Martin, Les Belles Lettres, Paris, 1976.
- Perce, *Satires*, texte établi et traduit par A. Cartault, Les Belles Lettres, Paris, 1951.
- Pétrone, *Satyricon*, texte établi et traduit par A. Ernout, Les Belles Lettres, Paris, 1999.
- Plaute, *Pseudolus, Rudens, Stichus*, texte établi et traduit par A. Ernout, Les Belles Lettres, Paris, 1938.
- Pline l'Ancien, *Histoire naturelle de Pline*, avec la traduction en français par E. Littré, Firmin-Didot Frères, Paris, 1855.
- Pline l'Ancien, *Histoire naturelle*, livre IX, texte établi, traduit et commenté par E. de Saint-Denis, Les Belles Lettres, Paris, 1955.
- Pline l'Ancien, *Histoire naturelle*, livre XXXI, texte établi, traduit et commenté par G. Serbat, Les Belles Lettres, Paris, 1972.
- Pline l'Ancien, *Histoire naturelle*, livre XXXII, texte établi, traduit et commenté par E. de Saint-Denis, Les Belles Lettres, Paris, 1966.
- Pline le Jeune, *Lettres*, tome 3, livres VII à IX, texte établi et traduit par A.-M. Guillemin, Les Belles Lettres, Paris, 1992.
- Pomponius Mela, *Chorographie*, texte établi et traduit par A. Silberman, Les Belles Lettres, Paris, 1988.
- Quintilien, *De l'Institution oratoire*, tome 1, livre I, texte établi et traduit par J. Cousin, Les Belles Lettres, Paris, 1975.
- Quintilien, *De l'Institution oratoire*, tome 4, livres VI et VII, texte établi et traduit par J. Cousin, Les Belles Lettres, Paris, 1976.
- Sénèque, *Lettres à Lucilius*, tome 4, livres XIV à XVIII, texte établi par Fr. Préchac et traduit par H. Noblot, Les Belles Lettres, Paris, 1962.
- Sidoine Apollinaire, *Oeuvres de C. Sollius Apollinaris Sidonius*, tome 2, livres V à IX, traduites en français avec le texte en regard et des notes par J.-F. Grégoire et F.-Z. Collombet, Rusand, Lyon, 1836.
- Stace, *Silves*, tome 1, livres I à III, texte établi par H. Frère et traduit par H. J. Izaac, Les Belles Lettres, Paris, 1961.
- Strabon, *Géographie de Strabon*, tome 1, traduction française par A. Tardieu, Hachette, Paris, 1909.
- Suétone, *Vies des douze Césars*, tome 2, *Tibère, Caligula, Claude, Néron*, texte établi et traduit par H. Ailloud, Les Belles Lettres, Paris, 1961.
- Tite-Live, *Histoire romaine*, tome 16, livre XXVI, texte établi et traduit par P. Jal, Les Belles Lettres, Paris, 1991.
- Valère Maxime, *Actions et paroles mémorables*, traduction nouvelle avec introduction et notes par P. Constant, Garnier Frères, Paris, 1935.
- Valère Maxime, *Faits et dits mémorables*, tome 2, livres IV à VI, texte établi et traduit par R. Combès, Les Belles Lettres, Paris, 1997.
- Virgile, *Enéide*, tome 3, livres IX à XII, texte établi et traduit par J. Perret, Les Belles Lettres, Paris, 2008.
- Virgile, *Les bucoliques, Les géorgiques*, traduction avec introduction et notes par M. Rat, Librairie Garnier, Paris, 1932.

A

- Abad Varela, M. et M. A. García Pérez (1992) : "Estudio de moluscos recogidos en la villa romana de La Pila, Altea (Alicante)", *Archivo espanol de arqueologia*, 65, 318-322.
- Abbes, R. (1991) : *Atlas des ressources et des pêches françaises dans les mers européennes*, Rennes.
- Alfaro C. et L. Karali (éd.) (2008) : *Purpureae Vestes, Acta del II Symposium Internacional sobre Textiles y Tintes del Mediterráneo en el mundo antiguo (Athènes, 2005)*, València.
- Alfaro C., J. P. Wild et B. Costa (éd.) (2004) : *Purpurae vestes, Acta del I Simposium Internacional sobre Textils y tintes del Mediterraneo en epoca romana (Ibiza, 2002)*, València.
- Allag, Cl. (2003) : *Peinture antique en Bourgogne, Actes du 16e séminaire de l'Association française pour la peinture murale antique (Auxerre, 1997)*, Revue Archéologique de l'Est, Suppl. 21, Dijon.
- Allmer, A. et P. Dissard (1887-1888) : "Trion ; Antiquités découvertes en 1885,1886 et antérieurement au quartier de Lyon dit de Trion", Extrait des *Mémoire de l'Académie des Sciences, belles-lettres et arts de Lyon*, 25, vol. 2, Lyon.
- Ambert, M. et L. Chabal (1992) : "L'environnement de Lattara (Hérault), potentialités et contraintes", in : Py (éd.) 1992, 9-26.
- Ambert, P. (1987) : "Modifications historiques des paysages littoraux en Languedoc central : état actuel des connaissances", in : *Déplacements des lignes de rivage en Méditerranée d'après les données de l'archéologie, Colloque international du CNRS (Aix-en-Provence, 1985)*, Paris, 35-43.
- Ambert, P. (1993) : "Preuves géologiques de l'insularité du massif de la Clape (Aude) pendant la transgression flandrienne", *Comptes rendus de l'Académie des Sciences*, 316, 2e série, 237-244.
- Ambert, P., J. André et S.-A.-G. Leroy (1995) : "L'évolution holocène de la lagune de Narbonne (Sud de la France). Premiers enseignements d'une recherche pluridisciplinaire initiée par Jean Guilaine", in : *Cultures i medi de la Prehistoria a l'edat mitjana. Homenatge al profesor J. Guilaine, Xe Colloqui Internacional d'Arqueologia (Puigcerdà, 1994)*, Puigcerdà, 63-69.
- André, J. (1981) : *L'alimentation et la cuisine à Rome*, Paris.
- Anonyme (1393) : *Le Ménagier de Paris*, rééd. de 1846, tome 2, Paris.
- Anonyme (1466) : *Le Recueil de Riom et la manière de henter soutillement*, rééd. de 1987, Montréal.
- Anonyme (1542) : *Livre fort excellent de cuysine*, Lyon.
- Anonyme (1607) : *Le Thresor de santé, ou mesnage de la vie humaine*, Lyon.
- Anonyme (1881) : *Manuel de cuisine. Recettes choisies disposées en tableaux par ordre d'opérations*, Paris.
- Arambourou, R. (1958) : "L'amas coquillier de Moliets", *Bulletin de la Société de Borda*, 289, 1er trimestre, 3-7.
- Argant, J. (2011) : "Le puits PT 25055 : apport de l'analyse pollinique à la connaissance du paléoenvironnement de l'agglomération antique (fin du Ier-début du IIe siècle p.C.)", in : Bouet (éd.) (2011), 943-952.
- Argant, Th. (2001) : *L'alimentation d'origine animale à Lyon (des origines au XXe siècle)*, Thèse de Doctorat, Université Lumière Lyon II, Lyon.
- Arrecgros-Dejean, J. (1966) : *Les coquillages marins*, Lausanne.

- Association Narbonnaise de Travaux et d'Etudes Archéologiques Subaquatiques (2004) : *Rapport de sondage, Narbonne, Port la Nautique*, Narbonne.
- Attendorn, H.-G., G. Helle, Fr. Strauch et G.E. Thüry (2001) : "Provenienzuntersuchungen an römischen Fundaustern aus der Zone nordwärts der Alpen", *Römisches* Österreich, 23/24, 7-40.
- Attendorn, H.-G., H. Merten, Fr. Strauch et W. Weber (1996) : "Römische Austernfunde aus den Grabungen in der Pauluskapelle des Domkreuzganges in Trier", *Trierer Zeitschrift*, 59, 89-118.
- Aucapitaine, H. (1862) : "Notice sur l'île de l'étang de Diane, (côte est de la Corse)", *Comptes rendus de l'Académie des sciences*, 54, 1114-1116.
- Audibert, C. et J.-L. Delemarre (2009) : *Guide des coquillages de France : Atlantique et Manche*, Paris.
- Aulagnier, A.-F. (1839) : *Dictionnaire des aliments et des boissons*, Bruxelles.
- Ayala, G. (2007) : "Lyon. Evolution d'un bord de Saône de l'Antiquité à nos jours : la fouille du parc Saint-Georges, bilan préliminaire", *Revue Archéologique de l'Est*, 56, 153-185.

B

- Baccrabère, G. (1988) : *Le sanctuaire rural antique d'Ancely, commune de Toulouse*, Suppl. au Bulletin de Littérature Ecclésiastique, Chronique n°1, Toulouse.
- Bailly, A. (2000) : *Le grand Bailly, Dictionnaire Grec-Français*, Paris.
- Ballet, P., P. Cordier et N. Dieudonné-Glad (éd.) (2003) : *La ville et ses déchets dans le monde romain : rebuts et recyclages (Poitiers, 2002)*, Montagnac.
- Banghard, K. (2000): "Kaurischnecke", *Reallexikon der germanischen Altertumskunde*, 16, 344-347.
- Banghard, K. (2002) : "Zeugnisse des Fernhandels - Die Cypraea aus Grab 334", in : Burzler *et al.* (éd.) 2002, 270-272.
- Baratte, Fr. (1994) : "Une nouvelle nature morte aux poissons : le plat d'argent de Mathay", *Antiquités nationales*, 26, 135-147.
- Baratte, Fr. et K. Painter (1989) : *Trésors d'orfèvrerie gallo-romains*, Paris.
- Baratte, Fr., A. Le Bot-Helly, B. Helly, M.-C. Depassiot et V. Langlet (1990) : *Le trésor de la place Camille-Jouffray à Vienne (Isère). Un dépôt d'argenterie et son contexte archéologique*, Gallia, Suppl. 50, Paris.
- Barberan, S., A. Bardot-Cambot, R. Gafà, B. Lemaire, A. Malignas, St. Raux, A. Renaud, S. Silvéréano (à paraître) : "Boire et manger sur le *forum* du *Castellas* (Murviel-lès-Montpellier, Hérault) : un dépotoir atypique daté de la première moitié du IIe s. ap. J.-C.", *Revue archéologique de Narbonaise*, 45, (à paraître).
- Barbet, A. et S. Heidet (1999) : "Stucs, peintures et *opus musivum* du site de Chamiers", in : Bouet & Carponsin-Martin 1999, 247-249.
- Barbier, A. (1886-1888) : "Un parc d'huîtres à Poitiers", *Bulletin de la Société des Antiquaires de l'Ouest*, 2e série, 468-473.
- Bardot, A. (inédit a) : *Etude archéoconchyliologique. Le site de Cybèle/Lyon (Rhône)*, Rapport dactylographié.
- Bardot, A. (inédit b) : *Etude archéoconchyliologique. Le site de PME/Meaux (Seine-et-Marne)*, Rapport dactylographié.
- Bardot, A. (inédit c) : *Etude archéoconchyliologique. Le site de l'Ermitage/Agen (Lot-et-Garonne) Zone 21 - Structure 23 (Fosse)*, Rapport dactylographié.
- Bardot, A. (inédit d) : *Etude archéoconchyliologique. Le site du Refuge/Besançon (Doubs)*, Rapport dactylographié.
- Bardot, A. (inédit e) : *Premières observations sur le mobilier conchyliologique. Site de l'Avenue Kennedy/Narbonne (Aude)*, Rapport dactylographié.
- Bardot, A. avec la collaboration de D. Rambaud (inédit f) : *Etude archéoconchyliologique. Le site de Monsidun/L'Houmeau (Charente-Maritime)*, Rapport dactylographié.
- Bardot, A. (inédit g) : *Etude archéoconchyliologique. Rom - "La Petite Ouche" (Deux-Sèvres)*, Rapport dactylographié.
- Bardot, A. (inédit h) : *Etude conchyliologique. Buchères - Parc Logistique de l'Aube (Aube)*, Rapport dactylographié.
- Bardot, A. (2003) : *Les coquillages en Gaule romaine. Etude régionale : les sites de Bourgogne et Franche-Comté. Provenances et usages*, Mémoire de Maîtrise, Université de Franche-Comté, Besançon.
- Bardot, A. (2004a) : *Les coquillages en Gaule romaine. Etude régionale : les régions Bourgogne et Franche-Comté. Approche socio-économique, artistique et culturelle*, Mémoire de D.E.A., Université de Franche-Comté, Besançon.
- Bardot, A. (2004b) : "Etude conchyliologique", in : Verdin (éd.) *et al.* 2004, 85-106.
- Bardot, A. (2004c) : "Etude conchyliologique", in : Marian (éd.) *et al.* 2004, 89-104.
- Bardot, A. (2004d) : "Etude archéoconchyliologique", in : Bet *et al.* 2004.
- Bardot, A. (2006a) : "Etude archéoconchyliologique, résultats préliminaires et problématiques", in : Coadic (éd.) *et al.* 2006, 27-29.
- Bardot, A. (2006b): "Etude archéoconchyliologique", in : Chapon (éd.) *et al.* 2006, 70-74.
- Bardot, A. (2006c): "Etude archéoconchyliologique", in : Guillaume (éd.) *et al.* 2006, 30-33.
- Bardot, A. (2006d) : "Une question de goût : l'exploitation des coquillages marins à Bordeaux au début de la Romanisation", *Aquitania*, 22, 55-73.
- Bardot, A. (2007a) : "Etude archéoconchyliologique", in : Tranoy & Moizan (éd.) *et al.* 2007, 123-131.
- Bardot, A. (2007b) : "Etude archéoconchyliologique", in : Verdin (éd.) *et al.* 2007, 186-201.
- Bardot, A. (2007c) : "La consommation des coquillages marins sur les sites gallo-romains de Bourgogne et Franche-Comté : enquête et problématique", in : Ridel *et al.* (éd.) 2007, 35-56.
- Bardot, A. (2007d) : "Le mobilier conchyliologique du puits PT 25055", in : Coadic (éd.) *et al.* 2007, 47-48.
- Bardot A. (2009) : "Etude archéoconchyliologique", in : Chuniaud (éd.) 2009, vol. 2, 25-46.
- Bardot A. (2010) : *Les coquillages en Gaule romaine, entre Méditerranée et Rhin. Approche socio-économique et socio-culturelle*, Thèse de doctorat, Université de Bordeaux 3, Bordeaux.
- Bardot A. (2011a) : "Etude archéoconchyliologique", in : Sabrié & Sabrié (éd.) 2011, 311-320.
- Bardot, A. (2011b) : "Quelles utilisations des coquillages marins en Istrie romaine ? Données archéoconchyliologiques, indices littéraires et pistes ethnographiques", in : Carre *et al.* (éd.) 2011, 100-105.
- Bardot, A. (2011c) : "Une zone de préparation des coquillages marins à Port la Nautique (Narbonne/Aude)", in : Sanchez & Jezegou (éd.) 2011, 213-226.
- Bardot, A. (2012) : "Zones maritimes exploitées durant la période romaine : résonance conchyliologique pour les populations littorals", in : Ropiot *et al.* (éd.) 2012, 141-158.
- Bardot, A. avec la collaboration de Chr. Macheboeuf (à paraître) : "Etude archéoconchyliologique. Les coquillages marins du site de Loron (Istrie, Croatie), IIIe/IVe siècles p.C.", in : Tassaux *et al.* (à paraître).
- Bardot, A. et V. Forest (2009) : " L'exploitation des coquillages marins en Bas-Languedoc durant la période romaine", in : *The territory and its resources*, Studies on the rural world in the roman period, 4, 2009, 45-60.
- Bardot A., V. Forest et Chr. Macheboeuf (2008) : "Les coquillages", in : Sanchez (éd.) 2008, 73-76.
- Bardot-Cambot, A. avec la collaboration de V. Forest (2011) : "Les coquillages marins. Consommation, commercialisation et gestion des déchets", in : Bouet (éd.) 2011, 895-930.
- Bardot-Cambot, A. et V. Forest (à paraître a) : "Coquillages et coquilles du site de Villevieille", in : Houix *et al.* (dir.) (à paraître).
- Bardot-Cambot, A. et V. Forest (à paraître b) : "Conchylicultures à l'époque romaine ?", article soumis au *Journal of Roman Archaeology*, à paraître.
- Barker, G. (1981) : "Economic life at Berenice : The animal end Fish bones, Marine molluscs and Plant remains", in : Lloyd (éd.) 1981, vol. 2.
- Barrier, P. et E. Cauquil (1996) : "Environnements et biocénoses de Méditerranée : un modèle paléoécologique", *Géochronique*, 58, 18-19.
- Bar-Yosef D.E. (éd.) (2005) : *Archaeomalacology : Molluscs in former environment of human behaviour, Proceedings of the 9th ICAZ Conference (Durham, 2002)*, Durham.
- Bats, M. (1988) : *Vaisselle et alimentation à Olbia de Provence (v. 350 - v. 50 av.JC.), modèles culturels et catégories céramiques*, Revue Archéologique de Narbonnaise, Suppl. 18, Paris.
- Bats, M. (éd.) (2006) : *Olbia de Provence (Hyères, Var) à l'époque romaine (Ier s. av. J.-C. - VIIe s. ap. J.-C.)*, Etudes massaliètes, 9, Aix-en-Provence.
- Baylac, J. (1907) : "Etude sur la nocivité des huîtres", *Archives médicales de Toulouse*, 13.
- Béal, J.-Cl. (1983) : *Catalogue des objets de tabletterie du Musée de la Civilisation Gallo-romaine de Lyon*, Collection du Centre d'études romaines et gallo-romaines de l'Université Jean-Moulin, Lyon.
- Beaulieu, Fr. (1997) : *Mer vivante en Bretagne*, Douarnenez.

- Beaumont, A., T. Gjedrem et P. Moran (2007) : "Blue mussel - *Mytilus edulis*, and Mediterranean mussel - *M. galloprovincialis*", in : Svåsand *et al.* 2007, 62-69.
- Bel, J. (éd.) (2005) : *Rôle et place de la femme dans la société européenne de l'Antiquité à nos jours, Actes du Colloque international organisé par le C.E.R.C.L.E. (Boulogne-sur-Mer, 2005)*, Les Cahiers du Littoral, 1/4, Boulogne-sur-Mer.
- Bel, V. (2002) : *Pratiques funéraires du Haut-Empire dans le midi de la Gaule. La nécropole gallo-romaine du Valladas à Saint-Paul-Trois-Chateaux (Drôme)*, Monographies d'Archéologie Méditerranéenne, 11, Lattes.
- Bel, V. (éd.) (2005) : *78 avenue Jean Jaurès à Nîmes (Gard). Enclos funéraires des Ier et IIe s. de n. è., en périphérie de l'agglomération nîmoise*, Document final de synthèse, I.N.R.A.P. Méditerranée, S.R.A. Languedoc-Roussillon, Montpellier.
- Bel, V., S. Barberan, N. Chardenon, V. Forest, I. Rodet-Belarbi et L. Vidal (2008) : *Tombes et espaces funéraires de la fin de l'âge du Fer et du début de l'époque romaine à Nîmes (Gard)*, Monographies d'Archéologie Méditerranéenne, 24, Lattes.
- Belarte, C. et M. Py (2004) : "Les décors de sol à base de coquillages du quartier 30-35 de Lattara", in : Py (éd.) 2004, 385-394.
- Bélèze, G. (1882) : *Dictionnaire universel de la vie pratique à la ville et à la campagne*, Paris.
- Bellan-Santini, D., J.-Cl. Lacaze, Cl. Poizat et J.-M. Pérès (1994) : *Les biocénoses marines et littorales de Méditerranée. Synthèse, menaces et perspectives*, Paris.
- Belon du Mans, P. (1555) : *La nature & diversité des poissons*, Paris.
- Bérard, A. (1927) : "Les conditions des établissements maritimes sur la côte de Provence dans l'Antiquité", *Annales de Géographie*, 36, 413-435.
- Berka, R. (1986) : *Le transport des poissons vivants. Etude de synthèse*, Document technique de la Commission Européenne Consultative pour les Pêches dans les eaux Intérieures, 48.
- Bernal, D. (2011) : *Pescar con Arte. Fenicios y romanos en el origen de los aparejos andaluces*, Catálogo de la Exposición Baelo Claudia, diciembre 2011-julio 2012, Monografías del proyecto sagena, 3, Cadiz.
- Bernal, D., L. Roldán, J. Blánquez, F. Prados et J.J. Díaz (2008) : "Un taller de púrpura tardorromano en Carteia (Baetica, Hispania). Avance de las excavaciones preventivas en el conchero de Villa Victoria (2005)", in : Alfaro & Karali 2008, 209-226.
- Berti, F. (éd.) (1990) : *Fortuna maris. La nave romana di Comacchio*, Bologne.
- Bertrand, I., A. Duval, J. Gomez de Soto et P. Maguer (éd.) (2009) : *Habitats et paysages ruraux en Gaule et regards sur d'autres régions du monde celtique, Actes du XXXIe colloque international de l'Association Française pour l'Etude de l'Age du Fer (Chauvigny, 2007)*, Association des publications chauvinoises, Mémoire 35, tome 2, Chauvigny.
- Bet, Ph., St. Bleu, E. Belay, A. Delor et C. Dubuc (2004) : *Le site gallo-romain du nouvel hôpital d'Autun (Saône-et-Loire)*, Document final de synthèse, I.N.R.A.P. Grand Est-Sud, S.R.A. Bourgogne, Dijon.
- Binet, D. (1999) : *Les pêches côtières de la baie du Mont-Saint-Michel à la baie de Bourgneuf au XIXe siècle*, Plouzanet.
- Blanc, N. et A. Nercessian (1994) : *La cuisine romaine antique*, Grenoble.
- Bocquet, C., J. Génermont et M. Lamotte (éd.) (1976) : *Problèmes de l'espèce dans le règne animal*, tome 1, Paris.
- Bocquet, A., L. Bourgeois, B. Farago, Ph. Poirier, L. Prysmicki et B. Vequaud (1997) : *Poitiers - Hôtel Aubaret (86.194.265)*, Document final de synthèse, S.R.A. Poitou-Charentes, Poitiers.
- Bocquet, A., Kr. Chuniaud et J. Naveau avec la collaboration de N. Dieudonné-Glad, V. Forest, S. Morin et M. Mortreau (2004) : "Le quartier antique de la Grande-Boissière à Jublains (Mayenne)", *Revue Archéologique de l'Ouest*, 21, 131-174.
- Bodéré, J.-C. et L. Pourinet (2001) : "Typologie des côtes de France", in : Corlay (éd.) 2001), 4.
- Bonneau, M. (1993) : "Coquille en argent dédicacée, découverte d'un dieu gallo-romain inconnu à Menestreau (Nièvre)", *Revue Archéologique de l'Est*, 44, fasc.1, 221-224.
- Bonneau, M. (1996) : "Menestreau : un lieu de culte gallo-romain, 30 ans d'Archéologie en Nièvre", in : Garnier & Bouthier (éd.) 1996, 39-58.
- Borde F. et J. Borde (1938) : "*Ostrea edulis* et *Gryphea angulata*, caractères communs et caractères différentiels", *Revue des Travaux de l'Institut des Pêches Maritimes*, 11 (4), 503-521.
- Borgnis, J.-A. (1823) : *Traité élémentaire de construction appliqué à l'architecture civile*, Paris.
- Botte, E. (2007) : "Les amphores Dressel 21-22 de Pompéi", *Quaderni di Studi Pompeiani*, I, 169-186.
- Botte, E. (2008) : "Les salaisons de poissons de Cumes (Italie) au Ier siècle de notre ère : une nouvelle inscription peinte sur amphore Dressel 21-22", in : Napoli (éd.) 2008, 443-446.
- Botte, E. (2009) : *Salaisons et sauces de poissons en Italie du sud et en Sicile durant l'Antiquité*, Collection du Centre Jean Bérard, 31, Naples.
- Bouchet, Ph. et R. Von Cosel (2001) : *Les coquillages des côtes françaises*, Rennes.
- Bouet, A. (éd.) (2003) : *Thermae Gallicae, Les thermes de Barzan (Charente-Maritime) et les thermes des provinces gauloises*, Aquitania, Suppl. 11, Bordeaux.
- Bouet, A. (éd.) (2011) : *Un secteur d'habitation dans le quartier du sanctuaire du Moulin du Fâ à Barzan*, Aquitania, Suppl. 27, Bordeaux.
- Bouet, A. et C. Carponsin-Martin (1999) : "Enfin un sanctuaire "rural" chez les Pétrucores : Chamiers (Dordogne)", *Aquitania*, 16, 183-249.
- Bouillet, J.-B. (1843) : "Huîtres apportées en Auvergne en grande quantité au IIe et au IIIe siècles", *Tablettes historiques de l'Auvergne*, 4, 668-672.
- Bouillet, M.N. (1854) : *Dictionnaire universel des Sciences, des Lettres et des Arts*, vol. 1, Paris.
- Bouillet, M.N. (1857) : *Dictionnaire universel des Sciences, des Lettres et des Arts*, vol. 2, Paris.
- Bouloumié, B. (1979) : Recherches stratigraphiques sur l'oppidum de Saint-Blaise, *Revue archéologique SITES*, Hors série, 15.
- Boyrie-Fénié, B. (1994) : *Carte archéologique de la Gaule, Les Landes (40)*, Paris.
- Brehm, A.E. (vers 1884) : *Les merveilles de la nature. L'homme et les animaux. Les vers, les mollusques, les échinodermes, les zoophytes, les protozoaires et les animaux des grandes profondeurs*, Paris.
- Brillat-Savarin, J.-A. (1848) : *Physiologie du goût*, Paris.
- Brien-Poitevin, Fr. (1988) : "Les activités vivrières", *Dossiers d'Archéologie*, 128, 92-97.
- Brien-Poitevin, Fr. (1989) : "Les coquillages marins", in : Fiches 1989, 206-209.
- Brien-Poitevin, Fr. (1990) : "Etude conchyliologique", in : Raynaud 1990, 309-314.
- Brien-Poitevin, Fr. (1991) : "Les coquillages marins", in : Pelletier *et al.* 1991, 344.
- Brien-Poitevin, Fr. (1992a) : "Huîtres et coquillages marins dans le midi de la Gaule", *Les Dossiers d'Archéologie*, Hors série, 3, 50-57.
- Brien-Poitevin, Fr. (1992b) : "Collecte, consommation et réutilisation des coquillages marins sur le site de Lattes", in : Py (éd.) 1992, 125-138.
- Brien-Poitevin, Fr. (1993) : "Etudes conchyliologiques de quelques sites, l'étang de Berre et la vallée de l'Arc", in : Leveau & Provansal 1993, 285-300.
- Brien-Poitevin, Fr. (1994) : "Les coquillages", in : Démians d'Archimbaud (éd.) 1994, 229-241.
- Brien-Poitevin, Fr. (1996) : "Consommation des coquillages marins en Provence à l'époque romaine", in : Gateau 1996, 137-142 et *Revue Archéologique de Narbonnaise*, 29, 313-320.
- Brien-Poitevin, Fr. (2006) : "Les coquillages marins", in : Bats (éd.) 2006, 451-455.
- Brien-Poitevin, Fr. (2007) : "Exploitation des ressources marines", in : Raynaud (éd.) 2007, 79-82 ; 333
- Brugal, J.-P. et J. Desse (éd.) (2004) : *Petits animaux et sociétés humaines. Du complément alimentaire aux ressources utilitaires, Actes des XXIVe rencontres internationales d'archéologie et d'histoire d'Antibes (2003)*, Antibes.
- Bucquoy, E., Ph. Dautzenberg et G. Dollfus (1887-1898) : *Les mollusques marins du Roussillon*, tome 2, fasc. 8, Paris.
- Buisson, A. (1990) : *Carte archéologique de la Gaule, L'Ain (01)*, Paris.
- *Bulletin de la Société Archéologique de Béziers* (1951), 4e série, XVII.
- *Bulletin de la Société des Antiquaires de l'Ouest* (1844), 4e série.
- Burnez, C. et P. Fouéré (éd.) (1999) : *Les enceintes néolithiques de Diconche à Saintes (Charent-Maritime)*, Mémoire de la Société Préhistorique Française, 25, vol. 1, Poitiers.
- Burzler, A., M. Höneisen, J. Leicht et B. Ruckstuhl (éd.) (2002) : *Das frühmittelalterliche Schleitheim - Siedlung, Gräberfeld und Kirche*, Schaffhauser Archäologie, 5, Schaffhausen.

C

- Cabrol, F. (éd.) (1907) : *Dictionnaire d'archéologie chrétienne et de liturgie*, tome 1, Paris.

- Cabrol, F. et H. Leclercq (1907) : "Archéologie de l'Afrique", in : Cabrol (éd.) 1907, 730-738.
- Cahn, H.A. et A. Kaufmann-Heinimann (éd.) (1984) : *Der spätrömische Silberschatz von Kaiseraugst*, Basler Beiträge zur Ur- und Frühgeschichte, 9, Derendingen.
- Caillat, P. (1995a) : "La malacofaune marine", in : Caillat 1995a, 17-18.
- Caillat, P. (1995b) : *La faune des tabletiers de la Cité Judiciaire à Bordeaux*, Document final de synthèse, I.N.R.A.P. Grand Sud-Ouest, S.R.A. Aquitaine, Bordeaux.
- Calvet, L. (1910) : *L'ostréiculture à Cette et dans la région de l'étang de Thau*, Extrait du Bulletin de la Société centrale d'Aquaculture et de Pêche, Paris.
- Cardon, D. (2003) : *Le monde des teintures naturelles*, Paris.
- Canestri-Trotti, G., E. M. Baccarani, F. Paesanti et E. Turolla (2000) : "Monitoring of infections by Protozoa of the genera *Nematopsis*, *Perkinsus* and *Porospora* in the smooth venus clam *Callista chione* from the North-Western Adriatic Sea (Italy)", *Diseases of aquatic organisms*, 42, 157-161.
- Carpentier, V. (2007) : "Images antiques, médiévales et modernes de la consommation des produits de la mer. Quelques données archéologiques récentes en Basse-Normandie", in : Ridel *et al.* (éd.) 2007, 57-75.
- Carpentier V., E. Ghesquière et C. Marcigny (éd.) (2006) : *Grains de sel. Sel et salines du littoral bas-normand (Préhistoire – XIXe siècle). Entre Archéologie et Histoire*, Suppl. aux Dossiers du Centre Régional Archéologique d'Alet, Rennes.
- Carpentier, V., C. Marcigny et X. Savary (2002) : "Enclos et souterrain du second âge du Fer dans la plaine de Caen, l'exemple de Cormelles-le-Royal (Calvados)", *Revue Archéologique de l'Ouest*, 19, 37-60.
- Carre, M.-B., V. Kovacic et F. Tassaux (éd.) (2011) : *L'Istrie et la mer : la côte du Parentin dans l'Antiquité*, Ausonius, Mémoires, 25, Bordeaux.
- Carrère, I. et V. Forest (2003) : "Les Vautes et l'alimentation animale. Archéozoologie du Néolithique final au Bronze ancien en Languedoc oriental", in : Guilaine & Escallon 2003, 307-333.
- Carvajal Contreras D.R. et Alvarez Fernandez E.(éd. (2010) : *Not only food: Marine, Terrestrial and Freshwater molluscs in Archaeological sites, Proceedings of the 2nd ICAZ Archaeomalacology Working group, Santander, 2008*, Munibe, Suppl. 31.
- Cébeillac-Gervasoni, M., M. L. Caldelli et F. Zevi (2006) : *Epigraphie latine*, Paris.
- Célié, M. et D. Darde (éd.) (2007) : *Mémoire du geste. Les pratiques funéraires à Nîmes du Néolithique à l'époque romaine*, Catalogue d'exposition, Nîmes, Musée archéologique de Nîmes, 12 juillet-31 décembre 2007, Ecole antique de Nîmes, Bulletin 27, Nîmes.
- Chapon, Ph. (éd.), A. Bardot, V. Canut, P. Ecard, V. Martinez-Ferreras et C. Sanchez (2006) : *Boulevard de Malard, une vaste zone d'aménagement antique en limite d'un système fluvio-lagunaire à Narbonne (Aude)*, Rapport final d'opération, I.N.R.A.P. Méditerranée, S.R.A. de Languedoc-Roussillon, Montpellier.
- Chastagnol, A. (1994) : *Aspects de l'Antiquité tardive*, Rome.
- Chaudruc de Crazannes (1833) : "Extrait d'une lettre adressée à M. de Caumont sur l'emploi des huîtres dans les constructions antiques", *Mémoires de la Société des Antiquaires de Normandie*, 6, p. 390-397.
- Chauvin, G. (2003) : *Les coquillages de nos côtes*, Luçon.
- Chenu, J.-Ch. (1847) : *Leçons élémentaires d'Histoire naturelle comprenant un aperçu de toute la zoologie et un traité de conchyliologie*, Paris.
- Chenu, J.-Ch. (1859) : *Manuel de conchyliologie et de paléontologie conchyliologique*, tome 1, Paris.
- Chenu, J.-Ch. (1862) : *Manuel de conchyliologie et de paléontologie conchyliologique*, tome 2, Paris.
- Chrzanovski, L. (2005) : *Lychnological Acts 1, Actes du 1er congrès international d'études sur le luminaire antique (Nyon-Genève, 2003)*, Monographie Instrumentum, 31, Montagnac.
- Chuniaud, Kr. (éd.) (2009) : *Aquitaine, Bordeaux, Auditorium. Un quartier urbain antique*, Rapport final d'opération, I.N.R.A.P. Grand Sud-Ouest, S.R.A. Aquitaine, Bordeaux.
- Chuniaud, Kr. et Chr. Sireix (2006) : *Cours du Chapeau Rouge*, Rapport final d'opération, I.N.R.A.P. Grand Sud-Ouest, S.R.A. Aquitaine, Bordeaux.
- Ciarallo, A. et E. De Carolis (1999) : *Homo faber : natura, scienza e tecnica nell'antica Pompei*, Catalogue d'exposition, Naples, Musée archéologique nationale, 27 mars-18 juillet 1999, Milan.
- Claassen, Ch. (1991) : "Normative thinking and shell-bearing sites", *Archaeology Method Theory*, 3, 249-298.
- Clanzig, S. (1987) : *Inventaire des Invertébrés d'une lagune méditerranéenne des côtes de France, biocénoses et confinement : l'étang de Salses-Leucate (Roussillon)*, Diplôme de l'Ecole Pratique des Hautes Etudes, Laboratoire de Biologie Marine et Malacologie, Université de Paris I, Panthéon-Sorbonne, Paris.
- Clason, A.T. (éd.) (1975) : *Archaeological studies*, Amsterdam.
- Clavel, M. (1970) : *Béziers et son territoire dans l'Antiquité*, Paris.
- Clément, J.-L. (1978) : *Invertébrés du littoral armoricain*, Nantes.
- Clerc, L. (1828) : *Manuel de l'amateur d'huîtres*, Paris.
- Clouet, M. (1953) : "Les produits exportés de Médiolanum", *Revue de Saintonge et d'Aunis*, nouvelle série, II, 1, 43-55.
- Coadic, S. (éd.), A. Bardot, Br. Ephrem, C. Sanchez et V. Geneviève (2006) : *Le Fâ, Fouilles du puits PT 25055*, Document final de synthèse, S.R.A. Poitou-Charentes, Poitiers.
- Coadic, S. (éd.), A. Bardot, Br. Ephrem, C. Sanchez et V. Geneviève (2007) : *Le Fâ, Fouilles du puits PT 25055*, Document final de synthèse, S.R.A. Poitou-Charentes, Poitiers.
- Cocaign, J.-Y. (1997) : "Le pourpre (Nucella lapillus) et son utilisation comme teinture en Armorique", *Annales de Bretagne et des Pays de l'Ouest*, 104 (4), 7-22.
- Collectif (1814) : *Dictionnaire de l'Académie françoise*, tome 1, Paris.
- Collectif (1817a) : *Nouveau dictionnaire d'histoire naturelle*, tome 7, Paris,
- Collectif (1817b) : *Nouveau dictionnaire d'histoire naturelle*, tome 15, Paris.
- Collectif (1818) : *Nouveau dictionnaire d'histoire naturelle*, tome 21, Paris.
- Collectif (1821a) : *Nouveau cours complet d'agriculture théorique et pratique ou Dictionnaire raisonné et universel d'agriculture*, tome 6, Paris.
- Collectif (1821b) : *Dictionnaire des sciences naturelles*, tome 22, Paris.
- Collectif (1927) : *La cuisine moderne*, Paris.
- Collectif (1983) : *La Civilisation romaine de la Moselle à la Sarre : vestiges romains en Lorraine, au Luxembourg, dans la région de Trèves et en Sarre*, Catalogue d'exposition, Paris, Musée du Luxembourg, 6-11 octobre 1983, Mayence.
- Collectif (1997) : *L'huître en Basse-Normandie*, Les Carnets d'ici, Caen.
- Columeau, Ph. (1978) : "Etude de la faune", in : Py 1978, 342-355.
- Columeau, Ph. (1979) : "La faune", in : Bouloumié 1979, 182-189.
- Columeau, Ph. (1986) : "Etude de la faune du secteur IV", in : Fiches 1986, 125-128.
- Comité historique des arts et monuments (1844-1845) : *Bulletin archéologique*, troisième volume, Paris.
- Conche, Fr. (éd.) (2006) : *Place d'Assas à Nîmes (Gard)*, Document final de synthèse, I.N.R.A.P. Méditerranée, S.R.A. Languedoc-Roussillon, Montpellier.
- Constantin, A. (1862) : *Résumé du voyage de M. Coste, Membre de l'Institut, sur le littoral de la France et de l'Italie*, Brest.
- Corbier, M. (1985) : " Dévaluations et évolution des prix (Ier-IIIe siècles)", *Revue numismatique*, 6e série, 27, 69-106.
- Corlay, J-P. (éd.) (2001) : *Littoral français 2000*, Atlas permanent de la Mer et du Littoral, 5, Nantes.
- Coste, V. (1861) : *Voyage d'exploration sur le littoral de la France et de l'Italie*, Paris.
- Counillon, P. (2008) : "Strabon, *Burdigala* et l'Aquitaine", *Aquitania*, 24, 33-39.
- Courrent, M. (éd.) (2003) : *Une fosse de la seconde moitié du IIe s. av. n. e. Montredon-Corbières. Lieu-dit : Sainte-Croix, Les Combes (Aude)*, Document final de synthèse, Montpellier.
- Crouzel, Fr. (1988) : "Espèces animales reconnues", in : Baccrabère 1988, 505- 527.
- Cuvier, G. (1798) : *Tableau élémentaire de l'histoire naturelle des animaux*, Paris.
- Cuvier, G. (1805) : *Leçons d'anatomie comparée*, Paris.

D

- Dalmon, J. (1935) : "Mollusques, Note sur la biologie du pétoncle", *Revue des Travaux de l'Institut des Pêches Maritimes*, 8 (3), 268-281.
- D'Andria, F. et D. Whitehouse (1992) : *Excavations at Otranto. The Finds*, vol. 2, Galatina.
- Dance, S.P. (1966) : *Shell Collecting. An Illustrated History*, Londres.
- D'Archiac, A. (1864) : *Introduction à l'étude de la paléontologie stratigraphique, cours professé au Muséum d'Histoire Naturelle*, tome 2, Paris.

- Dartevelle, H. (1998) : "Un exemple d'implantation littorale (Protohistoire-Moyen Âge). Le site de la Challonnière à Tonnay-Charente", in : Laporte (éd.) 1998, 27-82.
- Dauvin, J.-Cl. (1997) : *Les biocénoses marines et littorales françaises des côtes atlantique, manche et mer du Nord. Synthèse, menaces et perspectives*, Paris.
- Daveau, I., L. Duval et O. Sivan (2005-2006) : "Antibes, la Lagune du Bas Lauvert durant l'Antiquité", *Cahiers du cercle d'histoire et d'archéologie des Alpes-Maritimes*, 13, 6-17.
- Daveau, I. et S. Lang-Desvignes (2009) : "L'enclos républicain du Bas Lauvert à Antibes (Alpes-Maritimes) : Une occupation du rivage lagunaire durant le dernier tiers du IIe s. avant notre ère", in : Bertrand *et al.* (éd.) 2009, 469-496.
- De Bonnechère, C. (1900) : *La Cuisine du Siècle*, Coulommiers.
- De Bonnefons, N. (1655) : *Les délices de la campagne*, Amsterdam.
- Dechambre, A. et L. Lereboullet (éd.) (1886) : *Dictionnaire encyclopédique des Sciences médicales*, tome 25, Paris.
- De Chazelles, Cl.-A. (1996) : "Les techniques de construction de l'habitat antique de Lattes", in : Py (éd.) 1996, 259-328.
- De Courchamps, M. (1853) : *Dictionnaire général de la cuisine française ancienne et moderne*, Paris.
- De Lamarck, J.-B. (1801) : *Système des Animaux sans vertèbres*, Paris.
- De Lamarck, J.-B. (1817) : "Conchyliologie", in : Collectif 1817a, 412-427.
- De Lamarck, J.-B. (1818) : *Histoire naturelle des animaux sans vertèbres*, tome 5, Paris.
- Delamare, N. (1719) : *Traité de la police*, tome 3, Paris.
- De la Morandière, Ch. (1958a) : *Grandeur et décadence de la pêche des huîtres dans la région granvillaise - XIXe siècle*, Rouen.
- De la Morandière, Ch. (1958b) : "De la manière dont on consommait les huîtres, autrefois, à Granville", *Revue de l'Avranchin et du Pays de Granville*, 38, fasc. 215, 34-39.
- Dellong, E. (2002) : *Carte archéologique de la Gaule, Narbonne et les Narbonnais (11/1)*, Paris.
- Dellong, E. (2004) : "Pêche et ressources maritimes d'après le mobilier découvert en 2003", in : Association Narbonnaise de Travaux et d'Etudes Archéologiques Subaquatiques 2004, 110-119.
- Deloge, Ph. (1986) : *Analyse de la population animale du site gallo-romain de "La Poulaine" (Val-d'Oise)*, Thèse de Doctorat, Université Paul Sabatier, Toulouse.
- Démians d'Archimbaud, G. (éd.) (1994) : *L'oppidum de Saint-Blaise du Ve au VIIe s. (Bouches-du-Rhône)*, Documents d'Archéologie Française, 45, Paris.
- De Quatrefages, A. (1862) : "Note sur l'origine artificielle des amas de coquilles connus sous le nom de buttes e Saint-Michel-en-l'Herm (Vendée)", *Bulletin de la Société Géologique de France*, 19, 933-946.
- De Réaumur, M. (1719) : "Observations sur le coquillage appelé Pinne Marine, ou Nacre de Perle ; à l'occasion duquel on explique la formation des Perles", *Histoire de l'Académie Royale des Sciences*, année 1717, 177-195.
- De Saint-Denis, E. (1947) : *Le vocabulaire des animaux marins en latin classique*, Paris.
- Desbat, A. (éd.) (1999) : *Recherches sur les débuts de la romanisation et sur le développement de Lyon aux premiers temps de la colonie (milieu IIe siècle av. J.C. / fin Ier siècle av. J.C.)*, PCR 1999-2001, Rapport intermédiaire, première année, S.R.A. Rhône-Alpes, Lyon.
- Desbat, A. (éd.) (2005) : *Lugdunum, naissance d'une capitale*, Lyon.
- De Sena, C.E. et H. Dessales (2004) : *Methodi e approcci archeologici : l'industria e il commercio nell'Italia, Actes du Colloque international organisé par l'Académie Américaine et l'Ecole Française de Rome (Rome, 2002)*, British Archeological Reports, S1262.
- Deshayes, G.-P. (1839) : *Traité élémentaire de conchyliologie, avec les applications de cette science à la géologie*, tome 1, Paris.
- Deyts, S. (éd.) (1998) : *A la rencontre des Dieux gaulois. Un défi à César*, Catalogue d'exposition, Lattes, 27 novembre 1998-8 mars 1999, Saint-Germain-en-Laye, 31 mars-28 juin 1999, Dijon.
- Diderot, D et J. d'Alembert (1752) : *Encyclopédie ou dictionnaire raisonné des sciences, des arts et des métiers*, vol. 2, Paris.
- Diderot, D et J. d'Alembert (1755) : *Encyclopédie ou dictionnaire raisonné des sciences, des arts et des métiers*, vol. 5, Paris.
- Diderot, D et J. d'Alembert (1765) : *Encyclopédie ou dictionnaire raisonné des sciences, des arts et des métiers*, vol. 8, Paris.
- Diderot, D et J. d'Alembert (1765) : *Encyclopédie ou dictionnaire raisonné des sciences, des arts et des métiers*, vol. 12, Paris.
- Diderot, D et J. d'Alembert (1771) : *Encyclopédie ou dictionnaire raisonné des sciences, des arts et des métiers*, vol. 25, Paris.
- Dieudonné-Glad, N. et I. Rodet-Belarbi (2003) : "La gestion des déchets artisanaux et domestiques : actions individuelles ou concertées ? L'exemple d'une agglomération secondaire de Gaule romaine", in : Ballet *et al.* (éd.) 2003, 181-196.
- Dollfus, M.-A. (1969) : "Etude des ossements d'animaux et des coquilles de mollusques marins et terrestres découverts dans les fouilles gallo-romaines de Fleurheim à Lyons-la-Forêt (Eure) (1910-1967)", *Bulletin de la société normande d'études préhistoriques*, 39, fasc. 3, 148-155.
- Dubois, Ch. (1907) : *Pouzzoles antique*, Paris.
- Dubois, M. (1841) : "Extraits d'un mémoire sur la IXe épître d'Ausone intitulée *de Ostreis*", *Bulletin de la Société des Antiquaires de l'Ouest*, années 1838-40, 111-116.
- Dubuisson-Aubenay, F.-N. (1636) : *Itinéraire de Bretagne en 1636*, rééd. de 1902 d'après le manuscrit original, avec notes et éclaircissements par L. Maitre et P. de Berthou, Archives de Bretagne, 9, Nantes.
- Duchet-Suchaux, G. et M. Pastoureau (1994) : *La Bible et les Saints. Guide iconographique*, Paris.
- Ducrotay de Blainville, H. M. (1825) : *Manuel de malacologie et de conchyliologie*, Paris.
- Duhamel Du Monceau, H.-L. (1776) : *Descriptions des arts et métiers, faites ou approuvées par Messieurs de l'Académie royale des sciences de Paris, tome V, Les trois premières sections du traité des pêches et l'histoire des poissons*, Neuchâtel.
- Dumont, E. (1877) : *La bonne cuisine française*, Paris.
- Dunbabin, K.M.D. (2003) : *The Roman Banquet. Images of conviviality*, Cambridge.
- Dupont, C. (1998) : *La malacofaune des sépultures de la Grande Pièce (La Vergne ; Charente-Maritime)*, Mémoire de DEA, Université de Bordeaux I, Bordeaux.
- Dupont, C. (2003a) : "Les coquillages alimentaires des dépôts et amas coquilliers du Mésolithique récent/final de la façade atlantique de la France : de la fouille à un modèle d'organisation logistique du territoire", *Préhistoire anthropologie méditerranéennes*, 12, 221-238.
- Dupont, C. (2003b) : *La malacofaune de sites mésolithiques et néolithiques de la façade atlantique de la France : contribution à l'économie et à l'identité culturelle des groupes concernés*, Thèse de Doctorat, Université de Paris I, Panthéon-Sorbonne, Paris.
- Dupont, C. (2004) : "L'exploitation de la malacofaune marine dans l'économie de subsistance des populations mésolithiques et néolithiques de la façade atlantique française : une activité secondaire ?", in : Brugal & Desse (éd.) 2004, 15-27.
- Dupont, C. (2005a) : "Les coquillages : des vestiges animaux bien particuliers", in : Normand & Treffort (éd.) 2005, 58-59.
- Dupont C. (2005b) : *Etude malacologique : Coquillages, crustacés et escargots : composants des menus des habitants gallo-romains du site de la ZAC Bongraine d'Aytré (Charente-Maritime)*, in : Hanry (éd.) 2005, 231-260.
- Dupont, C. (2006a) : "Etude archéozoologique : la faune marine, coquillages et crustacés de la phase 3", in : Carpentier *et al.* (éd.) 2006, 111-116.
- Dupont, C. (2006b) : *La malacofaune de sites mésolithiques et néolithiques de la façade atlantique de la France : contribution à l'économie et à l'identité culturelle des groupes concernés*, British Archeological Reports, S1571.
- Dupont, C. (2007) : "Les coquillages des amas coquilliers mésolithiques de Téviec et d'Hoedic et du dépôt coquillier néolithique d'Er Yoc'h : de la ressource alimentaire à l'utilisation des coquilles vides", *Melvan - La revue des Deux îles*, 4, 251-264.
- Dupont, C. (2010) : "A large-scale exploitation of oysters during the Middle Ages at Beauvoir-sur-Mer (France)", in : Carvajal Contreras & Alvarez Fernandez (éd.) 2010, 188-198.
- Dupont, C. et L. Blondiau (2006) "Les coquillages marins du village antique de La Ferme aux Mouches 2 (Pont-de-Metz, Somme) : d'une ressource alimentaire au témoin d'un artisanat ?", *Revue du Nord*, 88, 173-179.
- Dupont, C. et Y. Gruet (2002) : "Estimation de la ressource alimentaire en masse de chair d'après les restes de coquilles : applications aux berniques *Patella* sp. et au "bigorneau" *Monodonta lineata* de sites mésolithiques et néolithiques", *Revue d'Archéométrie*, 26, 93-112.
- Dupont, C. et Y. Gruet (2005) : "Malacofaune et crustacés marins des amas coquilliers mésolithiques de Beg-an-Dorchenn (Plomeur, Finistère) et de Beg-er-Vil (Quiberon, Morbihan). Unité et diversité des processus de néolithisation sur la façade atlantique de l'Europe (7-4[e]

millénaires avant J.-C.)", *Mémoire de la Société Préhistorique Française*, 36, 139-161.
- Dupont C., A. Tresset et R. Schulting (2007) : "Chapter 12, Prehistoric shell middens in France : investigations new and old", in : Milner *et al.* (éd.) 2007, 123-135.
- Durègne de Launaguet (1929) : "Un touriste au XVIe siècle", *Revue philomatique de Bordeaux et du Sud-Ouest*, 2, 73-85.
E
- Ellis, P. *et al.* (1999) : "North Leigh Roman Villa, Oxfordshire : a report on the Excavation and Recording in the 1970s'", *Britannia*, 30, 199-246.
- Eygun, Fr. (1969) : "Circonscription de Poitou-Charentes", *Gallia*, 27, 259-289.
F
- Fages, B. (1995) : *Carte archéologique de la Gaule, Le Lot-et-Garonne (47)*, Paris.
- Favre, J. (1905) : *Dictionnaire universel de cuisine pratique*, tome 3, Paris.
- Féniès, H. (1984) : *Faciès, séquences et géométrie des dépôts de chenaux de marées du Bassin d'Arcachon : une lagune mésotidale*, Thèse de 3ème cycle, Université de Bordeaux 1, Bordeaux.
- Féniès, H. et G. Lericolais (2005) : "Architecture interne et potentiel de préservation d'une vallée incisée sur une côte à forte énergie de houle et de marée (vallée de la Leyre, côte aquitaine, France)", *Comptes Rendus Geosciences*, 337 (14), 1257-1266.
- Ferdière, A. (1988) : *Les campagnes en Gaule romaine*, tome 2, Paris.
- Feugère, M. (1992) : "Ustensiles de transformation et de consommation alimentaires", in : Py (éd.) 1992, 291-308.
- Fiches, J.-L. (1986) : *Les maisons gallo-romaines d'Ambrussum (Villetelle-Hérault), La fouille du secteur IV, 1976-1980*, Documents d'Archéologie Française, 5, Paris.
- Fiches, J.-L. (1989) : *L'oppidum d'Ambrussum et son territoire, Fouilles au quartier du Sablas, Villetelle, (Hérault) : 1979-1985*, Monographie du C.R.A., 2, Paris.
- Fiches, J.-L. (1996) : "Les agglomérations secondaires dans la cité des Volques Arécomiques", in : Fiches (éd.) 1996, 177-188.
- Fiches, J.-L. (éd.) (1996) : *Le IIIe siècle en Gaule Narbonnaise. Données régionales sur la crise de l'Empire, Actes de la table ronde du GDR 954 (Aix-en-Provence, La Baume, 1995)*, Sophia Antipolis.
- Fiches, J.-L. et A. Veyrac (1996) : *Carte archéologique de la Gaule, Nîmes (30/1)*, Paris.
- Figuier, L. (1866) : *La vie et les mœurs des animaux*, Paris.
- Figuier, L. (1867-1869) : *Les Merveilles de la science ou description populaire des inventions modernes*, Paris.
- Filić, Z., M. Hrs-Brenko et I. Ivančić (1987) : "Elevage de poissons et de coquillages au Canal de Lim. Le présent et l'avenir de l'élevage en ferme pilote", in : Loix 1987, 8-28.
- Finet, Y. et Cl. Olive (2005) : "I molluschi marini nell'alimentazione gallo-romana della Gallia Transalpina", *Prehistoria Alpina*, Suppl. 1, 107-114.
- Fischer, W., M.-L. Bauchot et M. Schneider (réd.) (1987) : *Fiches FAO d'identification des espèces pour les besoins de la pêche. (Révision 1). Méditerranée et mer Noire. Zone de pêche 37. Volume I. Végétaux et Invertébrés*, Rome.
- Fisher, M. F. K. (1995) : *Biographie sentimentale de l'huître*, Paris.
- Fleury, Ph. (2007) : "Les nourritures de la mer dans l'Antiquité romaine", in : Ridel *et al.* (éd.) 2007, 312-324.
- Flotté, P et M. Fuchs (2000) : *Carte archéologique de la Gaule, Le Bas-Rhin (67/1)*, Paris.
- Forest, V. (inédit a) : *Inventaire conchyliologique - Atelier de potiers (Sallèles-d'Aude, Aude)*, Rapport dactylographié.
- Forest, V. avec la collaboration de M. Cheylan (inédit b) : *Etudes archéozoologiques : Ostéologie et conchyliologie. Site de Peyre Plantade – Clermont-l'Hérault (Hérault) (Ier s.av. J.-C. – VIe s. ap. J.-C.)*, Rapport dactylographié.
- Forest, V. (inédit c) : *Etude archéozoologique. Le Valat - Alignan (Hérault). IVe-VIe siècle apr. J.-C.*, Rapport dactylographié.
- Forest, V. (inédit d) : *Etude archéozoologique diagnostique : ostéologie, conchyliologie Avenue de la Grande Armée - Narbonne (Aude)*, Rapport dactylographié.
- Forest, V. (inédit e) : *Etude archéozoologique : ostéologie, conchyliologie. Les Arènes - Nîmes (Gard)*, Rapport dactylographié.
- Forest, V. (inédit f) : *Etude archéozoologique : ostéologie, conchyliologie. Montpenèdre - Marseilllan (Hérault)(Âge du Bronze)*. Rapport dactylographié.
- Forest, V. (inédit g) : *Etude archéoconchyliologique. Camp Redoun - Lespignan (Hérault) (périodes néolithique vérazienne et ultérieures)*, Rapport dactylographié.
- Forest, V. (1998a) : "Etudes des restes fauniques", in : Passelac 1998.
- Forest, V. (1998b) : "La récente découverte d'une installation de l'Antiquité tardive sur le site d'*Ambrussum*, Villetelle, Hérault. 2 - Etude des vestiges fauniques", *Revue Archéologique de Narbonnaise*, 31, 217-220.
- Forest, V. (1999a) : "Etude conchyliologique des Mollusques marins de la Nécropole des Clapiès à Villeneuve-lès-Béziers (Hérault)", in : Manniez 1999, 129-135.
- Forest, V. (1999b) : "Etude archéozoologique du site de "Cybèle", Lyon (Rhône). La faune du sondage B7 (US 21 et 22)", in : Desbat (éd.) 1999.
- Forest, V. (1999c) : "Etude conchyliologique des Mollusques marins", in : Jandot *et al.* (éd.) 1999, 69-78.
- Forest, V. (1999d) : "Etude des coquillages marins chasséens", in : Jallot (éd.) 1999, 105-108.
- Forest, V. (2002a) : "La consommation du pétoncle glabre en Languedoc : qui bouge ?", in : Gardeisen 2002, 109-117.
- Forest, V. (2002b) : "Etude archéozoologique", in : Mauné (éd.) 2002.
- Forest, V. avec la collaboration d'A. Bardot (2003a) : "Etude conchyliologique", in : Bouet (éd.) 2003, 478-502.
- Forest, V. avec la collaboration de M. Cheylan (2003b) : "Etude archéozoologique", in : Courrent (éd.) 2003, 43-64.
- Forest, V. (2003c) : "Les coquillages", in : Giraud *et al.* 2003, 122-124.
- Forest, V. (2004a) : "Etude archéozoologique", in : Landuré *et al.* 2004, 241-267.
- Forest, V. (2004b) : "Etude archéozoologique", in : Sabrié & Sabrié (éd.) 2004, 268-314.
- Forest, V. (2004c) : "Etude archéozoologique", in : Pasqualini *et al.* 2004, 302-306.
- Forest, V. (2004d) : "Les ossements animaux", in : Bocquet *et al.* 2004, 160-161.
- Forest, V. (2005a) : "Etude archéozoologique. Ostéologie, conchyliologie" in : Séjalon *et al.* 2005, 48-51.
- Forest, V. (2005b) : "La faune des banquets", in : Desbat (éd.) 2005, 137-139.
- Forest, V. (2005c) : "Etude archéozoologique. Ostéologie, conchyliologie", in : Guillaume (éd.) 2005.
- Forest, V. (2005d) : "L'étude archéo-zoologique : ostéologie, conchyliologie", in : Bel (éd.) 2005, 61-66.
- Forest, V. avec la collaboration de Fr. Brien-Poitevin (2006a) : "Etudes archéozoologiques : ostéologie et conchyliologie du puits PT 3095 comblé entre 60-70 ap. J.-C.", in : Conche (éd.) 2006, vol. 1, 123-141 ; vol. 2, 5-9.
- Forest, V. (2006b) : "Consommation et approvisionnement culinaires dans la région de Béziers au IIIe s. : l'exemple de la *villa* de *Lieussac* (Montagnac, Hérault). La faune", in : Mauné & Genin (éd.) 2006, 216-222.
- Forest, V. (2006c) : "Etude archéozoologique diagnostique", in : Guillaume (éd.) 2006.
- Forest, V. (2009) : " Etude conchyliologique", in : Urlacher *et al.* (éd.). 2009, 473-476.
- Forest, V. et I. Belarbi (2006) : "Les activités quotidiennes au travers des vestiges fauniques", *Dossiers d'Archéologie*, 314, 28-31.
- Fouet, G. (1954) : "Un territoire de vallée sous-pyrénéenne à l'époque romaine", *Pirineos*, 10, 381-408.
- Fraiche, F. (1863) : *Guide pratique de l'ostréiculture et procédés d'élevage et de multiplication des races marines comestibles*, Paris.
- Francoeur, L. B. (1833) : *Eléments de technologie ou description des procédés des arts et de l'économie domestique*, Paris.
- Fulford, M. et A. Wallace-Hadrill (1999) : "Towards a History of Pre-Roman Pompeii : Excavations beneath the House of Amarantus (I.9.11-12), 1995-8", *Papers of the British School at Rome*, 67, 37-144.
- Furetière, A. (1690) : *Dictionnaire universel, contenant generalement tous les mots françois tant vieux que modernes, & les Termes de toutes les sciences et des arts*, tome 1, La Haye.
G
- Gaffiot, F. (1934) : *Dictionnaire illustré latin-français*, Paris.
- Gagnère, S. (1979) : "Le matériel osseux", in : Gaudineau 1979, 75-80.
- Gaillard, J.-M. (1987) : "Gastéropodes", in : Fischer *et al.* 1987, 513-630.
- Galtsoff, P.S. (1964) : "The American oyster, *Crassostrea virginica*, Gmelin", *Fishery Bulletin*, 64, 1-480.

- Garcia, D. (1990) : "Urbanisme et architecture de la ville de Lattara aux IIIe-Ier s. av. n. è. Premières observations", in : Py (éd.) 1990a, 303-316.
- García y Bellido, A. (1957) : "El vaso puteolano de Ampurias", *Archivo Español de Arqueología*, 27, 212-226.
- Gardeisen, A. (2002) : *Mouvements ou déplacements de populations animales en Méditerranée au cours de l'Holocène*, British Archeological Reports, S1017.
- Garnier, J.-F. et A. Bouthier (éd.) (1996) : *30 ans d'archéologie dans la Nièvre*, Catalogue d'exposition, Nevers, Conseil Général de la Nièvre, avril-novembre 1996, Coulanges-les-Nevers.
- Gasparin, A.E.P. (1848) : *Cours d'agriculture*, vol. 3, Paris.
- Gateau, F. avec la collaboration de Fr. Trément et Fl. Verdin (1996) : *Carte archéologique de la Gaule, L'Etang de Berre (13/1)*, Paris.
- Gayraud, M. (1981) : Narbonne antique des origines à la fin du IIIe siècle, *Revue archéologique de Narbonnaise*, Suppl. 8, Paris.
- Giacchero, M. (1974) : *Edictum Diocletiani et Collegarum de pretiis rerum venalium : in integrum fere restitutum e Latinis Graecisque fragmentis*, vol. 1, Gênes.
- Gianfrotta, P. A. (1999) : "Archeologia subacquea e testimonianze di pesca", *Mélanges de l'Ecole française de Rome*, 111/1, 9-36.
- Giovannoni V. (1995) : *Les pêcheurs de l'étang de Thau. Ecologie humaine et ethnologue des techniques*, Paris.
- Girardin, J. et A. Du Breuil (1883) : *Traité élémentaire d'agriculture*, tome 1, Paris.
- Giraud, J.-P., F. Pons et Th. Janin (2003) : *Nécropoles protohistorique de la région de Castres (Tarn). Le Causse, Gourjade, Le Martinet. Vol. 1 : études et synthèses*, Documents d'Archéologie Française, 94, Paris.
- Glare, P.G.W. (1996) : *Oxford latin dictionary*, Oxford.
- Gobert, E.G. (1951) : "Le pudendum magique et le problème des cauris", *Revue africaine*, 95, 5-62.
- Godard, G. (1995) : "Les buttes de coquilles d'huîtres de Saint-Michel-en-l'Herm. L'histoire d'une énigme", *Recherches vendéennes*, 2, 193-229.
- Goudineau, C. (1979) : *Les fouilles de la Maison au Dauphin. Recherches sur la romanisation de Vaison-la-Romaine*, Gallia, Suppl. 37, Paris.
- Gouffé, J. (1867) : *Le livre de cuisine*, Paris.
- Gourret, P. (1897) : *Les étangs saumâtres du midi de la France et leurs pêcheries*, Annales du Musée d'Histoire Naturelle de Marseille - Zoologie, tome 5, mémoire n°1, Marseille.
- Granier, J. (1973) : "Le genre *Balanus* sur les côtes de Camargue et du Gard", *Extrait du bulletin mensuel de la Société linnéenne de Lyon*, 8, 42e année, 203-212.
- Granier, J. et A. Penez (1984) : "Catalogue des mollusques marins et saumâtres observés, récoltés ou signalés sur le littoral de la Camargue et de la partie orientale du golfe d'Aigues-Mortes", *Bulletin de la Société d'Etude des Sciences Naturelles du Vaucluse*, 52e-54e année, 51-164.
- Grau, M. et S. Rescanières (2000) : *Etude géomorphologique de la basse vallée de l'Aude : lithostratigraphie des formations de remplissage. Paléoenvironnement du site de Montlaurès*, Mémoire de Maîtrise de géographie physique, Université P. Valéry-Montpellier III, Montpellier.
- Gréhan, A 1837 : *La France maritime*, tome 2, Paris.
- Grouard, S. (2001) : *Subsistance, systèmes techniques et gestion territoriale en milieu insulaire antillais précolombien. Exploitation des vertébrés et des crustacés aux époques saladoïdes et troumassoïdes de Guadeloupe*, Thèse de Doctorat, Université de Paris X, Nanterre.
- Gruet, M., L. Lemonnier-Chérel et Y. Gruet (1999) : "Les coquilles marines", in : Burnez & Fouéré (éd.) 1999, 139-145 ; 343-345.
- Gruet, Y. (inédit a) : *Rapport de la malacofaune du site de Champ-Durand (Commune de Nieul-sur-l'Autize, Vendée)*, Rapport dactylographié.
- Gruet, Y. (inédit b) : *Rapport de la malacofaune du site de La Sauzaie (Commune de Soubise, Charente-Maritime)*, Rapport dactylographié.
- Gruet, Y. (inédit c) : *Malacofaune marine du site de la Bibliothèque multimédia à Limoges*, Rapport dactylographié.
- Gruet, Y. (inédit d) : *Rapport de la malacofaune marine du site du Rocher (Villedoux, 17)*, Rapport dactylographié.
- Gruet, Y. (1983) : "Huîtres plates, *Ostrea edulis* Linné, rejetées sur la côte sud-ouest de l'île de Noirmoutier (Vendée) : un phénomène de type catastrophique", *Haliotis*, 13, 13-24.
- Gruet, Y. (1991) : "Stades de destruction des coquilles de *Patella* sur l'estran et en milieu terrestre", in : Le Pennec (éd.) 1990, 183.
- Gruet, Y. (1993) : "Les coquillages marins : objets archéologiques à ne pas négliger. Quelques exemples d'exploitation et d'utilisation dans l'Ouest de la France", *Revue Archéologique de l'Ouest*, 10, 157-161.
- Gruet, Y. (1998a) : "Les ressources du milieu naturel", in : Dartevelle 1998, 76-77.
- Gruet, Y. (1998b) : "La cueillette des coquillages", in : Toledo i Mur & Petitot 1998, 130-134.
- Gruet, Y. (1998c) : "L'homme et les ressources marines du golfe poitevin au Néolithique", in : Joussaume (éd.) 1998, 19-21.
- Gruet, Y. (1998d) : "Le peuplement benthiques de l'estran de la Charente actuelle", in : Tastet *et al.* 1998, 177-182.
- Gruet, Y. (2002) : "Données malacologiques", in : Laporte & Picq 2002, 8-25 ; 27-86.
- Gruet, Y. et D. Bonnissent (1997) : "L'emblème du pèlerinage à Saint-Jacques de Compostelle", in : Beaulieu 1997, 59.
- Gruet, Y. et D. Bonnissent (2002) : "Des coquilles Saint-Jacques (*Pecten Maximus*) taillées avant d'être vendues aux pèlerins ?", *Revue d'Archéométrie*, 26, 113-123.
- Gruet, Y. et C. Dupont (2001) : "Au néolithique, dans le centre-ouest de la France, la pêche des coquillages reflète-t-elle l'environnement marin ?", in : L'Helgouach & Briard (éd.) 2001, 183-199.
- Gruet, Y. et D. Prigent (inédit) : *Les amas coquilliers de Bourgneuf-en-Retz (sondages, étude des coquilles, plans et coupes). Un site à sel*, Rapport dactylographié.
- Gruet, Y. et D. Prigent (1986a) : "Les buttes de Saint-Michel-en-l'Herm (Vendée) : caractères de la population d'huîtres (*Ostrea edulis*, Linné) et de sa faune associée", *Haliotis*, 15, 3-16.
- Gruet, Y. et D. Prigent (1986b) : "Etude de deux prélèvements d'huîtres d'époque gallo-romaine provenant d'Alet (Saint-Malo)", *Dossier du Centre Régional Archéologique d'Alet*, 14, 123-129.
- Gruet, Y. et P.-G. Sauriau (1994) : "Paléoenvironnements holocènes du marais poitevin (Littoral atlantique, France) : Reconstitution d'après les peuplements malacologiques", *Quaternaire*, 5/2, 85-94.
- Gruet, Y., C. Dupont et Y. Rince (1999) : *L'exploitation des vasières littorales sur l'Atlantique français entre Mésolithique et Protohistoire, Journée préhistorique et protohistorique de Bretagne (Rennes, 1999)*, Rennes.
- Gruet, Y., P. Bernier, H. Meon et J.-P. Margerel (1992) : "Une vasière intertidale du subboréal en l'île de Noirmoutier (Vendée, France). Approche biosédimentologique des variations holocènes du niveau marin", *Quaternaire*, 3/1, 23-30.
- Guérin-Beauvois, M. (1997) : "*Montes suspensi testudinibus marmoreis* : à propos de la représentation d'une coupole de Baïes", *Mélanges de l'Ecole française de Rome*, 109/2, 691-740.
- Guilaine, J. et G. Escallon (éd.) (2003) : *Les Vautes (Saint-gély-du-Fesc, Hérault) et le Néolithique final du Languedoc oriental*, Toulouse.
- Guillaume, M. (éd.) (2005) : *Troubadours-Carcassonne (Aude)*, Document final de synthèse, S.R.A. Languedoc-Roussillon, Montpellier.
- Guillaume, M. (éd.) (2006) : *Fontvieille - Soupex (Aude)*, Rapport final d'opération, S.R.A. Languedoc-Roussillon, Montpellier.
- Guillaume, M. (éd.), A. Bardot, R. Sabrié et C. Sanchez (2006) : *Immeuble Bd Général de Gaulle à Narbonne (Aude), Nouvelles données sur la ville césarienne*, Rapport de diagnostic archéologique, I.N.R.A.P. Méditerranée, S.R.A. Languedoc-Roussillon, Montpellier.
- Guillaumin, G.-U. (éd.) (1861) : *Dictionnaire universel, théorique et pratique du commerce et de la navigation*, tome 2, Paris.
- Guintard, Cl. (1998) : "Ostéométrie des métapodes de bovins", *Revue de Médecine Vétérinaire*, 149 (7), 751-770.
- Guiraud, R. (1987) : "La villa gallo-romaine de Pech-Redon Commune de Narbonne (Aude)", *Archéologie en Languedoc*, 1-3, 39-55.
- Guy, M. (1973) : "Le cadre géographique et géologique de Montlaurès", in : *Narbonne-Archéologie et histoire I. Montlaurès et les origines de Narbonne*, Montpellier, 27-43.

H

- Hanry, A. (éd.) (2005) : *La villa viticole de la ZAC Bongraine à Aytré (Charente-Maritime)*, Rapport final d'opération, S.R.A. Poitou-Charentes, Poitiers.
- Hanry, A., S. Vacher et E. Capo (2006) : *Une villa gallo-romaine à Aytré*, Dépliant d'exposition, Aytré, Médiathèque, 10 avril-13 mai 2006, Poitiers.
- Haubrichs, R. (2005) : "L'étude de la pourpre : histoire d'une couleur, chimie et expérimentations", *Preistoria Alpina*, 40, Suppl. 1, 133-160.
- Heidet, S. (1995) : *De l'Italie à la Gaule, l'évolution d'un décor, l'opus musivum à coquillages*, Mémoire de Maîtrise, Université de Bourgogne, Dijon.
- Heidet, S. (2003) : "Opus musivum à coquillages en Bourgogne", in : Allag 2003, 75-83.

- Hesse, A. et A. Prieur (1999) : "Compter ou peser... ? Valeurs absolues ou relatives... ? (à propos d'amas coquilliers anthropiques sur la côte ouest de la péninsule d'Oman)", *Revue d'Archéométrie*, 23, 47-57.
- Hiernard, J et D. Simon-Hiernard (1996) : *Carte archéologique de la Gaule, Les Deux-Sèvres (79)*, Paris.
- Hilgers, W. (1969) : *Lateinische Gefässnamen. Bezeichnungen, Funktion und Form römischer Gefäße nach den antiken Schriftquellen*, Düsseldorf.
- Houix, B., M. Monteil et Cl. Raynaud (à paraître) : *L'agglomération antique de Villevieille (Gard) et son territoire*. Support de publication non défini.
- Humphrey, J.H. (éd.) (1977) : *Excavations at Carthage, 1976, conducted by the University of Michigan*, vol. 3, Ann Arbor.
- Humphrey, J.H. (éd.) (1981) : *Excavations at Carthage, 1977, conducted by the University of Michigan*, vol. 2, Ann Arbor.
- Huvet, A., A. Gérard, Chr. Ledu, P. Phelipot, S. Heutebise et P. Boudry (2002) : "Is fertility of hybrids enough to conclude that the two oysters *Crassostrea gigas* and *Crassostrea angulata* are the same species?", *Aquatic living resources*, 15/1, 45-52.

I

- Imbert, J. (1957) : *Histoire des Institutions*, Paris.

J

- Jal, A. (1848) : *Glossaire nautique : répertoire polyglotte de termes de marine anciens et modernes*, Paris.
- Jallot, L. (éd.) (1999) : *Premiers résultats archéologiques et paléoenvironnementaux sur le site de Mas d'Encivade (Port Ariane, Lattes, Hérault)*, Rapport de diagnostic, S.R.A. Languedoc-Roussillon, Montpellier.
- Jandot, C., S. Barberan et S. Barbey (éd.) (1999) : *Saint Jean d'Aureilhan. Béziers (Hérault)*, Document final de synthèse, S.R.A. Languedoc-Roussillon, Montpellier.
- Jashemski, W.F. (2002) : *The Natural History of Pompeii*, Cambridge.
- Jaubert (M. l'Abbé) (1773) : *Dictionnaire raisonné universel des arts et métiers*, tome 3, Paris.
- Jefferson Loane, H. (1937) : *Industry and commerce of the city of Rome*, Baltimore.
- Jeffreys, J. G. (1867) : *British conchology, or an account of the Mollusca which now inhabit the british isles and the surrounding seas. Volume IV. Marine shells, in continuation of the Gastropoda as far as the Bulla family*, Londres.
- Jezegou, M.-P. et C. Sanchez (éd.) (2008) : *Le système portuaire narbonnais entre Méditerranée et Atlantique, du IIe siècle avant J.-C. au Bas-Empire*, Programme Collectif de Recherche 2007-2008, Rapport biannuel d'opération, S.R.A. Languedoc-Roussillon, Montpellier.
- Joussaume, R. (éd.) (1998) : *Les paysans du Golfe. Le Néolithique dans le Marais poitevin*, Chauray.

K

- Kappes, H. et B. Liesen (1996) : "Mollusken in römischen Gräbern des Niederrheingebiets", *Thetis*, 3, 129-135.
- Karageorghis, V., O. Picard et C. Tytgat (éd.) (1992) : *Nécropole d'Amathonte. Tombes 113-367. VI. Bijoux, armes, verre, astragales et coquillages, squelettes*, Études Cypriotes, 14. OxfordUniversity Press, Oxford.
- Kolendo, J. (1976) : "Parcs à huîtres et viviers sur un flacon en verre du Musée National de Varsovie", *Travaux du Centre d'Archéologie Méditerranéenne de l'Académie Polonaise des Sciences*, 18, *Etudes et Travaux*, IX, 143-158.
- Korringa, P. (1952) : "Recent Advances in Oyster Biology", *The Quarterly Review of Biology*, 27, 266-308.

L

- Labour, P.-J. (1997) : "Remarques préliminaires sur la malacofaune de 21 échantillons provenant de la série Bordeaux G.H.II", in : Sireix (éd.) 1997, 141-143.
- Labrousse, M. (1947) : "Informations. Saint-Loup (Haute-Garonne)", *Gallia*, 5, 474.
- Labrousse, M. (1959) : "Recherches sur l'alimentation des populations gallo-romaines, escargots, huîtres et " fruits de mer " à Montmaurin", *PALLAS*, 8, fasc. 2, 57-84.
- La Chapelle, V. (1742) : *Cuisinier moderne qui apprend à donner toutes sortes de repas*, tome 1, La Haye.
- Lachatre, M. (1865) : *Nouveau dictionnaire universel*, tome 1, Paris.
- Lagostena, L., D. Bernal et A. Arévalo (éd.) (2007) : *Cetariae 2005. Salsas y salazones de pescado en Occidente durante la Antiguedad, Actes du Colloque International de l'Université de Cadix (2005)*, British Archeological Reports, S1686.
- Lair, P.-A. (1826) : *De la pêche, du parcage et du commerce des huîtres en France : fragment de statistique du département du Calvados*, Caen.
- Lambert, L. (1928) : "Les modifications apportées aux établissements ostréicoles", *Revue des Travaux de l'Institut des Pêches Maritimes*, 6 (1), 103-112.
- Lambert, L. (1938) : "Les gisements naturels d'huîtres indigènes (*Ostrea edulis*) et d'huîtres portugaises (*Gryphae angulata*) sur les côtes françaises", *Revue des Travaux de l'Institut des Pêches Maritimes*, 11 (4), 465-476.
- Lamers-Schütze, P. (éd.) (2004) : *Shells & Corals. Albertus Seba*, Cologne.
- Landuré, C. et M. Pasqualini (éd.), avec la collaboration de A. Guilcher (2004) : *Delta du Rhône. Camargue antique, médiévale et moderne*, Bulletin Archéologique de Provence, Suppl. 2, Aix-en-Provence.
- Laporte, L. (éd.) (1998) : *L'estuaire de la Charente de la Protohistoire au Moyen Âge*, Documents d'Archéologie Française, 72, Paris.
- Laporte, L. et Chr. Picq (2002) : "Les occupation néolithiques du vallon des Ouchettes (Plassay, Charente Maritime)", *Gallia Préhistoire*, 44, 1-120.
- Larguier, G. (2001) : "Les inondations de l'Aude du XIVe s. à la fin du XVIe s. L'apport des sources fiscales", in : Lemartinel (éd.) 2001, 115-122.
- Larrieu, M., B. Marty, P. Périn et E. Crubézy (1985) : *La nécropole mérovingienne de la Turraque. Beaucaire-sur-Baïse (Gers)*, Sorèze.
- Lauffer, S. (1971) : *Diokletians Preisedikt*, Berlin.
- Laurain, M. (1971) : *Aperçu sur l'écologie des Ostrea et Crassostrea. Application aux Huîtres de faluns du Miocène de la Loire*, Thèse de Doctorat, Faculté des Sciences d'Orsay, Paris.
- Lauranceau, N. (1988) : "Note sur l'alimentation carnée sur le site de " Ma Maison "», in : Maurin *et al.* 1988, 69-71.
- Laurioux, B. (1994) : "Cuisiner à l'Antique : Apicius au Moyen Age", *Médiévales*, 26, 17-38.
- La Varenne (1651) : *Le cuisinier françois*, Paris.
- Lecointre, G. et H. Le Guyager (2001) : *Classification phylogénétique du vivant*, Paris.
- Lefèvre, E. (1886) : "Pinne", in : Dechambre & Lereboullet 1886, 413-414.
- Legué-Dupont, P. (2004) : *La moisson des marins-paysans, L'huître et ses éleveurs dans le bassin de Marennes-Oléron*, Paris.
- Lemartinel, B. (éd.) (2001) : *Au chevet d'une catastrophe. Les inondations des 12 et 13 novembre 1999 dans le sud de la France, Actes du Colloque Médi-Terra (Perpignan, 2000)*, Perpignan.
- Le Masson Du Parc, Fr. (1727) : *Pêches et pêcheurs du domaine maritime aquitain au XVIIIe siècle, Amirautés de Bayonne et de Bordeaux, Procès Verbaux des visites faites par ordre du Roy concernant la pesche en mer (1727)*, rééd. de 2004, Saint-Quentin-de-Baron.
- Le Masson du Parc, Fr. (1740) : *Traité de la Marée*, Collection du Musée maritime de l'Ile Tatihou, Saint-Vaast La Hougue.
- Lémery, L. (1705) : *Traité des aliments*, Paris.
- Lennartz, A. (2004) : "Die Meeresschnecke Cypraea als Amulett im Frühen Mittelalter. Eine Neubewertung", *Bonner Jahrbücher*, 204, 163-232.
- Le Pennec, M. (éd.) (1991) : *Aspects récents de la biologie des Mollusques, Actes du XVIIIe Colloque de la Société française de Malacologie (Brest, 1990)*, Plouzané.
- Lepetz, S. et J.-H. Yvinec (1998) : "L'élevage à la période gallo-romaine et au haut-moyen-âge en Normandie. L'apport de l'archéozoologie", in : Manneville (éd.) 1998, 83-109.
- Lerat, L. (1968) : "Circonscription de Franche-Comté. Doubs", *Gallia*, 26, 451-453.
- Lerat, L. (1985) : *Dans Besançon gallo-romain. Fouilles sous l'ancien parc de la Banque de France*, Annales Littéraires de l'Université de Besançon, 318, Paris.
- Leroi-Gourhan, A. (éd.) (1988) : *Dictionnaire de la Préhistoire*, Paris.
- Letablier, M. (éd.) (2003) : *Coquillages et crustacés de la plage à la table*, Catalogue d'exposition, Saint-Vaast La Hougue, Musée Maritime de l'Ile Tatihou, 4 juillet-5 octobre 2003, Saint-Vaast La Hougue.
- Letaconnoux R. et J. Audouin (1956) : "Contribution à l'étude du pétoncle (*Chlamys varia* L.)", *Revue des Travaux de l'Institut des Pêches Maritimes*, 20 (2), 133-155.
- Levasseur, O. (2001) : "La gestion des ressources marines de l'estran au XVIIIe siècle", Extrait des *Mémoires de la Société d'Histoire et d'Archéologie de Bretagne*, 79, 339-364.

- Leveau, Ph. et M. Provansal (1993) : *Archéologie et environnement de la Sainte-Victoire aux Alpilles*, Travaux du Centre Camille Jullian, 14, Aix-en-Provence.
- L'Helgouach, J. et J. Briard (éd.) (2001) : *Systèmes fluviaux, estuaires et implantations humaines de la préhistoire aux grandes invasions, Actes du 124e congrès national des sociétés historiques et scientifiques (Nantes, 1999)*, Paris.
- Lièvre, A. F. (1883) : " Les huîtres nourries en eau douce dans l'ancienne Aquitaine. Problème d'archéologie et de zooethique", *Revue Archéologique*, 2, 102-108.
- Lignereux, Y. et J. Peters avec la participation de Fr. Tassaux et P. Tronche (1997) : "Viandes, volailles et fruits de mer à la table des légions romaines d'Aunedonnacum, 20-30 après Jésus-Christ (Aulnay-de-Saintonge, Charente Maritime)", *Revue de Médecine Vétérinaire*, 148 (4), 277-298 ; (5), 399-412.
- Lindner, G. (2000) : *Guide des coquillages marins. Plus de mille espèces des mers du monde*, Paris.
- Lindner, G. (2004) : *Coquillages et Bivalves d'Europe*, Paris.
- Linné, C. (von) (1735) : *Systema naturae per regna tria naturae : secundum classes, ordines, genera, species cum characteribus, differentis, dinonimus, locis*, tome 1, Leiden.
- Lintz, G. (1992) : *Carte archéologique de la Gaule, La Corrèze (19)*, Paris.
- Lloyd, J.A. (éd.) (1981) : *Excavations at Sidi Khrebish, Benghazi (Berenice)*, Tripoli.
- Locard, A. (1885) : "Histoire des Mollusques dans l'Antiquité", *Mémoires de l'Académie des Sciences, belles-lettres et arts de Lyon*, 27, 75-312.
- Locard, A. (1887-1888) : "Note sur une faunule malacologique gallo-romaine trouvée en 1885 dans la nécropole du Trion", in : Allmer & Dissard 1887-1888, 584-588.
- Locard, A. (1892) : *Les coquilles marines des côtes de France. Description des familles, genres et espèces*, Paris.
- Locard, A. (1900) : *Manuel pratique d'ostréiculture*, Paris.
- Loix, B. (1987) : *Production contrôlée en écloserie, Compte rendu de la 9e session de formation organisée par le M.E.D.R.A.P. (Rovinj-Zadar, 1986)*, Rome.
- López López, J.C., J. Martínez Martínez et C. Novelli Ferrando (2004) : *La platja de Castelldefels*, Castelldefels.
- Lubet, P. (1959) : "Recherches sur le cycle sexuel et l'émission des gamètes chez les Mytilidés et les Pectinidés (mollusques bivalves)", *Revue des Travaux de l'Institut des Pêches Maritimes*, 23 (4), 389-548.
- Lubet, P. (1976) : "L'espèce chez les lamellibranches marins", in : Bocquet *et al.* (éd.) 1976, 341-374.
- Lugand, M. (1997) : *Loupian "Le Bourbou" (Hérault)*, Document Final de Synthèse, Service archéologique du Syndicat Intercommunal Nord Bassin de Thau, Mèze.
- Lugand, M. (2001) : *Carte archéologique de la Gaule, Agde et le Bassin de Thau (34/2)*, Paris.

M

- Macheboeuf, Chr. (sous presse) : "Transport and conditioning of the purple dye: the contribution of the experimental archaeology", in : *22e Annual Meeting Dyes in History and Archaeology (Berne, 2003)*, (sous presse).
- Macheboeuf, Chr. (2004a) : "Fabrication et commerce de la pourpre en Italie et Sicile dans l'Antiquité romaine", in : De Sena & Dessales 2004, 25-37.
- Macheboeuf, Chr. (2004b) : "Pourpre et matières textiles : des ateliers aux *tabernae*", in : Alfaro *et al.* 2004, 137-143.
- Macheboeuf, Chr. (2005a) : *Exploitation et commercialisation de la pourpre dans l'Empire romain*, Thèse de Doctorat, Université du Littoral Cote d'Opale, Dunkerque.
- Macheboeuf, Chr. (2005b) : "Contribution des femmes à l'industrie textile à Rome", in : Bel (éd.) 2005, 49-69.
- Macheboeuf, Chr. (2007) : "Le sel et les coquillages à pourpre : de la teinture à la salaison", in : Lagostena *et al.* (éd.) 2007, 387-390.
- Macheboeuf, Chr. (2008a) : "Les ateliers de la pourpre : bilan archéologique et reconstitution", in : Napoli (éd.) 2008, 501-508.
- Macheboeuf, Chr. (2008b) : "Remarques sur les techniques de *l'ars purpuraria*", in : Alfaro & Karali (éd.) 2008, 247-250.
- MacKinnon, M.R., A. Eastham et S.G. Monckton (2002) : *The excavations of San Giovanni di Ruoti, 3. The faunal and plant remains*, Phoenix, Suppl. 40, Toronto.
- Majurel, R., J. Ménager et H. Prades (1970-1973) : "L'habitat et la nécropole de Saint-Michel (Commune de Montpellier). Les origines de Montpellier", *Ogam*, 22-25, 49-124.
- Manneville, Ph. (éd.) (1998) : *"Ceux de la plaine et ceux du Bocage". Le monde rural en Normandie, Actes du 32ème congrès des sociétés historiques et archéologiques de Normandie (Gisors, 1997)*, Annales de Normandie, 3, Caen.
- Manniez, Y. (1999) : *Les pratiques funéraires en Narbonnaise méditerranéenne (partie occidentale) du IIIe au VIIIe s.*, Thèse de Doctorat, Université de Provence, Aix-en-Provence.
- Manniez, Y. (2005) : "Les lampes à huile dans les sépultures romaines tardives du Languedoc méditerranéen", in : Chrzanovski 2005, 227-231.
- Marcy, J. (2002) : *Les coquillages. Un monde étonnant. Les bivalves (deux coquilles)*, Paris.
- Marian, J. (éd.), A. Bardot, M.-A. Boutin, A.-L. Brives et M. Contério (2004) : *Loupiac, Fouilles des thermes de la villa*, Document final de synthèse, S.R.A. Aquitaine, Bordeaux.
- Marin, F. (1742) : *La Suite des Dons de Comus*, Paris.
- Marteil, L. (1960) : "Ecologie des huîtres du Morbihan, *Ostrea edulis* Linné et *Gryphaea angulata* Lamarck", *Revue des Travaux de l'Institut des Pêches Maritimes*, 24 (3), 327-446.
- Marteil, L. (1974) : "La conchyliculture française. Première partie : Le milieu naturel et ses variations", *Revue des Travaux de l'Institut des Pêches Maritimes*, 38 (3), 217-337.
- Marteil, L. (1976) : "La conchyliculture française. Deuxième partie : Biologie de l'huître et de la moule", *Revue des Travaux de l'Institut des Pêches Maritimes*, 40 (2), 149-346.
- Marteil, L. (1979) : "La conchyliculture française. Troisième partie : L'ostréiculture et la myticulture", *Revue des Travaux de l'Institut des Pêches Maritimes*, 43 (1), 10-130.
- Martin, A. (1828) : *Manuel de l'amateur d'huîtres : contenant l'histoire naturelle de l'huître*, Paris.
- Martinell, J. (1980) : "Carcterístiques de la fauna trobada a les excavations arqueològiques realitzades al Puig Mascaró (Baix Empordà - Girona)", *Cypsela*, 3, 99-102.
- Martinell, J. et E. Pons (1989) : "Restes malacològiques del jaciment arqueològic de la Fonollera (Toroella de Montgrí)", *Cyspela*, 7, 41-48.
- Martini, Fr et J.H. Chemnitz (1837) : *Systematisches Conchylien-cabinet, fortgesetz von G.H. von Schubert und J.A. Wagner ; neu herausgeben und vervollständigt von H.C. Küster*, Nuremberg.
- Martin-Kilcher, St. (1984) : "Geschirr (Becher ; Kleine Schalen mit Schüssel ; Die Fischplatten; Glatte unverzierte Platten). Römisches Tafelsilber : Form und Funktionsfragen", in : Cahn & Kaufmann-Heinimann (éd.) 1984, 151-158; 165-174; 180-187; 393-404.
-Martoja, M (1995) : *Mollusques*, Paris.
- Massendari, J. (2006) : *Carte archéologique de la Gaule, La Haute-Garonne (31/1)*, Paris.
- Massi, F. (2006) : "Historique de l'activité socio-économique de l'étang de Diane", *Compte rendu de la Journée Mondiale des Zones Humides (Porto-Vecchio, 2006)*, 9-14.
- Massialot, Fr. (1705) : *Le cuisinier roïal et bourgeois*, Paris.
- Mathieu, P.-P. (1857) : *Des colonies et des voies romaines en Auvergne*, Cermont-Ferrand.
- Mauné, St. (éd.) (2002) : *Vareilles - Paulhan (Hérault)*, Document final de synthèse, S.R.A. Languedoc-Roussillon, Montpellier.
- Mauné, St. et M. Genin (éd.) (2006) : *Du Rhône aux Pyrénées : Aspects de la vie matérielle en Gaule Narbonnaise (fin du Ier s. av. J.-C. – VIe s. ap. J.-C.)*, Montagnac.
- Maurin, L. (1978) : *Saintes antique des origines à la fin du VIe siècle après Jésus-Christ*, Saintes.
- Maurin, L. (1999) : *Carte archéologique de la Gaule, La Charente-Maritime (17/1)*, Paris.
- Maurin, L., Cl. Allag, J.-P. Darmon, N. Lauranceau, Cl. Namin, M. Sansilbano-Collillieux, J. et M.-H. Santrot, J.-L. Tilhard et Chr. Vernou (1988) : *Les fouilles de "Ma Maison", Etudes sur Saintes antiques*, Aquitania, Suppl. 3, Bordeaux.
- Mendoza, A. (2002) : "Les coquillages du site chasséen de Lattes", *Archéologie en Languedoc*, 26, 39-44.
- Méniel, P. (1998) : "L'élevage dans les fermes gauloises en Normandie", in : Manneville (éd.) 1998, 67-81.
- Menon (1815) : *La cuisinière bourgeoise*, Paris.
- Méry, L. (1836) : *Histoire de Provence*, tome 2, Marseille.
- Meunier, V. (1871) : *Les grandes pêches*, Paris.
- Milner N., O.E. Craig et G.N. Bailey (éd.) (2007) : *Shell-Middens in Atlantic Europe*, Oxford.
- Molines, R. (1998) : *Les animaux tinctoriaux : le cas particulier des néogastéropodes à l'origine d'une couleur pourpre*, Mémoire de Maîtrise de Biologie des Populations et des Ecosystèmes, Université de Nantes, Nantes.

- Moor, B. (1986) : "Mollusken aus Augst. Die Funde (exklusive Austern) der Grabungen 1967-1981", *Jahresberichte aus Augst und Kaiseraugst*, 6, 127-143.
- Mouret, F. (1906) : "Sulpice Sévère à Primuliac", *Bulletin de la Société Archéologique de Béziers*, 6, 3e série, 474-478.
- Mouret, F. (1914-1915) : "Le temple de Vénus près de Vendres et son emporium phocéen de Ville-Longue", *Bulletin de la Société Archéologique de Béziers*, 10, 3e série, 376-441.
- Mouton P. et Cl. Rives (1999) : *Gestes des pêcheurs en Méditerranée*, Grenoble.
- Mozard (1867) : *La cuisinière des cuisinières*, Limoges.

N, O

- Napoli, J. (éd.) 2008 : *Ressources et activités maritimes des peuples de l'Antiquité*, Actes du Colloque International de Boulogne-sur-Mer, 12-14 mai 2005, Les Cahiers du littoral, 2/6, Boulogne-sur-Mer.
- Nègre, E. : (1990) : *Toponymie générale de la France, Etymologie de 35.000 noms de lieux, volume Ier Formations préceltiques, celtiques, romanes*, Publications romanes et françaises, 193, Genève.
- Normand, E. et C. Treffort (éd.) (2005) : *A la table des moines charentais, Archéologie de l'alimentation monastique en Charente et Charente-Maritime au Moyen Âge*, Catalogue d'exposition itinérante, La Crèche.

P

- Pagano, M., M. Reddé et J.-M. Roddaz (1982) : "Recherches archéologique et historiques sur la zone du lac d'Averne", *Mélanges de l'Ecole française de Rome*, 94/1, 271-323.
- Palese, A. et L. Palese (1992) : *Il controllo sanitario e qualitativo dei prodotti alimentari della pesca*, vol. 1, Padova.
- Parenzan, P. (1974) : *Carta d'identità delle conchiglie del Mediterraneo*, Tarente.
- Pasqualini, M., P. Excoffon et Cl. Vella (2004) : "Le Grand Parc, un habitat du Ier s. avant notre ère en Camargue, Domaine de la Tour du Valat (Arles, Bouches-du-Rhône)", *Documents d'archéologie Méridionale*, 27, 251-313.
- Passelac, M. (1998) : *Bram (Aude)*, Rapport intermédiaire, S.R.A. Languedoc-Roussillon, Montpellier.
- Pellecuer, Chr. (1983) : "Archéologie gallo-romaine autour de l'étang de Thau, Essai de synthèse sur l'occupation antique des communes de Balaruc-les-Bains, de Frontignan et de Sète", *Bulletin de la Société d'Etudes Scientifiques de Sète*, 9-11, 5-36.
- Pelletier, J.-P., L. Poussel, Y. et J. Rigoir, L. Vallauri et D. Foy (1991) : "Poterie, métallurgie et verrerie au début du VIe s. à Gardanne (B.-du-Rh.)", *Documents d'Archéologie Méridionale*, 14, 277-350.
- Pergent, G., D. Bellan-Santini, G. Bellan, G. Bitar et J.-G. Harmelin (éd.) (2007) : *Manuel d'interprétation des types d'habitats marins pour la sélection des sites à inclure dans les inventaires nationaux de sites naturels d'intérêt pour la Conservation*, Tunis.
- Perrier, E. (1890) : "De l'emploi de l'eau de mer artificielle pour la conservation des animaux marins, et en particulier des Huîtres, dans des grands aquariums", *Comptes rendus de l'Académie des Sciences*, 110, 1076-1079.
- Peurière, Y. (2003) : *La pêche et les poissons dans la littérature latine, I. Des origines à la fin de la période augustéenne*, Bruxelles.
- Pianu, G. (2002) : *L'agorà di Eraclea Lucana*, Rome.
- Pichon, B. (2002) : *Carte archéologique de la Gaule, L'Aisne (02)*, Paris.
- Pilloy, J. (1894) : "Une construction monumentale à Saint-Quentin au IIe siècle", *Bulletin Archéologique du Comité des Travaux Historiques et Scientifiques*, 70-84.
- Pinter-Bellows, St. (1999) : "The Animal Bones", in : Ellis *et al.* 1999, 237-240.
- Pinto-Guillaume, E.M. (2002) : "Mollusks from the Villa of Livia at Prima Porta, Rome. The Swedish Garden Archaeological Project, 1996 - 1999", *American Journal of Archaeology*, 106, 37-58.
- Piquès, G. (2005) : "Les déchets d'une fabrication de sauce de poisson dans le comblement d'un puits gallo-romain et la question du sel à Lattes", Piquès & Buxo (éd.), 293-305.
- Piquès, G. et R. Buxo (éd.) (2005) : *Onze puits gallo-romains de Lattara (Ier s. av. n. è. - IIe s. de n. è.) : fouilles programmées 1986-2000*, Lattara 18, Lattes.
- Poppe, G.T. et Y. Goto (1991) : *European seashells. Vol. 1, Polyplacophora, Caudofoveata, Solenogastra, Gastropoda*, Wiesbaden.
- Poppe, G.T. et Y. Goto (1993) : *European seashells. Vol. 2, Scaphopoda, Bivalvia, Cephalopoda*, Wiesbaden.
- Poutiers, J.-M. (1978) : *Introduction à l'étude faunistique des Bivalves du littoral français : les espèces marins du golfe d'Aigues Mortes*, Centre d'Etudes et de Recherches Paléontologiques et Biostratigraphiques, Notes et contributions, 15, Orsay.
- Poutiers, J.-M. (1987) : "Bivalves", in : Fischer *et al.* 1987, 369-512.
- Provost, M. (1996) : *Carte archéologique de la Gaule, Le Cantal (15)*, Paris.
- Provost, M., J. Hiernard, J. Pascal et E. Bernard (1996) : *Carte archéologique de la Gaule, La Vendée (85)*, Paris.
- Py, M. (1978) : *L'oppidum des Castels à Nages, Gard*, Gallia, Suppl. 35, Paris.
- Py, M. (éd.) (1990a) : *Fouilles dans la ville antique de Lattes, les îlots 1, 3 et 4-nord du quartier Saint-Sauveur*, Lattara 3, Lattes.
- Py, M. (éd.) (1990b) : *Culture, économie et société protohistoriques dans la région nîmoise*, Collection de l'Ecole Française de Rome, 131, Rome.
- Py, M. (éd.) (1992) : *Recherche sur l'économie vivrière des Lattarenses*, Lattara 5, Lattes.
- Py, M. (éd.) (1996) : *Urbanisme et architecture dans la ville antique de Lattes*, Lattara 9, Lattes.
- Py, M. (éd.) (2004) : *Le quartier 30-35 de la ville de Lattara (fin IIIe - Ier s. av. n. è.), regards sur la vie urbaine à la fin de la Protohistoire*, Lattara 17, Lattes.

Q

- Quéro, J.-C. et J.-J. Vayne (1998) : *Les fruits de la mer et plantes marines des pêches françaises*, Paris.
- Quéro, J.-C. et J.-J. Vayne (2008) : *Les huîtres*, Paris.

R

- Rambourg, P. (2007) : "Entre le cuit et le cru : la cuisine de l'huître, en France, de la fin du Moyen Âge au XXe siècle", in : Ridel *et al.* (éd.) 2007, 211-220.
- Rameaux, J.-Cl., D. Mansion et G. Dumé (1989) : *Flore forestière française. Guide écologique illustré. 1. Plaines et collines*, Paris.
- Rampal, J. (1973) : "Clés de détermination des Ptéropodes thécosomes de Méditerranée et de l'Atlantique eurafricain", *Revue des Travaux de l'Institut des Pêches Maritimes*, 37, 369-381.
- Ravoire, F. et A. Dietrich (éd.) (2009) : *La cuisine et la table dans la France de la fin du Moyen Âge : contenus et contenants du XIVe eu XVIe siècle, Actes du Colloque de Sens (2004)*, Caen.
- Raynaud, Cl. (éd.) (1990) : *Le village gallo-romain et médiéval de Lunel-Viel. Les fouilles du quartier ouest*, Annales Littéraires de l'Université de Besançon, 422, Paris.
- Raynaud, Cl. (éd.) (2007) : *Archéologie d'un village languedocien. Lunel-Viel (Hérault), du Ier au XVIIIe siècle*, Monographies d'Archéologie Méditerranéenne, 22, Lattes.
- Rebourg, A. (1987) : *Autun Augustodunum Capitale des Eduéens*, Catalogue d'exposition, Autun, Hôtel de Ville d'Autun, 16 mars-27 octobre 1985, Autun.
- Reese, D. S. (1977) : "Faunal remains (osteological and marine forms) 1975-76", in : Humphrey (éd.) 1977, 131-165.
- Reese, D.S. (1978) : "Molluscs from Archeological Sites in Cyprus : "Kastros", Cape St. Andreas, Cyprus and other pre-Bronze Age Mediterranean Sites", *Cyprus Fisheries Bulletin*, 5, 3-112.
- Reese, D.S. (1979-1980) : "Industrial exploitation of murex shells. Purple-dye and lime production at Sidi Khrebish, Benghazi (Berenice)", *Report of the Society for Libyan Studies*, 11, 79-93.
- Reese, D.S. (1981) : "Faunal Remains from three Cisterns", in : Humphrey (éd.) 1981, 191-258.

Reese, D.S. (1982) : "The Molluscs", in : Whitehouse *et al.* 1982, 91-96.

-Reese, D.S. (1987a) : "Palaikastro shells and bronze age purple-dye production in the Mediterranean basin", *Annual of the British School of Archaeology at Athens*, 82, 201-206.
- Reese, D.S. (1987b) : "The EM II A shells from Knossos, with comments on neolitic to EM III shells utilization", *Annual of the British School of Archaeology at Athens*, 82, 207-211.
- Reese, D.S. (1991) : "The trade of indo-pacific shells into the Mediterranean basin and Europe", *Oxford journal of archaeology*, 10 (2), 156-196.
- Reese, D.S. (1992a) : "The Marine and Freshwater Shells", in : D'Andria & Whitehouse 1992, 347-352.
- Reese, D.S. (1992b) : "Shells and Animal Bones", in : Karageorghis *et al.* (éd.) 1992, 127-141.
- Reese, D.S. (1992c) : "Recent and Fossil Marine Invertebrates", in : Sackett 1992, 493-496.
- Reese, D.S. (2000) : "Iron Age Kommos Purple-dye Production in the Aegean", in : Shaw & Shaw 2000, 643-645.
- Reese, D.S. (2002a) : "The Marine and Freshwater Shells", in : MacKinnon *et al.* 2002, 189-194.

- Reese, D.S. (2002b) : "Marine Invertebrates, Freshwater Shells and Land Snails", in : Jashemski 2002, 292-314.
- Rescanières, S. (2002) : "Essai sur le cadre géographique antique du Narbonnais", in : Dellong 2002, 44-51.
- *Revue maritime*, 1897, tome 134, Paris.
- *Revue maritime*, 1897, tome 135, Paris.
- *Revue maritime*, 1898, tome 137, Paris.
- Rey, A. et J. Rey-Debove (éd.) (1986) : *Le petit Robert 1 : dictionnaire alphabétique et analogique de la langue française*, Paris.
- Ricci, A. (1985) : *Settefinestre. Una villa schiavistica nell'Etruria romana. La villa e i suoi reperti*, Modène.
- Richardin, E. (1906) : *L'Art du bien manger*, Paris.
- Ridel, E., E. Barré et A. Zysberg (éd.) (2007) : *Les nourriture de la mer, de la criée à l'assiette, Actes du Colloque du Musée maritime de l'île de Tatihou (Saint-Vaast La Hougue, 2003)*, Histoire maritime, 4, Caen.
- Riha, E. et W.B. Stern (1982): *Die römischen Löffel aus Augst und Kaiseraugst. Archäologische und metallanalytische Untersuchungen*, Forschungen in Augst, 5, Augst.
- Robinet, J.-B. (1779) : *Dictionnaire universel des sciences morale, économique, politique et diplomatique*, tome 11, Londres.
- Robinson, J. (1999) : "The Marine Shells", in : Fulford & Wallace-Hadrill 1999, 102 ; 144.
- Rodet-Belarbi, I. et V. Forest (2008) : "Les dépôts animaux", in : Bel *et al.* 2008, 247-250.
- Rodet-Belarbi, I. et V. Forest (2009) : "Alimentation carnée du XIVe au XVIe s. dans le sud de la France, d'après les sources archéozoologiques : la part des mammifères sauvages et des oiseaux", in : Ravoire & Dietrich (éd.) 2009, 125-146.
- Ropiot, V. (2007) : *Peuplement et circulation dans les bassins fluviaux du Languedoc occidental, du Roussillon et de l'Ampourdan du IXe s. au début du IIe s. av. n. è.*, Thèse de doctorat, Université de Franche-Comté, Besançon.
- Ropiot, V., C. Puig et Fl. Mazière (2012) : *Les plaines littorales en Méditerranée nord-occidentale. Regards croisés d'histoire, d'archéologie et de géographie de la Protohistoire au Moyen Âge*, Montagnac.
S
- Sabrié M. et R. Sabrié (éd.) (2004) : *Le Clos de la Lombarde à Narbonne. Espaces publics et privés du secteur nord-est*, Montagnac.
- Sabrié M. et R. Sabrié (éd.) (2011) : *La Maison au Grand Triclinium du Clos de la Lombarde à Narbonne*, Montagnac.
- Sackett, L.H. (1992) : *Knossos : from Greek City to Roman Colony, Excavations at the Unexplored Mansion III.* vol. 2, British School of Archaeology at Athens, Suppl. 21, Athènes.
- Salin, E. (1959) : *La civilisation mérovingienne d'après les sépultures, les textes et le laboratoire, vol. 4 "Les croyances"*, Paris.
- Sanchez, C. (2011) : "Vaisselle de bord et petits conteneurs. L'exemple des céramiques communes de la collection Bouscaras à Port-La-Nautique", in : Sanchez & Jezegou (éd.) 2011, 143-174.
- Sanchez C. (éd.) (2008) : *La Voie de Rome, Entre Méditerranée et Atlantique*, Catalogue d'exposition, Bordeaux, Archéopôle d'Aquitaine, 23 octobre 2008-30 mars 2009, Toulouse, Musée Saint-Raymond, 6 mai-8 novembre 2009, Bordeaux.
- Sanchez C. et M.-P. Jezegou (éd.) (2011) : *Espaces littoraux et zones portuaires de Narbonne et sa région dans l'Antiquité*, Monographie d'Archéologie Méditerranéenne, 28, Lattes.
- Sanjuan, A., C. Zapata et G. Alvarez (1994) : "*Mytilus galloprovincialis* and *M. edulis* on the coasts of the Iberian Peninsula", *Marine Ecology Progress Series*, 113, 131-146.
- Sauzeau, T. (2003) : "Du sel à l'ostréiculture. La mutation économique de l'estuaire de la Seudre (XVIIIe-XIXe siècles)", *Revue Historique du Centre Ouest*, 2, 2e semestre, 321-368.
- Schmidt, M.G. (2003) : *Reflections of roman life and living, 150 years of the Corpus Inscriptionum*, New York.
- Schneider, M (2002) : *L'exploitation des huîtres à l'époque gallo-romaine : exemples des Thermes du Vieil-Evreux (Eure) et de la Place de la République à Chartres (Eure-et-Loir)*, Mémoire de Maîtrise, Université de Paris I, Panthéon-Sorbonne, Paris.
- Schneider, M. (2003) : *Détermination des sources d'approvisionnement en huîtres à l'époque gallo-romaine par l'analyse isotopîque*, Mémoire de DEA, Université de Paris I, Panthéon-Sorbonne, Paris.
- Schneider, M. et S. Lepetz avec la collaboration de M. Balasse et de J.-F. Saliège (2007) : "L'exploitation, la commercialisation et la consommation des huîtres à l'époque romaine en Gaule : origine géographique et source d'approvisionnement des huîtres du Vieil Evreux et de Chartres", in : Ridel *et al.* (éd.) 2007, 11-34.
- Seed, R. (1969) : "Morphological variations in Mytilus from from south-west england in relation to the occurrence of M. galloprovincialis Lamarck", *Cahiers de Biologie marine*, 10, 231-253.
- Seed, R. (1971) : "A physiological and biochemical approach to the taxonomy of *Mytilus edulis* L. and *M. galloprovincialis* Lmk. from South-West England", *Cahiers de Biologie marine*, 12, 291-322.
- Seed, R. (1972) :" Morphological variations in Mytilus from the french coasts in relation to the occurrence and distribution of M. galloprovincialis Lamarck", *Cahiers de Biologie marine*, 13, 357-384.
- Seed, R. (1974) : "Morphological variations in Mytilus from the irish coasts in relation to the occurrence and distribution of M. galloprovincialis Lmk", *Cahiers de Biologie marine*, 15, 1-25.
- Séjalon, P., V. Bel, P. Chevillot, V. Forest et C. Georjon (2005) : *Mas de Vignoles XI à Nîmes (Gard)*, Rapport final d'opération, S.R.A Languedoc-Roussillon, Montpellier.
- Serrand, N. (1996) : *La Faune d'Invertébrés marins du Néolithique Moyen de l'Abri de La Figue (Punta di Murtuli, Sartène, Corse-du-Sud). Quelques aperçus sur l'exploitation alimentaire des invertébrés marins*, Mémoire de DEA, Université de Paris I, Panthéon-Sorbonne, Paris.
- Serrand, N. (2002): *Exploitation des invertébrés marins et terrestres par les populations Saladoïdes et Post-Saladoïdes du Nord des Petites Antilles (env. 500 B.C.-1200 A.D.). Étude de cas et comparaisons*, Thèse de Doctorat, Université de Paris I, Panthéon-Sorbonne, Paris.
- Serrand, N., J.-D. Vigne et J. Guilaine (2005) : "Early Preceramic Neolithic marine shells from Shillourokambos, Cyprus (late 9th-8th mill. cal BC). À mainly ornamental set with similarities to mainland PPNB", in : Bar-Yosef 2005, 122-129.
- Shaw, J.W., et M.C. Shaw (2000) : *Kommos IV The Greek Sanctuary*, Princeton.
- Sion, H. (1994) : *Carte archéologique de la Gaule, La Gironde (33)*, Paris.
- Sireix, Chr. (éd.) (1997) : *Les fouilles de la place des Grands-Hommes à Bordeaux*, Pages d'Archéologie et d'Histoire Girondines, 3, Bordeaux.
- Société des Amis de Talmont (1999) : *Pêches traditionnelles des rives saintongeaises de la Gironde (1850-1950)*, Bordeaux.
- Société des bibliophiles françois (1873) : *Voyage de Lister à Paris en 1698*, traduit pour la première fois, publié et annoté par la Société des bibliophiles françois, Paris.
- Solier, Y. (1964-1965a) : "Dépôt d'huîtres au Boulevard de 1848", *Bulletin du Comité Archéologique de Narbonne*, 28, 73-76.
- Solier, Y. (éd.) 1981 : "Les épaves de Gruissan", *Archaeonautica*, 3, 7-264.
- Southward, A.J. (1976) : "On the taxonomic status and distribution of *Chthamalus stellatus* (Cirripedia) in the north-easten Atlantic region : with a key to the common intertidal barnacles of Britain", *Journal of the Marine Biological Association of the United Kingdom*, 56, 1007-1028.
- Strauch, Fr. et G.E. Thüry (1985) : "Austernfunde aus römischen Gebäuderesten in Tittmoning, Ldkr. Traunstein", *Bayerische Vorgeschichtsblätter*, 50, 341-354.
- Svåsand, T., D. Crosetti, E. Garcia-Vazquez et E. Verspoor (éd.) (2007) : *Genetic impact of aquaculture activities on native populations*, 6th Framework plan of the European Commission, Genimpact final scientific report, http://genimpact.imr.no
T
- Taborin, Y. (1971) : *La parure en coquillage de l'Epipaléolithique au Bronze ancien en France*, Thèse de Doctorat, Université de Paris I, Panthéon-Sorbonne, Paris.
- Taborin, Y. (1993) : *La parure en coquillages au Paléolithique*, Gallia Préhistoire, Suppl. 29, Paris.
- Taborin, Y. (2004) : *Langage sans parole : la parure aux temps préhistoriques*, Paris.
- Tastet, J-P. *et al.* (1998) : "Annexe. Compléments à l'étude des paléoenvironnements : données détaillées", in : Laporte (éd.) 1998.
- Tchernia, A. (1997) : "Le cercle de L. Licinius Crassus et la naissance de la hiérarchie des vins à Rome", *Compte rendus des séances de l'Académie des inscriptions et belles-lettres*, 141/4, 1247-1259.
- Tchernia, A. et J.-P. Brun (1999) : *Le vin romain antique*, Grenoble.
- Tebble, N. (1966) : *British bivalve seashells : a handbook for identification*, Londres.
- Tessier, M. (1994) : *Dictionnaire archéologique du Pays de Retz*, Nantes.
- Thierry, Fr. (2002) : Archéologie en Buch et Born : des Gaulois aux Wisigoths, Arcachon.

- Thomas, K.D. (1985) : "I molluschi e gli echinodermi", in : Ricci 1985, 302-303 ; 305.
- Thüry, G.E. (1990a) : "Römische Austerfunde in der Schweiz, im rechtsrheinischen Süddeutschland und in Österreich", in : Thüry 1990b, 285-310.
- Thüry, G.E. (1990b) : *Festschrift für Hans R. Stampfli*, Beiträge zur Archäozoologie, Archäologie, Anthropologie, Geologie und Paläontologie, Bâle.
- Thüry, G.E. (1997) : "Meeresfrüchte in Lauriacum: Teil 1: Purpurschnecken an der Enns", *Mitteilungen des Museumvereines Lauriacum-Enns*, 35, 23-30.
- Thüry, G.E. (1998) : "Meeresfrüchte in Lauriacum, Teil 2: Austernkonsum im römischen Enns ?", *Mitteilungen des Museumvereines Lauriacum-Enns*, 36, 21-24.
- Thüry, G. E. et Fr. Strauch (1984) : "Zur Herkunft des römischen Austernimports in der Schweiz", *Archäologie der Schweiz*, 7, 100-103.
- Tirel, G. (s.d.) : *Le viandier de Gillaume Tirel dit Taillevent*, rééd. de 1892 par le Baron J. Pichon et G.Vicaire, Paris.
- Toledo i Mur, A. et H. Petitot (1998) : "Un exemple d'occupation dans la plaine charentaise (fin de l'âge du Fer et Moyen Âge). Le site de Mortantambe à Cabariot", in : Laporte (éd.) 1998, 83-164.
- Tranoy, L., E. Moizan (éd.), A. Bardot, C. Batigne, J. Guitard, J.-P. Bost, I. Bertrand, M. Druez, V. Mathé et L. Gourio (2007) : *La Grande Avenue, Barzan (Charente-Maritime)*, Rapport de fouilles programmées, S.R.A. Poitou-Charentes, Poitiers.
- Tranoy L., E. Moizan, C. Batigne Vallet, V. Mathé, M. Druez et A. Bardot (2008) : "La "Grande Avenue" à Barzan (17) : les acquis des premières campagnes de fouilles (2006-2008)", *Aquitania*, 24, 77-104.
- Tranoy, L., E. Moizan (éd.), C. Batigne, I. Bertrand et J.-P. Bost (2009) : *La Grande Avenue, Barzan (Charente-Maritime)*, Rapport de fouilles programmées, S.R.A. Poitou-Charentes, Poitiers.
U
- Urlacher, J.-P., Fr. Passard-Urlacher et S. Gizard (éd.) (2009) : *Saint-Vit" - Les Champs Traversains - (Doubs), nécropole mérovingienne (VIe - VIIe siècle) et enclos protohistorique (IXe - Ve siècle av. J.-C.)*, Annales Littéraires de l'Université de Franche-Comté, 839, Besançon.
V
- Vaillant, A. (1998) : *La nécropole mérovingienne d'Andilly-en-Bassigny*, Mémoire de Maîtrise, Université de Bourgogne, Dijon.
- Valentin-Smith, M. (1888) : *Fouilles dans la vallée du Formans (Ain), en 1862 : documents pour servir à l'histoire de la campagne de Jules César contre les Helvètes*, Lyon.
- Verdeil, P. (1970) : "Données nouvelles sur le Quaternaire de la basse vallée de l'Aude", *Bulletin de la Société Languedocienne de Géographie*, 12, 413-425.
- Verdeil, P. (1990) : "Historique géologique du golfe de Narbonne et de ses rivages", in : *Narbonne et la mer de l'Antiquité à nos jours*, Catalogue d'exposition, Narbonne, Musée de Narbonne, 22-29.
- Verdin, F. (éd.), A. Bardot, L. Chabot et Ph. Columeau (2004) : *Oppidum de Constantine - Lançon-de-Provence - 13*, Rapport de fouille annuelle programmée, 4e campagne, S.R.A. P.A.C.A., Aix-en-Provence.
- Verdin, Fl, Fr. Brien-Poitevin, L. Chabal, Ph. Marinval et M. Provansal (coll.) (1997) : "Coudounèu (Lançon-de-Provence, Bouches-du-Rhône) : une ferme-grenier et son territoire au Ve siècle avant J.C.", *Documents d'Archéologie Méridionale*, 19-20, 165-198.
- Verdin, Fl. (éd.), A. Bardot, Ph. Columeau, V. Dumas, G. Duperron, J. Genechesi, R. Golosetti et E. Martin-Kobierzyki (2007) : *Oppidum de Constantine - Lançon-de-Provence - 13*, Rapport de fouille annuelle programmée, S.R.A. de P.A.C.A., Aix-en-Provence.
- Verger, F. (1959) : "Les buttes coquillières de Saint-Michel-en-l'Herm", *Norois*, 21, 35-45.
- Verger, F. (2005) : *Marais et estuaires du littoral français*, Paris.
- Verger, F. (2009) : *Zones humides du littoral français*, Paris.
- Verrand, L. et N. Vidal (2004) : "*Les fours à chaux de Martinique*", *Journal of Caribbean Archaeology*, Special publication, 1, 29-46.
- Vieillefon, J. (1970) : "Le problème des repères stratigraphiques quaternaires en Casamance (Sénégal)", *Bulletin de l'Association sénégalaise pour l'étude du quaternaire de l'ouest africain*, 26, 13-23.
- Vigne, J.-D. et N. Serrand (2000) : *La malacofaune marine et dulçaquicole de Shillourokambos : premiers résultats de l'analyse des secteurs 1, 2 et 4 (contribution au rapport de fouille)*, Rapport à la Commission des fouilles du Ministère des Affaires Etrangères.
- Vinatié, A. (1966) : "L'établissement gallo-romain de "La Rochette-Félines" à Massiac", *Revue de Haute Auvergne*, 40, 213-230.
- Vinatié, A. (1969) : "La villa gallo-romaine de "La Rochette-Félines" à Massiac (fin)", *Revue de Haute Auvergne*, 41, 560-566.
- Viollet-le-Duc, E. (1874) : *Dictionnaire raisonné du mobilier français de l'époque carolingienne à la Renaissance*, tome 2, Paris.
- Voigt, E.A. (1975) : "Studies of marine molluscs from archaeological sites dietary prefer, environment reconstruction", in : Clason (éd.) 1975, 87-98.
- Vuillemot, G. (1966) : "Un dépôt d'huîtres à La Forge", *Mémoire de la Société Eduenne*, 51, fasc. 1, 58.
W, X, Y, Z
- Wabont, M., F. Abert et D. Vermeersch (2006) : *Carte archéologique de la Gaule, Le Val d'Oise (95)*, Paris.
- Welter-Schultes, F.W. et I. Richling (2000) : "Palaeoenvironmental history of the Holocene volcanic crater lake Lago d'Averno (central southern Italy) inferred from auatic mollusc deposits", *Journal of Quaternary Science*, 15 (8), 805-812.
- Whitehouse, D., G. Barker, R. Reece et D. Reese (1982) : "The Schola Praeconum. vol. 1, The Coins, Pottery, Lamps and Fauna", *Papers of the British School at Rome*, 50, 53-101.
- Wilkens, B. et F. Delussu (2002) : « I resti faunistici", in : Pianu 2002, 299-342.
- Wing, E.S. et S.R. Wing (1995) : "Prehistoric ceramic age adaptation to varying diversity of animal resources along the west indian archipelago", *Journal of Ethnobiology*, 15 (1), 119-148.
- Wyss, M. (2001) : "Bonnet en byssus du XIVe siècle", in : *L'Ile-de-France médiévale*, Catalogue d'exposition, Guiry-en-Vexin, musée archéologique du Val-d'Oise, 2000, Paris, 99.
- Zehner, M. (1998) : *Carte archéologique de la Gaule, Le Haut-Rhin (68)*, Paris.

www.ingramcontent.com/pod-product-compliance
Lightning Source LLC
LaVergne TN
LVHW072251300926
849160LV00018B/1637